Lind: Physik im Lehrbuch 1700–1850

Gunter Lind

Physik im Lehrbuch 1700–1850

Zur Geschichte der Physik
und ihrer Didaktik in Deutschland

Mit 21 Abbildungen

Springer-Verlag
Berlin Heidelberg New York
London Paris Tokyo
Hong Kong Barcelona Budapest

Dr. habil. Gunter Lind
Institut für die Pädagogik
der Naturwissenschaften
Olshausenstr. 62
W-2300 Kiel 1

Diese Arbeit entstand am Institut für die Pädagogik der Naturwissenschaften an der Universität Kiel (IPN). Das IPN ist eine Forschungseinrichtung des Landes Schleswig-Holstein und wird gemäß der „Rahmenvereinbarung Forschungsförderung zwischen Bund und Ländern" finanziert. Seine Aufgabenstellung ist überregional und gesamtstaatlich. Es soll durch seine Forschung die Pädagogik der Naturwissenschaften weiterentwickeln und fördern.

Gedruckt mit Unterstützung des Förderungs- und Beihilfefonds Wissenschaft der VG Wort.

ISBN-13:978-3-642-77280-1

Die Deutsche Bibliothek – CIP-Einheitsaufnahme
Lind, Gunter: Physik im Lehrbuch 1700 – 1850 : zur Geschichte der Physik und ihrer Didaktik in Deutschland / Gunter Lind. – Berlin ; Heidelberg ; New York ; London ; Paris ; Tokyo ; Hong Kong ; Barcelona ; Budapest : Springer, 1992
ISBN-13:978-3-642-77280-1   e-ISBN-13:978-3-642-77279-5
DOI: 10.1007/978-3-642-77279-5

Satz: Reproduktionsfertige Vorlagen vom Autor
55/3140/543210 – Gedruckt auf säurefreiem Papier

Ist nicht die Naturlehre eine Wissenschaft, darin es einem jeden frei steht so zu denken, wie es sein Gesichtspunkt mit sich bringt, aus welchem er die Welt betrachtet?

J. P. Eberhard: Erste Gründe der Naturlehre , 1753

Ein etwas vorschnippischer Philosoph, ich glaube Hamlet Prinz von Dänemark hat gesagt: es gebe eine Menge Dinge im Himmel und auf der Erde, wovon nichts in unsern Compendiis steht. Hat der einfältige Mensch, der bekanntlich nicht recht bei Trost war, damit auf unsere Compendia der Physik gestichelt, so kann man ihm getrost antworten: gut, aber dafür stehn auch wieder eine Menge von Dingen in unsern Compendiis wovon weder im Himmel noch auf der Erde etwas vorkömmt.

G. Ch. Lichtenberg: Sudelbuch L, 1796/99

Inhalt

1 Physikunterricht und Lehrbuch im 18. Jahrhundert   1

2 Mit dem physikalischen Lehrbuch verwandte Literaturformen
   2.1   Einleitung   14
   2.2   Die physikotheologische Literatur   15
   2.3   Die Lehrbücher der angewandten Mathematik   22
   2.4   Die populärwissenschaftliche Literatur   30
   2.5   Die Lehrbücher für das niedere Schulwesen   39

3 Die aristotelische Physik
   3.1   Einleitung   54
   3.2   Der Begriff „Physik"   57
   3.3   Die scholastische Methode   59
   3.4   Die Systematik   62

4 Die mechanistische Physik
4.1 Die dogmatische Physik unter dem
Einfluß der scholastischen Lehrtradition   69
   4.1.1   Einleitung   69
   4.1.2   Der Begriff „Physik"   74
   4.1.3   Die eklektische Methode   78
   4.1.4   Die eklektische Systematik   82
   4.1.5   Die physikalischen Theorien   85

4.2 Die Experimentalphysik vor Wolff   90

4.3 Fallstudie: Christian Wolff   99
   4.3.1   Einleitung   99
   4.3.2   Die physikalischen Wissenschaften: Aufgabe und
Unterscheidung   102
   4.3.3   Die mathematische Methode   107
   4.3.4   Die experimentelle Methode   110
   4.3.5   Das System   113
   4.3.6   Die Grundlagen der Physik   116

4.4	Nachfolge Wolffs und Herausforderung durch die Newtonianer	123
4.4.1	Einleitung	123
4.4.2	Abgrenzung gegenüber der newtonischen Physik	127
4.4.3	Vernunft und Erfahrung	132
4.4.4	Die physikalischen Vorstellungen	135
4.4.5	Die mechanistischen Empiristen	139
5	Die newtonische Physik	
5.1	Fallstudie: Pieter van Musschenbroek	146
5.1.1	Einleitung	146
5.1.2	Die neue Definition der Physik	148
5.1.3	Die induktive Methode	153
5.1.4	Ursachen und Kräfte	158
5.1.5	Die Grundlagen der Physik	161
5.2	Strikte Newtonianer	169
5.3	Newtonische Eklektizisten	177
5.3.1	Einleitung	177
5.3.2	Theoretischer Eklektizismus	179
5.3.3	Methodologischer Eklektizismus	182
5.3.4	Das Demonstrationsexperiment	185
5.4	Der Einfluß der Chemie	192
5.4.1	Einleitung	192
5.4.2	Die erste Theorieebene	196
5.4.3	Die zweite Theorieebene	201
5.4.4	Auswahl und Gliederung des Stoffes	205
5.4.5	Standardisierung	209
5.5	Fallstudie: René Juste Haüy	213
5.5.1	Einleitung	213
5.5.2	Theoretische Neugierde und praktischer Nutzen	214
5.5.3	Die Theorie: Allgemeinheit und Mathematisierung	217
5.5.4	Theorie und Experiment	221
5.5.5	Theorie und Erklärung	225
5.5.6	Die Grundlagen der Physik	228
5.6	Der Einfluß der Mathematik	233
5.6.1	Einleitung	233
5.6.2	Theorie und Mathematisierung	237
5.6.3	Hypothesen und Modelle	243
5.6.4	Die mechanische Naturlehre und das Laplacesche Programm	246

6   Alternativen zur newtonischen Experimentalphysik
6.1 Das newtonische System Boscovichs   252
     6.1.1   Einleitung   252
     6.1.2   Boscovichs System   255
     6.1.3   Die Methode   259
     6.1.4   Fortführung scholastischer Lehrtraditionen   262

6.2 Die erkenntnistheoretische Begründung der Physik durch Kant   266
     6.2.1   Einleitung   266
     6.2.2   Die reine Naturwissenschaft und ihre Grenzen   269
     6.2.3   Folgenlosigkeit für die Didaktik   273

6.3 Fallstudie: Karl Wilhelm Gottlob Kastner   278
     6.3.1   Einleitung   278
     6.3.2   Das Ziel der Naturwissenschaft   279
     6.3.3   Das System   282
     6.3.4   Möglichkeit und Methode der Naturerkenntnis   286
     6.3.5   Die spekulative Physik   290

6.4 Die romantische Naturphilosophie   297
     6.4.1   Einleitung   297
     6.4.2   Das Naturbild   301
     6.4.3   Vernunft und Erfahrung   303
     6.4.4   Naturwissenschaftliche Bildung   307
     6.4.5   Die Ordnung des Stoffes   308
     6.4.6   Die spekulative Physik   310

7   Allgemeinbildender Physikunterricht (1820-1850)
     7.1   Einleitung   314
     7.2   Die Lehrbücher für die Universität   317
     7.3   Formale Bildung   320
     7.4   Altersgerechte Bildung   325
     7.5   Methodischer Unterricht   331
     7.6   Mittlere Bildung   335
     7.7   Elementarbildung   339

Anmerkungen   344
Literaturverzeichnis   368
     1. Quellen   368
     2. Sekundärliteratur   391
Abbildungsverzeichnis   397
Personenverzeichnis   398

Frontispiz aus Crusius 1774[2]

1 Physikunterricht und Lehrbuch im 18. Jahrhundert

Die Geschichte des Physikunterrichts kann ihren Gegenstand auf verschiedenen Ebenen angehen: *erstens* als Geschichte des konkreten Unterrichts, der Erziehungswirklichkeit und ihrer Auswirkungen auf Individuum und Gesellschaft, *zweitens* als Geschichte der vermuteten oder nachgewiesenen Determinanten dieses Unterrichts, der Ideen, die ihn beeinflußt haben, und der Anforderungen, auf die er reagierte, und *drittens* auf einer Ebene, die zwischen diesen beiden angesiedelt ist, auf der die Vermittlung der Ideen und Anforderungen in die pädagogische Wirklichkeit stattfindet. Diese dritte Ebene bezeichnen wir als Didaktikgeschichte. Sie bildet den Schwerpunkt der vorliegenden Monographie.

Die bisherigen Arbeiten zur Geschichte des Physikunterrichts behandeln überwiegend Aspekte der zweiten Ebene. Als Determinanten des Unterrichts werden dabei vor allem die wissenschaftliche Pädagogik (beziehungsweise deren Vorläufer im Gewande philosophischer und theologischer Gedankengänge) und die politisch-gesellschaftlichen Mächte herausgestellt. Demgemäß erfahren die erziehungstheoretischen Grundlagen, insonderheit die Ideen der großen Programmatiker des naturwissenschaftlichen Unterrichts, eine relativ ausführliche Würdigung. Auch der schulgeschichtlichen Entwicklung, wie sie sich in Lehrplänen, Stundentafeln und Erlassen widerspiegelt, wird Aufmerksamkeit gewidmet, wobei allerdings eine einseitige Orientierung auf Preußen festzustellen ist. Wenig behandelt wird hingegen der (gerade für die Ebene der Didaktikgeschichte wichtige) Einfluß der Fachwissenschaft auf Ziele, Inhalte und Methoden des Unterrichts. Zwar wird ein solcher Einfluß durchgängig als gegeben unterstellt, im Detail aber kaum untersucht.

Für das 18. Jahrhundert, in dem sich die Grundzüge des modernen Physikunterrichts herausgebildet haben, werden vor allem schulreformerische Bestrebungen zur Einführung der Realien in die Volksbildung gewürdigt.[1] Als maßstabsetzende Persönlichkeiten erscheinen dann Francke, Hecker oder Basedow, als didaktisch richtungsweisende Schulform die Realschule. Das Quellenstudium konzentriert sich auf die Suche nach Vorläufern und Wurzeln des modernen Unterrichts. Dadurch kann leicht der (falsche) Eindruck entstehen, dieser verdanke sich einem von wenigen weitsichtigen Reformern begonnenen, radikalen Neuanfang.

Der größte Mangel dieser Sichtweise ist, daß die Rolle der Universitäten bei der Entwicklung des Physikunterrichts an den höheren Schulen nicht berücksichtigt wird.[2] Wesentliche Elemente der Didaktik des modernen Physikunterrichts haben sich im 18. Jahrhundert in der Universitätslehre herausgebildet und sind dann ins höhere Schulsystem übernommen worden. Die Entwicklung erfolgte in engem Zusammenhang mit Wandlungen des Welt- und Wissenschaftsbildes. Sie war ein vielschichtiger Prozeß, der nicht durch einen radikalen Bruch mit der scholastischen Tradition gekennzeichnet war, sondern sich im Spannungsfeld zwischen Bewahren und Erneuern schrittweise vollzog. Eine zentrale Rolle spielten dabei die Wissenskonzeptionen und das Erziehungsverständnis der fachdidaktisch Tätigen, der Professoren und Lehrer. Dabei geht es nicht nur um eine Übersetzung der pädagogischen und fachwissenschaftlichen Ideen und Anforderungen in die Unterrichtspraxis. Der heterogene Bestand dieser Ideen erfährt vielmehr im Gedankenaustausch unter den Fachdidaktikern eine bestimmte Transformation und Integration zu je zeittypischen didaktischen Positionen. Diese herauszuarbeiten und ihren Wandel während des 18. Jahrhunderts zu verfolgen, ist das Ziel dieser Monographie.

Zu Beginn des 18. Jahrhunderts waren die Begriffe „physica" und „philosophia naturalis" Synonyme. Physik war ein Teil der Philosophie, nämlich derjenige, der mit der Erkenntnis des Wesens und des Zusammenhanges der Dinge in der Natur zu tun hatte.

Objekt der physikalischen Erkenntnis war die gesamte Natur, die belebte wie die unbelebte, die körperliche wie die seelisch-geistige. Natur wurde dabei verstanden als Schöpfung, als Gottes Werk. Sie wurde zum einen der Offenbarung Gottes und zum anderen dem Werk des Menschen gegenübergestellt. Die Frage nach den übernatürlichen Begebenheiten, den Wundern, von denen die Bibel zeugt, gehörte genausowenig zur Physik, wie die Beschäftigung mit den Dingen, die ein Produkt des Menschen sind, etwa den Erzeugnissen der Technik.

Die Intention, mit der die Natur betrachtet wurde, war eine theoretische. Die Physik wollte die Natur erklären, und zwar sowohl in kausaler wie in teleologischer Hinsicht. Es ging um die Frage nach den Ursachen der Dinge und um die Frage nach ihrem Zweck im göttlichen Weltenplan. Die auf Erklärung zielende Wissenschaft Physik wurde denjenigen Wissenschaften gegenübergestellt, die es nur mit der Beschreibung der Natur zu tun hatten. Die sich auf Beobachten, Sammeln und Ordnen beschränkende Naturgeschichte (später als Naturkunde bezeichnet) wurde zwar oft als Voraussetzung der Physik begriffen, entbehrt aber deren philosophischen Erkenntnisinteresses. Auch die mathematische Behandlung der Naturvorgänge wurde nicht als physikalische Aufgabe betrachtet, denn sie fragt nicht nach den qualitativen Ursachen, nach der „Natur" der Dinge, sondern nach quantitativen Veränderungen und folgt dabei einem vorrangig technisch-praktischen Erkenntnisinteresse. Die mathematischen Theorien, etwa der Statik oder der geometrischen Optik, wurden nicht im Physikunterricht, sondern im Mathematikunterricht gelehrt, in dem sie mit einer ganzen Reihe anderer anwendungsbezogener Gebiete die „mathesis applicata" oder „mixta" bildeten.

Im Laufe des 18. Jahrhunderts änderte sich die Bedeutung des Begriffs Physik grundlegend,[3] und an seinem Ende war sie nicht mehr von der Praxis der scholastischen Naturbetrachtung, sondern von dem experimentellen und mathematischen Vorgehen Galileis und Newtons bestimmt. Als konstitutiv für das Fach galt nicht mehr das philosophische Erkenntnisinteresse, sondern die Art des methodischen Zugriffs, die auf wissenschaftlichen Fortschritt gerichtet war. Der Physiker fühlte sich nicht mehr als Gelehrter, der das Wissen über die Natur zusammentrug, um es zu einem einheitlichen Weltbild zusammenzufügen und dem der Wert des einzelnen sich erst im Blick auf das Ganze erschloß, sondern er verstand sich als Forscher, der sich dem Partikulären widmete und dabei den Umfang des Wissens und der Naturbeherrschung zu erweitern vermochte. Der Prozeß kann als Vertiefung und zugleich als Verengung des Selbstverständnisses der Physik beschrieben werden.[4]

Zwar betrachtete die Physik sich weiterhin als eine erklärende Wissenschaft, aber der Erklärungsbegriff wurde anders definiert. Die teleologischen Ursachen wurden eliminiert und die kausalen in instrumentalistischer Weise uminterpretiert. Ursachenanalyse wurde nicht mehr als Aufdeckung der wirkenden Potenzen, sondern als Feststellung von Gesetzmäßigkeiten gesehen.

Der Gegenstandsbereich der Physik wurde stark eingeschränkt. Was sich dem methodischen Zugriff entzog, was experimentell nicht faßbar oder mathematisch nicht beschreibbar war, wurde ausgegrenzt; zunächst die Lehre von der Seele, dann die Lehre vom Leben. Andererseits kamen die physikalischen Teilgebiete der angewandten Mathematik hinzu. Physik wurde zur Erfahrungswissenschaft von der unbelebten Natur. Zunächst enthielt sie unter dem Namen „angewandte Physik" noch eine Anzahl von Teilgebieten, die sich mit zunehmender Spezialisierung als eigene Disziplinen etablieren konnten, wie Meteorologie und Geophysik. Physik verstand sich dann als die Wissenschaft von den Grundgesetzen im Bereich der unbelebten Natur.[5]

Parallel zum Wandel im Selbstverständnis der Wissenschaft Physik und in enger Wechselwirkung damit veränderte sich auch der Physikunterricht. Aus den im wesentlichen noch intakten Strukturen des mittelalterlichen Physikunterrichts entwickelten sich die didaktischen und organisatorischen Grundelemente des heutigen Unterrichtsfaches. Um 1850 war dieser Prozeß im wesentlichen abgeschlossen. Etwas simplifizierend könnte man sagen: Bis zu dieser Zeit ging es um die Entwicklung der Grundelemente des modernen Physikunterrichts, seitdem geht es um deren Reform.

Im folgenden soll ein kurzer Überblick über die Strukturen des Bildungssystems im 18. Jahrhundert gegeben und die Stellung der Physik darin verortet werden. Das Bildungssystem jener Zeit war von großer Vielfalt, ja Unübersichtlichkeit. Übergreifende Entwicklungen wurden durch regionale Besonderheiten verschleiert. Jeder Versuch einer kurzen Zusammenfassung wird deshalb vergröbernd sein und den Verhältnissen an manchen Schulen oder in manchen Staaten nicht gerecht werden. Die folgenden Ausführungen haben nur den Zweck, dem Leser einen ersten Eindruck von den bildungsorganisatorischen Gegebenheiten zu vermitteln, unter denen die dann zu untersuchende Entwicklung der physikalischen Fachdidaktik sich vollzog.

Man kann im 18. Jahrhundert drei Arten der Bildung unterscheiden, die niedere, die höfische und die gelehrte.

Die *niedere Bildung* war die Bildung des gemeinen Volkes, der Bürger und Bauern. Sie betrachtete den Zögling als gesellschaftliches Wesen, das auf seine Rollen als Christ und Untertan vorzubereiten war. Ihr einer Schwerpunkt war die religiöse Erziehung, die Erziehung zu einem Leben in christlicher Zucht; der andere Schwerpunkt war die Erziehung zu Ordnung und gesundem Leben sowie die Vermittlung der unverzichtbaren Kulturtechniken. Die Unterrichtssprache war Deutsch.

Über die Dürftigkeit dieser niederen Bildung ist viel geschrieben worden. Verbesserungen gab es durch verschiedene staatliche Bemühungen seit der zweiten Hälfte des 18. Jahrhunderts. Eine dauerhafte Wende trat jedoch erst mit der Institutionalisierung der Lehrerausbildung am Anfang des 19. Jahrhunderts ein.

Einen naturwissenschaftlichen Unterricht gab es in der niederen Bildung zunächst kaum. Die sichtbaren Dinge schienen sich dem Beobachter von selbst zu erschließen und waren deshalb keine vorrangigen Unterrichtsgegenstände. Erst in der zweiten Hälfte des Jahrhunderts wurden Bemühungen, die Physik in die niederen Schulen zu bringen, intensiviert. Die Intentionen waren dabei, den Bildungszielen entsprechend, meist physikotheologisch oder utilitaristisch.[6]

Im Zusammenhang mit der niederen Bildung standen die Realschulen. Sie boten ein Propädeutikum für handwerkliche und industrielle Berufe und wollten damit die niedere Bildung weiterführen. Die Gründungen solcher Schulen im 18. Jahrhundert waren wenig erfolgreich.[7] Erst die industrielle Entwicklung im 19. Jahrhundert erforderte eine solche Bildung.

An den ersten Realschulen wurde keine Physik gelehrt. An Heckers Realschule in Berlin gab es eine mechanische Klasse, die sich mit Werkzeugen und Maschinen beschäftigte, und eine Naturalienklasse, in der über die Schätze der drei Naturreiche unterrichtet wurde, aber keine physikalische Klasse. Der Unterricht war ganz auf die Arbeits- und Wirtschaftswelt ausgerichtet.

Der zweite Bildungstyp, die *höfische Bildung*, war für den Adel bestimmt und hatte auch den Nachwuchs an höheren Staatsbeamten auszubilden. Das Bildungsideal war der weltgewandte Mann, der sich bei Hofe zu bewegen wußte. Die wichtigsten Unterrichtsgegenstände waren erstens die Sprache des Kavaliers, das Französische, zweitens die Kavalierstugenden wie Reiten, Fechten, Tanzen, Konversation und drittens die Wissenschaften, insbesondere Geschichte, Geographie, Rechts- und Staatswissenschaften, Heraldik, aber auch Mathematik. All dies konnte man auf den traditionellen höheren und hohen Schulen, die auf den Gelehrtenstand vorbereiteten, nicht lernen. Es wurden deshalb neue Schulen gegründet: die Ritterakademien, die Kadettenanstalten, auch einige Fürstenschulen kann man hierzu rechnen. Sie hatten den Charakter von Fachhochschulen, insbesondere zur Ausbildung für den Staatsdienst.[8] Viele konnten sich allerdings nicht auf Dauer gegen die Konkurrenz der traditionellen Schulen behaupten. Für den Eintritt in die Anstalten der höfischen Bildung wurden die Schüler durch Unterricht bei einem Privatlehrer vorbereitet. Wer es sich leisten konnte, schickte sein Kind nicht in die öffentlichen Schulen, sondern hielt sich einen Hauslehrer. Das galt zunehmend auch für das wohlhabende Bürgertum.

An den Ritterakademien wurden die modernen Wissenschaften gepflegt, zu denen die akademische Physik jedoch nicht gehörte. Sie war Teil der Philosophie, die dort im allgemeinen nicht gelehrt wurde. Hingegen wurde die Mathematik für wichtig gehalten, und im Rahmen des Mathematikunterrichts wurde die angewandte Mathematik besonders gepflegt, in erster Linie Architektur, Fortifikation, mathematische Geographie, Mechanik.

Der dritte Bildungstyp, die *gelehrte Bildung*, wird etwas ausführlicher zu betrachten sein, da zu ihr auch der Physikunterricht gehörte. Sie war der institutionell am weitesten entwickelte Bildungsbereich. Lateinschule, Gymnasium und Universität bauten aufeinander auf.

Die *Lateinschule* hatte das Ziel, den künftigen Gelehrten in die Wissenschaftssprache, das Lateinische, einzuführen. Dies war Voraussetzung jedes Studiums und jeder Auseinandersetzung mit der wissenschaftlichen Literatur. Die erzieherische Aufgabe der Schule wurde in erster Linie in der Förderung von Tugenden wie Ordnungsliebe und Fleiß gesehen.

Die lateinische Sprache diente auch als Medium der Unterweisung in anderen Gegenständen. Auch realistische Bildung gab es, wenn überhaupt, nur im Rahmen der Sprachbildung. Die Sprachbücher konnten zugleich Sachbücher sein.[9] In der aristotelischen Physik war dies ein durchaus angemessenes Vorgehen, denn das Lernen der Begriffe galt als das Wichtigste beim Lernen über die Dinge.

Am *Gymnasium* trat zum Studium des Lateinischen und der Humaniora der Unterricht in einigen Fächern hinzu, die aus der alten Fakultät der freien Künste hervorgegangen waren. Dazu gehörte die Mathematik. Gelegentlich konnte auch schon ein philosophischer Grundkurs gelesen werden oder wenigstens Teile davon, und dazu konnte dann auch die Physik gehören. Dies geschah in Vorbereitung auf die Universitätskurse und in enger Anlehnung an diese.

Im Laufe des 18. Jahrhunderts hat sich das Gymnasium für eine ganze Reihe neuer Fächer geöffnet. Eine Rolle spielte hierbei die Orientierung am höfischen Bildungsideal. Man wollte auch für die Schüler des Adels und des gehobenen Bürgertums attraktiv sein, denn der Rang einer Schule richtete sich nach dem Rang ihrer Schüler.[10] So wurden Fächer aufgenommen, die für die höfische Bildung wichtig waren: Französisch, Geographie, Geschichte, angewandte Mathematik. Später kam auch die Physik hinzu.

Zunächst gehörten diese Fächer nicht zum obligatorischen Pensum, sondern wurden als Privatkurse für Schüler der oberen Klassen gegen Honorar angeboten. Die Verhältnisse waren von Schule zu Schule sehr unterschiedlich. Was gelehrt wurde, hing davon ab, was man für Lehrer hatte und ob sich genügend zahlende Schüler fanden. Im Verlauf des Jahrhunderts wurden diese Privatkurse nach und nach in den regulären Unterricht überführt. Anfang des 19. Jahrhunderts war die Physik als Schulfach etabliert. Was dort in welchem Umfang gelehrt wurde, lag immer noch im Entscheidungsspielraum der einzelnen Schule. Es gab noch keine staatlichen Lehrpläne im heutigen Sinn.

Im 18. Jahrhundert hatten die Lehrer an den Gymnasien in der Regel ein Theologiestudium absolviert. Oft betrachteten sie die Schule als Durchgangsstation, bis sich die Gelegenheit bot, auf eine besser dotierte Pfarrstelle zu wechseln. Besonders an kleinen Schulen waren die Gehälter der Lehrer gering. Die Zustände änderten sich erst Anfang des 19. Jahrhunderts mit der Schaffung eines eigenen Gymnasiallehrerstandes. Ein wichtiger institutioneller Schritt war die Einführung der allgemeinen Lehramtsprüfung in Preußen im Jahr 1810. Die Lehrer hatten nun eine auf ihren Beruf zugeschnittene Ausbildung. An die Stelle des Generalisten trat der Fachlehrer. Damit verbunden war eine beträchtliche Verbesserung des Ansehens der Lehrer und der Schule. Dies hatte wieder Auswirkungen auf die Zusammensetzung der Schülerschaft. Das Gymnasium wurde zur Schule der oberen Schichten.[11]

Zu Beginn des 18. Jahrhunderts war die Physik nur an den *Universitäten* ein etabliertes Lehrfach. Sie wurde in der philosophischen Fakultät unterrichtet, die einen allgemeinbildenden Charakter hatte und auf das Fachstudium in den drei höheren Fakultäten, der theologischen, der juristischen und der medizinischen, vorbereitete.

Die Universitäten hatten mit den heutigen nicht viel Ähnlichkeit. Forschung gehörte nicht zu ihren Aufgaben. Sie vermittelten die zur Ausübung der gelehrten Berufe in Staat, Schule und Kirche notwendigen Kenntnisse. Es gab weder Lehr- noch Lernfreiheit. Die Professoren waren meist Staatsbeamte, und ihre Lehrtätigkeit unterlag der staatlichen Aufsicht, die oft restriktiv ausgeübt wurde.[12] Die Art des Unterrichts in der philosphischen Fakultät unterschied sich wenig vom Gymnasium.[13]

An manchen Universitäten in den katholischen Staaten hatte der Staat seine Kompetenzen an den Jesuitenorden übertragen.[14] Hier war der Unterricht am stärksten reglementiert, die Freiheiten für Schüler und Lehrer am geringsten. Aber auch im 18. Jahrhundert hatten die Lehranstalten der Jesuiten noch einen guten Ruf. Die Professoren waren Geistliche. Der normale Werdegang führte vom Studium an einer Ordensuniversität über das Lehramt am Gymnasium und das Lehramt in der philosophischen Fakultät auf einen Lehrstuhl als Theologieprofessor.[15]

Auch an den protestantischen Universitäten waren die Lehrer in der philosophischen Fakultät oft nicht ihrem Fach verpflichtet. Sie hatten einen Doktorgrad in Medizin oder Theologie und betrachteten ihre Stelle als Übergang auf eine Professur in diesen Fächern, in denen die Besoldung höher war. Die Physik wurde manchmal auch von einem Medizinprofessor nebenbei gelesen.[16] Die Professoren bewältigten oft ein beträchtliches Lehrpensum von 20 bis 25 Wochenstunden in verschiedenen Fächern. Ein großer Teil dieser Vorlesungen wurde privatim und gegen Entgelt gehalten. Dies machte einen wesentlichen Teil der Einkünfte aus. Bei vielen Professoren waren die Gehälter nicht üppig, so daß man sich nach weiteren Verdienstquellen umsehen mußte.[17]

Die Studenten waren beim Eintritt in die philosophische Fakultät jünger als heutige Studienanfänger. Man wird von einem Durchschnittsalter von 17 oder 18 Jahren ausgehen können, jedoch gab es sehr große Altersunterschiede. Nicht alle Studienanfänger hatten eine reguläre Schulbildung.

Ein Teil der wohlhabenderen Studenten besuchte die Universität mehr zum (oft derben) Vergnügen und zog die Fecht- und Reitschule dem Hörsaal vor. Die weniger begüterten sammelten sich in der theologischen Fakultät, und aus ihnen rekrutierte sich der Lehrerstand.

Die philosophische Fakultät hatte eine Zwischenstellung zwischen dem allgemeinbildenden Gymnasium und der Berufsausbildung in den höheren Fakultäten. Sie konnte sowohl dem Gymnasium als auch der Universität organisatorisch zugeordnet sein.[18] Ersteres war an den sogenannten akademischen oder illustren Gymnasien der Fall. Diese verliehen zwar keine akademischen Grade, rechneten sich aber ansonsten den Universitäten gleich. Der Philosophiekurs an einem solchen Gymnasium konnte durchaus besser sein als an mancher Universität. Ein ähnlich hohes Niveau hatten die Lyzeen in Bayern. Es gab keine scharfe Trennung zwischen höherer Schule und Universität. Ein Lehrer konnte an beiden Institutionen unterrichten. Es kam durchaus vor, daß Professoren von einer Universität wieder an eine Schule gingen.

Den Kern des Studiums in der philosophischen Fakultät bildete die Grundvorlesung in Philosophie. Sie bestand aus einzelnen Teilgebieten, wobei Logik, Physik und Metaphysik stets vertreten waren. Daneben konnten andere Sparten der Philosophie gelesen werden und auch andere Fächer. Zu diesen gehörte die Mathematik, die meist auch die angewandte Mathematik umfaßte. Der Philosophiezyklus konnte von einem Professor durchgängig gelesen werden, aber auch auf verschiedene aufgeteilt sein. Dementsprechend gibt es Lehrbücher, die den gesamten Kurs enthalten und solche für die einzelnen Teilgebiete. An protestantischen Universitäten wurde die Physikvorlesung manchmal von der medizinischen Fakultät betreut und nahm dann mehr Rücksicht auf die Medizinerausbildung. Dies war der Ausbildungsgang, für den die Physik am ehesten von Bedeutung war. Differenzen zwischen der medizinischen und der philosophischen Fakultät über die Inhalte der Physikvorlesung waren zahlreich.

Die Dauer des Studiums in der philosophischen Fakultät war an verschiedenen Einrichtungen unterschiedlich. Das umfangreichste, nämlich dreijährige Studium boten die voll ausgebauten Jesuitenuniversitäten. An manchen protestantischen Universitäten war der direkte Zugang zu den höheren Fakultäten erlaubt, oder die Studenten konnten die Philosophie neben den Fachvorlesungen hören.

Die Grundvorlesung in Physik war ein- oder zweisemestrig. Sie war in den Philosophiezyklus eingebunden und oft eng mit der Metaphysikvorlesung verzahnt. In ihr wurde die naturphilosophische Lehrmeinung des Professors vertreten, und wir werden sie deshalb als „dogmatische Physik" bezeichnen.[19]

Häufig war sie die einzige öffentliche Lehrveranstaltung im Fach. Daneben konnte es Privatvorlesungen über Experimentalphysik oder über Spezialgebiete geben. Bei diesen Spezialvorlesungen gab es Überschneidungen mit den Lehrveranstaltungen des Mathematikers. In den Grundvorlesungen waren beide Fächer jedoch streng getrennt. Erst in der zweiten Hälfte des Jahrhunderts wurden die beiden Grundvorlesungen hier und da aufeinander bezogen, etwa indem die angewandte Mathematik als Vertiefung der Physik betrachtet wurde und ihr im Semesterturnus nachfolgte.

Nur wenige der Studenten waren an der Physik um ihrer selbst willen interessiert. Für die meisten war sie Vorbereitung auf das Fachstudium oder Nebenfach. Deshalb mußte der Physikprofessor um Studenten werben.[20] Es war wichtig, gute Vorlesungen zu halten und keine zu hohen Anforderungen zu stellen. Dies hat die Einführung der Demonstrationsexperimente in die Grundvorlesung gefördert. Die experimentelle Lehrart war populärer als die dogmatische.

Anfang des Jahrhunderts war die übliche Lehrmethode das Vorlesen. Es wurde ein bestimmtes Lehrbuch oder ein Manuskript des Professors zugrundegelegt. Ursprünglich wurde nach den Werken des Aristoteles gelesen, aber bereits im 17. Jahrhundert wurden neue Lehrbücher üblich. Das Buch wurde vorgelesen und erklärt. Wichtige Sätze wurden diktiert, wenn die Studenten das Lehrbuch nicht besaßen. Es gibt auch kurze, repetitorienhafte Lehrbücher, die in erster Linie den Zweck hatten, die Zeit für das Diktieren einzusparen. Außerdem gehörte zum Unterricht die Wiederholung des Stoffes, die entweder mit der Vorlesung verbunden oder auch besonderen Stunden vorbehalten werden konnte.

Durch die experimentelle Lehrmethode änderte sich der Charakter der Grundvorlesung vollständig. Sie wurde durch das Demonstrationsexperiment geprägt und hatte manchmal schaustellerische Qualitäten. Mit dem Philosophieunterricht hatte sie keine Gemeinsamkeiten mehr. Unterstützt wurde diese fachdidaktische Entwicklung durch eine Veränderung des Charakters und des Bildungsauftrages der ganzen philosophischen Fakultät, die durch zunehmende Verselbständigung und Spezialisierung ihrer Fächer gekennzeichnet ist. Zu Beginn des 19. Jahrhunderts ist aus der philosophischen Fakultät ein Konglomerat heterogener Fächer geworden, die nicht mehr aufeinander bezogen sind und die zu selbständigen Abschlüssen führen. Die philosophische Fakultät verliert ihre allgemeinbildende Funktion an das Gymnasium, dessen Ausbildungszeit sich entsprechend verlängert, so daß der Studienanfang um ein bis zwei Jahre hinausgeschoben wird.

Die Physikprofessoren sind nun nicht mehr philosophische Generalisten, sondern auf ihr Fach spezialisiert. Neben diesem lesen sie höchstens noch Chemie oder Mathematik. Die Anforderungen an ihre fachliche Qualifikation sind beträchtlich gestiegen. Bei Berufungen spielen auch Erfolge in der Forschung eine Rolle. Außer den Nebenfachstudenten gibt es jetzt auch solche, die Physik im Hauptfach studieren. Dies sind insbesondere Studenten, die das höhere Lehramt anstreben. Für sie gibt es ein differenzierteres Lehrangebot, wenn auch noch nicht überall ein voll ausgebautes Fachstudium.[21]

Der grundlegende Wandel des Physikunterrichts an den Gymnasien und Universitäten, der sich im 18. und beginnenden 19. Jahrhundert vollzog, spiegelt sich in den Lehrbüchern. Wenn man in ein um 1700 erschienenes Lehrbuch der Physik schaut, so mögen einem Zweifel kommen, ob man denn tatsächlich ein Buch dieses Faches in der Hand hat. Demgegenüber könnte man aus einem um 1850 erschienenen Buch nicht nur manche Gebiete der Physik recht gut lernen, sondern sich darin auch unterrichtsmethodische Anregungen holen. Für den Lehrbuchschreiber von 1700 stand die Auseinandersetzung mit dem Stoff im Mittelpunkt. Er wollte sein eigenes System, sein Weltbild entwickeln und darstellen. Die Ordnung und Systematisierung des Wissens waren das Hauptproblem. Unterrichtsmethodische oder überhaupt pädagogische Fragen waren sekundär. Der Bildungswert der Physik stand außer Frage. Der Lehrbuchschreiber von 1850 hatte auf vielen Gebieten die wissenschaftliche Ordnung vorliegen. Seine Hauptaufgabe sah er in der Elementarisierung und methodischen Aufbereitung des Stoffes. Der Wert seines Faches für die Allgemeinbildung war, seitdem es sich von der Philosophie gelöst hatte, ein Gegenstand kontroverser Auseinandersetzungen. Der Lehrbuchautor mußte versuchen zu zeigen, daß die Physik nicht nur Leistungswissen war, sondern auch als Bildungswissen gelten konnte.

Die Anfang des 18. Jahrhunderts erschienenen Physiklehrbücher waren ganz überwiegend für die Universitäten oder die akademischen Gymnasien bestimmt. Erst in der zweiten Jahrhunderthälfte gab es in größerer Zahl Lehrbücher, die auch für einfache Gymnasien gedacht waren, und Bücher für die niederen Schulen. Die Verfasser waren meist Lehrer an dem Schultyp, für den sie schrieben. Sie fußten auf ihrer Lehrpraxis und schrieben zunächst für ihre Schüler, manchmal allerdings auch für einen niedrigeren Schultyp. Viele Lehrbücher waren nur regional verbreitet, manche nur in den Vorlesungen ihres Verfassers. Die Gesamtzahl der Lehrbücher, die im 18. Jahrhundert in Deutschland geschrieben wurden, war sehr hoch (verglichen mit Frankreich oder England), aber es gab stets nur wenige verbreitete Werke, die viele Auflagen erlebten. Die Auflagenhöhen waren durchweg gering und erreichten selbst bei Werken bekannter Verfasser üblicherweise nur wenige hundert Exemplare. Man druckte lieber bei Bedarf nach, so daß die Zahl der Auflagen einen Anhaltspunkt für die Verbreitung eines Buches liefert. Der Umfang der Lehrbücher war sehr unterschiedlich. Es gibt 50-seitige Kompendien, die nur das Diktieren ersparen sollten und mehr als 1000-seitige enzyklopädisch angelegte Werke, in denen das ganze physikalische Wissen zusammengefaßt ist. Die ausführlichen waren weniger für die Hand der Studenten gedacht, sondern als Vorlage für Vorlesungen, hatten also die Dozenten als Zielgruppe im Auge. Die Sprache der Lehrbücher war Anfang des 18. Jahrhunderts das Lateinische. Durch die Einbettung in den Philosophiekurs ist der Übergang zur deutschen Sprache bei den Physikbüchern langsamer vonstatten gegangen als bei den Mathematikbüchern. Von besonderer Wichtigkeit waren dabei die deutschsprachigen Werke Christian Wolffs. An den von Ordenspriestern betreuten Universitäten blieb das Lateinische jedoch noch für lange Zeit die Unterrichtssprache. Einzelne Lehrbücher sind noch im 19. Jahrhundert in Latein erschienen, obwohl dies zu ziemlichen terminologischen Schwierigkeiten führte.

Außer den für die akademischen Prüfungen zu verfertigenden Thesenpapieren und Dissertationen wurden von den Professoren ursprünglich keine Publikationen erwartet. Wenn ein Professor darüber hinaus noch etwas veröffentlichte, war dies oft ein Lehrbuch. Ein Lehrbuch zu schreiben, war eine gute Möglichkeit, die eigene Qualifikation unter Beweis zu stellen. Es konnte seinen Verfasser bekannt machen und Berufungschancen eröffnen. Wissenschaftliche Veröffentlichungen wurden erst gegen Ende des 18. Jahrhundert zu einem Argument bei Berufungsverhandlungen. Ein Motiv für das Lehrbuchschreiben war auch der bescheidene zusätzliche Verdienst. Auch wenn das Buch nirgendwo anders als Grundlage der Vorlesung eingeführt wurde, hatte man doch einen Mindestabsatz über die eigene Hörerschaft sichergestellt, und wenn der Professor noch Experimentalvorlesungen vor nichtakademischem Publikum las, konnte er es auch dort verkaufen. Die Hoffnung auf ein Zubrot war der Qualität nicht immer förderlich. Manche Bücher sind offenbar schnell heruntergeschrieben worden.

Zwischen Lehrbüchern und wissenschaftlichen Veröffentlichungen bestand keine scharfe Trennung. Die Lehrbuchautoren wollten nicht nur das anerkannte Wissen darstellen, sondern waren im Gegenteil bemüht, die eigenen Theorien und Spekulationen herauszuheben, soweit sie Eigenes zu bieten hatten. Meist ging das nicht über eklektizistische Positionen hinaus, aber es sind auch interessante Theorien, die in der Wissenschaftlergemeinschaft Beachtung fanden, erstmals in Lehrbüchern veröffentlicht worden.

Für die Geschichte der physikalischen Fachdidaktik im 18. Jahrhundert sind die Lehrbücher der wichtigste gedruckte Quellenbereich. In ihren Vorworten findet man oft auch didaktische Reflexionen. Ansonsten gibt es nur wenig Literatur, die sich mit Fragen der Didaktik der Physik befaßt.[22] Stellungnahmen zum Physikunterricht beschäftigen sich wenig mit Unterrichtsmethode, Stoffauswahl oder Systematik, sondern erschöpfen sich meist in der Betonung der Wichtigkeit des Faches für alle möglichen Lebensbereiche.[23] Sie wenden sich in werbender Intention an eine breitere Öffentlichkeit und wollen keine fachdidaktische Diskussion entfachen. Auch in allgemeinpädagogischen Schriften, in Programmschriften der Schulen und in Schulordnungen findet man nur wenig zur Didaktik des Physikunterrichts. Physik war für die Schulen eben noch ein Fach am Rande.

In der Regel orientierte sich der Unterricht eng am Lehrbuch. Trotzdem kann man von den Lehrbüchern nicht einfach auf die Unterrichtswirklichkeit schließen. Oft wurde in der Vorlesung weniger behandelt als im Buch stand. Ein anderes Problem ist die Zensur.[24] Man kann davon ausgehen, daß weltanschaulich und religiös kontroverse Fragen in den Vorlesungen offener angesprochen wurden als in den Büchern. Allerdings dürfte dies die didaktischen Fragen nicht tangiert haben.

Im Lehrbuch wird das Wissen in charakteristischer Weise umgeschrieben und neu geordnet. Es wird von den Problemstellungen, unter denen es entstanden ist, gelöst. Es verliert seinen Werkzeugcharakter und wird zum Kenntnisbestand. Der Prozeß kann als Verlust an Detail- und Beziehungsreichtum bei gleichzeitiger logischer Abklärung und Herstellung von Konsistenz beschrieben werden.[25] Der Rechtfertigungszusammenhang dominiert gegenüber dem Entdeckungszusammenhang. Das gilt für die Lehrbücher des 18. Jahrhunderts noch stärker als für die heutigen. Die Autoren wollen keine Forschungsmethoden vermitteln; sie zeigen nicht, wie man mit dem Wissen arbeitet. Sie wollen vielmehr ein bestimmtes Wissen rechtfertigen und gegen Einwände verteidigen.

Dazu gehört zunächst die Rechtfertigung der Wissenschaft überhaupt und der jeweiligen Art, sie zu betreiben. Dem widmen sich besonders die oft ausführlichen Vorworte und Einleitungen. Hier wird über die Ziele der Physik, über ihren Nutzen für die Menschheit, über Erkenntnisanspruch und Methoden reflektiert.

Sodann geht es um die Rechtfertigung der einzelnen präsentierten Theorien. Hier kann man drei Aspekte hervorheben, deren unterschiedliche Betonung zu unterschiedlichen Rechtfertigungsstrategien führt.[26] Der erste Aspekt betrifft die Bewährung einer Theorie. Wo sie im Mittelpunkt steht, wird die Erfahrung als Quelle der Erkenntnis betont, und die experimentelle Evidenz gilt als Ausweis für die Wahrheit einer Aussage. Die Sammlung und Verarbeitung von Daten, die Formulierung empirischer Hypothesen gelten als zentral, und es werden unterschiedliche „Methoden" vorgeschlagen, wie damit umzugehen sei: Induktion, Hypothetiko-Deduktion, Falsifikation etc. Charakteristisches Stichwort ist die *Wahrscheinlichkeit*" einer Aussage. Charakteristische Stichworte für den zweiten Aspekt der Rechtfertigung sind die „*Verständlichkeit*", „Vernunftgemäßheit", „Anschaulichkeit", „Möglichkeit" einer Aussage. Der Schwerpunkt wird hier auf die Begriffsbildung gelegt, insbesondere auf die Klärung der Grundbegriffe. Typisch sind metaphysische Fundierungen der Grundbegriffe und begriffliche Ableitungen von Grundgesetzen („a priori"). Die Rolle der Intuition als Quelle der Erfahrung wird betont. Beim dritten Aspekt schließlich geht es um den rationalen Zusammenhang der Erkenntnis. Stichworte sind „*Einheit*", „Harmonie", „Konsistenz". Dies kann sich in unterschiedlicher Weise manifestieren. Ein Argumentationstypus betont die logische Konsistenz innerhalb und zwischen den Theorien. Die Theorie wird dabei als System aufgefaßt, als architektonische Gesamtstruktur. Ein anderer Argumentationstypus geht von gewissen heuristischen Leitprinzipien (Ökonomie, Symmetrie, Erhaltung usw.) oder von gewissen bevorzugten Erklärungstypen (kausal versus teleologisch, makrostrukturell versus mikrostrukturell, Substanz versus Gesetz) aus und versucht dadurch, alle Phänomene auf eine zugrundeliegende Einheit zu beziehen.

In die Rechtfertigungsstrategie eines bestimmen Lehrbuchautors gehen oft alle drei Aspekte ein. Schwerpunktsetzung und spezifische Ausformulierung der Aspekte sind jedoch für bestimmte didaktische Positionen charakteristisch. Sie führen zu typischen didaktischen Problemen oder Problemlösungen. Sie bestimmen mit, was für wichtig oder weniger wichtig gehalten wird, ob man etwa der Gliederung des Buches hohe Aufmerksamkeit widmet, ob man den Stoff nach wissenschaftssystematischen oder lernökonomischen Prinzipien ordnet, ob man eine bestimmte Methode der Darstellung bevorzugt und ob man diese an der Methode der Wissenschaft orientiert, welche Bedeutung man der Begriffsbildung zumißt, ob man den mathematischen Beweis einem experimentellen Beleg vorzieht oder umgekehrt, usw.

Die Unterscheidung der Rechtfertigungsaspekte soll im folgenden der Analyse der Lehrbücher zugrundegelegt werden, allerdings nicht als ein mit Strenge gehandhabtes Analyseschema, das die Darstellung schematisch und redundant hätte werden lassen können, sondern als ein Instrument zur Aufspannung des Fragehorizontes.

Unsere Untersuchung bezieht sich auf die Lehrbücher der Physik (beziehungsweise die physikalischen Teile in Lehrbüchern der Philosophie) für die gelehrten Schulen und die Anfangskurse an den Universitäten. Eine getrennte Betrachtung beider Bildungsinstitutionen ist für das 18. Jahrhundert nicht sinnvoll. An beiden wurden zum Teil die gleichen Bücher benutzt, und wenn es überhaupt Unterschiede gibt, dann beziehen sie sich nur auf die Breite des vermittelten Wissens. Andere Schultypen, Bildungsformen oder mit der Physik zusammenhängende Fächer sind nur am Rande behandelt, soweit Beziehungen zu den gelehrten Schulen vorhanden sind.

Betrachtet werden die Lehrbücher im deutschen Sprachraum, das heißt alle in deutscher Sprache erschienenen Werke, einschließlich Übersetzungen und Werke in lateinischer Sprache, die in den deutschsprachigen Staaten gedruckt wurden. Die Abgrenzung ist mit einer gewissen Willkür behaftet. Ob etwa ein ungarischer Jesuit sein lateinisch geschriebenes Werk in Buda oder in Wien drucken ließ, war eher Zufall. Da wir uns nicht mit lokalen Besonderheiten befassen wollen, erscheint dies für das Thema als belanglos. Von Nachteil könnte am ehesten sein, daß im Ausland gedruckte lateinischsprachige Werke auch dann nicht berücksichtigt wurden, wenn sie in Deutschland viel gelesen wurden. Hier hätte man jedoch nur aufgrund vager Vermutungen eine Änderung anstreben können, was die Abgrenzung erst recht willkürlich hätte werden lassen. Außerdem kann man davon ausgehen, daß fast alle ausländischen Werke, die tatsächlich als Grundlage von Vorlesungen Verwendung fanden, ins Deutsche übersetzt oder wenigstens in Deutschland nachgedruckt wurden.[27]

Wir beginnen unsere Untersuchung mit dem Übergang von der aristotelischen zur mechanistischen Physik an den deutschen Universitäten um die Wende zum 18. Jahrhundert. Die wenigen schon im 17. Jahrhundert erschienenen Lehrbücher von Autoren, die sich dem mechanistischen Programm verpflichtet fühlten, wurden berücksichtigt, die aristotelischen Lehrbücher jedoch nur ab der Jahrhundertwende. Die Untersuchung erstreckt sich bis zur Mitte des 19. Jahrhunderts, wobei allerdings in dessen zweitem Quartal die Literatur nicht mehr mit dem Ziel der Vollständigkeit zu erfassen versucht wurde, sondern nur überblicksmäßig. Einen gewissen Einschnitt bilden das Scheitern der romantischen Naturphilosophie und die darauffolgende Eliminierung alles Philosophischen aus dem Unterricht. Fragen des Weltbildes spielen kaum noch eine Rolle, wissenschaftliche und methodologische Kontroversen werden ausgeklammert.[28] Die Didaktik des Physikunterrichts an den höheren Schulen widmet sich überwiegend nur noch dem unterrichtsmethodischen Detail.

Der Versuch, eine facettenreiche historische Entwicklung zusammenzufassen, steht immer in der Gefahr zu vergröbern. Die Breite der selbstgesetzten Aufgabe schließt tiefgehende Erörterungen von Einzelfragen aus. Der Blick ist auf die großen Linien der Entwicklung gerichtet und übergeht die sublimen Details auch da, wo weitere Aufklärung interessant wäre. Die Originalität der Gedankengebäude einzelner Autoren kann nicht angemessen gewürdigt werden. Um dies wenigstens teilweise auszugleichen, wurden neben den Überblickskapiteln einige Fallstudien geschrieben, die sich jeweils mit dem Werk eines einzigen Autors befassen. So soll der summarische Überblick an einigen charakteristischen Stellen durch den Blick aufs Detail ergänzt und vertieft werden.

Chriſtian Gottlieb Akes,

Mittagspredigers und Rektors zu Friedland unterm Fürſtenſtein

Naturlehre

für

Frauenzimmer.

Zwote verbeſſerte Auflage.

Breßlau, Brieg und Leipzig,
bey Chriſtian Friedrich Gutſch. 1785.

2 Mit dem physikalischen Lehrbuch verwandte Literaturformen

2.1 Einleitung

Das 18. Jahrhundert war zutiefst vom Nutzen der Naturwissenschaft überzeugt. Fast in jedem Physiklehrbuch gibt es einen Paragraphen, in dem aufgezählt wird, wozu es alles gut sein kann, Physik zu betreiben. Die folgende Liste stammt aus dem Buch von Boeckmann (1775). Man könnte sie jedoch durch viele sehr ähnliche ersetzen.

„Vernünftige Wesen werden durch nichts so sehr zur Erlernung einer Wissenschaft gereizet, als wenn man sie überführet, wie wichtig, nützlich, und angenehm sie sey; Ich halte es daher für Pflicht etwas weniges vom Nutzen der Naturlehre herzusetzen.

1. Sie lehret uns auf eine überzeugende Weise einen Gott kennen, der allmächtig, weise und gütig ist. Beyspiele und Beweis ist die ganze Natur.

2. Sie vergrössert und erhöhet unsere Einsichten und Kenntniße.

3. Sie erwecket durch so viele reizende Beobachtungen und Versuche das würdigste und reinste Vergnügen in unserer Seele. Man denke nur an die angenehmen Versuche mit dem Sonnen-Microscop, mit den Farben, mit der Electrisier-Maschine, mit dem Magnet etc.

4. Sie benimt uns manche kindische Furcht und Aberglauben. Man denke an die Cometen, Irrwische, Nordlichter, Sympathien etc.

5. Durch sie erreichen fast alle Künste und Handwerker ihren Grad der Vollkommenheit. Man überlege doch nur, ob nicht die ganze Verbesserung der Oeconomie, der Färbereyen, der Zubereitung des Leders und unzähliges anderes von der richtigen und gründlichen Kenntniß der Naturlehre ihren Ursprung nehmen muß.

Wem dieses nicht genug zur Aufmunterung ist, der ist nicht werth ein Mensch zu seyn."

Gotteserkenntnis, Erkenntnis um ihrer selbst willen, Unterhaltung, Bekämpfung des Aberglaubens und praktisch-technischer Nutzen: die Liste ist nahezu stereotyp. Nur die Reihenfolge variiert, wobei allerdings die Gotteserkenntnis meist ganz oben rangiert. Charakteristisch ist, daß man von der Naturlehre sowohl für das leibliche als auch für das geistliche Wohl des Menschen einen Beitrag erhofft - für beides ist sie „nützlich". Dabei wird stillschweigend vorausgesetzt, daß der individuelle und der gesellschaftliche Nutzen übereinstimmen. Hauch (1795) hat diese Erwartung positiver Einflüsse der Naturlehre auf die treffende Formel gebracht, sie diene der „Ausbreitung des Menschenglücks".

Allerdings halten es die Lehrbuchautoren nicht für ihre Aufgabe, all diese verschiedenen Formen des Nutzens auch in ihren Büchern zum Ausdruck zu bringen. Man könnte das Physiklehrbuch für das gelehrte Schulwesen und die Universität im 18. Jahrhundert geradezu dadurch definieren, daß es sich ganz überwiegend nur dem zweiten von Boeckmann genannten „Nutzen" verpflichtet fühlt: der reinen Erkenntnis. Die Gliederung, Auswahl und Darstellung des Stoffes folgen fachinternen Gesichtspunkten. Der Nutzen für externe Zwecke kommt, wenn überhaupt, nur in additiven Bemerkungen vor. Solche Bemerkungen haben mehr Hinweischarakter und sind nicht eigentlich Lehrstoff.

Dies kann man zweifellos nicht als eine Geringschätzung der Autoren gegenüber den externen Zwecken, die mit der Naturlehre verfolgt werden, werten. Es gehörte zum allgemeinen Bewußtseinsstand, daß die Naturlehre durch ihren vielfältigen gesellschaftliche Nutzen legitimiert sei. Nirgendwo wird einer Wissenschaft um ihrer selbst willen das Wort geredet. Die Ausblendung des Anwendungsbezugs ist vielmehr ein Zeichen der Akzeptierung traditionsgegebener Fächergrenzen. Die Physik war eine philosophische Wissenschaft, ihr Erkenntnisinteresse theoretisch. Den praktischen Aspekten mochten sich andere Fächer widmen.

Jede der von Boeckmann genannten Nutzensarten ist in einem bestimmten Lehrbuchtyp oder wenigstens einem Buchtyp mit belehrendem Charakter vertreten. Die Gotteserkenntnis wird in den physikotheologischen Büchern in den Mittelpunkt gestellt, die zwar meist nicht für einen institutionalisierten Bildungsgang verfaßt wurden, aber für die Volksbildung eine beträchtliche Rolle spielten. Der technische Nutzen ist das Leitmotiv der Lehrbücher der angewandten Mathematik, die - im Gegensatz zur Physik - bereits ein etabliertes Schulfach war. Auch die Lehrbücher für das elementare Schulwesen stehen ganz unter Nützlichkeitsgesichtspunkten, und zwar betonen sie die Bekämpfung des Aberglaubens und den praktisch-handwerklichen Bereich. Sogar der unterhaltende Aspekt der Physik hat noch einen Bezug zur Bildung. Die unterhaltend geschriebenen populärwissenschaftlichen Bücher waren das wichtigste Medium naturwissenschaftlicher Bildung für die Frauen.

Im folgenden sollen diese einzelnen Literaturgattungen kurz gekennzeichnet und auf Berührungspunkte zum physikalischen Lehrbuch hingewiesen werden.

2.2 Die physikotheologische Literatur

Daß zwischen Naturwissenschaft und Glauben ein Zusammenhang bestand, war für die Physiker des frühen 18. Jahrhunderts selbstverständlich. Die Beschäftigung mit der Schöpfung sollte den Menschen näher zu Gott führen. Daß die neue mechanistische Physik mit manchen christlichen Glaubenslehren nicht gut vereinbar war, war ein echtes Problem. Die meisten

Physikprofessoren in Deutschland waren gläubige Christen. Viele von ihnen hatten ja auch eine theologische Ausbildung. Die atheistischen und freidenkerischen Tendenzen unter französischen Intellektuellen trafen diesseits des Rheins auf wenig Resonanz. Der Einfluß der Kirchen auf das gesamte Geistesleben war beträchtlich und erstreckte sich auch auf die nicht unter direktem kirchlichem Einfluß stehenden Universitäten. Die konfessionelle Zersplitterung sorgte für Diskussionsstoff und bewirkte eine vergleichsweise lebendige intellektuelle Atmosphäre. Der christliche Glaube hatte keineswegs nur in konservativen Kreisen Rückhalt. Viele politisch und sozial progressiv eingestellte Gebildete setzten auf eine Erneuerung des Glaubens und neigten der pietistischen Bewegung zu.

In dieser Zeit erschien eine reichhaltige und vielfältige Literatur zum Thema „Natur und Glaube". Vieles sind Erbauungsschriften ohne wissenschaftlichen oder pädagogischen Anspruch. Bei den naturwissenschaftlich-theologischen Werken dominieren biologische Themen. Nur wenige dieser Bücher waren ausdrücklich zur Verwendung in der institutionalisierten Bildung bestimmt, es gab jedoch durchaus lehrbuchartig geschriebene Werke. Es sind vor allem drei Inhaltsbereiche, die einen Bezug zum Physikunterricht haben: die mosaische Physik, die physica sacra und die Teleologie. Zu jedem sind Werke erschienen, die nach der Auffassung der Zeit durchaus als Physiklehrbücher mit speziellem Schwerpunkt gelten konnten.

a) Die *mosaische Physik*: Hier ging es um die naturwissenschaftliche Interpretation des biblischen Schöpfungsberichtes, beziehungsweise um den Entwurf von Theorien der Entstehung der Welt, die mit dem Schöpfungsbericht vereinbar waren. In der aristotelischen Physik war die Natur der Dinge identisch mit dem Gesetz ihres Werdens und Vergehens. Es gehörte also wesentlich zur Erforschung der Natur, zu „betrachten, wie und wodurch ein jedes Ding in der Natur entsteht" (Comenius 1896). Man wollte die Prinzipien erkennen, nach denen Gott die Welt erschaffen hatte, und dafür erschien der Schöpfungsbericht als wichtigste Quelle; die Schöpfungsgeschichte war das erste Physikbuch, entstanden aus göttlicher Offenbarung und altägyptischem Wissen. Hinzu kam eine apologetische Intention. Man wollte den Nachweis führen, daß auf die Bibel auch in physikalischen Dingen Verlaß war. In zeitgenössischen Klassifikationen der verschiedenen weltanschaulichen Richtungen wird die mosaische Physik oft als ein eigenständiger Ansatz neben Aristotelismus, Hermetismus, Cartesianismus oder Gassendismus gestellt (z.B. Teichmeyer 1717). Die „Sechs-Tagewerk-Theorien" wurden also durchaus als eine Möglichkeit zur Grundlegung der Physik betrachtet. Das für die Schulen wichtigste dieser Bücher war die „Physicae synopsis" des Johann Amos Comenius (1633). Sie war als Physiklehrbuch für Gymnasien [29] geschrieben und hatte immerhin vier Auflagen. Noch im 18. Jahrhundert (1702) verfaßte Joachim Lange eine Kurzfassung [30] daraus, die an den Franckeschen Anstalten in Gebrauch war. Comenius steht in wesentlichen Punkten noch auf dem Boden der aristotelischen Physik, die neuplatonisch-alchemistisch überformt ist. Der neuen Physik steht er verständnislos gegenüber [31] und lehnt sie mit theologischen Gründen ab. Zwar klebt er nicht eng am Wort der Bibel, wie manche anderen „Sechs-Tagewerk-Theorien", aber er will doch „nach der göttlichen Schrift" philosophieren, „indem Gott der Führer, die Vernunft das Licht, der Sinn der Zeuge ist".[32] In den ersten Versen der Genesis findet er die Prinzipien, aus denen alles besteht: Stoff, Licht und Geist, in denen er zugleich ein Symbol der Trinität erblickt und die er mit den alchemistischen Qualitäten Schwefel, Salz und Merkur in Zusammenhang bringt. Aus diesen entwickelt er dann eine siebenfache Abstufung der Geschöpfe, die in groben Zügen den Stationen des Schöpfungsberichts und der aristotelischen Physik folgt. Daß man so etwas noch im 18. Jahrhundert für den angemessenen physikalischen Lehrstoff des Gymnasiums halten konnte, ist schon etwas verwunderlich.

b) Die *physica sacra*: Der Zweck dieses Wissenschaftszweiges war die Beschäftigung mit den in der Bibel vorkommenden Naturdingen und -begebenheiten. Die Bücher wollten das naturwissenschaftliche Hintergrundwissen zum verständigen Lesen der Bibel vermitteln und helfen, das naturwissenschaftlich Erklärbare von den Wundern zu unterscheiden. Dies galt manchen Pädagogen als wichtigstes Ziel des Physikunterrichts. Auch hier kann zum Beleg wieder Francke angeführt werden. Die Autorität der Bibel auch in physikalischen Fragen stand außer Frage. Wer dies bezweifle, für den sei es nur „ein gar schneller und kurtzer Sprung" in den Atheismus (Herrnschmid in Hoffmann 1720). Meist wird versucht, einen möglichst großen Teil der biblischen Physik rational zu erklären, also die Zahl dieser zur Stärkung des Glaubens doch wohl nicht so geeigneten Wunder kleinzuhalten. Die Bücher vermitteln handfestes physikalisches Wissen. Bekannte Beispiele sind Johann Jacob Scheuchzers „Kupfer-Bibel" (1731ff.), ein umfangreiches und opulent ausgestattetes Handbuch, und Johann Jacob Schmidts „Biblischer Physicus" (1731), der eher Lehrbuchcharakter hat. Einen Übergang zu den physikalischen Lehrbüchern bildet das Buch von Johann Ernst Basilius Wiedeburg (1782), das im ersten Teil die Physik bringt und im zweiten Teil die biblische Anwendung anschließt.

c) Die *Teleologie*: In der aristotelischen und auch in einem Teil der mechanistischen Tradition galten kausale und teleologische Erklärungen gleichermaßen als Aufgabe der Physik.[33] Die Teleologie wurde also auch in den Physiklehrbüchern gepflegt. Es gab jedoch auch Spezialpublikationen zu diesem Themenbereich.[34] Manche waren als Lehrbücher konzipiert und in der Stoffauswahl den Physikbüchern sehr ähnlich. Dieser Literaturtyp soll etwas genauer behandelt werden, da er von ungleich größerer theologischer Relevanz war als die beiden vorhergenannten und da teleologische Argumentationsmuster auch in den Physiklehrbüchern eine beträchtliche Rolle spielten.

Seit den Kirchenvätern gab es zwei Wege rationaler Gotteserkenntnis: die natürliche Theologie,[35] die Gottes Existenz und Eigenschaften durch strenge syllogistische Beweise auf der Grundlage von Begriffsdefinitionen demonstrieren will, und die Teleologie oder Physikotheologie, die Gottes Existenz und Eigenschaften aus der Schönheit und Zweckmäßigkeit seiner Schöpfung schließt. Für den Physikotheologen war das Universum „ein Werk von unvergleichlicher Bequemlichkeit und Schönheit, ein Werk, das auf das allerbeste eingerichtet ist, zum Nutzen der Einwohner der Welten, welches alles von der Vorsorge und Weisheit des unendlichen Werkmeisters deutlich zeugt" (Derham 1745). Die Berechtigung des teleologischen Erkenntnisansatzes wurde durch die Lehre von den zwei gottgegebenen Büchern untermauert, die schon bei den Kirchenvätern vorkommt. Die heilige Schrift und das Buch der Natur seien beide Gottes Wort. Zuerst habe Gott dem Menschen das Buch der Natur gegeben, auf daß er ihn daraus erkenne. Erst nachdem dieses dem sündigen Menschen unverständlich geworden sei, habe Gott ihm die Bibel gegeben, die den Menschen auch das Buch der Natur wieder recht verstehen lehre.

Zu Beginn des 18. Jahrhunderts war die teleologische Naturbetrachtung ziemlich allgemein anerkannt. Von den Autoren physikalischer Lehrbücher haben viele auch physikotheologische Abhandlungen geschrieben [36], und zwar unabhängig von der philosophischen Richtung, der sie sich zurechneten. Aber man kann doch feststellen, daß die verschiedenen Richtungen die Bedeutung dieser Art von Gotteserkenntnis verschieden einschätzten, und es gab auch Unterschiede in der Art der Argumentation. Dies hängt mit unterschiedlichen Gottesbildern zusammen. Gottesbild und Weltbild waren voneinander abhängig, und der Umbruch des Weltbildes im 17. Jahrhundert war auch auf die Vorstellungen von Gott und das Verhältnis des Menschen zu ihm nicht ohne Einfluß. Eine Rückschau auf diese Veränderungen kann für das Verständnis der physikotheologischen Richtungen im 18. Jahrhundert hilfreich sein.

In dem hierarchisch aufgebauten mittelalterlichen Kosmos konnte der Mensch sich unter der Herrschaft Gottes geborgen fühlen. Er konnte von dem bevorzugten Beobachterposten der Erde das große Welttheater betrachten, und wenn er nachts zum Sternenhimmel aufschaute, so wußte er hinter der Fixsternsphäre das Reich Gottes. In Giordano Brunos unendlichem Weltenraum verlor der Mensch seinen bevorzugten Platz, und Gott verlor seinen Ort überhaupt. Die Reaktion des Menschen war das Erschrecken vor der Unendlichkeit des Weltalls, wofür sich in der Dichtung des Barock viele Belege finden.

Die drei wissenschaftlichen Traditionen des 17. Jahrhunderts haben auf diese Herausforderung ganz unterschiedlich reagiert: Der Aristotelismus verdrängt das Problem und hält am alten Weltbild und an der Vorstellung eines personalen Gottes fest. Im Hermetismus, der eng mit der Entwicklung des Heliozentrismus verbunden ist, zeigen sich pantheistische Tendenzen; Gott wird mit der Natur identifiziert und so wieder lokalisierbar, wenn auch nicht an einem bestimmten Ort. Der Cartesianismus propagiert eine mechanische und jedenfalls aktuell gottlose Welt, wenn er auch noch an einem ersten Beweger festhält.

Prägnant kommen diese Unterschiede im Begriff des Wunders [37] zum Ausdruck, als dem unmittelbaren und aktuellen Eingreifen Gottes in seine Welt. Für den Aristoteliker ist das Wunder ein persönliches Eingreifen Gottes, sozusagen der Griff der Hand Gottes durch die Fixsternsphäre. Wie auf Erden die Gesetze der irdischen Physik und am Himmel diejenigen der Himmelsphysik gelten, so gilt jenseits der Fixsternsphäre Gottes himmlische Ordnung. Das Wunder ist ein Aufleuchten dieser himmlischen Ordnung auf Erden. An dem Gott, der solche Wunder tut, sind vor allem seine Weisheit, Güte und Vorsehung zu preisen. Dem Hermetismus, der

Gott in der Natur findet, wird letztlich alles zum Wunder. Das Wunder verliert das Mirakulöse, wird zu einer bislang unbekannten Äußerung der Gott-Natur, in deren Angesicht der Mensch in Entzücken ausbricht. Die hervorstechende Eigenschaft dieser Gott-Natur ist ihre wunderbare Herrlichkeit und Macht. „Furchtbar ist Gott und sehr groß" (Comenius 1896). Das Symbol dieses herrlichen Gottes ist die Sonne. Sowohl der aristotelische wie der hermetistische Gott sind gegenwärtig; der eine zwar transzendent, aber durch seine Wunder in die Welt hineinwirkend, der andere weltimmanent. Demgegenüber ist der cartesianische Gott ein verborgener, abwesender Gott. Seine abstrakte Vollkommenheit erlaubt es ihm nicht, in die vollkommen erschaffene Weltmaschine noch einzugreifen. Er tut keine Wunder, und täte er sie doch, wären sie ein Zeichen der Unvollkommenheit seines Weltenplans und also gar nicht wunderbar.

Die verschiedenen Gottesbilder führen zu unterschiedlichen Auffassungen über die Gangbarkeit und Bedeutung des physikotheologischen Weges der Gotteserkenntnis. Ein Gott weiser Vorsehung und ein Gott, dessen Haupteigenschaft seine Vollkommenheit ist, erscheinen logischer Analyse zugänglich; nicht hingegen ein Gott, vor dessen Herrlichkeit der Mensch nur in bewunderndes Entzücken versinken kann. Dieser ist nur durch seine herrlichen Werke rational erkennbar, jener hingegen auch auf dem Weg der traditionellen Gottesbeweise. Dementsprechend ist die Physikotheologie in der hermetistischen Tradition besonders gepflegt worden.[38] Für die Peripatetiker ist die Teleologie zwar selbstverständlich, aber nicht der vorrangige Weg der Gotteserkenntnis. Zwar ist ihr Zweck in Gottes Weltenplan das wichtigste an den Naturdingen, aber die Untersuchung der Zwecke erlaubt nur indirekte und unsichere Schlüsse auf Gottes Absichten. Descartes schließlich lehnt den teleologischen Gottesbeweis ab. Für ihn deutet nichts in der Welt auf Gott. Dies war einer der Gründe dafür, daß der strenge Cartesianismus in Deutschland nicht Fuß fassen konnte. Für einen Physikotheologen war er eine verkappte Form des Atheismus. Die bloße Anerkennung der Existenz Gottes sei nicht genug, meint Nieuwentyt (1732), es komme vielmehr darauf an „Ob dieses einige Wesen auch weise, mächtig und gütig sey? Ja, nach dem Wohlgefallen seines Willens alles zu einem gewissen Endzwecke gemacht habe und noch itzo regiere."

Leibniz und Wolff haben den Versuch gemacht, mechanistische Weltbetrachtung und Teleologie miteinander zu versöhnen. Die Argumentation läuft darauf hinaus, daß zwar jeder einzelne Naturvorgang mechanisch erklärbar sei, jedoch in der Gesamttendenz Gottes zwecksetzende Hand erkennbar werde. Gott soll bei der Schöpfung aus allen möglichen Mechanismen den zweckmäßigsten ausgewählt haben. Unsere Welt soll die beste aller möglichen Welten sein. Der Teleologe kann Gottes Weisheit, Macht und Güte aus dem Plan erkennen, den dieser der Welt zugrundegelegt hat.[39] Damit war allerdings Nieuwentyts Forderung nur zur Hälfte erfüllt: Zwar war die Möglichkeit der Teleologie gerettet, diese zeigte jedoch nicht mehr Gottes aktuelles Weltregiment.

Es gab also im 18. Jahrhundert zwei physikotheologische Richtungen, deren Unterschied am Begriff der Vorsehung Gottes für seine Welt festgemacht werden kann.[40] Der traditionelle Vorsehungsbegriff betont die Gegenwart Gottes als Weltregent. Der Vorsehungsbegriff der Wolffianer betont seine planende, vorausschauende Fürsorge am Anfang der Welt.[41] Zwischen beiden Richtungen gab es erbitterte Gegnerschaft. Eine Zuordnung zu bestimmten wissenschaftlichen Schulen läßt sich nicht eindeutig treffen. Die meisten deutschen Physiker zu Beginn des 18. Jahrhunderts waren Eklektizisten [42], und darunter gab es auch solche, die einen gegenwartsbezogenen Vorsehungsbegriff mit einer mechanistischen Physik verbanden, obwohl beides nicht gut miteinander vereinbar ist.

Zwischen beiden Richtungen gibt es auch gewisse Unterschiede im Darstellungsstil. Christian Wolffs Teleologie (1726^2) ist ein eher nüchtern geschriebenes Lehrbuch, in dem alle Aspekte der Zweckmäßigkeit, die er in der Natur fand, buchhalterisch aufgelistet sind. Ein noch bekannteres, gleichfalls lehrbuchartiges Werk der anderen Richtung hat der Holländer Bernhard Nieuwentyt (1716) verfaßt. [43] Er betont stärker die unfaßbare Größe und Harmonie der Natur, vor der der Mensch seine eigene Kleinheit erkennt. Er schreibt in frommer Ergriffenheit und heiligem Eifer gegen den Unglauben. Aufs Ganze gesehen, war dies wohl populärer als Wolffs „rationalistische" Teleologie.

Kräftigen Auftrieb erhielt die Gottes Gegenwart betonende physikotheologische Richtung durch die newtonische Philosophie. England und Holland wurden zu ihren Zentren. Auch Nieuwentyt war schon von den Newtonianern beeinflußt, besonders in methodologischer Hinsicht. Der bekannteste Verfasser war William Derham, ein strikter Newtonianer. Seine „Physikotheologie" (1713) und „Astrotheologie" (1715) waren so etwas wie die Paradigmata der ganzen Richtung und haben auch in deutscher Übersetzung (1730; 1728) mehrere Auflagen erlebt.

Newton selbst hatte am Schluß seiner Optik sein Werk als einer physikotheologischen Intention entsprungen interpretiert. Er glaubte, aus physikalischen Gründen ein ständiges Eingreifen Gottes in die Welt annehmen zu müssen. Simplifizierend gesagt: die Uhr mußte geölt und aufgezogen werden. Nur durch die Wirkung der Kraft des göttlichen Mechanikers sei die ungeheure Gleichförmigkeit und Präzision der Bewegung der Himmelskörper gewährleistet (Derham 1745). Damit hatte die gegenwartsbezogene Vorsehung Gottes eine physikalische Stütze erhalten.

Die newtonische Physikotheologie ist empiristisch. Die Erfahrung wird als Quelle des Wissens angesehen. Die spekulative Physik wird bekämpft. Die Formulierung mikrophysikalischer Hypothesen über die Natur der Dinge wird abgelehnt. Gott hat dem Menschen das Wissen um das Wesen der Dinge vorenthalten. Die Grenzen der menschlichen Erkenntnisfähigkeit sind eng gezogen, aber doch wieder weit genug, um den praktischen Zwecken der Gotteserkenntnis und Naturbeherrschung zu genügen. Dazu ist der Mensch da, und damit soll er sich bescheiden. Die spekulative Physik führe nur in den Atheismus; man solle Experimentalphysik betreiben, hinsichtlich alles darüber Hinausgehenden seine Unwissenheit bekennen und stets den Zweck der Dinge im Auge haben (Nieuwentyt 1732). Manche Physikotheologen stehen jeder Art von Theoretisieren ablehnend gegenüber und wollen die Physik auf die Teleologie und den unmittelbaren praktischen

Nutzen beschränken (z.B. Pluche 1772). Warum Dinge betreiben, die keinen unmittelbaren Nutzen bringen und höchstens den Zweifel nähren?

In Deutschland wurde Hamburg, begünstigt durch seine guten kulturellen Beziehungen zu England, das Zentrum der Physikotheologie (Johann Albert Fabricius, Friedrich Christian Lesser), die sich am englischen Vorbild ausrichtete. Durch die Propagierung der aposteriorischen teleologischen Methode und die Ablehnung der apriorischen Methode der Gottesbeweise sowie durch das Eintreten für die Newtonsche Physik war eine Gegnerschaft zu Christian Wolff und seiner Schule vorgezeichnet.

Auf die theologischen Aspekte der Physikotheologie soll hier nicht eingegangen werden.[44] Einige wenige teleologische Argumentationsmuster werden ständig wiederholt. Sie finden sich im wesentlichen schon bei Raimund de Sabunde (1480), auf dessen Werk sich die Physiktheologie auch noch im 18. Jahrhundert bezieht.[45] Für die Existenz Gottes wird nach folgendem Grundmuster argumentiert: Bei der Betrachtung der Natur muß der Mensch sich sagen, daß nicht er selbst dies gemacht habe, sondern ein anderer, nämlich Gott. Also ist auch der Mensch als Teil der Natur von Gott gemacht. In der Naturerkenntnis begegnet er seinem Schöpfer. Die Eigenschaften Gottes werden aus den wunderbaren Eigenschaften der Geschöpfe geschlossen, denn deren Schöpfer muß diese Eigenschaften wohl in vollkommener Form besitzen.[46]

Die Argumentation macht deutlich, daß der Physikotheologe der Natur nicht als interesseloser Beobachter entgegentritt, sondern sie immer schon aus der Sicht des Glaubenden betrachtet. Er findet wieder, was er im Glauben schon weiß, „daß der Gott der Natur kein Ding vergebens erschaffen habe, oder noch hervorbringe - daß keine Sache etwas Ueberflüßiges habe, welches sie entbehren könne - daß kein Ding von dem Nöthigen zu wenig habe - daß alles seinem Endzweck gemäß sey - daß nirgend ein Versehen vorgegangen - daß nichts verbessert werden könne, und daß die göttlichen Werke unvollkommen werden würden, so bald man sie verändern wollte" (Martinet 1779).

Es ist natürlich inkonsequent, nur die Eigenschaften des biblischen Gottes in der Natur wiederzufinden und keine anderen. Aber alles andere wäre für den gläubigen Physikotheologen Aberglauben. Die Argumentation setzt die Ergriffenheit von Gottes Herrlichkeit letztlich schon voraus. Es geht weniger um einen Beweis Gottes als um seine Verherrlichung. Das haben auch viele Wissenschaftler des 18. Jahrhunderts so gesehen. In den Lehrbüchern findet man häufiger eine ausdrückliche Hochschätzung der Teleologie mit dem Zusatz, daß es wohl nicht möglich sein werde, sie zu einer Wissenschaft zu machen.

Gegen Ende des 18. Jahrhunderts war die Zeit der Physikotheologie vorüber. Die Newtonianer hatten sich daran gewöhnt, die Welt als ein sich selbst regulierendes System zu betrachten, das nicht die Kraft Gottes zu seiner Erhaltung benötigte, sondern die aktiven Kräfte selbst enthielt.[47] Nach Kants Kritik des teleologischen Gottesbeweises war einer wissenschaftlichen Teleologie der Boden entzogen. Die Physikotheologie hielt sich nur noch im erbaulichen Traktat, der Gott in seinen Werken dankbar verherrlicht. Aus den Lehrbüchern für die höheren Schulen, in denen sie schon länger kaum noch eine Rolle gespielt hatte, verschwand sie vollends. Allein in der Elementarbildung spielte sie weiterhin eine beträchtliche Rolle.[48] Hier ging es nicht um Erkenntnis Gottes oder der Welt, sondern um die Erziehung zum frommen Christen, und dazu mochten die physikotheologischen Schemata noch taugen. Erst jetzt erschienen auch speziell für Kinder gedachte physikotheologische Werke. Das bekannteste ist wohl Martinets „Katechismus der Natur" (1779ff.), von dem Ebert unter dem Titel „Kleiner Katechismus der Natur" (1780) eine weitgehend neu konzipierte Kurzfassung erstellte.

Der Beitrag der Physikotheologie zur naturwissenschaftlichen Volksbildung im 18. Jahrhundert ist nicht gering einzuschätzen. Die Werke Derhams etwa bieten physikalisches Wissen auf der Höhe der Zeit in kompetenter, populärer Darstellung. Die große Verbreitung solcher Schriften und ihre Eignung als Vorlesebuch in der Familie haben der Physik eine Resonanz gesichert, die jedenfalls in der ersten Jahrhunderthälfte weit über das hinausging, was die Schulen unterhalb des akademischen Niveaus bewirken konnten.

2.3 Die Lehrbücher der angewandten Mathematik

Zu Beginn des 18. Jahrhunderts waren Physik und angewandte Mathematik zwei getrennte Unterrichtsfächer mit unterschiedlichen Zielen und unterschiedlichen Lehrtraditionen. Die Unterscheidung der Fächer entsprach der Trennung von theoria und techne in der aristotelischen Tradition. Physik war danach auf Erkenntnis des Wesens der Dinge gerichtet; sie fragte nach den Ursachen der Naturdinge und Naturerscheinungen. Mathematik war demgegenüber nicht primär mit der Natur, sondern mit den Produkten der menschlichen Kunstfertigkeit befaßt, und sie war keine erklärende Wissenschaft, sondern zielte auf eine möglichst exakte Beschreibung ihrer Gegenstände zum Zwecke der Naturbeherrschung. In diesem Sinne wurde die Unterscheidung der Fächer auch noch am Ende des 18. Jahrhunderts beschrieben, obwohl die ihr zugrundeliegende Unterscheidung von natürlichen und künstlichen Dingen längst anachronistisch war. So betont etwa Büsch (1795[2]), daß die Gegenstandsbereiche beider Fächer sich beträchtlich überschnitten, und fährt dann fort: „Beide Wissenschaften, die Mathematik und Physik, nehmen sich daher dieser Kenntnisse mit gleichem Rechte an; doch kann in beiden der Vortrag derselben auf verschiedene Zwekke hinaus geleitet werden. In dem mathematischen Vortrage sieht man mehr auf die praktische Anwendung derselben zu den Bedürfnissen und Geschäften des bürgerlichen Lebens hinaus. Der Lehrling in der Physik wird z.B. in der Mechanik nicht alle zusammengesezte Maschinen, in der Hydraulik nicht alle Wasserkünste, in der Optik nicht die Kunst Glas zu schleifen lernen wollen. Ihm wird das Erkenntnis von der wahren Beschaffenheit der Bewegung der Himmelskörper, und deren Ursachen, ... , wichtig und belehrend sein. Aber die ganze Kunst der Astronomie und deren Anwendung in der Chronologie, Gnomonik, Geographie und Schiffahrt, wird er dem Mathematiker überlassen. Dagegen hält der Verfasser mathematischer Lehrbücher sich von den physischen Grundsäzen, und von allen Erläuterungen zurük, welche die Natur derer körperlichen Substanzen betreffen, deren Kräfte und Wirkungen, und die Erscheinung in den an ihnen gemachten Erfahrungen er mathematisch schäzt und beurteilt".

Neben dem praktischen Nutzen wurde im 18. Jahrhundert zunehmend die formale Bildung als Ziel des Mathematikunterrichts an den Schulen betont.[49] Nach Sturm (1705) soll die Mathematik zur Schärfung des Verstandes, zur Verbesserung der Urteilskraft und zur Gedächtnisschulung beitragen. Silberschlag (1768) stellt sie in dieser Hinsicht noch über die traditionelle Logik. Für den Physikunterricht wurden diese Ziele im 18. Jahrhundert im allgemeinen nicht in Anspruch genommen. Erst etwa in der Zeit, in der die angewandte Mathematik zur theoretischen Physik wurde, wurde die formale Bildung zu einem wesentlichen Argument zur Legitimation des Physikunterrichts. Formale Bildung wurde mit formaler Strenge der Argumentation im Unterricht in Zusammenhang gebracht. In dieser Hinsicht hatte der schulische Physikunterricht im 18. Jahrhundert meist nicht viel zu bieten, übrigens auch nicht der Mathematikunterricht des 17. Jahrhunderts, der sich überwiegend auf die Vermittlung von Rechenregeln beschränkte. Erst als das Führen von Beweisen im Mathematikunterricht zur Regel wurde, konnte der Anspruch formaler Bildung mit Überzeugung vertreten werden.

Die angewandte Mathematik wurde im Rahmen des Mathematikunterrichts gelehrt.[50] Ihr Anteil an diesem war unterschiedlich, jedoch meist recht hoch. Vielfach wurde die reine Mathematik nur als Vorbereitung zur Behandlung der Anwendungen betrachtet, die dann den eigentlichen Zweck des Unterrichts ausmachten. Bereits zu Beginn des 18. Jahrhunderts gehörte die angewandte Mathematik nicht nur auf Universitäten und akademischen Gymnasien zum regulären Pensum, sondern auch an besseren Gelehrtenschulen. Sie hatte damit schon wesentlich früher als die Physik einen Platz im Fächerkanon der höheren Schulen.

Der Stoff der angewandten Mathematik besteht aus einer Vielzahl von „Wissenschaften", die weitgehend unverbunden nebeneinander stehen. Jede wird aus ihr eigenen Grundsätzen entwickelt. Das einzig Gemeinsame ist, daß irgendwie Mathematik verwendet wird. Ob das Gebiet einen durchgängig mathematischen Aufbau hat oder ob nur von Fall zu Fall etwas gerechnet werden kann, spielt keine Rolle. Hederich (1754[7]) nennt als Gebiete der angewandten Mathematik: Mechanik (= Statik), Hydrostatik, Aerometrie, Hydraulik, Optik, Katoptrik, Dioptrik, Perspektive, Akustik, Astronomie, Astrologie, Geographie, Hydrographie, Chronologie, Gnomonik (Konstruktion der Sonnenuhren), Pyrobologie (Feuerwerkskunst), militärische Architektur, zivile Architektur, Schiffbau und Musik. Von dem üblichen Kanon fehlt in der Liste nur die Artillerie. Daß die Astrologie um diese Zeit noch auftaucht, ist ungewöhnlich. Man kann sagen, daß alle technischen Gebiete, die damals eine gewisse Mathematisierung zuließen, vorkommen. Die angewandte Mathematik vermittelt das Wissen des in fürstlichen Diensten stehenden Architekten, Ingenieurs, Technikers.

Einen Eindruck von der Wichtigkeit, die man den einzelnen Gebieten im Rahmen des Ganzen zuerkannte, gibt Hederichs Auswahl aus seiner langen Liste. Da er ein kurzes Kompendium für den Schulgebrauch schreiben wollte, mußte er sich beschränken und behandelte nur Architektur, Astronomie und Gnomonik. Die Gebiete, die man heute der technischen Physik zuordnen würde, erschienen ihm demnach weniger nützlich.

Aus der heutigen Physik gehören zur angewandten Mathematik die beiden klassischen Gebiete, die Mechanik und die Optik. Zur Mechanik gehören zunächst die Statik (Hebel, einfache Maschinen), die Hydrostatik (hydrost. Gleichgewicht, Schwimmen) und die Hydraulik (Pumpen, Springbrunnen). Mit dem Lehrbuch von Wolff (1710) kommt die Aerometrie (Aerostatik, Luftdruck, Luftpumpe, Barometer) hinzu, die manchmal auch die Akustik umfaßt. Die Optik besteht aus vier Wissenschaften, der Optik im engeren Sinn (Lichtausbreitung, Auge), der Katoptrik (Spiegel und deren Verwendung in optischen Geräten), der Dioptrik (Linsen und deren Verwendung in optischen Geräten) und der Perspektive. Die Darstellung orientiert sich stark an Maschinen und Geräten.

Es ist auffällig, wie zögernd neue Gebiete aufgenommen werden. Der große Aufschwung, den die Mechanik und die Optik durch Newtons „Principia" und „Opticks" genommen hatten, führt nur zu sehr geringen Erweiterungen des Stoffs. Noch am Ende des Jahrhunderts ist die Dynamik in den für die Schule und die Anfangskurse der Universität gedachten Büchern nicht aufgenommen. Nur Karsten (1781) behandelt in seinem Auszug einiges daraus als Voraussetzung der Hydraulik. Die neuen Wissenschaften von der Elektrizität und von der Wärme kommen überhaupt nicht vor, auch nicht am Ende des Jahrhunderts, als es in ihnen durchaus bereits mathematisierte Stücke gab. Einen Grund wird man darin suchen können, daß die praktischen Anwendungen dieser neuen Gebiete noch weniger weit gediehen waren, als diejenigen der Mechanik beim Mühlenbau oder diejenigen der Optik beim Bau von Fernrohren. Zumindest im Fall der Dynamik wird auch die mathematische Schwierigkeit eine Rolle gespielt haben. Clemm (1764) schätzt seine Professorenkollegen wohl richtig ein, wenn er meint, nur wenige von ihnen seien in der Lage, Newton ohne Hilfen zu lesen. Die Differentialrechnung war auch am Ende des Jahrhunderts noch dem Fortgeschrittenenkursus vorbehalten.

Zwar sind im Verlaufe des Jahrhunderts eine ganze Reihe von Lehrbüchern der angewandten Mathematik erschienen, von Einfluß auf die Entwicklung dieses Faches waren jedoch nur wenige: die Bücher der beiden Sturm, Wolffs, Kästners und Karstens.

Die „Mathesis juvenilis" (1702, 1705) Johann Christoph Sturms [51] ist das erste Mathematikbuch, das in deutscher Sprache erschien. Sturm zieht die Trennung zwischen Physik und angewandter Mathematik noch sehr deutlich. Er bezeichnet die einzelnen Teilgebiete der angewandten Mathematik ausdrücklich als Künste (Hebekunst, Sehkunst...), ordnet sie also dem Ingenieurswesen zu. Das Buch ist, trotz seines beträchtlichen Umfangs, für den Gymnasialunterricht gedacht. Die darin liegende didaktische

Aufgabe hat Sturm sehr klar ausgesprochen. Einerseits empfindet er die auf das Auswendiglernen des Stoffes ausgerichteten und deshalb auf Beweise meist verzichtenden bisherigen Schulbücher als ungenügend. Andererseits glaubt er, die Schüler mit der syllogistisch-geometrischen Beweismethode der Universitätsbücher zu überfordern. Er bemüht sich deshalb um eine weniger strenge Beweismethode, die Verständnis erwecken will, aber auf formale Exaktheit, Allgemeingültigkeit und mathematische Eleganz verzichtet. Er nähert sich damit aus didaktischen Gründen dem laxeren Beweisstil, der später für die Newtonianer charakteristisch wurde. Die späteren Lehrbuchschreiber der angewandten Mathematik sind ihm hierin nicht gefolgt.

Das Buch seines Sohnes Leonhard Christoph Sturm (1710[2]) ist gewissermaßen die Fortsetzung der „Mathesis juvenilis" für die Eingangskurse der Universität. Allerdings konnte die Universität nicht auf den Kenntnissen aus dem Gymnasium aufbauen. Das Niveau der Gymnasien war zu unterschiedlich, was Sturm ausdrücklich beklagt. Es wird deshalb auch in Universitätsbüchern immer der gesamte Stoff behandelt, einschließlich der einfachsten Grundlagen. Wie sein Vater, ist Sturm ein Anhänger der mechanistischen Philosophie, was jedoch nur in wenigen kurzen Passagen zum Ausdruck kommt. Er hält sich durchweg an die Tradition des Faches, physikalische Ursachen nicht zu behandeln. Besonders ausführlich behandelt Sturm die Architektur. Er war einer der führenden Architekturtheoretiker des norddeutschen Klassizismus.[52]

Christian Wolff hat drei Mathematikbücher geschrieben: ein umfangreiches lateinisches, ein nicht viel dünneres deutsches (1710) und einen Auszug aus letzterem für den Schulgebrauch (1713). Bis zum Erscheinen von Kästners „Anfangsgründen" haben seine Bücher den Universitätsunterricht dominiert. Der Auszug für den Schulunterricht war noch am Ende des Jahrhunderts sehr gebräuchlich. Dieser beispiellose Erfolg hat seinen Grund in der didaktischen Aufbereitung des Stoffes. Seine Bücher sind gekennzeichnet durch formale Strenge des Aufbaus und Voraussetzungsgebundenheit der Darstellung. Es sind der Gewinn an Systematik und die didaktische Strukturierung der Gebiete, die seine Bücher von den bisherigen abheben, die oft eher einer amorphen Sammlung von Lehrsätzen glichen. Wolff versucht, möglichst jeden Lehrsatz zu beweisen. Allerdings sind seine Beweise nicht immer einwandfrei und gleichen öfters eher Erläuterungen.

Kästners „Mathematische Anfangsgründe" (1759) waren ähnlich erfolgreich wie die „Anfangsgründe" von Wolff. Kästner hat sein Buch bis ins hohe Alter hinein von Auflage zu Auflage erweitert und verbessert. Nach diesem Buch sind zwei Generationen deutscher Physiker ausgebildet worden. Kästner bemüht sich, „das Verfahren des Freyherrn von Wolff nachzuahmen", sein Werk ist jedoch im Unterschied zu Wolff auch von penibler Detailarbeit an den einzelnen Beweisen gekennzeichnet.

Auch Karsten sieht seine Bücher in der Nachfolge von Wolff. Wie dieser hat er drei Werke unterschiedlichen Umfanges geschrieben: den „Lehrbegriff" (1767ff.), der trotz seiner 8 Bände unvollendet blieb und sich nur an fortgeschrittene Studenten vom Fach wendet, die „Anfangsgründe" (1778ff.) für den Anfangsunterricht auf der Universität und einen „Auszug" (1781) daraus für Schulen und Universitätskurse, in denen das mathematische Niveau für die „Anfangsgründe" nicht ausreichte. Von Kästner unterscheidet ihn das Interesse an mathematischen und physikalischen Grundlagenproblemen. Hier deutet sich der Übergang der angewandten Mathematik in die theoretische Physik an, wenn auch weiterhin der „gemeinnützlichen Maschinenlehre" breiter Raum gewidmet wird.

Der ältere Sturm wählt als Darstellungsmethode in seinem Mathematikbuch (wie in seinem elementaren Physikbuch) die Katechese. Jeder Paragraph besteht aus einer kurzen, oft rhetorischen Frage und einer langen, erklärenden Antwort, die Lehrsätze, kleine Beweise, Rechenbeispiele und weiterführende Anmerkungen enthalten kann. Die Lehrmethode wird also einzig und allein von didaktischen Gesichtspunkten bestimmt und hat keinen Bezug zur Methode der Wissenschaft.

Der jüngere Sturm bemüht sich zwar, seiner Zielgruppe entsprechend, um eine strengere Darstellung, doch bleibt diese auch bei ihm didaktisch motiviert. Er unterscheidet nach pädagogischem Brauch die synthetische und die analytische Lehrart. Die erste geht von den einzelnen Axiomen, Postulaten und Definitionen aus und verknüpft sie mit den Regeln der Logik zu Lehrsätzen. Die zweite geht von einer komplexen Aufgabenstellung aus, zergliedert sie in bekannte und unbekannte Elemente und findet schließlich die Auflösung, die als allgemeine Regel ausgesprochen wird.

Was die äußere Form der Darstellung angeht, ist das bei Wolff [53] nicht viel anders. Er verbindet damit jedoch einen anderen Anspruch. Die Methode der Wissenschaft sei nichts anderes als die Methode des logischen Denkens, und diese sei auch die beste pädagogische Methode. Wissenschaft und Pädagogik gehen methodisch in Logik auf. Dann ist es naheliegend, auch die wissenschaftliche und die didaktische Systematik gleichzusetzen. Das heißt konkret: die Darstellung richtet sich nach dem wissenschaftsimmanenten Zusammenhang und nicht nach dem Verwendungszusammenhang. Die Maschine steht nicht am Anfang, wie noch manchmal bei den Sturms, sondern wird zur Anwendung. Didaktik ist nicht mehr bloß Vermittlungsökonomie, sondern übernimmt die Aufgabe der Systematisierung und Rechtfertigung des Wissens.

Es ist nicht übertrieben, wenn man die Mathematikbücher in diejenigen vor und nach Wolff einteilt. Seine Lehrart und der mit ihr verbundene systematische Anspruch sind bis zum Ende des Jahrhunderts bestimmend geblieben. Karsten (1790[3]) bestimmt die Methode der Mathematik ganz im Wolffschen Sinne, wenn er meint, sie sei „von einer richtigen philosophischen Lehrart ... nicht verschieden. Man fängt, wo es nöthig ist, von Erklärungen an, und setzet hiernächst ungezweifelt richtige Grundsätze fest. Aus den Erklärungen und Grundsätzen werden hiernächst alle übrige zur Wissenschaft gehörige Lehren durch richtige Vernunftschlüsse hergeleitet." Am Anfang stehen Definitionen und Axiome. Dann folgen in voraussetzungsgebundener Reihenfolge Lehrsätze (mit Beweis) und Aufgaben (sprich Konstruktionsprobleme mit Lösung und evtl. Beispielen). Die Lehrsätze enthalten eher die physikalischen Grundlagen, die Aufgaben sind Formulierungen technischer Problemstellungen. Dazwischen werden, wenn nötig, neue Definitionen und Axiome oder Erfahrungen eingestreut und ab und zu noch Anmerkungen und Zusätze. Diese einzelnen Elemente des Lehrverfahrens werden streng voneinander getrennt und entsprechend bezeichnet.

Soweit gibt es keine Unterschiede zwischen Wolff und seinen Nachfolgern Kästner und Karsten. Aber im Detail sieht die Lehrmethode bei ihnen doch recht anders aus. Nicht nur, daß Wolff das mathematische Schließen mit dem syllogistischen gleichsetzt, wogegen Karsten sich ausdrücklich verwahrt. Wichtiger sind die Unterschiede in der Frage der Grundlegung des Systems. Bei Wolff sind die Grundlagen überwiegend Nominal- und Realdefinitionen und einige Axiome, die als evident gelten können. Kästner (1765[2]) führt wesentlich häufiger Erfahrungstatsachen als Grundlagen an, darunter auch elaborierte Experimente (zum Beispiel Newtons Prismenexperiment). Gegen a priori gewonnene Grundsätze ist er skeptisch. Er meint, er wolle einen Lehrsatz lieber „aus einer einfachen Erfahrung herleiten, als Sätze, die für Grundsätze nicht offenbahr genug scheinen, ... annehmen." Karsten (1790[3]) schließlich formuliert klipp und klar: „Erfahrungen werden den Grundsätzen gleich geachtet" und meint damit tatsächlich jede gesicherte experimentelle Erfahrung, nicht nur die einfachen und evidenten. Die angewandte Mathematik, die von den Cartesianern als (weitmöglichst) apriorische Wissenschaft konzipiert worden war, ist damit zu einer Erfahrungswissenschaft geworden.

Damit einher geht das Eindringen des Experiments in den Unterricht der angewandten Mathematik. Büsch (1795[2]) klagt zwar noch am Ende des Jahrhunderts, daß die Mathematiker das Experiment fast ganz der Physik überließen. Aber das galt wohl nur für die Universitäten, an denen auch experimentalphysikalische Vorlesungen gehalten wurden und die schwierigere angewandte Mathematik häufig nach diesen und nur von wenigen Studenten gehört wurde. An den höheren Schulen waren die Lehrer mit ausreichender Fachbildung gegenüber dem Experiment aufgeschlossen, und wenn trotzdem an den meisten Schulen wenig experimentiert wurde, dann weniger mangels guten Willens als wegen fehlender Geräte. Silberschlag (1768) hat eine relativ umfangreiche Liste der Geräte zusammengestellt, die er als „nothdürftigen Vorrath" bezeichnet.[54] Es sind überwiegend Funktionsmodelle einfacher Maschinen und Apparate sowie die wichtigsten der damals üblichen Meßgeräte. Das Experimentieren wird also eher eine anschauliche Gerätekunde gewesen sein. Es diente weniger der Begründung oder Erarbeitung des Stoffes als vielmehr der Veranschaulichung des erarbeiteten Stoffes zum Zwecke besseren Behaltens und der Auflockerung der abstrakten mathematischen Lehrweise. Silberschlag (1768) berichtet wohl über ein im Mathematikunterricht recht verbreitetes Verhalten der Schüler, wenn er meint: „sie schlafen so lange man demonstriret und wachen nicht eher auf bis man ein Experiment macht". Das Experiment soll zur Belohnung des Fleißes in der Mathematik dienen, aber nicht den Unterricht dominieren, damit sich nicht der Eindruck festsetze, in der angewandten Mathematik ginge es nur um „allerlei Experimente und Spielwerke". Karsten (1785[2]), der auch über „gähnen und einschlafen" der Studenten klagt, zieht übrigens für die Universitäten den entgegengesetzten Schluß; man solle Experimentalphysik und angewandte Mathematik sauber auseinanderhalten und letztere nur den motivierten Studenten vorbehalten.

Gegen Ende des Jahrhunderts beeinflußt die experimentelle Methode die Struktur der angewandten Mathematik immer mehr. Der streng deduktive Aufbau wird aufgegeben. Clemm (1764) und Karsten (1785[2]) behalten zwar das alte Schema von Definitionen, Axiomen, Sätzen und Beweisen noch bei, höhlen es aber sozusagen von innen aus. Clemm bringt als „Beweise" auch Experimente, ohne in irgendeiner Weise zwischen diesen und mathematischen Beweisen auf axiomatischer Grundlage zu unterscheiden. Die Experimente sind für ihn quasi Ersatz für zu schwierige Beweise. Karsten verzichtet auf formale Strenge und die Sprache der Mathematiker und bevorzugt eher den argumentierenden Stil der Physikbücher (ohne daß die gedankliche Strenge dadurch Einbußen erleidet). Mit dem Buch von Voigt (1794) ist die völlige Angleichung der angewandten Mathematik an die Physik im Darstellungsstil erreicht.

Im Laufe des 18. Jahrhunderts wandelt sich also das Verhältnis von angewandter Mathematik und Physik. Zu Anfang waren beide Fächer klar getrennt. Aber schon Johann Christoph Sturm hält diese strikte Trennung, die er selbst praktiziert, eigentlich für obsolet. Er plädiert für eine Aufteilung der angewandten Mathematik. Sie könne zum Teil der Physik, zum Teil der Kameralistik zugeschlagen werden. Die alte Trennung von Natur und Kunst hatte in einem Weltbild, das die Natur als einen Automaten, als Werk der göttlichen Kunst auffaßte, keinen Sinn mehr. Fast alle Lehrbuchautoren des 18. Jahrhunderts sind sich einig darin, daß eine Integration von Physik und angewandter Mathematik anzustreben sei, wenn sie auch recht unterschiedliche Auffassungen darüber vertreten, wie diese konkret auszusehen habe. Trotzdem existieren am Ende des 18. Jahrhunderts die beiden Fächer noch weitgehend unabhängig voneinander. Es kommt zunächst nur zu relativ begrenzten gegenseitigen Entlehnungen.

Wolff und seine Schule haben aus praktischen Gründen an der Fächertrennung festgehalten, in der Einsicht, daß eine Integration beiden Fächern nicht voll hätte gerecht werden können. Als Ideal schwebte ihnen die Mathematisierung aller Wissenschaften auf der Grundlage allgemeiner Bewegungsgesetze vor. Das war fürderhand weder für die angewandte Mathematik noch für die Physik möglich. Die eine war mathematisiert, jedoch ohne Zusammenhang mit den Grundlagen der Physik, in der anderen glaubte man, die Grundlagen zu kennen, war jedoch nicht in der Lage, darauf eine mathematische Beschreibung der Phänomene zu gründen. Also konnte ein Zusammenwachsen beider Disziplinen erst in der Zukunft erwartet werden.[55]

Im Gegensatz hierzu hielten die Newtonianer eine Integration beider Fächer für aktuell möglich und versuchten, sie zu verwirklichen. Die beiden Hauptwerke Newtons wurden als Beiträge zu den beiden klassischen physikbezogenen Teilgebieten der angewandten Mathematik angesehen, der Mechanik und der Optik. In ihnen schien die Integration gelungen: Ursachenanalyse und mathematische Behandlung kamen zusammen. Die Lehrbuchschreiber dieser Tradition betrachteten es als ihre Aufgabe, die Integration auch in den übrigen Gebieten der Physik weiterzutreiben.[56] Der Stoff der statischen und optischen Wissenschaften wird in verkürzter Form in die physikalischen Lehrbücher übernommen (wobei die Grundlagen gegenüber den ingenieurwissenschaftlichen Anwendungen bevorzugt werden) und dort an passender Stelle eingegliedert. Durch diese sehr langen Einschübe geraten die Proportionen der Bücher etwas durcheinander. Die Darstellung ist nicht mehr so streng wie in der angewandten Mathematik.

Für den heutigen Leser ist auffällig, wie wenig mathematische Argumentationen in diesen Büchern vorkommen (jedenfalls außerhalb der statischen und optischen Wissenschaften), obwohl sie ausdrücklich versprechen, eine mathematisierte Physik zu liefern und viele Zeitgenossen das auch so empfunden haben. Das beruht auf einer anderen Auffassung dessen, was Mathematisierung zu leisten habe. Für die Newtonianer besteht sie nicht in erster Linie im dekuktiven Aufbau von Theorien, sondern im messenden Experiment. Mathematisierung heißt, die Natur unter Maß und Zahl zu bringen. Das Vorgehen dabei ist induktiv. Ausgangspunkt ist das Experiment, und auch während der Argumentation wird immer wieder auf Experimente Bezug genommen. Zwar wird oft auch geometrisch argumentiert, aber dabei handelt es sich selten um streng durchgeführte Beweise, sondern eher um geometrische Veranschaulichungen, oft nur halbquantitative. Von der formalen Strenge und den deduktiven Systemen der angewandten Mathematik Wolffscher Prägung ist nicht mehr viel zu spüren. Der theoretisch-systematische Aspekt wird unterschätzt. Die hier versuchte Integration von angewandter Mathematik und Physik unter empiristischem Vorzeichen geht also auf Kosten wesentlicher Momente der angewandten Mathematik. Sie hat das Fach angewandte Mathematik nicht gefährden können. Karsten (1783) hat sich vehement gegen die Verwischung der Grenzen zwischen angewandter Mathematik und Physik in diesen Büchern gewandt. Das Mathematische werde darin „ganz entstellt". Es fehle der Darstellung der „eigenthümliche Charakter der Evidenz".[57]

Schließlich hat die newtonische Physik nicht die angewandte Mathematik in sich aufgenommen, sondern wurde im Gegenteil unter dem Einfluß der angewandten Mathematik weitgehend verändert. Es entstand die mathematische Physik des Instrumentalismus, die von Frankreich ausgehend in Deutschland schnell Einfluß gewann.[58]

Instrumentalistische Tendenzen sind der angewandten Mathematik sozusagen per definitionem eigen: Sie fragt nicht nach Ursachen oder nach dem Wesen der Dinge, sondern setzt ihre Grundlagen als Definitionen und Axiome allein nach Zweckmäßigkeitsüberlegungen und aufgrund des Erfolges. Sie kümmert sich nicht um Ontologie, sondern produziert Regeln technischen Handelns.

Was ursprünglich eher eine Abwertung zur bloßen „Kunst" war, konnte mit den zunehmenden Erfolgen der Technik zum Moment eines eigenen Selbstbewußtseins werden. Die Unbezweifelbarkeit technisch-mathematischen Wissens kann dann der Unsicherheit physikalischer Ursachenerkenntnis gegenübergestellt werden. Schon der jüngere Sturm (1710) mokiert sich über die Grundlagenstreitereien der Physiker und hält sie dem Fach als Defizit vor: „wie es in physicis zu gehen pfleget". Kästner (1792[4]) bezweifelt überhaupt den Sinn physikalischer Ursachenerkenntnis: „wenn man noch ein Exempel wüsste, daß Naturlehrer Wahrheit gefunden haben wo der Mathematikverständige sie nicht finden konnte". So weit sind andere Mathematiker nicht gegangen, insbesondere wenn sie wie Johann Christoph Sturm, Wolff oder Karsten selbst Physiker waren.

Instrumentalistische Tendenzen kann man hier und da auch beim Umgang mit Modellvorstellungen beobachten. Es gehörte zur Tradition, Modelle rein kalkulatorisch, ohne ontologischen Anspruch, zu verwenden. Dies wurde insbesondere bei Fragen des Weltbildes in Anspruch genommen.[59] In diesem Sinn empfiehlt Hederich (1754[7]) das tychonische Weltbild, weil es mathematisch mit dem kopernikanischen gleichwertig sei, aber keinen Gegensatz zur Bibel bilde, obwohl er das kopernikanische als das „vernunftmäßigste" betrachtet. Der jüngere Sturm verwendet in der Optik die auf Descartes' Tennisballmodell beruhenden Beweise seines Vaters aus didaktischen Gründen weiter, obwohl er dies Modell explizit für falsch erklärt.

Gegen Ende des 18. Jahrhunderts wird der Mathematisierung der Physik, die bis dahin zwar oft gefordert, aber selten praktiziert worden war, in der Universitätslehre mehr Aufmerksamkeit gewidmet. Angewandte Mathematik und Expermentalphysik werden öfters aufeinander bezogen; auf die experimentelle Grundvorlesung folgt als Fortgeschrittenenkurs die angewandte Mathematik. Nachdem auch Elektrizitätslehre, Magnetismus und Wärmelehre in Teilen eine mathematische Behandlung erfahren hatten, wird etwa ab 1820 zwischen theoretischer und experimenteller Physik unterschieden. Der Begriff „angewandte Mathematik" verliert seine Bedeutung.

Damit einher geht eine Trennung der Ingenieurwissenschaften von der theoretischen Physik, die bis dahin unter dem Dach der angewandten Mathematik eine Einheit gebildet hatten. Büsch (1795[2]) unterscheidet die bis dahin synonym verwendeten Begriffe „mathesis applicata" und „mathesis mixta", um den mehr physikalischen und den mehr technischen Teil des Faches zu kennzeichnen. Den Anwendungsbezug, der bis dahin das ganze Fach gekennzeichnet hatte, behalten nur die Ingenieurwissenschaften. In die Physikbücher geht nur der allgemeine Teil der mathesis applicata ein, nicht die Maschinenlehre.

Im Schulunterricht hat die angewandte Mathematik als Teil der Mathematik allerdings noch recht lange ein rudimentäres Dasein geführt. Noch in Wieses Realschullehrplänen von 1859 werden Statik und Mechanik (und nur diese) der Mathematik zugerechnet.

2.4 Die populärwissenschaftliche Literatur

„Die Naturlehre .. läßt es uns nie an Stof zu lehrreichen und angenehmen Gesprächen in Gesellschaft fehlen, und wird uns stets in den Stand setzen, eine nützliche Unterredung anzufangen und stundenlang fortzusetzen und zu unterhalten". Mit diesen Worten will Atze (1785[2]) die Damen aus gehobenem Stande, für die er seine „Naturlehre für Frauenzimmer" geschrieben hat, davon überzeugen, daß sich das Lesen lohne. Und damit das Lesen angenehm sei und nicht zu anstrengend werde, rahmt er die Physik mit einem Kranz aus empfindsamen, schwärmerischen oder erbaulichen Naturbetrachtungen ein. Sich unterhalten lassen und dabei etwas lernen, womit man andere unterhalten kann, das ist die vorrangige Motivation der Leser populärwissenschaftlicher Physikbücher im 18. Jahrhundert. Die Autoren der Bücher hatten sich an diesen Erwartungen zu orientieren, auch wenn sie darüber hinausgehende Ziele verfolgten, z.B. physikotheologische (wie etwa Helmuth 1794[2]). Im 18. Jahrhundert war die Physik Gesprächsthema in den Salons. Wer etwas darauf hielt, als Gebildeter zu erscheinen, glänzte gern auch mit einigen physikalischen Kenntnissen. Die Voraussetzungen für die Popularität des Faches waren nie wieder so günstig; es gab genügend wissenschaftliche Neuigkeiten von durchaus spektakulärem Charakter, und diese präsentierten sich in allgemein verständlichem, ja sogar unterhaltsamem Gewand.

Die Frage des Weltbildes war immer noch aktuell. Zwar war der Heliozentrismus relativ unumstritten, aber ob der Weltbau eher nach cartesischer oder newtonischer Manier zu erklären sei, war ein sehr kontroverses Thema. Von noch größerer Faszination waren einige Fragen, die sich nach der heliozentrischen Wende in ganz neuer Weise stellten: die Frage nach der Natur der Kometen, die nun nicht mehr als meteorologisches Phänomen aufgefaßt werden konnten, und die Frage nach der Ähnlichkeit der übrigen Planeten mit der Erde, nach ihrer Bewohnbarkeit.

Wichtiger als die Kosmologie war für die Popularisierung der Physik im 18. Jahrhundert jedoch die Elektrizitätslehre. Sie war die Modewissenschaft und bestimmte weitgehend das Bild der Physik in der Öffentlichkeit. Sie erschloß einen völlig neuen, geheimnisvollen Erfahrungsbereich. Sie hatte interessante und wichtige Anwendungen: den Blitzableiter, die elektrische Therapie von Krankheiten. Sie erlaubte eine Vielzahl attraktiver Schauexperimente, und die Physiker wurden nicht müde, immer wieder neue zu ersinnen; Experimente, die vom physikalischen Standpunkt betrachtet oft überflüssig, ja verschleiernd waren, aber ihre Wirkung auf das Publikum nicht verfehlten. Experimente, wie der „elektrische Kuß" oder die „Bosesche Beatifikation"[60] waren überall bekannt. Sie sorgten dafür, daß die Physik den Ruf einer Art experimentellen Gesellschaftsspiels erhielt, sehr unterhaltsam und manchmal auch leicht frivol.

Auch technische Entwicklungen haben zur Popularität der Physik beigetragen. Allerdings war es nicht die Dampfmaschine, die die größte öffentliche Aufmerksamkeit erregte, sondern der schon genannte Blitzableiter und die Montgolfiere. Besonders die letztere wird geradezu euphorisch als Triumph der Wissenschaft gefeiert.

Es überrascht nicht, daß ein Leitmotiv der wissenschaftlichen Physik des 18. Jahrhunderts in der populären überhaupt keine Rolle spielt: die Mathematisierung. Zu Anfang des Jahrhunderts mochte dies noch angehen. Besonders in den neuen Wissenschaften von der Wärme, der Elektrizität und dem Magnet war der größte Teil der Forschungsergebnisse in allgemeinverständlicher Form vermittelbar, ohne daß dabei Wesentliches verlorenging. Populärwissenschaft konnte auf der Höhe der rezenten Forschung sein. Zu Ende des Jahrhunderts hatte sich dies geändert. Der Autor eines populärwissenschaftlichen Werkes stand nun vor der Wahl, entweder ganze Teile gerade der neuesten physikalischen Forschung weglassen zu müssen oder seine Leser in einem Maße der Anstrengung des Begriffs zu unterziehen, die mit dem unterhaltenden Charakter des Werkes unvereinbar war. Die Populärwissenschaft des 18. Jahrhunderts ist gerade dadurch gekennzeichnet, daß Aktualität und Unterhaltungswert zusammenkommen. Sobald dies nicht mehr der Fall war, verlor die Physik ihre Attraktivität als Gesprächsthema der Gesellschaft, und Populärwissenschaft wurde zur Sache der speziell Interessierten und der Kinder.

Der älteste Typus unterhaltsamer Populärwissenschaft sind die Bücher zur „natürlichen Magie", Sammlungen von Experimenten und Kuriositäten ohne systematischen Anspruch, oft sogar ohne den Anspruch, überhaupt etwas aus der Physik lehren zu wollen, reine Unterhaltungskunst, die sich auch dazu bekennt. Das Spektrum des Gebotenen reicht von ernsthaften physikalischen Experimenten über die typische Schauphysik, wie die verschiedenen elektrischen Wunder und die Experimente mit der Vakuumpumpe, bis zu Zauberkunststücken, Tricks und Taschenspielerei. Der Physiker erscheint hier als Magier, der mit natürlichen Kräften systematisch und reproduzierbar „zaubert".

Entstanden im 17. Jahrundert als literarisches Pendant der barocken Kuriositätenkabinette, erlebt die Gattung ihren Höhepunkt in der zweiten Hälfte des 18. Jahrhunderts in den vielbändigen Sammelwerken von Halle (1784ff.) und Wiegleb (1779ff.), in denen die Vielzahl der Kuriositäten und Wunder mit geradezu wissenschaftlicher Akribie zusammengetragen ist. Aus solchen Publikationen entnahmen die wandernden Physiker-Schausteller ihr Material, die dem Volk auf Märkten physikalische Belustigung darboten (Kosmann 1796). Und auch die honorierten Privatvorlesungen mancher Professoren waren mehr auf derartige experimentelle Unterhaltung als auf ernsthafte Vermittlung von Kenntnissen angelegt. Nachdem die physikalischen Belustigungen ihre Publikumswirksamkeit eingebüßt hatten, blieben derartige Sammlungen von Kunststücken nur als Bücher für Kinder attraktiv.[61]

Einen stärkeren Bezug zum physikalischen Lehrbuch hat die literarische Populärwissenschaft, die sich an die literarisch gebildete Oberschicht wendet und Wissenschaftlichkeit mit Unterhaltsamkeit zu verbinden trachtet. Das Genre entstand im 17. Jahrhundert in Frankreich. Das erste Werk mit durchschlagendem Erfolg waren Fontenelles „Dialogen über die Mehrheit der Welten" (1686).[62] Auch in Deutschland wurden die bekannten französischen Werke viel gelesen. Französisch war die Sprache der Gebildeten. Die französische Literaturszene wurde genau verfolgt. Bücher, von denen man sprach, wurden oft auch ins Deutsche übersetzt.[63]

Charakteristisch für diese Bücher ist der Versuch, die Physik durch literarische Mittel unterhaltsam zu präsentieren. Dadurch unterscheiden sie sich formal am deutlichsten von den Lehrbüchern. Sie sind in der Form eines Dialogs, einer Serie von Briefen oder einer Erzählung mit Rahmenhandlung geschrieben. Als Leser hatten die Autoren besonders die gebildete Dame oder das junge Mädchen aus besseren Kreisen im Auge, die, unabhängig davon, ob sie eine der wenigen höheren Mädchenschulen besuchen konnten oder von Hauslehrern unterrichtet worden waren, nur eine weitgehend literarisch ausgerichtete Bildung genossen hatten, aber auch an naturwissenschaftlichen Salongesprächen teilnehmen wollten. Oft wendet sich schon der Titel an die Dame als Leserin (Fontenelle 1780, Algarotti 1745, Unzer 1767[2], Euler 1769, Atze 1785[2], Helmuth 1794[2], Fladung 1831). Die literarische Form war auch geeignet, bei den Leserinnen von vornherein Vertrautheit zu schaffen, so daß der Gedanke an schwierige philosophische Fragen nicht so leicht aufkam. Von den speziell für Frauen geschriebenen Büchern hatte eines auch eine Frau als Verfasserin: Johanna Charlotte Unzer (1767[2]), die damit zur ersten Frau wurde, die in Deutschland über physikalische Gegenstände publizierte.[64] Der physikalische Teil ihres Philosophiebuches ist eine Popularisierung des Lehrbuches ihres Vetters Johann Gottlob Krüger. Dessen Vorwort zu ihrem Buch zeugt davon, daß eine derartige naturwissenschaftlich-philosophische Frauenbildung durchaus nicht als selbstverständlich angesehen wurde, sondern auf den Argwohn der Männer stieß. Krüger spricht von der „Tyranney" des männlichen Geschlechts, die den Frauen den Zugang zur Philosophie verwehre, und meint, manche würden ein Philosophiebuch für Frauen wohl „für eine Kriegserklärung ansehen". Ironisch fragt er, was denn wohl geschehen werde, wenn die Frauen auf den Gedanken kämen, Prediger, Advokaten oder Ärzte zu werden, anstatt den Staat mit Kindern zu versorgen und ihren Ehemann zu erheitern. Populärwissenschaft für Frauen war ein Moment der Emanzipation.

Die literarischen Formen der Bücher sind verschieden. In der Dialogform ließ sich am besten die geistvolle Konversation der Salons simulieren. Die bekanntesten Beispiele sind Fontenelle (1780) und Algarotti (1745). Beide Bücher sind nach dem gleichen Muster aufgebaut. Eine Marquise wird von einem physikalisch bewanderten Herrn (einem gebildeten Kavalier bzw. einem Philosophen) in die physikalischen Tagesthemen eingeführt. Das Gespräch findet in einem Schloßpark statt, also in einer zugleich naturnahen und amourösen Umgebung. Das ganze Ambiente und die vielen galanten bis frivolen Abschweifungen lassen eher an einen Liebesroman denken als an ein Physikbuch. Zwischendurch unterhält man sich auch über schöne Literatur oder über irgendwelche amüsanten Belanglosigkeiten. Die physikalischen Themen werden in diesen unterhaltenden Rahmen eingestreut. Es wird nicht versucht, eine Systematik herzustellen. Den Autoren geht es in erster Linie um die Darstellung eines bestimmten Weltbildes, bei Fontenelle des cartesischen, bei Algarotti des newtonischen. Fontenelle behandelt überwiegend astronomische Themen. Dabei spielt das Leben auf anderen Weltkörpern eine große Rolle. Die Grenze zwischen science und science fiction wird häufig überschritten, ohne daß dies dem Leser klargemacht würde. Algarottis Buch ist sozusagen gegen Fontenelle, vom newtonischen Standpunkt aus geschrieben. Hier nimmt auch die Optik breiten Raum ein. Beide Autoren machen keinen Versuch, die Methoden und Denkweisen der Physik zu vermitteln. Es werden nur Ergebnisse geschildert, auch experimentelle Belege angeführt, aber es wird kaum physikalisch argumentiert. Das liegt sicher auch an der gewählten literarischen Form: Im Dialog zwischen einem Lehrenden und einem Lernenden kann man längere, abstrakte Gedankengänge kaum lebendig und unterhaltend darstellen. Die vorausgesetzte Asymmetrie im Wissen der Gesprächspartner ließe den Dialog zwangsläufig zu einem Monolog entarten.

Das bekannteste und wohl auch am besten gelungene populärwissenschaftliche Werk in Briefform sind Eulers „Briefe an eine deutsche Prinzessin". Die französische Originalfassung wurde zweimal ins Deutsche übersetzt (1769ff., 1792ff.) und erlebte noch im 19. Jahrhundert viele Neuauflagen.[65] Der Stil des Buches hat in Deutschland mehrere Nachahmer gefunden (Ebert 1776ff., Helmuth 1794[2], Hube 1801[2]). Auch Euler versucht, in den Briefen ein bestimmtes Weltbild zu vermitteln, seine eigene, in der Tradition der rationalistischen Physik stehende Neuformulierung der Äthertheorie. Der größte Teil der Briefe ist der Optik gewidmet. Als gegen Ende des Jahrhunderts die Wellentheorie des Lichts kaum noch Anhänger hatte, hat der Autor der zweiten deutschen Übersetzung, Friedrich Kries, das Werk „modernisiert", indem er eine Reihe von Briefen über Newtons Emissionstheorie des Lichts hinzufügte und dafür die Briefe über die metaphysischen Grundlagen der Physik wegließ.

Der dritte literarische Typus der Populärwissenschaft schließlich sind Werke, die auf eine besondere literarische Form verzichten und versuchen, den Leser allein durch die Erzähltechnik zu fesseln. Das Inhaltsverzeichnis kann dann aussehen wie bei einem Lehrbuch. Wie groß der Unterschied zum Lehrbuch trotzdem sein konnte, zeigt das bekannteste dieser erzählenden Physikbücher, Voltaires „Eléments de la philosophie de Neuton", (1738),[66] das sich als Popularisierung der Lehrbücher der älteren newtonischen Tradition (Desaguliers, Pemberton, 's Gravesande, Musschenbroek u.a.) versteht. Schon durch den eleganten, betont literarischen Stil hebt sich Voltaire von den eher nüchtern-trockenen Lehrbuchtexten ab. Weiterhin versucht er, durch Orientierung seines Textes an der Wissenschaftsgeschichte Elemente von Handlung in die Darstellung zu bringen. Das gibt ihm auch Gelegenheit, seinen beißenden und höchst vergnüglich zu lesenden Spott an den Cartesianern auszulassen. In der Tendenz ähnlich, jedoch lehrhafter, ist das Buch von Unzer (1767[2]). Andere Autoren bevorzugen andere Erzähltechniken. Fladung (1831) gibt den Kapiteln seines Buches eine Art Rahmenhandlung, indem er an Begebenheiten aus dem Alltag seiner jungen Zuhörerinnen anknüpft. Atze (1785) verbindet den Stoff mit persönlichen Anschauungen und Empfindungen, teils ästhetisierender, teils moralisierender Art. Der Verstand soll auf dem Umweg über das Herz angesprochen werden, das Naturgefühl die Naturerkenntnis befördern. Schulz (1790/94), der seinen Lesern die Harmonie der Natur nahebringen will, um zu religiösem und tugendhaftem Leben anzuleiten, schreibt empfindsame Predigten.

Zusammenfassend kann man sagen, daß die populärwissenschaftlichen Werke des 18. Jahrhunderts sich zu den Lehrbüchern verhalten, wie das Feuilleton einer Tageszeitung zum berichtenden Teil. Die besten Beispiele sind unterhaltend und geistvoll zugleich, Naturwissenschaft in literarischer Gestalt. Wenn die Bücher auch belehren wollen, so versuchen sie doch, jeden lehrhaften Anstrich zu vermeiden. Die Autoren wollen ein bestimmtes Weltbild vermitteln und bevorzugen diejenigen Themenbereiche, die ihnen dafür wichtig erscheinen. Physikotheologische und praktische Motive treten meist zurück. Einblicke in die Methoden und Denkweisen der Physik und Anhaltspunkte zur kritischen Bewertung von Theorien erhält der Leser aus den meisten dieser Werke in weit geringerem Maße als aus den besseren Lehrbüchern.

Ursprünglich wandten sich die populärwissenschaftlichen Bücher an den gebildeten Erwachsenen. Seit Ende des 18. Jahrhunderts erscheinen jedoch auch Physikbücher für Kinder und Jugendliche. Die relativ große Zahl der Publikationen dieser Art zeigt, daß hier ein Bedarf herrschte. Es ist kein Zufall, daß zur gleichen Zeit die Zahl der Physikbücher für das elementare Schulwesen, von denen es bis dahin nur wenige gab, sehr stark anwächst. Besonders durch Basedows „Elementarwerk" (1774) war die Forderung populär geworden, einen elementaren naturwissenschaftlichen Unterricht schon in jüngerem Alter einsetzen zu lassen. Die Populärwissenschaft hat sich an diesen Trend angehängt. Ebert (1776ff.), der als erster mit einer entsprechenden Bearbeitung seiner für das gelehrte Schulwesen bestimmten Werke (mit ähnlich aufwendigen Kupferstichen wie das „Elementarwerk") in die neue Marktlücke hineinstößt, bezieht sich ausdrücklich auf Basedow und führt dessen Töchterchen Emilie als Beispiel für die Möglichkeit eines solchen Unterrichts an.

Eigentlich handelt es sich bei diesen Büchern um Lehrbücher im populärwissenschaftlichen Gewand. Ihr primärer Verwendungszweck war der private Unterricht für Kinder der gehobenen Schichten durch einen Hauslehrer. Dementsprechend ist als literarische Form die Unterhaltung eines Hofmeisters mit seinem Zögling beliebt. Außer von Eltern und Erziehern sind die Bücher auch von Elementarschullehrern zur Unterrichtsvorbereitung benutzt worden, da sie meist im Umfang etwas mehr boten als die Elementarschulbücher.[67]

Normalerweise wurden die Bücher den Kindern oder Jugendlichen vorgelesen bzw. zusammen mit ihnen gelesen und erklärt. Für selbständige Lektüre durch die Kinder sind sie nicht gedacht. Viele der Bücher sind alles andere als kindgemäß. Ebert (1776ff.) mutet 10- bis 12jährigen Kindern ein begriffliches Abstraktionsniveau zu, das dem seiner Bücher für das gelehrte Schulwesen kaum nachsteht, ähnlich Jänichen (1800), bei dem die stereotyp wiederholte Anrede „liebe Kinder" oft das einzige ist, was an die Adressaten erinnert. Bestimmte methodische Konzeptionen sind in den meisten Büchern nicht zu entdecken, wenn man nicht den Versuch, verständlich zu schreiben und dann und wann an die Umwelt der Kinder anzuknüpfen, schon als solche werten will. Mayer (1791) versucht, die Kapitel seines Buches so anzulegen, daß eine fortschreitende Durchdringung des Stoffes gewährleistet ist: er beginnt mit populärem Vortrag, führt danach Fachtermini ein, erläutert den Gegenstand mit Beispielen und Aufgaben mit angegebener Lösung, stellt sodann Aufgaben, die von den Kindern zu lösen sind, und schließlich sollen die Kinder selbst Beispiele zum Thema finden.

Derartige Überlegungen sind jedoch die Ausnahme. Meist wird die Darstellung in den Büchern ausschließlich durch die Anlehnung an die literarischen Formen der Populärwissenschaft für Erwachsene bestimmt. Ebert wählt in seinen beiden Büchern einmal die Briefform (1776ff.), einmal die

Dialogform (1804). Mayer (1791) schreibt einen anfangs recht lebendigen Dialog, der jedoch mit wachsender Schwierigkeit des Stoffes immer mehr zum Monolog entartet. Schütz (1795) wählt die Unterhaltung eines Vaters mit mehreren Kindern, um mögliche Einwände der Kinder besser beantworten zu können. Später wird die erzählende Form beliebter (Schulz 1793, Klügel 1794, Lippold 1814), insbesondere das Einschieben interessanter oder schrecklicher Begebenheiten, die mit dem Stoff im Zusammenhang stehen, ganz ähnlich wie in den Schulbüchern.[68]

Insgesamt ist die Nähe zum Schulbuch trotz der literarischen Form groß. Schütz (1795) und Jänichen (1800) glauben, ihre Bücher auch für den Schulgebrauch empfehlen zu können. Fast alle Autoren orientieren die Gliederung an der wissenschaftlichen Systematik. Die Darstellung ist durchweg mehr lehrhaft als anregend.

Besonders deutlich wird der Lehrbuchcharakter bei der Angabe der Ziele, die die Autoren mit ihren Werken erreichen wollen. Das Vergnügen der Kinder wird recht selten genannt, fast immer aber die Förderung des Glaubens und die Bekämpfung des Aberglaubens, manchmal auch der technisch-praktische Nutzen. Die sittlich-religiöse Erziehung steht im Vordergrund.

Eine physikalische Literatur für Kinder und nach dem Geschmack von Kindern entstand erst zu Beginn des 19. Jahrhunderts. Die bekanntesten Werke waren wohl die von Höpfner (1801ff.), Vieth (1801ff.) und Poppe (1811ff.). Die Werke von Höpfner und Vieth sind aufeinander bezogen, das erste ist für 8- bis 12jährige, das zweite für 10- bis 15jährige gedacht. Poppe liegt im Anspruchsniveau etwa dazwischen. Höpfner ist, dem Alter der Kinder entsprechend, ein Buch zum Vorlesen. Vieth und Poppe sind für selbständige Lektüre der Jugendlichen gedacht. Die Werke unterscheiden sich von den vorhergehenden vor allem dadurch, daß sie auf sittlich-religiöse Belehrung und andere pädagogisch motivierte Zielsetzungen völlig verzichten und einfach versuchen, Physik in unterhaltender Form zu präsentieren. Vieth beschreibt seine Intentionen folgendermaßen: „Materien aus der Natur, dem gemeinen Leben, der Sphäre der Kinder, faßlich und sinnlich erklären, und in kleinen Portionen in Form von Gesprächen, Erzählungen, Kunststücken, Briefen vortragen". Höpfner wehrt sich vehement gegen die Unterstellung eines Rezensenten, seine Dialoge seien als sokratischer Unterricht gemeint. Er will unterhalten, nicht sokratisch unterrichten. Das Stichwort heißt Abwechslung. Auf Systematik wird verzichtet, um Abwechslung in die Abfolge der Themen zu bringen. Die behandelten Themen sind für Kinder interessant. Eine Auswahl aus Höpfner: Wie leben die Einwohner der kalten Länder? Von der Stimme der Tiere. Der Resonanzboden des Klaviers. Sind Amphibien giftig? Elektrische Fische. Körper, die im Dunkeln leuchten... Eine große Rolle spielt im Unterschied zu den vorhergenannten Büchern das Experiment. Das gilt besonders für Poppe, der jedem Band noch eine Sammlung zugehöriger „belustigender und unterhaltender Kunststücke" anfügt und durch genaue Erklärungen zum Nachahmen animiert. Das Bemühen, Abwechslung zu bieten, zeigt sich auch in der Form der Darstellung, insbesondere im Wechsel der literarischen Form zwischen Dialog und Erzählung. Zusätzlich wird versucht, den Stoff jedes Kapitels mit einer interessanten Episode einzuleiten oder in eine Rahmenhandlung einzubetten. Insgesamt sind die literarischen Mittel dieselben wie in der Populärwissenschaft des 18. Jahrhunderts für Erwachsene. Sie werden jedoch weniger stereotyp eingesetzt.

Die genannten Werke waren sehr erfolgreich. Das sieht man schon an der großen Zahl der jeweils erschienenen Bände. Bei Höpfner und Poppe sind es je sechs, bei Vieth sogar zehn, alle im Umfang von 200 bis 300 Seiten. Die Lehrbücher für die Altersstufe bestehen demgegenüber nur aus einem oft wesentlich schmaleren Band. Höpfner und Vieth haben aufgrund der guten Verkaufszahlen ihrer ersten Bände weitere, ursprünglich nicht geplante, dazugeschrieben. Allerdings ist besonders das Werk von Vieth nicht nur von Jugendlichen gelesen worden, sondern hat auch vielen Elementarschullehrern bei der Unterrichtsvorbereitung geholfen. Es war anspruchsvoller, kompetenter und dabei verständlicher und anschaulicher als die speziell für „das Volk und seine Lehrer" geschriebenen Bücher. Die letzten Bände sind auf dem Anspruchsniveau gymnasialer Lehrbücher und bringen auch mathematische Beweise (mit der hübschen Begründung, die Kinder, die mit dem ersten Band angefangen hätten, seien ja nun so weit herangewachsen, daß man ihnen auch etwas Anspruchsvolleres vorsetzen sollte).

Bei Vieth wird implizit auch etwas über Methoden und Denkweisen der Physik vermittelt (vom Standpunkt eines instrumentalistisch gefärbten Empirismus aus). Ansonsten ist dieser Bereich in der populärwissenschaftlichen Literatur für Jugendliche genauso wenig repräsentiert wie in der für Erwachsene.

Der Charakter der Populärwissenschaft für Erwachsene änderte sich zu Beginn des 19. Jahrhunderts grundlegend. Die Physik hatte ihren Ruf als unterhaltsame Wissenschaft verloren und galt als eher schwierig und abstrakt. Auch war das Verhältnis der Gebildeten zur Unterhaltung nicht mehr so unverkrampft. Die populärwissenschaftlichen Bücher werden zu Lehrbüchern für Erwachsene. Sie wenden sich nicht mehr in erster Linie an die Oberschicht, sondern an ein bürgerliches Publikum. Sie sind nicht mehr zur Unterhaltung geschrieben, sondern dienen einer berufsbezogenen Erwachsenenbildung.

Solche Bücher hatte es im 18. Jahrhundert noch kaum gegeben. Handwerker und Gewerbetreibende waren nicht daran interessiert, Physik in zusammenhängender Form zu lernen. Wenn das gemeine Volk überhaupt etwas aus der Physik erfuhr, dann am ehesten aus physikotheologischen Schriften oder aus Hausbüchern mit Ratschlägen für alle Lebenslagen. Den meisten erschien physikalisches Wissen für die Erfordernisse ihres Berufes nicht viel zu nützen. Im Unterschied zu England, den Niederlanden und Frankreich gab es auch am Ende des Jahrhunderts nur wenige hochqualifizierte Handwerker und kaum Ansätze zu manufakturartiger Umgestaltung der Handwerksbetriebe. Physikalische Präzisionsinstrumente z.B. wurden überwiegend importiert, weil es kaum qualifizierte Instrumentenmacher gab, während in London bereits die Serienfertigung begann. Hoyer (1828) schildert im Vorwort seiner Übersetzung des für Handwerker und Gewerbetreibende geschriebenen Physikbuches von Guilloud die Rückständigkeit der deutschen Handwerker: „Der Deutsche Handwerker ist im Ganzen noch gar zu weit zurück. Es fällt ihm gar nicht ein, auch glaubt er nicht, daß der Gelehrte je etwas von seinem mechanischen Treiben wisse, oder wissen könne. Es geht ihm, wie dem Bauer mit seiner Oeconomie - was der Vater that, thut der Sohn, unbekümmert, ob es je anders seyn könnte. Höchstens kauft der Deutsche Handwerker dann und wann ein Recept der Geheimniskrämerei, ... , wird betrogen, oder versteht die Anwendung desselben nicht."[69]

Der neue Stil der Populärwissenschaft kam aus England, wo die industrielle Entwicklung am weitesten fortgeschritten war. Er bildete sich in der Praxis der öffentlichen Vorlesungen über naturwissenschaftliche Themen heraus, die seit 1799 in der eigens zur Verbreitung naturwissenschaftlicher Kenntnisse gegründeten Royal Institution besonders gepflegt wurde. Manche der populärwissenschaftlichen Bücher sind aus solchen Vorlesungszyklen entstanden.[70]

Sie sind „für Leser aus jeder Classe berechnet" (Arnott 1829) und zielen auf die Vermittlung „gemeinnützlicher Kenntnisse". Sie widmen den Anwendungen der Physik viel Platz, informieren über die Konstruktion von Maschinen und über technische Neuerungen. In den älteren Büchern spielen auch physikotheologische Anwendungen noch eine Rolle (Adams 1798f.; Gregory 1798ff.). Die Art der Darstellung zeugt vom Bemühen um Allgemeinverständlichkeit. Der Stil ist weitläufig, mit Redundanzen und vielen Beispielen. Die Sprache ist einfach und ohne überflüssige Fachtermini. Alles wird durch Erfahrungen belegt und veranschaulicht, nicht nur durch im Detail geschilderte Experimente, sondern auch durch viele Naturbetrachtungen. Die Methode ist induktiv und auf Gesetzeswissen orientiert. An den tieferen Ursachen sind die Bücher nicht interessiert oder betrachten die Frage danach sogar mit Mißtrauen. Die philosophische Physik wird abgewertet. Es komme darauf an, „das Nützliche vom blos Speculativen abzusondern" (Gregory 1798).

Der hervorstechendste Unterschied zu den Lehrbüchern ist die Vermeidung alles Mathematischen. Die empiristische Grundeinstellung der Autoren läßt sie in der Mathematisierung ohnehin nur ein Additum zur Experimentalphysik sehen, das ohne wesentlichen Verlust entfallen kann. Arnott (1829) meint, „daß die mathematische Kenntniß, welche ein Jeder in der gemeinen Erfahrung von seiner Kindheit an sich aneignet, in Verbindung mit den Anfangsgründen der Physik, Chemie, und Kenntniß des Lebens, hinreichend ist, um dem Lernenden das Verständniß aller der großen Naturgesetze möglich zu machen, - fast eben so, wie die gleichzeitig angeeignete Sprachkenntniß, ohne das Studium der abstracten Grammatik, ihm für die Unterhaltung über alle gewöhnlichen Gegenstände ausreicht."

Zunächst erschienen in Deutschland vor allem Übersetzungen aus dem Englischen (Nicholson 1787/88; Gregory 1798/1800; Adams 1798/99; Millington 1825; Arnott 1829/31). Dann kamen auch ähnliche Werke deutscher Autoren hinzu (Friedleben 1821/23; Brandes 1830/32; v. Tscharner 1835[3]). Das bemerkenswerteste dieser Bücher sind Brandes' „Vorlesungen über die Naturlehre für Leser, denen es an mathematischen Vorkenntnissen fehlt" (1830/32), weil sie nicht nur eine Faktensammlung liefern, sondern auch um theoretischen Zusammenhang bemüht sind und in Methoden und Probleme der Experimentalphysik einführen. Das Buch hat manchen Autoren von Lehrbüchern für die mittlere Schulstufe als Quelle gedient.

Während diese Bücher in England tatsächlich breitere Schichten erreichten, richteten sie sich in Deutschland eher an ein gebildetes Publikum: den angehenden Medizinstudenten, der auf der Schule keinen ordentlichen Physikunterricht genossen hatte, den bloß literarisch gebildeten Privatlehrer. Für den einfachen Mann gab es ähnlich geschriebene, jedoch elementarere und kürzere Bücher. Schmerlers (1792) Buch ist aus sonntäglichen Vorlesungen für Lehrlinge hervorgegangen. Weinhold (1790) hat als Leser auch den Rittergutsbesitzer im Auge, der die Ökonomie seines Betriebes verbessern will und in dem er den „Lehrer des Bauers" und dörflichen Handwerkers sieht. In dem Pränumerandenverzeichnis, das dem Buch von Grimm (1803) beigegeben ist, kommen neben Beamten, Lehrern, Offizieren und Kaufleuten schon eine Reihe Handwerker vor.

Mit wachsender Bedeutung der technisch-industriellen Berufe konnte die Vermittlung einer praxisbezogenen physikalischen Bildung nicht mehr allein dem außerschulischen Bereich zugeordnet bleiben. Sie wurde zur Aufgabe des mittleren Schulwesens, das entsprechend ausgebaut wurde.[71] Hoyer (in Guilloud 1828) meint, nur durch praxisnahen Schulunterricht könnten die Verhältnisse von Gewerbe und Handwerk dauerhaft gebessert werden. Die Erwachsenenbildung sei da überfordert. - Die elementaren populärwissenschaftlichen Bücher werden den Lehrbüchern für die mittleren Schulen sehr ähnlich. Sie sind Lehrbücher, die Dank ausführlicher Darstellung auch zum Selbststudium geeignet sind (Süskind 1812; Guilloud/Hoyer 1828; Egger 1829; Poppe 1830, 1836, 1842; Leuchs 1830;[72] Birnbaum 1848). Sie sind nicht mehr zur Unterhaltung geschrieben, sondern zur Belehrung, und manche werden von ihren Autoren ausdrücklich auch zum Gebrauch in der Schule empfohlen. Später war Crügers „Schule der Physik" (1855³) das Standardwerk dieses Typs, ein Buch „für Schule und Haus".

2.5 Die Lehrbücher für das niedere Schulwesen

Das niedere Schulwesen hat sich erst im 17. und 18. Jahrhundert entwickelt. Zunächst kam es darauf an, wenigstens die Minimalanforderungen an einen regelmäßigen Unterricht für das Volk zu erfüllen. Die Kinder sollten im Sinne des christlichen Glaubens erzogen werden und Lesen, Schreiben und etwas Rechnen lernen. Es ist eher erstaunlich und zeugt von den hohen Erwartungen, die man mit den Naturwissenschaften verband, daß es schon einzelne Bestrebungen gab, sie auch als Unterrichtsgegenstände der niederen Schulen einzuführen. Dabei sind drei Wege vorgeschlagen worden, wie eine solche Einführung vonstatten gehen könnte: erstens durch Verbindung mit dem Sprachunterricht, zweitens durch Verbindung mit der religiösen

Unterweisung und drittens durch Einführung eines eigenständigen Unterrichts in den Realien.

Die Naturwissenschaften mit akzeptierten Lernbereichen zu verbinden, hatte zunächst sicher Vorteile. Sie wurden so in den anerkannten Bildungsauftrag der Schulen einbezogen, und die Lehrer konnten Methoden, die sie beherrschten, auf die neuen Unterrichtsgegenstände anwenden. (Leseunterricht, Katechese). Eine Zuordnung der Physik zum Rechenunterricht ist übrigens nie versucht worden. Die mathematisierte Physik blieb stets eindeutig eine Sache der höheren Schulen.

Im folgenden werden zunächst die drei Wege der Einführung von Realien behandelt. Danach folgen noch einige Bemerkungen zur Unterrichtsmethode, insbesondere zu den Anfängen eines experimentellen Unterrichts an den niederen Schulen.

a) Physikunterricht als Sprachunterricht

Die Verbindung des elementaren Sachunterrichts mit dem Sprachunterricht ist der Vorschlag des Comenius.[73] Allerdings hat er dabei die Lateinschule im Sinn, denn in seiner Muttersprachschule gibt es noch keine Physik. Seine „Janua linguarum reserata" (1631) und sein „Orbis pictus" (1658) sind Sprachlehrbücher und Sachbücher zugleich. Sie unterrichten in der Kunde von der Natur, dem makrokosmischen Werk Gottes (Physik), der Kunde vom Menschen, dem mikrokosmischen Werk Gottes und der Kunde von den Werken des Menschen (Mathematik, Technik, Morallehre...). Ähnlich geartet, jedoch stärker auf die Physik bezogen, ist Johann Joachim Bechers „Novum organum philologicum" (1674).

Aus den Büchern lernt man die Begriffe, mit denen die Naturdinge bezeichnet werden und zwar im systematischen Zusammenhang. Naturwissenschaftliche Bildung wird also als Benennen und Einordnen der Dinge aufgefaßt. Innerhalb der aristotelischen Physik, um die es hier geht, ist dieser Ansatz sinnvoll, ja sogar naheliegend. Das System der aristotelischen Physik war eine Begriffshierarchie.[74] Auch in der Universitätsvorlesung standen die Begriffe und ihre Definitionen im Mittelpunkt. Wenn der Schüler also die Dinge bezeichnen und in das Begriffssystem einordnen lernte, so war das mehr als eine physikalische Propädeutik. Es war der Kern des Systems, und darauf konnte alles weitere physikalische Wissen aufgebaut werden. Der Physikunterricht, den Comenius selbst auf seinem realistischen Sprachunterricht aufbauen wollte, war, wie wir gesehen haben, ein Physikotheologieunterricht.[75] Für ihn stand der gesamte Unterricht im Dienste der religiösen Unterweisung. Auch in seinem Sprachunterricht war die Teleologie stets präsent.

Nachdem die aristotelische Physik ihren Einfluß verloren hatte und der Kern des physikalischen Systems nicht mehr in Begriffen, sondern in deren Verflechtung durch Naturgesetze gesehen wurde, war der von Comenius vorgeschlagene physikalische Anfangsunterricht nicht einmal mehr eine angemessene Propädeutik. Der Gedanke einer Verbindung von Sprachunterricht und Sachunterricht war allerdings damit nicht endgültig aufgegeben. Er wurde vielmehr wieder aufgegriffen, als sich gegen Ende des 18.

Jahrhunderts die Realien einen Platz in der niederen Bildung erobern konnten. Der Grundgedanke war jetzt, den Kindern das Lesen und Schreiben anhand von Texten beizubringen, die ihnen gleichzeitig einen Unterricht in Realien boten.

Es war damals eine gängige Auffassung, daß die Naturgeschichte Voraussetzung der Naturwissenschaft sei, daß also eine genaue und systematische Beschreibung und Ordnung der Phänomene der physikalischen Warum-Frage vorangehen müsse. Danach hätte eine entsprechend ausgewählte Sammlung von Texten, in denen physikalische Phänomene beschrieben wurden, durchaus einem propädeutischen Unterricht zugrundegelegt werden können.

Dies ist auch in einer ganzen Anzahl von Lehrbüchern versucht worden. Sehr bekannt war das Buch von Junker (1819[9]). Er empfiehlt „die Schreibeübungen der Jugend als Mittel zu ihrem Unterrichte zu nutzen." Sein Buch enthält auf jeder Seite zwei Texte zum Abschreiben, jeder nur so lang, daß er noch auf eine Tafel- oder Heftseite paßt. Eine nur einseitig bedruckte Version des Buches erlaubte es, die einzelnen Texte auseinanderzuschneiden und einzeln an die Schüler zu verteilen. Diese sollten zunächst abschreiben. Anschließend wurde vorgelesen und der Stoff besprochen. Vorbild für die Art der Texte war Rochows „Kinderfreund" (1776), aus dem Junker auch einige Texte übernommen hat. Mit Rochow verbindet ihn auch die sehr dominante religiös-moralische Tendenz. Im Unterschied zu Rochow will Junker jedoch nicht nur ein moralisches Lesebuch, sondern zugleich ein systematisches Lehrbuch schreiben. Gesammelt sollen die Texte „eine Art von gemeinnütziger Encyklopädie" ergeben, ein Anspruch, der nicht eingelöst wird. Der naturwissenschaftliche Teil des Buches ist sehr dürftig, unzusammenhängend und ohne erkennbare Auswahlkriterien. Es gibt eine große Zahl weiterer Lesebücher, die auch einige naturwissenschaftliche Texte bringen (z.B. Wilmsen 1831[110], Thieme 1820[8], Schlez 1837[12]).

Einen naturwissenschaftlichen Unterricht kann man das schon deswegen nicht nennen, weil jeglicher Plan fehlt. Hier hat der Zufall Regie geführt, und das einzige, was systematisch zum Tragen kommt, ist die moralisierende Tendenz. Selbst wo die Naturwissenschaften insgesamt ausführlich und nach Plan bearbeitet werden (Haab 1845[3]), ist das Ergebnis, was die Physik im engeren Sinne angeht, enttäuschend. Im Gedächtnis bleiben Anekdoten und erbauliche Geschichten ohne Zusammenhang. Es wird nichts erklärt, und es wird kein Wissen bereitgestellt, mit dem man physikalische Fragen angehen könnte.[76]

Ein physikalisches Lehrbuch, das obendrein kurz sein sollte, aus lauter etwa gleichlangen erzählenden Texten zusammenzusetzen, war ein nahezu unmögliches Unterfangen. Die bessere Möglichkeit war wohl, ein Lehrbuch zu schreiben, in das erzählende Texte an passender Stelle eingestreut waren, wie dies auch in manchen Büchern der Fall war.[77] Dort steht der Sprachunterricht nicht mehr im Mittelpunkt, sondern ist eines neben anderen Zielen.

b) Physikunterricht als religiöse Unterweisung

Für August Hermann Francke diente der Unterricht vor allem dem Ziel, die
Jugend zum rechten Glauben zu führen und zu einem Leben aus diesem
Glauben anzuleiten.[78] Die Naturlehre sollte, wie alle weltlichen Unterrichtsgegenstände, dieses Ziel unterstützen. Die Hauptaufgaben eines solchen Unterrichts für die niederen Schulen sah Francke in der Teleologie
und der Erklärung der biblischen Physik. Zu diesem Zweck wurde für die
deutschen Schulen am Halleschen Waisenhaus von deren Inspektor Johann
Georg Hoffmann ein Lehrbuch verfaßt (1720). Es sollte Reyhers [79] Büchlein
im Niveau entsprechen, jedoch nicht wie dieses eine gemeinnützliche Enzyklopädie sein, sondern ein Physikotheologiebuch. Hoffmanns „Kurtze Fragen" waren mehr als ein Jahrhundert lang auf dem Markt [80] und sind im
18. Jahrhundert das verbreitetste Realienbuch für die niederen Schulen gewesen. Über den Einsatz des Buches im Unterricht sagt Hoffmann (1720):
„Die gantze Absicht desselben ist, daß insonderheit auch der Jugend die
Wercke und Geschöpffe GOttes dadurch mögen bekannt gemacht, und sie
zum Lobe GOttes erwecket werden. Daher denn der docens beym Vortrag
allezeit auf die Besserung der Gemüther und Ehre GOttes eigentlich zu sehen hat: Und, wenn sich, wie bey jungen Gemüthern leicht geschiehet, eine
unmäßige Begierde hervor thun, und sie die Physic höher als die H. Schrifft
halten wollten, so muß solche möglichst, doch weißlich, bey ihnen verhütet
und gedämpfet werden. Denn gleichwie das Wort GOttes uns mehr Licht
und Weisheit darreichet und mittheilet, als die Physic, so soll auch der docens dasselbe mit der Jugend oftmals und fleißiger handeln als die Physic.
Wenn es auch in der Woche nur ein oder aufs höchste zweymal geschähe, so
könte es schon gnug seyn." Es ging also darum, jedes über die Physikotheologie hinausgehende Interesse der Kinder an der Sache zu verhindern. Was
damals als Zentrum der Physik galt, kommt nicht vor. „Die noch unaus-
gemachte oder doch subtile Philosophische Dinge ist man mit Vorsatz
vorbey gegangen, und hat man solche denenjenigen überlassen, welche die
Physicam academice zu tractiren haben."

Hoffmanns Buch ist in Fragen und Antworten verfaßt. Es simuliert
recht genau ein katechetisches Gespräch. Häufig sind Bibelzitate angeführt.
Ziele des Unterrichts sind das Verständnis der Naturerscheinungen in der
Bibel, die Verhinderung des Aberglaubens und die Hinführung zu Gott
durch die Teleologie. Der Stoff bezieht sich überwiegend auf die drei Naturreiche und den Menschen. In vielem steht Hoffmann noch auf dem Boden
der aristotelischen Physik.[81]

Für die Aufnahme physikalischer Unterrichtsgegenstände an den niederen Schulen hat die Physikotheologie eine beträchtliche Bedeutung gehabt, und Hoffmanns „Kurtzen Fragen" fiel die Rolle eines Wegbereiters zu.
In späteren Büchern dominiert die religiöse Orientierung nicht mehr so
ausschließlich. Es wird zunächst einmal physikalisches Wissen vermittelt,
bevor die teleologische Deutung daran angeschlossen wird. Die theologische
Rechtfertigung dazu konnte das in der Zwei-Bücher-Lehre verankerte Argument vom Primat des Buches der Natur gegenüber der Offenbarung liefern. „Es kann Niemand eine geoffenbarte Religion haben, welche wahr ist,

wenn er keine natürliche hat, und Gott vorher aus seinen Werken erkennet ... Die Begriffe die wir von Gott haben richten sich genau nach den Begriffen, die wir von seinen Werken haben" (Schmahling 1774). Schulz (1793) zieht hieraus die didaktische Konsequenz; er behandelt zunächst im ersten Teil seines Buches die Naturlehre, um sodann im zweiten Teil die physikotheologischen Anwendungen zu bringen. Wenn dies auch nicht der Regelfall ist, sondern meist Physik und Physikotheologie ineinander verwoben sind, so bleibt die Reihenfolge doch gewahrt; das Gotteslob ist fast immer Ergebnis der Naturbetrachtung und nicht Ausgangspunkt. Bei manchen Autoren wird die Lehre vom Primat der natürlichen Religion in kirchenkritischer Weise uminterpretiert; aus dem logischen wird ein theologischer Primat, die geoffenbarte Religion wird zugunsten der natürlichen abgewertet (Basedow 1774; Schütz 1795[2]).[82]

Auch in methodischer Hinsicht versprach man sich von der Naturlehre einen positiven Einfluß auf die religiöse Unterweisung. Die Realien sollten den Unterricht anschaulicher, die Betrachtung der Eigenschaften Gottes weniger abstrakt gestalten. „Wenn man nun mit dem Unterrichte von Gott die Betrachtung der Natur, und mit dem Unterrichte von dem Willen Gottes die Betrachtung des wirklichen Lebens mehr verbände, so müßte er nothwendig theils angenehmer, theils praktischer werden ... Naturlehre und Naturgeschichte sollen das Eine, die Schilderungen von Tugenden und Lastern das Andere bewirken" (Junker 1819).

Die religiöse Grundorientierung verhinderte keineswegs die Vermittlung praxisbezogener naturwissenschaftlicher Kenntnisse, beides gehörte vielmehr nach dem Verständnis der Zeit zusammen. Der religiöse Nutzen zieht den moralischen nach sich. Die Betrachtungen der Größe und Zweckmäßigkeit von Gottes Natur „füllen unsere Seele mit großen und edlen Gedanken, erregen die angenehmsten und stärksten Gemüthsbewegungen, verdrängen die Tändeleyen der Einbildungskraft" (Schmahling 1774). Der moralische Nutzen wiederum produziert den praktischen. Der sittlich-religiös handelnde Mensch weiß seine Kräfte zu gebrauchen und seine Pflichten zu erfüllen. Zu all dem soll die Naturlehre beitragen. Das Ziel ist die „Glückseligkeit des Landlebens". Mit der physikotheologischen Verklärung der Natur korrespondiert manchmal eine wenig realitätsnahe Verklärung dieses Landlebens.

Im 19. Jahrhundert verschiebt sich die Argumentation etwas. Zwar wird weiterhin der praktische Nutzen für nachrangig erachtet (Junker 1819; Eckerle 1831[2]), aber der religiöse Nutzen tritt gegenüber dem moralischen zurück, oder besser: er geht darin auf. Nicht mehr die Erkenntnis der Eigenschaften Gottes ist primär, sondern der sittliche Ertrag, die Bewahrung der Kinder vor den Verführungen der Welt.

Das Menschenbild, auf das hin die sittlich-religiöse Erziehung angelegt ist, ist bei den einzelnen Autoren durchaus verschieden. Schmahling (1774) sieht in der Tradition der Aufklärung im Landmann den auf seine Weise Gebildeten, der wie ein Wissenschaftler Probleme methodisch analysierend angeht. „Die Gabe zu Denken ist weiter nichts als guter gesunder Menschenverstand, ... und den kann auch der Künstler, der Handwerksmann und der Bauer haben ..." Von Türk (1818) sieht mit den Augen des Romantikers seine Schüler als vorwissenschaftliche, im positiven Sinn naive Menschen, von Gott und der Natur noch nicht entfremdet und versucht, ihnen einen religiös motivierten Weg naturwissenschaftlicher Forschung zu weisen, der eine Bewahrung des „kindlichen Sinns" erlaubt. Melos (1832[4]) zieht einen strikten Trennungsstrich zwischen dem Landvolk und der Wissenschaft. „Dem Bürger und Landmann sollen keine gelehrten Sachen vorgetragen werden, wohl aber soll er in allen den Dingen aufgeklärt seyn, die er als Mensch, als Christ, als Bürger und Landmann, als Hausvater wissen muß". Man solle ihn etwas Nützliches lehren und dies „mit der Bibel, wo möglich, in Verbindung" bringen. Es reicht, wenn er fromm ist und die Viehzucht versteht. Ein solches Buch sei ein wirkliches „Volksbuch".

Eine besondere Rolle spielt in den religiös motivierten Elementarschulbüchern die Bekämpfung des Aberglaubens. Aberglauben gilt als Sünde, seine Bekämpfung als sittlich-religiöse Pflicht. Einige Bücher geben schon im Titel zu erkennen, daß sie hierin ihr Hauptziel sehen. Die bedeutendsten waren wohl Helmuth (1786) und Eckerle (1831[2]), beides relativ ausführliche Werke, eher für die „besseren" Stadtschulen gedacht als für die Landschulen. Beide bestehen aus einem knappen wissenschaftsorientierten, vergleichsweise kompetenten Basistext, der von verschiedenartigen längeren Texten mit religiöser Motivation unterbrochen wird: physikotheologischen Exkursen, Anwendungen auf den Aberglauben und Geschichten zum Vorlesen, in denen die schlimmen Folgen des Aberglaubens anschaulich geschildert werden. Naturerscheinungen, die im Volksglauben eine Rolle spielten, werden besonders ausführlich behandelt: Irrlichter, feurige Drachen, Blutregen und ähnliches. Es geht aber auch um Gespenster, Doppelgänger, Dämonen und Visionen. Helmuth ist besonders daran interessiert zu widerlegen, daß der Teufel unmittelbar physikalisch wirken könne, da dies die Grundlage der meisten abergläubischen Praktiken sei. Viele ergötzlichschreckliche Begebenheiten werden zum besten gegeben, und immer wieder wird gegen den Aberglauben gewettert, viel seltener rational dagegen argumentiert. Der Vorwurf, hier lernten die Kinder erst, was sie nicht machen sollten, war wohl nicht ganz unberechtigt. All das ist nicht spezifisch für die Bücher, die die Bekämpfung des Aberglaubens besonders herausstellen, sondern allgemeine Tendenz. In den meisten Büchern steht nur nicht soviel Platz für diesen Bereich zur Verfügung. Einzelne Geschichten aus dem Buch von Helmuth findet man in manchen anderen Büchern wieder.

Nach den Lehrbüchern zu urteilen, muß die Bekämpfung des Aberglaubens ein pädagogisches Anliegen ersten Ranges gewesen sein. Immer wieder wird betont, daß hier der naturwissenschaftliche Unterricht gefordert sei. Es gebe „kein besseres Mittel zur Tilgung des Aberglaubens .. als die Einführung einer Volksnaturlehre in den Schulen" (Helmuth 1803[5]). Zwar sind sich die Autoren darin einig, daß das höchste Ziel dieser Bemühungen die Hinführung der Kinder zum Glauben an Gott sei, aber es werden doch auch stets die negativen Auswirkungen des Aberglaubens auf die Gesundheitsfürsorge und die Landwirtschaft betont und praktische Ratschläge zum Besseren gegeben. Dies ist ohne Zweifel auch ein Stück Aufklärung. Nur selten wird die Behandlung des Aberglaubens im Unterricht ausdrücklich abgelehnt. Wagner (1826) meint, man brauche sich damit nicht abzugeben, denn wenn die Schüler physikalisch denken gelernt hätten, fiele der Aberglauben von allein weg. Allgemein verschwindet der Aberglauben erst aus den Büchern, als auch die Physikotheologie verschwindet. Die von Fischer besorgte Neubearbeitung von Helmuths „Volksnaturlehre zur Dämpfung des Aberglaubens" heißt nur noch „Volksnaturlehre" (1843[10]) und nimmt auf den Aberglauben kaum noch Bezug.

Das Bündnis von Physik und Religion im Elementarunterricht hat erstaunlich lange gedauert und grundlegende Wandlungen des Welt- und Wissenschaftsbildes überstanden. Noch in der Mitte des 19. Jahrhunderts ist die religiöse Motivierung des Volksschulunterrichts in den Naturwissenschaften gängig. Inzwischen war dieser jedoch schulorganisatorisch gefestigt und die fachliche Ausbildung der Lehrer an den Seminaren wesentlich verbessert worden. Damit entfiel zunehmend die schulorganisatorische Notwendigkeit der Bindung an den Religionsunterricht. Zwar wird von vielen Lehrbuchschreibern die religiöse Orientierung noch beibehalten, aber es mehren sich doch die Stimmen, die einen in Zielen und Methoden eigenständigen naturwissenschaftlichen Unterricht fordern. Mit der Entwicklung einer pädagogisch fundierten Fachdidaktik entsteht ein neuer Lehrbuchtyp. Anstatt durch ihren sittlich-religiösen Bildungswert wird die Naturlehre mehr durch ihre formal-bildenden Möglichkeiten gerechtfertigt, auf die bis dahin in den Lehrbüchern nur vereinzelt hingewiesen wird (Michl 1807[4]) und dann wohl noch mit der Anmerkung, die Übung der Verstandeskräfte müsse bezogen sein auf das, „wodurch allein alles Wissen und Können erst einen wahren Wert erhält, auf Gott, Religion und Tugend!" (Herr 1823). Die Physikotheologie kommt in den neuen Büchern nicht mehr vor. Wenn sie nicht abgelehnt wird, wird sie doch aus dem naturwissenschaftlichen Unterricht entfernt und der Religionsstunde zugewiesen. Crüger (1852) formuliert klipp und klar: „Religiöse Betrachtungen gehören nicht sowohl in die Physikstunde, als vielmehr Betrachtungen der Natur in die Religionsstunde ... Die Physik fördert vorzugsweise die Verstandesbildung; sie fördert das Erwachen von Zweifeln ... Das ist keine Methode, zur Frömmigkeit zu führen ..."

c) Gesamtunterricht in den Realien

Während des und nach dem 30jährigen Krieg setzten in verschiedenen deutschen Staaten Bemühungen ein, die niederen Schulen zu fördern. Sie waren ein Teil der staatlichen Maßnahmen zur Wiederbelebung der Wirtschaft. Die Volksbildung sollte sich positiv auf Handel und Gewerbe auswirken und dadurch die Staatseinnahmen verbessern helfen. Dazu brauchte man einen lebenspraktischen Unterricht, in dem auch naturwissenschaftliche Kenntnisse ihren Platz finden konnten.

Für die Realien war die von Ernst dem Frommen im Herzogtum Sachsen-Gotha in Gang gesetzte Schulreform vorbildlich. Im Gothaischen Schulmethodus von 1642 wird ein Unterricht in Naturkunde, Geometrie, Bürgerkunde und Hauswirtschaft gefordert. Hierfür verfaßte Andreas Reyher (1657) ein passendes Lehrbuch. Es wurde an alle gemeinen Schulen im Lande verteilt. In Gotha gab es also den ersten staatlich eingeführten Sachunterricht. Daß tatsächlich an allen Schulen systematisch nach dem Buch unterrichtet wurde, kann man allerdings nicht annehmen. Meist wird wohl nur gelegentlich daraus vorgelesen worden sein. Das Buch ist mehr als ein Jahrhundert lang eingeführt gewesen.

Reyher hat die „Janua linguarum reserata" (1631) des Comenius gekannt und geschätzt. Sein „Kurtzer Unterricht" (1657) für die niederen Schulen beschreitet jedoch einen ganz neuen Weg. Hier wird keine gelehrte Grundbildung vermittelt, sondern praktisches Wissen. Der Unterricht steht nicht im Dienste der religiösen Unterweisung; vielmehr fehlt die Physikotheologie fast ganz. Reyher betrachtet den Sachunterricht als eine Art selbständiges Fach mit eigenen Zielen. Der erste Teil seines Buches enthält die gesamte Physik, die sowohl in der Gliederung wie in den dargestellten Inhalten weitgehend der aristotelischen Tradition folgt. In jeweils nur wenigen Sätzen werden Astronomie, Meteorologie, die vier Elemente, die drei Naturreiche, Anthropologie und Psychologie behandelt. Der zweite Teil enthält die Mathematik (mit Ausnahme des Rechnens, dem ein eigenes Lehrbuch gewidmet war), d.h. Geometrie zur Landvermessung und etwas angewandte Mathematik: einfache Maschinen, Kalenderlehre, Gnomonik. Der dritte Teil handelt von der geistlichen, weltlichen und ständischen Ordnung des Gemeinwesens, von Pflichten und Rechten der Bauern, und im vierten Teil geht es um die Regeln ordentlicher Haushaltsführung. Das Ganze zielt auf die Erhaltung der Gott (und dem Herzog) wohlgefälligen Ordnung und die Vermittlung einiger praktischer Kenntnisse, die geeignet sein konnten, die Ökonomie auf dem Lande zu verbessern.

Nach dem Vorspiel in Sachsen-Gotha dauerte es über ein Jahrhundert, bis der nächste Ansatz zur flächendeckenden Einführung eines realistischen Gesamtunterrichts in einem deutschen Staat gemacht wurde und zwar in Preußen. Im General-Landschulreglement von 1763 wird ein elementares Realienbuch gefordert. Mit seiner Ausarbeitung wurde Gotthilf Christian Reccard beauftragt.[83] Er sollte wohl ein bescheidenes Büchlein in der Art des Reyherschen schreiben, hatte aber viel ambitioniertere Vorstellungen von der Volksbildung. Er berichtet von recht präzisen Anweisungen, sowohl inhaltlicher wie methodischer Art. Er sollte diejenigen Gegenstände vorziehen, „welche einen nähern Einfluß in die Künste, in die Handwerke, und in das gemeine Leben haben" und in der katechetischen Methode schreiben (1765). Beides war anscheinend gegen seine eigene Überzeugung, so daß er sich, wie er selbst zugibt, nur pro forma daran gehalten hat. Er wollte nicht den kleinen Katechismus der praktischen Kenntnisse für den Landmann schreiben, sondern eine am System der Wissenschaft orientierte Enzyklopädie für die Schulen. Er wollte die wichtigsten Ergebnisse aller Wissenschaften seiner Zeit im Zusammenhang darstellen. Nach einer erkenntnistheoretischen und moralphilosophischen Einleitung behandelt er zunächst die „Körperwelt", die Physik sowie die reine und angewandte Mathematik und sodann die „Geschichte", die Naturgeschichte der drei Reiche, die politische und kirchliche Geschichte und die Geographie, insgesamt gut 600 Seiten. Das Buch wurde vom staatlichen Auftraggeber als zu umfangreich für die Landschulen erachtet, so daß

Reccard beauftragt wurde, noch eine Kurzfassung (1765) herzustellen. Die Langfassung war jedoch für bessere Stadtschulen geeignet.

Reccards Lehrbuch ist das erste einer ganzen Reihe von Schulenzyklopädien für die deutschen Schulen. Für die Gymnasien hatte es Lehrbücher, die die Gesamtheit des schulischen Sachwissens zusammenfaßten, auch vorher schon gegeben. Während im 17. Jahrhundert die Enzyklopädien noch nicht viel mehr waren als Kompilationen des Wissens, stellen sie im 18. Jahrhundert den ausdrücklichen Versuch dar, das Welt- und Wissenschaftsbild der Zeit zu formulieren. Der Begriff „Enzyklopädie" wurde auch damals schon für zwei Literaturgattungen verwendet, zum einen für umfassende Werke, die das Bildungswissen der Zeit in systematischer oder alphabetischer Ordnung darstellen, zum andern für Untersuchungen zur Gesamtheit der Wissenschaften, deren Systematik und Zusammenhang, das heißt für die Wissenschaftskunde. Im ersten Fall steht das Welt-, im zweiten das Wissenschaftsbild im Mittelpunkt. Die Schulenzyklopädien haben sich bald mehr an dem einen, bald mehr an dem anderen Typ orientiert. In dem einen Fall ist das Bildungsideal der „kleine Polyhistor", der über alle bildungsrelevanten Gegenstände etwas weiß, wenn auch auf elementarem Niveau. In dem anderen Fall soll der Unterricht eine allgemeine Wissenschaftsprodädeutik liefern; indem das System der Wissenschaften gelehrt wird, soll dem Schüler vermittelt werden, wo er sich über was informieren könnte, wenn er es einmal brauchen sollte. Meist kommt beides zusammen. In jedem Falle wird aber der Anspruch einer allgemeinen und umfassenden Bildung erhoben. Es geht nicht mehr nur um Handlungswissen für den Bauern, den Handwerker, den Hausvater, wie bei Rehyer.

Dem Typus der Wissenschaftskunde kommt das Lehrbuch von Johann Christoph Adelung (1771)[84] am nächsten.[85] Er unterrichtet in einer Vielzahl von Wissenschaften: Sprachlehre, bildenden Künsten, Musik, Tanz, Mythologie, Heraldik, politischem Rechnen, Bergbau, Naturrecht und vielem anderen. Eine Orientierung am Lehrpensum der Ritterakademien ist offensichtlich, obwohl das Buch für niedere Schulen sein soll. Die ungeheure Fülle des Stoffs führt dazu, daß die einzelnen Kapitel zu Inhaltsangaben der betreffenden Wissenschaften entarten. Die Naturwissenschaften konnte Adelung nicht kompetent abhandeln. Sie werden nur kurz gestreift. Johann Jakob Ebert stellt in seiner Enzyklopädie (1771) die technischen Wissenschaften stärker heraus. Auch er will einen Überblick über das Wissen der Zeit und seinen Zusammenhang geben, hat jedoch mehr auf die Verständlichkeit für Kinder geachtet und danach auch inhaltliche Schwerpunkte gesetzt.

Die Lehrbücher von Reccard (1765) und Voigt (1780) sind keine Wissenschaftskunden, sondern beschränken sich auf diejenigen Gebiete, die für die Ausbildung der Jugend für besonders wichtig gehalten wurden und behandeln diese dafür ausführlicher. Das bekannteste derartige Realienbuch war Johann Bernhard Basedows „Elementarwerk" (1774), in dem der Physik ein ganzes von zehn Büchern gewidmet ist. Auswahl und Darstellung des physikalischen Stoffes orientieren sich an den Büchern für das höhere Schulwesen und damit an der wissenschaftlichen Systematik. Basedow hatte recht klare Vorstellungen über die Methodik des naturwissenschaftlichen Unterrichts. Der Stoff sollte nach seiner Nützlichkeit ausgewählt werden und auf wenige Gegenstände beschränkt bleiben, die gründlich behandelt werden sollten. Die Darstellung sollte naturgemäßes, spielerisches Lernen möglich machen. Stets sollte auf Anschauung Wert gelegt werden. Die Ordnung sollte elementarisch sein und nicht der wissenschaftlichen Ordnung folgen. Begriffe sollten stufenweise entwickelt werden, der Weg sollte vom Einfachen zum Zusammengesetzten führen. Basedow hatte auch ein recht klares Wissenschaftsbild. Insbesondere seine an Locke anknüpfenden erkenntnistheoretischen Anschauungen waren differenziert. Von all dem merkt man jedoch im physikalischen Teil des Elementarwerkes nicht viel. Mangels fachlicher Kompetenz ist es Basedow nicht gelungen, seine Vorstellungen in die Tat umzusetzen.[86]

Basedows Elementarwerk war nicht für die Landschulen oder die gewöhnlichen Stadtschulen gedacht, sondern für Schulen mit Kindern vornehmerer Bürger. Es wollte eine elementare höhere Bildung vermitteln, die nicht Vorbereitung auf den Gelehrtenstand war. Auch die anderen genannten Enzyklopädien waren für die Schulen des Volkes nicht geeignet, und ihre Verfasser werden sich in dieser Hinsicht auch kaum Illusionen hingegeben haben. Der Umfang und die opulente Ausstattung mit Kupferstichen machten die Bücher für Landlehrer unerschwinglich. Ganz abgesehen davon, daß ein großer Teil der Landlehrer zu ungebildet war, ein solches Buch mit Gewinn zu lesen, geschweige denn darüber zu unterrichten. Für sie gab es Kurzfassungen, in denen die Enzyklopädie der Künste und Wissenschaften wieder auf die nützlichen Kenntnisse für das Landleben zusammenschrumpfte, ganz wie in Reyhers (1657) Büchlein. Reccard (1765) und Voigt (1781) haben ihre Enzyklopädien entsprechend bearbeitet, der eine für Preußen, der andere für Gotha. Daß der enzyklopädische Anspruch auch in diesen eher bescheidenen Büchern nicht aufgegeben war, zeigt der Titel des anonym erschienenen „Kurtzen Inbegriffs aller Wissenschaften" (1791[14]), der wie Reccards Buch für die preußischen Landschulen bestimmt war. Enzyklopädien waren modern, und selbst die Lesebücher, die Texte aus verschiedenen Wissensgebieten enthielten, haben sich gern so genannt.[87]

Die enzyklopädischen Lehrbücher sind vielleicht die für die Wissenschaftsauffassung der Aufklärung typischste Form des Lehrbuches gewesen. Außerdem entsprachen sie der pädagogischen Modeströmung und waren relativ verbreitet. Trotzdem haben sie auf die Schulen keinen nachhaltigen Einfluß gehabt. Für die niederen Schulen waren sie zu ambitioniert. Die mittlere Bildung steckte erst in den Anfängen und verfolgte zunächst eher berufsbildende Ziele. Die Versuche, moderne Schulen für das Bildungsbürgertum in Konkurrenz zu den Gelehrtenschulen zu schaffen, schlugen fehl, weil diese sich als relativ reformfähig erwiesen und manche der modernen Wissenschaften in die Lehre aufnahmen. Sie orientierten sich dabei an der Universität und deren Fächerstruktur und übernahmen weitgehend die allgemeinbildende Funktion der alten philosophischen Fakultät. Dies war nur mit entsprechend ausgebildeten Fachlehrern möglich. Ein Gesamtunterricht in den Realien paßte nicht in diese Entwicklung. Das auch für Gymnasiallehrer verbindliche wissenschaftliche Ideal war nicht mehr der Polyhistor, sondern der spezialisierte Forscher.

*

Die bisherigen Ausführungen sollten deutlich gemacht haben, daß die behandelten drei Wege des realistischen Unterrichts einander nicht ausschlossen, sondern im Gegenteil einander ergänzen konnten. Die kleine gemeinnützliche Enzyklopädie wurde als Lesebuch verwendet. Das Lesebuch brachte physikotheologische Texte. Die Physikotheologie wurde mit der Vermittlung gemeinnützlicher Kenntnisse verbunden. Alle drei Wege gehören gewissermaßen zur Vorgeschichte des Physikunterrichts an den Volksschulen. Sie waren Versuche, einen solchen Unterricht allererst ins Leben zu rufen und ihm einen Platz in den niederen Schulen zu sichern. Für die Didaktik des Physikunterrichts in der Volksschule waren sie nicht richtungweisend. Hier sind im 19. Jahrhundert andere Wege beschritten worden.[88]

Das gleiche gilt für die Methoden des Unterrichts, weshalb wir uns hier auf wenige Bemerkungen zu diesem Bereich beschränken wollen.

Die meisten Bücher sind schlichte Lehrtexte, legen also die Unterrichtsmethode nicht fest. Häufig ist es eine erzählende Darstellungsweise. In den eigentlichen Lehrtext sind in vielen Büchern kurze Geschichten eingestreut, Anekdoten, Begebenheiten aus der Wissenschaftsgeschichte, physikotheologische Exkurse, moritatenhafte Erzählungen zum Aberglauben. Sie sind Motivationsmittel, moralischer Appell und Stoff für Leseübungen gleichzeitig. Für das physikalische Verständnis bringen sie meist nicht viel, lockern aber doch die oft recht trockenen Bücher ein wenig auf. Der Übergang zu den populärwissenschaftlichen Büchern für Kinder und deren Hauslehrer ist fließend.[89] Die normale Methode des Unterrichts, in dem diese Bücher benutzt wurden, war das Vorlesen durch den Lehrer oder auch durch einen Schüler. Viele Bücher geben schon im Titel zu erkennen, daß sie ein „Lehr- und Lesebuch" sein wollen (Jänichen 1800; Vornehm 1817; Poppe 1823; Biggel 1832[2]; Rebau 1835). „Lesebuch" meint dabei zweierlei: ein Buch zum Vorlesen und zur Schulung der Lesefertigkeit. Helmuth (1803[5]) empfiehlt der Schulaufsicht einen solchen Einsatz seines Buches: „Alsdann kann den Schulmeistern aufgegeben werden, den sämmtlichen Schulkindern daraus ein paarmal in der Woche ein Stück laut und deutlich vorzulesen." Später wird gefordert, außer dem Vorlesen auch noch die geschilderten Experimente vorzuführen (Goetz 1827). Ein Fortschritt ist es schon, wenn der freie Vortrag, unterbrochen von Experimenten, empfohlen wird (Herr 1824).

Die zweite gängige Methode war das Katechisieren, das den Lehrern aus der religiösen Unterweisung vertraut war. Manche Lehrbuchschreiber versuchten dem Rechnung zu tragen, indem sie ihr Buch als Katechismus schrieben, mit meist kurzen Fragen und längeren lehrhaften Antworten. Der Lehrer las vor, und die Schüler mußten dann die Antworten auswendig lernen und so lange hersagen, bis es fürs Examen gut genug klappte. Oft ging es im wesentlichen um das Memorieren von Begriffen. Einige Beispiele: „Warum ist die Luft durchsichtig? Weil sie die Lichtstrahlen durch sich fallen läßt, und wir also durch sie sehen können. Wie heist die ganze Luftmasse, welche unsere Erde umgiebt? Atmosphäre" (Desaga 1833[4]). „Wie ist die Geschwindigkeit des Lichts? Sie ist fast unbeschreiblich, ... " (Wernhard 1835). Daß sich so kaum Verständnis für physikalische Zusammenhänge vermitteln ließ, war den besseren Lehrbuchschreibern von vornherein klar. Das Einüben von Glaubenslehren und die Entwicklung eines empirisch fundierten Naturwissens waren doch zwei sehr unterschiedliche Dinge. Die meisten Bücher waren deshalb nicht als Katechismus geschrieben,[90] obwohl diese Methode sich bei den Lehrern anscheinend großer Beliebtheit erfreute.

Der erste Ansatz zu einer eigenständigen naturwissenschaftlichen Unterrichtsmethode ist die Aufnahme des Experiments in den Lehrervortrag beziehungsweise das Vorlesen aus dem Buch. Grundsätzlich waren die physikotheologisch beeinflußten Autoren dem Experimentalunterricht gegenüber aufgeschlossen. Das physikotheologische Denken hatte eine Affinität zum Empirismus.[91] Der Unterricht sollte so gestaltet werden, „daß die natürlichen Dinge so betrachtet wären, daß dabei auf die Offenbarung der Größe des Schöpfers, die sich darin kund thut, hingewiesen, das Gesetz, welches sich in tausendfachen Verhältnissen zeigt und auf den Gesetzgeber hindeutet, nachgewiesen, und so in das Ganze, Leben und bleibender Nutzen gebracht wäre" (Goetz 1827). Selbstredend hatte der Nachweis der Gesetze empirisch zu geschehen. Naturgesetze waren die Vorschriften, die Gott der Natur auferlegt hatte (Helmuth 1803[5]). Sie waren also nicht notwendig, sondern Gottes freier Wille, und nur deshalb konnten sie auch Zeichen seiner Güte und Vorsehung sein. Der empiristischen Orientierung entspricht ein Desinteresse an theoretischen Zusammenhängen, an mikrophysikalischen Erklärungsmodellen, an allen Fragen nach der „Natur der Dinge", die über den empirischen Befund hinausgehen. Öfters wird hier eine grundsätzliche Grenze der menschlichen Erkenntnis angenommen. Der Mensch könne den von Gott geordneten Lauf der Dinge nicht einsehen, sondern das Wunderwerk nur gläubig bestaunen (Schütz 1795[2]). Wissenschaftliche Kontroversen über mikrophysikalische Theorien werden als Beleg zitiert, wieviel wir noch nicht wissen oder nicht wissen können: „Aus diesem geht hervor, wie wenig der Mensch bei allem seinem Forschen und Denken von der Sache an sich wisse. Alles ist hier nur eine leichte dunkle Ahnung, auf die unser wißbegieriger Geist durch heilige, fromme Empfindungen bei seinen Betrachtungen hingeführt wird" (Eckerle 1831[2]).

Wenn hier betont wird, daß die physikotheologische Orientierung bei der Mehrzahl der Lehrbuchautoren einer Aufnahme des Experiments in den Unterricht förderlich gewesen sei, so soll damit keineswegs die Wirksamkeit anderer Einflußfaktoren in Abrede gestellt werden.[92] Eine andere Wurzel des Experimentalunterrichts ist die pädagogische Forderung nach Anschauung, die seit Comenius und Locke immer wieder erhoben worden war. Besonders die Philanthropisten betonten, daß Realienkenntnisse sich nur über die Anschauung erwerben ließen und ohne sie bloß leeres Wortwissen entstünde. Allerdings führte diese Überzeugung keineswegs zwangsläufig zur Aufnahme des Experiments in den Unterricht, wie man an Basedows

„Elementarwerk" (1774) sehen kann. Die Anschauung soll dort durch das Vorzeigen der behandelten Dinge im Unterricht hergestellt werden. Basedow meint sogar, daß Bilder an die Stelle der unmittelbaren Anschauung treten könnten, weshalb er auf die reichhaltige Ausstattung seines Werkes mit guten Kupfertafeln großen Wert legte. Experimentelle Manipulation der Natur zum Zwecke der Bestätigung von Gesetzmäßigkeiten ist nicht vorgesehen und hätte sich auch nicht durch Bilder vertreten lassen. Es geht nur um die Anschauung der Natur*dinge*, nicht der Natur*erscheinungen*. Für eine Zeit, in der das Experiment gesellschaftliche und gesellige Furore machte, ist das schon einigermaßen erstaunlich.

Die in den Elementarschulbüchern beschriebenen Experimente unterscheiden sich von denjenigen in populärwissenschaftlichen Büchern oder in Lehrbüchern für das höhere Schulwesen durch ihre Einfachheit hinsichtlich des verwendeten Geräts. Meist sind es qualitative Freihandexperimente, die mit Geräten gemacht werden konnten, die man überall hatte. Nur wenige gängige Spezialapparate kommen vor. Der Grund ist zweifellos zunächst und vor allem die nicht vorhandene Ausstattung der Schulen. Aus dem finanziellen Mangel konnte man jedoch auch eine pädagogische Tugend machen. Nach Pestalozzis Grundsatz der Nähe sollten Haus und Garten den Ausgangspunkt naturwissenschaftlicher Betrachtungen bilden. Dem einfachen häuslichen Gerät war damit die pädagogische Weihe als Experimentiermittel gegeben, wobei es oft auch in einer Art und Weise Verwendung fand, die mit seinem ursprünglichen Zweck nichts zu tun hatte. Es entstand die „Küchenphysik" (v. Türk 1818; Goetz 1827). Die Gefahren sind offensichtlich: aus einfachen Versuchen wird viel zuviel geschlossen; komplexe Erscheinungen, die erst im Nachhinein als Beispiele eines physikalischen Effekts einsichtig sind, müssen zu dessen Einführung herhalten. Kurzum: die „Nähe" der Geräte führt dazu, daß die aus den Versuchen gezogenen Schlüsse oft nicht gerade naheliegen.

Der Einsatz des Experiments bleibt oft noch recht vordergründig. Manchmal werden Versuche nur nach Art einer experimentellen Naturgeschichte geschildert, ohne daß sie etwas belegen oder widerlegen sollen, ohne systematischen Zusammenhang (z.B. Herr 1823). Differenziertere unterrichtsmethodische Vorstellungen sind selten. Eine breitere Basis erhalten sie erst ab dem dritten Jahrzehnt des 19. Jahrhunderts, insbesondere durch Diesterweg.[93] Ein Grund für die relativ späte und zögernde Entwicklung einer Methodik des elementaren Naturlehreunterrichts dürfte in der geringen Vorbildung der überwiegenden Zahl der Lehrer und auch vieler Lehrbuchschreiber liegen. Um die Lehrer in den Stand zu setzen, neue methodische Anregungen aufzunehmen und umzusetzen, wurden methodische Lehrbücher geschrieben, in denen das Unterrichtsgeschehen möglichst genau simuliert wurde. Von Türk (1818) schreibt Unterrichtsgespräche fast wie Theaterstücke: kurze Statements von Lehrer und Schülern, dazwischen wie Regieanweisungen die Handlungen der Akteure, dabei auch kleine Freihandexperimente. Wagner (1826) gibt eher Anleitungen zum Unterrichtsgespräch, bringt aber die für den Lehrer wichtigsten Stücke (Fragen und Arbeitsaufträge) auch oft wörtlich. Immer wieder sollen die Schüler angehalten werden zu beobachten, selbständige Schlüsse zu ziehen, Beispiele zu suchen. Rebs (1817) versucht, Basedows Elementarmethode für die Naturlehre fruchtbar zu machen und zeigt damit unfreiwillig, daß sie dort nicht funktioniert.[94]

Nicht nur diese methodischen Lehrbücher, sondern eigentlich alle bisher genannten wenden sich in erster Linie an den Lehrer beziehungsweise den Schüler des Lehrerseminars. Wenn überhaupt an Schüler als Adressaten gedacht ist, dann erst in zweiter Linie. Physik- oder Naturlehrebücher speziell für die Hand des Schülers erscheinen erst recht spät (Herr 1824; Eckerle 1831; Brand 1832[6]; Pfaff 1832; Desaga 1833[4]; Atzerodt 1835; Krauss 1837; Mousson 1847). Es handelt sich um kurze, repetitorienhafte Darstellungen des Grundwissens ohne physikotheologische oder andere Abschweifungen, ohne Hinweise darauf, wie das Wissen gewonnen wurde.

Hinsichtlich der physikalischen Inhalte orientieren sich die Elementarschulbücher an den Lehrbüchern für das höhere Schulwesen beziehungsweise älteren Universitätsbüchern. Das zeigt sich schon an der Gliederung. Am Anfang steht meist ein Kapitel über die allgemeinen Eigenschaften der Körper, dann folgen Kapitel über die vier Elemente. Die Imponderabilien (Lichtmaterie, Wärmematerie, elektrische und magnetische Materie) werden entweder im Anschluß daran behandelt oder nach beziehungsweise anstatt des Kapitels über das Feuer. Den Abschluß bilden Kapitel über das Weltall, die Erde als Weltkörper und die Lufterscheinungen. Die Gliederung folgt also der wissenschaftlichen Systematik in den Referenzwerken, also etwa v. Segner oder Erxleben, wobei die stärker mathematisierten Kapitel nicht elementarisiert, sondern ganz weggelassen werden. Versuche, neuere wissenschaftliche Entwicklungen in der Gliederung des Werkes zu berücksichtigen, sind selten (Vieth 1797; Wagner 1826). Nur wenige Autoren verzichten weitgehend auf die wissenschaftliche Systematik, um eine größere Lebensnähe erreichen zu können (Schmahling 1774; v. Türk 1818), indem sie etwa in verschiedenen Kapiteln an meteorologische und geologische Erscheinungen anknüpfen. Erst nach 1830 wird eine Gliederung des Stoffes aufgrund pädagogischer Prinzipien von den führenden Physikdidaktikern gefordert und auch in manchen Lehrbüchern praktiziert.

Das fachliche Niveau ist oft gering. Vielen Autoren gelingt die Umsetzung der Universitätsbücher auf elementares Niveau nur sehr unvollkommen. Oft ist die Sprache zu abstrakt. Manchmal werden Definitionen aus Universitätsbüchern fast wörtlich übernommen. Der Stoff wird selten in voraussetzungsgebundener Reihenfolge dargestellt; Leichtes steht neben Schwierigem; manchmal fehlt jede Ordnung.[95] Ein Verhältnis zur Mathematik und zum messenden Experiment ist kaum vorhanden.[96] Wenn mikrophysikalische Hypothesen überhaupt angeführt werden, sind sie manchmal bis zur Falschheit simplifiziert und verbogen.[97] Über die Methoden der Physik wird in der Regel gar nichts gelehrt.[98]

PHILOSOPHIA PERIPATETICA

ANTIQUORUM PRINCIPIIS,

ET

RECENTIORUM EXPERIMENTIS CONFORMATA.

AUCTORE

R. P. ANTONIO MAYR S. J.

SS. Theologiæ Doctore, & antehac in Universitate Ingolstadiensi Philosophiæ, ac Theologiæ Professore Ordinario,

Nunc ibidem Studiorum Præfecto.

TOMUS II.

SEU

PHYSICA UNIVERSALIS.

Cum Privilegio Sacræ Cæsareæ Majestatis, & Facultate Superiorum.

INGOLSTADII.

Sumptibus Viduæ Joannis Andreæ de la Haye p. m. Bibliopolæ Academici Ingolstadiensis.

Typis Joannis Pauli Schleig, Typogr. Academ. Anno M.D.CC.XXXIX.

3 Die aristotelische Physik

3.1 Einleitung

Die im 17. Jahrhundert dominierenden wissenschaftlichen Leitvorstellungen lassen sich in drei Traditionsstränge einordnen. Nach den Autoren (beziehungsweise vermeintlichen Autoren), die die paradigmatischen Entwürfe der Wissenschaftsbilder dieser Traditionen geliefert haben, kann man sie als die aristotelische, die hermetistische [99] und die cartesianische bezeichnen. Im Hinblick auf die jeweils bevorzugte Metaphorik könnte man von der organischen, der magischen und der mechanischen Tradition sprechen.[100] Eine soziologische Kennzeichnung könnte bei den Haupteinflußbereichen ansetzen; danach wären die Leitvorstellungen der Naturlehre an den Universitäten, in den (alchemistischen) Laboratorien und in den neuen wissenschaftlichen Gesellschaften zu unterscheiden.

Die Physik an den Schulen und Universitäten war aristotelisch. Nicht nur an den katholischen, sondern auch an den lutherischen und reformierten Universitäten [101] wurde die Philosophie von den großen systematischen Werken der spanischen Jesuiten dominiert, insbesondere Suarez. Die Physik, die in dieses System eingeordnet war, ist in ihren Grundzügen eine bewußte Rückbesinnung auf den Aristotelismus der Hochscholastik, insbesondere auf Thomas von Aquin. Man kann durchaus von einer thomistischen Renaissance sprechen. Es erschien eine große Zahl von Lehrbüchern, besonders in der ersten Hälfte des Jahrhunderts.[102]

Demgegenüber ist der Hermetismus nie eine Schulphilosophie gewesen.[103] Ein Grund dafür ist sicher die Geheimniskrämerei, mit der die Alchemisten und hermetistische Astrologen ihre Wissenschaft umgaben und deren Tradierung erschwerten. Ein anderer Grund besteht in der Uneinheitlichkeit der ganzen Richtung, die eigentlich mehr eine Einstellung zur Wissenschaft war als eine kodifizierte Lehre. Dies erleichterte das Eindringen einzelner hermetistischer Gedanken in die aristotelische Physik und die Herausbildung eklektizistischer Positionen.[104] In diesem Zusammenhang ist auf das Physiklehrbuch des Johann Amos Comenius hinzuweisen, in dem peripatetische und alchemistische Gedanken unter einer physikotheologischen Leitidee miteinander vereint sind.[105]

Die neue mechanistische Physik wurde an den Universitäten zunächst mit einer gewissen Skepsis aufgenommen; und zwar nicht nur in Deutschland, sondern auch in ihrem Mutterland Frankreich. Es war schwierig, sie mit einem orthodoxen christlichen Glauben in Übereinstimmung zu bringen, einerlei ob katholischen oder lutherischen Bekenntnisses. Dem entspricht, daß sie sich zuerst im reformierten Holland durchsetzen konnte. In Deutschland wurde sie erst allgemein akzeptiert, nachdem Leibniz mechanistische und teleologische Betrachtungsweise miteinander versöhnt hatte und damit der mechanistischen Philosophie etwas von ihrer theologischen Anstößigkeit nahm. An den protestantischen Universitäten war das Wirken Christian Wolffs der entscheidende Faktor für ihre Durchsetzung, während sich an den katholischen Universitäten der Aristotelismus bis zur Mitte des 18. Jahrhunderts behaupten konnte.

Während sich die mechanistische Philosophie in ihren physikalischen Vorstellungen scharf von der alten Schulphilosophie absetzt, knüpfen die Lehrbuchautoren in didaktischen Fragen anfangs oft an die bestehende Praxis an. Der Aristotelismus hatte eine hochentwickelte Didaktik zu bieten. Die Schulphilosophen betrachteten sich nicht als Forscher, sondern als Übermittler einer in den Grundlagen abgeschlossenen Tradition und widmeten ihr Hauptaugenmerk nicht der Einbeziehung neuer Entdeckungen, sondern der Ordnung, Aufbereitung und Rechtfertigung der Grundlagen des Systems, also didaktischen Fragen.

Wenn in diesem Kapitel die aristotelischen Lehrbücher behandelt werden, dann nur, soweit es die Didaktik angeht, und nur, soweit es zum Verständnis der nachfolgenden Entwicklung notwendig erscheint. Es geht also nicht darum, eine facettenreiche Tradition [106] in ihrer Entwicklung zu verfolgen, sondern nur darum, einige Charakteristika als Hintergrund für die späteren Ausführungen hervorzuheben.

Ein besonderes Augenmerk wird dabei den relativ wenigen Büchern gelten, die noch im 18. Jahrhundert erschienen sind. Diese zerfallen in zwei Gruppen: kurze Kompendien und ausführliche Lehrbücher. Die ersten stellen nur die Grundbegriffe der aristotelischen Physik dar und verzichten weitgehend auf eine detaillierte Begründung des Wissens. Sie sind nicht dazu geeignet, nach ihnen einen Kurs zu lesen, sondern fassen nur die wichtigsten Dinge kurz zusammen, die der Student unbedingt behalten sollte. Sie sollten das Diktieren im Unterricht ersparen. Typischerweise sind sie für die Lehre an einer protestantischen Universität geschrieben und nehmen besondere Rücksicht auf die Ausbildung der Mediziner. Die Pflanzen, die Tiere und der Mensch sind die wichtigsten Unterrichtsgegenstände (z.B. Rabe 1703, Hottinger 1709, Jüngken 1713). Die ausführlichen Lehrbücher betonen demgegenüber stärker die philosophischen Fragen. Sie wollen nicht nur Wissen darbieten, sondern es auch begründen und die Methode der scholastischen Physik vermitteln. Solche Bücher erschienen im 18. Jahrhundert nur noch für von Ordenspriestern betreute Lehranstalten.

Die Stellung der peripatetischen Lehrbuchautoren zur neuen Physik ist sehr unterschiedlich. Es gibt konservativ gerichtete Denker, die die scholastischen Lehren möglichst rein bewahren wollen, und es gibt Autoren, die dem Neuen gegenüber durchaus aufgeschlossen sind und es weitmöglichst zu assimilieren trachten.[107]

Die reine peripatetische Physik wird von dem Jesuiten Anton Mayr (1739) und den Benediktinern Ludwig Babenstuber (1706, 1724^2, 1738^3) und Veremund Gufl (1750) vertreten. Alle drei bekennen sich schon im Titel ihrer Bücher zur alten Philosophie. Babenstuber nennt sein Buch thomistisch, Mayr peripatetisch, Gufl scholastisch. Von der neuen Physik wird nur die experimentelle Seite einbezogen. Die Experimentalphysik galt als philosophisch neutral. Die ursprüngliche Reserve der aristotelischen Physik gegenüber der technischen Apparatur ist hier überwunden. Die Prinzipien der Alten und die Experimente der Neueren sollen die Grundlage bilden, wie Mayr im Titel seines Buches programmatisch formuliert.

Bei den Versuchen, altes und neues Gedankengut miteinander zu verbinden,[108] sind zunächst das dem Neuen gegenüber sehr aufgeschlossene Lehrbuch des französischen Weltpriesters Jean Baptiste Du Hamel (1681) und das wesentlich konservativere des italienischen Jesuiten und Kardinals Giovanni Battista Tolemei (Ptolemäus, 1696) zu nennen, die beide kurz nach ihrem Erscheinen in Deutschland nachgedruckt wurden (1682 bzw. 1698). Schon im Titel auf Du Hamel bezogen[109] ist das Lehrbuch des Augustinerchorherrn Eusebius Amort (1730), in dem auch schon die newtonische Physik gewürdigt wird. In diese Gruppe gehören außerdem durchweg die kurzen Kompendien von Professoren an protestantischen Universitäten. Johann Andreas Schmidt (1689, 1710^4), Paul Rabe (1703) und Schmidts Schüler Franz Albert Aepinus (1714) schrieben vollständige Philosophiekurse, in denen die Physik nur eines von sechs Teilgebieten ist. Nur die Physik bringen die Kompendien von Heinrich Mey (Majus, 1688), Johann Jüngken[110] (Junckius, 1713), Solomon Hottinger (1709), Johannes Ammann (1716) und Georg Detharding (1740). Die Autoren bezeichnen sich gern als Eklektiker. Sie wollen, soweit es geht, „die peripatetischen Prinzipien ... mit denen der neueren mechanischen Schriftsteller verbinden" (Amort 1730). Aristoteles wird hoch geschätzt, gilt jedoch nicht mehr als sakrosankt. „Es zeugt von Einsicht, wenn man in gewissen Dingen dem Aristoteles nicht folgt, aber es ist uneinsichtig, ihn rundweg abzulehnen; auf jedes seiner Worte zu schwören, ist einfältig und leichtgläubig; aber sie rundweg zu verwerfen und zu zerrupfen, zeugt von Mißgunst" (Mey 1688, Jüngken 1713). Man bleibt im Grundsätzlichen meist der Tradition treu, erlaubt sich in Einzelfragen jedoch Abweichungen, und am liebsten sieht man es, wenn Altes und Neues in Übereinstimmung gebracht werden kann. So entsteht eine „Physica nov-antiqua, seu eclectico-reconciliatrix" (Hottinger 1709), Neues und Altes soll in eklektischer Weise miteinander versöhnt werden.

Aus der neuen Physik werden neben den Ergebnissen der Experimentalphysik vor allem atomistische Anschauungen aufgenommen. Dabei konnte man sich auf ältere Vorbilder berufen, insbesondere auf Daniel Sennert und Johannes Sperling, dessen Lehrbuch (1672^6) auch um die Jahrhundertwende noch benutzt wurde. Bei DuHamel und einigen der protestantischen Autoren spielt auch cartesianisches Gedankengut eine Rolle. Das Eingehen auf mechanistische Positionen kann soweit gehen, daß man sich darüber streiten kann, ob man einen Autor noch als Aristoteliker bezeichnen sollte (z.B. bei Hottinger 1709 und Aepinus 1714). Zwischen den eklektizistischen Positionen in beiden Lagern ist der Übergang fließend.

Manche Autoren sind wohl in erster Linie aus religiösen Gründen davon abgehalten worden, ins mechanistische Lager überzuwechseln. Man vermißte in der mechanischen Naturbetrachtung die Teleologie (Schmidt 1710^4) und sah mit dem alten Weltbild auch die alten Werte in Gefahr. Deshalb hing man am alten und kämpfte gegen „Epicureismus, Cartesianismus,

Idealismus, Materialismus, Fatalismus, Atheismus und andere im Irrtum befangene Sekten" (Gufl 1750). Zweifellos sind viele dieser Bücher geschrieben worden, damit „die von den neueren Schriftstellern und den Protestanten so sehr geschmähte scholastische Philosophie ihre heilige Majestät wiedererlange" (Amort 1730). Genauso unzweifelhaft ist aber, daß die Kompromißfähigkeit der Autoren und ihre Tendenz auch Heterogenes zu versöhnen, das System von innen aushöhlte.

Um die Mitte des 18. Jahrhunderts war die Zeit der scholastischen Philosophie auch an den katholischen Universitäten zu Ende. Im Jahr 1751 erlaubte der Jesuitenorden Abweichungen von der aristotelischen Lehre und bestand nur noch auf der Bewahrung einiger Grundbegriffe, die den Zusammenhalt des Systems aber nicht mehr gewährleisteten. In den folgenden Jahren erschienen Lehrbücher, die zwar die Grundlagen der Materietheorie noch in hylomorphistischen Begriffen darstellen, im übrigen aber mechanistische Anschauungen vertreten, meist auf der Grundlage des Wolffschen Systems.[111] Die Treue zur peripatetischen Metaphysik und zum Wort der Kirche, die Überzeugung von einem mechanistischen Weltbild und die Bewunderung für die moderne mathematische Physik der Newtonianer stehen hier nebeneinander.

3.2 Der Begriff „Physik"

Die Scholastik erstrebte nicht nur eine harmonische Verbindung von christlicher Offenbarungslehre und philosophischem Denken, sondern darüber hinaus eine Synthese aller Wissenschaften zu einem einheitlichen System mit theologisch-philosophischem Kern. Die Physik war keine eigenständige Wissenschaft, sondern verknüpft mit Theologie, Metaphysik, Logik, Ethik, Medizin. Sie war Teil eines umfassenden Welt-, Menschen- und Gottesbildes von imponierender Geschlossenheit.[112]

Dementsprechend wurde die Physik auch nicht als eigenständiges Fach gelehrt. Sie hatte ihren Platz innerhalb des philosophischen Grundstudiums, das dem Studium in den drei höheren Fakultäten, der theologischen, der medizinischen und der juristischen, vorausging. Mit der Logik und der Metaphysik zusammen bildete sie den theoretischen Teil der Philosophie. Die Lehre vom Erkennen, die Lehre von den Gründen der Welt im Allgemeinen und die Lehre von der Welt, ihrem Werden, So-Sein und Vergehen gehören auch im Lehrbuch ursprünglich zusammen.[113] Dabei macht stets die Logik den Anfang, zu der auch die Methodenlehre gehört. Danach sollte in systematischer Hinsicht die Metaphysik folgen (Tolemei 1698, Schmidt 1710[4], Aepinus 1714, Gufl 1750). Oft wird sie jedoch erst nach der Physik behandelt, wie es der Reihenfolge in der Sammlung der Aristotelischen Schriften entspricht, von der sie ihren Namen hat (Babenstuber 1724[2], Amort 1730, Mayr 1739). Dem mag auch eine didaktische Intention zugrundeliegen. Das Wissen darum, wie weit die Welt durch Erfahrung erkannt werden kann, soll auf die Frage nach den jenseits der Erfahrung liegenden Gründen der Welt führen, letztlich auf die Frage nach Gott als der letzten Ursache und dem vollkommensten Seienden, die ein zentraler Gegenstand scholastischer Metaphysik ist.

Üblicherweise ist die Physik der bei weitem umfangreichste der drei Teile der theoretischen Philosophie. Sie enthält die gesamte Naturwissenschaft, also auch Astronomie, Meteorologie, Chemie, Biologie, Anatomie, Physiologie, Psychologie. Allerdings werden alle diese Disziplinen nur unter philosophischen Fragestellungen behandelt. Es geht um das Wesen der Dinge und die Ursachen ihrer Veränderung. Rein beschreibende Wissenschaften wie die mathematische Astronomie oder die Naturgeschichte der drei Reiche gehören genausowenig dazu wie technische Disziplinen.

Die aristotelische Welt ist ein hierarchisch gegliederter Kosmos. Von der ungeformten Materie über die drei Naturreiche der Minerale, Pflanzen und Tiere führt eine Linie zunehmender Organisation zum Menschen und darüber hinaus zu den Engeln und zu Gott. In dieser Welt ist alles zweckhaft geordnet. Jedes Ding hat seinen natürlichen Ort und seine natürliche Bestimmung. Jedes Ding strebt nach der Vollkommenheit seines Wesens, seiner „Form". Natürliche Prozesse und ethische Handlungen haben eine Grundgemeinsamkeit: beide sind final. Aufgabe der Physik ist es, dem Menschen seinen Platz und seine Bestimmung in dieser Welt aufzuzeigen. Und sie kann dies leisten, weil Gott, der große Logiker, die Welt eben dadurch, daß er sie so zweckmäßig geordnet hat, der logischen Analyse zugänglich gemacht hat. Die Standardantwort auf die Frage nach dem Zweck der Physik ist: Sie soll dem Menschen helfen, Gott, die Welt und sich selbst zu erkennen. Gotteserkenntnis, Naturerkenntnis und Selbsterkenntnis sind untrennbar miteinander verbunden.

Eine so betriebene Naturwissenschaft ist ihrem Wesen nach kontemplativ. Es fehlt ihr der Wille, Kontrolle über die Natur auszuüben. Sie ist theoria, nicht techne. Physik ist eine scientia speculativa, nicht eine scientia practica; ihre Vorgehensweise ist die contemplatio, nicht die productio; ihr Ziel ist veritas, nicht opus (Babenstuber 1724[2]).

Das schließt keineswegs aus, daß man sich auch praktischen Nutzen von der Naturwissenschaft erhoffte. Die Vorstellung eines hierarchisch gegliederten, nach Zwecken geordneten Kosmos legt sogar den Gedanken nahe, daß alle Dinge letztlich für den Menschen da seien, so wie dieser für Gott da sein soll. Aber dieser Nutzen der Dinge war ja schon in Gottes Heilsplan gegeben und mußte nur dankbar ergriffen, nicht durch menschliche Kunstfertigkeit produziert werden. Wenn in den Lehrbüchern der aristotelischen Tradition vom Nutzen der Physik die Rede ist, so bezieht sich dies meist auf die Medizin, nicht auf die Technik. Technisches Denken gehörte nicht in die Physik, sondern in die anwendungsbezogene Mathematik. Der dialektische Gegensatz zur „Natur" als Schöpfung Gottes ist „Kunst" als Schöpfung des Menschen.

Das Wesen oder die „Natur" eines Körpers zeigt sich in seinen naturgemäßen Eigenschaften und Veränderungen. Ein Naturkörper hat den Antrieb zu seiner natürlichen Bewegung in sich selbst. Der freie Fall, das Wachstum oder die Fäulnis sind solche Naturprozesse, natürliche „Bewegungen" im aristotelischen Sinn dieses Begriffs. Physik kann dann als die Lehre von den natürlichen Bewegungen definiert werden. Was nicht spontan, sondern durch menschlichen Einfluß geschieht, gehört nicht zur „Natur", sondern zur „Kunst", das heißt zur Technik.

Dem Gegensatz von Natur und Kunst entspricht der Gegensatz zwischen dem Organischen und dem Mechanischen. Die aristotelische Physik betrachtet den lebendigen Körper als den vollkommeneren, allgemeineren, dem die größere Aufmerksamkeit zu widmen ist. Ein unbelebter Körper ist einer, dem etwas fehlt, nämlich das Leben.[114]

Mit der eklektizistischen Öffnung gegenüber der neuen Physik und dem Versuch, deren Erfolge zu inkorporieren, wird der Gegensatz von Natur und Kunst, von Organischem und Mechanischem eingeebnet.[115] Das Experiment, also ein Mittel der menschlichen Kunst, wird zu einem wichtigen Element der Methode. Das Eindringen atomistischer Vorstellungen führt zu einer mehr mechanischen Betrachtung der Körper. Manche Autoren behandeln sogar die Mechanik in ihren Physikbüchern (Du Hamel 1682, Tolemei 1698, Gufl 1750).

3.3 Die scholastische Methode

Das Methodenverständnis der Scholastik unterscheidet sich grundlegend von demjenigen der neuen Naturwissenschaft, dessen programmatische Entwürfe Bacon und Descartes geliefert haben. Für die Empiristen und Rationalisten des 17. und 18. Jahrhunderts ist die Methode in erster Linie der Weg zur Gewinnung neuer Erkenntnisse. Sie ist der Garant des wissenschaftlichen Fortschritts und hilft damit dem Menschen, zur Herrschaft über die Natur zu kommen. Der Zweck des methodischen Bemühens, der Fortschritt, bezieht sich auf die Wissenschaft, vielleicht sogar auf die Menschheit - ob der Forscher selbst davon profitiert, ist nicht ausgemacht. Demgegenüber ist die scholastische Physik an der Entdeckung des Neuen nur sekundär interessiert. Sie strebt danach, die längst mehr oder weniger gut bekannten ewigen Wahrheiten besser zu verstehen und schlüssiger zu begründen, beziehungsweise die Irrtümer zu widerlegen. Der Scholastiker fühlt sich nicht als Forscher, sondern als Arbeiter am System. Die scholastische Methode will nicht das System erweitern, sondern besser begründen, um die Menschen davon zu überzeugen. Und diese Überzeugung bringt unmittelbaren Gewinn für den einzelnen Menschen: Einsicht in Gottes Weltregiment, in den Plan seiner Vorsehung und in die Rolle, die der Mensch darin spielt.

Die scholastische Methode ist synthetisch. Das Vorbild sind die Elemente des Euklid. Anfangs werden Definitionen und Grundsätze formuliert; danach werden Lehrsätze aufgestellt und bewiesen. Da die Physik es jedoch nicht mit mathematischen Strukturen, sondern mit einer sprachlichen Abbildung der Wirklichkeit zu tun hat, ergeben sich Unterschiede zur axiomatischen Methode der Mathematik. Die Grundsätze sind nicht evident, sondern beruhen letztlich auf Erfahrung, und die Art der Beweisführung ist kein mathematisches Schließen, sondern folgt den Regeln der Syllogistik.

Das synthetische Vorgehen wird mit einem dialektischen verbunden. Zu jedem Lehrsatz werden Gründe und Gegengründe erörtert. Damit wird der Tatsache Rechnung getragen, daß es in philosophischen Fragen nicht wie in der Mathematik den schlüssigen Beweis gibt, sondern nur mehr oder weniger wahrscheinliche Argumente. Zwar besteht innerhalb der aristotelischen Philosophie weitgehend Einigkeit über die Gesamtstruktur der Welt, aber die Beziehungen zwischen den Einzeldingen und ihre Ursachen sind Gegenstand mannigfacher Kontroversen. Die grundlegenden Erklärungsbegriffe der aristotelischen Physik sind sehr allgemein und konnten im konkreten Fall recht unterschiedlich angewendet werden. Bei wichtigen Lehrsätzen versuchen die Lehrbuchautoren der ausführlichen Bücher, einen möglichst vollständigen Überblick über die zugehörige philosophische Diskussion zu geben. Zunächst werden die verschiedenen Beweise angeführt, die für den Satz vorgeschlagen wurden, danach werden die Einwände aufgelistet und widerlegt. So kann aus der Behandlung eines Lehrsatzes leicht eine kleine Abhandlung werden, die dem Autor Gelegenheit gibt, seine Belesenheit und sein argumentatorisches Geschick zu demonstrieren.

Die scholastische Methode ist Erkenntnismethode und Lehrmethode zugleich. Wissenschaft ist immer auch Didaktik. Wissenschaft ist Arbeit am Lehrgebäude der aristotelischen Physik. Ausdruck des didaktischen Aspekts der scholastischen Methode ist die Disputation, das Streitgespräch, in dem die Vorstellung von Gründen und Gegengründen auf zwei Personen verteilt wird, den Respondenten und den Opponenten. Die Disputation ist einerseits das Verfahren, über kontroverse Fragen ins Reine zu kommen und andererseits ein Mittel zur Schulung im wissenschaftlichen Denken und in der Kunst des Argumentierens. Der Nachweis eines erfolgreichen Universitätsstudiums geschieht durch eine öffentliche Disputation.[116] Der akademisch Gebildete soll in der Lage sein, regelgemäß für seine Überzeugung zu streiten. Zumindest die ausführlicheren Lehrbücher versuchen, dies zu vermitteln. Sie sind entweder ganz im Stil von Disputationen geschrieben oder enthalten besondere Teile zur Übung dieser Technik. Öfters werden die einzelnen Kapitel direkt als Disputationen bezeichnet (Babenstuber 1724[2], Mayr 1739). In den Disputationen wird alles zusammengefaßt, was zu der jeweiligen Fragestellung zu sagen ist. Die Ordnung ist thematisch und nicht voraussetzungsgebunden. Die Argumente, die für oder gegen eine Sache angeführt werden, machen häufig von Aussagen Gebrauch, die in der Systematik des Lehrganges erst später behandelt werden. Als Lehrverfahren konnte dies nur so lange befriedigen, wie die Begriffe einigermaßen verständlich blieben, d.h. solange die physikalische Fachsprache sich nicht zu sehr von der Alltagssprache und die physikalische Erfahrung sich nicht zu sehr von der Alltagserfahrung entfernte.

Welcher Art sind die Argumente, die für oder gegen eine Position vorgebracht werden? Die Maxime heißt hier: ratio et experientia. Beide, Vernunft und Erfahrung, werden als Quellen des Wissens betrachtet. Vernunftbeweise und empirische Belege werden gleichwertig nebeneinandergestellt. Du Hamel (1682) fordert, beide methodisch aufeinander zu beziehen: „Denn die Vernunft schwankt ohne die Erfahrung, wie ein Schiff ohne Steuermann; wie andererseits die Erfahrung, der die Vernunft nicht vorausleuchtet, blind und dem Zufall preisgegeben ist, und zu nichts Brauchbarem führt". Als dritter Belegtyp kommt manchmal noch der Bezug auf Autoritäten [117] hinzu (Tolemei 1698, Amort 1730).

Die Vernunftbeweise sind meist begriffslogische Argumente. Die Begriffe sind das Fundament der Wissenschaft. Saubere Definitionen und scharfe Unterscheidungen der Begriffe gelten daher als wichtige Voraussetzungen für wissenschaftlichen Erfolg. Die durch logische Analyse richtig gebildeter Begriffe erhaltenen Sätze gelten als verläßliche Aussagen über die durch die Begriffe abgebildete Natur. Eine beliebte Art der Widerlegung eines Satzes ist es, dessen Unmöglichkeit innerhalb des aristotelischen Begriffssystems zu zeigen.

Die Vernunftbeweise nehmen nur in der allgemeinen Physik einen breiteren Raum ein; die spezielle Physik ist ganz überwiegend eine Erfahrungswissenschaft. Erfahrung meint dabei zunächst die unmittelbare sinnliche Auffassung der Welt. Der Naturforscher soll die Natur unvoreingenommen betrachten, das Wesentliche vom Unwesentlichen, das Zufällige vom Notwendigen scheiden und sodann nachdenkend die Ursachen der Erscheinungen zu ergründen suchen. Die Verläßlichkeit der sinnlichen Wahrnehmung wird nicht bezweifelt.

Die Erfahrung gilt als umso tragfähiger, je unmittelbarer sie ist. Berichtet werden in erster Linie leicht zugängliche Alltagserfahrungen, nicht apparativ gewonnene. Das technische Artefakt hatte keine Beziehung zur Natur und konnte möglicherweise die Erfahrung verfälschen. Es zerstörte den organischen Zusammenhang, der in der Natur gegeben ist. Wenn man die Welt in organische Begriffe faßt, muß man in Betracht ziehen, daß die Teile sich innerhalb des Ganzen anders benehmen könnten als außerhalb.[118] Zwar ist innerhalb der aristotelischen Tradition einfallsreich und genau experimentiert worden, aber technische Apparate und idealisierte Randbedingungen sind dieser Experimentierpraxis lange Zeit fremd. Überwiegend besteht die Forschung in systematischer Naturbeobachtung. Im 18. Jahrhundert ist diese Reserve gegenüber dem Eingriff in die Natur allerdings überwunden. Die Ergebnisse der neuen Experimentalphysik werden von den Aristotelikern genauso bereitwillig übernommen wie von den Mechanisten. In den größeren Werken findet man auch genaue Schilderungen wichtiger Experimente und Geräte (besonders bei Du Hamel 1682). Die meisten Erfahrungen werden aus zweiter Hand zitiert, ohne vom Lehrbuchverfasser nachgeprüft zu sein. Auffällig und ein Zeichen ihrer Erfahrungsgläubigkeit ist, wie unkritisch die Autoren dabei vorgehen, obwohl sie sich ansonsten mit der Literatur gern kritisch auseinandersetzen.

Die Nähe zur Alltagserfahrung zeigt sich noch in den Kategorien, die die Lehrbücher zur Gliederung und Darstellung des Stoffes benutzen. Die fünf Sinne und die vier sinnlichen Grundqualitäten (warm, kalt, feucht, trocken) sind wesentliche Gliederungsgesichtspunkte der speziellen Physik. Die Akustik ist nicht „Vom Schall" überschrieben, sondern „Vom Gehör". Die Orientierung an der unmittelbaren sinnlichen Wahrnehmung ist letztlich auch ein Zeichen dafür, daß der Mensch im Zentrum dieser Naturwissenschaft steht.

Die Erfahrung ist überwiegend qualitativ. Die Betrachtung der Dinge in den drei Naturreichen zeigt uns überall qualitative Veränderungen. Es wird als evident angenommen, daß qualitative Veränderungen sich nur qualitativ erklären lassen, und deshalb sind auch die physikalischen Begriffe qualitativ. Eine besondere Rolle spielen Dichotomien wie warm - kalt, ruhend - bewegt, hell - dunkel.

Gegen eine Quantifizierung der Physik gab es auch grundsätzliche Vorbehalte. Nach Aristoteles war der grundlegende Unterschied zwischen der sublunaren und der translunaren Welt, daß erstere einem steten zeitlichen Wandel, einem Werden und Vergehen unterworfen war, letztere hingegen nicht. Mathematisches Wissen sei jedoch nur von unveränderlichen Gegenständen möglich. Demnach erscheint eine quantitative Beobachtung in der Astronomie möglich, in der sublunaren Physik jedoch nur sehr beschränkt. Chemische, meteorologische, biologische, geologische Phänomene, also der größte Teil der aristotelischen Physik, erscheinen als nicht mathematisierbar. Nur bloße Ortsveränderungen sind mathematisch faßbar.

Im 18. Jahrhundert erscheint eine solche Einstellung zur mathematischen Physik anachronistisch. Aber nur Gufl (1750) rechnet es der scholastisch-thomistischen Physik als Mangel an, daß sie die Mathematik und das quantitative Experiment vernachlässigt habe. Er versucht, die neuen Ergebnisse zu assimilieren, aber es gelingt ihm nicht, einen Zusammenhang mit dem aristotelischen Kern herzustellen. Die anderen Autoren fühlen sich nicht betroffen. Amort (1730) kann Newtons Principia recht ausführlich würdigen, ohne dadurch die aristotelische Physik in Gefahr zu sehen. Die mathematische Beschreibung der Natur erscheint ihm physikalisch irrelevant.

3.4 Die Systematik

Den Kern der aristotelischen Physik bilden Begriffe. Das ganze System stellt eine Hierarchie von Ober- und Unterbegriffen dar. An der Spitze steht der Begriff der Physik, und die Basis bilden die Begriffe der einzelnen Naturdinge. Jedes Ding wird durch das System taxonomisch eingeordnet. Die taxonomische Ordnung entspricht der auf die Erfassung qualitativer Veränderungen gerichteten Methode. Der hierarchische Aufbau der Taxonomie korrespondiert mit der Vorstellung einer von Gott eingerichteten und auf ihn bezogenen kosmischen Hierarchie. Ein Beispiel einer solchen Systematik ist die Begriffshierarchie aus dem Lehrbuch von Schmidt (1710[4]), die zugleich dessen Gliederung bestimmt (siehe S. 64/65). In den Lehrbüchern ist die Begriffshierarchie von größter Wichtigkeit. Die kurzen Kompendien enthalten kaum mehr als Definitionen und Erläuterungen von Begriffen.

Dies war zu lernen. Naturwissenschaftliche Bildung bedeutete zunächst und vor allem, die Dinge benennen und einordnen zu können.

Die bei den Mechanisten übliche Art der Systemkonstruktion wird von den orthodoxen Aristotelikern abgelehnt. Dort ist das System ein Modell der großen Weltenuhr, eine mechanische Veranschaulichung ihres Funktionierens, eine Erklärung der beobachteten Gesetze durch mögliche innere Mechanismen der Dinge. Solche Modellbildung sei „Halluzinieren" (Gufl 1750). Die Erkenntnis der durch Gottes Wort entstandenen Natur muß eine begriffliche sein. Die Vollständigkeit des Systems wird durch die logische Vollständigkeit bei der Bildung der Unterbegriffe garantiert. Die Intention zielt auf Ordnung der Dinge, nicht auf Erklärung der Funktion.

Die Eklektizisten versuchen, peripatetische und mechanistische Art der Systembildung miteinander zu verbinden. Einerseits bleiben sie bei der überkommenen Begriffshierarchie und gestehen dieser weiterhin die zentrale Bedeutung im Lehrbuch zu; andererseits interpretieren sie bestimmte dieser Begriffe durch atomistische Modelle. Auf diese Weise werden zwei kaum miteinander vereinbare Arten der Theoretisierung oberflächlich verbunden.

Die Begriffssysteme in den verschiedenen Lehrbüchern unterscheiden sich in Details, zeigen jedoch in wesentlichen Punkten Gemeinsamkeiten, wobei in manchem noch die Gliederung der Schriften des Aristoteles Vorbild ist. Zunächst wird die Physik in einen allgemeinen und einen speziellen Teil untergliedert. Ersterer beschäftigt sich mit den Naturkörpern im Allgemeinen, letzterer mit bestimmten in der Natur vorkommenden Körpern.

Die allgemeine Physik besteht wiederum aus zwei Hauptteilen. Zunächst werden die Seinsgründe der Körper behandelt, und zwar nach des Aristoteles Lehre von den vier Ursachen der Dinge. Die inneren Ursachen der Körper sind Materie und Form, die äußeren sind die Wirkursache und die Zweckursache. Der zweite Hauptteil der allgemeinen Physik handelt von den Beschaffenheiten der Körper im allgemeinen. Die innere Beschaffenheit eines Körpers bestimmt seinen Zustand der Bewegung oder Ruhe, die äußere besteht in seiner Existenz in Raum und Zeit. Hier geht es um die Unterscheidung zwischen himmlischen und irdischen, natürlichen und erzwungenen Bewegungen, um Undurchdringlichkeit und Teilbarkeit der Körper, um die Unmöglichkeit eines Vakuums und die Frage des aktuell Unendlichen.[119]

Einige Bemerkungen zu den vier Ursachen seien hier angeschlossen. Nach der „Metaphysik" des Aristoteles muß eine vollständige Wesenserklärung sich auf vier Aspekte eines Dings beziehen; dieses hat also vier Ursachen. Aristoteles entwickelt dies in Anlehnung an die handwerkliche Herstellung eines Gegenstandes. Zum Werkstück gehören notwendig das Material, aus dem es gemacht ist, die Form, die es verkörpert, der Herstellungsprozeß, durch den es verwirklicht wurde, und der Zweck, dem es dienen soll. Dementsprechend soll auch die wissenschaftliche Erklärung eines Körpers vier Aspekte enthalten. 1. die causa materialis, das passive, determinierte Prinzip der materiellen Körper, 2. die causa formalis oder substantielle Form, das aktive, determinierende Prinzip im Körper, 3. die causa

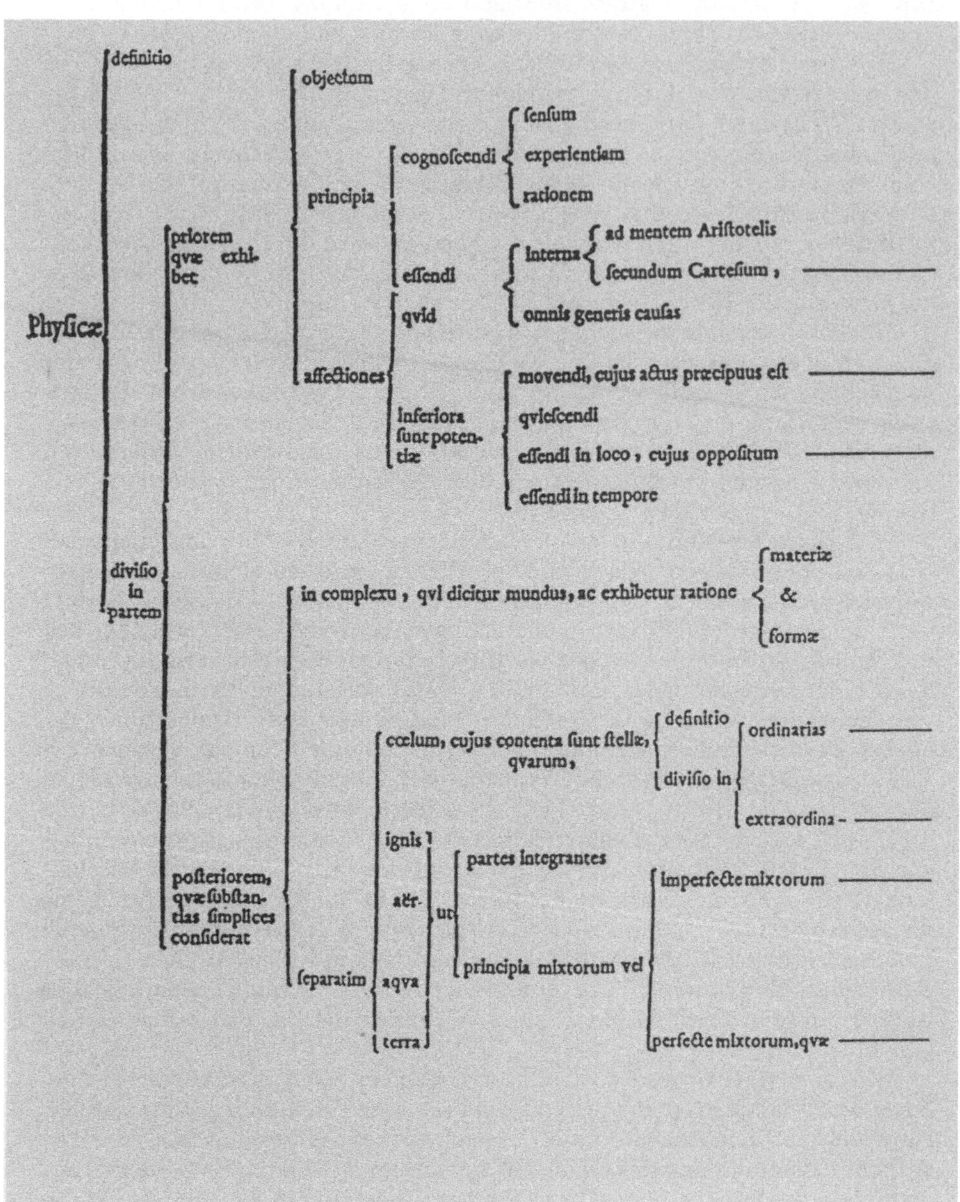

Begriffshierarchie aus J. A. Schmidt (1707[3]).

———— Epicurum, Helmontium, &c,

———— motus localis, hujusqve diversæ species

———— .est vacuum

                        ⎧ ab omnibus visas
    ⎧ erraticas ⎨
    ⎨   ⎩ à recentioribus observatas
    ⎩ fixas
———

         ⎧ erraticas, cometas
    rias ⎨
         ⎩ fixas
                                                        ⎧ ignea
         ⎧ fumi   ⎫   ⎧ hypostatica ⎨ aërea
    qvæ funt ⎨   ⎬ ex his oriuntur meteora ⎨   ⎩ aqvea
         ⎩ vapores ⎭   ⎩ emphatica

              ⎧ lapides
    ⎧ fossilia ⎨ metalla
    ⎨   ⎩ mineralia media
    funt ⎨
    ⎨   ⎧ existentiæ
    ⎩ partes, qvibus corpora organica viventium constant; sunt autem viventes ⎨ essentiæ
              per animam, qvæ consideratur ratione   ⎧ vegetativam
                                                                 divisionis in ⎨ sensitivam
                                                                                ⎩ rationalem.

efficiens, die externe Wirkursache und 4. die causa finalis, der Zweck des Dings in der göttlichen Weltordnung.

Das Bild vom handwerklichen Prozeß paßt eigentlich nicht recht. Die Naturwissenschaft soll ja nicht hervorbringend und verändernd sein, eben nicht Kunst, sondern betrachtend, die Natur akzeptierend, wie sie ist. Daher spielt auch die Wirkursache, die den hervorbringenden, produzierenden Aspekt ausdrückt, in der Erklärungspraxis nicht die wesentliche Rolle. Sie ist eher für die „unnatürlichen" Vorgänge als für die natürlichen relevant. Beim Wurf als einer erzwungenen, d.h. unnatürlichen Bewegung erscheint die causa efficiens wichtig, nicht aber z.B. bei der natürlichen Bewegung des Falls. Nicht, daß der Stein losgelassen wird, erscheint erheblich, sondern daß er sich sodann ohne externen Antrieb bewegt. Diese Bewegung muß ihre Ursache in der substantiellen Form des Steines haben. Der Stein hat eine innere Potenz, die ihn zu dieser Bewegung geschickt macht (denn jedes Ding hat eine Affinität zu seinem natürlichen Ort, der Stein also zur Erde).

Die substantielle Form ist ein häufig verwendetes Erklärungsprinzip. Dabei gibt es Interpretationsunterschiede. Oft wird sie als eine Art interne causa efficiens interpretiert (Hottinger 1709). Aus der Potenz des Körpers wird dann eine Kraft, die im Körper wirkt. Die Eklektizisten tun sich schwer mit dem Begriff der substantiellen Form. Eigentlich brauchen sie den Begriff nur noch für die Lebewesen, denn bei ihnen soll das Ganze mehr sein als ein Agglomerat von Atomen. Die leblosen Körper scheinen hingegen als Zusammensetzung aus Atomen mit je spezifischer Figur hinreichend beschrieben, also nur durch den (atomistischen) Materiebegriff.

Der zweite Ursachentyp, der häufig vorkommt, ist die causa finalis. Zweckursachen werden ganz selbstverständlich wie die anderen Ursachen in physikalischen Argumentationen benutzt. Sie gelten sogar als die wichtigsten. Die causa finalis ist causa causarum (Babenstuber 1724[2]). Das Wichtigste an den Dingen ist ihr Zweck - letztendlich für den Menschen.

Wenden wir uns nun den Inhalten der speziellen Physik zu. Hier ist zunächst die Unterscheidung zwischen himmlischer und irdischer Physik wichtig.

Die aristotelische Welt kennt ein absolutes Oben und Unten. Die Welt ist eine große, überall mit Materie gefüllte Kugel, die zweigeteilt ist in einen sub- und einen translunaren Bereich mit je eigenen physikalischen Gesetzen. Im translunaren Bereich der äthergefüllten Himmelsregion herrscht Unvergänglichkeit und mathematische Regularität, und die natürliche Bewegung ist kreisförmig. Im sublunaren Bereich herrscht ständiger Wandel, Werden und Vergehen, und die natürliche Bewegung ist geradlinig (zum Erdmittelpunkt hin oder von ihm weg). Der translunare Bereich hat einen kausalen Einfluß auf den sublunaren. Die Bewegung der Fixsternsphäre ist letzte Wirkursache.

Die translunare Physik zerfällt in die Behandlung des Weltsystems insgesamt und in die Behandlung der einzelnen Himmelskörper. Viele Vertreter der aristotelischen Physik sind auch im 18. Jahrhundert noch Befürworter des geozentrischen Weltbildes. Der Widerlegung des kopernikanischen Systems wird viel Platz gewidmet, wobei besonders empirische Gegenargumente herausgestellt werden.[120] Verschiedene Autoren halten es allerdings für erlaubt, das kopernikanische Weltbild wenigstens als Hypothese zu vertreten, wenn sie sich auch aus religiösen Gründen für das tychonische oder eine Variante davon entscheiden (Du Hamel 1682, Mey 1688, Jüngken 1713, Aepinus 1714). Hottinger (1709) und Detharding (1740) sind Kopernikaner.

Der Kern der sublunaren Physik ist die Lehre von den vier Elementen: Feuer, Luft, Wasser und Erde. Die vier Elemente sind Darstellungsformen der vier Urkräfte, des Warmen, Kalten, Feuchten und Trockenen, die jeweils paarweise deren Eigenschaften bestimmen. Die Elemente werden von den Vertretern der alten Lehre nicht atomistisch gedacht. Sie sind nicht unveränderlich, sondern können entstehen und vergehen, wie die aus ihnen zusammengefügte Welt. Bei chemischen Prozessen können sie sich ineinander umwandeln. In diesem Punkt weichen die Eklektizisten am weitesten von der Tradition ab. Ihr Elementbegriff ist atomistisch. Die Körper sollen aus Atomen bestehen, zwischen denen Poren vorhandeln sind. Auch die Existenz subtiler Materie, die in die Poren eindringen kann, wird anerkannt. Die Körper sollen Atome in ihre Umgebung entlassen, sog. effluvia, Ausflüsse. Diese sowie die Prozesse der Verdünnung und Kondensation ersetzen die alten Erklärungen mit Hilfe der substantiellen Form.

Im Kapitel über die vier Elemente wird nicht nur die aristotelische oder atomistische Elementenlehre behandelt. Der Versuch, neuere Ergebnisse der Naturwissenschaften einzubeziehen, läßt vielmehr ein buntes Durcheinander entstehen, das durch die Taxonomie nur notdürftig und assoziativ zusammengehalten wird. Gufl (1750) behandelt bei der Erde nicht nur geologische, mineralogische und chemische Fragen, sondern auch alles, was er auf Ausdünstungen der Erde zurückführt: Elektrizität, Magnetismus, Sympathie.

Eine relativ ausführliche Behandlung erfährt die Meteorologie. die Vorgänge zwischen Erde und Himmel gelten als durch Mischungen der Elemente bedingt, und je nachdem, welches Element dabei überwiegt, unterscheidet man feurige Meteore (Blitz, Nordlicht etc.), luftige Meteore (Winde) und wässrige Meteore (Niederschläge, Dünste).

Den Schluß der Bücher bildet das Kapitel über die Lebewesen („de anima"). In ihnen sollen die Elemente nicht nur gemischt, sondern so innig miteinander verbunden sein, daß keines überwiegt. Nach Aristoteles werden drei Stufen der Seele unterschieden: 1. die vegetative, die für Ernährung und Fortpflanzung zuständig ist und das pflanzliche Leben vollständig bestimmt, 2. die wahrnehmende, die sich bei den Tieren äußert, und 3. die vernünftige, die nur der Mensch und die Engel besitzen. Im Mittelpunkt des ganzen Kapitels steht der Mensch: seine Körperfunktionen, seine Wahrnehmung, sein Denken und letztendlich die Frage nach der Unsterblichkeit seiner Seele.

Der umfangreichste Teil des Kapitels über die Seele ist meist der Wahrnehmung gewidmet. Hier wird nach den fünf Sinnen gegliedert, und in diesem Rahmen wird ein großer Teil dessen behandelt, was später die spezielle Physik ausmachen sollte: beim Gehör die Akustik, beim Gesichtssinn die Optik und eventuell beim Tastsinn noch etwas Wärmelehre, soweit diese nicht schon beim Feuer behandelt wurde.

JOH. CHRISTOPH. STURMII
Der Natürlichen und Mathematischen Wissenschafften Prof. Publ. zu Altorff,

Kurtzer Begriff
Der
PHYSIC
Oder

Nach den vernünfftigsten Mei-
nungen der
Heutigen Gelehrten;
Allen curiosen Liebhabern und Untersuchern
der Natur/ wie auch der
Studirenden Jugend
zum besten
In wichtigen Fragen und gründlicher
Antwort vorgestellet/ und mit
Kupffern versehen.

____

HAMBURG,
In Verlegung SAMUEL HEYL, Buchhändlern in
der St. Johannes Kirche / 1713.
Gedruckt bey Caspar Jakhel, auf St. Catharinen Kirchhoff.

4 Die mechanistische Physik

4.1 Die dogmatische Physik unter dem Einfluß der scholastischen Lehrtradition

4.1.1 Einleitung

Der Übergang von der aristotelischen zur mechanistischen Physik erscheint uns heute als eine wissenschaftliche Revolution. An die Stelle des Denkens in organischen Kategorien trat ein solches in mechanischen. An die Stelle des nach göttlichem Ratschluß geordneten Kosmos trat die ohne seinen Eingriff funktionierende Weltmaschine. An die Stelle der zweckvoll auf den Menschen bezogenen Umwelt trat ein zwecklos determiniertes Geschehen. An die Stelle der Überzeugung, das Wichtigste schon lange zu kennen, trat der Glaube an den unermeßlichen Fortschritt in der Zukunft. Man wollte eine neue, vernunftgemäßere und nützlichere Physik betreiben, und diese stand unter dem Motto: „Sine mechanismo nulla physica vera est" (Rüdiger 1729[2]).

Das Attraktive an der mechanistischen Physik war ihre Klarheit und Anschaulichkeit. Ihre Begriffe waren nicht so unscharf und auslegbar wie diejenigen der aristotelischen Physik, sondern klar definierbar und einleuchtend. Ihre Modellvorstellungen erschienen anschaulich und verständlich, sie erklärten in „natürlicher" Weise. Das mechanische Denken knüpft an den unmittelbaren Erfahrungshorizont des Menschen an und leuchtet seinem Geiste deshalb leicht ein. Dies war gerade auch für die Lehre ein Vorteil und ebnete der neuen Physik recht schnell den Weg an die Universitäten. Demgegenüber waren die weltanschaulichen Konsequenzen, die Änderungen im Welt-, Menschen- und Gottesbild eher Anlaß zu skeptischer Zurückhaltung oder eklektischen Harmonisierungsversuchen.

In den Lehrbüchern der deutschen Physiker um die Wende zum 18. Jahrhundert ist von revolutionären Veränderungen nicht viel zu merken. Der Übergang von der alten zur neuen Lehre erfolgt eher kontinuierlich. Die dem Alten zuneigenden Autoren betrachten manche Aspekte der neuen Strömung durchaus aufgeschlossen und versuchen, atomistische Gedanken in die peripatetische Lehre zu integrieren. Eine Entscheidung für die neue Physik bedeutet nicht, daß man das Alte pauschal verurteilt und abschafft; meist kommen die neuen Gedanken auch noch nicht voll zum Tragen.

Die Physiklehrer stehen in der als durchaus erfolgreich empfundenen Lehrtradition der Scholastik, die es zu bewahren gilt. Die neue Physik muß darin eingepaßt werden. Die Kontinuität der Lehre erlaubt keine radikalen

Brüche. Bei den deutschen Physiklehrern jener Zeit sind nicht die Extreme gefragt, nicht der reine Thomismus oder Cartesianismus, sondern ausgleichende, eklektizistische Positionen. Je nachdem, ob man dabei mehr der alten oder der neuen Physik zuneigt, entsteht ein peripatetischer oder ein mechanistischer Eklektizismus.

Man kann Descartes „Principia philosophiae" (1644) durchaus ein Lehrbuch nennen; sie sollen eine Einführung in die cartesische Physik liefern, sind verständlich, aber nicht populär geschrieben und präsentierten den Stoff in systematischer Form. Daß das Buch sich trotzdem in der Universitätslehre nicht durchsetzen konnte, sondern das Bedürfnis nach einem anderen Lehrbuch aufkam, sobald der Cartesianismus in die Universitäten eindrang, lag wohl daran, daß Descartes keinerlei Rücksicht auf die scholastische Lehrtradition genommen hatte. Er wollte mit der neuen Physik auch eine ihr angemessene Lehrpraxis etablieren. Er war zu radikal.

Der erste Versuch einer Anpassung des Cartesianismus an die Lehrmethode der Schulphysik stammt von dem Duisburger Philosophieprofessor Johannes Clauberg (1664). Er schreibt ein kurzes Kompendium mit den wichtigsten zu diktierenden Lehrsätzen der cartesischen Physik und fügt diesem ausführliche Disputationen über zentrale, kontroverse Themen daraus an.

Die Standardwerke und wichtigsten Quellen der deutschen Lehrbuchverfasser sind die Werke von Jacques Rohault (1671), François Bayle (1700) und Jean Le Clerc (Clericus, 1696). Rohault ist ein strenger Cartesianer und macht auch in didaktischen Fragen nicht mehr Konzessionen an die Scholastik als unbedingt nötig. Bayles umfangreiches und gelehrtes Werk nimmt mehr Rücksicht auf die Schulphysik und auf die Lehre der Kirche. Das modernste und inhaltlich wie methodisch beste Lehrbuch der Zeit hat wohl Clericus geschrieben. Er verarbeitet Newtons Principia und Huygens Abhandlung über das Licht. Nicht nur in den Theorien, sondern auch in erkenntnistheoretischen und methodologischen Fragen steht er Huygens nahe. Die Bekanntheit dieser Bücher geht auch daraus hervor, daß alle drei in Deutschland nachgedruckt wurden (Rohault [121] 1713, Bayle 1703, Clericus 1710, 1726).

Das Zentrum der cartesischen Physik war zu jener Zeit Holland. Descartes hatte dort gewirkt; die scholastische Tradition war an den relativ jungen, städtischen Universitäten nicht so stark verwurzelt; das reformierte Bekenntnis war am wenigsten orthodox und neuem Gedankengut gegenüber generell aufgeschlossen. Dies alles erleichterte der neuen Physik den Einzug in die Universitäten. Aber auch in Deutschland gewann der Cartesianismus schnell Anhänger. Die Zeit des Dominierens mechanistischer Anschauungen an den deutschen Universitäten kann etwa zwischen 1700 und 1750 angesetzt werden, und dies entspricht etwa den Verhältnissen in Frankreich.[122]

Allerdings ist die mechanistische Physik in Deutschland von Anfang an weniger streng und konsequent als in den Niederlanden. Man übernahm nicht alle Details des cartesischen Systems und erst recht nicht dessen metaphysische Begründung. Der strenge Cartesianismus wurde aus religiösen Gründen abgelehnt. Er galt als des Atheismus verdächtig und widersprach einer ganzen Anzahl von Glaubensartikeln. Dies betraf insbesondere Descartes' Theorie der Entstehung der Welt und der Elemente, seine Behauptung der Unendlichkeit des Universums und der Vielzahl der darin existierenden Welten, die Ablehnung jeder Fernwirkung (auch der göttlichen), die Behauptung, daß auch alle Lebensvorgänge mechanisch erklärbar seien und, was besonders wichtig war, seine Ablehnung jeder Teleologie.

Die Lehrbuchautoren bezeichnen sich selbst als Eklektiker und betrachten dies als einen Ehrentitel. Nur als Eklektiker könne man frei philosophieren, in geistiger Unabhängigkeit, nur der Wahrheit und nicht anderen Meinungen verpflichtet (Teichmeyer 1717, Hauser 1755). Die Eklektiker möchten keiner bestimmten Gruppe zugerechnet werden. Sie wenden sich genauso gegen Descartes wie gegen Aristoteles. Sie wollen ein eigenes System präsentieren,[123] in dem sie das Beste aus den verschiedenen Systemen zusammenstellen. Mehr als das Urteil eines gesunden Menschenverstandes scheint ihnen dazu nicht nötig zu sein.

Die wichtigsten Kennzeichen dieses Eklektizismus sind folgende:
a) Es wird eine mechanistische, korpuskulare Physik vertreten, die bei verschiedenen Autoren in Einzelheiten unterschiedlich sein kann.
b) Die scholastische Lehrart wird beibehalten und die neue Physik darin eingeführt.
c) Es wird versucht, die mechanistische Physik mit einer teleologischen Naturbetrachtung zu versöhnen.

Der bedeutendste dieser Eklektiker und Vorbild vieler anderer ist Johann Christoph Sturm, Professor der Mathematik und Physik an der Universität Altdorf. Die Kombination der beiden Fächer war damals selten, und da Sturm sich außerdem intensiv der Experimentalphysik widmete, war er in allem, was mit der Physik zusammenhing, kompetent. Sturm hat sich im Unterschied zu den meisten seiner Kollegen als Fachmann gefühlt und nur mathematische und physikalische Lehrbücher veröffentlicht. Er hat drei Lehrbücher der dogmatischen Physik geschrieben, zwischen denen es in inhaltlichen Fragen wenig Unterschiede gibt: Zunächst (1687) erschien sein System in Thesenform, noch ohne Begründungen, an deren Stelle Literaturverweise treten. Sein zweites Werk (1694) ist ein für Anfänger gedachtes, einfaches Lehrbuch, im katechetischen Stil geschrieben. Es wurde posthum (1713) auch in einer nicht besonders guten deutschen Übersetzung herausgebracht. Zuletzt erschien Sturms Hauptwerk, eine sehr umfangreiche Darstellung seines Systems mit ausführlichen Auseinandersetzungen mit anderen Positionen. Er hat nur noch den ersten Band (1697) selbst herausgeben können. Der zweite Band wurde erst 1722 von Wolff herausgebracht, der dritte nicht mehr geschrieben.

Die bekanntesten mechanistischen Lehrbücher der folgenden Jahrzehnte sind stark von Sturm beeinflußt. Der schweizerische Arzt Johann Jacob Scheuchzer [124] war ein Schüler Sturms und lehnt sich eng an diesen an. Er schrieb als erster in deutscher Sprache (1703, Kurzfassung 1711) und bezieht viele naturgeschichtliche Kenntnisse ein. Ungewöhnlich ist seine ausführliche Darstellung der Optik Newtons. Eine konsequent mechanistische Physik betreiben der Gießener Physiker Johann Melchior Verdries (1720) und der Hallenser Mathematiker Christian Wolff (1723). An Wolff ist vor allem bemerkenswert, daß er versucht, eine dem geänderten Wissenschaftsbild adäquate Didaktik zu entwickeln.[125] Alle drei Bücher wurden bis Mitte des Jahrhunderts mehrfach neu aufgelegt, Scheuchzer und Verdries in beträchtlich erweiterter Fassung.

Johannes Sperlette (1696) und Andreas Rüdiger (1714) sind nicht dem Sturmschen Werk verpflichtet. Sperlette war Franzose und wirkte als Direktor des französischen Gymnasiums in Berlin und als Philosophieprofessor in Halle. Er schrieb einen vollständigen eklektischen Philosophiekurs, in dem er sich an Descartes und die Holländer anlehnt. Er bezeichnet es ausdrücklich als sein Ziel, die neue Physik in scholastischer Methode darzustellen und dabei die kontroverse Diskussion der verschiedenen philosophischen Richtungen zum Zentrum zu machen.[126] Rüdigers „Physica divina" ist trotz ihres Titels kein Physikotheologiebuch, sondern ein Physikbuch mit Anwendungen gegen Atheismus und Aberglauben. Rüdiger lehnt für den Bereich der Lebenswissenschaften die mechanistische Philosophie strikt ab und versucht, mechanistische und vitalistische Elemente zu einem eklektischen System zu verbinden.

Neben diesen ausführlicheren Lehrbüchern gibt es eine größere Zahl kurzer Kompendien. Ganze Philosophiekurse schrieben Johann Franz Budde (1703), Andreas Rüdiger (1706, 1723)[127], Friedrich Gentzke (1717)[128] und August Friedrich Müller (1728). Diese Bücher haben viele Gemeinsamkeiten: die panentheistische bzw. vitalistische Weltanschauung, die Betonung der Physikotheologie.[129] Buddes Lehrbuch war recht verbreitet. - Einige andere Philosophiebücher behandeln die Physik nur ganz kurz [130] oder beschränken sich auf wenige Grundlagenfragen.

Physikalische Spezialkompendien wurden von Johann Heinrich Schweitzer (Suicerius, 1685), Johann Andreas Fischer (1702), Johann Konrad Creiling (1713), Johann Wenceslaus Kaschube (1718),[131] Johann Friedrich Wucherer (1725) und Nicolai Börner (1735)[132] veröffentlicht. Die älteren Werke sind den aristotelischen kurzen Kompendien sehr ähnlich, auch ähnlich dürftig. Sie bieten nicht den ganzen Vorlesungsstoff, sondern nur das Wichtigste zur Wiederholung. Wie wenig das war, zeigt das Büchlein von Schweitzer: 165 Seiten im Miniaturformat, geschrieben in Fragen und Antworten, mit recht viel theologischer Argumentation, ein kleiner Katechismus der Physik für die Westentasche. Das Buch war beliebt; es wurde noch 30 Jahre nach seinem Erscheinen in Marburg der Vorlesung zugrundegelegt, es gab mehrere Auflagen beziehungsweise Nachdrucke, und Zwinger (1707) verfaßte in Anlehnung daran ein Lehrbuch der Experimentalphysik.

In der Anlage diesen Büchern ähnlich sind einige Lehrbücher der Experimentalphysik,[133] die diese als eine experimentell begründete dogmatische Physik verstehen (Zwinger 1707, Kiessling 1711, Loescher 1715, Teichmeyer 1717).

Alle bisher genannten Bücher sind für den Unterricht an Lehranstalten im protestantischen Teil Deutschlands geschrieben worden. An den katholischen Universitäten konnte die mechanistische Physik erst Fuß fassen, nachdem ihre große Zeit schon vorbei war und die newtonische Lehre sich bereits durchzusetzen begann. In physikalischen und philosophischen Fragen sind die Lehrbücher der katholischen Mechanisten von Wolff abhängig und sind also nicht hier, sondern in Kapitel 4.4 zu behandeln. In pädagogischen Fragen richten sie sich jedoch nicht nach Wolff, sondern bleiben bei der scholastischen Tradition. Sie bezeichnen sich als Eklektiker (nicht als Wolffianer) und haben im großen und ganzen die gleichen Ziele wie die älteren protestantischen Autoren.

Der erste deutsche Jesuit, der cartesische Physik lehrte, war Anton Kleinbrodt an der Universität Ingolstadt (1701 - 1704). Er bekam Schwierigkeiten mit der Fakultät und dem Orden und hat später keine Physikprofessur mehr erhalten. Er hat kein Lehrbuch geschrieben, jedoch sind seine Aufzeichnungen in das Lehrbuch seines Schülers Johann Adam Morasch [134] eingegangen (1727/31). Morasch, gleichfalls Jesuit, war Professor der Medizin und hat die Physik nur privatim in der medizinischen Fakultät gelesen. In der philosophischen Fakultät wurde gleichzeitig aristotelische Physik gelehrt. Eine solche Situation war auch später nicht außergewöhnlich. Öfters war die Vorlesung in dogmatischer Physik aristotelisch, diejenige in Experimentalphysik mechanistisch.

Während Morasch vor allem darum bemüht war, die Physik mit der katholischen Lehre in Übereinstimmung zu bringen, schrieb der Franziskanerobservant Fortunatus a Brixia (1735/36) ein Lehrbuch ohne Konzessionen an Aristoteles oder die Kirche, experimentell und mathematisch kompetent. Fortunatus versucht, den Atomismus Gassendis weiterzuentwikkeln.

Als der Jesuitenorden den Zwang zur aristotelischen Lehre lockerte, wurden in kurzer Zeit eine Reihe mechanistischer Lehrbücher von Professoren des Ordens geschrieben (Joseph Zanchi 1748, Joseph Khell 1751, Joseph Mangold 1756, Michael Klaus 1756, Berthold Hauser 1755ff.). In dieselbe Gruppe gehören noch die Bücher des Piaristen Donatus a Transfiguratione Domini (1749) und des Minoriten Hermann Osterrieder (1765/70). Einige der Bücher sind Teil eines Philosophiekurses, andere enthalten nur die Physik, sind jedoch gleichfalls für den Einsatz innerhalb des Philosophiekurses gedacht. Das umfangreichste und gelehrteste Werk ist das auf Befehl des Jesuitenordens geschriebene von Hauser, von dessen acht Bänden fünf der Physik gewidmet sind. Die vier Physikbände von Osterrieder stehen dem kaum nach. Auch die meisten anderen kommen auf über 1000 Seiten. So umfassende, auch die mathematische Physik nicht aussparende Vorlesungen gab es damals nur an Ordensschulen, die ihre Zöglinge in der Disziplin hatten. Die Experimentalphysik wird angemessen gewürdigt, die neue Mode der Demonstrationsexperimente spielt jedoch keine Rolle.[135] Nominell bekennen sich die Autoren zu einem „abgemilderten" oder „gelockerten" peripatetischen System, damit der Weisung der Kirche nachkommend. Aber das heißt nicht mehr, als daß sie ihren Mechanismus in eine hylomorphistische Sprechweise kleiden. Öfters wird in demonstrativer Weise ein Bezug zu den aristotelischen Eklektikern hergestellt (insbesondere zu Tolemei).[136]

Im Folgenden sollen zunächst die Parallelen zwischen den mechanistischen und den gleichzeitigen aristotelischen Lehrbüchern herausgearbeitet werden. Die Gliederung folgt dabei der oben gegebenen Darstellung der ari-

stotelischen Lehrbücher und ihrer Didaktik. Den Schluß bildet ein kurzer
Überblick über die theoretischen Vorstellungen der Autoren.

4.1.2   Der Begriff „Physik"

Die meisten Lehrbücher des 18. Jahrhunderts beginnen mit einer Definition
des Begriffs Physik. Bevor man sich mit einem Gegenstand wissenschaftlich
beschäftigt, muß man zunächst einen Begriff von ihm haben, und den erhält
man durch eine Definition. Als Beispiele seien zwei solche Definitionen angeführt, zunächst diejenige von Müller (1733[2]), sodann diejenige von Verdries (1729):
Naturlehre ist „eine theoretische disciplin, durch welche wir das innere wesen, oder die grundursachen natürlicher dinge, aus den phaenomenis derselben, als ihre effecten, durch welche sie sich unsern sinnen darstellen, auf
wahrscheinliche art erkennen; damit wir mit natürlichen dingen desto klü-
ger und vorsichtiger umgehen, und aus der natur, als einem geschöpfe, gott
als den schöpfer erkennen mögen."
„Physik ist der Teil der theoretischen Philosophie, der die Natur und ihre
Ordnung und Gesetze, sowie die natürlichen Dinge, Kräfte und Wirkungen
untersucht, erforscht, beurteilt: und zwar der Einzelnen Ursprünge, Ursachen, Gründe, Maß, Zweck und Nutzen, soweit es zu wissen vergönnt ist,
aus ursprünglichen, als einleuchtend erkannten, wahren oder jedenfalls
sehr wahrscheinlichen Prinzipien durch unerschütterliche Schlußfolgerung
nach notwendiger Reihenfolge deduziert."
  Beide Definitionen zeigen gewisse Unterschiede in methodologischen
Fragen. Müller betont den grundsätzlich hypothetischen Charakter der Erkenntnis, Verdries die praktisch erreichbare Sicherheit. Müller möchte die
Lehren nach der analytischen Methode vorgetragen wissen, Verdries nach
der axiomatischen. Davon soll im folgenden Kapitel (4.1.3) die Rede sein.
Hier sollen die Gemeinsamkeiten der beiden Definitionen herausgestellt
werden. Diese beziehen sich
  a) auf den Gegenstandsbereich der Physik; sie hat es mit der gesamten
Natur, mit allen natürlichen Dingen zu tun;
  b) auf die Intention der Beschäftigung mit der Natur; sie ist eine theoretische, spekulative, keine praktische; es geht um Erkenntnis, nicht um
Beherrschung;
  c) auf die Art dieser Erkenntnis; sie soll eine philosophische sein, also
das Wesen der Dinge ergründen, und dies besteht in den mechanischen Ursachen und Gründen und dem von Gott gesetzten Zweck und Nutzen.
  Sturm (1713) faßt alle drei Gesichtspunkte in der kurzen Sentenz zusammen, die Physik sei „eine Wissenschaft, welche die Natur, (...) oder die
natürlichen Dinge betrachtet" und führt aus, daß das Wort „betrachten" die
theoretische Intention und das Wort „Wissenschaft" die Frage nach dem
Wesen der Dinge einschließe.

Diese Begriffsbestimmung der Physik entspricht der Überlieferung und der bestehenden Praxis der Universitätslehre. Mechanisten und Aristoteliker unterscheiden sich hier nicht. Daß die neue mechanische und experimentelle Betrachtungsweise der Natur eine neue Art, Physik zu betreiben, nahelegte, wird nicht gesehen. Das Neue wird nicht zu Ende gedacht, sondern nur in die alten Strukturen eingeführt. Dies soll im Folgenden für die genannten drei Aspekte gezeigt werden.

a) Aus methodischen Gründen ging die Tendenz der neuen Physik eindeutig in Richtung einer Beschränkung des Gegenstandsbereiches auf das (wenigstens prinzipiell) mathematisch Beschreibbare und experimentell Untersuchbare. Es wäre demnach sinnvoll gewesen, die Naturgeschichte der drei Reiche und die Lehre vom Menschen von der Physik zu trennen. So konsequent ist jedoch nur Rohault (1713). Viele der deutschen Autoren legen sogar besonderen Wert auf die Behandlung der lebendigen Körper. Da sie diese andererseits nicht als bloße Mechanismen betrachten, sondern eine prinzipielle Unterscheidung von belebten und unbelebten Körpern vornehmen, kann man vermuten, daß außerwissenschaftliche Gründe für die Bestimmung des Gegenstandsbereiches die Hauptrolle spielten. Das Lehrfach Physik entließ seine Studenten in die drei höheren Fakultäten, und die Professoren waren bestrebt, die Bedeutung ihres Faches für die Ausbildung der Mediziner und Theologen nicht zu schmälern. Dafür waren Biologie, Physiologie und Psychologie wichtig. Obwohl die Behandlung der menschlichen Seele in einer mechanistischen Physik ein Anachronismus war, gab es dementsprechend auch Widerstände, nachdem von Wolff und seinen Schülern die Psychologie von der Physik getrennt wurde (Müller 1733[2], Börner 1742[2]).

b) Die Frage, warum man sich mit der Physik beschäftigen solle, wird gleichfalls genauso beantwortet wie in den aristotelischen Büchern. Viele Autoren zitieren wörtlich den alten Topos: Sie solle dazu dienen, sich selbst, die Welt und Gott zu erkennen. Die Physik lehrt uns Gott als Schöpfer und Erhalter der Welt erkennen, die Welt als aus seiner Macht entstandenes Kunstwerk betrachten und den Menschen als „kleine Welt", als Gottes „Meisterstück" verstehen (Scheuchzer 1711). Die so betriebene Physik ist ihrem Wesen nach kontemplativ (Osterrieder 1765).

Der praktische Nutzen wird gegenüber der reinen Erkenntnis als sekundär betrachtet. Dies muß nicht als grundsätzliche Abwertung interpretiert werden; vielmehr war es tatsächlich mit dem praktischen Nutzen der Physik nicht so weit her. Das wichtigste, ja nahezu einzige Praxisfeld der Physik war die Universität. Dort war sie propädeutisches Nebenfach und galt für Mediziner, aber auch für Theologen als wichtig. Ihr praktischer Nutzen war also eher indirekt. Indem sie die medizinische und theologische Erkenntnis förderte, konnte sie für die Praxis dieser Fächer wirksam werden und so zur Glückseligkeit des Menschen, seines Leibes wie seiner Seele beitragen (Sturm 1713, Scheuchzer 1743[4]). Rüdiger (1714, 1729[2]), der die Anwendungen der Physik besonders herausstellt, behandelt ganz überwiegend ihren Nutzen für die Bekämpfung von Atheismus und Aberglauben und für die Beförderung der Gesundheit. Technische Anwendungen spielen noch keine wesentliche Rolle.

Allerdings ist die strikte theoretische Trennung von Physik und Technik, von Natur und Kunst überwunden. Die Mechanisten betrachten die Natur als Kunstwerk Gottes und die Kunst als vom Menschen geschaffene Natur. Es gilt als selbstverständlich, daß der Physiker experimentiert und sich dabei technischer Geräte bedient, daß er mißt und rechnet wie ein Mechaniker. Es wird jedoch Wert darauf gelegt, daß dies nicht die ganze Physik ist. Physik sei mehr als eine Kunst, auch wenn sie heutzutage experimentell vorgehe (Zwinger 1707); sie müsse als theoretische Wissenschaft begriffen werden, sei nicht nur Mechanik oder Experimentalphysik, und wer dies nicht beachte, sei ein „Pseudophysiker", in seinem Vorgehen eher einem Handwerker als einem Wissenschaftler vergleichbar (Osterrieder 1765). Physik kann und muß sich des Experiments (und eventuell auch der Mathematik) bedienen, jedoch stets nur mit philosophischer Intention: zur Erkenntnis des Wesens der Dinge.

Inwieweit dann tatsächlich experimentell-apparative Fragen und die technischen Probleme der angewandten Mathematik in die Bücher Eingang finden, ist unterschiedlich und hängt in erster Linie vom Umfang und vom mathematischen Niveau ab.[137] Dies war möglicher Unterrichtsstoff, aber nicht besonders wichtig für die Physik, da sich andere Fächer diesen Gegenständen im Detail widmeten: die Experimentalphysik und die angewandte Mathematik. Vorläufig wurden die drei Fächer noch getrennt gehalten, und manche der Physiker widmeten den beiden anderen Disziplinen weniger Aufmerksamkeit als für ihr Fach gut war.

c) Am deutlichsten zeigt sich die Verbundenheit mit dem Alten wohl an der Interpretation des Ursachenbegriffs. Neben den Wirkursachen sollen in der Physik auch die Zweckursachen betrachtet werden; es geht um Kausalität *und* Teleologie.

Für die cartesische Physik war eine teleologische Weltbetrachtung schlicht unwissenschaftlich. Das Geschehen in der Körperwelt war ein mechanisches. Die Welt funktionierte nach ihr immanenten, ewigen und notwendigen Gesetzen. In ihr herrschte strikte Kausalität, und es gab nichts, was auf einen Gott hindeutete. Für Gott blieb nur die Rolle des ersten Bewegers, der der ungeformten Materie den Anfangsimpuls gab, durch den dann unsere Welt entstand. Er war ein ferner Gott, der in den Ablauf des Geschehens nicht mehr eingriff und sich also auch nicht daraus erkennen ließ. Descartes Gottesbeweise beruhen auf psychologischen und begriffslogischen Argumenten, nicht auf der Erkenntnis der Natur. Er hielt im Gegenteil die Erkenntnis der Existenz Gottes für die Voraussetzung aller Naturerkenntnis. Bei Descartes und seinen strikten Nachfolgern kommt Teleologie nicht vor.

In Deutschland hatte der Cartesianismus den Ruch einer gewissen Affinität zum Freidenkertum, wenn nicht gar zum Atheismus; und zwar bei allen Konfessionen und theologischen Richtungen. Zwar sind sich die meisten Lehrbuchautoren einig darin, daß man physikalische Fragen nicht aus der Bibel entscheiden solle, aber genauso selbstverständlich ist ihnen das Wirken von Gottes Vorsehung in der Welt. Sturm (1713) meint, daß man die Physik des Descartes nicht „ohne dem Schöpffer und einzigen Regenten dieser Welt unrecht zu thun, annehmen könne". Er will eine neue Physik vorlegen, die er deshalb für die „vernünftigere" hält, weil sie in der Frage „von dem Endzweck und Nutzen der Natur-Weißheit" eine andere Position einnimmt. Die Einführung der Teleologie in die Physik ist eine wesentlicher Grund für das Abweichen der deutschen Autoren von Descartes und damit für ihren Eklektizismus. Die Autoren wenden sich gegen die Vorstellung von einer sich selbst erhaltenden, immerwährenden Welt, in der alles nach notwendigen Gesetzen abläuft (Scheuchzer 1743[4], Börner 1742[2]). Sie betonen, daß nicht nur die Körper von Gott geschaffen wurden, sondern daß auch die Naturgesetze göttliche Dekrete seien, die von seinem freien Willen abhängen (Sturm 1713, Scheuchzer 1742, Gentzke 1726[2]) und in den Wundern außer Kraft gesetzt werden können (Budde 1707[2]). Ihr Gott ist in seiner Schöpfung präsent. Er zeigt darin seine Güte und Weisheit, auf daß der Mensch ihn dankbar preise (Sturm 1713, Gentzke 1726[2]). Scheuchzer (1743[4]) drückt das gegenwärtige Wirken Gottes in der Weltmaschine durch ein Bild aus: Gott bewegt alle Himmelskörper und alle Dinge durch ein System von Hebeln. Diese Hebel mußten nicht nur gemacht werden, sondern müssen auch ständig von einem wirkenden Wesen bedient werden. Gott ist nicht nur erster Beweger, sondern dauernder Antrieb der Maschine. Er hat die Naturgesetze nicht nur erlassen, sondern sorgt auch für ihre Einhaltung. Die Betonung von Gottes Herrlichkeit, Allmacht und Regentschaft entspricht dem Tenor der zeitgenössischen Physikotheologie der englischen Newtonianer. Auch Newtons Gott hat die Welt und ihre Gesetze als kontingentes Kunstwerk geschaffen und wirkt in ihr durch aktive Prinzipien.[138] So finden wir denn auch bei einigen Autoren Beispiele für eine Newtonrezeption unter physikotheologischem Gesichtspunkt (Scheuchzer 1711, Kaschube 1718, Wucherer 1725, Börner 1742[2]). Hier schien sich eine Möglichkeit aufzutun, die Präsenz Gottes physikalisch zu beweisen. Daß dabei Vorstellungen in Kauf zu nehmen waren, die mit einer mechanistischen Physik ganz unvereinbar sind, wog weniger schwer als der physikotheologische Ertrag. Der Einfluß der englischen Physikotheologie zeigt sich manchmal auch in Passagen frommer Ergriffenheit (Budde 1707[2], Scheuchzer 1743[4], Börner 1742[2]). Die ganze Natur ist ein Zeichen für Gottes Herrlichkeit, und das Physikbuch wird Anlaß zu seiner Verherrlichung. Die Erkenntnis Gottes aus der Natur soll den Menschen leichter zum Glauben führen als die strengen Gottesbeweise der Theologie; die Verehrung von Gottes Allmacht, Weisheit und Güte wird zur wichtigsten Aufgabe des Physikunterrichts.

Eine die aktuelle Regentschaft Gottes betonende Theologie war zwar mit der peripatetischen Physik vereinbar, aber kaum mit einer mechanistischen.[139] Diejenigen Autoren, die sich nicht damit begnügen, biblische Theologie und mechanistische Physik nebeneinanderzustellen und im Konfliktfall ad hoc zu entscheiden, sondern eine philosophische Lösung versuchen, müssen in der einen oder in der anderen Richtung Abstriche machen. Entweder man bleibt bei der biblischen Vorsehungslehre und muß dann den Gültigkeitsbereich des mechanistischen Erklärungsprinzips beschränken, so daß die Naturvorgänge in einen mechanisch und einen teleologisch zu erklärenden Teil zerfallen.[140] Oder man bleibt bei der Allgemeinheit des mechanistischen Erklärungsprinzips und interpretiert den Vorsehungsbegriff so, daß er mit Descartes fernem Gott verträglich wird: als vorausschauende Planung beim Schöpfungsprozeß. Dies war Wolffs Lösung,[141] die auch für seine Schule maßgeblich wurde.

4.1.3   Die eklektische Methode

Descartes betrachtete die Methode als eine seiner wichtigsten Neuerungen. In bewußter Absetzung gegen das pädagogische Methodenverständnis der Scholastiker entwarf er ein Programm zur Erlangung neuen, sicheren Wissens. Er betrachtete seine Philosophie als eine Frucht der Methode. Dabei machte er keinen wesentlichen Unterschied zwischen dem Entdeckungs- und dem Rechtfertigungszusammenhang. Die Methode sollte beides leisten: zu neuem Wissen führen und dieses sichern. Ein angemessenes Verständnis seiner Theorien erforderte deshalb den Nachvollzug ihres methodischen Zustandekommens. Seine „Principia" zeigten ein durchdachtes methodisches Vorgehen, und daß es um einiges pragmatischer war als seine programmatischen Äußerungen erwarten ließen, gereichte dem Buch eher zum Vorteil.[142] Man sollte also erwarten, daß die Lehrbuchautoren, die sich seiner Physik verpflichtet fühlten, dieser Methode die gebührende Aufmerksamkeit gewidmet hätten.

Aber Autoren, die Theorien in ähnlicher Weise zu entwickeln versuchen wie Descartes, gibt es kaum (Rohault 1713, Clericus 1710). Die meisten betrachten die Methode unter pädagogischen Gesichtspunkten und betonen dabei die Kontinuität mit der Scholastik. Wissenschaftsmethodische Anmerkungen sind selten und für die Art der Darstellung des Stoffes nicht konstitutiv. Meist beziehen sie sich auf das Experiment, und wenn dabei ein Name genannt wird, ist es derjenige Bacons. Der Cartesianismus wurde in Deutschland nicht mit methodologischen Fragen identifiziert, sondern mit der mechanistischen, korpuskularen Philosophie. Daß deren Annahme auch methodologische Konsequenzen haben mußte, haben die meisten Lehrbuchautoren wohl nicht gesehen. Ihnen geht es um die Vermittlung der neuen, mechanistischen Weltanschauung, und sie glauben, dies mit der bewährten Methode am besten leisten zu können.

Die Ablehnung der aristotelischen Physik geht also nicht mit einer Ablehnung der scholastischen Methode einher. Diese wird im Gegenteil durchaus geschätzt und gilt als das adäquate Verfahren zur Darstellung und Begründung der eklektischen Physik. Diese besteht ja gerade darin, aus den angebotenen Positionen die jeweils tragfähigste auszuwählen. Die eigene Position wird in Auseinandersetzung mit anderen Meinungen entwickelt und gegen mögliche Einwände von anderen Standpunkten aus verteidigt. So entsteht eine Physik „nach den vernünfftigsten Meinungen der heutigen Belehrten" (Sturm 1713), und zu deren Darstellung bot sich in der Tat die dialektische Methode der Meinungsbildung an. Sturm (1697) und Rüdiger (1714) betonen den Zusammenhang von eklektischer Physik und dialektischer Methode auch formal. Sie beginnen jeden Abschnitt mit der Diskussion und Kritik der wichtigsten theoretischen Alternativen und entwickeln dann ihre eigene Position daraus.

In den ausführlicheren Büchern, die mehr sein wollen als Sammlungen von Merksätzen, spielt die diskursive Entwicklung des Stoffes durchweg eine große Rolle. Die katholischen Autoren führen die scholastische Methode auch formal streng durch [143] und schreiben Disputationsübungen. Auf die diskursive Unterrichtsmethode mochte man auch aus pädagogischen Gründen nicht verzichten, da sie gegenüber der bloßen Herleitung des Stoffes zusätzlich der Übung diene (Hauser 1758).

Besonders intensiv wird die Auseinandersetzung mit Aristoteles und Descartes geführt, wobei man keineswegs einfach den ersteren ablehnt und dem letzteren zustimmt. Obwohl die Autoren Descartes viel verdanken, legen manche Wert darauf, sich gegenüber seiner Philosophie abzugrenzen und betonen die Unterschiede. Dies gilt besonders für diejenigen Autoren, die auf Übereinstimmung der Physik mit dem christlichen Glauben Wert legen. Umgekehrt wird Aristoteles, wo möglich, gern zustimmend zitiert. Fehler der scholastischen Philosophie werden nicht dem Aristoteles angelastet, sondern seinen Nachfolgern, die seine Philosophie korrumpiert haben sollen (Morasch 1727, Osterrieder 1765). Die Betonung der Eigenständigkeit kann nicht darüber hinwegtäuschen, daß die Autoren kaum eigene Gedanken vorbringen.[144] Eigenständig ist höchstens die spezifische eklektische Zusammenstellung der Theorieelemente.

Vom Erkenntnisanspruch der cartesischen Physik aus betrachtet, ist die scholastische Methode kaum zu rechtfertigen. Descartes ging es um Wahrheitsfindung und nicht bloß um die Bildung einer begründeten Meinung. Physikalische Erkenntnis sollte wenigstens grundsätzlich von gleicher Sicherheit sein können wie mathematisches Wissen. Dieser Anspruch wird von den mechanistischen Eklektizisten nicht erhoben. Man findet vielmehr Passagen, in denen der hypothetische Charakter aller physikalischen Erkenntnis sehr klar ausgesprochen ist (Clericus 1710, Müller 1733^2, Donatus 1754^2). Descartes hatte die Möglichkeit sicherer Erkenntnis damit begründet, daß sich die Materie allein mit geometrischen Begriffen (Ausdehnung etc.) beschreiben lasse und somit die Physik zu einer mathematischen Wissenschaft werden könne. In den deutschen Lehrbüchern wird demgegenüber eher der Unterschied zwischen mathematischen und physikalischen Begriffen betont. Erstere seien willkürliche Schöpfungen des menschlichen Geistes und könnten deshalb nicht Grundlage der Physik sein,[145] die es mit realen, nicht mit bloß möglichen Dingen zu tun habe (Clericus 1710, Rüdiger 1714). Wenn aber die physikalischen Begriffe von den mathematischen grundsätzlich verschieden sind, dann kann auch die mathematische Methode für den Physikunterricht nicht angemessen sein.[146] Hauser (1755) führt die folgenden Unterschiede zwischen der mathematischen und der scholastischen Methode an: erstere führe zu evidenten, letztere nur zu wahrscheinlichen Ergebnissen; erstere deduziere mathematisch, letztere schließe nach den Regeln der Logik; erstere brauche Lehrsätze nur herzuleiten, letztere müsse auch Einwände berücksichtigen; erstere könne voraussetzungsgebunden vorgetragen werden, bei letzterer müsse man zwischen Voraussetzungsgebundenheit und Systematik einen

Kompromiß schließen. Daß Hauser in der Physik ganz überwiegend die scholastische Methode der mathematischen vorzieht, entspricht seiner qualitativen, auf hypothetische Mechanismen zielenden Physik. Daß er noch 1755 nur diese beiden methodischen Alternativen in Erwägung zieht, ist weniger verständlich.

Der Begründungszusammenhang innerhalb des dialektischen Rahmens unterscheidet sich wenig von den aristotelischen Büchern. Das Schlagwort „ratio et experientia" wird von den meisten Autoren zitiert. Vernunft und Erfahrung sollen zur Erkenntnis führen und zwar keine allein, sondern beide zusammen. Erfahrung allein sei nicht in der Lage, das Wesen der Dinge zu ergründen, sondern bleibe beim bloßen Schein stehen und neige deshalb zu Leichtgläubigkeit und Selbstbetrug. Vernunft allein schwebe hingegen in der Gefahr von Grillenfängerei und Phantasterei (Scheuchzer 1711). Vernunft soll spekulativ vorgehen, dabei aber - soweit es möglich ist - immer wieder die Erfahrung als Korrektiv heranziehen. Erfahrung soll methodisch gewonnen werden und sich von der Vernunft leiten lassen. Dies sei eine Kombination der Methoden von Bacon und Descartes und kennzeichnend für das Methodenverständnis der modernen, eklektischen Physik (Rüdiger (1714). Vernunft und Erfahrung werden wie bisher weitgehend symmetrisch gesehen, aber ihr Zusammenhang wird stärker betont als bei den meisten Aristotelikern.

Erfahrung meint weiterhin überwiegend die unmittelbare Sinneserfahrung und ist meist qualitativ. Die Erweiterung der Sinneserfahrung durch Instrumente (Fernrohr, Mikroskop) wird als großer Fortschritt der neueren Physik angesehen. Auch die bekanntesten Meßgeräte (Thermometer, Hygrometer, Barometer) werden behandelt. Genauere Schilderungen von Experimenten findet man nur in den ausführlichen Büchern und auch dort nicht in allen. In den Vorlesungen der Autoren ist nicht experimentiert worden. Experimentelle und apparative Detailfragen waren der Experimentalphysik und den entsprechenden Kompendien zugewiesen.

Verschiedene Autoren betonen, daß die Erfahrung die eigentliche Grundlage der physikalischen Erkenntnis sei. Sicheres Wissen haben wir nur a posteriori (Clericus 1710, Verdries 1720, Müller 1733[2]). Aber die Erfahrung allein kann zu den eigentlich interessanten physikalischen Fragen nicht vordringen: zu den Erklärungen der Phänomene durch mikrophysikalische Modelle. In diesen wurden praktisch oder sogar prinzipiell unbeobachtbare Entitäten postuliert. Obendrein konnten die kleinsten Teilchen ganz andere Eigenschaften haben als makroskopische Körper. Hier konnte reine Empirie nicht weiterhelfen. Es mußte vielmehr a priori spekuliert werden. Die Erfahrung öffnet das Haus der Natur, aber erst die Vernunft dringt darin ein (Hauser 1755). Es soll aber nicht nur die Vernunft auf der Erfahrung aufbauen, sondern auch umgekehrt die Erfahrung auf der Vernunft. „Die wahre Erfahrung geht der Vernunft nicht voran, sondern folgt ihr nach" (Donatus 1754[2]). Erfahrung soll theoriegeleitet sein. Verdries (1720) vergleicht die Erfahrung mit einem Meer, in dessen unsicheren Strömungen das Schiff der Erkenntnis nur Kurs halten kann, wenn die Vernunft am Steuerruder sitzt.

Methodologische Bemerkungen in den Vorbemerkungen zu den Lehrbüchern sind in erster Linie didaktisch zu interpretieren. Die Autoren wollen nichts über die Methoden der wissenschaftlichen Forschung lehren. Deshalb wird auch fast nie geschildert, wie irgendwelche Entdeckungen gemacht wurden. Die Autoren wollen die Tatsachen in einer für den Lernenden günstigen Form darstellen, und methodologische Fragen werden im Hinblick auf dieses Ziel betrachtet. Die Dualität von Vernunft und Erfahrung wird dementsprechend unmittelbar auf die Lehrmethode bezogen. Es sollen zwei Methoden möglich sein, eine von der Vernunft und eine von der Erfahrung ausgehende. Die erste setzt die Ursachen voraus und erklärt daraus die Phänomene, die zweite beginnt mit den Phänomenen und versucht dann, die Ursachen zu erschließen (Scheuchzer 1743[4]). Jene wird mit der synthetischen, diese mit der analytischen Methode gleichgesetzt.[147] Die Anwendung dieser Methoden folgt nicht bestimmten Kriterien, sondern richtet sich nach der Vorliebe des Autors und danach, was er im Einzelfall für günstiger erachtet. Zur scholastischen Methode gehörte das synthetische Vorgehen, und dies wird von den meisten Autoren bevorzugt. Man stellt den zu behandelnden Lehrsatz an den Anfang und beweist ihn danach, indem man rationale und empirische Argumente dafür anführt und die Gegenposition widerlegt.[148] Die Lehrsätze zu einem Gebiet beginnen mit den allgemeinen und schreiten dann zu den davon abhängigen fort. Einige Autoren wenden aber lieber die analytische Methode an, wohl um auch formal zu betonen, daß sie die Erfahrung als wichtigste Grundlage ihres Systems betrachten (Sturm 1697, Clericus 1710, Scheuchzer 1711, Fortunatus 1735, Klaus 1756). Sie schildern nach den notwendigen Definitionen zunächst Beobachtungen und Experimente und formulieren danach erst Erklärungshypothesen und Lehrsätze und diskutieren deren Pro und Contra. Auch ganz andere Methoden kommen vor, insbesondere die Katechese (Sturm 1703[2], 1713, Schweitzer 1709[2]). Offenbar war die Methodenfrage weitgehend eine pädagogische Entscheidung und nicht stark vom Wissenschaftsbild abhängig.

Das der mechanistischen Physik angemessene methodische Vorgehen wäre wohl hypothetisch-deduktiv. Wenn es nicht möglich war, die mechanistischen Modelle aus der Erfahrung herzuleiten, so blieb als einzige Möglichkeit, sie gegen die Erfahrung zu testen.[149] Der einzige Autor, der dies - so gut es eben ging - versucht, ist Clericus (1710). Er nennt seine Methode mit Recht analytisch, da er der Formulierung von Erklärungshypothesen eine genaue Analyse der Phänomene vorangehen läßt. Was ihn von anderen Autoren unterscheidet, sind seine Ansprüche an die Hypothesentestung. Ihm genügt es nicht, einige mehr oder weniger passende qualitative Experimente aufzulisten; er versucht vielmehr, möglichst präzise Folgerungen aus seiner Hypothese zu ziehen, die einem direkten empirischen Test unterworfen werden können. Der Stoff wird in gegenseitiger Ergänzung von Experiment und Theoretisierung schrittweise entwickelt. Bei dieser Lehrmethode ist dann auch die Auseinandersetzung mit anderen Positionen weniger wichtig und kann zurücktreten.

Ein Grund für die relativ niedrigen Standards der Autoren in methodologischen Fragen ist die Unterschätzung der Rolle der Mathematik beziehungsweise überhaupt der Quantifizierung für die physikalische Methode. In einer hypothetischen Methode ist dies fatal und öffnet wilden Spekulationen Tor und Tür. An die Stelle exakter Tests treten Plausibilitätsargumente. Die meisten geben sich damit zufrieden. Manchmal wird mathematische Strenge der Herleitungen gefordert, aber nicht praktiziert (Rüdiger 1714, Scheuchzer 1743[4]). In Frankreich und mehr noch in Holland war das anders. In Deutschland wird erst bei den an Fortunatus (1735) anknüpfenden katholischen Autoren die Mathematik zu einem selbstverständlich verwendeten Hilfsmittel.[150] Sie wird dort allerdings nicht analytisch-entwickelnd, sondern synthetisch nach Art der angewandten Mathematik und überwiegend in den von dort übernommenen Gebieten benutzt. Die Möglichkeiten der hypothetischen Spekulation will man sich dadurch nicht einschränken lassen. Immer wieder wird betont, daß die Mathematik keinen konstitutiven Einfluß auf die Physik gewinnen dürfe (Donatus 1754[2], Hauser 1758, Osterrieder 1765). Wichtig sind die hypothetischen Mechanismen, und darauf wird nur selten verzichtet, selbst wenn man weiß, daß man keine begründete Erklärung zu bieten hat, sondern nur eine mehr oder weniger plausible Behauptung.

4.1.4   Die eklektische Systematik

Auch in der Gliederung des Stoffes richten sich die Autoren nach der Tradition der aristotelischen Lehrbücher. Wenn die Inhaltsverzeichnisse knapp formuliert sind, erlauben sie meist keine Unterscheidung darüber, ob sich der Autor der peripatetischen oder der mechanistischen Philosophie zugehörig fühlt. Es ist auffällig, daß sich nicht ein einziges Buch Descartes' „Principia" zum Vorbild nimmt, nicht einmal Rohault (1713), der ja der Physik seines Meisters genau folgen will. Offenbar hielt man die Systematik der „Principia" für ungeeignet und sah in der überkommenen Gliederung des Stoffes jedenfalls nicht so große Nachteile, daß man sie nicht hätte weiterverwenden können.

Descartes hatte einen recht einfachen Aufbau für sein Buch gewählt. An den Anfang stellte er das, was man seine allgemeine Physik nennen könnte, den Begriff des Körpers, den Begriff der Bewegung und die Bewegungsgesetze, sowohl der Stoßmechanik wie der Kontinuumsmechanik. Hieraus sollten sich alle Phänomene erklären lassen, und dies war die Aufgabe der speziellen Physik. Die Gliederung dort war relativ amorph. Man konnte Phänomenbereiche, die durch gleiche oder ähnliche Mechanismen definiert waren, zusammenfassen und deren Abfolge möglichst so wählen, daß ein voraussetzungsgebundener Vortrag möglich wurde.

Zweifellos wäre eine solche Systematik überzeugend gewesen, wenn sie durchführbar gewesen wäre. Aber erstens war es Descartes keineswegs überzeugend gelungen, die spezielle Physik aus den allgemeinen Gesetzen herzuleiten; wenn er auch den Eindruck zu erwecken gesucht hatte, so waren doch die Brüche offensichtlich. Und zweitens hatten viele unserer Autoren gerade gegenüber Descartes' allgemeiner Physik gewisse Einwände; sie nannten sich nicht ohne Grund Eklektizisten.

Hinzu kam, daß Descartes den traditionellen Stoff der Physikvorlesung nicht vollständig behandelt hatte. Es war keineswegs möglich, für alle Phänomene einigermaßen plausible Mechanismen anzugeben. In vielem konnte man nur Naturgeschichte betreiben. Eine konsequente mechanistische Systematik hätte einen Verzicht auf diese Gebiete bedeutet. Dies wäre einer einschneidenden Beschränkung des Lehrstoffes gleichgekommen, insbesondere in den Lebenswissenschaften, und hätte die Kontinuität des Lehrbetriebes in Frage gestellt.

Eine konsequente mechanistische Systematik war also zunächst kaum zu verwirklichen. Für den Unterricht in der dogmatischen Physik schien aber ein System nötig, und solange kein neues vorlag, mußte man eben beim alten bleiben und verwendete weiterhin die alten Begriffe. Dies erschien den Autoren offenbar unproblematisch, denn ihr Systembegriff war noch von der aristotelischen Tradition geprägt. Sie dachten das System weiterhin als Begriffshierarchie. Besonders klar kommt dies in den kurzen Kompendien zum Ausdruck. Sie bringen im wesentlichen Begriffe und deren Definitionen. Creiling (1713[2]) nennt sein Buch ein Kompendium der physikalischen Begriffserklärungen. Die Begriffe bilden den Kern des Systems und waren der wichtigste Lernstoff.

Die Begriffe bezeichnen Dinge und ihre Eigenschaften. Die ganze Welt wird in ein taxonomisches System eingeordnet. Es garantiert Vollständigkeit in der Erfassung der physikalischen Erscheinungen, ist jedoch ohne Bezug zu den mechanistischen Theorien. Die Gliederung hat die didaktische Funktion, die Vielfalt der behandelten Dinge in eine handhabbare Übersicht zu bringen. Sie sagt aber nichts über den theoretischen Zusammenhang der Unterrichtsgegenstände. Was im Rahmen der aristotelischen Physik ein theoretisch begründetes System war, wird jetzt zum bloß formalen Ordnungsschema. Für die Aristoteliker war Theorie die Betrachtung der Dinge unter dem Gesichtspunkt der gottgewollten Ordnung. Für die Mechanisten ist Theorie die Angabe der Mechanismen hinter den Dingen. Theorie und Systematik fallen auseinander.

Die eigentliche mechanistische Physik wird in die aristotelische Systematik eingefügt, d.h. bei den einzelnen Begriffen wird, soweit dies möglich und sinnvoll ist, ein Mechanismus angegeben. Dies kann bei der Darstellung im Buch etwa so aussehen (Verdries 1720), daß in einem Paragraphen zunächst ein Basistext vorangestellt ist, in dem ein Begriff eingeführt und erklärt wird, gefolgt von Anmerkungen, in denen die mechanistische Theorie dazu dargestellt ist (und auch die Auseinandersetzung mit anderen Positionen). Der Mechanismus fungiert hier als mögliche Deutung des Begriffs. Der Begriff besteht gewissermaßen aus einer phänomenologischen Komponente und einem mechanischen Modell. Zu kurz kommt dabei die Ebene des Gesetzeswissens. Physik wird nicht in erster Linie als Gesetzeswissenschaft betrachtet, sondern als Seinslehre. Dem entspricht auch, daß recht viele der formulierten Lehrsätze einfache Prädikationen sind und keine Relationen.

Dem Aufbau der Begriffshierarchie wird mehr Aufmerksamkeit gewidmet als den Beziehungen zwischen den Begriffen.

Dadurch gibt es wenig Zusammenhänge zwischen den einzelnen Gebieten, keine theoretischen Großstrukturen, keine Versuche, Gebiete auf Grund ihrer mechanischen Gesetzlichkeiten zu definieren. So wird etwa nirgends die Physik des Äthers systematisch dargestellt; es werden aber viele Einzelphänomene mit Hilfe des Äthers erklärt und diesem jeweils mehr oder weniger ad hoc bestimmte Eigenschaften zugelegt. Manchmal werden zu verschiedenen Fragen Positionen bezogen, die nicht gut miteinander verträglich sind. Das Bedürfnis nach einer einheitlichen theoretischen Basis ist nicht sehr stark entwickelt. Hauptsache ist, daß man zu jedem Phänomen eine plausible mechanische Erklärung anbieten kann. Scheuchzer (1743[4]) läßt sogar öfters alternative Theorien nebeneinander stehen und überläßt die Entscheidung dem Leser. Man begnügt sich mit Teiltheorien, mit anschaulichen, mechanischen Modellen für einzelne Erscheinungen; die Vernetzung der Teilgebiete ist gering.

Das aristotelische Begriffssystem zielt auf Vollständigkeit. Es gibt wenig Hinweise für die Auszeichnung paradigmatischer Phänomene, deren Behandlung im Unterricht von besonderer Wichtigkeit wäre. Auch die mechanistische Physik leistete hier nicht viel, wenn man von der Heraushebung der Mechanik absieht. Die Stoffauswahl ist deshalb in weiten Teilen der speziellen Physik relativ beliebig. Behandelt wird, was auf den ersten Blick erklärungsbedürftig erscheint: auffällige, komplexe Naturphänomene, auch Seltsamkeiten und einmalige Begebenheiten, also die in irgendeiner Weise ausgezeichneten Sinneswahrnehmungen. Bei dieser Stoffauswahl ist der Blinde, der angeblich mit dem Tastsinn Farben unterscheiden konnte, und zwar „sonderlich mit dem rechten Daumen und nüchtern" (Scheuchzer 1743[4]) ein bemerkenswertes Phänomen.

Die Aufnahme der mechanistischen Physik in die aristotelische Systematik führt zu verschiedenen Inkonsequenzen, von denen einige auffällige hier angeführt seien:

a) Die Grenzziehung zwischen allgemeiner und spezieller Physik [151] folgt der aristotelischen Tradition. „Allgemein" ist dabei die Betrachtung der Körper und ihrer Eigenschaften als solcher, ohne daß man einen speziellen Körper wie den Mond, das Eisenstück oder den Baum im Auge hat. „Körper" sind dabei die Gegenstände der Umwelt, denen eine Vielzahl wahrnehmbarer Eigenschaften in unterschiedlichen Graden zukommt, und alle diese Eigenschaften sind Gegenstand der allgemeinen Physik. Für den Mechanisten sind diese Eigenschaften jedoch größtenteils mechanisch erklärbar, als spezielle Mechanismen, und insofern nicht allgemein. Allgemein sind nur die Mechanik und die Materietheorie.

b) Sogar die aristotelischen Prinzipien der Welt, Materie und Form, werden beibehalten, obwohl dies wahrhaftig nicht die Prinzipien einer mechanistischen Physik waren. Sie werden dann auch in einer Weise uminterpretiert, die man nur als Entstellung bezeichnen kann. Materie sind die Atome beziehungsweise die materia prima, und Form ist die Gestalt, Ordnung und Bewegung der kleinsten Teilchen eines Körpers. Der Formbegriff ist eigentlich überflüssig.[152] Trotzdem verzichten nur wenige auf ihn (Clericus 1710, Fortunatus 1735).[153]

c) Daß gerade die sinnlichen Qualitäten in der Gliederung eine prominente Rolle spielen, will zu einer mechanistischen Physik, die in ihnen bloß sinnesphysiologische Effekte sieht, schlecht passen.

d) Durch die aristotelische Systematik werden an manchen Stellen Gebiete auseinandergerissen, die in einer mechanistischen Physik zusammengehören. Dies liegt insbesondere an der dichotomen Begriffsunterscheidung, die mit den (kontinuierlichen) Bewegungsbegriffen der cartesischen Physik schlecht harmoniert. So behandelt etwa Sturm (1713) die geradlinige Ausbreitung des Lichts im Kapitel über die konstanten Eigenschaften der Dinge und die Reflexion (als eine Veränderung der geradlinigen Ausbreitung) im Kapitel über die Veränderungen der Eigenschaften der Dinge.

Ansätze zu einer der mechanistischen Physik angemessenen Art der Theorienbildung sind in den deutschen Lehrbüchern nicht sehr weit gediehen. Auf Clericus (1710) wurde schon mehrfach hingewiesen. Die Ansätze Wolffs werden weiter unter zu behandeln sein. Der konsequenteste Versuch liegt wohl in dem Lehrbuch Georg Erhard Hambergers (1727) vor.[154]

4.1.5 Die physikalischen Theorien [155]

So sehr in pädagogischen Fragen die Kontinuität mit der aristotelischen Tradition betont wird, so deutlich ist bei den Inhalten der Bruch mit dieser Tradition. Das Weltbild ist in wesentlichen Punkten cartesianisch. Die Welt ist ein großes Uhrwerk. Alle Körper bewegen sich nach mechanischen Gesetzen. Ziel der Physik ist die Erklärung der wesentlichen Beschaffenheiten und der Bewegungen der Dinge durch Angabe der ihnen zugrundeliegenden Mechanismen. Erklären heißt, Modelle entwerfen, die anschaulich machen, wie eine Erscheinung sich auf die Bewegung kleinster Teilchen zurückführen läßt. Diese Bewegungen geschehen ausschließlich durch Stöße zwischen den Teilchen. „Jeder Körper, der einen andern bewegt, tut dies stoßend, nicht anziehend, denn eine Anziehungskraft gibt es in der Natur nicht" (Verdries 1720). Die gesamte Physik soll sich letztendlich auf die Gesetze des Stoßes zwischen Partikeln reduzieren lassen.[156] Dies wird allerdings von den Autoren der Lehrbücher nicht ernsthaft versucht. Sie begnügen sich damit, mögliche Modelle anzugeben, ohne sie mit Hilfe der Stoßgesetze quantitativ zu fassen. Sie wollen Ursachenanalyse betreiben, und dazu reicht es ihnen, anzugeben, wie die Zahnräder der Weltenuhr ineinanderfassen. Auch noch die Umdrehungsgeschwindigkeiten anzugeben, erfordert das Erklärungsbedürfnis nicht. Daß Mathematisierung nicht nur für die Beherrschung der Natur, sondern auch für die reine Theorie von Bedeutung ist, wird nicht angemessen gewürdigt (trotz gelegentlicher rhetorischer Beteuerungen über die Bedeutung der Mathematik). Die Physik bleibt im wesentlichen qualitativ.

Manche Autoren (keineswegs alle) formulieren Bewegungsgesetze. Diese sind nicht Axiome einer mathematischen Theorie, sondern verbale Formulierungen der Grundvorstellungen der Stoßphysik. Als Beispiel seien die Gesetze Buddes (1707) angeführt: a) Jeder bewegte Körper wird von einem anderen in Bewegung gesetzt. b) Ein bewegter Körper gibt Bewegung an einen ihm begegnenden Körper weiter, wenn dieser nicht weich ist. c) Die Bewegung eines Körpers bleibt erhalten, bis er mit einem anderen wechselwirkt. - Die meisten Autoren nehmen mit Descartes an, daß die Menge der Bewegung im Weltall erhalten bleibt. Ein schönes Beispiel für unbekümmerten Eklektizismus geben Scheuchzer (1711), Verdries (1720) und Börner (1742[2]), indem sie die drei Newtonschen Axiome als grundlegende Bewegungsgesetze der Stoßphysik übernehmen, ohne den Newtonschen Kraftbegriff zu teilen.[157]

Nach der cartesianischen Materietheorie soll Gott die Materie bei der Schöpfung in vielerlei Weise geteilt und den Teilen verschiedenste Formen und Größen gegeben haben. Es seien drei Größenordnungen zu unterscheiden. Das erste Element ist die allerfeinste Materie des Elementarfeuers. Es ist stets in ungemein heftiger Bewegung begriffen und dringt in alle Poren und Zwischenräume zwischen den gröberen Teilchen. Die Teilchen des zweiten Elements, des Äthers, sind zwar größer als die des ersten, aber immer noch höchst subtil, und durchdringen alle makroskopischen Körper. Der Äther soll im ganzen Weltraum verbreitet sein und dort große Wirbel bilden, in denen die Planeten schwimmen. Diese schließlich bestehen aus Teilchen der dritten, gröbsten Stufe. Die Form der Teilchen soll sehr unterschiedlich sein. Die Ätherteilchen seien rund; bei den irdischen Teilchen soll das Wasser ovale, schlüpfrige Teilchen „wie Aale" (Scheuchzer 1743[4]) haben, die Luft federartige Teilchen, die Flamme, beziehungsweise der Brennstoff, spitze, stachlige Teilchen. Den Teilchen werden also solche Eigenschaften zugelegt, daß die Eigenschaften der makroskopischen Körper anschaulich erklärbar werden. Die Teilchen der verschiedenen Elemente sollen zusammen den Raum völlig ausfüllen. Demnach gibt es in der Welt nirgends ein Vakuum, einen von Äther und Elementarfeuer freien Raum zwischen den gröberen Teilchen.

Vollständig geteilt werden diese Vorstellungen nur von relativ wenigen Autoren (Clauberg 1664, Rohault 1713, Bayle 1703[2], Sperlette 1703[2], Schweitzer 1709[2], Zwinger 1707, Teichmeyer 1717). Die gravierendsten Abweichungen gibt es in den Auffassungen über die Grundbausteine der Welt, die Elemente. Sie können als Gassendische Atome gedacht werden, als unterschiedlich geformte, harte Teilchen gleicher Dichte, zwischen denen sich kleine leere Räume (vacuum disseminatum) befinden (Scheuchzer 1711, Fortunatus 1735). Sie können im Anschluß an Leibniz oder Wolff als kraftbegabte, physikalische Punkte begriffen werden (Verdries 1720, Morasch 1731).[158] Sie können als Korpuskeln vorgestellt werden, die selbst wieder aus noch grundlegenderen Prinzipien gebildet sein sollen, einem männlich-expansiven Äther(Licht)-Prinzip und einem weiblich-attraktiven Luft-Prinzip (Budde 1707[2], Rüdiger 1714, Gentzke 1726[2]). All dies ist sehr spekulativ, um nicht zu sagen willkürlich. Diese Materievorstellungen fußen auf der Metaphysik ihrer Autoren und sind charakteristischerweise für deren Physik ziemlich folgenlos. Trotz der grundlegenden Unterschiede in der Konstruktion des Elementbegriffs gibt es bei der Erklärung vieler Erscheinungen Gemeinsamkeiten.

Eine besondere Rolle als Erklärungsprinzip spielt der Äther. Er ist das „Instrument der Bewegung" (Börner 1742[2]). Stöße der Ätherteilchen gegen die Teilchen der gröberen Materie sollen für viele physikalische Prozesse verantwortlich sein. Die Ausbreitung von Wellen im Äther äußert sich als *Licht*.[159] Licht ist eine „Bewegung im Äthermeer" (Verdries 1720). Manche Autoren denken dabei (wie Huygens) an aperiodische Bewegungen, die meisten jedoch an periodische. Ab und zu wird eine Analogie zum Schall gezogen. Einzelheiten der Huygensschen Theorie bringt nur Clericus (1710). Newtons Optik wird nur bei Scheuchzer (1711) ausführlicher behandelt, wobei natürlich dessen Emissionstheorie nicht übernommen wird.[160] - Die *Wärme* wird durch eine kinetische Theorie erklärt. Sie soll in der schnellen, regellosen Bewegung von Teilchen bestehen, die in einer Kontinuumstheorie natürlich höchstens freie Weglängen in der Größenordnung der Teilchendurchmesser haben dürfen. Ob für die Wärme auch die Ätherteilchen zuständig sind oder die Körperteilchen oder beide, wird unterschiedlich gesehen. - Für den *Magnetismus* wird meist Descartes' Wirbeltheorie angenommen. Danach sollen sich Ausflüsse magnetischer Materie (vielleicht ist dies wieder der Äther) um den Magneten auf bestimmten Bahnen bewegen, die im Feldlinienbild sichtbar werden. - Die *Elektrizität* wird, wo sie überhaupt schon erwähnt wird, analog zum Magnetismus behandelt. - Auch die *okkulten Qualitäten* werden auf irgendwelche Ausflüsse (effluvia) von Teilchen aus den Körpern zurückgeführt. Man stellt sich das in Analogie zum Geruch vor. An der mechanischen Erklärbarkeit solcher Erscheinungen wie Sympathie und Antipathie, der Wirkung von Medikamenten oder gewisser magischer Praktiken wird nicht gezweifelt. Okkult sind alle Erscheinungen, deren mechanische Ursachen zur Zeit noch verborgen sind. Dazu zählt manchmal auch die Elektrizität. - Der aufsehenerregendste Teil der Physik Descartes' war seine Erklärung der Schwere und der Bewegung der Himmelskörper. Der Äther sollte um die Himmelskörper riesige Wirbel bilden, in denen jeder Körper zum Zentrum getrieben wurde. Das Weltall wurde als System solcher, sich durchdringender Wirbel betrachtet. Dies ist auch in den Lehrbüchern die gängige Theorie.[161] Wie diese Wirbel zustandegekommen sein sollten und warum sie gerade so beschaffen waren, konnte nicht erklärt werden. Verschiedentlich wird die Frage danach mit dem Hinweis auf Gottes Willen abgelehnt (Scheuchzer 1743[4], Kaschube 1718). Das cartesische Weltall ist auf der Grundlage des kopernikanischen Weltbildes entworfen, das allerdings einigen Autoren noch nicht als gänzlich unbezweifelbar gilt. Aus religiösen Gründen wird verschiedentlich das tychonische Weltbild als gleichfalls akzeptabler Kompromiß bezeichnet und sogar mit der Wirbeltheorie für vereinbar gehalten (Creiling 1713[2]).

Man kann nicht erwarten, daß die mechanische Erklärungsart überall durchgehalten wird. Hier und da findet man aristotelische oder hermetistische Vorstellungen, höchstens notdürftig verhängt mit dem grundsätzlichen Vorbehalt einer mechanischen Erklärungsmöglichkeit. Anziehung und Abstoßung zwischen Magneten werden in Parallele gesetzt zu Liebe und Haß, zum Verhältnis eines Tieres zu seinen Jungen, beziehungsweise eines Wolfes zu einem Schaf. Das Abkochen von Milch soll im Euter der Kuh aus Mitleid eine Entzündung hervorrufen können (Scheuchzer 1743[4]). Insgesamt ist aber doch erstaunlich, wie weitgehend es den Autoren schon gelingt, das große Gebiet der Physik der neuen mechanischen Erklärungspraxis zu unterwerfen.

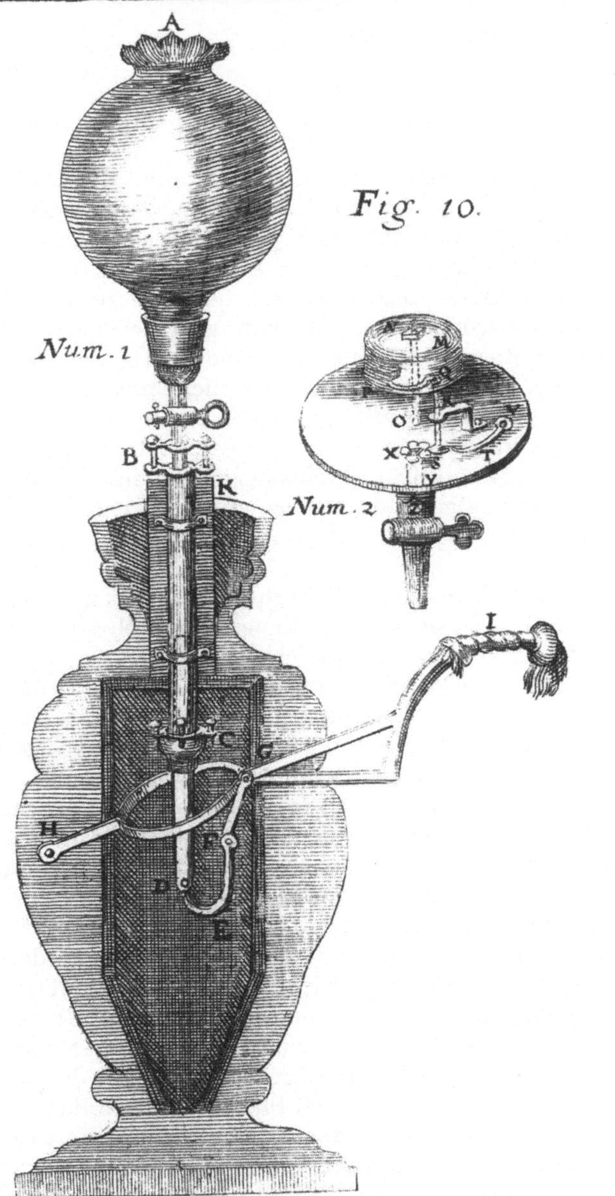

Vakuumpumpe aus Sturm 1685

4.2 Die Experimentalphysik vor Wolff

Wollte ein Physikprofessor um die Wende zum 18. Jahrhundert als progressiv angesehen werden, so mußte er die mechanistische Philosophie vertreten und die Experimentalphysik pflegen. Mechanistisches Weltbild und experimentelle Methode galten als Ausdruck des Modernen. Das erste wurde mit dem Namen Descartes assoziiert, die zweite mit Bacon. Cartesianismus und Baconismus erschienen also keineswegs als Gegensätze, trotz der sehr unterschiedlichen methodologischen Programme ihrer beiden Namenspatrone. Cartesianismus wurde nicht mit apriorischen oder hypothetischen Methoden identifiziert, sondern mit einer korpuskular-mechanistischen Weltanschauung, und Baconismus bedeutete weniger ein Bekenntnis zu einer induktiven Methodologie als vielmehr zum experimentellen Vorgehen ganz allgemein. Insofern erschien beides als durchaus miteinander verträglich und war gleichermaßen kennzeichnend für den physikalischen Zeitgeist.

Während jedoch die mechanistische Weltsicht kontrovers und emotionsgeladen diskutiert wurde, war die Experimentalphysik weitgehend unstrittig. Sie wird oft mit überschwenglichen Erwartungen begrüßt, selten einer kritischen Analyse ihrer Leistungsfähigkeit unterworfen und kaum irgendwo gegen Einwände verteidigt; solche Einwände spielten offenbar keine Rolle. Die Experimentalphysik war weltanschaulich einigermaßen neutral, wenig mit grundlegenden philosophischen Fragen befaßt, kaum in die Arbeit an den großen Systemen eingebunden. Sie konnte deshalb von den Mitgliedern verschiedener Schulen gepflegt werden.[162] Die alte Reserve gegenüber dem Experiment, die Furcht, es könne die Natur zu unnatürlichen Reaktionen bringen, weil es die Produktion des in der Natur Unüblichen bezweckte, spielte keine Rolle mehr.

Die Universitäten waren an der Entwicklung der modernen Experimentalphysik im 17. Jahrhundert nicht maßgeblich beteiligt. Experimentelle Forschungen geschahen überwiegend außerhalb der Universität und unabhängig von deren Disziplinstruktur und waren in diese auch nicht zwanglos einzuordnen, als man versuchte, ihre Ergebnisse in die Lehre zu übernehmen. Sie betrafen sowohl das Fach Physik als auch das Fach Mathematik, waren aber in die Lehre beider Fächer nicht ohne weiteres zu integrieren.

Grundsätzlich war es wohl leichter, Neuerungen in den Mathematikunterricht einzuführen als in den Physikunterricht. Die Mathematik war ein isoliertes Fach; die Vorlesung baute auf keiner anderen auf und mußte keiner anderen zuliefern. Die Physik hingegen war in den Philosophiekurs eingebunden und konnte weder in inhaltlichen noch in methodischen Fragen leicht ausscheren. Die Aufnahme von Experimenten in den Mathematikunterricht lag eigentlich nahe, denn man hatte sich dort seit langem intensiv mit mathematischen und physikalischen Geräten beschäftigt. Die angewandte Mathematik war die Wissenschaft von den mathematischen Künsten; sie wollte technische Probleme lösen und konstruierte dazu Geräte und Maschinen. Besonders wichtig waren astronomische und geodätische Instrumente wie Jakobsstab, Astrolabium, Quadrant, Theodolit; in der Mechanik und Hydrostatik wurden einfache Maschinen und Wasserkünste behandelt, in der Optik die Konstruktion von Fernrohren besprochen. Bereits im 16. Jahrhundert sind an Universitäten Sammlungen mathematischer Modelle und Instrumente angelegt worden, und diese wurden im Unterricht wenigstens gezeigt. Allerdings unterschied sich diese instrumentelle Mathematik beträchtlich von der neuen Experimentalphysik. Die mathematischen Instrumente waren keine Forschungsinstrumente, sondern Werkzeuge zur Problemlösung.[163] Sie dienten nicht der Herleitung oder Veranschaulichung von Naturgesetzen, sondern repräsentierten praktische Techniken zu bestimmten Zwecken, entweder in der Form von Maschinenmodellen oder in der Form von Meßgeräten für Kartographie, Astrologie u.a. Sie waren nicht der Erkenntnisgewinnung zugeordnet, sondern der Anwendung der Wissenschaft.

Die Experimentalphysik hatte andere Ziele als die angewandte Mathematik. Sie verstand sich nicht als technische Wissenschaft, sondern als experimentelle Philosophie. Sie wollte auf empirischem und damit sicherem Wege in die Geheimnisse der Natur eindringen. Dabei ging sie oft nicht „mathematisch", sprich quantitativ vor. Viele der neuen Experimente waren qualitativ, sie zeigten Effekte. Sie versuchten durch Manipulation gewisser Bedingungen möglichst sinnfällige Wirkungen zu erzielen. Die Intention war dabei nicht bloß beschreibend wie in der angewandten Mathematik. Man wollte vielmehr empirische Ursachenforschung betreiben. Und wenn man auch bis zu den letzten Ursachen, den Atomen und ihren Kräften, auf experimentellem Wege nicht vordringen konnte, so konnte man doch die unmittelbaren Ursachen der Effekte um so sicherer erschließen, indem man sie experimentell variierte.

Die Experimentalphysik stand gewissermaßen zwischen Physik und angewandter Mathematik. Das Erkenntnisinteresse verband sie mit der ersteren, der Instrumentengebrauch mit der letzteren. Dadurch konnte sie dazu beitragen, daß Physik und angewandte Mathematik langsam auch in der Praxis zusammenwuchsen, nachdem ihre Zusammengehörigkeit theoretisch ohnehin evident war, denn die Weltmaschine sollte nach mechanischen Gesetzen funktionieren, und die Mechanik war ein Gebiet der angewandten Mathematik.

Zunächst ist allerdings das Experiment weder in die Physikvorlesung noch in die Mathematikvorlesung in nennenswertem Umfang eingedrungen. Die Experimentalphysik wurde vielmehr als ein eigenes Fach neben beiden in die Universitätslehre aufgenommen. Dies neue Fach wurde als Verbindung physikalischer und mathematischer Traditionen aufgefaßt, aber doch eindeutig der Physik zugerechnet. Häufig wurden „physikalisch-mathematische" Experimente angekündigt, wobei die Physik stets zuerst genannt wurde.[164] In den Vorlesungen zur dogmatischen Physik und zur angewandten Mathematik wurden zwar experimentelle Ergebnisse geschildert, praktisch experimentiert wurde jedoch fast nur in den eigens dafür eingerichteten Lehrveranstaltungen. So wurden die eingefahrenen Unterrichtsmethoden der traditionellen Fächer nicht durcheinandergebracht.

Die erste Experimentalvorlesung war Johann Christoph Sturms „Collegium curiosum", das er erstmals 1672 an der Universität Altdorf hielt und danach regelmäßig wiederholte, wenn er genug Hörer hatte. Im Jahre 1676 erschien das Lehrbuch dazu. Altdorf war die Universität der Stadt Nürnberg, wo es ein blühendes Instrumentenmachergewerbe gab, damals in Deutschland eine Seltenheit. Zwei Jahre nach Sturm hielt Burchardus de Volder sein erstes „Theatrum physicum" in Leiden,[165] gleichfalls einem Zentrum der Instrumentenmacherkunst. Bereits 1682 wurde die erste Professur speziell für Experimentalphysik eingerichtet, und zwar in Marburg.[166] Bis sich die Experimentalphysik allgemein durchgesetzt hatte, vergingen allerdings einige Jahrzehnte. Als letzte zogen um die Mitte des 18. Jahrhundert die Jesuitenuniversitäten nach.

Sturms „Collegium curiosum" war in mancher Hinsicht typisch für die ersten Experimentalvorlesungen. Es wurde privatim und gegen besonderes Honorar abgehalten. Öffentlich las Sturm weiterhin die dogmatische Physik. Die Einnahmen aus den Hörergeldern flossen überwiegend in die Geräteausstattung, die der Professor selbst bezahlen mußte, wenn er keinen Mäzen fand. Die Zuhörer waren Studenten, die aus der Anfängervorlesung schon Grundkenntnisse mitbrachten. Der Hörerkreis war klein, bei Sturm meist zwischen 10 und 20 Studenten, die wohl nicht nur zuschauten, sondern selbst mit den Geräten umgingen. Öfters fanden derartige Privatveranstaltungen im Hause des Professors statt. An kleinen Universitäten konnten dogmatische und experimentelle Physik auch alternierend gelesen werden. Dann war die Experimentalphysik stets der Fortgeschrittenenkurs. Experimentelle Grundvorlesungen sind erst von den Newtonianern eingeführt worden. Wieviel in den ersten Experimentalvorlesungen tatsächlich experimentiert wurde, war wohl recht unterschiedlich. Oft fehlte es an den notwendigsten Geräten, aber man kündigte trotzdem solche Vorlesungen an, um dem Zeitgeist zu genügen.[167]

Die vorgeführten Versuche betonen das Dramatische, Spektakuläre.[168] Schmidt (1710) nennt sein Lehrbuch ein „Theatrum naturae et artis". Der Hörsaal wird zur Bühne, auf der der Experimentator die passive Materie dazu bringt, ihre wunderbaren Kräfte zu offenbaren. Die Natur spielt Theater unter der Regie des Professors, und das gebotene Stück sollte unterhaltsam sein. In vielen Buchtiteln wird die curiositas angesprochen (Sturm 1676, Hoffmann 1700, Kiessling 1711, Wolfart 1712). Die Befriedigung der Neugier, der Schaulust und die Wißbegierde des Forschers fallen in diesem Begriff zusammen. Spiel und Ernst sind nicht getrennt. Der Schaueffekt ist nicht anrüchig, sondern erhöht die Faszination des Außerordentlichen. Dabei hatte die Effekthascherei auch eine materielle Komponente; sie lockte die zahlenden Studenten in den Hörsaal und brachte dem oft schlecht bezahlten Professor ein kleines Zubrot.

Als die großen Fortschritte der Experimentalphysik galten die Arbeiten von Guericke, Torricelli oder Boyle, nicht etwa Galileis Versuche mit der Fallrinne. Es waren die neuen Effekte, die bewundert und nachgeahmt wurden, nicht der methodisch strenge Einsatz des Experiments im Rahmen eines geplanten Forschungsprozesses. Dem entspricht, daß auch der unterrichtsmethodische Einsatz des Experiments nicht sehr subtil war. Meist wurde es einfach als ein Beweismittel gesehen, als Ersatz für einen mathematischen oder logischen Beweis, den zu führen schwieriger und weniger interessant wäre. Wenn Schrader (1693) oder Hoffmann (1700) mit ihren Büchern „demonstrationes physicae" liefern wollen, so denken sie dabei zunächst an den Beweis von Lehrsätzen und erst in zweiter Linie an das Vorzeigen von Erscheinungen. Man kann vermuten, daß der Bedeutungswandel des Begriffs Demonstrationsexperiment vom beweisenden zum vorgeführten Experiment, der sich im Laufe des 18. Jahrhunderts vollzieht, ein Reflex der Tatsache ist, daß der Schaueffekt oft gegenüber dem methodischen Einsatz dominierte.

Das mit Abstand wichtigste Gerät in dieser Experimentalphysik war die Vakuumpumpe. Gröning (1701) spricht von der „philosophia experimentalis & antliaria", der Luftpumpenphilosophie und kennzeichnet sein Fach damit aufs beste. Zur Vakuumpumpe gehörte ein vielfältiges Zubehör, um damit die von Guericke und Boyle erdachten Schauversuche vorzuführen, von denen sich manche ja bis heute im Unterricht gehalten haben. Neben dem Gebiet Luftdruck und Vakuum waren die meteorologischen Geräte Thermometer, Hygrometer und Barometer und die hydrostatischen Versuche und Wasserkünste beliebte Themen. Auch die Optik wurde betrieben, etwa die camera obscura, die laterna magica und insbesondere das Mikroskop vorgeführt. Chemische und biologische Versuche wurden zwar als zur Experimentalphysik gehörig betrachtet, aber - wenn überhaupt - nur sehr kurz behandelt.

Die Didaktik des neuen Faches ging keinen einheitlichen Weg; es gab vielmehr zwei unterschiedliche Ansätze, die relativ lange nebeneinander verfolgt wurden. Der erste betrachtete die Experimentalphysik als eine Unterstützung der dogmatischen Physik, als einen anderen Weg zum selben Ziel. Der andere sah in ihr eine eigenständige Form der Naturerkenntnis, die von zu enger Orientierung an der dogmatischen Physik nicht profitierte. Die Übergänge zwischen beiden Ansätzen waren fließend. Im folgenden sind die Bücher der beiden Richtungen beschrieben. Angefügt ist die Kennzeichnung eines dritten Ansatzes, der allerdings nur durch ein einziges Buch repräsentiert wird: die Orientierung der Experimentalphysik an der angewandten Mathematik. Dieser Ansatz, der uns heute als der modernste erscheint, war wohl für die meisten mechanistischen Physiker keine befriedigende Alternative.

a) Experimentelle dogmatische Physik

Die meisten der vor Christian Wolffs „Nützlichen Versuchen" (1721f.) erschienenen Lehrbücher der Experimentalphysik orientieren sich an der dogmatischen Physik. Das Werk Johann Jacob Zwingers (1707) ist ein Lehrbuch der dogmatischen Physik, in dem an passender Stelle Experimente eingeschoben sind. Johann Kiessling (1711) und Martin Gotthelf Loescher (1715, 1728[2]) argumentieren durchgängiger experimentell. In der Schwerpunktsetzung stärker auf die experimentell interessanten Gebiete konzentriert sind die Bücher von Friedrich Hoffmann (1700),[169] Peter Wolfart (1712) und Hermann Friedrich Teichmeyer (1717). Weiterhin ist das dürftige Büchlein von Johann Andreas Schmidt (1710, 1721[3]) zu nennen. Schmidt ist der einzige Aristoteliker in diesem Kreis. Alle anderen bekennen sich klar zur mechanistischen Philosophie. Sie erstreben eine Physik „deducta ex uno & catholico principio nempe MOTU" (Hoffmann 1700), wie sie „magnus noster Cartesius" (Wolfart 1712) erstmals vorgelegt habe.

Das umfangreichste dieser Bücher, das von Wolfart (1712), ist für das illustre Gymnasium Carolinum in Kassel geschrieben. Wolfart war auch Leibarzt des Landgrafen von Hessen-Kassel und für dessen berühmte Instrumentensammlung zuständig. Alle anderen Bücher sind für die Universität geschrieben worden.

Loescher (1728[2]) betont, daß sein Lehrbuch ein „System der Physik" darbiete. Er will die Prinzipien der mechanistischen Philosophie vortragen und sie durch Experimente erläutern und begründen. Damit ist der Primat der systemkonstruierenden, dogmatischen Physik klar ausgesprochen. Diese Lehrbücher lehnen sich in der Gliederung des Stoffes an die gleichzeitigen Werke der dogmatischen Physik an, setzen allerdings mehr oder weniger deutliche Schwerpunkte bei den experimentell gut zu präsentierenden Inhaltsbereichen. Das Experiment tritt an die Stelle der rationalen Beweise, beziehungsweise der bloßen Schilderungen empirischer Ergebnisse in der dogmatischen Physik. Die Darstellungsform ist meist synthetisch. Am Anfang steht ein aus der dogmatischen Physik übernommener Lehrsatz, dann folgt sein „Beweis" durch verschiedene Experimente, die „demonstratio experimentalis" (Kiessling 1711). Manchmal werden zusätzlich rationale Argumente angeführt.[170]

Die dogmatische Physik wird vorausgesetzt. Das Experiment dient ihrer Bestätigung und Erläuterung. Es wird von der dogmatischen Physik her interpretiert. Die Autoren betonen, auch in der Experimentalphysik sei die Erfahrung nicht die einzige Quelle der Erkenntnis, die Vernunft müsse vielmehr hinzukommen. Mehrfach wird sogar ein Primat der Vernunft postuliert; ihre Leitung sei nötig, um aus der Erfahrung wissenschaftliche Erkenntnis zu machen. „Laß die Vernunft den Führer sein, Erfahrung und Sinnen jedoch die Dienerin", rät Wolfart (1712) dem Physiker, und Teichmeyer (1717) meint, die Theorie sei der Erfahrung übergeordnet, weil diese „wenn keine Theorie sie begleitet, kaum den Namen Erfahrung verdient". Erfahrung soll theoriegeleitet sein, und deshalb könne man auch die Experimentalphysik eine theoretische Wissenschaft nennen. Auch sie gehe spekulativ vor (Loescher 1728[2]).

Man muß diese Zitate vor dem Hintergrund der in den Büchern praktizierten Methode sehen. Gemeint ist nicht nur die Leitung des empirischen Prozesses durch die hypothetisierende Vernunft. Loescher (1728[2]) wendet sich ausdrücklich gegen die hypothetische Methode des Clericus. Gemeint ist vielmehr, daß die als sicher erkannten mechanischen Prinzipien der Interpretation jeder Erfahrung zugrundegelegt werden müssen. Die Erfahrung muß mit der mechanistischen Physik verträglich sein, und öfters wird Verträglichkeit als Bestätigung ausgelegt.

Manche der Lehrsätze, die in den Büchern experimentell untermauert werden sollen, sind prinzipiell gar nicht empirisch überprüfbar oder waren es jedenfalls nicht mit den Mitteln der damaligen Physik. Einige Beispiele aus dem Buch von Hoffmann (1700): 3) Es gibt kleinste Teilchen mit je eigener Textur, Figur und Form. 4) Die schweren Körper enthalten Äther, dessen Bewegung ihren Zustand bestimmt. 6) Wärme entsteht durch Bewegung des Äthers in den Poren der Körper. 16) Alle Körper sind schwer. 18) Es gibt keine Bewegung durch Anziehung, sondern nur eine durch Impuls. - Nach jedem Lehrsatz wird eine Reihe von Experimenten zum „Beweis" angeführt. Um Lehrsatz und Experiment miteinander zu verknüpfen, sind oft weitreichende Interpretationen nötig. „Beweis" bedeutet hier nicht Verifikation oder Falsifikation, sondern eine schwächere Art der Bewährung. Kriterium ist die Erklärungsmächtigkeit. Eine mechanistische Vorstellung, die sich auf viele verschiedene Phänomene anwenden läßt, gilt als bewährt. Die Theorie hat zwar eine erklärende Funktion, aber kaum eine prognostische. Mehr als Plausibilität konnte die Empirie nicht bringen.

Nachdem unter dem Einfluß Wolffs und Hambergers die methodologischen Standards strenger geworden waren, hat diese Art von Experimentalphysik als unverbindlicher Kommentar zur dogmatischen Physik keine große Rolle mehr gespielt.[171]

b) Eigenständige Experimentalphysik

Johann Christoph Sturm hat dogmatische und experimentelle Physik sauber auseinandergehalten. In seinen Lehrbüchern der dogmatischen Physik entwirft er sein System, versucht es durch rationale und empirische Argumente zu stützen und damit die Vielfalt der Erscheinungen zu erklären. Das Zentrum sind die allgemeinen Begriffe und Gesetze der mechanistischen Physik. In den beiden Bänden seiner Experimentalphysik (1676, 1685) steht das Spezielle im Mittelpunkt, die Phänomene und ihre experimentelle Untersuchung. Vorsichtige Interpretationen bleiben eng am empirischen Befund. Sturms System ist daraus nicht rekonstruierbar. Die Experimentalphysik soll nicht das System lehren, sondern die Kunst des Experimentierens. Ähnlich, wenn auch viel dürftiger, ist das Büchlein von Friedrich Schrader (1693). In den weniger weltbildrelevanten Gebieten, insbesondere der speziellen Physik, bieten auch die an der dogmatischen Physik orientierten Bücher eine weitgehend auf das Phänomenologische beschränkte Präsentation des Stoffes (insbesondere Wolfart 1712).

Obwohl Sturm die Experimentalphysik in anderer Weise konzipiert als die von der dogmatischen Physik herkommenden Autoren, verfolgt er doch damit keine anderen Zwecke. Auch für ihn ist das System das Endziel und seine Stützung die vornehmste Aufgabe der Experimentalphysik. Aber er gibt sich nicht der Illusion hin, dieses Endziel sei leicht erreichbar. Für den Mathematiker Sturm waren Plausibilitäten keine Beweise. Er will die Sicherheit, die das experimentelle Vorgehen liefert, nicht durch freizügige Interpretation der Ergebnisse wieder verlieren. Wenn Sturm die Experimentalphysik unabhängig von der dogmatischen aufbaut, so ist dies ein methodologisch bedingter Verzicht. Vermutlich hat er diesen Verzicht für vorläufig gehalten, bedingt durch den Stand der experimentellen und theoretischen Forschung. Dem zweiten Teil seines Lehrbuches (1685) hat er einen Anhang beigegeben, in dem er einzelne Phänomene vor einem theoretischen Hintergrund diskutiert. Hier führt er paradigmatisch vor, wie er sich die spekulative Verbindung von experimenteller und dogmatischer Physik dachte. Wichtig ist, daß er diese Überlegungen von der eigentlichen Experimentalphysik trennt und als vorläufige Versuche wertet.

Im experimentellen Teil bleibt Sturm eng bei den Phänomenen. Deren unmittelbare Gründe werden analysiert, über die tieferen mechanischen Ursachen wird jedoch nicht spekuliert. Die Gliederung des Stoffes orientiert sich nicht an der dogmatischen Physik, sondern am experimentellen Zusammenhang. Es werden Gruppen thematisch oder apparativ zusammengehöriger Versuche dargestellt. Die Kapitel handeln von Kapillaren, Thermometern, Taucherglocken oder der camera obscura. Das Ganze ist kein systematischer, auf Vollständigkeit zielender Lehrgang, sondern eine Aneinanderreihung der wichtigsten und interessantesten Experimente, für deren Vorführung die Apparate vorhanden waren. In jedem Kapitel werden zunächst die Phänomene vorgestellt, die Geräte und Experimente beschrieben; danach folgt eine Erklärung der Wirkungen durch phänomenologische Gründe.

Erst Christian Wolff hat Sturms didaktischen Ansatz in der Experimentalphysik weitergeführt und ausgebaut. Seine „Nützlichen Versuche" (1721f.) übertreffen alle anderen Werke an Umfang, Detailreichtum und Eigenständigkeit und waren einige Jahrzehnte lang das maßgebliche Lehrbuch der Experimentalphysik. Davon wird weiter unten die Rede sein.[172] Auszüge aus dem Wolffschen Werk verfaßten Ludwig Philipp Thümmig (1725) in lateinischer und Michael Friedrich Leistikow (1738) in deutscher Sprache. Johann Gabriel Doppelmayer (1731) veröffentlichte die Kurzfassung seiner eigenen, an Wolff und Sturm orientierten, Vorlesung.[173] Diese Bücher waren eher für den Schulgebrauch bestimmt. Philemon Steinmeyer (1775) und Johann Daniel Titius (1782) wollen Wolffs Werk fortführen und an den Wissensstand der Zeit anpassen.[174]

c) Orientierung an der angewandten Mathematik

Johann Heinrich Müller (1721), Professor der Physik und Mathematik in Altdorf wie vordem Sturm, veröffentlichte ein Lehrbuch, das in seinen Intentionen von den bisher genannten Werken abweicht. Für ihn ist nicht die Vollendung der dogmatischen Physik das höchste Ziel, sondern die technische Anwendung. Zwar ziele die Experimentalpyhsik auch auf den philosophischen Ertrag, auf die Kenntnis der Naturkräfte, und helfe damit, die Theorie zu verbessern, aber wichtiger sei, daß sie Lösungen für praktische Probleme bereitstelle. Nicht die vita speculativa sei am höchsten zu bewerten, sondern die vita activa, die der gesellschaftlichen Praxis diene und die ihren vollendetsten Ausdruck in der Mathematik finde. Die Experimentalphysik solle wie diese die Lösung praktischer Probleme zum Vorteil der Menschen in den Mittelpunkt stellen.

Zur Hochschätzung der praktischen Zwecke kommt die Skepsis hinsichtlich der theoretischen Möglichkeiten. Die Experimentalphysik könne nicht in die verborgenen Geheimnisse der Natur eindringen; dies sei nur der spekulativen Physik möglich. Der Experimentator müsse sich demnach mit der Beschreibung der Wirkungen begnügen. Experimentalphysik sei eine Kunst, die nicht nach den Ursachen der Dinge frage.

In didaktischen Fragen richtet sich Müller soweit wie möglich nach der Tradition des Mathematikunterrichts. Er behandelt bevorzugt diejenigen Gebiete der Physik, die auch in der angewandten Mathematik gelehrt wurden, also quantifiziert waren. Kennzeichen des Experiments ist ihm die Bestimmung der Größen der Naturkräfte. Die Methode folgt dem strengen Aufbau der Mathematikbücher. Anfangs werden Axiome und Definitionen formuliert, dann Theoreme hergeleitet und Probleme behandelt. Zentral sind die Probleme, die experimentell untersucht werden. Sie sind nicht unmittelbar an der gesellschaftlichen Praxis ausgerichtet, sondern eher wissenschaftsimmanent formuliert. Es sind jedoch nicht die Probleme einer mechanistischen Naturphilosophie, sondern diejenigen einer anwendungsorientierten Experimentalphysik.

Eine „positivistische" Experimentalphysik, wie Müller sie vertritt, ist innerhalb des mechanistischen Lagers nie sonderlich populär gewesen. Auf die wenigen späteren Werke wird weiter unten noch einzugehen sein (Johann Christian Stock 1735, Johann Heinrich Winkler 1753, Aignan Joseph Sigaud de la Fond 1774). Bei ihnen ist die Beschränkung auf die „positive" Physik nicht so sehr aus einer Hochschätzung der Praxis erwachsen, wie bei Müller, als vielmehr aus der Resignation über die erfolglose Theorie.

Frontispiz aus Wolff 1728[3].

4.3 Fallstudie: Christian Wolff

4.3.1 Einleitung

Im zweiten Viertel des 18. Jahrhunderts dominierte an den deutschen Universitäten die Leibniz-Wolffsche Schule. Die Verbindung beider Namen zur Kennzeichnung dieser philosophischen Richtung war schon zu jener Zeit geläufig. Dabei war Leibniz mehr der Anregende, Wolff der Ausführende und Systematisierende. Leibniz' Schriften wurden zum Teil erst lange nach seinem Tod veröffentlicht und viel weniger gelesen als diejenigen Wolffs. Die meisten akademisch Gebildeten dürften Leibnizsche Gedanken vor allem durch die Werke Wolffs kennengelernt haben. Allerdings war Wolff keineswegs ein Epigone, sondern ein durchaus eigenständiger Philosoph, der sich auch in wesentlichen Punkten von Leibniz abgrenzte. Das gilt auch für seine physikalischen Schriften.

Christian Wolff (1679 - 1754) studierte in Jena und Leipzig Mathematik, Philosophie, Theologie und Jurisprudenz. In der Mathematik war Georg Albrecht Hamberger, ein Schüler Sturms, sein Lehrer. Seit 1707 war Wolff Professor für Mathematik in Halle. Nach und nach las er neben seinem Fach auch alle Teilgebiete der Philosophie und die Experimentalphysik. 1723 wurde er aufgrund theologischer Streitigkeiten mit den einflußreichen Hallenser Pietisten um Francke seines Amtes enthoben und des Landes verwiesen. Er wirkte danach in Marburg, bis ihn 1740 Friedrich II. nach Halle zurückholte, diesmal auf einen Lehrstuhl in der juristischen Fakultät.

Wolff war der Modephilosoph der Zeit. Zeitweise war der größte Teil der Philosophielehrstühle in Deutschland mit seinen Schülern besetzt, und dies kam natürlich der Verbreitung seiner Philosophie sehr zugute. Sein Einfluß reichte weit über die Gruppe der professionellen Philosophen hinaus und erfaßte die breite Schicht der akademisch und literarisch Gebildeten. Seine Philosophie leuchtete dem gesunden Menschenverstand ein und zeichnete sich durch Brauchbarkeit aus. Ein wesentlicher Grund für den Erfolg waren auch Wolffs pädagogische Fähigkeiten. Seine Lehrbücher sind klar gegliedert und systematisch aufgebaut, sie beschränken sich auf die Vermittlung der wichtigsten Grundkenntnisse, sind gründlich und gemeinverständlich. Auch als Universitätslehrer war Wolff sehr erfolgreich. Seine in freier Rede in deutscher Sprache vorgetragenen Kollegs waren viel besucht. Seine deutschsprachigen Lehrbücher sind aus seinen Vorlesungen entstanden.

Eigentlich sind alle Bücher Wolffs Lehrbücher, und zusammen umfassen sie das gesamte Gebiet der damaligen Philosophie, einschließlich der Randgebiete zur Technik, Politik, Theologie, Jurisprudenz. Nach dem Niveau kann man drei Gruppen unterscheiden, die in den Inhalten im wesentlichen übereinstimmen: 1) die lateinischen Bücher, die sich an die Fachgelehrten und die Studenten vom Fach wenden; sie sind für ein europäisches Publikum geschrieben und wollen die Wolffsche Philosophie über Deutschland hinaus bekannt machen; sie setzen sich ausführlich mit der philosophischen Tradition auseinander; 2) die deutschsprachigen Bücher, die Wolffs eigene Vorlesungstätigkeit wiedergeben; sie haben einführenden Charakter und wenden sich an Studienanfänger oder gebildete Laien und 3) Kurzfassungen der deutschsprachigen Bücher für den Schulgebrauch oder weniger anspruchsvolle Universitätskurse. Im folgenden wird nur auf die deutschsprachigen Werke eingegangen. Sie haben Wolff bekannt gemacht, wurden öffentlich diskutiert und waren, wie die große Zahl der Auflagen bei einigen zeigt, sehr weit verbreitet.

Gemäß der damaligen Einteilung der Wissenschaften ist das, was wir heute als Physik bezeichnen, bei Wolff Teil von vier verschiedenen Lehrbüchern, der Mathematik, der Teleologie, der Physik und der Experimentalphysik.

Das bekannteste und meistverwendete dieser Bücher waren wohl die „Anfangsgründe aller mathematischen Wissenschaften", die 1710 erstmals erschienen und bis 1757 in sieben Auflagen herauskamen. 1713 erschien ein von Wolff selbst besorgter Auszug für den Schulgebrauch, der gleichfalls mehrere Auflagen erlebte.[175] Wie beliebt das Buch war, zeigt sich wohl am besten daran, daß noch 1797 eine Neubearbeitung dieses Auszugs erstellt wurde, für die mit Mayer und Langsdorf zwei namhafte Gelehrte verantwortlich zeichnen, von denen der erste selbst ein bekanntes Lehrbuch der Physik verfaßte. Das Buch behandelt den Bereich der damaligen reinen und angewandten Mathematik, aus der Physik also Mechanik, Hydro- und Aerodynamik und Optik.

Wolffs Teleologie (1724) und seine Physik (1723) sind schon durch die Buchtitel aufeinander bezogen: „Vernünftige Gedanken von den Absichten der natürlichen Dinge" und „Vernünftige Gedanken von den Wirkungen der Natur". Beide behandeln denselben Gegenstandsbereich; im einen wird nach den Zweckursachen, im anderen nach den Wirkursachen gefragt. Der Aufbau folgt auch hier der Tradition. Physik umfaßt den gesamten Bereich der Naturlehre: Astronomie, die Lehre von den vier Elementen, Meteorologie und die Lehre von den drei Naturreichen. Beide Bücher sind Teil des umfassenden Philosophiekurses der „Vernünftigen Gedanken", zu dem außerdem Logik (1713), Metaphysik (1720, 2. Bd. 1724), Ethik (1720), Politik (1721) und Physiologie (1725) gehören. Auszüge aus Wolffs Physik gab es sowohl in deutscher (Leistikow 1739/40) als auch in lateinischer Sprache (Thümmig 1725; Frobese 1734).

Das letzte in der Reihe der physikalischen Lehrbücher Wolffs sind „Allerhand nützliche Versuche" (1721-23), eine Sammlung physikalischer Experimente in drei dicken Bänden. Auch dieses Lehrbuch war sehr verbreitet. Auszüge für den Schulgebrauch gab es in lateinischer (Thümmig 1725) und in deutscher (Leistikow 1738) Sprache.[176]

Jedes der vier Bücher Wolffs zeigt exemplarisch einen Aspekt seiner Philosophie, der für das damalige Publikum in Deutschland neu, interessant und teilweise auch schockierend war.

Im Mathematikbuch war es die mathematische Methode und der ihr zugeschriebene große Nutzen für alle Wissensbereiche. Durch Wolff wird für die deutsche Öffentlichkeit die Physik mit Zukunftserwartungen und Fortschrittsglauben verknüpft. Im 17. Jahrhundert war dies noch nicht Allgemeingut.

In der Teleologie kommt die Erwartung zum Ausdruck, auch den Glauben auf eine rationale Grundlage stellen zu können. Die Existenz Gottes aus dem Zweck und der Schönheit der Natur belegen zu wollen, wurde populär. Man kann durchaus von einer Modeströmung sprechen. Wolff wurde damit identifiziert, obwohl er selbst die strengen Gottesbeweise der natürlichen Theologie höher achtete als Teleologie und Physikotheologie.

Die Physik zeigt exemplarisch den Determinismus der Wolffschen Philosophie. Dies war zweifellos der am wenigsten populäre Zug seiner Philosophie. In der Weltmaschine schien kein Platz zu sein für einen freien Willen des Menschen. Die Perfektion der Maschine ließ auch keinen Platz für unmittelbare Eingriffe Gottes in seine Welt. Je weniger Wunder es gab, desto perfekter sollte Gott als Weltenschöpfer gearbeitet haben. Hier sah nicht nur die Kirche eine Gefahr. Auch dem Glauben der meisten Menschen erschien dies als unannehmbar.

In der Experimentalphysik schließlich kommt die neue experimentelle Philosophie zum Ausdruck, die durch Schauversuche schnell Popularität in der breiten Öffentlichkeit erlangte. In Deutschland ist die „englische Art" zu philosophieren zuerst durch Wolffs „Nützliche Versuche" bekanntgeworden, obwohl dies Werk, wenn man es in den methodologischen Zusammenhang der gesamten Wolffschen Philosophie stellt, kaum so interpretiert werden kann.

Wolffs Physik ist eklektizistisch. Er hat sich selbst als Eklektiker bezeichnet und in die Nachfolge Sturms gestellt. Auf diesem Gebiet war er kein wirklich produktiver Geist. Sein Versuch eines physikalischen Systems hat der Forschung kaum neue Perspektiven eröffnet und wird an Originalität von G.E. Hamberger (1735[2]) übertroffen. Wolffs größere Leistung liegt auf didaktischem Gebiet. Er hat eine Didaktik zur eklektizistischen mechanistischen Physik entworfen, die in der Lage war, die scholastische Lehrtradition abzulösen. Vier Aspekte derselben sollen im folgenden hervorgehoben werden:

1) Das Verhältnis der physikalischen Fächer zueinander. Der Aristotelismus hatte einerseits Mathematik und Physik strikt getrennt und andererseits die Teleologie in die Physik einbezogen. Die Zuordnung der Experimentalphysik blieb schwankend. Wolff knüpft an die vorhandene Fächerstruktur an, bezieht die Fächer jedoch aufeinander. Schon die vielen Querverweise in seinen Büchern zeigen, daß er die vier Wissenschaften als Teile eines Ganzen sieht. Sie repräsentieren vier aufeinander bezogene Erkenntniswege, die letztendlich einmal zu einem alle diese Aspekte umfassenden System führen sollen, das allerdings der gegenwärtige Erkenntnisstand noch nicht zu entwerfen erlaubt.

2) Die mathematische Methode. Bis dahin war die Methode der dogmatischen Physik scholastisch. Wolff setzt in Anlehnung an Descartes an deren Stelle die „mathematische" Methode. An die Stelle philosophischer Mei-

nungsbildung in Auseinandersetzung mit anderen Meinungen tritt der logische oder mathematische Beweis, an die Stelle der Überzeugung des Lernenden die Rechtfertigung des Wissens. Lehre entfernt sich ein Stück von der Wissenschaft. Nur noch das als wahr erkannte Ergebnis und sein Beweis werden tradiert, nicht mehr das vielschichtige Pro und Contra der wissenschaftlichen Argumentation.

3) Die experimentelle Methode. Hier knüpft Wolff an Sturm an, indem er eine eigenständige, von der dogmatischen Physik unabhängige, Experimentalphysik praktiziert, die er jedoch als Vorbereitung für jene auffaßt.

4) Das System. Es steht im Mittelpunkt der methodischen Bemühungen Wolffs. Wie die Schulphilosophie betrachtete er die systematische Ordnung des Wissens als Voraussetzung der Lehrbarkeit und stellte sich das System als eine Begriffshierarchie vor. Diese sollte allerdings nicht bloß eine taxonomische Ordnung des Wissens stiften, sondern eine begriffliche Abbildung der Weltmaschine sein.

Wolff glaubte, für ein solches System die Grundlagen gelegt zu haben. Eine kurze Darstellung dessen, was er als Fundament der Physik ansah, bildet den Abschluß dieses Kapitels.

4.3.2 Die physikalischen Wissenschaften: Aufgabe und Unterscheidung

Angewandte Mathematik, Teleologie, Physik und Experimentalphysik verfolgen nach Wolff im Grunde die gleichen Ziele, die aber je unterschiedlich akzentuiert sind und erst im Verein aller vier Wissenschaften voll wirksam werden. Am Anfang seiner Physik (1723, Vorrede) kennzeichnet Wolff die Ziele des naturwissenschaftlichen Unterrichts folgendermaßen:

„Die Erkäntnis der Natur befördert auf vielfältige Weise die Glückseeligkeit des menschlichen Geschlechts, ...: denn sie gewähret dem Gemüthe ein beständiges Vergnügen, dem kein anderes auf der Welt gleich zuachten, und setzet uns in den Stand, da wir Herr werden über die Creatur und sie zu unserem Nutzen brauchen können."

Das „beständige Vergnügen" liegt aber nicht etwa in der Befriedigung der menschlichen Neugier, die, augenblicksbezogen und schweifend, wahre Glückseligkeit nicht bringen kann, sondern in der Erkenntnis Gottes: „Und hierinnen erblicket man nicht allein die Vollkommenheit, welche GOtt in die natürlichen Dinge gelegt, damit sie ein Spiegel seiner Vollkommenheit seyn möchten; sondern man schmeckt auch zugleich den Verstand, die Weisheit, Macht und Güte GOttes, indem, was in seinem unsichtbahren Wesen verborgen lieget, aus den Wercken der Natur erkandt wird. Wie sollte aber dieses alles ohne Vergnügen abgehen?"

Der Zweck des naturwissenschaftlichen Unterrichts liegt also darin, dem Menschen zur Glückseligkeit zu verhelfen, und dies geschieht auf zweifache Weise: indem der Glaube an Gott auf eine sichere Grundlage gestellt und indem die Welt durch die Technik dem Menschen nutzbar gemacht wird. Diese beiden Aspekte sind jedoch untrennbar aufeinander bezogen, sie sind gewissermaßen zwei Seiten einer Medaille. Sie sind beide Ausdruck des ungeheuren Nutzens der Wahrheit, die in allem dem Menschen nur zum besten gereichen kann. Die Aufklärung versteht sich selbst als das Zeitalter, das den endgültigen Sieg der Vernunft bringen soll. Als ein vernünftiges Wesen erreicht der Mensch seine natürliche Bestimmung. Die von der Vernunft erkannte Wahrheit kann letztendlich dem Menschen nur zur Glückseligkeit dienen. Weil wir beides, Gotterkenntnis und technischen Nutzen, der Vernunft verdanken, kann beides sich auch nicht widersprechen. „Die natürlichen Wahrheiten sind den übernatürlichen nicht zuwider" (1726², Widmung).

Besonders eindrücklich wird der enge Zusammenhang, den Wolff zwischen beiden Zielen der Naturwissenschaften sieht, dort, wo aus thematischen Gründen eines von beiden dominiert: in der Teleologie (1726²) und in der angewandten Mathematik (1728³; 1750⁷).

In der Teleologie schreibt er (1726², 5): „Auf solche Weise gelangen wir durch die Erkäntniß der Absichten in der Natur zur Gewißheit der Erkäntniß von GOTT und werden also davon überführet, wodurch unsere Erkäntniß lebendig und dadurch ein Mittel wird GOtt zu ehren und seine Ehre zu befördern, die Ausübung der Tugend und Unterlassung der Laster erleichtert, folgends unsere Glückseligkeit befördert wird."

Gotteserkenntnis ist also nicht Endzweck, sondern ein Mittel zur Verbesserung der menschlichen Verhältnisse durch die Moral. Aber nicht nur hierdurch bringt die Erkenntnis der Absichten Gottes in der Natur einen Nutzen. Vielmehr müssen wir, um seine Absichten zu erkennen, auch lernen, „was in der Welt dazu nöthig ist, damit dieses oder jenes geschieht, folgends wie wir die natürlichen Dinge zu Erreichung unserer Absichten gebrauchen können" (1726², 5). Es ist dieselbe Physik, die uns die Absichten Gottes erkennen und die Natur beherrschen lehrt. „Je mehr wir demnach die Absicht der natürlichen Dinge erkennen, je mehr nimmet unsere Herrschaft über sie zu" (1726², 6).

Es war Gottes Schöpfungsabsicht, dem Menschen eine Welt als angenehmen Wohnplatz zu schaffen. Wer Gott wissenschaftlich zu erkennen sucht, fördert damit notwendig auch die Technik. Dementsprechend betont Wolff auch (1726², Vorrede), daß er in seiner Teleologie keineswegs nur von den Absichten Gottes in der Natur handeln wolle, sondern auch von den Ursachen der Naturbegebenheiten.

Ähnlich argumentiert Wolff in seinen Mathematikbüchern. Im 18. Jahrhundert war die angewandte Mathematik eine sehr praxisorientierte Wissenschaft, und so ist es selbstverständlich, daß der praktische Nutzen herausgestellt wird. Wolff ist überzeugt, daß „der gröste Theil der irdischen Glückseligkeit auf die Mathematick erbauet sey und ohne sie keine Republick wohl bestellt werden kann" (1750⁷, Vorrede), und er betont deren Nutzen für den Hausvater, den Reisenden, die „Cammer-Räthe großer Herrn" und „alle Künstler". Aber dies ist nur die eine Seite. Genauso wichtig erscheint Wolff die formalbildende Funktion der mathematischen Methode. Er glaubt, daß die Mathematik „den Verstand des Menschen schärffe, das ist, geschickt mache, in alle Dinge, die er erkennen lernet, tieffer und richtiger einzusehen" (1728[3], 9f.). Die mathematische Methode ist allgemein, und sie ist damit auch die Methode der Philosophie. Sie gibt uns „das Vermögen, die Vernunffts-Lehre ohne einigen Fehltritt auszuüben" (1728[3], Vorrede). Damit ist sie aber auch für die rationale Erkenntnis der religiösen Wahrheiten unumgänglich. Ohne die Mathematik und ihre Methode müßten wir bei einem „blinden Köhler-Glauben" stehen bleiben.

Wolffs Bestimmung der Ziele der Naturwissenschaft als Gotteserkenntnis und Herrschaft über die Natur führt keineswegs zu einem Auseinanderreißen der Wissenschaft in zwei Bereiche. Die beiden Aspekte sind vielmehr aufeinander bezogen und finden ihre Synthese in der reinen wissenschaftlichen Wahrheit. Gotteserkenntnis und Naturherrschaft ergeben sich daraus zwanglos. „Wenn man in der Erkäntnis der Natur die Wahrheit findet, so lernet man auch den Nutzen erkennen, den die natürlichen Dinge im menschlichen Leben haben können" (1723, Vorrede) Die naturwissenschaftliche Erkenntnis ist eine Einheit. Sie ist nicht in voneinander getrennte Bereiche gespalten, sondern ordnet sich zu einem umfassenden System, in dem angewandte Mathematik, Teleologie, Physik und Experimentalphysik aufeinander bezogen sind.

Dann ist es nicht mehr verwunderlich, daß externe Zwecke bei der Konzeption der Wolffschen Schriften gegenüber der wissenschaftlichen Systematik zurücktreten, und zwar auch da, wo sie der Tradition entsprechend hätten dominieren sollen. Am klarsten kommen die externen Zwecke in seiner angewandten Mathematik (1723[3]; 1750) zum Ausdruck. Hier wird eine Wissenschaft zum praktischen Nutzen betrieben. Maschinen und Geräte sind die zentralen Gegenstände, und sie werden als technische Geräte behandelt und sind nicht nur Anlaß zur Behandlung der eigentlichen Physik. Dies entspricht der Tradition des Faches. Wolff hat hier wie auch sonst weitgehend die traditionellen Fächergrenzen beibehalten. Er bleibt jedoch nicht hierbei stehen, sondern bemüht sich sehr um ein angemessenes Verhältnis von Theorie und Praxis. Einerseits strebt er weg von einer bloßen Maschinenlehre, wie sie einem Teil der Tradition des Faches entsprach. Er will vielmehr auch die Bewegungen der festen und flüssigen Körper untersuchen, also eine physikalische Theorie zum Fundament der Maschinenlehre machen (1747, 458f.). Andererseits soll die Theorie aber im ständigen Zusammenhang mit der Praxis gelehrt werden, „damit sie nicht unangenehm würde" (1750[7], Vorrede). Wenn die Wissenschaft Nutzen haben soll, muß man stets die praktischen Anwendungen im Auge behalten. Durch die Verbindung mit der Praxis wird die Theorie keineswegs „verunehrt" (1747, 428 u. 459). Wolffs Idealvorstellung sind eine auf technische Anwendung bezogene physikalische Theorie und eine theoriegeleitete Ingenieurwissenschaft. Er hofft, daß die Verfeinerung der Methoden in Zukunft Entdecken und Erfinden in ähnlicher Weise zu formalisieren gestatten werde wie die mathematische Beweistechnik und daß dann „die Erfindungskunst in eben der Gestalt hervortreten wird, in welcher sich die Logik vorlängst gezeiget hat" (1747, 474).

Eine ähnliche Synthese von reiner Theorie und externer Verzweckung versucht Wolff auch in der Teleologie (1726[2]). Hier wird zwar immer wieder darauf hingewiesen, wie weise Gottes Absichten seien und wie nützlich er die Natur eingerichtet habe, das Buch enthält aber entschieden mehr Physik als das Gros der physikotheologischen Schriften. In der Gliederung entspricht es im wesentlichen der Physik (1723), und manche Teile lesen sich wie populäre Varianten derselben.

In der Physik (1723) schließlich und in der Experimentalphysik (1727^2) spielen externe Zwecke so gut wie keine Rolle. Darstellung und Gliederung folgen rein wissenschaftsimmanenten Gesichtspunkten. Und das, obwohl der Titel der Experimentalphysik („Allerhand nützliche Versuche, daraus zu genauer Erkäntnis der Natur und Kunst der Weg gebähnet wird") eigentlich etwas anderes erwarten läßt.

Zweifellos hat Wolff eine gesellschaftliche Verpflichtung der Wissenschaft anerkannt. Es war ihm selbstverständlich, daß wissenschaftlicher Fortschritt sich zu legitimieren habe und daß eine solche Legitimation nur im Aufweis des Nutzens für die Menschheit bestehen könne. Nirgendwo findet sich ein Hinweis, der als Rechtfertigung einer Wissenschaft um ihrer selbst willen verstanden werden könnte. Die Neugier als eine nicht auf externe Zwecke zurückführbare Triebfeder des Forschens wird gering geachtet. Zwar können „verwundernswürdige" Experimente „die Erforscher der Natur zur Aufmercksamkeit" bringen (1726^2, 152). Aber einen wirklichen Fortschritt wird es nur geben, „wenn man sich einmahl gewohnete die Wissenschaften zum Nutzen des Lebens einzurichten, und insonderheit den Wahn fahren liesse, als wenn die Erkäntniß der Natur bloß als ein Spiel anzusehen wäre, damit das Gemüthe derer vergnüget würde, die Wissenschaften lieben" (1726^2, 334).

Die Wissenschaft zum Nutzen des Lebens einzurichten, heißt aber nicht, für jeden einzelnen ihrer Gegenstände seinen isolierten Nutzen für irgendetwas nachzuweisen. Vielmehr ist der Zweckgerichtetheit der Wissenschaft am besten gedient, wenn man sie als Teil eines umfassenden philosophischen Systems betreibt, wenn man die vernünftigen Gedanken über Gott, den Menschen, sein Tun und Lassen und sein gesellschaftliches Leben verbindet.

Warum dann aber überhaupt vier verschiedene physikalische Wissenschaften und die entsprechenden Unterrichtsfächer? Für Wolff erlangen sie ihre Berechtigung nicht durch Ziele oder Inhalte, sondern durch die je unterschiedlichen Methoden. Die experimentelle Methode beginnt mit den Phänomenen und leitet daraus die Gesetze her, schreitet also vom Speziellen zum Allgemeinen fort. Die mathematische Methode geht umgekehrt den Weg vom Allgemeinen zum Speziellen, von den Axiomen zum speziellen Gesetz oder Phänomen. In beiden ist die Gesetzeserkenntnis zentral; sie betrachten die Phänomene und ihre in den Gesetzen zum Ausdruck kommenden unmittelbaren Ursachen. Physik und Teleologie fragen zusätzlich nach den entfernteren Ursachen, nach dem Warum und Wozu der Gesetze. Sie sind spekulative, systembildende Wissenschaften und benutzen dabei die Gesetzeswissenschaften. In den Gesetzeswissenschaften geht es um Detailpräzision, in den Ursachenwissenschaften um systematischen Zugriff.

Die experimentelle und die mathematische Methode werden in den folgenden Abschnitten behandelt. An dieser Stelle soll noch der Zusammenhang zwischen der mechanischen und der teleologischen Ursachenanalyse dargestellt werden.

Daß diese beiden Arten wissenschaftlicher Ursachenanalyse möglich sind, ist für Wolff eine Folge dessen, daß die Welt zugleich determiniert und zufällig ist.

Die Welt ist keineswegs notwendig so, wie sie ist, wie etwa die Gesetze der Mathematik (1726[2], 7). Sie ist vielmehr „ein Spiegel der Freyheit des göttlichen Willens" (1726[2], 12), und es könnten „viele andere Welten an deren Stelle seyn" (1726[2], 10). Gott hätte jede davon verwirklichen können. Er hat nun diejenige ausgewählt, die seinen Absichten entsprach, und seine Hauptabsicht mit der Welt war, daß der Mensch als sein Meisterstück daraus Gottes Vollkommenheit erkennen möge. Die Welt muß also jedem rational Denkenden als eine vollkommene und zweckmäßige Einrichtung erscheinen, d. h. sie ist teleologisch erklärbar.[177] Dies bedeutet, daß „wir vor allen Dingen zeigen, daß die Welt so eingerichtet ist, daß man darinnen klare und deutliche Gründe findet, daraus man GOttes Vollkommenheiten schließen ... kan ... Darnach müssen wir untersuchen, wie eines in der Welt immer um des andern Willen ist, damit wir begreiffen lernen, was eines in der Welt dem andern nutzet, und warum ein jedes geschieht" (1726[2], 3).

Nachdem Gott die Welt aber einmal geschaffen hat, gehorcht sie hinfort den ihr von ihm gegebenen Bewegungsgesetzen. Denn es würde Gottes Vollkommenheit widersprechen, wenn das von ihm geschaffene Uhrwerk die weitere Betreuung durch den göttlichen Uhrmacher nötig hätte (1726[2], 25). In der Welt herrscht also strikter Determinismus. Wenn Gott aber in seine Welt nicht mehr eingreift und seine Absichten sich nur in seinem Weltenplan äußern, dann ist es möglich, Teleologie und mechanistische Physik methodisch streng zu trennen. Wenn Wolff also im Unterschied zu den älteren Mechanisten teleologische und mechanistische Betrachtungsweise trennt und zwei verschiedenen Fächern zuweist, so ist dies Ausdruck eines unterschiedlichen Gottesbildes: Gott ist nur noch Schöpfer, nicht mehr Regent der Welt.

Der Determinismus zeigt sich im Großen und im Kleinen. Die Naturgesetze, mit denen es die Experimentalphysik und die angewandte Mathematik zu tun haben, sind Ausdruck der Determiniertheit der Welt. Insofern kann Wolff sie auch als Ursachen bezeichnen (1737b). Sie sind jedoch noch weiter erklärbar durch Angabe der sie bedingenden mikrophysikalischen Prozesse. Diese letzten Ursachen sind stets mechanischer Art, und sie zu finden ist Aufgabe der Physik.

Wolff unterscheidet zwei Aspekte der mechanischen Erklärung, die Erklärung des Wesens der Körper und diejenige der Natur der Körper. Bei der Erklärung des Wesens eines Körpers „begehren wir zu wissen, auf was für Art und Weise derselbe möglich ist" (1723, 1). Es geht darum, wie „Theile in einer gewissen Ordnung neben einander zugleich seyn und ein gantzes ausmachen können" (1723, 2), um die „Art der Zusammensetzung der Teile" (1723, 34), also um den Aufbau, das Konstruktionsprinzip des Uhrwerks. Bei der Erklärung der Natur eines Körpers geht es um die Veränderungen, denen dieser unterworfen ist. „... wenn wir sagen, daß etwas der Natur eines Cörpers gemäß sey; so verstehen wir dadurch nichts anders, als daß es aus den Bewegungen erfolgen könne,[178] die ein Cörper haben kan ..." (1723, 27f.). Im Bilde des Uhrwerks: hier wird erklärt, warum dieses durch die bewegende Kraft der Gewichte zu einer bestimmten Bewegung veranlaßt wird. Zu einer vollständigen Erklärung muß beides, Wesen und Natur des Körpers, erklärt werden.[179]

Die mechanischen Erklärungen sind das anzustrebende Ideal. Wolff bewertet sie wesentlich höher als bloße Gesetzeserklärungen ohne mechanische Fundierung. „Wir müssen aber bey dem allen behutsam und vorsichtig seyn, damit wir nicht diejenigen Gründe, welche ... mathematische Gründe der Naturlehre heissen, für eigentlich und im strengen Verstande so genannte erklären" (1747, 441). Die Newtonsche Mechanik zum Beispiel scheint ihm nur aus solchen mathematischen Hypothesen zu bestehen. „Es wird es also kein Philosoph billigen, wenn jemand die Newtonischen Hypothesen, sonderlich die, so nur in der Mathematik statt haben, für Gründe der Naturlehre annimmt, und, ich weis nicht, was für eine Newtonische Philosophie daraus ziehet" (1747, 441).

Die mechanischen Erklärungen haben den pädagogischen Vorteil der Anschaulichkeit. Mechanische Begriffe sind leicht zu klaren, deutlichen, vollständigen zu machen, da sie die sekundären Qualitäten, die Sinnestäuschungen unterliegen, vermeiden. Bei mechanischen Prozessen ist die Kausalität unmittelbar sichtbar. Sie befriedigen das Erklärungsbedürfnis, so daß man kaum zweifeln kann, daß sie mögliche Erklärungen darstellen. Sie entsprechen dem menschlichen Denken, und wenn man wie Wolff denkbar, möglich und wirklich in einen engen Zusammenhang bringt, ist es konsequent, ihnen eine Vorrangstellung einzuräumen.

4.3.3   Die mathematische Methode

Wolffs Methodologie ist weitgehend von Descartes' „Prinzipien der Philosophie" abhängig. Wie dieser glaubt er, Sicherheit nur durch die mathematische Methode erreichen zu können. Sie erlaubt es, „alles dasjenige, was man von einer Sache behauptet, aus unumstößlichen Gründen unwiedersprechlich darzuthun" (1728[3], 11). Sie bringt „allein die völlige Gewißheit in der Physik" (1750[7], Vorrede). Diese Methode ist nicht nur in der Mathematik selbst anzuwenden, sondern genauso in der Philosophie und den anderen Wissenschaften.[180] Wer diese „Methode oder Lehr-Art betrachtet, wird ohne Mühe innen werden, daß sie allgemein ist, und in allen Wissenschafften gebraucht werden sol, wenn man anders richtige Erkäntnis der Dinge verlanget" (1728[3], 9). Naturwissenschaftliche und mathematische Erkenntnis sollen demnach wenigstens grundsätzlich von gleicher Art und Verläßlichkeit sein können. Wolff ist in dieser Sache wesentlich zuversichtlicher als manche anderen Cartesianer. Huygens etwa betont den grundsätzlichen Unterschied in der Sicherheit mathematischer und physikalischer Erkenntnis.

Wolffs mathematische Methode ist keineswegs originell, sondern der Tradition der mathematischen Lehrbücher verpflichtet. Am Anfang stehen die Erklärungen (Definitionen). Sie sollen klare, deutliche und vollständige Begriffe der definierten Sachen liefern. Bei ihrer Aufstellung sind gewisse Regeln zu beachten, etwa daß unterschiedliche Phänomene mit unterschiedlichen Begriffen zu belegen sind, daß die Bedeutung einmal akzeptierter Begriffe nicht geändert werden darf und daß jeder neue Begriff definiert werden muß. Aus den Erklärungen ergeben sich umittelbar die Grundsätze (Axiome). So ergibt sich etwa aus der Definition des Lichts als „dasjenige, welches alle Dinge um uns sichtbar machet" (1728[3], 296) der Grundsatz, daß man ohne Licht nichts sehen kann.

Aus den Definitionen und Axiomen wird dann deduktiv die Theorie aufgebaut. Die Schlüsse gehorchen dabei den Regeln der traditionellen Syllogistik. „Die Art und Weise aus den gesetzten Gründen zu schliessen ist keine andere, als die längst in allen Büchern von der Logica oder Vernunft-Kunst beschrieben worden. Es sind die Beweise oder Demonstrationes der Mathematicorum nichts anders als ein Hauffen nach den Regeln der Vernunft-Kunst zusammen gesetzter Schlüße" (1728[3], 8). Wolff identifiziert also mathematisches Denken schlicht mit der Anwendung der syllogistischen Logik. Er glaubt auch, durch die Anwendung von Syllogismen wissenschaftliche Entdeckungen machen zu können. Quantifizierung ist für die mathematische Methode, wie Wolff sie sieht, nicht wesentlich. Das Arbeiten mit Größen ist zwar ein Charakteristikum des Faches Mathematik, nicht aber der allgemeinen mathematischen Methode. Diese kann auch qualitativ sein.

Für Wolff ist die Logik das praktische Instrument alles menschlichen Denkens.[181] Alles richtige Denken besteht im bewußten oder unbewußten Anwenden logischer Schlüsse, die in den Schlußformen der Syllogistik formalisiert sind. Mit dem Bezug auf die Syllogistik will Wolff also der natürlichen Logik des menschlichen Geistes eine theoretische Fassung geben. Die Syllogistik ist die auf den Begriff gebrachte und damit lehrbar gewordene Art des vernünftigen Denkens. Logik ist Methodenlehre und damit Propädeutik aller Wissenschaften (einschließlich der Philosophie als der „Wissenschaft des Möglichen"). Bislang hat sie allerdings nur in einer Wissenschaft ein durchgängiges Anwendungsfeld gefunden: in der Mathematik. Wolff will versuchen, sie auch in der Philosophie einschließlich der Naturlehre möglichst weitgehend zu verwenden. Diese sollen damit ähnlich sicher werden wie die Mathematik, und sie sollen in einer dem menschlichen Denken gemäßen Form unterrichtet werden.

Den Rekurs auf die Syllogistik hat Wolffs mathematische Methode mit der scholastischen gemein. Die Struktur der Beweise in Wolffs Büchern unterscheidet sich nicht wesentlich von dem, was in aristotelischen Büchern jener Zeit praktiziert wird. Der Unterschied liegt im Fehlen der dialektischen Meinungsbildung bei Wolff. Er benutzt die Syllogistik zur Klärung des eigenen Denkens und nicht zur Bataille gegen andere Ansichten. Er will seiner Position dadurch zum Siege verhelfen, daß er sie beweist, und nicht dadurch, daß er die anderen widerlegt. Und er kann dies anstreben, weil er glaubt, sichere und unbestreitbare Axiome zu haben, die er seinem System zugrundelegen kann. Erst dadurch erhält die mathematische Methode ihren Wert.[182] Solche Axiome müssen entweder a priori wahr oder evidente Erfahrungen sein.

Damit wird aber auch die Anwendbarkeit der mathematischen Methode in der Praxis beschränkt. Wolff verwendet sie ziemlich durchgängig in seiner angewandten Mathematik [183] und im allgemeinen Teil seiner Physik, im speziellen Teil derselben noch dann und wann, in den anderen beiden Fächern gar nicht. Hierin zeigt sich Wolffs Auffassung vom Entwicklungsstand der Naturwissenschaft seiner Zeit. Diejenigen Gebiete, die eine deduktive Behandlung zuließen, werden auch so behandelt. Aber im größten Teil der speziellen Physik erschien ihm dies noch nicht möglich.

Allerdings spielt hier noch ein anderer Grund mit. In vielen Lehrbüchern des 18. Jahrhunderts findet man die Klage, aus Rücksicht auf mangelnde mathematische Kenntnisse der Studenten beziehungsweise Leser sei eine mathematische Behandlung vieler Stoffe nicht möglich. Bei Wolff fällt dem zum Beispiel die Huygenssche Theorie der Optik zum Opfer: „weil man dieses nicht wohl begreiffen kan, woferne man in der Geometrie unerfahren; so habe ich auch nichts weiter davon anführen wollen" (1723, 21f.). Er gibt auch an (1723, Vorrede), daß er zusätzlich zu den mathematischen Beweisen Bestätigungsexperimente aufgenommen habe, damit auch solche Leser etwas verstünden, die keine Mathematik können. Aus didaktischen Rücksichten ist der Anteil der Experimente in seinen Büchern also größer als es dem Stand der Forschung nach notwendig wäre.

In der angewandten Mathematik wird die mathematische Methode auch formal am saubersten durchgeführt. Der Stoff gliedert sich in Erklärungen (Definitionen), Grundsätze, Lehrsätze, Aufgaben und Zusätze. Die Erklärungen sind teils Nominaldefinitionen, teils Realdefinitionen, letztere eng auf evidenten Alltagserfahrungen beruhend. Die Grundsätze werden oft nicht eigens formuliert, da sie in den Erklärungen enthalten sind. Die Lehrsätze bestehen aus zwei Teilen, der eigentlichen Aussage (These) und den Bedingungen, unter denen sie gilt (Hypothese). Die Hypothese soll sich auf die tatsächlich in der Natur verwirklichten Bedingungen beziehen und nicht auf willkürlich angenommene (1747, 440). Die angewandte Mathematik wird damit ausdrücklich als ein Teil der Physik begriffen. - Zu jedem Lehrsatz gehört ein Beweis. Dieser hat zu zeigen, daß das Gegenteil des Lehrsatzes denkunmöglich ist (1750[7], 25). - Die Aufgaben beziehen sich auf die praktische Anwendung der Wissenschaft. Es geht um die Konstruktion von Meßgeräten, Maschinen, Apparaten. Ihre Behandlung unterscheidet sich nicht grundsätzlich von derjenigen der Lehrsätze. Es wird zunächst eine Lösung angegeben, die einen Lehrsatz darstellt. Dieser wird dann bewiesen. - Die Zusätze schließlich sind Spezifizierungen der Lehrsätze und Aufgabenlösungen auf besondere Fälle.

Die schematische Abfolge von Erklärungen, Grundsätzen und Lehrsätzen ist äußerlich. Sie ist für die mathematische Methode nicht wesentlich, hat aber den Vorteil, die Struktur der Argumentation durchsichtig zu machen (1737a). Wichtig sind saubere Definitionen und richtige Schlüsse. Im allgemeinen Teil der Physik verzichtet Wolff auf das formale Schema. Die

Axiome, die er hier verwendet, sind überwiegend a priori, nämlich der Metaphysik entlehnt.

Zur Veranschaulichung der Methode sei hier ein typischer Beweis angeführt (1723, 20). Es geht um den für die Wolffsche Physik sehr wichtigen Satz, „daß zwischen den Theilen der Materie, die sich in einem Cörper befinden, keine Räumlein seyn können, die von aller Materie leer sind", also um den Beweis des Satzes, daß es kein Vakuum in der Welt gibt. Er argumentiert folgendermaßen: „Denn entweder es giebet dergleichen leere Räumlein in einem Cörper, oder es sind keine darinnen vorhanden. Wir wollen setzen: es wären einige darinnen vorhanden. So treffen wir alsdann kleine Theile oder Stäublein in dem Cörper an, die eine Figur und Grösse haben, ohne daß eine Ursache angezeiget werden kan, warum sie dergleichen Figur und Grösse haben ... Da nun aber hieraus folget, daß etwas seyn kan, davon kein zureichender Grund vorhanden, warum es ist; so wiederspricht der Satz von den leeren Räumlein in der Materie dem Satze des zureichenden Grundes und ist dannenhero ungereimet." Die Argumentation ist etwas verkürzt. Teilung ist in Wolffs System eine Form der Bewegung, und Bewegung entsteht durch direkte Einwirkung einer bewegenden Materie. „Kleine Teile" (bzw. deren Figur und Größe) können also nur auf die Einwirkung einer angrenzenden bewegenden Materie zurückgeführt werden, die aber in einem Vakuum eben nicht vorhanden wäre.[184] In dieser Art zieht Wolff sehr weitreichende Schlüsse, ohne jemals in Frage zu stellen, ob Nominaldefinitionen und begriffliche Unterscheidungen als Grundlage eines physikalischen Systems taugen.

4.3.4 Die experimentelle Methode

Wolff (1737b) unterscheidet drei Stufen der Erfahrungserkenntnis. Am Anfang steht die bloß historische Erkenntnis, die Untersuchung der Phänomene durch Beobachtung und Versuch. Die nächste Stufe, die die Regelhaftigkeit der Vorgänge untersucht, nennt er wissenschaftliche Erkenntnis. Die höchste Erkenntnisform ist die mathematische, die es mit den quantitativen Naturgesetzen zu tun hat. „Jene ist der Grund und die Stüze der übrigen; die zweyte stellet uns eine zusammenhangende Verbindung der Dinge vor. Diese aber erweiset, daß man die Ursache der Begebenheiten hinlänglich eingesehen habe. Sie sind alle durch ein genaues Band mit einander verbunden, helfen und gründen sich auf einander."

Vollständige mathematische Erkenntnis von den Dingen erhalten wir nur durch die mathematische Methode. Die experimentelle Methode ist hierauf bezogen; sie bereitet die mathematische Methode vor und überprüft deren Ergebnisse. Die Experimentalphysik hat demnach zwei Aufgaben. „Die eine bestehet darinnen, daß wir tüchtige Gründe zur Erklärung der natürlichen Begebenheiten erlangen; die andere aber gehet da hinaus, daß wir, was wir durch die Vernunfft heraus gebracht, durch untrügliche Proben rechtfertigen" (1727[2], Vorrede).

Betrachten wir zunächst die zweite Aufgabe, die Bedeutung der Experimentalphysik innerhalb der mathematischen Methode.[185] Sie ist relativ eng begrenzt. Für Wolff sind Vernunftschlüsse sicheres Wissen, wenn sie nur methodisch einwandfrei gewonnen wurden, das heißt, wenn die richtigen Definitionen gewählt und die Regeln der Syllogistik richtig angewendet wurden. Die Erfahrung kann also nur zeigen, ob die rational möglichen Definitionen auch faktisch möglich sind und ob man richtig geschlossen hat.

Die wenigsten Definitionen sind a priori sicher. Die ersten Prinzipien der Physik erweisen sich als zu allgemein, um daraus alle nötigen Definitionen deduzieren zu können. Sie können nur dazu dienen, den Spielraum des „Möglichen" einzuschränken. Sie sind also nicht die Axiome einer mathematisch formulierten Theorie, sondern haben regulativen Charakter für die Formulierung von Hypothesen. Sie verbieten gewisse Dinge, etwa Fernkräfte oder ein Vakuum. Um aber festzustellen, was tatsächlich der Fall ist, muß die Erfahrung herangezogen werden.

Wenn die Definitionen beziehungsweise Axiome einmal gefunden sind, hat die Erfahrung ihre wichtigste Aufgabe erfüllt. Auf die experimentelle Bestätigung der Ergebnisse der mathematischen Methode legt Wolff nicht soviel Wert. Dies erscheint ihm als relativ einfache Aufgabe. Am Ende eines Kapitels (1728[3], 259) schreibt er: „Alles was bisher erwiesen worden, lässet sich durch die Erfahrung ohne grosse Mühe bekräftigen. Und sind die Erfahrungen als Proben anzusehen, dadurch man überführet wird, daß man durch vernünftige Schlüsse die Wahrheit richtig gefunden". Wenn es sich um mikrophysikalische Prozesse handelt, taugt die Erfahrung ohnehin nicht zur Bestätigung: „Man kan sich demnach in Beurtheilung dieser Dinge weder auf blosse Augen, noch auf die Vergrösserungs-Gläser verlassen, und dannenhero wieder dasjenige, was durch tüchtige Gründe erhärtet worden, aus der Erfahrung keinen Einwurff machen" (1723, 88).

Diese Abwertung der Erfahrung scheint zunächst schlecht dazu zu passen, daß der umfangreichste Teil von Wolffs physikalischen Schriften aus reiner Experimentalphysik besteht, nämlich den drei dicken Bänden der „Nützlichen Versuche" (1727[2]ff.). Er begründet seine Hinwendung zur Experimentalphysik damit, daß „ich nun nicht vermeyne, daß wir, wenigstens in diesen unseren Zeiten, in dem Stande sind die Erkäntnis der Natur bloß aus einigen Gründen der Vernunfft durch Schlüsse herzuleiten, auch allem Ansehen nach nicht zu vermuthen, daß man bald in den Stand gesetzt werden möchte" (1727[2], Vorrede). Wie bei Descartes ist es also das Versagen der rationalen Physik, das die Hinwendung zur Empirie bewirkt. Wolff gibt zu, daß durch die Erfahrung „die meiste Erkäntnis erreicht worden, die man im gemeinen Leben zur Beförderung dessen Bequemlichkeit mit gutem Vortheile gebrauchet" (1727[2], Vorrede). Die rationale Physik ist auf vielen Gebieten noch nicht weit fortgeschritten. Sie muß erst durch die Experimentalphysik vorbereitet werden. Dies ist die andere der beiden oben genannten Aufgaben der Experimentalphysik.

Anders als Descartes nimmt Wolff hierfür eine eigenständige experimentelle Methode an, eine Art induktives Vorgehen. Hierdurch wird die bloß historische Erkenntnis zur wissenschaftlichen, die Erkenntnis der Phänomene zur Gesetzeserkenntnis. Die experimentelle Methode soll in der Lage sein, „verborgene Wahrheiten hervor zu bringen". Hierzu muß „die Vernunft mit einander verknüpfen ..., was durch vorsichtige Erfahrung erkandt worden" (1727², Vorrede). Wolff hat sich hierüber viel weniger ausführlich geäußert als über die mathematische Methode. Offenbar glaubt er, daß die syllogistische Logik auch Grundlage der induktiven Schlüsse ist. Sie ist eben Grundlage allen vernünftigen Denkens. Dementsprechend zielt auch die experimentelle Methode auf das System. Der Unterschied zur mathematischen Methode liegt in den Grundlagen und daraus folgend im Wahrheitsanspruch. Mathematisches Wissen ist Wissen aufgrund apriorischer oder evidenter Begriffe und kann deshalb wenigstens grundsätzlich unwandelbar wahr sein. Experimentalphysikalisches Wissen ist Wissen aufgrund empirischer Fakten und liefert stets nur wahrscheinliche Wahrheiten.

Praktiziert wird diese experimentelle Methode in der Experimentalphysik und im speziellen Teil der Physik. Die Experimentalphysik steht in der Nachfolge Sturms, dessen Werk Wolff sehr geschätzt hat (1737b). Sie ist eine Sammlung von Versuchen. Apparativ zusammengehörige Vesuche werden zu Gruppen zusammengefaßt, z.B. die Versuche mit der Luftpumpe. Die Gliederung richtet sich also primär nach dem experimentellen Zusammenhang. Je nachdem wie stark ein Gebiet experimentell ausgearbeitet ist, ist es mit wenigen oder mit vielen Versuchen vertreten. So sind etwa Mechanik und Optik relativ ausführlich behandelt. Man erhält einen recht guten Überblick über den Stand des experimentellen Wissens der Zeit. Die einzelnen Experimente sind genau beschrieben, mit apparativen Details, so daß man in der Lage ist, sie nachzumachen. Es ist offensichtlich, daß Wolff die meisten selbst ausprobiert hat. Manche Versuche, aber längst nicht alle, sind für die Demonstration in der Vorlesung geeignet. Dies ist offenbar kein Kriterium, für die Aufnahme eines Versuchs, auch zeugt die Art der Durchführung der Versuche nicht von den typischen Schauelementen der Demonstrationsphysik.

Zweifellos hat Wolff seine „Nützlichen Versuche" nicht als eine experimentelle Naturgeschichte entworfen. Er wollte mehr bieten und die Experimente auch erklären. Er formuliert relativ nah an den Phänomenen bleibende Erklärungshypothesen, die ihm aufgrund der empirischen Befunde evident erscheinen. Sie sind unmittelbare Gründe der Erscheinungen, nicht deren tiefere Ursachen. Die Hypothesen werden nicht als sicher angenommen, sondern Zweifel gilt als berechtigt. Wolff versucht deshalb auch, Hypothesen durch weitere Experimente zu erhärten. Anders als etwa Boyle, versucht Wolff kaum, sukzessive zu allgemeineren Hypothesen vorzustoßen. Seine Experimentalphysik macht wenig Ansätze zu einer Theorienbildung, sondern bleibt bei den Phänomenen und deren unmittelbarer Interpretation stehen. Weitergehen zu wollen wäre „eine angemasete Freyheit im erdichten" (1737b).[186]

Auch im speziellen Teil von Wolffs Physik dominiert die Erfahrungserkenntnis, hier allerdings öfter auf Naturbeobachtungen als auf Experimenten fußend. In einem typischen Text werden etwa über die Natur des

Blitzes die folgenden Betrachtungen angestellt (1723, 430f.): „Daß der Blitz ein würckliches Feuer sey, erkennet man zur Gnüge daraus, weil er anzündet. Man siehet es an den Bäumen, da er herunter gefahren, daß sie überall verbrandt seyn, wo er sie berühret, und die entstehende Feuers-Brunst in Gebäuden, wo das Wetter einschläget, bekräfftiget es noch deutlicher. Die Sachen, welche davon beschädiget worden, riechen starck nach Schweffel, und daher siehet man, daß der Blitz eine Entzündung schweefelichter Dünste ist. Alles, was in der Lufft erzeuget wird, muß aus den Ausdünstungen der Erde seinen Ursprung nehmen. Derowegen muß auch die schweefelichte Materie, davon der Blitz kommet, aus der Erde ausgedünstet seyn."

Am Anfang steht hier die Naturgeschichte. Die Phänomene werden als solche akzeptiert und schlicht beschrieben. Dann werden Erklärungshypothesen formuliert, die allerdings keine Aussagen über die tieferen mechanischen Ursachen des Phänomens machen, sondern bloß unmittelbare physikalische Gründe liefern. Die Hypothesen werden typischerweise nicht aufgrund einer übergreifenden physikalischen Theorie formuliert, sondern aus common-sense-Überlegungen, Vergleichen, Analogien.

Wolff sagt sehr deutlich, daß diese Art physikalischer Hypothesen zwar unbefriedigend sei, man sie beim augenblicklichen Forschungsstand aber nicht vermeiden könne. „Nemlich man kan nicht eher auf die mechanischen Ursachen dencken, biß man vorher mit den physicalischen zur Richtigkeit kommen. Da nun zur Zeit gar wenig Hoffnung zu seyn scheinet, daß wir diese ... entdecken ...: so halten wir es auch für eine vergebliche Arbeit sich damit zu bemühen" (1723, 59).

Die mathematische und die experimentelle Methode werden von Wolff zwar theoretisch aufeinander bezogen, bleiben jedoch praktisch relativ unverbunden nebeneinander stehen. Beider Ausgangspunkte sind ganz unterschiedlich; die eine beginnt mit apriorischen oder evidenten Wahrheiten, die andere mit der Naturgeschichte. Beide haben unterschiedliche Ziele, die eine will die mechanischen Ursachen der Dinge enthüllen, die andere begnügt sich mit physikalischen Gründen. Beide werden nicht integriert, wie dies etwa in den Schriften von Huygens so meisterhaft vorgeführt wird, und können sich deshalb auch nicht gegenseitig befruchten. Wolff ist Rationalist und Empirist gleichzeitig: das eine aus Neigung und Überzeugung, das andere der Not gehorchend.

4.3.5 Das System

Fernziel der physikalischen und didaktischen Forschung ist für Wolff ein geschlossenes System, das möglichst alle physikalischen Vorgänge auf mechanische Weise zu erklären haben würde. Ob er ein solches System für völlig erreichbar hielt, ist zweifelhaft. Jedenfalls stellt es das Ideal dar, dem die Wissenschaft sich annähern sollte. Als Stützen dieses Systems betrachtet Wolff die mathematische Methode [187] und das mechanistische Erklärungsprinzip. Das System sollte auf apriorischen oder evidenten Grundsätzen beruhen und deduktiv aufgebaut sein. Dadurch schien ihm am ehesten die Sicherheit und Lehrbarkeit des Wissens gewährleistet. Und das System sollte die Erscheinungen in vernunftgemäßer, „natürlicher" Weise erklären, d.h. als mechanische Phänomene, deren Ursachen in durch Druck oder Stoß bewirkten Bewegungen liegen. Nur was dem Geist als verständlich, anschaulich erschien, mochte er als befriedigende Erklärung anerkennen. Die Grundforderung, die Wolff an ein physikalisches System stellt, ist also, daß es eine deduktive Architektonik mit mechanistischer Anschaulichkeit verbinden müsse.

Wenn auch der Systembegriff Wolffs durch die mathematische Methode und das mechanistische Erklärungsprinzip geprägt ist, so sind doch auch die experimentelle Methode und das teleologische Erklärungsprinzip mit der Arbeit am System verbunden. Daß die experimentelle Methode die mathematische vorbereiten soll, wurde schon ausgeführt. Die Bedeutung der Teleologie für das System liegt in der Erklärung der apriorischen Grundlagen. „Und gewiß! dieses ist der rechte Probier-Stein, daran man mercken kan, ob die allgemeinen Lehren von der Welt etwas nutzen, oder nicht, wenn man untersuchet, wie nach ihnen sich die Vollkommenheiten GOttes zeigen. Wem die Einrichtung der Welt, die ich in meiner Metaphysick gegeben, nicht gefället; der gebe eine andere und zwar nach allen daselbst befindlichen Artickeln: alsdenn sollen wir sehen, wie nach ihm die Welt zu einem Spiegel der Göttlichen Vollkommenheiten werden wird, und ob meine, oder seine Welt in Ansehung der Haupt-Absicht, warum sie GOTT gemacht, einen Vorzug habe" (1726, Vorrede). Die aus der Metaphysik entlehnten, apriorischen Grundlagen des Systems fußen auf dem Gottesbegriff.

Auch Wolff denkt das System als Begriffshierarchie.[188] Systemkonstruktion ist Begriffsbildung. Urteile und Schlüsse beruhen auf der Möglichkeit begrifflicher Verknüpfung. Wie gelangt Wolff zu den klaren, deutlichen und vollständigen Begriffen, aus denen das System bestehen soll?

Einen Begriff von einer Sache erhalten und die Sache definieren ist für Wolff dasselbe. Er unterscheidet wie üblich Nominaldefinitionen und Realdefinitionen. Eine Nominaldefinition definiert den Begriff durch seine charakteristischen Merkmale. Sie sagt noch nichts aus über die Möglichkeit der dem Begriff entsprechenden Sache. Dies tut die Realdefinition. Sie gibt an, wie eine Sache entsteht, hergestellt wird, experimentell realisiert werden kann, und erbringt damit den Nachweis der Möglichkeit der Sache.

Wolff legt Wert auf die Feststellung, daß gerade auch die Nominaldefinitionen für die Naturwissenschaft wertvoll sind. „Worterklärungen sind also nicht zu verachten, ja in gewisser Absicht den Sacherklärungen vorzuziehen, als welche nicht so geschickt und bequem sind, vorkommende Dinge zu erkennen, und von anderen zu unterscheiden, als die Worterklärungen" (1747, 134f.). Nominaldefinitionen haben eine systemstiftende Funktion, indem sie durch Prädikation Begriffe miteinander verknüpfen beziehungsweise einander über- oder unterordnen. So entsteht ein hierarchisch geordnetes Begriffsgefüge, das den Kern des Systems darstellt. Jeder Allgemeinbegriff soll die Merkmale aller unter ihn fallenden besonderen Begriffe wenigstens der Möglichkeit nach enthalten (wie in der Mathematik). Daher können Nominaldefinitionen auch beim Auffinden der Realdefinitionen helfen; die Begriffshierarchie kann auf Begriffe führen, die schon als wahr erkannt oder die aus der unmittelbaren Anschauung evident sind.

Klare, deutliche und vollständige Begriffe erhält man nach Wolff durch den Prozeß der Zergliederung der Begriffe. Dieser soll schließlich auf einfache Begriffe führen, deren Möglichkeit aus unmittelbarer Erfahrung oder a priori einleuchtet. Diese Begriffe sind die angemessene Grundlage für die Axiome.

Bei der Herstellung einer Ordnung innerhalb des Begriffsgefüges spielen die beiden Grundprinzipien der Wolffschen Metaphysik eine bedeutende Rolle: der Satz vom Widerspruch und der Satz vom zureichenden Grunde. Der eine stiftet gewissermaßen die „horizontale", der andere die „vertikale" Gliederung des Begriffsgefüges. Die charakteristischen Merkmale eines einzigen Begriffs sollen widerspruchsfrei sein und damit „möglich"; die Merkmale auf verschiedenen Stufen des Systems (also Ober- und Unterbegriffe) sollen in einem Grund-Folge-Verhältnis stehen. Die beiden Grundprinzipien werden im Anschluß an Leibniz nicht nur logisch, sondern auch ontologisch interpretiert. Der Satz vom Widerspruch sagt dann, daß ein Ding nicht zugleich sein und nicht sein kann. Die reale Möglichkeit eines Dings ist also mit der logischen Widerspruchsfreiheit seiner Definition identisch. Nur, was dem vernünftigen Denken möglich erscheint, kann auch wirklich sein. Der Satz vom zureichenden Grunde besagt, daß alle Merkmale, die einem Ding zukommen, einen hinreichenden Existenzgrund haben müssen. Die Verbindung von Subjekt und Prädikat in der Definition repräsentiert einen dahinterliegenden Seinszusammenhang.[189]

In der Mathematik können die einfachen, klaren und deutlichen Begriffe, die die Basis des Begriffsnetzes bilden, a priori gewonnen werden. In der Physik beruhen hingegen die Vorstellungen, die in evidenten Definitionen ihren Ausdruck finden, meist auf Erfahrung. Wolff spricht dies ganz unzweideutig aus (1750^7, 15). Allerdings kann hierzu nicht jede beliebige Erfahrung dienen. Sie muß vielmehr von der Vernunft als klar, deutlich und vollständig begriffen werden. Die Vernunft ist hierzu in der Lage, weil die Begriffe eigentlich schon in der Seele vergraben liegen und nur durch die Erfahrung geweckt werden. Die Erfahrung beeinflußt also zunächst nur die Entstehung der Definitionen und nicht unbedingt auch ihre Gültigkeit. Die menschliche Vernunft soll in der Lage sein, gewisse Begriffe klar, deutlich und vollständig a priori zu erfassen. Die Erfahrung vergewissert uns dann nur, daß der Begriff auch eine Verwirklichung in unserer Welt hat. In diesem weiteren Sinne ist eine Erkenntnis a priori von mathematischer Sicherheit dann doch auch in der Physik möglich. Allerdings würde Wolff wohl nur den geringeren Teil seiner Physik dieser sicheren Erkenntnis zugerechnet haben.

Wolff war sich klar darüber, daß die Physik von einem befriedigendem System noch weit entfernt war. Wie er es sich vorgestellt haben mag, kann man im allgemeinen Teil seiner Physik sehen. Die Gliederung ergibt sich aus der Systematik und ist neu.[190] Zuerst behandelt er Wesen und Natur der Dinge, danach ihre Bewegung und dabei wiederum zunächst die Bewegung der eigentümlichen Materie der Dinge, dann diejenige der fremden

Materie.[191] Die Lehrsätze sind weitmöglichst deduktiv bewiesen. Durch häufige Querverweise auf seine Metaphysik und seine Experimentalphysik werden die metaphysische Verankerung und die empirische Bewährung des Systems klargemacht. Das Ganze ist ein Lehrgebäude von imponierender Geschlossenheit.

In allen anderen Teilen der Physik hat Wolff gar nicht erst versucht, eine solche Geschlossenheit zu erreichen. Äußeres Kennzeichen dessen ist, daß er hier keine eigenständige Gliederung des Stoffes vornimmt, sondern sich nach der Tradition richtet und Astronomie, Meteorologie und die drei Naturreiche behandelt. Die gesamte spezielle Physik wird diesen Gebieten an passender Stelle eingegliedert. Zwar treibt er auch hier keine reine Naturgeschichte, sondern versucht zu erklären, aber die Erklärungen bleiben punktuell; sie sind meist nicht dem mechanistischen Ideal gemäß. Dies ist für Wolff der vorläufige Teil des physikalischen Wissens, der einer befriedigenden Systematisierung noch nicht fähig ist, nichtsdestotrotz aber dargestellt wird um des unmittelbaren Nutzens willen, den er zur Erkenntnis Gottes und zur Förderung der menschlichen Wohlfahrt auch so haben könnte.

4.3.6 Die Grundlagen der Physik

Für Wolff hat jeder Körper und jeder Teil eines Körpers seine Individualität. Die unendliche Schöpferkraft Gottes würde es nicht zulassen, daß er zwei Dinge gleich geschaffen hätte. „In der Natur aber kan kein Cörper angetroffen werden, da ein Theil dem andern ähnlich wäre. Wir mögen die Theile annehmen so kleine als wir immer wollen, so ist doch jederzeit ein jeder unter ihnen von allen übrigen unterschieden" (1723, 12).

Er wendet sich deshalb gegen die zentrale Aussage der Descartesschen Physik, daß das Wesen eines Körpers nur durch seine Ausdehnung bestimmt sei. Descartes erschienen allein die geometrischen Eigenschaften klar und deutlich erkennbar. Wolff wirft ihm vor, er habe eine ungerechtfertigte Analogie zwischen den geometrischen und den natürlichen Körpern aufgestellt (1723, 12 u. 18). Wenn man die Körper nur den räumlichen Verhältnissen nach unterscheide, könne man deren unendliche Vielfalt nicht erfassen.

Für Wolff sind die Körper deshalb durch eine Vielzahl von Eigenschaften gekennzeichnet. Er nennt Raumerfüllung, Ausdehnung, Figur, Größe, Teilbarkeit, Bewegungsfähigkeit, innere Bewegung, Fähigkeit zu werden und zu vergehen, Fähigkeit zur Figur- und Größenänderung ohne Wesensänderung (1723, 2). Mit dieser Liste ist er allerdings gar nicht so weit von den Vorstellungen des kritisierten Descartes entfernt. Auch er nennt nur geometrische Eigenschaften: Volumen, Form, Lage und deren Änderungen. Trotzdem ist der Unterschied zu Descartes deutlich. Während bei diesem die geometrischen Gebilde statisch bleiben, werden sie bei Wolff dynamisiert, ändern ständig Form und Größe und sind auch in ihren inneren Teilen bewegt. Die Bewegungen der inneren Teile werden als Ursache der sinnlich wahrnehmbaren Eigenschaften der Körper angesehen, wie Härte, Dichte, Farbe, Zerbrechlichkeit, Aggregatzustand, aber auch der Figur. Auch die geometrischen Eigenschaften der Körper sind also Phänomene und nicht wesentlich.

Konstituierend für den inneren Aufbau der Körper, also für ihr Wesen, ist ihre Teilbarkeit oder, besser gesagt, ihre Geteiltheit, denn nach Wolff sind alle Körper nicht nur teilbar, sondern tatsächlich in viele kleine Teile geteilt. „Ich habe ... gezeiget, daß die Materie würcklich zertheilet ist, nemlich ein Theil immer weiter in andere, daß wir ihre Kleinigkeit weder mit der Vernunfft, noch mit der Einbildung erreichen können" (1723, 19). Auch mit dem Mikroskop ist ein Ende der Teilung nicht zu entdecken. Wolff nimmt an, die Teilbarkeit habe keine Grenze.

Die Teilung der Materie ist nach Wolff als eine Ortsänderung der Teile der Körper zu begreifen, also als eine Form der Bewegung. Wenn alle Körper bis ins Unendliche geteilt sind, müssen sie auch in ständiger innerer Bewegung sein (1723, 20). Dabei braucht der Körper als ganzer sich nicht zu bewegen. Es handelt sich vielmehr um eine innere Bewegung der einzelnen Teile gegeneinander (1723, 25).

Zwischen den Teilen eines Körpers ist kein leerer Raum. Die Zwischenräume sind vielmehr mit einer anderen, fremden Materie angefüllt. Wolffs Beweis für die Unmöglichkeit eines leeren Raumes wurde oben schon angeführt. Die Zwischenräume zwischen den Teilen sind notwendig, da sonst die Materie ganz dicht gepackt wäre und ihre Teile nicht mehr voneinander unterscheidbar wären (1723, 70). Das würde der Individualität der Körperteile widersprechen.

In den Zwischenräumen der dem Körper eigentümlichen Materie ist also eine fremde Materie vorhanden, die wiederum Zwischenräume hat, in denen sich eine noch subtilere Materie befindet (1723, 28f.). Jede Materie hat die Struktur eines Schwammes (1723, 73). In den Zwischenräumen findet sich eine sukzessive Folge stets feinerer Materien, die irgendwann so subtil sind, daß sie sich jedem direkten oder indirekten Nachweis entziehen. „In den Zwischen-Räumlein des Holtzes ist Lufft: in diese Lufft dringet wiederumb Wärme" (1723, 81). Das Wesen eines Körpers besteht in der ihm eigenen sukzessiven Folge dieser Materien, und alle Veränderung, d.h. seine Natur, wird durch Einwirkung dieser Materien bewirkt.

Wolff setzt seine Position scharf sowohl vom Cartesianismus wie vom Newtonismus ab.[192] Gegen die Cartesianer schreibt er, „daß diejenigen, welche die Materie ohne Bewegung annehmen, und nichts darinnen als dasjenige, wo von ihre Grösse kommet, zulassen wollen, die Cörper keines weges betrachten, wie sie in der Natur angetroffen werden", sondern „den geometrischen Cörper mit dem natürlichen vermenget haben" (1723, 23f.). Und die Atome im leeren Raum, deren Eigenschaften man nur als gottgegeben konstatieren, aber nicht erklären kann, wie sie die Newtonianer annahmen, hält er für ungereimt. „Es bleiben demnach so wohl die untheilbahren Stäublein der Materie, als auch die leeren Räumlein zwischen ihnen erdichtete Dinge, die bloß in der Einbildung bestehen, hingegen der

Vernunfft, welche durch den Satz des zureichenden Grundes bestehet, wiedersprechen. Ich weiß wohl, daß einige vermeinen, es habe GOTT gefallen, ihnen diese Grösse und Figur zu geben: allein dieselben vergessen, daß man sich in solchen Dinge, die auf das Wesen der Sache ankommen, keineswegs auf den Willen GOttes beruffen kan. Es muß vorher möglich seyn, ehe es GOtt wollen kan" (1723, 21).

Alle Veränderungen in der Körperwelt sind Bewegungen. Die Naturgesetze sind demnach Bewegungsgesetze (1723, 28). Veränderungen, denen ein Körper unterworfen ist, müssen deshalb auf Bewegungen der ihm eigentümlichen Materie zurückgeführt werden. „Wenn man aber überleget, wie ein Cörper aus dem andern kommet; so wird man keine Veränderung finden, als die in der Figur, der Grösse und der Lage der kleinen Theile vorgegangen" (1723, 42). Durch solche Veränderungen kann der Körper nach und nach andere Gestalten annehmen, z.B. wachsen, seinen Aggregatzustand ändern, sich ausdehnen, faulen. Jede derartige Bewegung eines Körpers wird durch einen anderen Körper bewirkt. „Die Figuren entstehen in der Materie durch die unterschiedenen Bewegungen und alle Aenderungen in der Natur werden gleichfals durch die Bewegung bewerckstelliget. Nun kan kein Cörper durch seine Bewegung etwas in dem andern ändern, als wenn er an ihm stösset" (1723, 62). Alle Wirkungen beruhen auf Druck und Stoß von Körpern, also auf unmittelbarem Kontakt. Fernkräfte sind unmöglich. Dies ist eine zentrale Aussage der mechanistischen Physik seit Descartes. Fernwirkung gilt als nicht vernunftgemäß. Daß die ganze physikalische Theorie auf Kontaktkräften aufbauen müsse, gilt als Voraussetzung für Verständlichkeit und Anschaulichkeit.

In Zusammenhang damit steht die überwiegend kinematische Betrachtungsweise. Dynamische Betrachtungen gibt es nur in Ansätzen. Der Massebegriff ist noch mit dem Begriff der Stoffmenge verbunden. Der Kraftbegriff spielt in der Physik kaum eine Rolle. Er ist vielmehr ein metaphysischer Begriff und wird fast nur im Zusammenhang mit den letzten Bausteinen der Materie, den Elementen, verwendet. In seinen physikalischen Schriften spricht Wolff zwar einige Male von „bewegender Kraft" (1723, 27; 1727, 74), aber dies ist bloß eine Metapher für „Ursache der Bewegung".

Das Erklärungsschema der Wolffschen Physik ist einfach; für jede Art von Wirkung, die nicht unmittelbar auf den Druck oder Stoß makroskopischer Körper zurückgeführt werden kann, wird eine mikroskopische, subtile Materie postuliert, die durch ihre Stöße genau diese Wirkung verursacht. Auch dieses Schema war schon von Descartes vorgezeichnet worden. Während dieser jedoch noch mit zwei subtilen Materien auszukommen meinte, sind es bei Wolff sehr viele. Er nennt die Materie der Luft, diejenige des Lichts (Himmelsluft, Äther), diejenige der Wärme (elementares Feuer),[193] die magnetische Materie und die schwermachende Materie. Diese Liste ist nicht vollständig. Er meint vielmehr, daß „auch dergleichen Materien gantz gewiß vorhanden seyn, die wir zur Zeit noch nicht erkennen" (1723, 58), denn jede Materie muß ja wieder von einer anderen subtileren bewegt werden, die in ihren Zwischenräumen ist.

Die subtilen Materien müssen sich in ihren Eigenschaften unterscheiden. Insbesondere darf jeder die Eigenschaft nicht zukommen, zu deren Erklärung sie postuliert wurde: die magnetische Materie darf nicht selbst magnetisch, die schwermachende Materie nicht selbst schwer sein. Sonst würden die Erklärungen zirkelhaft. Wie die subtilen Materien zu ihren spezifischen Eigenschaften kommen, führt Wolff im Detail nicht aus; jedenfalls aber durch die Bewegung einer noch subtileren Materie. Um einen unendlichen Regreß zu vermeiden, greift Wolff auf die Metaphysik zurück. Die Kette stets subtilerer Materien führt schließlich auf eine ursprüngliche, einfache Materie, die Elemente, über die wir jedoch nur metaphysisches Wissen haben.

Auf die Erklärung zweier Phänomene soll noch genauer eingegangen werden: auf das Licht und die Schwere. Auf diesen beiden Gebieten lagen die größten Erfolge der newtonischen Physik, und hier gab es den vehementesten Streit zwischen Newtonianern und Cartesianern.

Die Theorie des Lichts behandelt Wolff im wesentlichen auf der Grundlage der Huygensschen Theorie, wobei er allerdings alle Mathematik wegläßt. Die Sonne ist ein Feuer, und dieses ist in schneller Bewegung, die der Lichtmaterie (Himmelsluft) mitgeteilt wird. Licht ist also nicht eine aus der Sonne fließende Materie, sondern besteht in der Bewegung einer Materie. Dabei bleibt die Lichtmaterie an ihrer Stelle. Die Bewegung besteht in der Ausbreitung eines Impulses in der Lichtmaterie. Die Geschwindigkeit dieser Ausbreitung ist für die Farbe des Lichts verantwortlich (hierüber hatte Huygens sich nicht geäußert). Die Schwierigkeiten der Kontinuumstheorie übergeht Wolff, eine Auseinandersetzung mit Newtons Optik findet sich nirgends.

Hingegen beschäftigt er sich ausführlich mit den Grundlagen der Newtonschen Gravitationstheorie. „Ich weiß wohl, daß heute zu Tage verschiedene in Engelland vorgeben, die Schweere sey aller Materie eigenthümlich und daher in einem jeden Cörper der in ihm enthaltenen Materie proportional, und habe keine mechanische Ursache, daraus sie sich erklären lasse". Diese Auffassung könne jedoch „mit der Vernunfft nicht bestehen", es sei vielmehr sicher, daß die Schwere eine mechanische Ursache habe, „das ist, aus der Bewegung ihren Ursprung nehme, nach den ordentlichen Regeln derselben, die in Bewegung anderer Cörper von der Natur beobachtet werden" (1723, 116f.). Wolffs Widerlegung der Newtonschen Theorie folgt dem für ihn typischen Beweisschema. Zunächst wird bewiesen, daß die Schwere keine notwendige Eigenschaft der Körper ist. Da die Körper zu verschiedenen Zentren gravitieren, ist die Richtung der Gravitation nicht notwendig, und da die Richtung eine wesentliche Eigenschaft der Gravitation ist, auch diese selbst nicht. Also ist Materie denkbar, die nicht schwer ist. Im zweiten Schritt wird aus dem Satz vom zureichenden Grund geschlossen, daß die Schwere eine äußere Ursache haben müsse, weil sie eben keinen zureichenden Grund in dem schweren Körper selbst hat, ihm also nicht notwendig zukommt. Als äußere Ursache bleibt dann nur übrig, eine schwermachende Materie anzunehmen, die nicht selbst schwer ist, sich nicht mit dem fallenden Körper mitbewegt und durch ihre Stöße die Geschwindigkeitsänderung des fallenden Körpers bewirkt. Damit glaubt er die Newtonsche Theorie ad absurdum geführt zu haben. Sie folgt nicht der mechanischen Philosophie, und er wirft deswegen Newton vor, seine Schwere sei nichts anderes als die okkulten Qualitäten der Aristoteliker (1723, 119). „Dergleichen Dinge behaupten nur diejenigen, welche nicht verstehen, was Wahrheit ist" (1723, 121).

An den Einzelheiten der Gravitationstheorie zeigt Wolff sich dann nicht mehr so interessiert. Er übernimmt die Descartessche Wirbeltheorie in der von Huygens verbesserten Form, wiederum ohne quantitative Diskussion. Die Schwere ist also nicht eine Anziehung, sondern ein Nach-Innen-Driften des fallenden Körpers in einem Ätherwirbel. Die in einem mit solchen einander durchdringenden Wirbeln erfüllten Universum auftretenden komplexen Vorgänge waren mathematisch kaum zu erfassen. Trotzdem zieht Wolff diese schwerfällige qualitative Vorstellung der eleganten mathematischen Theorie Newtons vor. Wegen der Fernwirkung erscheint ihm letztere einfach als unverständlich und unnatürlich.

Alle theoretischen Überlegungen Wolffs landen irgendwann bei der Bewegung subtiler Materie, wie z.B. in den Ätherwirbeln. Wodurch aber wird die subtile Materie bewegt? Wie entstehen die Ätherwirbel? Wolff lehnt diese Frage ab. Er weist stereotyp immer wieder darauf hin, daß es keinen Sinn habe, noch weiterzufragen, wenn man eine Erscheinung auf die Bewegung einer subtilen Materie zurückgeführt habe. Wie diese durch eine noch subtilere Materie bewegt werde, ist uns nicht möglich zu erkennen. Die menschlichen Erkenntnisgrenzen unterbrechen also den unendlichen Regreß in der Praxis. „Es sind ja Materien in der Natur vorhanden, die wir nicht kennen, und wir werden im Fortgange sehen, daß viel in der Natur vorhanden ist, an dessen Würcklichkeit wir nicht zweiffeln können, und gleichwohl keine Möglichkeit ersehen, wie wir zu desselben Erkäntnis gelangen können" (1723, 121). „Da wir nun dergleichen Veränderungen, die man nicht wahrnimmt, weder untersuchen, noch auch zu einigem Nutzen anwenden kan; so haben wir uns darum nicht zubekümmern. Und demnach ist es eben so wenig nöthig, als möglich, daß wir die Natur ergründen" (1723, 37). Wir haben „es weit genug gebracht, wenn wir die nächsten Ursachen entdeckt" (1723, 144).

Deswegen ist es auch sinnlos, nach den letzten Bausteinen der Materie, den Atomen oder Elementen, zu fragen. Allerdings hält Wolff es nicht für ausgeschlossen, daß in der Zukunft die Naturwissenschaft so große Fortschritte machen könnte, daß sie sich auch der Beantwortung dieser Frage widmen könnte. Vorläufig hält er „alle Elementen-Sorge noch zur Zeit für unnütze" und ist überzeugt: „alle Meinungen, die man zur Zeit aufbringen kan, müssen ungegründet seyn" (1723, 62).

Wolff hat allerdings trotz dieser Aussage genauere Angaben zu den Elementen gemacht, nur findet man diese nicht in seinen physikalischen Schriften, sondern in der Metaphysik (1751[11]). Obwohl die Elemente physikalische Entitäten sind, kann man über sie nur metaphysische Aussagen machen. Sie sollen einfache, unteilbare Substanzen sein, die keine Ausdehnung besitzen und mit einer aktiven Kraft begabt sind.[194] Von Leibnizschen Monaden unterscheiden sie sich vor allem dadurch, daß sie als physikalische Entitäten begriffen werden, die untereinander wechselwirken (während die Monaden weder wirken noch Einwirkungen erleiden sollen). Wie Leibniz seine Monaden, denkt Wolff seine Elemente als Individuen, von denen es keine zwei gleichen gibt, und als veränderliche Wesen, die sich aufgrund ihrer inneren Kraft in ständiger Dynamik befinden. Eine äußere Bewegung resultiert jedoch nur, wenn die Kraft des Elements in unterschiedlichen Richtungen auf unterschiedlichen Widerstand trifft. Die Kraft ist ein unspezifischer Drang ohne Richtung, der erst durch äußeren Anlaß eine Richtung erhält und damit zu einer Wirkung führt.

Die makroskopischen Körper sollen aus derartigen physikalischen Kraftpunkten aufgebaut sein, wobei nicht anschaulich zu machen ist, wieso ein ausgedehnter Körper aus nicht ausgedehnten Elementen zusammengesetzt sein kann. Nach außen hin erscheint der Körper passiv und träge, aber er besitzt eine von seinen Elementen herrührende bewegende Kraft, die seine *Natur* ausmacht. Diese unspezifische Kraft ruft jedoch Bewegung nur hervor nach Maßgabe des unterschiedlichen Widerstandes der umgebenden Körper, der wiederum abhängt von der Struktur des Körpers, von seinem *Wesen*.

Auf diese Weise werden die beiden zentralen Erklärungsbegriffe der makroskopischen Physik, Wesen und Natur der Körper, auf die Elemente zurückgeführt. Allerdings nur im Grundsatz, denn von keinem realen Körper ist bekannt, wie sich seine Natur und sein Wesen aus seinen Elementen ergeben. Deshalb sind die Elemente auch für die Praxis der Physik unnütz. Wolff meint, „daß man in Erklärung der Begebenheiten in der sichtbaren Welt nicht nöthig hat sich auf die ursprüngliche Kraft, die in denen Elementen ist zu berufen, sondern nur bey denjenigen Kräften verbleiben darf, die sich durch die Bewegung einer subtilen flüßigen Materie in dem leeren Raume des Cörpers erklären lassen" (1751[11], 435).

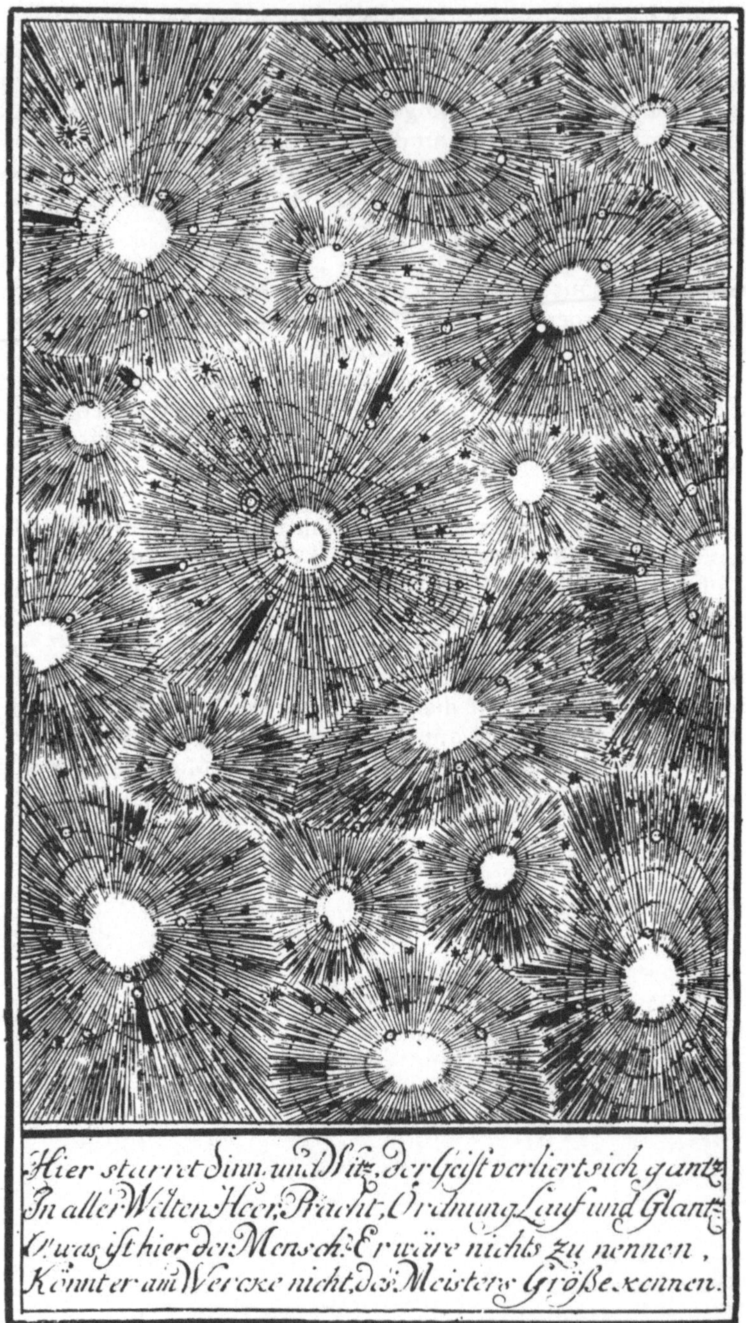

Frontispiz aus Gottsched 1762[7]

4.4 Nachfolge Wolffs und Herausforderung durch die Newtonianer

4.4.1 Einleitung

Die Entwicklung der mechanistischen Lehrtradition in Deutschland geschah in drei Phasen. Am Anfang stehen die eklektizistischen Autoren mit Johann Christoph Sturm als Zentralfigur.[195] Sie versuchen, die mechanische Sichtweise der Natur in die bestehende didaktische Tradition einzuführen. Sie wollen für einen möglichst großen Teil der zum Lehrstoff der Physik gezählten Phänomene mechanische Erklärungen angeben. Die Ordnung des Stoffs zu einem einheitlichen System ist noch nicht das zentrale Thema.

Dies geschieht erst in der zweiten Phase. Das mit Abstand einflußreichste System war das von Christian Wolff aufgestellte.[196] Es war der Maßstab für Konkurrenten und Nachfolger, ein imponierendes Lehrgebäude und in manchen Punkten eine durchaus originelle wissenschaftliche Leistung auf der Höhe der Zeit. Es wurde allerdings in den Schatten gestellt von dem zweiten mechanistischen Systematiker jener Zeit, Georg Erhard Hamberger. Seine „Elementa physices" wurden zwischen 1727 und 1761 fünfmal aufgelegt und waren zeitweise das verbreitetste Physiklehrbuch an deutschen Universitäten. Hamberger will wie Wolff ein Lehrgebäude auf der Grundlage der Leibnizschen Kraft- und Materievorstellung aufbauen, geht dabei aber konsequenter und stärker erfahrungsbezogen vor. Kernstück seines Systems ist eine Theorie der Kohäsion, die damals wohl die brauchbarste auf diesem Gebiet war und auch von Physikern der newtonischen Richtung häufig zitiert wird. Hamberger versucht, alle Kraftwirkungen auf die Kohäsion zurückzuführen. Er entwirft damit einen alternativen Erklärungsansatz zu den cartesischen Ätherströmungen, die Wolff bevorzugt, einen Ansatz, der besser mit dem Leibnizschen Kraftbegriff harmoniert.[197]

Verglichen mit Wolff und Hamberger war die Wirkung anderer Systeme gering. Christian August Crusius (1749) entwarf ein gegen die Wolffsche Physik und besonders gegen deren Determinismus gerichtetes System. Er knüpft dabei an Hoffmann, Budde und Rüdiger an, dessen Schüler er war. Er versucht, mechanistische Physik und biblische Theologie miteinander in Verbindung zu bringen. Naturlehre, Religion und Moral sollen aus einem System hervorgehen. Sein Physiklehrbuch ist nicht für Anfänger gedacht, sondern setzt gewisse physikalische und philosophische Kenntnisse voraus. Die recht eigenständige Crusiussche Physik hat beträchtliche Schwächen, und es ist wohl eher dem philosophisch-theologischen Renommee ihres Verfassers zuzuschreiben, daß sie eine zweite Auflage erlebte (1774). Für den

Zweifrontenkrieg gegen Wolff und die Newtonianer war sie jedenfalls eine wenig brauchbare Waffe. - Dies gilt noch mehr von den Lehrbüchern Adolf Albrecht Hambergers, eines Sohnes von Georg Erhard Hamberger. Während Crusius ein angesehener Gelehrter war, gehört er zu jenen Randerscheinungen der Wissenschaft, die ihre Theorien gegen den Rest der wissenschaftlichen Gemeinschaft vertreten und dabei höchstens Spott ernten, wenn sie überhaupt beachtet werden. Hamberger versucht kompromißlos, eine kinematische Physik cartesischer Prägung auf rein rationaler Grundlage zu entwerfen - auch wenn der Realitätsbezug dabei verloren geht. Das Ergebnis ist originell, aber von einer fast rührenden Unzulänglichkeit. Niedergelegt ist es in zwei Lehrbüchern, einem ausführlicheren (1774), das im wesentlichen die Grundlagen behandelt und einem kürzeren (1780), das die gesamte Physik umfaßt. Auf sie wird im folgenden nicht näher eingegangen.

Die dritte Phase der mechanistischen Lehrbuchtradition wird durch die Weiterarbeit an den Systemen Wolffs und G. E. Hambergers durch deren Schüler und Nachfolger geprägt. Eine besondere Rolle spielt dabei die Auseinandersetzung mit der newtonischen Physik und die Konkurrenz zu den erfolgreichen newtonischen Lehrbüchern. Während Wolff und Hamberger der Auseinandersetzung mit den Positionen der Newtonianer nur wenig Platz widmen,[198] sondern vielmehr im Bewußtsein, die besseren Argumente zu haben, versuchen, ein überzeugendes System zu entwerfen, sehen ihre Nachfolger sich zunehmend gezwungen, Apologetik zu betreiben. Sie folgen in ihren didaktischen Anschauungen weitgehend dem Wolffschen Vorbild, während sie sich in den physikalischen Grundpositionen teils mehr an Wolff, teils mehr an Hamberger anlehnen. Ihre Aufgabe sehen sie darin, die newtonische Physik zu inkorporieren, ohne den Kern des mechanistischen Programms zu gefährden.

Von den verschiedenen Auszügen aus den Lehrbüchern Wolffs ist schon die Rede gewesen.[199] Als Ersatz für Thümmigs Auszug in deutscher Sprache schrieb Johann Christoph Gottsched (1732) sein Philosophielehrbuch, das große Verbreitung fand. Er behandelt die Physik überwiegend nach Wolff, versucht jedoch, neuere Ergebnisse einzubeziehen und ist insgesamt stärker empirisch ausgerichtet. In der Auswahl der Inhalte stärker auf die Erfordernisse der Medizinerausbildung ausgerichtet sind die kurzen Kompendien von Johann Adam Kulm (1727) und Georg Bernhard Bilfinger (1742), beides strikte Wolffianer.[200] Zu nennen ist hier noch das Philosophielehrbuch von Christoph Andreas Büttner (1734). Das nicht sehr kompetente Werk fußt im physikalischen Teil auf Wolff und Thümmig, vertritt jedoch in theologisch brisanten Fragen konservativere Ansichten. Von dem Philosophielehrbuch Johann Heinrich Winklers (1735) wird weiter unten die Rede sein.

Nach Wolffs Tod erschienen noch mehrere Lehrbücher, die sich die Fortsetzung seines Werkes und die Anpassung an die Entwicklung der Wissenschaft zum Ziel setzten. Nach Umfang und Niveau ist hier das Buch von Michael Christoph Hanov (1762/65) an erster Stelle zu nennen, der am akademischen Gymnasium in Danzig lehrte. Hanov meinte, die Experimentalphysik noch aussparen zu können, weil hier Wolffs Lehrbuch noch brauchbar sei. Sein Schüler Johann Daniel Titius (1774, 1782) bezieht jedoch auch diese mit ein.[201] In der dogmatischen Physik liefert er wenig mehr als einen Auszug aus Hanovs Werk. In der Anlage ähnlich ist das Lehrbuch des Jesuiten Philemon Steinmeyer (1775), das als Nachfolgewerk zu Thümmigs Auszug gedacht ist.

Stärker an G. E. Hamberger orientiert ist das für die höheren Schulen geschriebene Lehrbuch von Jacob Friedrich Maler (1767). Durch die Bearbeitung von Johann Lorenz Boeckmann (1775) wurde das Buch auf den neuesten Stand gebracht, und es wurden inzwischen unhaltbare Positionen getilgt. Im übrigen hat sich Boeckmann aber eng an Malers Text gehalten und insbesondere den „dogmatischen Ton" bewahrt. Auch das Lehrbuch Laurenz Johann Daniel Suckows (1761) knüpft an Hamberger an. Es gelingt Suckow zu demonstrieren, daß die vom Begriff der chemischen Verbindung her entwickelten Vorstellungen über das Wirken der Imponderabilien, wie sie gegen Ende des Jahrhunderts für einen großen Teil der „newtonischen" Bücher kennzeichnend sind,[202] sich gut mit einem Leibnizschen Kraftbegriff vertragen. In Umfang und Anspruchsniveau ist Suckows Buch für die Anfängervorlesung mit Hörern aller Fakultäten konzipiert.

Es ist schon darauf hingewiesen worden,[203] daß an den katholischen Universitäten die mechanistische Physik erst um die Mitte des Jahrhunderts Fuß fassen konnte. In kurzer Zeit erschien eine ganze Reihe von Lehrbüchern, die alle mehr oder weniger stark von Wolff abhängig sind (Joseph Zanchi 1748, Joseph Khell 1751, Donatus a Transfiguratione Domini 1749, Joseph Mangold 1756, Michael Klaus 1756, Berthold Hauser 1755ff., Blasius Henner 1756/1760, Hermann Osterrieder 1765/1770). Allerdings bezeichnen sich diese Autoren nicht als Wolffianer, sondern als Vertreter eines „abgemilderten" peripatetischen Systems und als Eklektizisten. Sie bewahren einige Grundbegriffe der aristotelischen Physik, füllen sie jedoch mit mechanistischen Vorstellungen. Diese sind in eklektizistischer Manier aus verschiedenen Systemen übernommen, auch von Crusius. In didaktischen Fragen folgen diese Autoren nicht dem Wolffschen Vorbild, sondern praktizieren weiterhin die scholastische Methode, deren Ähnlichkeit mit Wolffs mathematischer Methode betont wird (Hauser 1755). Die Bücher sind durchweg der dogmatischen Physik zuzuordnen. Nur Henner (1756/1760) schreibt ein Lehrbuch der Experimentalphysik, das allerdings im Unterschied zu Wolff eng an der dogmatischen Physik orientiert ist.

Zwischen Sturms „Physicae conciliatricis conamina" (1687) und Suckows „Entwurf einer Naturlehre" (1782²) liegt ein Jahrhundert der Arbeit an einem mechanistischen System. Aber über Ansätze und Entwürfe war man nie hinausgekommen. Es gab keinen theoretischen Konsens, und es bestand kein Zweifel darüber, daß die Theoriebildung mit den neuen Entdeckungen nicht Schritt gehalten hatte. Dieser Zustand mußte auch in den eigenen Reihen Skepsis wecken. Auch bevor das mechanistische Programm um die Mitte des Jahrhunderts in die Defensive geriet, haben einige Lehrbuchautoren die Möglichkeiten der Systemkonstruktion vorsichtig beurteilt und Wolffs optimistische Spekulationen „einem Philosophischen Roman nicht unähnlich" gefunden (Hollmann 1737b). Diese Autoren bleiben zwar der mechanistischen Gedankenwelt verpflichtet, entschließen sich aber angesichts des spekulativen Zustandes der Theorie zu einem vorläufigen Verzicht und halten sich an die Empirie. Man könnte sie als mechanistische Empiristen bezeichnen.

Johann Christian Stock (1735) stand den Ansichten G. E. Hambergers nahe, schrieb jedoch einen experimentell fundierten Physiklehrgang im Stile der Newtonianer. Samuel Christian Hollmann [204] hat zwei Lehrbücher verfaßt. Das ausführlichere (1737a) ist Teil eines Kurses der gesamten Philosophie, das andere (1742) eine Kurzfassung des ersten. Von Hollmann beeinflußt ist sein jüngerer Göttinger Kollege Johann Georg Heinrich Feder (1767), dessen kurzes Philosophielehrbuch als erste Einführung gedacht war und auch in der Schule Verwendung finden konnte.

Die interessanteste Person in dieser Gruppe ist sicher Johann Heinrich Winkler. Er gehörte zu dem Kreis um Wolff und hat sich durch seine Experimente zur Elektrizität einen wissenschaftlichen Namen gemacht. Winkler hat drei Lehrbücher geschrieben. Das erste ist ein Philosophielehrbuch in der Nachfolge Wolffs (1735). Die darin enthaltene Kosmologie orientiert sich stark an Wolff, die Physik hingegen nicht. Winkler bezieht auch die Ergebnisse der Newtonianer ein und benutzt mechanische Modelle manchmal mit offensichtlichen Skrupeln. Die beiden anderen Lehrbücher Winklers behandeln nur die Physik, das erste, lateinischsprachige mit mathematischem (1738),[205] das andere, deutschsprachige mit experimentellem (1753)[206] Schwerpunkt, jedoch ohne daß der jeweils andere Aspekt vernachlässigt würde. Hypothesen zur Erklärung der Natur der Dinge werden vorsichtig angedeutet, wenn sie sich rechtfertigen lassen. Sonst werden sie übergangen. - Von ähnlicher Art ist die Übersetzung des Buches von Aignan Joseph Sigaud de la Fond (1774, Neudruck 1780). Das Buch ist aus einer Experimentalvorlesung in Paris entstanden und versucht, die Experimentalphysik mit der angewandten Mathematik zu verbinden. Auch Sigaud de la Fond hält an dem Postulat fest, nur mechanische Erklärungen seien akzeptabel, aber Erklärungen sind ihm insgesamt nicht so wesentlich. Sie wirken angehängt und werden ganz weggelassen, wenn keine wirklich akzeptabel erscheint. Er verwendet keine Mühe darauf, etwa selbst welche zu entwickkeln. Wichtig ist ihm eine exakte Beschreibung.

Für ein Lehrbuch der angewandten Mathematik wäre diese Haltung nicht weiter verwunderlich. Aber Winkler und Sigaud de la Fond wollen Physiklehrbücher schreiben. Für Hanov (1762) ist die dogmatische Physik die Physik schlechthin. Für Winkler und Sigaud de la Fond ist dies die experimentell-mathematische Physik.

Im folgenden wird zunächst der Hauptstrom der mechanistischen Physik behandelt. Dabei können wir uns auf wenige Themen beschränken, in denen gegenüber Wolff Unterschiede oder Weiterentwicklungen festzustellen sind. Der Motor der Veränderung ist die Auseinandersetzung mit der erfolgreichen newtonischen Physik und ihrer Didaktik. Die Abgrenzungs- und Rechtfertigungsbemühungen führen zur Ausschärfung oder Revision verschiedener Aspekte der eigenen Position (Kap. 4.4.2). Didaktisch besonders wichtig ist eine Neubestimmung des Verhältnisses von Vernunft und Erfahrung (Kap. 4.4.3). Abgeschlossen wird die Darstellung dieser Bücher mit einem Sammelreferat über die grundlegenden physikalischen Vorstellungen, die in ihnen zum Ausdruck kommen (Kap. 4.4.4). Im Anschluß an den Hauptstrom der mechanistischen Physik wird die kleine Gruppe der mechanistischen Empiristen behandelt, deren Bücher in manchem den newtonischen Lehrbüchern näher stehen als der reinen mechanistischen Tradition (Kap. 4.4.5).

4.4.2 Abgrenzung gegenüber der newtonischen Physik

Die Entwicklung der mechanistischen Physik nach Wolff und Hamberger ist kein planmäßig verfolgtes Forschungsprogramm, sondern wird durch die Herausforderung durch den Newtonismus bestimmt. Newtons wissenschaftliche Reputation war allseits unbestritten. Auch die Mechanisten erkennen seine Leistungen an, wenn auch mit kritischen Rückfragen und ohne den Enthusiasmus der Newtonianer, die wie A. A. Hamberger (1774) durchaus zu Recht bemerkt, aus ihrem Meister oft einen „Abgott in der Naturlehre", einen „neuen Aristoteles" machten. Strittig waren nicht so sehr Newtons Leistungen als deren Interpretation. Während die Gravitationstheorie für die Newtonianer das Musterbeispiel einer Theorie überhaupt war, war sie für die Mechanisten eigentlich gar keine Theorie, jedenfalls keine physikalische, sondern „bloß" eine der angewandten Mathematik, eine bloße Beschreibung der Phänomene ohne Erklärungswert und innerhalb einer philosophischen Naturlehre relativ peripher. Nicht Newtons Gravitationsgesetz war das Skandalon, sondern daß es als Erklärung ausgegeben wurde; denn damit wurde die gesamte mechanistische Erklärungspraxis in Frage gestellt.

Manche Autoren versuchen, die Kontroverse herunterzuspielen. Zwischen der Physik Newtons und dem mechanistischen Programm bestehe gar kein Widerspruch. Dieser sei vielmehr nur von den Newtonianern konstruiert worden. Newton habe die Anziehung in die Ferne nur als Phänomen betrachtet und nicht wie seine Nachfolger als Ursache der Kraftwirkungen (Boeckmann 1775, Crusius 1774[2]). Er habe selbst mechanische Erklärungen gesucht und deshalb die Schwere und andere Phänomene der Wirkung eines Äthers zugeschrieben (Hanov 1762). Sicher hat eine solche Newtondeutung ihre Stützen in dessen vielschichtigem, oft auch unklarem Werk, aber wenn Hanov aus Newton einen Äthertheoretiker innerhalb der mechanistischen Tradition macht, ist die Tendenz doch offensichtlich. Er will Newtons Autorität für die eigene Sache vereinnahmen und die newtonischen Lehrbuchschreiber ins Unrecht setzen.[207]

Der Dissens war grundlegend. Es ging nicht nur um rivalisierende Theorien, sondern um alternative Arten, Wissenschaft zu betreiben. Feder (1769[2]), der sich aus dem Streit heraushält, kennzeichnet ihn treffend, indem er zwei Gruppen von Physikern gegenübergestellt, die philosophisch und die mathematisch orientierten: „letztere werfen den ersteren ihre metaphysischen Hypothesen vor, und diese beschuldigen sie hingegen, daß sie den Schein von den wirklichen Veränderungen nicht unterscheiden, und aus der scheinbaren Beschaffenheit der Wirkung Kräfte erdichteten, die den Körpern nicht zukämen."

Im folgenden werden drei Aspekte dieses Streits diskutiert; die Begriffsbildung, die Unterscheidung befriedigender Erklärungen von Pseudoerklärungen und die Stellung der Hypothesen.

a) Die Begriffsbildung

Die Grundbegriffe der newtonischen Physik werden kritisiert. Newtons Trägheitsbegriff gilt als ungereimt, denn Erhaltung eines Zustandes kann nicht bloßer Passivität zugeschrieben werden, sondern erfordert eine aktive Kraft. Erst recht erscheint Newtons eingeprägte Kraft als ungereimt. Warum soll Kraft nur bei Zustandsveränderungen wirken und nicht immer? Warum soll ein Körper zwar die Kraft haben, den Zustand eines anderen zu verändern, aber nicht seinen eigenen? „Als ob Luft zwar einen Ballon ausdehnen könnte, sich selbst aber nicht" (Hanov 1762).

Das Bemühen, die physikalische Begriffsbildung mit den Alltagsbegriffen in Einklang zu halten, ist offensichtlich. Newtons Begriffe, gebildet unter dem Gesichtspunkt der Einfachheit der mathematisierten Theorie, erscheinen vor diesem Kriterium defizitär. Die physikalischen Begriffe sollen ontologische Begriffe sein; sie sollen Dinge und deren Eigenschaften bezeichnen. Bloß instrumentale Begriffe, die nur den Zustand eines Systems beschreiben wollen, mögen für die angewandte Mathematik brauchbar sein, sind aber in der Physik unzureichend.

Besonders vehement wird der Begriff der anziehenden Kraft abgelehnt. Er sei gegen die Regeln der Logik gebildet und in sich widersprüchlich, denn „es ist denkunmöglich, daß zwei Körper, die sich nicht berühren, miteinander wechselwirken" (Hamberger 1741[3]). Man könne zwar beschreibend von Anziehung reden, aber eine Anziehungskraft zu postulieren, hieße die okkulten Qualitäten der Aristoteliker wieder einführen (Hollmann 1737a, Hauser 1758, Osterrieder 1765). Aus den Phänomenen könne man weder attraktive noch repulsive Fernkräfte beweisen, ja sie würden dadurch nicht einmal nahegelegt. Für Hamberger (1741[3]) sind die Newtonianer schlechte Experimentalphysiker, weil sie aus den Phänomenen ungerechtfertigte Schlüsse ziehen.

Die newtonische Art der Begriffsbildung wird als Verdinglichung von Universalien betrachtet. „Man bringet die bloß eingebildeten Begriffe aus der Mathematik in die Philosophie hinüber, und setzet sie als wirkliche Dinge. Man verwirret die mathematischen Kräfte, welche bloß General-Begriffe sind, mit den Grundkräften der wirklichen Ursachen, welche man in der Philosophie zu betrachten hat" (Crusius 1774[2]). Der Begriffsrealismus, der hier den Newtonianern vorgeworfen wird, war allerdings in anderer Weise auch charakteristisch für Wolffs Philosophie. Crusius (1774[2]) kritisiert denn auch an Wolff, er habe es versäumt, die Realität der Dinge zu zeigen, die er postuliere. Auch von anderen Autoren wird Wolffs Begriffsrealismus kritisiert (Hollmann 1737, Henner 1756, Hauser 1758, Boeckmann 1775). Aber zwischen den Konstruktionen von Wolff und den newtonischen

Fernkräften wird doch ein wesentlicher Unterschied gesehen: erstere sind zwar fiktiv, aber doch als möglich denkbar, letztere hingegen sind schlichtweg unmöglich. Ein Ding kann nicht wirken, wo es nicht ist.

Auch Autoren, die Wolffs Art der Begriffsbildung akzeptieren, bemühen sich mehr um eine empirische Fundierung, und sei es auch nur, weil sie dem Experiment mehr Überzeugungskraft zutrauen als der Herleitung aus metaphysischen Prinzipien. Die Begriffe sollen in der Erfahrung begründet sein, aber man soll doch nicht bei der Erfahrung stehen bleiben. Erfahrung allein kann keine Sicherheit liefern. Schon einfache empirische Generalisationen können „irrig und ohne Erklärungswert" sein, denn sie beruhen ja auf einem Induktionsschluß (Hanov 1762), also einer hypothetischen Verallgemeinerung. Die Tragfähigkeit eines Begriffs zeigt sich erst durch seine Einordnung in das mechanistische System. Die systematische Erkenntnis soll von größerer Sicherheit sein als das Einzelwissen (Hanov 1762).

Am ausführlichsten und radikalsten hat Crusius (1774[2]) diesen Gedanken herausgearbeitet. Die Erfahrung liefere uns nicht weiter beweisbare „Realsätze a posteriori". Mit den Mitteln der mathematischen Logik könne man daraus deutliche Begriffe und Relationen zwischen diesen konstruieren. Die Erfahrungsbegriffe erhielten jedoch erst durch Übereinstimmung mit „Vernunftgründen", die vom System geliefert werden, ihre Gewißheit. Das System ist dabei nicht nur als ein im engeren Sinn physikalisches, sondern als ein umfassendes philosophisches gedacht, das Metaphysik, Theologie und Ethik umfaßt. Gewißheit ist ein moralischer Begriff und entsteht durch den Zusammenhang mit den Endzwecken des menschlichen Lebens. Die Welt ist ein geordneter, weise eingerichteter, auf den Menschen bezogener Kosmos, und nur eine Erkenntnis, die sie als solche ausweist, kann richtig und gut sein. Deshalb kann Crusius physikalische und moralische Gewißheit identifizieren. „Was das gesellschaftliche Leben unter den Menschen aufheben und unmöglich machen würde, das ist aus der Naturlehre als ungereimt und ungerecht zu verwerfen". „Die Verbindlichkeit zu einem vernünftigen, gesellschaftlichen und tugendhaften Leben giebt zuförderst manchen Gründen der physikalischen Wahrscheinlichkeit ein grosses Gewichte." Physik wird hier aufgefaßt als „Grundwissenschaft", die die Realsätze liefert, auf denen die höheren philosophischen Wissenschaften aufbauen. Diese wiederum stiften den Zusammenhang der Erkenntnis mit dem menschlichen Leben und geben dadurch den physikalischen Sätzen eine Gewißheit, die weit über eine bloß kalkulatorische Richtigkeit hinausgeht.

Sicher ist die Position von Crusius extrem; aber sie ist kein Einzelfall. Bei den katholischen Autoren findet man ähnliche Gedanken. Hauser (1755) übernimmt die Position von Crusius. Wo das System nicht mehr als ein umfassendes philosophisches betrachtet wird, bleibt jedenfalls der Zusammenhang von Physik und Metaphysik gewahrt.

b) Der Erklärungsbegriff

Aufgabe der Physik ist die Erklärung der Naturphänomene. Darin zeigt sie sich als eine philosophische Disziplin und unterscheidet sich von den bloß beschreibenden Wissenschaften Naturgeschichte und angewandte Mathematik. Der zentrale Vorwurf gegenüber der newtonischen Physik ist, daß sie keine angemessenen Erklärungen liefere, sondern soweit sie mehr als mathematische Beschreibungen geben wolle, bloße Pseudoerklärungen erzeuge. „Man bringet an statt wirkliche Ursachen zu erklären, bloß weit getriebene Rechnungen vor, welche sich auf angenommene Hypothesen gründen" (Crusius 1774[2]).

Aus der Kritik wird ein wesentliches Element des mechanistischen Erklärungsbegriffs deutlich: Er ist ein ontologischer Begriff. Es geht um die seinsmäßige Verankerung der Phänomene. Eine Erscheinung erklären bedeutet angeben, durch welche Dinge sie bewirkt wird. Daß eine Erscheinung auf bestimmte Naturgesetze zurückzuführen ist, ist noch keine Erklärung derselben. Die darin vorkommenden Begriffe müssen vielmehr ontologisch gedeutet werden. Daß die Erklärung quantitativ ist, ist demgegenüber weniger wichtig. Vorrangig ist die Angabe der Ursachen, der für die Wirkung konstitutiven Eigenschaften der wirkenden Dinge. „Das, was von Berechnung der Grössen herausgebracht worden, ist nur so oft zu Hülfe zu nehmen, als es unentbehrlich ist, um von der Gewißheit der Ursachen und Wirkungen überzeugt zu werden" (Crusius 1774[2]). Gerade die Autoren, die häufiger mathematische Beweise vortragen, betonen, die Mathematik müsse stets Hilfswissenschaft bleiben (Donatus 1754[2], Hauser 1758, Osterrieder 1765). „Die Mathematik soll der Physik dienen, nicht sich dieselbe unterwerfen" (Donatus 1754[2]).

Hollmann (1737) beklagt, daß bei vielen neueren Lehrbuchautoren die Mathematisierbarkeit zum Kriterium für die Stoffauswahl geworden sei. Was sich mathematisch beweisen lasse, werde gebracht, alles andere weggelassen. Er meint natürlich die Lehrbücher der Newtonianer mit ihrer Vorliebe für das Meßbare und die mathematische Gesetzmäßigkeit. Dadurch werde der Physik „Nutzen und Würde" genommen. Die Glückseligkeit des Menschen ist eine Frucht der philosophischen Erkenntnis, nicht des quantifizierenden, bloß auf Naturbeherrschung gerichteten Denkens.

Das Erklären einer Erscheinung ist ein mehrstufiger Prozeß. Die komplexen Phänomene werden zunächst durch bestimmte Eigenschaften der Körper erklärt, die wiederum auf eine relativ geringe Zahl grundlegender Eigenschaften zurückgeführt werden können, wie Porosität, Kohäsion, Flüssigkeit, Elastizität, Schwere. Die Erklärung dieser Eigenschaften hinwiederum geschieht durch Wesen und Natur der Körperteilchen beziehungsweise durch ihre Form und Bewegung. Da die Körperteilchen aus kleineren zusammengesetzt sind, kann man den Prozeß fortführen, bis man eventuell bei kleinsten, unteilbaren Teilchen anlangt, über deren Existenz die Autoren verschiedene Auffassungen haben.

Die Ursachenketten werden durch zwei Begriffspaare gekennzeichnet: naheliegende versus entfernte Ursachen und physikalische versus mechanische Ursachen. Physikalische Ursachen werden durch Eigenschaftsbegriffe beschrieben. Sie sind makroskopischer Natur und können wenigstens prinzipiell empirisch gesichert werden. Mechanische Ursachen werden durch mechanische Begriffe wie Ausdehnung, Form, Kraft, Bewegung beschrieben. Sie sind oft mikroskopischer Natur, teilweise auch prinzipiell unbeobachtbar. Die mechanischen Ursachen werden den physikalischen übergeordnet. Eine physikalische Ursache erfordert eigentlich noch eine mechanische Erklärung. Dabei ist durchaus klar, daß für praktisch-technische Zwecke die physikalischen Ursachen ausreichen und eine zusätzliche mikrophysikalisch-mechanische Erklärung nichts bringt. Warum also die Hochschätzung der mechanischen Erklärungen? Nach Crusius (1774[2]) haben sie zwei Vorteile: Zum einen wird dadurch eine physikalische Erklärung „in eine höhere und deutlichere Causalerklärung verwandelt. Zum andern, welches ein Hauptnutzen ist, wird man dadurch in den Stand gesetzet, sich vor ungegründeten Arten nach einer vermeinten Analogie hier und da schließen zu wollen, zu verwahren ...". Das erste meint das Bedürfnis nach philosophischer Erkenntnis über den praktischen Nutzen hinaus. Das zweite zielt gegen die Erklärungspraxis der Newtonianer. Aus ähnlichen Erscheinungen per Analogie auf ähnliche Kräfte zu schließen, hält er für ungerechtfertigt. Die mechanische Erklärung zeigt, daß ähnliche Erscheinungen auf ganz unterschiedlichen Mechanismen beruhen können. Sie erlaubt die Verbindung der Physik mit einer tragfähigen Ontologie, während die Newtonianer als Fundament nur unbegründete Analogien zu bieten haben.

Die nächstliegenden Ursachen der Phänomene sind die beobachtbaren Eigenschaften der Körper, die entferntesten sind die Bewegungen der Elemente, der kleinsten, unteilbaren Teilchen. Die meisten Autoren nehmen solche Elemente an oder lassen die Fragen nach ihrer Existenz offen. Für die Erklärungspraxis sind sie allerdings von geringem Wert. Die Autoren geben zu, daß sie über die kleinsten Teilchen höchstens einige allgemeine Aussagen machen können, aber von bestimmten Elementen und deren Bestimmungsgrößen so gut wie nichts sicher wissen. Also kann das System auch nicht deduktiv von den Elementen her aufgebaut werden. Mit Wolff sind sich die Autoren darin einig, daß man sich mit näherliegenden Ursachen zufriedengeben muß. Hanov (1762) und Hollmann (1737) betonen, dies sei auch völlig befriedigend. Nur die nächstliegenden mechanischen Ursachen gäben hinreichende Gründe, da sie auf unmittelbaren Kontakt zwischen Körpern rekurrierten. Bei entfernteren Ursachen sei der Kontakt nur mittelbar gegeben, über einen Zwischenkörper. Das Prinzip ist klar: Die Erklärungskette kann abgebrochen werden, sobald eine mechanische Ursache gefunden ist.

c) Der Wert von Hypothesen

Newton hatte zwar Hypothesen unter bestimmten Bedingungen zugelassen, aber die hypothetische Erklärungspraxis der Mechanisten scharf kritisiert. Seine Nachfolger sparten genausowenig mit polemischen Vorwürfen. Sich hierzu zu äußern, war also für die mechanistischen Lehrbuchautoren kaum zu umgehen.

Zwar wird vor unbedachter, voreiliger Formulierung gewarnt; es wird angemerkt, eine Hypothese müsse nicht nur möglich, sondern auch wahrscheinlich sein, aber grundsätzlich gelten Hypothesen doch als unverzichtbar für den Fortschritt der Wissenschaft. Die den Phänomenen zugrundeliegenden Mechanismen waren eben nur hypothetisch zu erschließen. Es sei dem Menschen nicht gegeben, die wahren Ursachen vieler physikalischer Prozesse zu erkennen, aber er könne doch wenigstens plausible Hypothesen formulieren (Donatus 1754[2]), und das solle er auch tun und nicht, wie die Newtonianer, gänzliche Unwissenheit hinsichtlich der Ursachen vorgeben (Henner 1756). Experiment und Mathematik blieben bei der bloßen Beschreibung der Phänomene stehen; eine philosophische, auf Ursachenerkenntnis zielende Physik könne deshalb nur durch Hypothesen fortschreiten (Steinmeyer 1775).

Dieser grundsätzlichen Einigkeit über die Notwendigkeit von Hypothesen stehen große Unterschiede in der Praxis der Hypothesenformulierung gegenüber. Manche Autoren sind eher vorsichtig. Die „mechanistischen Empiristen" verzichten lieber auf eine Hypothese, als sich den Vorwurf ungerechtfertigter Spekulationen einzuhandeln. Crusius (1774[2]) andererseits will auf jeden Fall wenigstens Erklärungsmöglichkeiten aufzeigen. Den Kontrahenten „anscheinende mögliche Ursachen" vorzuhalten, erscheint ihm die bessere Strategie als Schweigen. Zwar will er die Existenz der angenommenen Dinge als wahrscheinlich erweisen, aber bei den Details der Hypothese reicht ihm die logische Möglichkeit. So spekuliert er kräftig drauflos. Wenn der Stand der Wissenschaft es ihm nicht erlaubt, eine bestimmte Erklärung zu präferieren, will er dem Studenten wenigstens andeuten, von welcher Art eine Erklärung vielleicht sein könnte. Darin sieht er auch eine Möglichkeit „zur Entkräftung der Beweisgründe gewisser Gegner ... Der Beweisgrund eines Gegners verlieret unstreitig seine Kraft, wenn man ihm zeigen kann, daß dasjenige, was er als die einzige Möglichkeit setzet, noch nicht die einzige ist." Den Newtonianern wenigstens eine mögliche Erklärung entgegenzuhalten, erscheint ihm immer noch besser als mit leeren Händen dazustehen.

Descartes (1955[5]) hatte in seinem Uhrengleichnis den Modellcharakter der mechanischen Erklärungen herausgestellt; die Mechanismen im Innern verschiedener gleichgehender Uhren können ganz verschieden sein. Welchen Mechanismus Gott in seiner Welt verwirklicht hat, wissen wir nicht. Wir können nur mögliche Erklärungen geben. Wolff hatte geglaubt, den Mechanismus dadurch erschließen zu können, daß er die wirkliche Welt als die beste aller möglichen betrachtete. Nicht nur Crusius erscheint dieser Optimismus ungerechtfertigt. Auch andere Autoren betrachten die Mechanismen eher als Modelle. Am ausgeprägtetsten ist dies bei Suckow (1782[2]), der oft verschiedene Mechanismen zur Erklärung anbietet, ohne einen auszuzeichnen.

4.4.3 Vernunft und Erfahrung

Gegenüber Wolff betonen die Autoren durchweg die Rolle der Erfahrung auch in der dogmatischen Physik stärker. Die Mängel der deduktiven Systeme von Wolff oder Descartes waren zu offensichtlich und ließen es geraten erscheinen, dem empirischen Test der Vernunftschlüsse mehr Aufmerksamkeit zu widmen. Dies heißt nun nicht, daß in den Lehrbüchern viele Experimente geschildert oder gar apparative Details vorgetragen würden. Dies würde zum Charakter der dogmatischen Physik nicht passen. Es soll keine Experimentiertechnik vermittelt werden. Oft wird nur auf Erfahrungen verwiesen, ohne ins Detail zu gehen. Aber die Erfahrung wird als unverzichtbares Element in den Lehrgang eingebaut, sie ist ein Teil der angestrebten Beweisstruktur.

Während bei Wolff die mathematische und die experimentelle Methode in der Praxis weitgehend getrennt blieben, bemühen sich jetzt viele Autoren, beide stärker miteinander zu verbinden. In dem Schlagwort „Vernunft und Erfahrung" wird jetzt die Kopula betont; beides soll ineinandergreifen. In der Methode sollen Erfahrungswissen und Vernunftschlüsse integriert sein. Maler (1767), der im Anschluß an Wolff die Rollen von Vernunft und Erfahrung noch in symmetrischer Weise beschreibt, wird von seinem Bearbeiter Boeckmann (1775) korrigiert; die Aussagen, daß kein Satz der Vernunft widerstreiten dürfe und daß Sätze durch die Vernunft unumstößlich bewiesen werden könnten, streicht er; die entsprechenden Aussagen über die Erfahrung behält er bei. Er meint, Herleitungen a priori seien „nicht viel werth"; man könne irren, insbesondere wenn man auf Nominaldefinitionen aufbaue. Rein experimentellen Herleitungen fehle demgegenüber „die Hauptsache", nämlich das Eingehen auf die mikrophysikalischen Ursachen der Erscheinungen. Also müßten Vernunft und Erfahrung miteinander verbunden werden, wobei es gleichgültig sei, womit man im Einzelfall beginne.

Beweisführungen rein a priori werden keineswegs grundsätzlich vermieden, sind aber selten; zum Beispiel werden einige allgemeine Eigenschaften der Körper aus dem Begriff des Körpers abgeleitet; beim Kraftbegriff wird auf die Leibnizsche Metaphysik rekurriert; auch die Bewegungslehre kann auf Definitionen und einige metaphysische Prinzipien, wie den Satz vom zureichenden Grunde, aufgebaut sein.[208] Offenbar finden die Autoren nur weniges, was sich so abhandeln ließe. Crusius (1774[2]) begründet dies mit der Freiheit des göttlichen Willens. „Vieles hanget auch in der That von der willkürlichen Einrichtung Gottes ab, und leidet deswegen gar keinen Beweis der Nothwendigkeit a priori." Im Gegensatz zu Wolff, der dasselbe Argument verwendet, läßt Crusius aber seinen Gott tatsächlich willkürlich handeln und bindet ihn nicht an die Möglichkeiten des der Vernunft Einsichtigen. Die überwältigende Fülle der Phänomene erfordert dann einen Rückgriff auf die Erfahrung.[209]

Erkenntnistheoretisch betrachtet stellt sich das Verhältnis von Vernunft und Erfahrung für die Autoren folgendermaßen dar: Die Erfahrung gilt als die wesentliche, für einige sogar als die einzige Quelle der Erkenntnis. Durch die sinnliche Erfahrung werden wir der Existenz der Dinge versichert und sind in der Lage, Begriffe zu bilden. Allerdings ist Erfahrungswissen allein für die Physik unzureichend. Es ist zwar klar, aber ungeordnet. Seine Ordnung ist das Werk der Vernunft. Hollmann (1737b) definiert die Vernunft als das Vermögen, den Zusammenhang der Dinge einzusehen; man könnte genauso sagen: das Vermögen, Systeme zu bilden.

Dieses setze nichts weiter voraus als die Dinge selbst (die uns die Sinneserfahrung klar zeigt), und insofern sei es gerechtfertigt, Naturerkenntnis als eine Erkenntnis durch bloße Vernunft zu verstehen. Die Vernunft erkennt die Dinge durch Gebrauch der Sinneswerkzeuge. Sie liest im „Buch der Natur" (1737a).

Die Autoren sind sich einig darüber, daß die Fähigkeiten der menschlichen Vernunft begrenzt sind. Vernunfterkenntnis ist daher wenigstens prinzipiell fehlbar und revidierbar durch die Erfahrung. „Denn die Erkenntnis a posteriori ist bey den menschlichen Wissenschaften der beständige Leitfaden, welcher uns theils auf die Materie führet, worüber wir nachdenken sollen, theils auch, wo unser Nachdenken von dem rechten Wege ausschweifet, uns zurechte weiset" (Crusius 1774[2]).

Bei G. E. Hamberger (1735[2]) und mehr noch bei Suckow (1782[2]) wird die Integration von Vernunft und Erfahrung zum unterrichtsmethodischen Prinzip. Es werden nicht nur aus der Erfahrung Aussagen generalisiert oder Vernunftschlüsse durch die Erfahrung bestätigt, vielmehr wird der Stoff durch Abwechseln von Vernunftargumenten und Erfahrungsargumenten schrittweise entwickelt. Dies ist nicht mehr die „demonstrative Lehrart", die bis dahin für die dogmatische Physik typisch war. Hier wird der entwickelnde Lehrstil der newtonischen Bücher aufgenommen und für die mechanistische Physik weitergebildet. An die Stelle einer rein experimentellen Entwicklung in den newtonischen Büchern tritt eine experimentell-rationale.

Dies soll an zwei Beispielen verdeutlicht werden. Betrachten wir zunächst G. E. Hambergers (1735[2]) Darstellung der Grundlagen seiner Theorie der Kohäsion. Er beginnt mit einem Vernunftschluß. Aus dem Wesen und der Natur des Körpers ergebe sich, daß die Größe der Kohäsion zwischen zwei Körpern von deren innerer Kraft und der Menge der Berührungspunkte abhänge. Nun wisse man über beides bei den winzigen Teilchen, aus denen die Körper bestehen, so gut wie nichts, und also sei eine apriorische Theorie der Kohäsion unmöglich. Trotzdem erscheint ihm das angeführte Vernunftwissen nicht unnütz; es ermöglicht ihm vielmehr erst die Aufstellung einer empirischen Theorie. Er sucht nämlich nach meßbaren Größen, die mit der inneren Kraft und der Menge der Berührungspunkte zusammenhängen und findet eine solche in der Dichte. Im nachfolgenden empirischen Teil werden verschiedene Kohäsionsphänomene in ihrer Abhängigkeit von der Dichte untersucht. Er stellt eine Reihe empirischer Gesetze auf, insbesondere die „Grundregel", daß eine Flüssigkeit und ein Festkörper immer dann kohärieren, wenn $\rho_{\text{flüss}} \leq \rho_{\text{fest}}$ ist. (Dieses zwar in vielen Fällen, aber nicht allgemein geltende „Gesetz" hat seinen Namen bekannt gemacht.) Anschließend übernimmt die Vernunft wieder die Führung und sucht Erklärungen für die gefundenen Gesetze, deutet sie also durch innere Kräfte und Berührungspunkte von Teilchen, denen eine bestimmte Form zugeschrieben wird.

Das zweite Beispiel ist Suckow (1782[2]) entnommen und betrifft ein ähnliches Inhaltsgebiet: den Zusammenhang von Flüssigkeiten. Es ist für Suckows Lehrstil typisch. Er beginnt mit Erfahrungen. Man stellt fest, daß Flüssigkeiten einen geringen Zusammenhang haben. Um die Ursache dieser

Erscheinung zu finden, listet er zunächst alle in Frage kommenden Möglichkeiten auf. Nach der Hambergerschen Theorie sind dies zwei; entweder die Teilchen der Flüssigkeiten besitzen eine geringe innere Kraft, oder sie haben untereinander wenige Berührungspunkte. Die erste Alternative wird empirisch falsifiziert, so daß die zweite angenommen wird. Die geringe Zahl der Berührungspunkte kann wiederum auf zweierlei Art zustandekommen: entweder durch eine rundliche Form der Teilchen oder durch ein subtiles Fluidum zwischen den Teilchen. Gegen die erste Möglichkeit werden wiederum verschiedene empirische Einwände erhoben, die sie zumindest unwahrscheinlich machen. Also wird die zweite angenommen. Die Flüssigkeit kommt von einem subtilen Fluidum, das dem Körper entzogen wird, wenn er fest wird. Das Schema ist stets das gleiche: Suckow versucht, alle nach der Theorie möglichen Erklärungen aufzulisten und dann bis auf eine zu falsifizieren, sei es durch rationale, sei es durch empirische Argumente. Anschließend bringt er dann oft noch Bestätigungsexperimente für die akzeptierte Erklärung, interpretiert andere Phänomene im Lichte der neu gewonnenen Vorstellung und bringt eventuell noch Anwendungen und Bemerkungen zum Nutzen der Sache.

Beide Beispiele zeigen ein differenziertes methodisches Vorgehen, theoriebezogen und empirisch abgesichert. Ausgehend von grundlegenden theoretischen Begriffen wie Kraft, Körper, Bewegung wird durch ineinandergreifende Erfahrungen und Vernunftschlüsse das System aufgebaut. Die durch unterschiedliche Methoden bedingte Trennung von dogmatischer und experimenteller Physik ist bei Hamberger und Suckow überwunden.

4.4.4 Die physikalischen Vorstellungen

In den physikalischen Grundlagen folgen die Autoren den Vorstellungen von Leibniz und Wolff. Descartes wird kritisiert, weil er das Wesen der Körper in ihren geometrischen Eigenschaften fassen zu können glaubte; vielmehr müsse mit Leibniz eine innere Kraft der Körper angenommen werden, um deren Veränderungen zu erklären. Körper haben demnach zwei Grundeigenschaften: Raumerfüllung (Ausdehnung) und Kraft (unspezifische Wirkungsfähigkeit, Drang zur Zustandsveränderung).[210] Körper sind kraftbegabte, raumerfüllende Seiende. Ihre beiden Grundeigenschaften sind ihnen ursprünglich von Gott gegeben und unveränderlich. Es gilt als undenkbar, daß ein Körper einem anderen Kraft mitteilt.

Alle beobachteten Körper bestehen aus Teilen, und ihre Eigenschaften folgen aus der Art und Anordnung dieser Teile und aus deren Kräften. Ob es kleinste, prinzipiell unteilbare Körper („Elemente") gibt, gilt als eine metaphysische Frage, deren Beantwortung für die Physik ohne großen Nutzen ist. Die meisten Autoren nehmen solche Elemente an, wobei manche wie Wolff an unausgedehnte, manche aber auch an ausgedehnte Entitäten denken. Ein Blick in die Welt der Elemente, wäre er möglich, würde keine einfachen Strukturen enthüllen, sondern ein hochkomplexes System bewegter Teilchen mit verschiedenster, durch Wechselwirkungen wandelbarer Figur. Die Weltenuhr ist eine mit großer Kunstfertigkeit eingerichtete, komplizierte Maschine. Das Zurückgehen auf die ersten Elemente verspricht keinen Gewinn an Einfachheit der Erklärungen. Es ist deshalb gerechtfertigt, als grundlegende theoretische Entität den zusammengesetzten Körper zu betrachten und nicht die Elemente.

Zwischen den Teilen der Körper befinden sich Zwischenräume. Die Körper sind porös. Die Poren sind mit einer feineren Materie gefüllt, zwischen deren Poren sich eine noch feinere Materie befinden mag. Insoweit die Autoren körperliche Elemente annehmen, müssen sie diesen Prozeß nicht wie Wolff ad infinitum fortgesetzt denken. In den Poren zwischen Elementen wird dann ein „vacuum disseminatum" angenommen. Ein „vacuum continuum" von mehr als elementarer Ausdehnung gilt weiterhin als unmöglich. Die Welt ist voll subtiler Materien verschiedener Art. Physik ist Kontinuumsmechanik.

Alle Veränderung ist Bewegung, und Ursache der Bewegung ist die Kraft. Der Kraftbegriff wird von den meisten Autoren stärker betont als dies in Wolffs deutschen Schriften der Fall ist. Kraft allein soll jedoch, da unspezifisch, nicht in der Lage sein, eine bestimmte Bewegung hervorzubringen. Ein isolierter Körper, wenn es ihn gäbe, würde sich nicht bewegen, da seine Kraft gleichermaßen in alle Richtungen tendieren würde. Um eine bestimmte Bewegung zu erhalten, braucht man zusätzlich eine äußere Wirkung auf den Körper, den Widerstand eines anderen Körpers. „Die äusserliche Wirkung teilt, eigentlich zu reden, dem zu bewegenden Körper keine Kraft mit, sondern setzt nur dessen eigene Kraft dadurch in den Stand sich zu bewegen, indem sie den gleichen Trieb derselben gegen entgegen gesetzte Gegenden ungleich macht" (Maler 1767). „Die bewegende Kraft gehet nicht aus einem Körper in den andern über, sondern der eine bringet nur die Bedingung derselben in dem andern hervor ... Wenn der Widerstand nicht von allen Seiten gleich ist; so brechen die Körper vermöge ihrer innerlichen thätigen Kraft dahin in Bewegung aus, wo er am schwächsten ist" (Crusius 1774[2]). Der Widerstand ist selbst eine Kraft, nämlich diejenige des widerstehenden Körpers. Im Ruhezustand herrscht ein dynamisches Kräftegleichgewicht zwischen den Körpern. Wo lokal eine Kraft überwiegt, entsteht Bewegung.

Die Anwendung dieser komplizierten Vorstellung in praktischen Fällen bleibt oft unbefriedigend, besonders was Quantifizierungsbemühungen angeht. Allerdings gelten diese auch nicht als vorrangige Aufgabe der Physik. Die zu jener Zeit heiß diskutierte Frage nach dem richtigen Maß der Kraft wird nur am Rande erwähnt und der angewandten Mathematik zugewiesen. Wie die einschlägigen Bemerkungen zeigen, fehlte manchen Autoren hier auch das notwendige Verständnis.

Die Grundgesetze der Physik sind Bewegungsgesetze, insbesondere die Stoßgesetze. Sie werden ausführlich behandelt, teils a priori, überwiegend aber aus der Erfahrung. Die von den einzelnen Autoren vorgeschlagenen Gesetze unterscheiden sich teilweise. Einige versuchen, die drei Newtonschen Bewegungsgesetze zu inkorporieren, indem sie diese den eigenen

Grundbegriffen entsprechend uminterpretieren (Donatus 1754[2], Khell 1754[2], Klaus 1756, Hauser 1758).

Die spezielle Physik ist eine Mechanik dichter, subtiler Fluida. Jeder Körper soll eine Atmosphäre aus subtiler Materie an sich binden und außerdem soll es noch im ganzen Weltall verbreitete Fluida geben. Die Vielzahl der Erscheinungen wird auf einige wenige kontinuumsmechanische Vorgänge zurückgeführt und zwar:

a) auf den statischen Druck in einem subtilen Fluidum. Wenn auf verschiedene Seiten eines in dem Fluidum schwimmenden Körpers ein unterschiedlicher Druck wirkt, wird der Körper bewegt. In der auf G. E. Hamberger zurückgehenden dynamischen Variante dieses Erklärungsschemas tritt anstelle der Druckverteilung eine Dichteverteilung. Wenn Körper in einer Flüssigkeit mit einem Dichtegradienten schwimmen, werden sie infolge der stärkeren Kohäsionskraft in Richtung größerer Dichte bewegt.

b) auf die Ausbreitung einer Druckschwankung in einem subtilen Fluidum, analog zur Schallausbreitung, wobei periodische und aperiodische Schwankungen betrachtet werden. Paradigma ist die Huygenssche Theorie des Lichts. Mechanisches Modell ist die Übertragung eines Impulses längs einer Kugelkette.

c) auf die Strömung eines subtilen Fluidums. Die Bewegung eines Körpers kann gedeutet werden als Schwimmen in einer strömenden Flüssigkeit. Komplizierte Bewegungen lassen auf komplizierte, wirbelförmige Strömungen des Trägermediums schließen. Paradigma ist die Theorie der Planetenbewegungen nach Descartes und Huygens.

Die einzelnen Autoren präferieren bestimmte Erklärungsformen. G. E. Hamberger und daran anschließend Maler und Suckow führen viele Erscheinungen auf Dichteunterschiede subtiler Fluida zurück. Donatus oder Hanov bevorzugen eher Erklärungen mittels Strömungen von Fluida. Bei manchen Phänomenen ist die Erklärungsform jedoch auch im Grundsatz unstrittig.

Die *Kohäsion* wird meist nach der Theorie von G. E. Hamberger behandelt und gilt als ursprüngliche Eigenschaft der Körper, als direkter Ausdruck ihrer Kraft. Einige Autoren erklären sie aber noch in cartesischer Manier durch Druckunterschiede in einem Äther (Henner 1756, Crusius 1774[2], A. A. Hamberger 1774).

Die *Schwere* erklären G. E. Hamberger und die ihm folgenden Autoren durch Dichteunterschiede im Äther. Durch Kohäsion wirkt auf die Körper eine Kraft in Richtung der größeren Ätherdichte. Crusius (1774[2]), Zanchi (1750[2]), Khell (1754[2]) und Hauser (1758) bevorzugen eine Erklärung durch den statischen Druck des Äthers. Ihr Äther muß gerade dort dicht sein, wo Hambergers Äther dünn ist. Winkler (1742[2]), Bilfinger (1742), Donatus (1754[2]) und Hanov (1762) präsentieren Varianten der Ätherwirbeltheorie von Descartes/Huygens. - Warum die Dichte des Äthers im Weltall gerade so sein soll, wie sie angenommen werden muß, beziehungsweise warum die Strömungsbewegung des Äthers gerade solche Wirbel hat, wird nicht behandelt. Dies wäre eine Frage nach den entfernteren Ursachen - denn wie anders sollte man sich solche komplexen Zustände erklären, als durch die Existenz eines noch feineren Fluidums als der Äther es darstellt?

Bei der Erklärung des *Lichts* besteht weitgehende Einigkeit. Es wird auf die Ausbreitung von Vibrationen in der Lichtmaterie zurückgeführt.[211] Öfters wird die Theorie Eulers zitiert. Bei der Behandlung der Interaktion zwischen Licht und Materie, insbesondere bei der Brechung, werden auch Erklärungen durch Hambergers Kohäsionskraft vorgeschlagen, ohne daß die Berechtigung der gleichzeitigen Verwendung der beiden verschiedenen Modellvorstellungen reflektiert würde. Hambergers Erklärung der Brechung war wohl vor allem deshalb attraktiv, weil sie eine leichte Adaption der Newtonschen Theorie erlaubte.

Die *Wärme* wird ähnlich dem Licht durch eine Bewegung in einem Äther erklärt. Allerdings haben die meisten offenbar über die Art dieser Bewegung keine präzisen Vorstellungen.

Für *Elektrizität* und *Magnetismus* wird auf eine Variante der Strömungsvorstellung zurückgegriffen. Nach Nollet soll sich um einen elektrisierten Körper eine elektrische Atmosphäre befinden. Ob diese aus einem eigenen elektrischen Äther besteht, oder aus verschiedenen anderen (die für die verschiedenen Wirkungen der Elektrizität zuständig sind), wird unterschiedlich gesehen. Entsprechendes soll für magnetische Körper gelten. Die Feldlinienbilder werden als unmittelbarer Ausdruck der Wirbel in dieser subtilen Materie betrachtet. Für die Details der Wirbelbildung wird gern die Theorie von Euler herangezogen. Doch können auch hier wieder Kohäsionsvorstellungen eine Rolle spielen, etwa wenn Suckow nur für die elektrische Abstoßung die Atmosphärenbewegung verantwortlich macht, die Anziehung aber auf Kohäsion zwischen dem Körper und dem umgebenden elektrischen Äther zurückführt.

Über Zahl und Art der verschiedenen subtilen Fluida, die zur Erklärung der Erscheinungen benötigt werden, herrscht keine Einigkeit. Es gibt eine Tendenz, mit möglichst wenigen Fluida auszukommen. Typisch ist die Annahme eines besonders subtilen Äthers für die Erscheinungen von Licht und Wärme und eines anderen für die Gravitation. Bei der elektrischen Materie werden die Ähnlichkeiten zur Wärmematerie betont. Die magnetische Materie soll Ähnlichkeiten zur elektrischen haben, gilt aber als besonders geheimnisvoll.

Die beträchtlichen Unterschiede bei den vorgeschlagenen mechanischen Modellen sind auffällig. Es gab keinen einheitlichen theoretischen Hintergrund, sondern viele Möglichkeiten, von denen die meisten gar nicht im Detail quantitativ ausgearbeitet waren. Das machte die Argumentation gegenüber den Newtonianern nicht leichter. Besonders prekär war die Situation bei der Erklärung der Schwere,[212] also gerade da, wo Newtons größter Erfolg lag. Manche Autoren verzichten hier ganz auf eine Hypothese oder nehmen ihre Zuflucht zu einer direkt von Gott gegebenen, inneren Kraft der Körper (Mangold 1756, Henner 1756), einer offensichtlich okkulten Qualität.

Die theoretischen Unklarheiten waren wohl der Grund dafür, daß innerhalb der mechanistischen Lehrbuchtradition keine angemessene Systematik für das Gesamtgebiet der Physik entwickelt wurde. Die Gliederungen der Bücher, die durchweg die wissenschaftliche Systematik widerspiegeln wollen, sind überwiegend traditionell. Die katholischen Autoren variieren das alte aristotelische Schema, die protestantischen richten sich nach Wolff. Sie geben damit indirekt zu, daß sie kein geschlossenes mechanistisches System vorlegen können. Hanov (1762) entwickelt immerhin die Wolffsche Gliederung weiter,[213] indem er die spezielle Physik als Physik des Äthers bezeichnet und in Optik, Wärmelehre, Elektrizitätslehre und Magnetismus unterteilt. Alles dies sollen verschiedene Bewegungen im Äther sein. Der Äther ist das durchgängige Erklärungsprinzip.

Der einzige konsequent durchgeführte Versuch, eine der mechanistischen Physik gemäße Systematik im Lehrbuch zu verwirklichen, stammt von G. E. Hamberger (1735[2]). Er beginnt mit den Grundbegriffen Kraft und Bewegung (denen er die Behandlung von Statik und Hydrostatik etwas unmotiviert anhängt). Danach wird das Zentralstück seines Buches entwickkelt, die Theorie der Wechselwirkung sich berührender Teilchen, der Kohäsion. Verschiedene Ausprägungsformen der Kohäsionskraft werden diskutiert, u.a. die Schwere. Bis dahin entspricht das dem Stoff der allgemeinen Physik. Die spezielle Physik beginnt mit den vier Elementen, die jedoch eher als vier Aggregatzustände der Materie behandelt werden und das nur relativ kurz, als Voraussetzung des folgenden. Der größte Teil der speziellen Physik wird dann als Wechselwirkungen durch Kohäsion zwischen Körpern in verschiedenen Aggregatzuständen aufgefaßt. Nacheinander werden Wechselwirkungen mit zwei, drei und vier Partnern behandelt. Die Naturerscheinungen aus Wärmelehre, Optik, Elektizitätslehre, Chemie und Meteorologie erscheinen dabei in ganz ungewohnter Zuordnung, etwa die Lichtbrechung Luft/Wasser und Luft/Glas in verschiedenen Kapiteln. Eine besondere Rolle spielen Wechselwirkungen mit dem Feuer, das bei den meisten Naturerscheinungen in irgendeiner Weise beteiligt sein soll. Das Ganze ist sehr spekulativ und war schon bald an vielen Stellen wissenschaftlich nicht mehr haltbar. Vielleicht war es doch weiser, bei der taxonomischen aristotelischen Gliederung zu bleiben, solange die mechanistische Physik so wenig Gesichertes anzubieten hatte.

Die in vielen newtonischen Büchern vorgelegten unterrichtsmethodisch motivierten Gliederungen haben auf die mechanistischen Lehrbücher kaum einen Einfluß gehabt. Nur Maler (1767) wählt eine Ordnung des Stoffes, die von der Systematik abweicht, und in der „eines aus dem anderen begreiflich ist."

4.4.5 Die mechanistischen Empiristen

Zwar waren die Mechanisten nach Wolff durchweg bemüht, die Rolle der Erfahrung im Erkenntnisprozeß zu stärken und die Spekulation dadurch besser in die Zucht zu nehmen, aber für die meisten blieb das System der Mittelpunkt ihrer Bemühungen, und damit war die Physik spekulativ. Einige wenige Autoren, die wir als mechanistische Empiristen bezeichnen wollen, setzen jedoch die Schwerpunkte anders. Sie werten die Systemkonstruktion ab, sei es aus grundsätzlicher Skepsis gegenüber den Möglichkeiten der Vernunft, sei es aus kritischer Beurteilung des aktuellen Forschungsstandes und plädieren dafür, die Physik als reine Erfahrungsnaturlehre zu begreifen.

Auch sie betrachten die Welt als einen großen Mechanismus, die einzelnen Körper als kunstreiche Maschinen,[214] aber sie wollen nicht Erkenntnis vortäuschen, wo man nichts Sicheres weiß. Sie wenden sich dagegen, mögliche Modelle als Erklärungen gelten zu lassen. Man solle keine Mechanismen fingieren (Hollmann 1737a). Die in den anderen Büchern vorgeschlagenen mechanischen Erklärungen der verschiedenen Erscheinungen werden überwiegend negativ bewertet. Sie seien zu verwickelt und gekünstelt, sie erklärten die Phänomene nicht vollständig, sie seien inneren Widersprüchen ausgesetzt oder empirisch falsifiziert. Oft bleibt nichts voll Befriedigendes übrig, und mit dieser Feststellung wird das Thema abgeschlossen.

Hollmann (1737a) meint, die meisten Lehrbuchschreiber „betrachten es als Schande, wenn irgendwelche Naturphänomene auftreten, deren Ursachen sie nicht anzugeben wissen, und richten deswegen alle Kräfte des Verstandes darauf, sich Ursachen und Hypothesen für die verschiedenen Wirkungen in der Natur auszudenken." Demgegenüber will er lieber seine Unwissenheit bekennen als falschen Hypothesen anhängen. Erst müsse man noch viele Versuche anstellen, bevor man sich an die Formulierung von Hypothesen wagen dürfe. Und so landet er denn immer wieder bei einem „ignoramus".

Die Abwendung von der Spekulation und die Hinwendung zur Empirie haben bei den Autoren unterschiedliche Gründe. Die Philosophen Hollmann und Feder sind vom englischen Empirismus beeinflußt, insbesondere von Locke.[215] Die mathematisch gebildeten Physiker Winkler und Sigaud de la Fond orientieren sich an den Standards der mathematischen Physik Newtons. Für erstere sind die Spekulationen der Wolffianer leichtfertig und ohne Berechtigung, für letztere nutzlos und die Theorie nicht weiterführend.

Für Hollmann (1737a) ist die Frage nach den Grenzen der Erkenntnis die Grundfrage der Philosophie, und wie Locke sieht er diese Grenzen recht eng gezogen. Die Erkenntnis des Wesens der Dinge hat Gott sich selbst vorbehalten, damit der Mensch das Kunstwerk der Schöpfung um so mehr bewundere. Die letzten Ursachen der Dinge sind uns nicht erkennbar. Es gibt gewisse grundlegende Eigenschaften der Körper (wie Schwere, Elastizität, Flüssigkeit, Kohäsion), die keine äußeren Ursachen zu haben scheinen und hinter die wir nicht zurückfragen können. Mit ihrer Hilfe kann man die Phänomene erklären, sie selbst aber kann man nur konstatieren. Ziel der Physik ist die Erforschung der Phänomene und dieser nächstliegenden Ursachen.

Hollmann kritisiert den Kern der Wolffschen Systemkonstruktion, die Begriffsbildung. Für ihn gibt es keine der Seele eingeborenen Begriffe. Alles Wissen ist a posteriori gewonnen. Die Erfahrung gibt uns aber kein getreues Bild der Außenwelt. Wir betrachten die Welt immer mit vorgefaßten Meinungen „wie durch ein gefärbtes Glaß" (1737b). Deshalb sind auch unsere Begriffe unvollständig, und man darf nicht etwa aus dem Begriff des Körpers auf irgendwelche Beschaffenheiten der Körper schließen. Deshalb kann man auch nicht wie Wolff Undenkbares für unmöglich halten; was wir denken können, hängt von vergangener Erfahrung ab. Unsere Vorstellungskraft hat Mängel (1737a). Für Hollmanns erkenntnistheoretischen Skeptizismus wird die Vermeidung von Fehlern zum wichtigsten Punkt für den Erkenntnisprozeß. Immer wieder gibt er sich Rechenschaft über sein Vorgehen, so daß sein ausführlicheres Lehrbuch (1737a) sich abschnittsweise wie ein wissenschaftstheoretisches Werk liest.

Hollmann ist in physikalischen und didaktischen Fragen ein eher konservativer Denker. Die newtonische Physik erscheint ihm schon im Ansatz falsch. Er hält an den Zielen und am Lehrstil der dogmatischen Physik fest, obwohl er um ihre Problematik weiß. Da er nur wenige unbezweifelbare Grundwahrheiten aufstellen kann, werden seine Bücher zur Dokumentation des Nichtwissens, letztlich zum Beleg der Unmöglichkeit, eine dogmatische Physik zu schreiben. In späteren Jahren hat Hollmann seine physikalische Vorlesungspraxis ganz auf die Experimentalphysik umgestellt und eine bei den Studenten beliebte Schauvorlesung gehalten.

Winkler und Sigaud de la Fond stehen der newtonischen Physik wesentlich aufgeschlossener gegenüber. Beide übernehmen Ergebnisse der Newtonianer, wenn auch mit mechanistischem Erklärungsvorbehalt, und beide sind auch von der Didaktik der newtonischen Lehrbücher beeinflußt.[216]

Winkler äußert sich sowohl über Newtons Principia wie über Wolffs Experimentalphysik lobend und betont in seinen Lehrbüchern einmal mehr die mathematische (1738), das andere Mal mehr die experimentelle Seite (1774³). Als Ideal hat er sich wohl eine Verbindung der beiden Wege vorgestellt: Wolffs nahe am empirischen Befund bleibendes Experimentieren und Newtons mathematische Theoriebildung. Winkler war auch ein Bewunderer Musschenbroeks, insbesondere von dessen elektrischen Experimenten. Er besaß selbst eine gute Gerätesammlung und war ein bekannter Experimentator. Sein Lehrbuch der Experimentalphysik (1774³) kann man als den Versuch werten, vom Standpunkt der mechanistischen Physik ein Lehrbuch im Stil des Musschenbroekschen zu schreiben.[217] Winkler schreibt einen systematischen experimentalphysikalischen Kursus, der nicht mehr damit rechnet, daß es außerdem noch eine Vorlesung in dogmatischer Physik gab und der geeignet war, diese als Anfängervorlesung zu ersetzen.

Auch Sigaud de la Fond (1774) versucht, experimentelles und mathematisches Vorgehen miteinander zu verbinden. Er behandelt bevorzugt die Gebiete, in denen wenigstens Ansätze einer mathematisierten Theorie vorhanden sind. Auch in der Darstellungsform orientiert er sich manchmal am Vorbild der angewandten Mathematik. Technische Anwendungen werden relativ ausführlich behandelt. Die Experimente werden kritisch ausgewählt. Er bringt nicht viele, sondern nur, was für den Aufbau der Theorien in den einzelnen Gebieten wichtig ist. Das Buch atmet den Geist der französischen Physikomathematik, die zu jener Zeit in Deutschland unter Experimentalphysikern noch so gut wie unbekannt war.

Winkler bestimmt die Aufgabe der Experimentalphysik als die Untersuchung der Kräfte und der Eigenschaften der Körper durch Benutzung der Sinne und der Mathematik. Er will nicht die Ursachen der Erscheinungen bestimmen, sondern nur wie Newton die Kräfte ihrer Größe nach angeben. Angewandte Mathematik und Experimentalphysik, die bei Wolff getrennt waren, sollen integriert werden; die Argumentation soll mathematisch sein, jedoch alles experimentell belegt werden. Auch Sigaud de la Fond will keine Erklärungen geben, sondern nur Erfahrungen systematisieren. Er verspricht, er werde „nicht allein die verschiedenen Arten, die man erdacht hat, die Natur der körperlichen Dinge zu erklären, mit Stillschweigen übergehen, sondern auch alles, was nicht durch Erfahrungen oder Beobachtungen dargethan werden kann" (1780). Stattdessen verspricht er ein Buch „nach geometrischer Lehrart". Der theoretische Zusammenhang der physikalischen Lehren wird nicht mehr durch die Ontologie gestiftet, sondern durch die Mathematik. Die Beschreibung der Phänomene durch Gesetze gilt als wichtiger als ihre Erklärung durch materielle Ursachen.

Winkler und Sigaud de la Fond sind bei der Formulierung mikrophysikalischer Hypothesen sogar wesentlich zurückhaltender als die gleichzeitigen newtonischen Autoren. Dem Buch von Winkler (1774[3]) kann man nicht entnehmen, ob er an Atome glaubt und ob er die Körper bloß für passiv oder für kraftbegabt hält. Nur in der speziellen Physik der subtilen Fluida gibt es vorsichtige Argumentationen, die über die Erfahrung hinausgehen. Deren Theorie wird weitgehend an Euler orientiert (für Optik, Elektrizität und Magnetismus). Sigaud de la Fond (1774) verweigert meist eine theoretische Festlegung. Manches behandelt er in Anlehnung an Nollet, aber er zitiert dann und wann in unverbindlicher Form auch Theorien aus dem newtonischen Lager. Beim Magnetismus bringt er überhaupt keine Theorie und meint: „Wir sollten nun die Ursachen aller dieser Erscheinungen erklären, allein diejenigen, die nach uns kommen werden, werden ohne Zweifel besser, als wir von dieser Materie unterrichtet seyn, und daher diese Frage auch besser auflösen können."

Sicher haben die newtonischen Bücher hier anregend gewirkt. Aber man würde der Sache wohl nicht gerecht, wenn man annähme, die Mechanisten hätten einfach die newtonische Mode des Lehrbuchschreibens übernommen. Man kann ihre Bücher vielmehr als konsequente Weiterentwicklung der mechanistischen Lehrbuchtradtion begreifen. Die Mängel der mechanistischen Systeme von der Art des Wolffschen waren allzu deutlich. Ein theoretischer Durchbruch war nicht in Sicht. Mit der Entwicklung der Kontinuumsmechanik in der angewandten Mathematik wurde immer deutlicher, daß eine quantitative kontinuumsmechanische Mikrophysik mit ungeheuren Schwierigkeiten verbunden sein würde. In dieser Situation war es vernünftig, auf die Lehre der dogmatischen Physik vorläufig ganz zu verzichten und sich auf die Experimentalphysik zu beschränken. Man brauchte dann einen eigenständigen experimentellen Lehrbuchtyp, der nicht mehr bloß Kommentar zur dogmatischen Physik war und seine Systematik von dort bezog.

Die von Winkler und Sigaud de la Fond zum Ausdruck gebrachte Reserve gegenüber der dogmatischen Physik resultiert nicht wie bei Hollmann aus einer grundsätzlichen erkenntnistheoretischen Skepsis, sondern aus einer realistischen Einschätzung ihres wenig erfreulichen Entwicklungsstandes. Der Verzicht auf mechanische Erklärungen ist vorläufig. Es wird betont, daß die rein mathematische und experimentelle Beschreibung der Phänomene insofern unbefriedigend sei, weil sie keine Erklärungen liefere. Das Bekenntnis der momentanen Unwissenheit wird besonders von Sigaud de la Fond immer wieder mit der Hoffnung auf die Zukunft verbunden. Vorläufig ist jedoch nicht mehr möglich, als die Experimentalphysik mit gelegentlichen Exkursen zur Andeutung einer zukünftigen dogmatischen Physik zu verbinden. Sie stehen typischerweise am Ende der Kapitel als isolierte Anmerkungen. Feder (1769[2]) macht die ganze dogmatische Physik zu einem kurzen Anhang zur Experimentalphysik, der überwiegend aus Fragen besteht, die nicht beantwortet werden.

Die Abwertung der dogmatischen Physik führt zu einer anderen Gewichtung der Unterrichtsziele. Die philosophische Erkenntnis tritt gegenüber dem praktischen Nutzen zurück. Gott hat dem Menschen das Glück der reinen Erkenntnis vorenthalten, aber er läßt ihn doch genug wissen, um seine praktischen Angelegenheiten zu regeln. Feder (1769[2]) meint, zwar habe der Mensch das Bestreben, die Natur möglichst weitgehend zu ergründen, aber dies sei „so schwehr als unnöthig". Weder seien die Erfolgsaussichten dieses Bemühens vielversprechend, noch bringe es irgendeinen praktischen Nutzen. Man könne die dogmatische Physik im Unterricht „gänzlich übergehen", denn der Nutzen des Faches ergebe sich allein aus der Experimentalphysik, und diese gebe auch „der Neugierde selbst einige Beruhigung".

Hier wird auch in der Frage nach den Zielen des Unterrichts die Auffassung der newtonischen Lehrbücher übernommen. Physik wird nicht mehr in erster Linie betrieben, um Einsicht zu erhalten in das Wesen der Dinge und in ihre Aufgabe im göttlichen Weltenplan, sondern um dem Schüler praktikables Wissen zu vermitteln zur Verbesserung der Technik, zur Bekämpfung des Aberglaubens, zur Verherrlichung der göttlichen Macht. Die Intentionen der mechanistischen Physik und ihrer Didaktik sind hier praktisch aufgegeben worden.

Der alternde Crusius, der die Zeit der Anerkennung seiner Philosophie schon überlebt hatte, beklagt im Vorwort zur 2. Auflage seines Physikbuches (1774[2]) die neue Didaktik. Er kritisiert, daß die Naturlehre „nur insofern geschätzt und gepriesen wird, in wieweit sie öconomisch, oder zum Krieg und zum Bauen nutzbar ist, worzu noch die Beförderung des Vergnügens, so wie es der Geschmack gewisser Leute haben will, zu setzen ist". Er beklagt, daß die Vertreter solch oberflächlicher Nützlichkeitsphilosophie „richtiges Nachdenken über Ursachen" nicht mehr zu schätzen wüßten, „weil sie sich nur ans rechnen und messen gewöhnt haben" und daß sie Physik nicht mehr mit ontologischer, sondern mit instrumentaler Intention betrieben, indem sie „Wörter anstatt Begriffe und Sachen, und Generalideen anstatt wirkender Substanzen" setzten.

Crusius verteidigt hier den Bildungswert der mechanistischen Physik, und er hat genau gesehen, was verlorenzugehen drohte: der Zusammenhang der Physik mit der Philosophie und damit die Einheit des menschlichen

Wissens; der ontologische Aspekt, die Erkenntnis des Wesens der Dinge. Dies gegen Berechenbarkeit und Verfügbarkeit auszuwechseln, erschien ihm ein schlechter Tausch.

Crusius kann sich nur mit der Hoffnung auf eine fernere Zukunft trösten, in der die Menschheit vielleicht den philosophischen Wert einer recht betriebenen Physik einmal wieder schätzen wird. „Man muß die moralischen Krankheiten der verschiedenen Menschenalter eben so, wie die physikalischen, ihren Paroxysmus hindurch seyn lassen, was sie sind. Solche Perioden ändern sich auch wieder ...“

Auch Feder (1769[2]) hofft auf die Zukunft, sieht jedoch angesichts des großen Nutzens der Physik auch in der Gegenwart keinen Anlaß zur Klage, sondern fordert dazu auf, ihn tatkräftig zu mehren. „Vielleicht vergißt man ... die unauflöslichen Fragen und die metaphysischen Sublimationen; vielleicht richtet man noch die ganze Absicht der Naturlehre auf die Erkenntniß GOttes, und auf die Bequemlichkeit des Lebens. Und wenn dann bey dieser ruhigen Bewunderung und beym freundschaftlichen Genuß, glückliche Jahrhunderte beydes die übernatürlichen Zweifel und Entscheidungen verbannt haben: so steht nach diesen vielleicht wieder ein schöpferisches Genie auf, welches sich über den langen Schlummer und die Barbarey verflossener Jahrhunderte wundert, und die Welt zu neuen Systemen aufweckt.“

Stich von Houbraken/Quinkhard 1738

5 Die newtonische Physik

5.1 Fallstudie: Pieter van Musschenbroek

5.1.1 Einleitung

Newtons „Principia" und seine „Opticks" galten fast ein Jahrhundert lang als die Paradigmata für physikalische Forschung. Hier schien der bis dahin von Spekulationen beherrschten Physik ein neues, sicheres Fundament gegeben zu sein, ein System, das, gestützt auf experimentelle Erfahrung, seine Aussagen auf unbezweifelbare Art beweisen konnte. Es waren nicht nur die Ergebnisse Newtons, die seine Zeitgenossen faszinierten, man sah hier vielmehr auch eine neue methodologische Konzeption verwirklicht, eine experimentelle und mathematische Philosophie, die durch Induktion zu sicheren Schlüssen kommen sollte.

In England und in den Niederlanden wurde die neue Philosophie mit Enthusiasmus aufgenommen. Die Newtonianer versuchten, der Philosophie ihres Meisters möglichst genau zu folgen. Auch beiläufige methodologische Bemerkungen wurden zu Dogmen erklärt. Es entstand ein rigoroser Newtonismus, der an Intoleranz gegenüber anderen Ansätzen seinem Meister nicht nachstand, ihn aber in der Subtilität der Argumentation selten erreichte.

Die beiden Hauptwerke Newtons eigneten sich nicht als Lehrbücher. Die „Principia" sind im 18. Jahrhundert sicher mehr gelobt als gelesen worden. Die mathematischen Anforderungen waren so hoch, daß nicht nur der Durchschnittsstudent hoffnungslos überfordert wurde, sondern wohl auch mancher Professor damit seine Schwierigkeiten hatte. Den „Opticks" andererseits, die ein vielgelesenes Buch waren, fehlte die lehrbuchmäßige Systematik. Daher begriffen es die Newtonianer als eine ihrer Hauptaufgaben, die neue Physik in einer für Lehrzwecke geeigneten Form darzustellen und ihr so Eingang in die Universitätslehre zu verschaffen. Noch zu Lebzeiten Newtons beziehungsweise kurz nach seinem Tod erschienen die Lehrbücher von Keill (1715[3]), Desaguliers (1719), 's Gravesande (1720/21) und Musschenbroek, die auch auf dem Kontinent verbreitet waren. In Deutschland herrschte zu dieser Zeit die Leibniz-Wolffsche Philosophie ziemlich unangefochten. Nur an wenigen Universitäten wurde die Physik schon in dem neuen „englischen" oder „holländischen Stil" gelehrt, insbesondere in Duisburg, wo Musschenbroek einige Jahre wirkte. Den an Systematik und strenge logische Beweisführung gewöhnten deutschen Professoren erschien der neue „Stil" als zu informell, um nicht zu sagen schlampig. Erst im vierten Jahrzehnt des Jahrhunderts änderte sich die Situation, wozu die Berliner Akademie unter Maupertuis viel beigetragen hat.

Bezeichnend für die Situation in Deutschland ist, daß von den Lehrbüchern der genannten Autoren nur eines ins Deutsche übersetzt wurde, und zwar das am wenigstens doktrinäre, nämlich Musschenbroeks 1734 erstmals erschienene „Elementa physicae". Pieter van Musschenbroek (1692 - 1761) war einer der angesehensten Physiker seiner Zeit.[218] Er stammte aus einer Leidener Mechaniker- und Instrumentenmacherfamilie. Die physikalischen Geräte aus der Werkstatt seines Bruders Jan gehörten zu den besten, die es damals gab. Nach dem medizinischen Abschlußexamen machte Pieter van Musschenbroek eine Englandreise, bei der er auch dem alten Newton einen Besuch abstattete. Danach studierte er Physik bei 's Gravesande und wurde 1719 Doktor der Philosophie. Noch im gleichen Jahr ging er als Professor für Mathematik und Philosophie nach Duisburg. Ab 1723 wirkte er in Utrecht, ab 1740 in seiner Vaterstadt Leiden. Nach dem Tod 's Gravesandes erhielt er 1743 dessen Lehrstuhl für Experimentalphysik und bekleidete ihn bis zu seinem Tod. Musschenbroek war ein hervorragender Experimentator, der sich intensiv mit der Konstruktion und Verbesserung verschiedener Apparate beschäftigte. Sein physikalisches Kabinett in Leiden gehörte zu den besten der Zeit. Er hat verschiedene Lehrbücher geschrieben, die sehr verbreitet waren.[219] Sie enthalten eine Fülle teilweise neuer experimenteller Ergebnisse und werden noch Anfang des 19. Jahrhunderts häufig zitiert. Außerdem hat er physikalische Abhandlungen zu Einzelthemen und physikotheologische Schriften veröffentlicht. In die Wissenschaftsgeschichte ist er besonders durch seine Experimente mit der Leidener Flasche eingegangen.

Der Übersetzer der „Elementa physicae", Johann Christoph Gottsched, war ein eingefleischter Wolffianer,[220] und er hätte das Buch wohl kaum übersetzt, wenn er es für eine ernsthafte Gefahr für die mechanistische Philosophie gehalten hätte. Aber erstens war Musschenbroeks Buch in Gottscheds Augen „nur" eine Experimentalphysik,[221] behandelte also überwiegend weltanschaulich neutrale Themen, und zweitens bemüht sich Musschenbroek darum, zwischen dem strikten Newtonismus und kontinentalen Traditionen zu vermitteln, auch wenn er eindeutig auf der Seite der newtonischen Philosophie steht. „Viele tiefsinnige Erfindungen, womit der berühmte Neuton, die große Zierde von Engeland, und desgleichen kein Jahrhundert hervor gebracht, die Weltweisheit bereichert hat, habe ich begierig ergriffen" (1747, Vorrede). Immer wieder wird der „vortreffliche Herr Newton" gelobt für seine „überaus subtile Betrachtung" (1747, 595 u. 667). Aber Musschenbroek legt doch Wert auf die Feststellung, er bete nicht die Meinungen von Autoritäten nach. „Ich folge übrigens keiner Secte, außer der Wahrheit" (1747, Vorrede).[222]

Ein großer Teil von Musschenbroeks Lehrbuch ist der Auseinandersetzung mit den Positionen anderer Philosophen gewidmet, besonders mit dem Cartesianismus. Er ist keineswegs doktrinär, sondern erkennt auch Argumente der Gegenseite an. In den zentralen Punkten der Methodologie und des Weltbildes bezieht er aber eindeutig Stellung. Offenbar sieht er die Aufgabe seines Lehrbuches nicht nur darin, die „richtige" newtonische Physik zu lehren, sondern auch dafür zu sorgen, daß seine Studenten nicht von dem Bazillus anderer Positionen angesteckt werden.[223] Die newtonische Physik stand noch unter Rechtfertigungsdruck, insbesondere auf dem Kontinent. Die Argumentation gegenüber den Kontrahenten ist nicht immer fair. Oft werden deren Argumente bis an die Grenze zur Falschheit simplifiziert oder jedenfalls aller Subtilität beraubt, damit sich die eigene Meinung davon um so positiver abhebe.

Die Lehrbücher von 's Gravesande und Musschenbroek repräsentieren nicht nur eine neue Physik, sondern auch eine neue Didaktik. Im folgenden geht es zunächst um die Neudefinition der Ziele und Inhalte des Lehrfachs Physik. Bedingt durch eine eher skeptische Erkenntnistheorie wird die Hauptaufgabe des Unterrichts nicht mehr in der Erkenntnis des Wesens der Dinge gesehen, sondern der praktische Nutzen stärker betont. Die Inhalte der Physik werden auf das experimentell und mathematisch Erfaßbare beschränkt (Kap. 5.1.2). Danach wird die für die newtonische Physik und ihre Didaktik gleichermaßen kennzeichnende induktive Methode behandelt. Die durchgehend experimentelle Entwicklung des Stoffes gibt Musschenbroeks Buch ein einheitliches didaktisches Profil (Kap. 5.1.3). Ausführlicher als in dem vorangehenden Teil der Arbeit werden in diesem Kapitel die physikalischen Vorstellungen dargestellt, da das hier behandelte zugleich Grundlage für folgende Kapitel ist. Zunächst wird der für die newtonischen Theorien zentrale Kraftbegriff kurz analysiert. Daß die Kraft eine unbegreifliche Wesenheit hinter der physikalischen Kausalität darstellte, war ein Grund dafür, daß dieser Begriff vielen als unverständlich galt und die newtonische Physik sich in Deutschland nur langsam durchsetzte (Kap. 5.1.4). Den Schluß des Kapitels über Musschenbroek bildet dann eine zusammenfassende Darstellung der Grundlagen seiner Physik (Kap. 5.1.5).

5.1.2   Die neue Definition der Physik

Musschenbroek ist vom Nutzen der neuen newtonischen Wissenschaft überzeugt und beginnt sein Werk mit einem Satz, aus dem Stolz und Wissenschaftspathos sprechen. „Dies ist die Glückseligkeit unserer Zeiten, daß die Wissenschaft natürlicher Dinge, von vielen sehr fleißigen und gelehrten Weltweisen, ... mit großem Eifer untersuchet, und vollkommener gemacht wird" (1747, Vorrede). Für Musschenbroek ist es selbstverständlich, daß die Wissenschaft zur Glückseligkeit des Menschen beizutragen habe und daß sie sich eben dadurch legitimiere. Er preist deshalb den Nutzen der Physik. „Der Naturlehre Nutzen ist sehr groß, theils in Erfindung und Vermehrung der Bequemlichkeiten des menschlichen Lebens, theils in allen menschlichen Künsten und Wissenschaften, sie recht zu verstehen, zu erklären und zu befördern; sonderlich aber in der Arzneykunst. 2) Vertreibt sie die unnütze Bewunderung der Erscheinungen aus dem Gemüthe, befreyet uns von der Furcht des Todes, von der Scheu, die aus Unwissenheit der Dinge entsteht, daraus oft entsetzliche Bangigkeiten entspringen; ja sie befreyt uns auch vom Aberglauben, setzt aber die göttlichen Wunderwerke in das herrlichste Licht. 3) Führt sie uns gerade zu dem Daseyn Gottes, lehrt seine Vorsehung erkennen und behaupten; endlich auch seine meisten Eigenschaften, sonderlich seine Macht, Weisheit, Güte u.s.w. bestens verstehen" (1747, 11).

Die Liste ist konventionell; die Befriedigung unmittelbarer Existenzbedürfnisse, die Bekämpfung des Aberglaubens und die Stärkung des Glaubens werden bei fast allen Lehrbuchautoren des 18. Jahrhunderts für die Naturwissenschaften in Anspruch genommen. Dabei läßt Musschenbroek wie üblich den religiösen Zweck der Naturlehre vor den beiden anderen rangieren: „Daher habe ich es allezeit meine vornehmste Bemühung seyn lassen, daß ich meinen Zuhörern, bey aller Gelegenheit, diese göttliche Eigenschaften zeigen, auslegen, und sie zu einer wahren Frömmigkeit, Ehrfurcht, und Liebe gegen GOtt anflammen und ermahnen möchte" (1747, Vorrede). Interessanter ist, was Musschenbroek ausläßt. Er redet nirgends vom Glücksertrag der reinen Erkenntnis, vom ästhetischen Vergnügen der Theorie. Seit der Antike hatte Erkenntnis auch etwas mit dem individuellen Glück des Erkennenden zu tun gehabt. Diese Glückserwartung wurde als Motivation für die Erkenntnisgewinnung in Anspruch genommen. Im 18. Jahrhundert wird dieser Zusammenhang aufgegeben.[224] Schon Wolff hatte das bloße Vergnügen als Motivation der Forschung abgelehnt, da es nicht geeignet sei, systematischen Fortschritt hervorzubringen. Musschenbroek geht einen Schritt weiter. Bei ihm bekommt die Forschung den Charakter eines Dienstes an der Menschheit, der von der individuellen Lebenserfüllung abgekoppelt wird. Wissenschaft treiben läßt „alle unsre Mühe und Arbeit dahin lenken, damit dem menschlichen Geschlechte der Vortheil davon zufließe" (1747, Vorrede).

Ein Grund für diese Haltung liegt in der empiristischen Erkenntnistheorie Musschenbroeks. Im Anschluß an Locke glaubt er, daß wir letztendlich über diese Welt nicht sehr viel wissen können. Unser sicheres Wissen geht über die gewöhnliche Erfahrung nicht weit hinaus. „Das Wesen der Dinge ist uns verborgen" (1747, 48). Immer wieder betont Musschenbroek fast stereotyp, daß es sinnlos sei, mehr als die aus der Erfahrung ablesbaren Gesetze wissen zu wollen. „Wir sehen und verstehen nichts, als die Wirkungen, die sich täglich eräugen: folglich müssen wir unsere Unwissenheit erkennen" (1747, 249). „Es ist besser seine Unwissenheit zu gestehen, oder aber frey zu bekennen, daß unser Verstand gar nicht aufgelegt ist, sich einen klaren Begriff davon zu machen. Allein die Wirkungen der Kräfte und die Gesetze der Bewegung können aus den Observationen so vollkommen erkannt werden, als man es von den menschlichen Untersuchungen und zum täglichen Gebrauche verlangen kann" (1747, 76). Gott hat es nicht gefallen, den theoretischen Wissensdrang des Menschen zu befriedigen, aber er läßt uns genug wissen, um unsere praktischen Angelegenheiten regeln zu können. Also kann der Zweck der Wissenschaft auch nur in ihrem Nutzen liegen. Das Glück der reinen Erkenntnis ist den Menschen nicht gegeben. Für Musschenbroek ist die Physik als philosophische Wissenschaft unmöglich. Er erhofft von ihr nicht Einsicht in den Bauplan der Welt, sondern die Sicherung der Herrschaft des Menschen über die Natur.

Für die Mechanisten spielte das System bei dem erwarteten Nutzen der Naturwissenschaft eine große Rolle. Durch das System sollte das physikalische Wissen mit Metaphysik, Ethik und Theologie verknüpft und dadurch auf den Menschen bezogen werden. Dieses universelle Wissen sollte zur menschlichen Glückseligkeit in höherem Maße beitragen als das Einzelwissen und konnte zugleich als Garant gegen den Mißbrauch des Einzelwissens betrachtet werden. Damit war die Auffassung vom Glücksertrag des reinen Wissens gerettet und zugleich mit dem praktischen Nutzen notwendig verknüpft.

Den Newtonianern erscheint ein derartiges System nicht erreichbar. Zwar wird ein Einfluß der Physik auf Metaphysik und Theologie anerkannt, aber dieser ist nicht durch ein System von vornherein gegeben, sondern muß bei jeder Einzelfage aktuell erst hergestellt werden. Der Bezug zum Menschen ist nicht durch das Ganze gegeben, nicht die Theorie weist auf Gott und zieht Anwendungen nach sich, sondern jeder einzelne Gegenstand wird teleologisch betrachtet und auf seine Nützlichkeit untersucht. Dem entspricht eine gewisse Fragmentierung des Wissens und eine Vernachlässigung der Suche nach übergreifenden Ordnungen.

Wie durchweg in den Lehrbüchern des 18. Jahrhunderts gibt es auch bei Musschenbroek eine frappierende Diskrepanz zwischen dem überschwenglichen Lob des Nutzens der Naturwissenschaft im Vorwort und dem fast gänzlichen Fehlen praktisch-nützlicher Gesichtspunkte bei der Darstellung des Stoffes.[225] Am ausführlichsten kommt noch die Physikotheologie zum Tragen. Daß der Nutzen der Dinge für den Menschen auf Gottes Vorsehung hinweist, ist für den Physikotheologen Musschenbroek selbstverständlich. „Gott hat also die Winde gegeben, uns durch die Schiffahrt allen Überfluß des Lebens zu verschaffen; ... damit alle Völker einen Handel hätten, der auch die entferntesten Nationen vermischet, und also des freygebigen Schöpfers Macht, Weisheit und Mildigkeit desto besser erkannt würde" (1747, 802). Für einen Holländer war der Nutzen der Winde wohl der überzeugendste Gottesbeweis.

Obwohl er die Teleologie sehr schätzt, weist Musschenbroek ihr in seinem Lehrbuch nur einen bescheidenen Platz zu. Das hat methodologische Gründe. „Diese Wissenschaft aber wird niemals zur Vollkommenheit gelangen können: weil es uns Menschen nicht gegeben ist, alle Absichten Gottes auszuspüren; und selten etwas nach mathematischer Schärfe erwiesen werden kann" (1747, 4). Teleologische Betrachtungen erfüllen nicht die methodologischen Standards der Physik und haben deshalb in ihr nichts zu suchen.

Daß Musschenbroek auch den technisch-praktischen Nutzen so weitgehend ausspart, ist weniger verständlich.[226] Man kann vermuten, daß er hier traditionsgegebene Fächergrenzen respektiert. Er ist insgesamt bemüht, sich nicht zu weit von eingefahrenen Lehrtraditionen zu entfernen.

Wenn man mit den systematischen Werken der Mechanisten vergleicht, wird der Anwendungsbezug von Musschenbroeks Buch trotzdem deutlich. Zwar werden keine Anwendungen behandelt, aber die Anwendbarkeit des

Wissens spielt bei der Auswahl und Darstellung des Stoffes eine beträchtliche Rolle. Möglicherweise anwendungsrelevante Themen werden bevorzugt, und die Darstellung beschränkt sich auf das unter Anwendungsgesichtspunkten Notwendige. Der Begriff der Physik wird von der Methode und von den Anwendungen her interpretiert. Fragen nach dem Wesen, der Natur und der Ordnung der Dinge sind demgegenüber sekundär. Besonders deutlich zeigt sich der Anwendungsbezug darin, daß Musschenbroek die mit physikalischen Gegenständen befaßten Teilgebiete der angewandten Mathematik in sein Buch aufnimmt, also das, was man als technische Physik bezeichnen könnte.[227] Zwar hatte auch Wolff eine Integration von Physik und angewandter Mathematik angestrebt, jedoch aus anderen Gründen. Ihm ging es darum, die vermeintliche Sicherheit der ontologischen Grundlagen und der mathematischen Methode miteinander zu verbinden, und da ihm dies auf vielen Gebieten noch nicht möglich erschien, hatte er in der Praxis auf die Integration verzichtet. Demgegenüber ist Musschenbroek vor allem daran interessiert, die nützlichen Inhalte der statischen und optischen Wissenschaften in der Physikvorlesung zu behandeln. Die strenge mathematische Methode übernimmt er nicht. Vielmehr behandelt er diese Stoffe durchaus in einer Art, die mit dem Rest seiner Physik übereinstimmt: relativ wenig geometrische Beweise, schon gar nicht streng durchgeführte, dafür immer wieder experimentelle Illustrationen. Die Gebiete sind an die Experimentalphysik assimiliert.

Insgesamt ist das mathematische Niveau gering, verglichen mit den besseren Lehrbüchern der angewandten Mathematik zu jener Zeit.[228] Die Mathematik wird in schwerfälliger, schematischer Weise benutzt. Trotzdem repräsentierten Bücher wie dasjenige Musschenbroeks für viele Zeitgenossen eine mathematische Physik. Für die Newtonianer ist das wesentliche Element der Mathematisierung das messende Experiment. Mathematisieren heißt, die Natur messend zu erfassen, sie unter Maß und Zahl zu bringen. An den deduktiv-mathematischen Aufbau von Theorien ist dabei erst in zweiter Linie gedacht. Er wird vorerst noch wenig vorangetrieben. Es ist die Mathematisierung in Newtons „Opticks", nicht diejenige der „Principia", die hier das Modell abgibt.

An der Trennung der Fächer Physik und angewandte Mathematik hat dieser Integrationsversuch nichts geändert. Er wurde der angewandten Mathematik einfach zu wenig gerecht. Vorläufig blieb es dabei, daß gewisse Inhalte in beiden Fächern behandelt wurden.

Der Ausweitung des Inhaltsbereiches der Physik um Gebiete der angewandten Mathematik steht in Musschenbroeks Buch auf der anderen Seite der Ausschluß einer Reihe von Gebieten gegenüber, die bis dahin allgemein der Physik zugerechnet wurden. Psychologie und Biologie werden ganz ausgeschlossen, und aus der Chemie, Mineralogie und Astronomie/Astrophysik werden nur wenige ausgewählte Teile behandelt. Damit schrumpft der Inhaltsbereich in etwa auf das, was auch heute noch unter dem Begriff Physik subsumiert wird. Allerdings wird die Meteorologie weiterhin dazugerechnet (das war noch bis zur Mitte des 19. Jahrhunderts so). Die von ihr behandelten Erscheinungen, wie etwa Donner, Blitz, Wolkenbildung, Regenbogen, hingen in ihren Erklärungen ganz von der Physik ab, und auch die verwendeten Instrumente, insbesondere Thermometer und Barometer, wurden gleichzeitig in der Physik angewendet.

Die Einschränkung des Inhaltsbereiches ist in erster Linie durch methodologische Gründe bedingt.[229] Die Physik sollte nur solche Teile der Natur behandeln, die den induktiv-experimentellen Arbeiten zugänglich waren, und nur Kräfte zwischen Teilchen sollten als Erklärungen zugelassen werden.[230] Damit fielen die Lebenswissenschaften, aber auch die sehr spekulative Astrophysik (in der ja das Leben auf anderen Himmelskörpern ein zentraler Gegenstand war) aus grundsätzlichen Erwägungen heraus und die Chemie und Mineralogie aus praktischen, denn für die Unterschiede der Vielzahl der Stoffe gab es kaum Anhaltspunkte für mögliche Erklärungen in Musschenbroeks System. Hier hätte er nur Naturgeschichte betreiben können; er verstand die Physik aber als eine erklärende Wissenschaft.

Man kann wohl die Lehrbücher von 's Gravesande und Musschenbroek als die ersten modernen Lehrbücher der Experimentalphysik bezeichnen. Die Physik wird hinsichtlich ihrer Ziele und Inhalte neu definiert. War bis dahin die dogmatische Physik die Physik schlechthin, so ist dies jetzt die Experimentalphysik. Damit verliert die Physik die Berechtigung, innerhalb des Philosophiekurses gelehrt zu werden und muß sich zum eigenständigen Fach entwickeln. Die alte dogmatische Physik wird schließlich zur Naturphilosophie; sie bleibt der Philosophie zugeordnet und wird nicht mehr als Teilgebiet der Physik anerkannt.

Das Inhaltsverzeichnis von Musschenbroeks Buch spiegelt die neue Definition der Physik. Physik ist nicht mehr die Wissenschaft vom verborgenen Wesen der Körper, sondern von den beobachtbaren Kraftwirkungen in der unbelebten Natur. Sie wird eingeteilt in die Kraftwirkungen zwischen festen Körpern und die Kraftwirkungen bei Flüssigkeiten. Innerhalb dieser beiden Hauptkapitel ist das System der Gliederung unterschiedlich. Die Physik der festen Körper untergliedert er nach unterschiedlichen Arten der Kraft, bei der Physik der Flüssigkeiten übernimmt er die traditionelle Einteilung nach den aristotelischen Elementen, das heißt hier: nach den Trägern der Kräfte. Die Gliederung ist nicht konsequent durchgehalten. Im Kapitel über die Anziehungskraft gibt es Vorgriffe auf die Physik der flüssigen Körper. Die Meteorologie wird formal der Luft zugeordnet, obwohl die behandelten Erscheinungen eigentlich in unterschiedliche Kapitel gehörten. Insgesamt sind Gliederungsgesichtspunkte für Musschenbroek nicht von besonderer Bedeutung. Er will ja kein System bieten. Musschenbroeks Physik zerfällt in Einzelkapitel über bestimmte Kräfte. Eine übergeordnete Systematik ist nicht da. Deshalb wird er die amorphe Gliederung nicht als Mangel empfunden haben.

Der Neudefinition der Physik entspricht ein neues Verständnis von der Aufgabe der Didaktik. Sie hat nicht mehr die Aufgabe einer Ordnungswissenschaft. Ihr bleibt vielmehr nur noch, die ökonomische Vermittlung des Stoffes sicherzustellen. Es geht um die Rechtfertigung und lernökonomisch günstige Darstellung des Einzelwissens. Wichtigste Aufgabe ist die Auswahl sinnfälliger Experimente. Dies soll im folgenden näher ausgeführt werden.

5.1.3 Die induktive Methode

Der Kern der Methode ist nach Musschenbroeks Auffassung das Experiment. Dies gilt für die Methode der Wissenschaft genauso wie für die Unterrichtsmethode.

Das 18. Jahrhundert betrachtete die Methode als einen sicheren Weg zu wahrer Erkenntnis. Dabei wurde nicht unterschieden zwischen dem Kontext der Entdeckung und dem Kontext der Rechtfertigung. Die Methode sollte beides leisten. Daß eine Theorie auf dem richtigen, sicheren Weg gewonnen worden war, war zugleich die beste Rechtfertigung. Der Gedanke, eine Methode könne dazu dienen, eine Theorie schrittweise zu verbessern, war den meisten Physikern fremd. Die Methode sollte direkt zu sicheren Ergebnissen führen. Daß ein solcher Königsweg zur Wahrheit sich auch für den Lernenden empfahl, ist naheliegend.

Für die Newtonianer ist die Erfahrung die einzige Quelle der Erkenntnis, und sie gilt als verläßlich. Gott hat die Sinne des Menschen erschaffen, und wer ihnen grundsätzlich mißtrauen wollte, würde Gott gewissermaßen beschuldigen, er habe uns betrügen wollen.[231] Wer die Sinne vorsichtig gebraucht und nicht zu weitgehende Schlüsse aus der Erfahrung zieht, kann zu sicherer Erkenntnis kommen. Hingegen ist eine Naturerkenntnis a priori unmöglich. „Nun wissen wir aber durch Vernunftschlüsse nichts von Körpern" (1747, 16).

Was kann man aus der Erfahrung erkennen? „Man bemerket, daß alle Körper sich nach gewissen Gesetzen und Regeln bewegen, die bewegende Ursache sey, welche sie wolle ... Daher können wir aus ihren beobachteten Gesetzen gewisse Wirkungen derselben vorher sehen" (1747, 7). Die methodische Bemühung führt uns nicht zu den bewegenden Ursachen, sondern zeigt uns die Gesetzmäßigkeit der Erscheinungen und erlaubt damit auch Vorhersage und Kontrolle der Natur. Die hypothetische Erkenntnis des Wesens der Dinge wird aufgegeben zugunsten der sicheren Erkenntnis der Wirkungen. In den Augen der Mechanisten war das die Abschaffung der Physik zugunsten bloßer angewandter Mathematik.

Die Bewegungsgesetze sollen ausschließlich durch Induktion aus der Erfahrung gewonnen werden. „Solche Gesetze werden aus bloß sinnlichen Beobachtungen erlernet, und auch der Weiseste unter den Sterblichen hat sich noch durch sein Nachdenken allein, keins davon ersinnen können" (1747, 7). „Daher muß das ganze Wachsthum der Naturlehre von fleißiger Beobachtung aller Gattungen und Arten von Körpern erwartet werden" (1747, 9). Der Naturforscher braucht keine genialen Einfälle, sondern Fleiß und Ausdauer beim Experimentieren. Das Sammeln von Daten ist die wichtigste Aufgabe des Physikers. Musschenbroeks Buch ist voller experimenteller Ergebnisse, Listen, Tabellen.

Die induktive Methode wird nicht als ein rigides Schema gesehen. Es geht weder um die Einhaltung einer bestimmten Schrittfolge noch darum, irgendeinem induktiven Schlußschema zu genügen. Musschenbroek kennzeichnet das Vorgehen folgendermaßen: „Denn aus den Beobachtungen und Versuchen, die man untereinander verglichen, werden unstreitige Folgerungen gezogen; die Mathematik wird überall zu Hülfe genommen, die Verhältnisse der Wirkungen werden untersucht; daraus werden einige Regeln gemacht, und nichts wird unter die Wahrheiten gesetzet, als was tüchtig und augenscheinlich erwiesen worden" (1747, Vorrede). Das Vorgehen ist demnach durch dreierlei charakterisiert: 1) Durch Reduktion von Beobachtungsdaten werden Gesetze gewonnen. 2) Dies soll quantitativ geschehen. Die Experimente sollen quantitative Daten liefern, die Gesetze sollen mathematisch formuliert sein. Man beachte, daß Musschenbroek die Anwendung der Mathematik mit Verhältnisrechnung näher bestimmt. Damit ist das damals übliche mathematische Niveau treffend gekennzeichnet. 3) Aus den Gesetzen können dann weitere Schlüsse gezogen werden über andere Phänomene.

Im 17. Jahrhundert war die hypothetische Methode zu großer Vollkommenheit entwickelt worden, besonders in den Arbeiten von Boyle und Huygens. Der Begriff Hypothese wurde ganz unbefangen benutzt, und die Formulierung hypothetischer Mechanismen zur Erklärung der Phänomene galt als wesentliche Aufgabe der Physik. Mit dem Newtonismus kamen die Hypothesen in Verruf. Der Begriff wurde pejorativ benutzt. Die Newtonianer verstanden darunter eine bloße Spekulation, einen nichtempirischen Satz, eine Aussage über einen Gegenstand, von dem wir aus der Erfahrung nichts wissen. Newtons polemische Ausfälle gegen die Hypothesen der Cartesianer wurden zur methodologischen Regel hochstilisiert. Die Wissenschaft sollte ganz ohne Hypothesen auskommen können. Nur die Gewinnung von Gesetzen durch schrittweise Induktion galt als legitimes wissenschaftliches Verfahren. In allen Lehrbüchern aus der newtonischen Tradition werden Hypothesen in sehr deutlichen Worten pauschal verdammt, so auch bei Musschenbroek: „Die Begierde zu dichten, die in vorigen Zeiten so beliebt und gewöhnlich war, ist durch die Verbannung der Hypothesen, sehr gebändiget; und an ihre Stelle sind genaue Beobachtungen, Versuche, die mit Fleiß und in gewissen Absichten angestellet und beschrieben worden, wie auch tüchtige geometrische Demonstrationen gekommen. Man hat die wahre und sichere Art zu philosophiren erfunden, wodurch man zur Gewißheit und Wahrheit in der Naturlehre gelangen und die Wissenschaft von den Erdichtungen reinigen kann" (1747, Vorrede). Die Schüler sind hier rigoroser als ihr Meister, der den Hypothesen immerhin noch einen heuristischen Wert zugebilligt hatte. Jetzt sollen sie ganz aus der Physik verbannt werden und mit ihnen alle Unsicherheit. Natürlich ließ sich das in der Praxis nicht durchhalten. Musschenbroek äußert Hypothesen und ist sich auch klar darüber. Aber er versucht sie dann wenigstens von den induktiv verankerten Aussagen zu unterscheiden, wobei er verschiedentlich dasselbe literarische Hilfsmittel wählt wie Newton in seinen Queries: Er kleidet die Hypothesen in Frageform.

Die Begründung für seine Ablehnung von Hypothesen gibt Musschenbroek im Zusammenhang der Diskussion von Newtons erster regula philosophandi. Danach sollen zur Erklärung nur „wahre Ursachen" herangezogen werden. Musschenbroek meint, wahre Ursachen müßten stets einen direkten Zusammenhang mit beobachtbaren Tatsachen haben. Hypothesen sind deshalb abzulehnen, weil sie dieser Regel widersprechen. Er führt dann zwei weitere Argumente gegen Hypothesen an: „Daher muß man alle Hypothesen, oder Erdichtungen aus der Physik verbannen. Denn was man aus ihnen herleitet, das ist unbeständig und kann nicht für erwiesen gelten. Ueber dem wird durch erdichtete Kunstgebäude die Wissenschaft beschweret, nicht befördert. Es werden unnütze Streitigkeiten erreget; die Erscheinungen verdrehet, gewisse Sachen gar erdichtet, um damit die Kunstgebäude zu bestärken und zu vertheidigen" (1747, 10). Hypothesen führen also nicht zu sicherer Erkenntnis, sondern eben nur zu hypothetischer, und außerdem können sie die Vorurteilsfreiheit des Forschers beeinträchtigen. Wer von einer Hypothese a priori ausgeht, kann dadurch sogar verleitet werden, die „Erscheinungen zu verdrehen", d.h. Beobachtungen zu verfälschen.

Bei der Behandlung der Descartesschen Erklärung der Schwere zählt Musschenbroek fünf Argumente gegen diese Theorie auf. Vier davon sind physikalische Argumente; es wird jeweils auf gewisse kontrafaktische Konsequenzen der Theorie hingewisen. Das fünfte Argument ist, „daß diese ganze Lehre nur eine Hypothesis ist" (1747, 134). Es wird zwischen den anderen aufgelistet und hat für Musschenbroek offenbar einen ähnlichen Stellenwert. Allein die Tatsache, daß eine Aussage eine Hypothese ist, ist für die Ablehnung ausreichend und einer empirischen Falsifikation gleichwertig. Für Musschenbroek sind Hypothesen gegen die Erfahrung, weil sie über die Erfahrung hinausgehen. Er ist letzten Endes überhaupt gegen theoretische Entitäten in der Physik. Seine Argumentation zeigt, daß er Hypothesen auch ablehnt, wenn sie empirisch überprüfbare Konsequenzen haben. Er muß der Descartesschen Theorie einen empirischen Gehalt zugebilligt haben, denn er falsifiziert sie ja empirisch. Er besteht aber auf einem unmittelbaren Zusammenhang von Beobachtungen und den daraus gezogenen Schlüssen. Diese sehr enge Auslegung von Newtons erster Regel ist wohl eine Überinterpretation, aber typisch für die konsequenten Newtonianer in der ersten Hälfte des 18. Jahrhundert. Es werden dabei alle Hypothesen in einen Topf geworfen, einerlei ob sie einen empirischen Gehalt haben oder nicht.

Newtons abfällige Bemerkungen über Hypothesen waren aus einem Defizit der physikalischen Theorie entstanden. Die Fernwirkung der Gravitationskraft erschien nicht nur seinen Kritikern, sondern auch ihm selbst unverständlich. Newton wollte aber, daß seine mathematische Theorie auch ohne einen Äther, ohne daß die Ursache der Gravitation bekannt war, als legitime Theorie anerkannt wurde. Die mathematisch formulierte Theorie hatte für ihn einen hohen Wert, auch wenn (noch) keine mechanische Interpretation gegeben werden konnte. Also wertete er die mechanischen Interpretationen anderer als bloße Hypothesen ab.

Newton hatte noch gehofft, daß es vielleicht doch einmal möglich sein werde, mit Hilfe von Mikroskopen die kleinsten Teilchen direkt zu sehen und ihren genauen Mechanismus zu untersuchen. Er hatte gehofft, es werde möglich sein, in das „Uhrwerk" hineinzuschauen; eine hypothesenfreie und zugleich mechanistische Naturwissenschaft schwebte ihm vor. Musschenbroek sieht die menschlichen Erkenntnisgrenzen enger gezogen. Das Wissen um den Mechanismus der Welt hat Gott sich vorbehalten. Musschenbroeks Ablehnung der Hypothesen ist also grundsätzlicher und radikaler als diejenige Newtons. Es geht nicht nur um methodische Schlamperei, sondern um die grundsätzlichen Grenzen der Erkenntnis.

In der mechanistischen Physik war der Begriff der Hypothese eng mit dem Ursachenbegriff verknüpft. Die Erkenntnis des Wesens der Dinge war hypothetisch, die verborgenen Mechanismen hinter den Erscheinungen ließen sich nur modellhaft erfassen. Natürlich erhält man auf rein induktivem Wege über diese verborgenen Ursachen keine Aussagen. Man kann vielmehr nur die Bewegungsgesetze formulieren und feststellen, daß die Körper sich bewegen, als ob gewisse „Kräfte" wirkten. Was in der mechanistischen Philosophie als Ursachen der Phänomene gegolten hatte, war hier methodisch nicht faßbar. Musschenbroek reagiert darauf mit einer Uminterpretation des Ursachenbegriffs. Er anerkennt die nur durch ihre Wirkungsgesetze bestimmten „Kräfte" als Ursachen, ohne sich über ihren ontologischen Status differenziertere Gedanken zu machen. Damit ist denn auch die induktiv vorgehende Experimentalphysik in der Lage, Aussagen über die Ursachen der Erscheinungen zu machen, während sie nach der Auffassung der Mechanisten nur unmittelbare Gründe lieferte. Allerdings kann die induktive Methode Musschenbroeks in der Tat weitergehende Erklärungsaussagen machen als etwa die experimentelle Methode Wolffs. Sie enthält nämlich ein zusätzliches Moment: die Analogie.

Induktives Denken hat die Annahme der Gleichheit der Natur zur Voraussetzung. Diese Annahme wird jedoch von den Newtonianern in einer viel weitergehenden Form gemacht, als es nur für die Durchführung empirischer Generalisationen nötig wäre. Die Rechtfertigung dafür geben Newtons zweite und dritte Regel des Philosophierens, die Musschenbroek folgendermaßen zitiert: „Natürliche Wirkungen von einerley Gattung haben auch einerley Ursachen" (1747, 10). „Die Beschaffenheiten der Körper, die weder gesteigert noch gemindert werden können, und die allen Körpern, daran man Versuche anstellen kann, zukommen, können für allgemeine Beschaffenheiten der Körper gehalten werden" (1747, 11). Musschenbroek interpretiert dies, wie damals üblich, als Rechtfertigung für Analogieschlüsse. Analogen Phänomenen darf man auch analoge Ursachen zuschreiben. Was wir im Umgang mit den uns umgebenden Körpern erkennen, darf auf die Welt des ganz Kleinen und des ganz Großen übertragen werden. Es herrschen überall dieselben Gesetze. Damit war ein mächtiges Instrument zur Interpretation der Mikro- und Makrophysik gegeben, auf die ein rein experimenteller Zugriff sonst hätte weitgehend verzichten müssen.

Musschenbroek macht von Analogieschlüssen einen sehr weitgehenden, oft sogar fahrlässigen Gebrauch. Dazu ein Beispiel (1747, 453). Es geht darum, woraus die Sonne besteht.

- Die Argumentationskette beginnt mit einer Beobachtung: Die Hitze im Brennpunkt eines Brennspiegels hört sofort auf, wenn die Sonne verdunkelt wird.
- Daraus wird ein allgemeines Naturgesetz „induziert": „Weil daher diese so große Menge zusammen gefloßnen Feuers in einem Augenblick verschwindet, so, daß nicht die geringste Spur davon übrig bleibt; so erhellet, daß das Feuer ohne Nahrung nicht fortdauern könne". Wo ein fortdauern-

des Feuer beobachtet wird, muß dieses also irgendwoher Nahrung erhalten. Voraussetzung des Schlusses ist die Analogie zwischen Flamme und Hitze im Brennpunkt. Beide Erscheinungen sehen sehr ähnlich aus und sollten deshalb nach Newtons zweiter Regel gleiche Ursachen haben.

- Das Gesetz wird nun auf andere Phänomene angewendet: In der Sonne ist offenbar ein fortdauerndes Feuer vorhanden. Also kann die Sonne nicht nur aus Feuer bestehen, sondern muß weitere Materie enthalten, und zwar solche, die das Feuer lange ernährt. Da hier auf der Erde die Steinkohle das Feuer am längsten erhält, wird in der Sonne also Steinkohle oder etwas ähnliches enthalten sein. Voraussetzung des Analogieschlusses ist Newtons dritte Regel, die Musschenbroek (1747, 11) selbst so auslegt: „Warum sollten wir also nicht aus den Beschaffenheiten aller irrdischen Körper schließen, daß sie auch bey den himmlischen anzutreffen sind?"

- Zur Stützung der Schlußfolgerung wird weitere empirische Evidenz angeführt: Auch die dunkleren Sonnenflecken zeigen, daß die Sonne nicht nur aus Feuer besteht.

Bei näherem Hinsehen entpuppt sich also die „wahre und sichere Art zu philosophiren" als recht gewagte Spekulation aufgrund mehr oder weniger oberflächlicher Analogien. Allerdings ist das Beispiel nicht typisch für das ganze Buch, sondern nur für den speziellen Teil mit der Physik der vier Elemente.

Musschenbroeks Buch ist voller Schilderungen von Experimenten und Naturbeobachtungen. In dem hier ausgebreiteten Kaleidoskop kann der Leser manchmal den roten Faden verlieren. Die meisten Experimente sind qualitativ. Musschenbroek ist allerdings bemüht, den Bereich des quantitativ Erfaßbaren auszuweiten. Wo immer möglich, führt er Meßwerte an, auch wenn diese mangels theoretischer Deutung oft nicht sehr aussagekräftig sind.

Musschenbroek versucht, den gesamten Lehrgang experimentell zu entwickeln. Der Stoff wird so geordnet, daß ein Bereich sich durch eine Kette von Experimenten Stück um Stück aufbauen läßt. Das Buch kann mit größerem Recht ein Lehrgang der Experimentalphysik genannt werden als die älteren Werke der Mechanisten, die entweder Kommentare zur dogmatischen Physik oder Sammlungen des experimentellen Wissens waren. Musschenbroek will die gesamte newtonische Physik experimentell präsentieren. Dadurch gewinnt sein Buch im Methodischen jene Geschlossenheit, die ihm in der Systematik fehlt.

Die von Musschenbroek geschilderten Experimente sind überwiegend nicht für Unterrichtszwecke entworfen. Er wählt diejenigen aus, die ihm unter wissenschaftlichen Gesichtspunkten am überzeugendsten erscheinen. Darin unterscheidet sich sein Buch von demjenigen 's Gravesandes (1720/ 21), in dem eine Fülle von Demonstrationsexperimenten beschrieben ist.[232] In der Vorlesung hat Musschenbroek auch Experimente vorgeführt. Vielleicht hat er sein Lehrbuch deshalb nicht darauf aufgebaut, weil das Demonstrationsexperiment in der Grundvorlesung noch nicht sehr verbreitet war und man nicht davon ausgehen konnte, daß bestimmtes Demonstrationsgerät andernorts vorhanden war.

Die experimentelle Lehrart, wie sie in den älteren newtonischen Lehrbüchern vorgestellt wurde, war höchst erfolgreich. Sie war leichter verständlich und konkreter als die logischen Beweise der philosophischen Systematiker und die geometrischen Beweise der angewandten Mathematiker. Sie war jedoch nicht in erster Linie eine Konzession an die mangelhafte mathematische Vorbildung der Schüler und Studenten, obwohl dies sicher eine Rolle spielte, sondern Ausdruck eines bestimmten Wissenschaftsverständnisses.

Damit verbunden war eine Änderung des Didaktikverständnisses. Für Wolff war Didaktik Ordnungswissenschaft. Zentral war das Begriffsgefüge. Unterrichtsmethodische Fragen waren sekundär. Darstellungslogik und Wissenschaftslogik waren identisch. Die logische Stringenz des Systems implizierte die optimale Form seiner Vermittlung. - Ein solches System hatte Musschenbroek nicht zur Verfügung. Sein Wissenschaftsbild geht vom Einzelfaktum und dessen methodischer Sicherung aus. Zentrale Aufgabe der Didaktik wird dann die Auswahl und Sequenzierung der geeigneten Experimente. Dabei können genuin pädagogische Elemente zu den wissenschaftsmethodischen hinzutreten. Es entsteht die Unterrichtsmethode der experimentellen Demonstration.

5.1.4 Ursachen und Kräfte

Der Tradition entsprechend bestimmt Musschenbroek die Physik als erklärende Wissenschaft und betrachtet Erklärungen als die Angabe von Ursachen. Aber der Begriff der Ursache ist bei ihm schwer zu fassen; Ursachen und Wirkungen lassen sich begrifflich kaum voneinander trennen.

Für die Mechanisten waren die Begriffe klar: Ursachen waren Dinge mit Wirkungsfähigkeit. Die Wirkungsfähigkeit konnte ihnen entweder wesensmäßig zukommen, dann waren sie mit aktiven Kräften begabt, oder sie konnte ihnen nur mitgeteilt sein und von ihnen weitergegeben werden, wie bei der Übertragung des Impulses. In jedem Fall war die Wirkung unmittelbar und direkt, eine Kontaktwirkung.

Die Newtonianer hatten demgegenüber das Problem der Fernkräfte. Sie waren der Kern der Theorie. Aber was waren sie? Es gab zwei Interpretationen oder, besser gesagt, Sprachregelungen innerhalb einer einheitlichen Erklärungspraxis. Beide konnten sich auf einschlägige Stellen bei Newton berufen.

1) Desaguliers (1719) und 's Gravesande (1742^3) betrachteten die Fernkräfte als Wirkungen. Sie mochten ihre Ursache in irgendeinem Mechanismus haben, der nicht bekannt war und auch empirisch nicht erschlossen werden konnte. Dies bedeutete, daß die Physik auf Ursachenerkenntnis verzichten mußte. Sie wurde damit zur beschreibenden Wissenschaft, zu einem Teil der angewandten Mathematik.

2) Diese konsequente Haltung war manchen wohl zu radikal. Musschenbroek legt Wert darauf, die Physik der Tradition gemäß als erklärende Wissenschaft zu bestimmen. Er bezeichnet die Fernkräfte als Ursachen. Er betrachtet sie als Eigenschaften der Körper und in empiristischer Manier sieht er in den Eigenschaften das einzig Erkennbare. Sie sind Ursachen der Erscheinungen in dem Sinn, daß die Erscheinungen auf sie zurückgeführt werden können. Die Erklärung einer Bewegung besteht also in der Angabe der wirkenden Kraft. Die Bewegung „ist eine reelle Wirkung; sie setzt daher eine reelle Ursache voraus, dieses ist die Kraft, die den Körper fortbringet" (1747, 75). Kräfte sind aber nur durch ihre Wirkungen bestimmt. Die Folge ist, daß sich Ursachen und Wirkungen begrifflich kaum auseinanderhalten lassen. Beobachtete Eigenschaften werden einfach von der Ebene der Wirkungen auf die Ebene der Ursachen transportiert. Was „Kraft" ontologisch meint, bleibt unklar.

Diese Auffassung über die Kräfte stieß auf harsche Kritik der mechanistischen Schule. Wenn man die Fernkräfte als Eigenschaften der Körper betrachtete, so mußten dies nicht-mechanische Eigenschaften sein, und diese galten als unanschaulich und nicht vernunftgemäß. Wolff warf den Newtonianern vor, sie kehrten zu den okkulten Qualitäten der Peripatetiker zurück. Und auf solcher Grundlage konnte ja wohl kaum etwas Richtiges erwachsen. Die Kraftgesetze erschienen ihm als bloße mathematische Fiktionen ohne Grundlage.

Musschenbroek versucht, sich gegenüber solchen Vorwürfen zu verteidigen. Er bringt zwei Hauptargumente:

a) Er versucht zu zeigen, daß mechanische Wirkungen durch Druck auch nicht als verständlich gelten können. Wir wissen über die Kräfte nichts als die manifesten Wirkungen, die wir in der Bewegung der Körper beobachten. Also wissen wir auch nichts über die Kraftübertragung beim Stoß. Sie ist nicht verständlicher als die Fernkräfte: „folglich müssen wir unsere Unwissenheit erkennen, wir mögen entweder zu den innern oder äußern Quellen der Wirkung der Körper unsere Zuflucht nehmen" (1747, 249).

b) Er wirft umgekehrt den Rationalisten vor, sie nähmen Zuflucht zu den okkulten Qualitäten. „Sollte daher jemand diese Bewegung der Körper durch einen äußern Druck oder Stoß erklären, der würde sattsam zeigen, daß er diese Wirkung durch eine ohne allen Grund angenommene und unbekannte Ursache erklären will" (1747, 246). Denn man beobachtet nun einmal Fernwirkungen ohne körperlichen Kontakt.

Die Argumentation läuft letzten Endes darauf hinaus, daß wir über das Wesen der Kräfte nichts wissen. Wir erkennen nur ihre Wirkungen. „Wir können mit unsern Sinnen in die innere Substanz der Körper nicht dringen. Wir müssen vieles annehmen, und vieles zugeben, davon wir keinen eigentlichen und deutlichen Begriff haben" (1747, 248). In den Augen der Mechanisten war es ein philosophischer Offenbarungseid, wenn Musschenbroek zugibt, daß er die Grundbegriffe seines Systems nicht definieren kann.

Musschenbroek sieht die Schwierigkeiten, die mit der Vorstellung einer Fernwirkung verbunden sind, durchaus. „Allein, wie sollen wir uns eine Wirkung ohne ein Subject, in dem dieselbe nothwendig vorhanden seyn, und durch dasselbe bestehen muß, gedenken? Gewiß, wir können uns in diesem Stücke gar nicht heraus finden" (1747, 249). Aber die Erfahrung zeigt uns keine äußere Quelle der Kraft, und also müssen wir eine innere Ursache annehmen. Wir müssen aus der Erfahrung schließen, daß „Gott der Schöpfer aller Dinge in die Substanzen eine innere Quelle, vermittelst welcher alle gegen einander gerichtet sind, eingesenkt habe" (1747, 247).

Verkürzt gesagt: wenn eine Eigenschaft der Körper uns nicht einsichtig und verständlich erscheint, kann man das als Zeichen dafür werten, daß diese Eigenschaft den Dingen von Gott gegeben worden sein muß. Gottes Wille muß die Defizite der physikalischen Theorie ausgleichen. Musschenbroek sieht durchaus, daß das Problem damit eigentlich nur verschoben ist. „In Untersuchung körperlicher Ursachen trifft man unüberwindliche Schwierigkeiten an. Denn ... wenn wir bis zur letzten, die von der Macht Gottes allein herkömmt, gelanget sind, so können wir keinen klaren Zusammenhang zwischen der Ursache und Wirkung mehr wahrnehmen: wir werden nämlich niemals begreifen können, wie Gott, als ein reiner Geist in die Körper wirke" (1747, 10).

Was bei Musschenbroek noch als Notbehelf zur Erlangung einer ontologischen Basis für die Kräfte erscheint, wurde später zu einem Argument für die Existenz Gottes umgemünzt: Wir beobachten nichtmechanische Kräfte bei Menschen und Dingen; diese können nicht materieller Natur sein, da die Materie ihrem Wesen nach passiv ist; also muß man sie auf eine immaterielle Quelle zurückführen, und als solche kommt nur Gott in Frage.[233]

Daß die Ursachen ihrem Wesen nach nicht faßbar waren, sondern nur durch ihre Wirkungen beschrieben werden konnten, wird Musschenbroek nicht als allzu gravierender Mangel erschienen sein. Wichtiger war ihm die Gesetzmäßigkeit der Wirkungen, die unter Anwendungsgesichtspunkten allein relevant war. Damit wird ein instrumentalistischer Erklärungsbegriff vorbereitet, in dem der Ursachenbegriff bedeutungslos und durch den Begriff der Naturgesetzlichkeit ersetzt wird. Ehe dieser sich entwickeln konnte, mußten die Naturgesetze jedoch zunächst als letzte, unhinterfragbare und absolut gültige Regeln des Naturgeschehens anerkannt werden.

Bei Musschenbroek hat der Begriff des Naturgesetzes durchaus noch die Bedeutung, die seinem metaphorischen Ursprung entspricht. Die Naturgesetze sind Willensdekrete des göttlichen Souveräns. Alle Gesetze „kommen auf den freyen Willen des Schöpfers an, dadurch er beschlossen hat, daß in gewissen Fällen gewisse Bewegungen erfolgen sollen ... Dieses alles hätte Gott durch seine unendliche Macht anders einrichten können, wenn es ihm beliebt hätte. Warum er es aber so gemacht, sehen wir nicht ein. Genug, daß wir sehen, wie es gemacht ist, und in der schönsten Ordnung des Weltgebäudes des Schöpfers höchste Weisheit bewundern können. Die Ursache und der Grund dieser Gesetze ist uns also unbekannt. Sie selbst aber sind beständig, weil der göttliche Wille beständig ist. - Vermittelst dieser Gesetze erkennen wir, was natürlich, und was durch ein Wunder geschieht. Denn die natürlichen Begebenheiten sind Erscheinungen, die allezeit auf einerley Art beobachtet werden, wenn die Körper sich in einerley Umständen befinden. Wunder aber sind sie, wenn die Erscheinungen den Gesetzen zuwider laufen" (1747, 7f.). Gottes Vorsehung, sein freier Wille zeigen sich in den Naturgesetzen genauso wie im Durchbrechen derselben. Der Kontrast zwischen diesem nach freiem Entschluß in die Welt eingreifenden Gott und Wolffs abstraktem, mit absoluten Eigenschaften begabtem ersten Beweger ist deutlich.

5.1.5 Die Grundlagen der Physik

Hinsichtlich der Bestimmung des Gegenstandes der Physik sind Mechanisten und Newtonianer sich einig: Es geht um die Körper und ihre Bewegungen. Alle Veränderungen der Körper werden als Bewegungen aufgefaßt (1747, 5f.). Aber schon bei der Bestimmung der wesentlichen Eigenschaften der Körper, die in fast jedem Lehrbuch des 18. und 19. Jahrhunderts den Anfang bildet, gibt es charakteristische Unterschiede. Diese sind auf unterschiedliche Theorien der Materie zurückzuführen und betreffen nach Auffassung der Forscher des 18. Jahrhunderts den Kern des physikalischen Weltbildes.[234]

Musschenbroek (1747, 12f.) unterscheidet zwischen allgemeinen und zufälligen Merkmalen der Körper. Die Zufälligkeiten sind mit Lockes sekundären Qualitäten identisch: Farbe, Ton, Geruch, Härte, Rauheit usw. Sie werden jedoch nicht dadurch von den allgemeinen Eigenschaften unterschieden, daß sie nur Erscheinungen sind, sondern allein dadurch, daß sie nicht bei allen Körpern vorhanden sind. An allgemeinen Eigenschaften nennt Musschenbroek Ausdehnung, Dichtigkeit (Undurchdringlichkeit), Trägheit, Beweglichkeit, Fähigkeit zur Ruhe, Fähigkeit zur Figur, Schwere und Ziehkraft (Kraft des Zusammenhalts der Körper).

Diese Eigenschaften der Körper kennen wir aus der Erfahrung. Was der eigentliche Träger dieser Eigenschaften, die Substanz des Körpers ist, davon „hat noch kein Sterblicher bisher einen klaren Begriff gehabt" (1747, 12). Außer den der Erfahrung zugänglichen Eigenschaften wissen wir kaum etwas über die Körper. „Daher ist uns eigentlich nur die Rinde des Körpers, und etwas weniges mehr bekannt, was wir aus den Erscheinungen durch Vernunftschlüsse geschlossen haben: der Körper selbst aber ist uns unbekannt. Hernach ob wir gleich zu dieser Zeit acht Eigenschaften der Körper entdecket haben: sind denn alle Eigenschaften desselben so offenbar, daß keine davon unserm ersten Anblicke entwischen kann? ... Wie wollen wir beweisen, daß wir itzo alles wissen? Wer überzeugt uns, daß wir mit allen dazu nötigen Sinnen versehen sind?" (1747, 15). Musschenbroek hält also selbst die für die gesamte Physik grundlegende Liste der Eigenschaften der Körper noch für revidierbar durch die Erfahrung. Die Eigenschaften geben eine Beschreibung der Wirkungen des Körpers, nicht eine Kennzeichnung seines Wesens, und wir können stets neue Wirkungen entdecken.

„Das Wesen der Dinge ist uns verborgen; wir sehen auch den Unterscheid der Eigenschaften nicht ein: folglich können wir nicht bestimmen, welches näher, welches entfernter zum Wesen eines Dinges gehöret" (1747,

48). Aber daß es eine Substanz mit bestimmten von Gott gegebenen Eigenschaften gibt, daran zweifelt Musschenbroek nicht. Nur wissen wir nicht, ob ihrem Wesen eher die Ruhe oder die Bewegung entspricht. Wohl deshalb führt Musschenbroek sowohl die Fähigkeit zur Bewegung als auch diejenige zur Ruhe an, obwohl er Ruhe als einen Mangel an Bewegung bestimmt (1747, 74), also beide Eigenschaften phänomenologisch aufeinander zurückgeführt werden können. Ähnlich ist es mit der Trägheit und den aktiven Kräften. Die Trägheit wird als eine Kraft betrachtet, die den aktiven, bewegenden Kräften zu widerstehen sucht. Trotzdem werden beide als Eigenschaften aufgeführt, denn wir wissen nicht, ob die Körper ihrem Wesen nach eher aktiv oder eher leidend sind.

Vergleicht man Musschenbroeks Liste der Eigenschaften der Körper mit derjenigen Wolffs, so fallen zwei wesentliche Unterschiede auf; es fehlt die Teilbarkeit, und es kommen Schwere und Zusammenhang hinzu. Die Teilbarkeit ist für Musschenbroek keine allgemeine Eigenschaft, denn er vertritt eine atomistische Anschauung. Dies entspricht der newtonischen Physik. Die Kräfte (Schwerkraft, Ziehkraft) erhalten denselben ontologischen Status wie Ausdehnung oder Undurchdringlichkeit. Dies war nicht Newtons Meinung; aber er hatte sich in dieser Frage unklar ausgedrückt und Festlegungen vermieden. Jedenfalls ist es eine im Rahmen der Musschenbroekschen Philosophie konsequente Auslegung, die man auch bei andern „strikten" Newtonianern findet. Die Fernkräfte werden als Ursachen anerkannt, trotz ihrer Unvorstellbarkeit. Auf mechanische Erklärungen wird verzichtet. - In Musschenbroeks Liste der Eigenschaften zeigen sich also die beiden charakteristischen Momente der newtonischen Physik, der Atomismus und die Erklärungen durch Fernkräfte.

Musschenbroeks Argumente für die Existenz von Atomen sind recht dürftig, und das scheint er auch gewußt zu haben. „Man muß bey dieser Untersuchung weder die Einbildungskraft, noch die mathematischen Begriffe, sondern einzig und allein die Erfahrung zu Rathe ziehen. Doch auch die Erfahrung kann uns nicht in den Stand setzen, daß wir nach Wunsche diese Frage entscheiden können. Sie läßt einige Zweifel zurücke ..." (1747, 22).

Die Konstanz der Formen im Mineral- und Pflanzenreich soll sich nur durch Atome mit bleibenden Eigenschaften erklären lassen. Bei Verbrennungsvorgängen und Teilungen entstehen stets Teile nachweisbarer Größe. Solche Argumente kann man wohl kaum als induktiven Beweis für die Existenz von Atomen gelten lassen, aber für Musschenbroek folgt dies daraus „untrüglich". Seinen Gegnern bürdet er dafür eine umso größere Beweislast auf; sie sollten experimentell belegen, daß Atome teilbar seien, wenn sie die Teilbarkeit als allgemeine Eigenschaft der Körper behaupten wollten (1747, 25).

Es ist offensichtlich, daß für Musschenbroek die Existenz von Atomen a priori feststeht und nicht durch Induktion aus der Erfahrung gewonnen wurde. Es ist auch bezeichnend, daß er sich bei der näheren Kennzeichnung der Atome nicht auf die Erfahrung, sondern auf Autoritäten beruft. „Die Lehre von dem Urstoffe (Atomis) der Körper ist eine der ältesten. Moschus, Leucippius, Demokritus, Epikurus, Lucretius, Gassendus, Newton, Boerhaven, Desagulier und andere berühmte Männer haben dieselbe angenommen, und mit besonderm Fleiße ausgearbeitet. Sie behaupten, daß dieser Urstoff der Körper (Atomi) aus dem die großen Körper zusammen gesetzt sind, sehr klein sey; man müsse also dieselben als ursprüngliche Theilchen ansehen, die Gott im Anfange geschaffen hat, und aus denen alle übrige Körper entsprungen sind. Diese Weltweisen versichern uns auch, daß dieser Urstoff ohne alle leere Zwischenräumchen sey. Er soll vollkommen dicht, undurchdringlich hart, steif, paßiv und bequemlich seyn" (1747, 25). Kein Zweifel, daß Musschenbroek hier nicht nur referiert, sondern seine eigene Meinung wiedergibt.

Natürlich besitzen die Atome die acht allgemeinen Eigenschaften der Körper. Ob sie alle gleiche Größe und Form haben oder nicht, hält er für nicht entscheidbar (1747, 31). Allerdings äußert er dann und wann Vermutungen. So hält er etwa die Atome der Flüssigkeiten für kugelförmig und glaubt dies in Analogie zur Kugelform mikroskopisch kleiner Tröpfchen schließen zu können (1747, 311). Anscheinend geht er davon aus, daß alle Atome gleiche Dichte haben, denn er nimmt an, daß alle Körper gleiches spezifisches Gewicht hätten, wenn es in ihnen keine Zwischenräume gäbe (1747, 112, 116 u. 352).

Die Bewegung der Atome geschieht durch die Wirkung bewegender Kräfte. Diese haben ihren Sitz in den Atomen. Atome sind Kraftzentren. Die Kraft durchdringt den Raum um ihr Zentrum. „Sie dringet aus den äußern Theilen des Körpers in die innern und zwar nicht allein durch die Zwischenräumchen, sondern durch die feste Substanz desselben. Sie dringt so gar in eine jede Einheit oder in alle Atomen ..." (1747, 75). Die atomare Welt wird in Analogie zum Planetensystem konstruiert.

Musschenbroek listet eine ganze Reihe bewegender Kräfte auf (1747, 85f.):
- Gott, als den ersten Beweger und ständigen Erhalter der Welt;
- die Schwere;
- die Seelen der Menschen und Tiere, die die willentlichen Bewegungen der Körper verursachen;
- die anziehende Kraft (Kohäsion u. a.), die elektrische Kraft, die magnetische Kraft;
- die Schnellkraft (Elastizität);
- die Kraft, die von Körpern durch den Stoß direkt ausgeübt wird;
- die Kraft des himmlischen und irdischen Feuers.

Musschenbroek führt also praktisch für jede ihm bekannte Art der Bewegung eine verursachende Kraft ein. Er hält die Liste für unvollständig und rechnet mit der Entdeckung weiterer Kräfte. „Ich zweifle gar nicht, daß noch mehrere unbekannte Ursachen der Bewegung vorhanden sind. Vielleicht werden wir sie alle in diesem Leben nicht entdecken. Denn Gott ist nicht gehalten, sie den Menschen zu offenbaren" (1747, 86).

Als wichtige Aufgabe sieht Musschenbroek die Bestimmung der Kraftgesetze für die einzelnen Kräfte. Er geht davon aus, daß die Kräfte unterschiedlichen Gesetzen folgen. Jedoch kann er nur für die Schwerkraft das Gesetz angeben: die Abnahme mit dem Quadrat der Entfernung. Bei der magnetischen Kraft sucht er durch eigene Versuche ein Gesetz zu bestimmen, erhält jedoch in Abhängigkeit von der Geometrie der Versuchsanordnung unterschiedliche Entfernungsabhängigkeiten (1747, 247 u. 255ff.), ohne sich dies erklären zu können. Bei den anderen Kräften macht er gar nicht erst einen Versuch zur Bestimmung der Kraftgesetze. „Denn wir können keine Versuche mit dem Urstoff der Körper anstellen, und die größern Körper sind nicht einfach" (1747, 253). Er ist sich klar darüber, daß hier eine zentrale Aufgabe zukünftiger Forschung liegt, denn „man muß noch viele Beobachtungen anstellen, ehe wir alle ihre Gesetze werden beweisen können; daher wir zu unsern Zeiten kaum etwas weniges davon geometrisch haben abhandeln können" (1747, Vorrede).

Musschenbroek versucht nicht, die verschiedenen Kraftwirkungen in irgendein System zu bringen. Er betrachtet rein phänomenologisch jede Kraft als eine feststellbare Eigenschaft, die es mathematisch zu erfassen gilt. Aber er denkt sich doch alle Kräfte nach dem gleichen Muster, in Analogie zur Gravitation: als Fernwirkungskraft mit abstandsabhängigem Kraftgesetz.

Mit der Anerkennung von Fernkräften als Ursachen konnte natürlich der Äther wegfallen. Dieser war ja eingeführt worden, um eine mechanische Erklärung von Fernwirkungen zu erlauben. Für Musschenbroek ist der Äther das Paradebeispiel mechanistischer Verwirrungen. Er ist eine „eitele Chimere" (1747, 110), die Ätherwirbel sind „eine sehr elende Ausflucht" (1747, 59). Schon im Vorwort zu seinem Buch geht er dagegen an. „Weil aber die anziehende Kraft von einigen aus der Weltweisheit verstoßen war: so hat man alle Erscheinungen, gleich ohne genaue Untersuchung, dem äußerlichen Anstoße zugeschrieben: Und da keine anstoßende Ursache in die Sinne fiel; so haben Leute, die sehr hitzig waren, alles zu erklären, aus diesem Triebe ein sehr flüßiges Wesen erdichtet, dem sie nach Belieben, allerley Wirkungen beygelegt; so gar, daß nichts so unergründlich war, welches sie nicht vermittelst dieses flüssigen Wesens nicht erklären konnten. Indessen hat kein Weltweiser, mit irgend einem wahrscheinlichen Grunde darthun können, daß ein solches flüßiges Wesen vorhanden sey. Dieses ist auch kein Wunder: Denn es ist in der Natur nicht vorhanden. Allein laßt uns freygebig seyn, und zugeben, daß es sey: gleichwohl wird ein jeder, der seine Kräfte in Erklärung desselben versuchen wird, gestehen, daß von demselben die Wirkungen der Anziehung nicht gewirket werden können" (1747, Vorrede).

Die Unzulänglichkeit der Wirbeltheorie zur Erklärung der Schwere wird ausführlich mit physikalischen und methodologischen Argumenten aufgezeigt (1747, 134f.). Als besonders verwerflich empfindet es Musschenbroek, daß „ein jeder dieser Materie, nachdem es ihm die Einbildung eingiebt, nach seiner eigenen Lust Eigenschaften" zuschreibt (1747, 110), ohne dabei Newtons dritte Regel zu beachten, daß die Mikrophysik in Analogie zur Makrophysik zu konstruieren sei. Wer behauptet, daß der Äther ohne Schwere sei, muß erst einmal „einen Körper aufweisen, der keine Schwere hat" (1747, 110).

Für Musschenbroek ist der Äther einfach eine absurde Vorstellung. Da er sich den Äther nicht anders denken kann als aus newtonischen Atomen zusammengesetzt, die schwer sind und einerlei Dichte haben, würden daraus in der Tat absurde Konsequenzen folgen. Alle Körper wären gleich schwer, und Bewegung wäre überhaupt unmöglich (1747, 352). Die Vorstellung massiver, undurchdringlicher, mit Kräften begabter Atome setzt einen leeren Raum voraus, in dem diese sich bewegen können (1747, 58). Dieser leere Raum ist sozusagen als Pendant zu den Atomen von Gott erschaffen worden. Wie diese ist er nicht ewig und nicht denknotwendig (1747, 66). Musschenbroek geht sehr ausführlich auf Argumente gegen die Existenz eines leeren Raumes ein (1747, 53ff.). Die Existenz des leeren Raumes und die Nichtexistenz des Äthers waren zwei zentrale Punkte, in denen sich die newtonische Philosophie von der Descartesschen und Leibnizschen unterschied. Überzeugende Argumente waren hier für die Rechtfertigung der eigenen Position besonders wichtig.

Ein Problem der Physik Musschenbroeks liegt in der Vielzahl der unterschiedlichen Kräfte. Es war schwer verständlich, wieso die im wesentlichen gleichartigen Atome Träger unterschiedlicher Kräfte mit unterschiedlichen Kraftgesetzen sein sollten. Aber selbst wenn man die Aussage, Gott habe es eben so gemacht, als Erklärung akzeptierte, blieb doch eine grundlegende Schwierigkeit: Bei einigen der Kräfte war zumindest prima facie ein atomarer Träger nicht auszumachen. Man kann die von Musschenbroek aufgelisteten Kräfte in mehrere Gruppen einteilen:

- Die geistigen Kräfte, die von Gott und den Seelen der Menschen und Tiere ausgehen. Hier blieb zwar die Art der Einwirkung des Geistes auf die Materie im Dunkeln, aber die Frage nach einem materiellen Träger entfiel.
- Die Schwere und die Kohäsion. Sie waren allgemeine Eigenschaften, und deshalb war jedes Atom Träger dieser Kräfte. Auch bei Adhäsion, Kapillarität und chemischer Verwandtschaft konnten die Atome der Körper als Träger der Kräfte angesehen werden.
- Die mechanischen Kräfte, die Kraft beim Stoß und die Elastizität. Hier hätten seine Gegner kaum eine Erklärung von Musschenbroek verlangt. Allein, er selbst hatte insistiert, diese Kräfte seien keineswegs einsichtiger als die Fernwirkungen. Innerhalb seiner Theorie waren diese Kräfte erklärungsbedürftig. Er hat allerdings keine Erklärung anzubieten, sondern stellt nur fest, daß der Äther oder die Materie des Feuers nicht als Träger in Betracht kämen. „Die Weltweisen haben die Eigenschaften und Wirkungen elastischer Körper noch nicht genugsam untersucht. Wir wollen daher hievon so lange unser Urtheil zurück halten, bis man mehrere hiezu dienliche Versuche wird angestellt haben" (1747, 218).
- Die elektrische Kraft und die Kraft des Feuers. Hier waren materielle Träger nicht unmittelbar gegeben. Sie mußten jedoch existieren. Deshalb mußten eine elektrische Materie und eine Materie des Feuers angenommen werden, und diese galt es, indirekt aus der Erfahrung zu erschließen.
- Als fünfte Gruppe könnte man noch die abstoßenden Kräfte (1747, 287f.) und die magnetische Kraft (1747, 262f.) anführen. Bei beiden muß Musschenbroek seine völlige Unwissenheit bekennen. Die übrigen Erklärungsmodelle versagen hier. Die Kraft des Magneten kann weder auf eine

Anziehungskraft der Atome des Magneten noch auf eine subtile magnetische Materie in der Umgebung des Magneten zurückgeführt werden.

Die Materie des Feuers wird zur Erklärung zweier Phänomene benötigt: der Wärme und des Lichts. Ob es sich dabei um zwei verschiedene Arten von Atomen handelt, bleibt unklar. Einerseits spricht er von zwei Arten des Feuers (1747, 412f.), andererseits hält er es aber auch für möglich, daß Wärme und Licht auf unterschiedliche Bewegungen gleichartiger Atome zurückzuführen sind (1747, 484). Er legt sich in dieser Frage nicht fest. „Wir können nichts mit Gewißheit von denselben bis zur Zeit behaupten" (1747, 484). Die unterschiedlichen Bewegungen stellt er sich folgendermaßen vor: Die Wärme besteht in einer ungeordneten Bewegung der Feuerteilchen und ist um so größer, je größer deren Geschwindigkeit ist. Wärme ist „eine Menge eines in Bewegung gesetzten Feuers" (1747, 470). Deshalb kann sich durchaus viel Feuermaterie in einem kühlen Körper befinden, wenn diese nicht stark bewegt ist (1747, 439f.). Licht andererseits ist eine geordnete, nämlich geradlinige Bewegung der Feuermaterie, „ein Feuer, welches in geraden Linien bis zum Auge gebracht wird" (1747, 480). Dabei sollen die Lichtteilchen sich irgendwie in Strahlenform ordnen und „feste subtile Fäden mit einer vollkommenen Steifigkeit und Unveränderlichkeit" bilden (1747, 483). Ob die Vakuumlichtgeschwindigkeit konstant ist, mag er nicht entscheiden. Obwohl astronomische Beobachtungen eher für die Konstanz sprechen, hält er es doch für möglich, daß „der Unterschied der Geschwindigkeit, mit welcher das Licht aus verschiedenen Körpern heraus gestoßen wird, nach der verschiedenen Kraft, mit der sich die Theile derselben anziehen, auch sehr verschieden" ist (1747, 485). In seiner Vorstellung von Lichtatomen ist nicht einsichtig, wieso alle diese Atome unabhängig von der Lichtquelle die gleiche Geschwindigkeit haben sollen.

Natürlich muß Musschenbrock daran gelegen sein, seine subtile Feuermaterie von dem cartesischen Äther zu unterscheiden. Er legt deshalb Wert darauf, die Feuermaterie in strenger Analogie zu den makroskopischen Körpern zu konstruieren und ihr keine Eigenschaften beizulegen, die nicht auch anderen Körpern zukommen. Insbesondere soll sie die acht allgemeinen Eigenschaften jeder Materie besitzen und auch durch Fernkräfte mit anderer Materie wechselwirken.

Besonders wichtig ist ihm die Feststellung, daß das Feuer, wie jeder Körper, schwer sei. Dies wird durch chemische Versuche (Oxidationsprozesse) bestätigt. Daß Körper bei einfacher Erwärmung nicht schwerer werden, wird hinweginterpretiert: Sie enthalten zu wenig Feuer (1747, 430ff.). Die Raumerfüllung des Feuers wird durch die Wärmeausdehnung belegt, die Undurchdringlichkeit durch den Hinweis auf die Reflexion des Lichts. Die Beweglichkeit erscheint offensichtlich, weil das Feuer andere Körper in Bewegung setzt. Die Fähigkeit zur Ruhe soll sich in der latenten Wärme und auch in der Phosphoreszenz zeigen, die als Verlangsamung der Bewegung des Feuers interpretiert wird (1747, 436). Als Beleg für den Sitz einer anziehenden Kraft in der Feuermaterie wertet er die Beugung und Brechung des Lichts (1747, 251 u. 490f.), die er für Varianten desselben Phänomens hält. „Hieraus erhellet vollkommen, daß die Brechung der

Strahlen von der anziehenden Kraft der Räume, durch die sie gehen, muß hergeleitet werden" (1747, 491).

Außer diesen allgemeinen Eigenschaften glaubt Musschenbroek auch einige spezielle Kennzeichen der Feuermaterie ausmachen zu können: Sie soll äußerst subtil sein und aus völlig glatten Teilchen bestehen, weil sie überall eindringen kann.

Die Einzelheiten der optischen Kapitel in Musschenbroeks Buch sind stark an Newtons Optik orientiert. Es werden dieselben Phänomene herausgestellt. Die Kontinuumstheorie wird mit denselben Argumenten bekämpft. Allerdings vermeidet Musschenbroek Newtons Äthertheorie. Bei der Behandlung der Newtonschen Ringe z.B. werden nur die Farbphänomene geschildert ohne Hinweis auf die Periodizität der Erscheinung und ohne Eingehen auf Newtons „fits". Die teilweise Reflexion und Brechung wird gar nicht erwähnt. Musschenbroek versucht, seinen Deutungen konsequent die in Newtons Queries 29 bis 31 nur angedeutete Fernwirkungstheorie zugrundezulegen; z.B. läßt er die Masse der Lichtteilchen für die chromatische Dispersion verantwortlich sein. Damit zeigt er sich als Vertreter einer strikten newtonischen Philosophie, die Newtons Sündenfall mit dem Äther nicht zu goutieren bereit war, sondern lieber auf die Erklärungen der periodischen Erscheinungen des Lichts verzichtete. Angesichts der Vielzahl von Erscheinungen, bei denen Musschenbroek sein Unwissen hinsichtlich einer Erklärung bekennen mußte, wird ihn das nicht sonderlich gestört haben. Er war eher bereit, dies, wie vieles andere, der Nachwelt als Problem zu hinterlassen, als Hypothesen in Betracht zu ziehen, die zu den Grundlagen seiner Physik nicht paßten.

Musschenbroek kommt noch mit einem subtilen Fluidum aus, eben der Feuermaterie. Die später einsetzende Inflation der Fluida war die Folge eines beträchtlichen experimentellen Fortschritts, besonders in den neuen Gebieten der Elektrizität und Wärmelehre. Bei Musschenbroek sind letztlich immer noch die vier Aristotelischen Elemente die Grundlage der Materietheorie. Die elektrische Kraft wird auf „subtile Ausdünstungen" und „Ausflüsse" (1727, 231) der Körper zurückgeführt, die sich in einer Art Wirbel bewegen. Er hält es für möglich, daß diese elektrische Materie mit derjenigen des Feuers identisch ist, äußert jedoch insgesamt hierüber nur Vermutungen. Schließlich befand sich die Elektrizitätslehre auch erst im Anfangsstadium ihrer Entwicklung. Eigentlich paßt diese Deutung der Elektrizität nicht recht in die newtonische Vorstellungswelt. Die Vorstellung von Ausdünstungen oder Effluvia elektrischer Materie und einer daraus gebildeten Atmosphäre um die Körper paßte eher in die mechanistische Tradition.[235] Aber Newton selbst hatte die Elektrizität nicht analog zur Gravitation betrachtet, sondern durch Fernkräfte wirkende ätherische Ausflüsse als ihre Ursache angenommen. Und seine Autorität deckte auch Inkonsequentes.

Frontispiz aus Krüger 1740

5.2   Strikte Newtonianer

Während die newtonisch beeinflußte englische Physikotheologie in Deutschland schnell populär wurde, wurde die newtonische Art, Physik zu betreiben, von den philosophisch geschulten Professoren zunächst eher reserviert betrachtet und konnte nur langsam Einfluß gewinnen. Zwar waren die einschlägigen Lehrbücher, insbesondere diejenigen der Holländer 's Gravesande und Musschenbroek, bekannt und wurden ob ihres Reichtums an experimentellen Ergebnissen hoch gelobt, aber die darin enthaltene Neudefinition der Physik als einer Wissenschaft, die über das experimentell und mathematisch Erkennbare nicht hinausgehen sollte, wurde von vielen nicht akzeptiert. So stark mochte man sich wohl die Erkenntnismöglichkeiten und damit den Bildungswert des eigenen Lehrfaches nicht beschneiden lassen.

Das erste von einem deutschen Professor geschriebene Lehrbuch in dem neuen Stil erschien 1738. Sein Verfasser, Gottfried Sell, hatte in Leiden studiert und bekleidete einige Jahre einen juristischen Lehrstuhl in Halle.[236] Während dieser Zeit las er auch Experimentalphysik. Sein Lehrbuch ist ein kurzer Abriß dieser Demonstrationsveranstaltung und fußt im wesentlichen auf 's Gravesande. Als Kurzkompendium war das Buch recht brauchbar.

Wesentlich umfangreicher ist Johann Gottlieb Krügers „Naturlehre" (1740), die im Untertitel den Titel von Wolffs Physikbuch führt: „Vernünftige Gedancken von den Würckungen der Natur". Man brauchte nicht weit zu lesen, um festzustellen, daß dies nicht Nachfolge meinte, sondern die freche Kampfansage eines unbekannten jungen Mannes an den deutschen Wissenschaftspapst.[237] Krüger hat später noch ein Buch für Schulen geschrieben (1759), das sich inhaltlich an das umfangreichere Werk anlehnt, jedoch nicht einfach einen Auszug darstellt, sondern für den Adressatenkreis neu geschrieben ist. Seine Bücher zeugen von pädagogischem Interesse und sind für die Zeit ungewöhnlich lebendig und locker geschrieben. Er streut kleine Geschichten, Anekdoten und scherzhafte Verslein ein, bemüht sich um plastische Beispiele, behandelt die Physik von Spielzeugen und Alltagsdingen, bringt physikalische Effekte und Seltsamkeiten und schreckt auch vor Kalauern nicht zurück, kurzum: er bemüht sich, nicht trocken zu wirken, und das Ergebnis liest sich stellenweise recht vergnüglich. Vielleicht hat er allerdings nicht nur an Motivation beim Lesen gedacht, sondern an einen neuen Unterrichtsstil; jedenfalls fordert er an anderer Stelle (1760²), „eine Mathematik für die Kinder zu verfertigen, darinnen man ihnen die Lehrsätze spielend beybrächte." - Eine populäre Kurzfassung der Krügerschen „Naturlehre" hat Johanna Charlotte Unzer (1751) in ihrem Philosophiebuch für die Dame veröffentlicht.[238]

Wie Krügers „Naturlehre" sind die Bücher von Johann Andreas von Segner (1746)[239] und Georg Wolfgang Krafft (1750) für die Anfängervorlesung gedacht. Beide sind im Anspruchsniveau relativ hoch und versuchen, mit der Integration von mathematischer und experimenteller Behandlung Ernst zu machen. Krafft orientiert sich in den Inhalten und in der Lehrart recht stark an Musschenbroek. Wenn er sein Buch eine „theoretische Physik" nennt, so meint er damit die Inhalte, nicht die Methode; er will in physikalische Theorien einführen, aber auf experimentelle Weise. Das Lehrbuch von Segners war von den in diesem Kapitel behandelten das weitaus bekannteste. Sein Verfasser war der erste Physikprofessor an der neugegründeten Universität Göttingen und ging nach Wolffs Tod nach Halle. Durch das Segnersche Wasserrad ist sein Name auch heute noch bekannt.

Als an den katholischen Universitäten der Zwang zur aristotelischen Lehre gelockert wurde, erschienen auch dort einige newtonische Lehrbücher, wenn sich auch die Mehrzahl der Professoren zunächst mechanistischen Anschauungen zuwandte. Zwei der ersten Bücher waren von Klerikern geschrieben, die auf den britischen Inseln beheimatet waren. Der Benediktiner Andreas Gordon (1751, 1753) wollte mit seinem Buch die bis dahin fast nur im protestantischen Teil Deutschlands gepflegte Experimentalphysik auch an den katholischen Universitäten fördern. Der Piarist Florian Dalham (1753) schrieb für die Erziehung junger Adliger, die im Niveau etwa derjenigen eines akademischen Gymnasiums gleichgekommen sein dürfte. Verglichen mit diesen modernen Büchern sind die Werke der Jesuiten Joseph Redlhammer (1755) und Caspar Sagner (1758) stärker der Tradition verhaftet. Redlhammer schreibt öfters noch im scholastischen Stil. Sagner paßt die newtonische Physik in einen Philosophiekurs ein.[240] Beide machen gewissermaßen aus der newtonischen Physik eine newtonische Philosophie.

Im katholischen Teil Deutschlands sind auch später noch Lehrbücher erschienen, die den älteren newtonischen Werken recht ähnlich sind. Dies gilt etwa für die Bücher der Benediktiner Dominicus Beck (1769, 1779) und Bernard Grant (1770, 1779).[241] Auch bei Blasius Merrem (1786, 1796) und Maximus Imhof (1794f., 1797, 1802) haben sich das Wissenschaftsbild und die didaktischen Vorstellungen erst wenig gewandelt.

Die meisten katholischen Autoren zwischen 1760 und 1780 (insbesondere die Jesuiten) versuchen, die newtonische Physik durch die Philosophie Boscovichs ontologisch zu untermauern. Davon wird in einem eigenen Kapitel die Rede sein.[242]

Eigentlich gehört zu den newtonischen Büchern auch die Übersetzung von Benjamin Martins „Philosophia Britannica" (1778). Das Buch wurde jedoch erst vier Jahrzehnte nach seinem Erscheinen übersetzt und war da in den physikalischen Grundpositionen schon gänzlich veraltet. Außerdem paßte sein unkritischer Newtonkult schlecht in die deutsche Landschaft.[243]

Die älteren newtonischen Lehrbücher zeigen sowohl in den physikalischen Theorien als auch in den wissenschaftstheoretischen Positionen ein recht homogenes Bild. Auch ihre didaktischen Ideale sind überwiegend ähnlich, und nur bei der Konsequenz der Umsetzung in die Praxis gibt es Unterschiede. Die Autoren folgen weitgehend den holländischen Referenzautoren in ihren Grundanschauungen, wenn auch die Behandlung des Stoffes im Detail ganz selbständig sein kann.[244] Wesentliche Aspekte können deshalb aus dem Musschenbroek gewidmeten Kapitel übertragen werden, und wir können uns hier kurz fassen. Trotzdem werden einige Wiederholungen nicht zu vermeiden sein.

Was den Grundbegriff der Kraft angeht, so folgen manche der Autoren Musschenbroek, manche 's Gravesande. Die einen sehen die Kräfte als Ursachen an, die anderen nur als feststellbare Wirkungen (v. Segner 1770[3]). Die einen führen für jede Phänomenklasse eine eigene Kraft ein, die anderen versuchen, mit möglichst wenigen oder sogar einer einzigen Kraft auszukommen (Gordon 1751, Sagner 1758). Dann muß die Erklärung mit Hilfe materieller Effluvia stärker herangezogen werden.

Eine gravierende Abweichung von der strikten newtonischen Linie [245] findet man nur bei Krüger. Er versucht, den newtonischen und den leibnizschen Kraftbegriff miteinander zu verbinden. Er betrachtet den Körper nicht als „ein todtes und blos leidendes Ding", sondern als mit aktiver Kraft begabt. „Alles ist belebt, alles ist, so zu sagen, beseelt. Und auf diese Weise ist die Naturlehre ziemlich lebendig geworden" (1740). Die Wirkung dieser leibnizschen Kräfte ist jedoch eine newtonische Fernwirkung. In seinem ersten Buch (1740) propagiert er die Fernwirkung noch recht vorsichtig; bezeichnet dies als ein „Geständnis", das der herrschenden Überzeugung entgegenstehe, und versucht, die Fernwirkungsphypothese zu stützen, indem er ausführt, daß ihr keine logischen, sondern nur psychologische Gründe entgegenstehen. Als er fast 20 Jahre später sein Schulbuch schrieb, war solche Vorsicht nicht mehr nötig, und er schreibt, seine eigene Überzeugung ironisierend: „Niemals ist jemand, wird man sprechen, für die anziehende Kraft so eingenommen gewesen, als unser Verfasser; ein entzückender Eifer für die Lehren des Newtons oder vielmehr seiner Schüler, hat ihn ... hingerissen" (1768[3]).

Wenden wir uns nun den methodologischen Vorstellungen der Autoren zu. Auch manche Newtonianer verwenden das Schlagwort „Vernunft und Erfahrung", allerdings nicht zur Kennzeichnung der Quellen der Erkenntnis, sondern nur zur Beschreibung des Verfahrens der Erkenntnisgewinnung in Wissenschaft und Lehre.

Quelle der Erkenntnis ist einzig und allein die sinnliche Erfahrung. Es gilt als ausgemacht, daß „wir von den Körpern überhaupt nichts wissen können, als was uns an denselben unsere Sinne zeigen, oder was wir aus diesen Erfahrungen durch richtige Schlüsse hergeleitet haben" (v. Segner 1770[3]). Diese Erkenntnisquelle ist verläßlich. Man kann den Sinnen völlig trauen. Dinge, die in der sinnlichen Wahrnehmung klar sind, noch anderweitig beweisen zu wollen, ist lächerlich (Krüger 1768[3]). Fehler entstehen nur dadurch, daß man aus den Sinneswahrnehmungen falsche Schlüsse zieht. Auch die sogenannten Sinnestäuschungen werden als Fehler und Übereilungen im Schließen interpretiert (Krüger 1768[3]).

Dementsprechend sollen im Lehrbuch alle Aussagen in der Erfahrung begründet sein. Das vornehmste Beweismittel ist das Experiment. Vernunftbeweise auf der Grundlage verbaler Definitionen werden als unzureichend betrachtet. Nicht von allen Dingen haben wir einen deutlichen Begriff, und daß uns etwas undenkbar scheint, muß nicht gegen seine Existenz sprechen, sondern kann an den Mängeln unserer Vernunft liegen. Krüger

(1768[3]), der annimmt, daß zwei Teilchen sich unterhalb einer gewissen Entfernung abstoßen und darüber anziehen, meint gegenüber (fiktiven) Kritikern: „Ihr sprecht, wir begreifen nicht wie sich eine anziehende Kraft bloß wegen der Entfernung in eine zurückstossende verwandeln könne. Ich auch nicht, aber ich sehe es."

Die Autoren überschreiten den Bereich der experimentell gesicherten Erkenntnis nur mit Skrupeln. Hypothesen werden abgelehnt. Die „Begierde mehr zu wissen, als man vielleicht wissen kann" (Krüger 1768[3]) soll für die Entwicklung der Wissenschaft negativ sein. Von vielen Dingen kennt man die Ursache nicht, und von manchen wird man sie nie kennenlernen. Da ist es besser, das eigene Nichtwissen einzugestehen, als in die Gefahr zu kommen, einer falschen Vorstellung zu erliegen. Eine Erweiterung der Grenzen der Erkenntnis ist nicht von Hypothesen zu erwarten, sondern von der Erfindung neuer Geräte, die den Bereich der Sinneswahrnehmung vergrößern (v. Segner 1770[3]).

Zwar betreiben die Autoren tatsächlich oft eine reine Physik der Wirkungen, aber ganz lassen sich die Hypothesen doch nicht vermeiden, und zwar aus pädagogischen Gründen. Sie helfen oft, Zusammenhänge herzustellen, Interpretationsmuster zu geben, Komplexität zu reduzieren. Sie füllen die Lücken zwischen den „ausgemachten Wahrheiten" und sind deshalb oft nicht entbehrlich (v. Segner 1770[3]).

Für die Wolffianer war die Begriffsbildung das Zentrum der Didaktik des Faches Physik. Klare, deutliche und vollständige ontologische Begriffe sollten die Grundlage des Systems sein. Auch im Fach angewandte Mathematik wurde auf Begriffsbildung viel Wert gelegt. Das erforderte der axiomatische Aufbau des Stoffes. Demgegenüber sind die Begriffe, die in der newtonischen Experimentalphysik verwendet werden, oft relativ vage, jedenfalls die theoretischen. Der Zusammenhang der Erkenntnis wird hier nicht durch Begriffe gestiftet, sondern durch experimentelle Handlungsfelder. Man kann mit einem Thermometer auch messen, ohne genau zu wissen, was man mißt. Die Begriffe werden oft nicht explizit definiert, sondern nur implizit, durch ihren Gebrauch in experimentellen Zusammenhängen. Temperatur ist zunächst und vor allem das, was man mit dem Thermometer mißt. Ob man sie dann als Maß für die Dichte des freien Elementarfeuers ansehen kann, ist eine nachgeordnete Frage.

Allerdings ist den Autoren klar, daß, bei aller Wichtigkeit des Apparats für die Definition des Begriffs, diese doch oft nicht einfach auf jenen zurückgeführt werden kann. Apparate haben Mängel, von denen bei der Definition des Begriffes zu abstrahieren ist. Begriffe sind also nicht eigentlich durch einen realen Apparat definiert, sondern durch ein ideales Meßverfahren. Sie sind zwar nicht direkt durch die Erfahrung gegeben, entstehen aber durch Abstraktion aus der Erfahrung und nur durch diese (v. Segner 1770[3]).

Die in der Wolffschen Schule übliche Aufstellung von Begriffshierarchien nach den Regeln der Logik wird abgelehnt. Es nütze nichts, durch logische Unterscheidungen Begriffe aus Oberbegriffen zu gewinnen. Dies sei nicht der Weg einer Erfahrungwissenschaft. Krüger (1768[3]) meint, dies sei ein Relikt der Scholastik, und die besten Distinctionen in Wolffs Physik seien nichts wert und diese nur noch als Einwickelpapier zu gebrauchen.

Dahinter steht die Skepsis gegenüber den systembildenden Kapazitäten der menschlichen Vernunft. Wolffs Begriffsrealismus, der aus der logischen Analyse von Begriffen Aussagen über die ontologische Möglichkeit von Dingen gewinnen wollte, wird abgelehnt. Er entsprach nicht dem physikotheologisch beeinflußten Naturbild der Newtonianer, die Gottes Schöpferkraft nicht auf das dem Menschen Einsichtige eingeengt sehen wollten. Gottes Herrlichkeit und Vorsehung sollten sich gerade darin zeigen, daß die Weisheit, mit der er die Welt eingerichtet hatte, höher ist als alle menschliche Vernunft.

Wenn die Newtonianer die Lehr- und Erkenntnismethode durch „Vernunft und Erfahrung" beschreiben, so meint dies vor allem auch eine methodische Beschränkung; man soll die der menschlichen Vernunft gesetzten Grenzen nicht überschreiten, und man soll nicht über die Grenzen der apparativ unterstützten Erfahrung hinausgehen.

Wir haben schon angesprochen, daß die Umsetzung der newtonischen Wissenschaftsauffassung in die Praxis der Lehre in unterschiedlicher Weise und nicht immer konsequent erfolgte. In zwei Punkten war die Organisationsstruktur der Ausbildung betroffen, so daß Veränderungen nicht im Belieben des einzelnen Professors lagen. Der erste Punkt betraf das Verhältnis der Fächer Physik, angewandte Mathematik und Experimentalphysik. Die Lehrbücher von Musschenbroek und 's Gravesande setzten an die Stelle der dogmatischen Grundvorlesung eine Lehrveranstaltung, in der experimentelles und mathematisches Vorgehen zusammenkamen. Dies war mit der vorgegebenen Fächerstruktur nicht vereinbar und nur durch deren Reform zu erreichen. Der zweite Punkt betraf die Neudefinition des Inhaltsbereiches der Physik. Zwar war die Aufnahme von Inhalten aus der angewandten Mathematik kaum strittig, aber der Verzicht auf die Naturgeschichte war problematisch. Bisher waren die Mediziner am meisten an der Physik interessiert gewesen, und Lehrbücher, die auf deren Ausbildung besonderen Wert legten, hatten die Naturgeschichte ausführlich behandelt.

Eine konsequente Umsetzung des newtonischen Programms in die Lehrpraxis finden wir nur bei v. Segner (1746). Er hat als erster in Deutschland nur noch eine einzige (zweisemestrige) Physikvorlesung gehalten, die die physikalischen Gebiete der angewandten Mathematik voll integrierte, aber experimentell orientiert war. Sein Buch bringt mehr mathematische Beweise als die meisten anderen. Er versucht bewußt, die Beweise elementar zu führen; sie sind durchweg geometrischer Art. Wo sie zu schwierig wären, läßt er sie weg und führt Experimente an. - Die Naturgeschichte wird weitmöglichst eliminiert. Sie gehört nicht in die Physik. Diese hat es nur mit der apparativen Erfahrung zu tun, die gezielt auf bestimmte Wirkungen aus ist.

Eine interessante Lösung des Problems, die weitgehend auf die bestehenden Organisationsstrukturen Rücksicht nimmt, hat Krafft entwickelt. Er hat in einer Lehrpraxis die Gebiete Physik, Experimentalphysik und angewandte Mathematik nicht integriert, sondern in aufeinander bezogener Weise addiert. Er las einen dreiteiligen Kurs. Den ersten Teil bildete ein allgemeinbildendes Propädeutikum, sozusagen ein erweiterter Gymnasialkurs; dazu war sein Lehrbuch (1750) gedacht. Im zweiten Teil las er die physikalischen Gebiete der angewandten Mathematik und im dritten Teil eine wohl apparativ orientierte Experimentalphysik. Die traditionellen physikalischen Disziplinen, die schon bei Sturm vorhanden sind, werden von Krafft im newtonischen Sinn interpretiert und in eine Sequenz gebracht. Die Elemente dieses Vorlesungszyklus bestimmen im Prinzip noch das heutige Grundstudium: eine experimentell orientierte Anfängervorlesung und danach eine Vorlesung in theoretischer Physik und ein experimentelles Praktikum.

Normalerweise wurden die drei Fächer nebeneinander gelehrt und nicht aufeinander bezogen. Allerdings wurde die Physikvorlesung immer mehr zur Grundvorlesung, die beiden anderen zu Fortgeschrittenenveranstaltungen. Von diesem Modell gehen die anderen Autoren aus. Beck hat Lehrbücher für alle drei Vorlesungen geschrieben. Für die Praelectiones schreibt er ein Lehrbuch (1779) nach dem Vorbild Musschenbroeks. Die Experimentalphysik (1769) und die angewandte Mathematik (1770) orientieren sich hingegen an der Tradition dieser Fächer, d.h. an Wolff. Auch Krüger hat sein Lehrbuch (1740) für den Grundkurs bestimmt und die angewandte Mathematik nach Wolff gelesen. Dagegen haben Sell (1738) und Gordon (1751) ihre Lehrbücher für die Experimentalvorlesung geschrieben. Sie verzichten ganz auf mathematische Beweise. Auf die Vorlesung in dogmatischer Physik (die von einem Wolffianer beziehungsweise einem Eklektizisten gehalten wurde) nehmen sie keinen Bezug.

Bei der Bestimmung des Inhaltsbereiches der Physik ergibt sich ein ähnliches Bild: v. Segner (1746) verfolgt die konsequente newtonische Linie, Krafft (1750) und Sell (1738) machen kaum Kompromisse, aber die übrigen behandeln die drei Naturreiche und die physikalische Geographie in alter Weise. Daß dies nicht unbedingt dem Ideal der Autoren entsprach, zeigt Krügers Schulbuch (1768[3]). Hier fiel die Rücksicht auf die Medizinerausbildung weg, und er behandelt die Naturgeschichte so kurz, daß man es schon als Demonstration der Geringschätzung werten kann: 13 Seiten von 346 reserviert er für die Pflanzen und Tiere; davon sind 10 Seiten ergötzliche Geschichten über die Bären und die Bärenjagd.

Eine Anmerkung zu den Büchern der beiden Jesuiten Redlhammer (1755) und Sagner (1758) möge dieses Kapitel beschließen. In fachlichen und wissenschaftmethodischen Fragen sind beide Newtonianer, aber in pädagogischen Fragen und insonderheit in der Auffassung vom Sinn des Physikunterrichts halten sie an der jesuitischen Tradition fest. Sie definieren weiterhin die Physik als eine theoretische, philosophische Wissenschaft. Sie sind nicht mit der Aufstellung von Naturgesetzen zufrieden, sondern erstreben eine geschlossene Weltanschauung, in der die newtonische Physik mit Metaphysik und Theologie eine Einheit bilden soll. Die Auseinandersetzung mit anderen philosophischen Positionen ist ein Schwerpunkt, und sie wird noch im Stile der Scholastik geführt, bei Redlhammer auch in der Form der scholastischen Methode. Die Strenge des formalen Aufbaus in Gliederung und Beweistechnik kontrastiert mit dem formlosen Stil und den amorphen Gliederungen der anderen Newtonianer. Sagner bevorzugt ma-

thematische oder logische Beweise gegenüber experimentellen Belegen.
Man kann wohl sagen, daß hier eine newtonische dogmatische Physik versucht wird. Wissenschaftliche und pädagogische Leitvorstellungen klaffen
auseinander. Verständlicherweise haben die meisten Jesuiten sich bei der
Neubestimmung der philosophischen Position um die Jahrhundertmitte der
mechanistischen Physik zugewandt [246] und nicht der newtonischen. Erst
als Boscovich eine philosophische Ontologie zur newtonischen Physik entworfen hatte, wurde diese bei den jesuitischen Professoren schnell populär.[247]

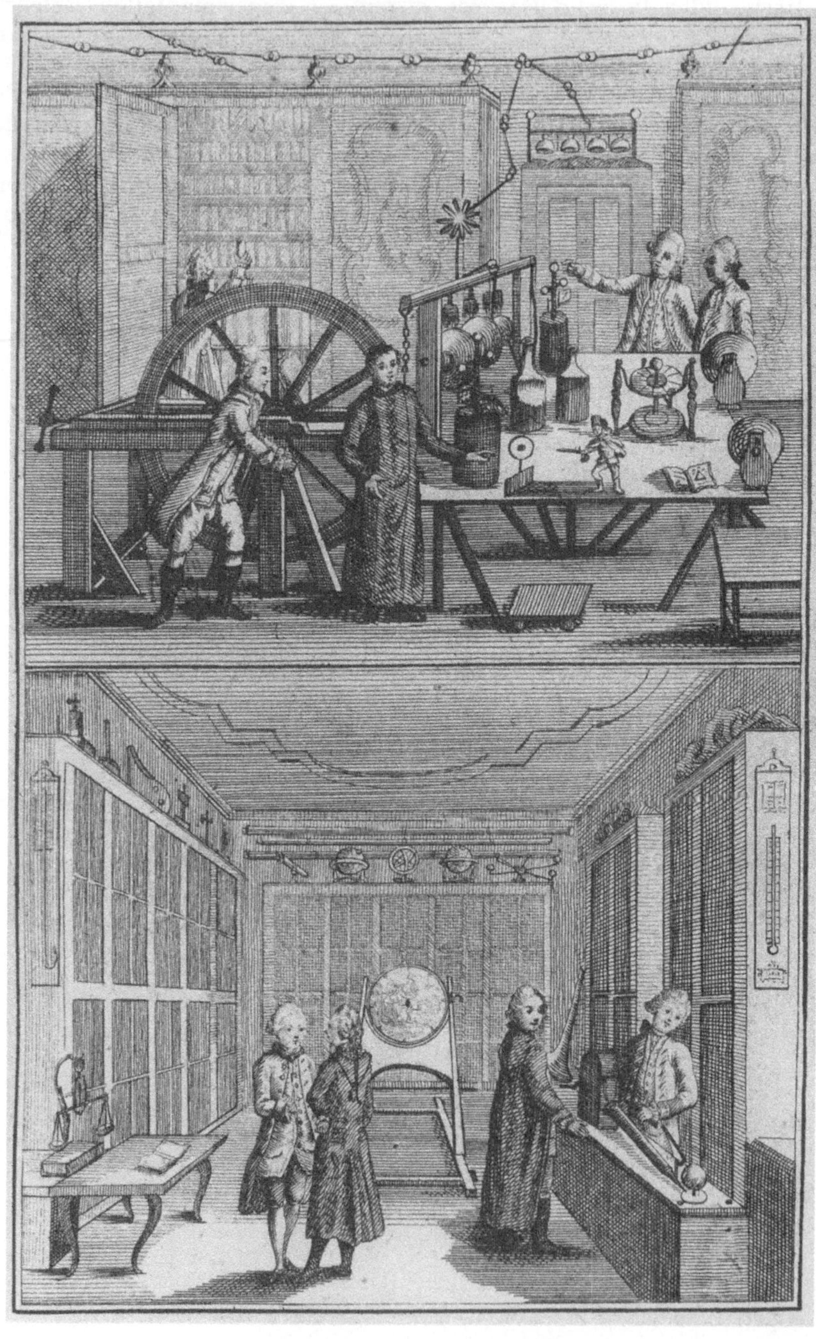

Frontispiz aus Grant 1770

5.3 Newtonische Eklektizisten

5.3.1 Einleitung

Die newtonische und die mechanistische Experimentalphysik, repräsentiert etwa in den Büchern v. Segners und Winklers, haben auch über den experimentellen Ansatz hinaus eine Reihe Gemeinsamkeiten: Sie stehen der Wesenserkenntnis, wie sie in der dogmatischen Physik betrieben wurde, reserviert gegenüber, sei es aus einer grundsätzlichen erkenntnistheoretischen Skepsis heraus, sei es in kritischer Einschätzung des gegenwärtigen Wissensstandes; sie legen das Schwergewicht auf die phänomenologische Physik und bringen erklärende Modelle und Theorien nur post factum, ohne sie im experimentellen Teil des Lehrgangs als Arbeitsmittel zu verwenden; sie entwickeln besonders in den in rascher experimenteller Entwicklung befindlichen Gebieten ähnliche theoretische Grundvorstellungen; mechanische Äther hier und subtile Fluida dort können in ganz ähnlicher Weise gedacht sein.

Dies begünstigte eklektizistische Positionen. Relativ viele deutsche Lehrbuchautoren zwischen 1750 und 1780 bekennen sich zwar grundsätzlich zur newtonischen Philosophie, übernehmen aber in Einzelfragen mechanistische Positionen. Zentral ist für diese Autoren die experimentelle Orientierung. Das Demonstrationsexperiment wird zur durchgängigen Lehrweise der physikalischen Grundvorlesung. Grundlagenfragen gelten als weniger wichtig. Es wird keine Notwendigkeit gesehen, sich einem der herrschenden Ismen anzuschließen, da sich die Experimentalphysik ja in theologischen und kosmologischen Fragen nicht unbedingt exponieren mußte.

Christian Mayer (1753), Johann Gottlieb Stegmann (1753), Johann Peter Eberhard (1753, 1755), Christian Gottlieb Kratzenstein (1758a, 1758b),[248] Bernard Grant (1770, 1779) und Johann Polykarp Erxleben (1772) schreiben für den universitären Grundkurs, rechnen jedoch damit, daß das Auditorium der Experimentalvorlesung sehr heterogen war, man bei vielen keine schulische Vorbildung voraussetzen konnte und manche sich die Experimente auch nur zum Vergnügen ansahen. Entsprechend elementar sind die Bücher. Das deutschsprachige Werk von Kratzenstein (1787[6]) ist weniger ein Lehrbuch als ein Repetitorium zu seiner Vorlesung, praktisch ein Auszug aus dem lateinischsprachigen. Bei Grant sind die lateinische (1770) und die deutsche (1779) Fassung nahezu identisch, beide repetitorienhaft. Das Buch von Erxleben (1772) war wohl das bekannteste deutsche Physiklehrbuch im letzten Viertel des Jahrhunderts, allerdings verdankte es diese Beliebtheit nicht zuletzt der Bearbeitung der späteren Auflagen durch Lichtenberg.[249]

Die Bücher von Adam Daniel Richter (1769), Johann Jakob Ebert (1773, 1775), Leonard Gruber (1776), Joseph Danzer (1777), Franz Conrad Rouyer (1778), Johann Beckmann (1779), Christ. Balthasar Lehmus (1781), Ludwig Adolf Baumann (1785) und Franz Ferdinand Wolff (1791) sind für Schulen gedacht. Eberts philosophisches Lehrbuch für die oberen Klassen der Gymnasien (1773) enthält außer der Naturlehre auch Logik, Metaphysik, Mathematik und Naturgeschichte. Der Unterricht soll auf seinem enzyklopädischen Lehrbuch (1771) aufbauen.[250] Sein anderes Werk (1775) behandelt nur die Naturlehre und zwar ausführlicher. Danzer (1777) hat in sein Buch nur die allgemeine Naturlehre aufgenommen.[251] Die Bücher von Rouyer (1778) und Lehmus (1781) sind Repetitorien. - Die meisten dieser Lehrwerke waren für normale Gymnasien bestimmt, nicht für besonders herausgehobene Anstalten; ein Zeichen dafür, daß der Physikunterricht an den höheren Schulen eine größere Rolle zu spielen begann. Daß er mancherorts recht dürftig gewesen ist, kann man aus einigen der Bücher ablesen.[252] An den normalen Anstalten konnte sich die Physik nicht am Niveau der akademischen Gymnasien oder Lyzeen orientieren. Daß manchmal auch geringere pädagogische Ansprüche gestellt wurden, wird von dem Gymnasialdirektor Lehmus (1781) klar ausgesprochen: „Begriffe begreifen, Säze verstehen, sie beweisen, und sie weltbürgerlich anwenden, sind die vier Stufen der subjectiven Naturwissenschaft. Dem Schullehrer genügt es seine Untergebene auf die erste Stufe gestellt zu haben; dort wartet der academische Lehrer ihrer, sie bis zur dritten zu führen."

Neben dem institutionalisierten Bildungswesen der Schulen und Universitäten entwickelte sich in der zweiten Hälfte des 18. Jahrhunderts die Praxis der öffentlichen Vorlesungen. Sie wurden gegen Entgelt von Universitäts- und auch von Gymnasiallehrern gehalten und waren immer stark experimentell orientiert, oft auch Schauvorstellungen. Sie sind Ausdruck der Popularität der Physik bei einem breiten, gebildeten Publikum.[253] Entsprechend dem eher oberflächlichen Interesse der Zuhörer dieser Veranstaltungen war es wohl nicht lohnend, hierfür eigene Lehrbücher zu schreiben.[254] Allerdings sind einige Schul- und Hochschulbücher aus den öffentlichen Vorlesungen ihrer Autoren entstanden.[255] Eine Ausnahme bildet das Buch von Marcus Herz (1787), das genau den Gang einer öffentlichen Vorlesung nachzeichnet.[256] Die 447 Paragraphen des Buches enthalten 423 durchnumerierte Versuche. In diesem Zusammenhang ist noch die Übersetzung des umfangreichen Werkes von Jean-Antoine Nollet (1749ff.) zu nennen. Aus Nollets in ganz Europa berühmten Experimentalvorlesungen entstanden, war es für Schulen und öffentliches Publikum bestimmt, jedoch in Deutschland wegen seines Umfangs dafür kaum geeignet.[257]

Man kann sicher geteilter Meinung darüber sein, ob man Physiker wie Nollet, Stegmann oder Kratzenstein als Newtonianer bezeichnen sollte. Sie waren Eklektizisten, die zwar Newtons Leistungen schätzten, aber doch in manchen Zügen ihres Denkens der mechanistischen Tradition verhaftet blieben. Die Unterschiede zu Winkler und Sigaud de la Fond [258] liegen eher in Nuancen. Der Begriff Newtonismus ist vage.[259] Er bezeichnet eine Tradition, die im Verlauf des 18. Jahrhunderts vielfältigen Wandlungen unterworfen war. Physiker mit sehr unterschiedlichen Anschauungen und Intentionen haben sich auf Newton bezogen, so daß man vielleicht besser von verschiedenen Newtonismen [260] reden sollte. Einer von diesen wäre dann der „mechanistische Newtonismus" der hier behandelten Autoren.

Der Eklektizismus der Autoren zeigt sich in der Bewertung der Wissenschaftsgeschichte. Zwar ist Newton „die Zierde des Menschengeschlechts", und wer seine Philosophie ablehnt, ein „Sectirer" (Gruber 1776), aber auch Descartes wird nicht völlig verdammt, sondern durchaus positiv gewürdigt. Mayer (1753) verspricht eine Physik „nach den Prinzipien von Newton und Descartes und auf rechte Weise begriffenen Experimenten", und dies ist ein Programm, auch wenn er weit mehr von jenem übernimmt als von diesem und weit mehr an diesem zu kritisieren hat als an jenem. Eberhard (1755) betrachtet Descartes' Werk als prospektiven Entwurf einer mechanischen Naturlehre, den er zwar in der Durchführung kritisiert, aber als Programm akzeptiert. Insgesamt legen die Autoren Wert darauf, die Eigenständigkeit ihres Werkes zu betonen. Sie wollen keiner bestimmten „Fahne" folgen (Nollet 1749) und trauen sich zu, zwischen den angebotenen Theorien eine vernünftige Wahl zu treffen,[261] ja sogar eigene theoretische Beiträge zu liefern (Kratzenstein 1787[6]). Eberhard (1753) hat diese Haltung auf den Begriff gebracht: „Ist nicht die Naturlehre eine Wissenschaft, darin es einem jeden frei steht so zu denken, wie es sein Gesichtspunkt mit sich bringt, aus welchem er die Welt betrachtet?"

Die Auswirkungen dieses eklektizistischen Mottos werden im folgenden zunächst für die physikalischen (Kap. 5.3.2) und dann für die methodologischen Anschauungen (Kap. 5.3.3) der Lehrbuchautoren untersucht. Danach wird etwas ausführlicher der Einfluß des Demonstrationsexperiments auf den Unterricht betrachtet (Kap. 5.3.4). Das Demonstrationsexperiment ist hier das Zentrum der Unterrichtsmethode, und dadurch wird erstmals seit der Disputationsmethode der Aristoteliker wieder eine eigentlich pädagogische, nicht von der Wissenschaftsmethodologie allein vorgeprägte Methode unterrichtsbestimmend.

5.3.2 Theoretischer Eklektizismus

Die physikalischen Vorstellungen der Autoren sind im Grundsatz newtonisch. Die Materie besteht aus festen, harten, undurchdringlichen, beweglichen Teilchen, die sich nach Größe und Form unterscheiden, aber ansonsten homogen sind und die aufgrund bestimmter Kräfte wechselwirken, sich zu Konglomeraten zusammenlagern und so die Körper bilden. Verschiedentlich wird versucht, diese newtonischen Atome mit den Wolffschen Elementen zu harmonisieren, am explizitesten bei Danzer (1777), der die philosophische Grundlegung der Materietheorie recht ausführlich behandelt.[262] Andere Autoren verweisen solche Betrachtungen in die Metaphysik, ohne sie jedoch abzulehnen.

Die Fernkräfte werden akzeptiert. Hinsichtlich der Zahl der aller Materie zukommenden Grundkräfte gibt es keine Einigkeit. Eine Tendenz, mit möglichst wenigen Kräften auszukommen, ist offensichtlich. Viele Autoren glauben, Schwere, Zusammenhang, chemische Wirkung auf einen einzigen Kausalmechanismus zurückführen zu können.[263] Sie halten die Schwerkraft für die allgemeine Anziehungskraft, die sich bei großen Abständen der wechselwirkenden Teilchen als Gravitation, bei Kontakt oder sehr kleinen Abständen als Zusammenhang äußert.[264] Es gibt aber auch Autoren, die nicht versuchen, Schwere und Zusammenhang aufeinander zurückzuführen (Erxleben 1772).

Die Untersuchung der allgemeinen Eigenschaften der Körper, die sich aus den Eigenschaften der Atome ergeben und die Kräfte sowie die von ihnen bewirkten Bewegungen bilden den ersten Teil der Bücher, die allgemeine Physik.[265] Statik und Hydrostatik, soweit sie überhaupt behandelt werden, werden üblicherweise an die Bewegungslehre angeschlossen.

Die darauf folgende spezielle Physik ist ähnlich heterogen wie bei den strikten Newtonianern. Sie zerfällt in verschiedene Phänomenklassen, zwischen denen es nur wenige Verbindungen gab: die Lehren vom Licht, von der Wärme, von der Elektrizität usw. Innerhalb der newtonischen Tradition jener Zeit wurde typischerweise für jede derselben ein eigenes subtiles Fluidum angenommen, innerhalb der mechanistischen Tradition unterschied man die Phänomenklassen eher durch verschiedene Bewegungsformen eines mechanischen Äthers. Oder modern ausgedrückt: die einen dachten an hypothetische Gase mit merklichen atomaren Kräften, die anderen an hypothetische ideale Flüssigkeiten. In der Praxis waren beide Erklärungsweisen nicht so weit voneinander entfernt.[266] Da keine der beiden Seiten sich an eine Quantifizierung ihrer Modellvorstellungen wagte, konnte man phantasievoll den hypothetischen Substanzen Eigenschaften zulegen. Unsere Autoren legen keinen Wort darauf, eine dieser Standardlösungen möglichst weitgehend durchzuhalten. Sie wählen vielmehr für jedes Teilgebiet diejenige Theorie, die ihnen dafür am ehesten einleuchtet. Es gibt keinen einheitlichen theoretischen Rahmen.

Auffällig ist der große Einfluß Eulers auf unsere Autoren. Dies liegt sicher nicht nur daran, daß Euler der bekannteste und international angesehenste deutsche Physiker seiner Zeit war. Vielmehr kam seine Art des Theoretisierens den Vorstellungen der Autoren entgegen. Er versuchte, das mechanistische Programm der mikrophysikalischen Modellierung der Phänomene weiterzuführen, akzeptierte aber die newtonischen Fernkräfte und war auch in seinen methodologischen Standards der newtonischen Schule nahe. Es ist mehrfach darauf hingewiesen worden, daß Eulers Werk sich in die gängigen Strömungen der Physik des 18. Jahrhundert nicht einordnen lasse. Er war jedoch kein isolierter Fall, sondern typisch für die Rezeption der newtonischen Physik in Deutschland. Außergewöhnlich für Deutschland ist sein mathematisches Niveau, nicht seine physikalische Vorstellungswelt.

Eulers Theorie des Lichts wird fast uneingeschränkt anerkannt.[267] Auch wo eine Wellentheorie befürwortet wird, ohne daß sein Name genannt wird, kann man davon ausgehen, daß seine Fassung derselben gemeint ist.

Bei der Theorie des Magnetismus ist die Zustimmung zu Euler weniger eindeutig. Typisch ist die Stellungnahme von Erxleben (1772). Er findet Eulers Theorie am ehesten akzeptabel, kritisiert aber ihre Kompliziertheit. Die Strömung des Äthers in den röhrenförmigen, mit Ventilen bestückten Poren im Magneten erscheint ihm als eine zu künstliche Modellvorstellung, die man nicht als das letzte Wort in dieser Sache betrachten solle. Es sei deshalb besser, vorläufig keine Theorie endgültig zu akzeptieren.

Auch bei der Elektrizitätslehre wird Eulers Theorie genannt (Beckmann 1785[2], Gruber 1776), jedoch nur als eine von diversen Möglichkeiten.[268] Typisch sind verschiedene Varianten von Atmosphärentheorien, wobei die modernere Franklinsche der älteren Nolletschen meist vorgezogen wird. Die künstlichere dynamische Vorstellung wird abgelehnt und die einfachere statische deshalb befürwortet.[269]

In der Wärmelehre sind die vorgetragenen Theorieansätze recht diffus und uneinheitlich. Bis auf Danzer und Kratzenstein, die Newtons kinetische Deutung der Wärme übernehmen, führen alle Autoren eine Wärmematerie beziehungsweise Feuermaterie ein. Manche haben zusätzlich noch einen Brennstoff (Phlogiston). Ob das Elementarfeuer in einem Zusammenhang mit der Materie des Lichts steht, wird unterschiedlich gesehen.

Eine besondere Behandlung verdient Kratzenstein wegen seiner originellen und vom Suchen nach einer einheitlichen theoretischen Basis geprägten Vorstellungen. Er ist nicht Eklektizist in dem Sinne, daß er unterschiedliche Theorien auswählt und nebeneinanderstellt. Er entwickelt vielmehr eigene Theorien unter Verwendung von Gedankengut, sowohl aus der mechanistischen als auch aus der newtonischen Tradition. Kratzenstein war Schüler von Wolff und Krüger, also in beiden Traditionen unterrichtet worden. Die wesentlichsten Anregungen dürfte er jedoch von E. G. Hamberger übernommen haben. Wie dieser betrachtet er den Zusammenhang, beziehungsweise die chemische Verwandtschaft, als die Grundkraft, konstruiert sie jedoch im newtonischen Sinn als Fernkraft kurzer Reichweite. Die übrigen Kraftwirkungen sollen durch Dichteunterschiede subtiler Fluida erklärt werden, auch dies analog zu Hamberger, jedoch unter Inkorporierung von Elementen der Franklinschen Atmosphärentheorie. „Wenn ein sichtbarer Cörper mit einer unsichtbaren flüssigen elastischen Materie, als mit einer Atmosphäre umgeben ist, die er stark an sich ziehet, so wird durch diese anziehende Kraft die flüssige Materie nahe am Cörper verdichtet. Wenn daher ein anderer Cörper in diese Atmosphäre kommt, der ebenfalls die flüssige Materie stark anziehet, so muß derselbe sich durch die zusammengesetzte anziehende Kraft der Atmosphären nach derselben dichtesten Theile hin bewegen: der Hauptcörper in derselben wird also den andern durch unsichtbare Mittel, und also unmittelbar in ziemlicher Entfernung an sich zu ziehen scheinen, ob es gleich würcklich mittelbar geschiehet. Auf solche Art entstehet die den meisten so unbegreifliche anziehende Kraft des Magnets, der electrischen Cörper, aller großen Weltcörper und insbesondere der Erdkugel, welche man die Schwere nennet" (1787[6]). Zusätzlich zu Dichteunterschieden in den Atmosphären betrachtet Kratzenstein als zweiten Wirkmechanismus Wellenbewegungen innerhalb der Atmosphäre. Modern ausgedrückt: er hat einen Wirkmechanismus für den

Transport von Masse und einen für den Transport von Energie, und beide sind im Begriff der Atmosphäre (der als Vorläufer des Feldbegriffs betrachtet werden kann) miteinander verbunden.

Kratzensteins Theorie der Elektrizität hat einige Beachtung gefunden, ist jedoch wie diejenige von Nollet und andere ähnlich geartete nie einer quantitativen Bearbeitung unterzogen worden. Sie wurde hier nicht deshalb geschildert, weil sie für die Wissenschaftsgeschichte sonderlich bedeutsam geworden wäre, sondern weil sie typisch ist für die Denkweise der newtonischen Eklektizisten in Deutschland, für ihre Vorstellung von Theorien und ihren Versuch, das Programm des Mechanismus in die newtonische Philosophie einzuführen. - Die anderen Lehrbuchautoren haben theoretische Beiträge von ähnlicher Geschlossenheit nicht vorzuweisen. Eine gewisse theoretische Eigenständigkeit findet man noch bei Eberhard.

5.3.3 Methodologischer Eklektizismus

Für die erkenntnistheoretischen und methodologischen Überzeugungen der Autoren gilt das gleiche wie für die physikalischen; sie wissen sich im Grundsatz der newtonischen Schule verpflichtet, machen jedoch in mancher Hinsicht Einschränkungen und Abschwächungen.

Grundlage der Erkenntnis soll die Erfahrung sein.[270] Deshalb gilt auch die Experimentalphysik als wichtigster und unverzichtbarer Teil der Physik. Aber bei der experimentellen Erfassung der Wirkungen solle man nicht stehenbleiben, vielmehr solle die Physik die Ursache der Erscheinungen bestimmen, sie solle auch die sinnlich nicht wahrnehmbaren Eigenschaften der Dinge zu entdecken suchen (Ebert 1775, 1787[3]). Dies aber ist das Ziel der dogmatischen Physik, die keineswegs abgelehnt, sondern nur als der Experimentalphysik nachgeordnet und von dieser abhängig begriffen wird. Der Argumentationsstil der dogmatischen Physik der Wolffianer ist besonders bei den älteren dieser Lehrbücher noch deutlich bemerkbar (Mayer 1753, Eberhard 1755, Danzer 1777), und bei manchen Werken ist auch die Stoffauswahl noch stärker auf philosophisches Grundlagenwissen als auf praktisches Anwendungswissen gerichtet (besonders ausgeprägt bei Danzer 1777).

Experimentalphysik und dogmatische Physik sollen zusammenkommen. Wer nur Versuche mache, verfehle den Zweck der Physik, wer nur theoretisiere, sei in der Gefahr, sich etwas zurechtzudichten. Theorie und Erfahrung müßten in der philosophischen Naturlehre miteinander verbunden sein (Eberhard 1753). Die dogmatische Physik sei ohne Experimentalphysik unmöglich, diese aber ohne jene nicht von großem Nutzen (Ebert 1775, 1787[3]). Der philosophische, auf Ursachenerkenntnis gerichtete Teil der Naturlehre sei zwar, verglichen mit dem experimentell-mathematischen, noch mangelhaft, aber erst beides zusammen mache die Naturlehre aus, die insofern eine vernünftige Erkenntnis genannt zu werden verdiene (Herz 1787).

Experimentalphysik und dogmatische Physik werden als erklärende Wissenschaften begriffen. Der Erklärungsbegriff ist bei vielen der Autoren recht schillernd. Die Definitionen in den Vorworten klingen häufig schon instrumentalistisch. Erklärung bedeutet dann Rückführung der Erscheinungen auf bekannte Naturgesetze (Nollet 1749, Erxleben 1772, Gruber 1776, Beckmann 1785[2], Herz 1787). Andererseits benutzen dieselben Autoren den Ursachenbegriff bevorzugt für mikrophysikalische Modellvorstellungen. Eberhard (1755) unterscheidet zwei Arten von Ursachen, nämlich „Naturgesetze" und „mechanische Gründe". Die unklare Begriffsbildung ist Ausdruck der Tatsache, daß die Autoren sich zwar der neuen, experimentellen Philosophie zurechnen, sich aber von der alten, dogmatischen noch nicht gelöst haben. Der dem experimentellen Zugriff entsprechende Erklärungstypus ist die Subsumtion unter Naturgesetze, der dem dogmatischen Zugriff entsprechende das Aufsuchen der materiellen Ursachen. Unsere Autoren wollen beides. Es ist eine gewisse Tendenz festzustellen, den Begriff der Erklärung bevorzugt für das erste, den Begriff der Ursache eher für das zweite zu verwenden.

Verbale Beteuerungen und Erklärungspraxis stimmen bei manchen Autoren nicht überein. Erxleben (1772) etwa vertritt recht dezidiert einen newtonischen Standpunkt und betont, daß die Naturgesetze eine Erkenntnisgrenze darstellten und die dahinter liegenden Ursachen nicht angegeben werden könnten. Aber er spekuliert trotzdem über materielle Ursachen, wenn auch mit verbalen Vorbehalten und Fragezeichen. Zwar beteuert er, keinen Hang zu Hypothesen zu haben und lieber auf Erklärungen ganz verzichten zu wollen, als zu vielleicht falschen Hypothesen seine Zuflucht zu nehmen, aber andererseits meint er, er habe „denkwürdige Hypothesen berühmter Männer, wenn sie auch gleich falsch sind, ... nicht gern unberührt vorbey gelassen", was ja wohl zeigt, daß ihm derartige Vorstellungen am Herzen liegen, wenn er auch die meisten unbefriedigend findet. Diese Haltung ist typisch. Einzelne Theorien werden kritisiert, aber die aus der dogmatischen Physik stammende Art der Theoriebildung wird nicht grundsätzlich in Frage gestellt. Wo auf mikrophysikalische Erklärungen verzichtet wird, geschieht dies nicht aus grundsätzlicher Ablehnung, sondern aus Ungenügen mit den angebotenen Alternativen. Ebert (1775), der öfter auf derartige Erklärungen verzichtet, bedauert, wenn er „bloß die Gesetze und Regeln" angeben kann, hingegen nicht „wie es aber ... eigentlich zugehet."

Dementsprechend werden Hypothesen vergleichsweise positiv beurteilt. Keiner der Autoren lehnt sie grundsätzlich ab. Ihre Bedeutung für den wissenschaftlichen Fortschritt wird hervorgehoben. Mehrere Autoren geben Adäquatheitskriterien an (Erxleben 1772, Kratzenstein 1787[6]). Hypothesen sollen Erklärungswert haben, widerspruchsfrei sein, keinen anerkannten Naturgesetzen widersprechen. Kritisiert wird nur der Mißbrauch von Hypothesen, den man in den Systemen der Mechanisten feststellt. „System" ist ein Schimpfwort, synonym für ein Lehrgebäude, das auf ungerechtfertigten Hypothesen beruht. „Systemdrechsler" (Gruber 1776), die Naturgesetze „in ihrem Gehirn schaffen" und alles erklären wollen, anstatt vorurteilsfrei zu beobachten, seien nicht wert, Naturforscher zu heißen (Erxleben 1772). „Der Lieblingssatz von vielen - man setze ein System fest, und leite daraus alles her, ist grundfalsch, wenn sich etwa die Natur nicht nach ihrem Kopfe umbildet" (Danzer 1777). Die starken Worte sollten nicht darüber hinwegtäuschen, daß die Erklärungspraxis dieser Autoren von derjenigen der vorsichtigeren mechanistischen Systematiker nicht weit entfernt ist.

Der wichtigste Unterschied liegt in der Auffassung von der Systematik. Die eklektizistischen Experimentalphysiker verzichten auf das System, das geschlossene, aus einem einheitlichen Wirkmechanismus entwickelte Weltbild. Sie versuchen anstatt dessen nur, zu jedem experimentell definierten Teilgebiet ein passendes erklärendes Modell zu finden. Der Interessenschwerpunkt verschiebt sich von der Theorie zum Experiment. Für den Dogmatiker stand die Theorie im Mittelpunkt; das Experiment diente zu ihrer Rechtfertigung. Für die Experimentalphysiker hat die rein experimentelle Physik einen eigenen Wert; sie wird weitgehend unabhängig von der Theorie dargestellt und soll den wesentlichen praktischen Nutzen bringen. Diejenigen Lehrbücher, die einen kurzen Abriß der Geschichte der Physik liefern, stellen diese als eine Geschichte der Erfindungen und Experimente dar, nicht der Theorie (Kratzenstein 1787[6], Gruber 1776). Die Theorie ist nachgeordnet, soll die Experimente erklären, interpretieren.

So entsteht eine Physik auf zwei Ebenen. Das methodische, experimentelle Vorgehen liefert die Naturgesetze, die ein bestimmtes Gebiet regieren. Dies ist die Ebene des kategorischen, unbedingt gültigen Wissens und der nomologischen Erklärungspraxis. Darüber wird in spekulativer Weise eine zweite, theoretische Ebene konstruiert, die Ebene der Mikrophysik. Hier ist das Wissen hypothetisch, und die Erklärungspraxis besteht in der Produktion ontologischer Modelle. Diese Ebene gilt als die Theorie im eigentlichen Sinn.

In den meisten Büchern sind beide Ebenen weitgehend voneinander getrennt. Die phänomenologische Physik wird ohne Rückgriff auf die Theorien behandelt. Diese werden post factum aufgestellt und wirken manchmal wie angehängt. Ihr Zweck ist eine Befriedigung des Bedürfnisses nach Erklärung, nach Anschaulichkeit. Sie haben keine erkenntnisleitende Funktion beim Aufbau der experimentellen Physik. Man könnte eine Parallele ziehen zur Trennung von Experimentalphysik und dogmatischer Physik bei Wolff.

Dies hat mit der Art dieser Theorien zu tun. Sie sind qualitativ; ihr Voraussagewert ist gering, oft geringer als der der phänomenologischen Naturgesetze. Sie schränken die möglichen experimentellen Ergebnisse nicht sehr stark ein, sind interpretationsfähig und leicht veränderten Ergebnissen anzupassen. Sie geben wenig Hinweise, welche der vielen möglichen Versuche als besonders wichtig und entscheidungsrelevant gelten können; sie kennzeichnen nichts als paradigmatisch. Die Experimentalphysik kann gut ohne Bezug auf sie dargestellt werden. Man müßte an ihr kaum etwas ändern, wenn man die Theorie wechselt. Äußeres Zeichen dieser Tatsache ist, daß manche der Autoren sich bei einem bestimmten Gebiet nicht auf eine Theorie festlegen, sondern mehrere inkompatible Erklärungsmöglichkeiten anbieten (Eberhard 1755, Erxleben 1772, Ebert 1775, 1787, Gruber 1776, Rouyer 1778, Lehmus 1781, Wolff 1791).

In der wissenschafltichen Forschung jener Zeit haben derartige Theorien trotz ihres Mangels an Präzision durchaus die Leitlinie experimenteller Forschungsprogramme bilden können.[271] Genauso könnte man sich vorstellen, daß sie zur didaktischen Strukturierung der Experimentalphysik verwendet würden. Sie lassen der Didaktik einen sehr weiten Spielraum, könnten aber durchaus eine Ordnungsfunktion erfüllen. Sie legen Zusammenhänge zwischen Fakten nahe; sie zeichnen gewisse Fakten durch ungezwungene Erklärbarkeit aus. Sie hätten wohl eine Alternative zu der relativ amorphen, apparatebezogenen Ordnung des Stoffes bieten können.

Kratzenstein (1761^2, 1787^6) ist der einzige, bei dem ein Bemühen zu erkennen ist, die experimentelle und die theoretische Ebene derart aufeinander zu beziehen. Er wählt die Experimente theoriebezogen aus und stellt sie in einen theoretischen Interpretationszusammenhang. Vielleicht ist es kein Zufall, daß dies gerade bei dem Autor der Fall ist, der selbst am aktivsten in der Forschung stand und den Theoriebezug experimentellen Arbeitens aus eigener Erfahrung beurteilen konnte.

5.3.4   Das Demonstrationsexperiment

„Versuche sind bey dem gründlichsten Vortrage der Naturlehre nothwendig, um ihre Wahrheiten zu beweisen; um sie zu erklären; um die Quellen eingeschlichener Irrthümer zu zeigen; um eine Anleitung zu geben, neue Versuche zu machen und dadurch die Wissenschaft mit neuen Wahrheiten zu bereichern" (Beckmann 1785^2). Das Experiment ist das Zentrum der Unterrichtsmethode. Es dient „zum Beweise eines jeden physicalischen Lehrsatzes, oder zur Erklärung irgend einer Naturbegebenheit" (Kratzenstein 1787^6).

In den älteren Experimentalphysikbüchern, etwa bei Sturm oder bei den älteren Newtonianern waren die geschilderten Experimente meist nicht speziell für Unterrichtszwecke aufgearbeitet.[272] Es waren vielmehr die der wissenschaftlichen Literatur entnommenen Experimente, eventuell so verändert und vereinfacht, daß sie ihren Zweck erfüllten, als Beleg für eine bestimmte Aussage zu dienen. Das Experimentieren war eher Gegenstand von Lehrveranstaltungen für Fortgeschrittene, wo man im kleinen Kreis die wissenschaftlichen Experimente wiederholen konnte. In der Anfängervorlesung wurden wohl Geräte gezeigt, aber es wurde kaum experimentiert. Daß dieser Zustand nicht befriedigte, braucht wohl kaum begründet zu werden. Wo das Experiment als Zentrum der Methode und wesentliches Beweismittel galt, mußte man versuchen, es im Unterricht an den entsprechenden Stellen einzusetzen. Die wissenschaftlichen Experimente eigneten sich dafür nur zum Teil, sei es, daß sie zu lange dauerten oder nicht für das ganze Auditorium sichtbar waren oder die Apparatur nicht transportabel war oder bestimmte Bedingungen im Hörsaal nicht herstellbar waren. Es mußte eine eigene Demonstrationsphysik entwickelt werden. Dieser Prozeß ist sehr schnell gegangen. Innerhalb weniger Jahrzehnte wurde das Vorlesepult in der Grundvorlesung durch den Experimentiertisch ersetzt. Bereits das Buch von Eberhard (1753) enthält überwiegend typische Demonstrationsexperimente und ist für einen Kurs geschrieben, in dem alle Register des Schaugeschäftes gezogen wurden: schöne Freihandversuche, überraschende Effekte, auch Spielereien nur zur Unterhaltung. Auch die Bücher von Stegmann (1753) Grant (1779), Kratzenstein (1787[6]) und Erxleben (1772) sind für Kurse geschrieben, in denen das Demonstrationsexperiment im Mittelpunkt stand und zeugen von einschlägiger Erfahrung ihrer Verfasser. In den gymnasialen Büchern ist die Demonstrationsphysik zunächst weniger ausgeprägt. Die Vermutung liegt nahe, daß fehlende Apparate der Grund waren.

Die Geräte waren zunächst in aller Regel Privatbesitz der Professoren und Lehrer.[273] Diese mußten für die Anschaffung nicht unbeträchtliche Investitionen tätigen, die von ihrem relativ schmalen Gehalt kaum bezahlbar waren. Es war deshalb üblich, öffentliche Vorlesungen gegen Honorar zu halten, mit deren Hilfe die Apparate bezahlt und in denen sie fleißig benutzt wurden. Der Besitz einer guten Gerätesammlung war für den Professor wichtig, nicht nur wegen des Zubrots durch die öffentlichen Vorlesungen, sondern auch wegen der Reputation; die Geräte konnten zum Beispiel bei Berufungsverhandlungen eine Rolle spielen. Nach und nach legten auch die Universitäten und Schulen Gerätesammlungen an.[274] Oft bildete der Nachlaß eines Professors den Grundstock. Bei diesen Verhältnissen wundert es nicht, daß die Güte der Ausstattung an verschiedenen Instituten extrem unterschiedlich war. An vielen Schulen war sie noch Anfang des 19. Jahrhunderts kaum der Rede wert. Die unterschiedliche Ausstattung und die daraus resultierenden unterschiedlichen Möglichkeiten sind wohl mit ein Grund dafür, daß gegen Ende des Jahrhunderts so viele Lehrer und Professoren für ihren Unterricht ein eigenes Lehrbuch schrieben (das dann auch an die zahlungskräftigeren Hörer der öffentlichen Vorlesungen verkauft werden konnte).

Zur Geräteausstattung [275] gehörten als Kern die wichtigsten Meß- und Beobachtungsinstrumente, wie Barometer, Thermometer, Elektrometer, Magnetnadel, verschiedene optische Geräte. Solche Geräte waren kommerziell erhältlich. Qualitativ hochwertige Geräte waren meist Importe aus Holland und England. Weiterhin gehörte dazu allgemeines Laborgerät, insbesondere die Vakuumpumpe und die Elektrisiermaschine. Und schließlich war eine Vielzahl von Geräten für spezielle Demonstrationsversuche zu besorgen, die zunächst noch meist von örtlichen Instrumentenmachern oder anderen Handwerkern gefertigt wurden, darunter auch Funktionsmodelle verschiedener Maschinen und Modellversuche zur Imitation bedeutender Naturerscheinungen.[276]

Die Demonstrationsphysik hat die Lehrbücher in verschiedener Hinsicht beeinflußt. Sie hat die Beschränkung des Inhaltsbereiches des Faches auf das Demonstrierbare gefördert. Sie hat die Integration der angewandten Mathematik erleichtert, denn für diese gab es Geräte, weil die Instrumentenmacherkunst an der angewandten Mathematik (d.h. der Technik) orientiert war. Sie hat damit die Definition des heutigen Lehrfachs Physik maßgeblich mitbestimmt.

Hinsichtlich der Bestimmung des Gegenstandsbereiches der Physik streiten Tradition und philosophisches Selbstbewußtsein der Autoren mit ihrer neuen experimentellen Lehrpraxis. Die Definitionen der Physik, die in den Vorworten stehen, stimmen oft nicht mit dem überein, was tatsächlich behandelt wird. Meist wird die Physik im alten, umfassenden Sinn definiert. Zu ihr sollen auch die Naturgeschichte der drei Reiche, die Chemie, die Physiologie und die Anatomie gehören. Tatsächlich aber werden diese Gebiete in kaum einem der Bücher behandelt. Die Behandlung beschränkt sich vielmehr auf die Experimentalphysik und die Meteorologie, sowie manchmal noch das Weltgebäude und den Erdkörper, also auf die Gebiete, auf die die Newtonianer die Physik eingeschränkt sehen wollten. Beckmann (1785[2]) begründet diese Beschränkung mit dem Umfang der Wissenschaft und betont die Willkürlichkeit der Grenzziehung. Die anderen Autoren äußern sich hierzu gar nicht. Man wird kaum annehmen können, daß die enge Grenzziehung aus wissenschaftsmethodischen Gründen erfolgte, wie bei den strikten Newtonianern. Unsere Autoren nehmen sich da größere Freiheiten. Vielmehr ist zu vermuten, daß die experimentelle Lehrpraxis die Stoffauswahl bestimmte. Die experimentelle Lehre war Mode, und wer mit seiner Vorlesung Erfolg haben wollte, mußte Experimente vorführen. So wurden bevorzugt die Gebiete gelesen, die sich mit Demonstrationsexperimenten anreichern ließen oder in denen sich wenigstens (wie beim Erdkörper) über spektakuläre experimentelle Unternehmungen berichten ließ. Die Lehrpraxis hat die Definition des Faches mitbestimmt.

Eine ähnliche Diskrepanz zeigt sich bei der Bestimmung des Verhältnisses von Physik und angewandter Mathematik. Die meisten Autoren sind der Meinung, daß Teile der angewandten Mathematik zur Physik gehörten und daß nach Newton eine Behandlung der Physik ohne Mathematik nicht mehr zeitgemäß sei.[277] Gruber (1776) meint, „daß nur die Naturlehre von Mathematikern auf bessern Fuß gesetzt worden" sei. Aber in der Lehrpraxis kommt die Forderung nach Verbindung von Mathematik und Physik nicht zum Tragen. Zwar werden Statik, Hydrostatik und Optik von den meisten behandelt, aber nicht nach Art der angewandten Mathematik, sondern experimentell.[278] Die Experimente sind auch in diesen Gebieten auf Sinnfälligkeit aus. Es wird wenig gemessen und kalkuliert. Der quantitative Aspekt wird vernachlässigt. Mathematische Beweise sind selten. Erxleben (1772) meint, die Beweise seien für den Leser „sehr ermüdend, langweilig und vermutlich auch unverständlich", und Nollet (1749) ist stolz darauf, daß in seinem Buch kein algebraischer Ausdruck und kein geometrisches Zeichen vorkommen. Auch hier bestimmt nicht das Wissenschaftsbild das Lehrbuch, sondern der demonstrierende Unterrichtsstil. Den auf unterhaltsame Schau eingestellten Zuhörern mochte man die Anstrengung der mathematischen Begriffe nicht zumuten, um ihre Motivation zu erhalten.

Auch auf die Bestimmung der Zwecke des Physikunterrichts hat sich das Demonstrationsexperiment ausgewirkt. Man will „das Grosse, Merkwürdige, Neue, und in die Sinnen fallende" behandeln, auf daß der Vortrag „angenehm reizend" werde (Stegmann 1753). Das Vergnügen wird nicht mehr negativ beurteilt, sondern in die Liste der verschiedenen Arten des „Nutzens" der Physik aufgenommen (Nollet 1749, Richter 1769, Erxleben 1772, Ebert 1775, Baumann 1785[2]). Die Neugierde wird als Triebfeder der Wissenschaft anerkannt. Erxleben (1772) meint, Notwendigkeit und Neugierde hätten gleichermaßen die Entwicklung der Naturwissenschaften gefördert, und dieser Satz wird später von manchen Lehrbuchschreibern übernommen.

Allerdings achten die Autoren darauf, daß der Ruf ihres Faches, unterhaltsam zu sein, nicht die Ernsthaftigkeit ihrer Aufgabe in Zweifel zieht. Herz (1787) findet „spielende Versuche" entbehrlich, und Eberhard (1753) hat „mehr zum Vergnügen dienende" im Lehrbuch lieber weggelassen, obwohl er sie in der Vorlesung machte. Die beim Publikum beliebten spektakulären Schauversuche, in denen der physikalische Effekt oft von Brimborium verdeckt wurde, werden in den Lehrbüchern höchstens kurz erwähnt, ohne weiter darauf einzugehen. Eberhard (1755) bezeichnet den experimentellen Betrieb abschätzig als „Mode", die er allerdings ganz offensichtlich mitmacht. Mehrere Autoren betonen auch, das Experimentieren dürfe nicht zum Selbstzweck werden. Gruber (1776) meint, man solle keine künstlichen Versuche machen und nicht demonstrieren, was ohnehin klar sei, und Erxleben (1772) meint, wer experimentell vorführe, was man mit evidenten Gedankenexperimenten zeigen könne, der solle sich schämen. Damit spricht er allerdings das Urteil über einige seiner Kollegen.

Für Wolff oder für die älteren Newtonianer gehörte zur methodologischen Grundüberzeugung, daß es nur einen Weg zur wahren Erkenntnis gäbe, und sich deshalb die Unterrichtsmethode an die Methode der Wissenschaft anzulehnen habe. Das hieß nicht, daß der historische Weg der wissenschaftlichen Forschung im Unterricht nachgezeichnet werden sollte; dessen Zufälligkeiten galt es gerade zu vermeiden. Es hieß vielmehr, daß durch die Wissenschaftsmethodologie die Instanzen der Rechtfertigung des Wissens und die Rechtfertigungsstrategie auch für den Unterricht bestimmt waren. Nur innerhalb des dadurch vorgegebenen Rahmens war das Demonstrationsexperiment sinnvoll. - Tatsächlich ist dieser Rahmen sehr bald überschritten worden. Das Demonstrationsexperiment löste sich aus dem wissenschaftsmethodischen Kontext und wurde zu einem eigenständigen didaktischen Mittel, das Funktionen übernahm, die dem Experiment in der Methodologie nicht zugedacht waren und andere Funktionen, die ihm zugedacht waren, vernachlässigte. Die Eigenständigkeit der modernen physikalischen Fachdidaktik beginnt mit der Schaustellerei.

Dem Experiment fällt vor allem die Aufgabe der Motivierung der Hörer zu. Ihr wurde die Strenge des Begriffs oft untergeordnet. Die zweite didaktische Aufgabe des Demonstrationsexperiments liegt im Moment der Anschauung. Die Experimente vorzuführen, war anschaulicher und überzeugender als eine mit dem Vorzeigen von Geräten verbundene Beschreibung wissenschaftlicher Experimente. Der dritte didaktische Zweck schließlich war die Vermeidung von Lernschwierigkeiten. Das Demonstrationsexperiment trat öfters an die Stelle mathematischer oder logischer Beweise. Es war eine Form der „historischen" Aneignung der physikalischen Lehrsätze, die sonst hätten argumentativ bewiesen werden müssen. „Demonstrieren" bedeutet in der Sprache der damaligen Physiker „beweisen", nicht „vorzeigen". Das Demonstrationsexperiment ist der unmittelbar im Unterricht geführte experimentelle Beweis der Lehrsätze.

Den Unterschieden in den Funktionen des Experiments in Wissenschaft und Unterricht entsprechen Unterschiede im methodischen Einsatz. Die Unterrichtsmethode braucht sich nicht nach der Methode der Wissenschaft zu richten, Kratzenstein (1787[6]) meint, zwar müsse in der Wissenschaft alles aus Versuchen hergeleitet werden, aber im Unterricht sei es besser, die Sätze anzugeben und experimentell zu beweisen, „weil alsdann der Zuschauer weiß, worauf er Acht zu geben hat". Auch Eberhard (1753) bevorzugt dieses Verfahren, denn es sei oft weitläufig, alle Erscheinungen im Unterricht aus der Erfahrung herzuleiten. - Die Unterrichtsmethode wird von pädagogischen Gesichtspunkten bestimmt. Zwar ist die empiristische Erkenntnistheorie der Newtonianer Voraussetzung auch für die Unterrichtsmethode, aber nicht die induktivistische Methodologie.

Typisch sind die unterrichtsmethodischen Vorstellungen von Ebert (1787[3]). Er unterscheidet drei Lehrarten, die synthetische, die analytische und die gemischte. Die synthetische Lehrart wird mit der deduktiven der Mathematiker gleichgesetzt. Sie tauge „zu dem Vortrage schon erfundener Wahrheiten am besten". Die analytische Methode, die Methode der Induktion, wird für das Lernen weniger empfohlen. Ebert praktiziert selbst die vermischte Methode, das heißt, mal ein eher synthetisches, mal ein eher analytisches Vorgehen, je „nach Beschaffenheit der Materie und der Umstände". Die Methodenwahl ist eine pädagogische Entscheidung, die von Fall zu Fall getroffen wird. Es gibt keine wissenschaftstheoretischen oder psychologischen Vorgaben. Erxleben (1772) meint, die beste Methode sei, Beobachtungen und Schlußfolgerungen miteinander zu verbinden und die Theorie mit Versuchen zu durchweben. Das ist die einzige methodische Maxime: alle Schlüsse durch Beobachtungen nahelegen und keine Theorie ohne Experimente bringen. Im übrigen kann man methodischer Eklektizist sein; man nimmt, was einem jeweils am besten zu passen scheint.

Der Begriff der Methode ist nicht gerade subtil. Eine Lehrsequenz nach der synthetischen Medthode aufbauen, heißt einfach, daß zunächst ein Lehrsatz hingeschrieben und danach eine Anzahl von Experimenten zu seiner Stützung aufgelistet wird.[279] Die analytische Methode meint die umgekehrte Reihenfolge.[280] In einigen Büchern wird eine solche simple Methodenkonzeption zu einem Schema für die Gliederung einer Unterrichtsstunde ausgebaut. So gliedert Danzer (1777) seine Unterrichtssequenzen in vier Schritte: 1) Zunächst bringt er eine Verbaldefinition des Begriffs, über den unterrichtet werden soll, etwa den Begriff des Zusammenhangs. 2) Danach wird eine Reihe von Experimenten aufgelistet, die mit diesem Phänomen in Zusammenhang stehen. 3) Den dritten Schritt bildet die „Theorie in Grund- und Folgesätzen", in der die oben genannten beiden theoretischen Ebenen nacheinander behandelt werden. Zunächst werden unter wiederholtem Rückverweis auf die in 2) angeführten Experimente die Gesetze des Zusammenhangs aufgelistet, und zwar in der Reihenfolge Gesetz - experimenteller Beleg. Danach kommt der modellmäßige Teil der Theorie an die Reihe. Verschiedene Vorstellungen anderer Autoren werden widerlegt, und am Schluß wird die eigene Vorstellung präsentiert, in diesem Fall die Annahme einer zu kleinen Entfernungen hin stärker als die Gravitation wachsenden Anziehungskraft. 4) Den letzten Schritt bildet die Behandlung des Nutzens der Lehre vom Zusammenhang, etwa für die Festigkeitslehre. - Es ist deutlich, daß hier eine „vermischte" Methode vorliegt. Die Schritte 2) und 3) bilden einen analytischen Zusammenhang, Schritt 3), der den Hauptteil der Unterrichtssequenz bildet, ist in sich aber synthetisch aufgebaut. Ähnliche Schemata gibt es auch bei anderen Autoren.[281]

Ansätze einer über die einzelne Unterrichtsstunde hinausgehenden Lehrsystematik sind kaum vorhanden. Die Gliederungen innerhalb der einzelnen Gebiete wirken relativ amorph und zufällig. Auf Kratzensteins Versuch einer theoriegeleiteten Systematik wurde schon hingewiesen. Typischer sind Ansätze der Ordnung des Stoffes nach experimentellen Gesichtspunkten, am ausgeprägtesten wohl bei Erxleben (1772). Er beginnt ein Gebiet öfter mit der Schilderung der grundlegenden Phänomene, behandelt dann das wichtigste Untersuchungsgerät, bringt sodann die phänomenologische Ebene der Theorie, die experimentell eingeführt wird, und geht schließlich noch kurz auf die modellmäßige Ebene der Theorie ein. Die im folgenden Kapitel zu behandelnden Bücher der nächsten Generation haben hier einen wesentlichen Fortschritt erreicht, indem sie den Zusammenhang der einzelnen Lehrsätze der phänomenologischen Theorieebene betonten (und diese damit überhaupt eigentlich erst zu einer Theorie machten).

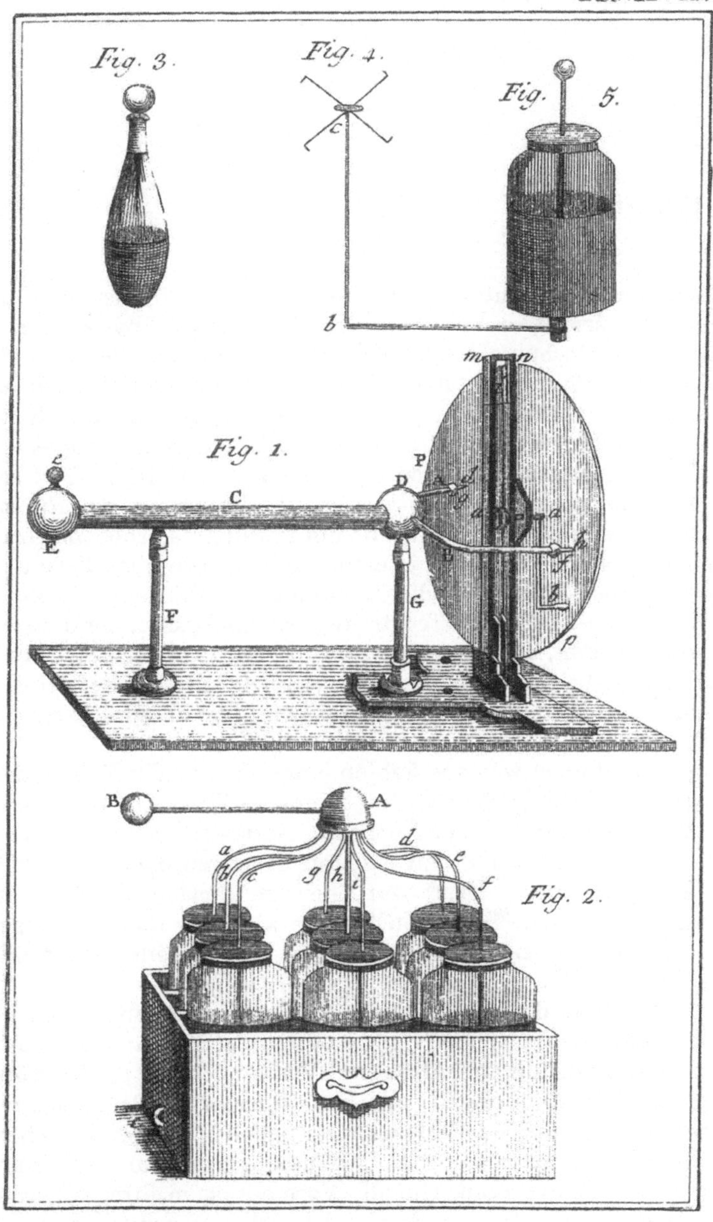

Leydener Flasche, Spitzenrad, Elektrisiermaschine
und Batterie aus Gregory 1798

5.4 Der Einfluß der Chemie

5.4.1 Einleitung

Der Eklektizismus der Autoren zwischen 1750 und 1780 ist nicht nur Ausdruck einer konservativen Bestimmung des Faches Physik, der Verbundenheit mit dem mechanistischen Theorieideal und des Versuchs, dieses in die newtonische Physik hinüberzuretten, sondern deutet auch auf eine Grundlagenkrise innerhalb der newtonischen Physik hin. Die apparativen und experimentellen Fortschritte konnten nicht darüber hinwegtäuschen, daß die theoretischen Grundlagen der Physik seit Newtons Tod nicht wesentlich weiterentwickelt worden waren. Das Programm der Rückführung aller Naturkräfte auf die von Newton zum Paradigma erhobene Gravitation wurde immer weniger plausibel, je mehr Detailwissen über diese Kräfte angesammelt wurde. Aber auch die Annahme verschiedener Kräfte für die einzelnen Phänomenbereiche steckte in einer Sackgasse, denn es gelang in keinem einzigen Fall, das zum Gravitationsgesetz analoge Wirkungsgesetz zu finden. Die wichtigsten Forschungsgebiete, die Elektrizitätslehre und die Wärmelehre, hatten keine dem newtonischen Ideal entsprechende theoretische Basis.

Der größte Mangel war das Fehlen einer Theorie des Zusammenhangs, der Nahwirkungskraft zwischen den kleinsten Teilchen. Diese sollte sich in vielen Phänomenen äußern: Kohäsion, Adhäsion, chemische Verwandtschaft, Brechung des Lichts, den meisten Erscheinungen aus der Wärmelehre. Die Theorie dieser Kraft war über die Ansätze G. E. Hambergers kaum hinausgekommen.[282] Dessen Theorie wird hier und da mangels einer besseren immer noch zitiert, obwohl sie in den Details längst falsifiziert war.

Hier nun schien die schnell aufblühende Chemie einen neuen Zugang zu eröffnen, konnte man sie doch „als eine Fortsetzung und Anwendung der Lehre von den Anziehungs-Kräften und Verwandtschaften der Körper, auf die Zerlegung der Mischungen" ansehen (Suckow 1813). Dies implizierte allerdings eine wesentliche Veränderung der Grundlagen der Theorie: An die Stelle der Vorstellung kleinster Teilchen, die aufgrund bestimmter Abstandsgesetze wechselwirken, trat die Vorstellung in ihrer inneren Struktur nicht weiter hinterfragter Stoffe, die sich aufgrund bestimmter Verwandtschaftsgesetze einander anlagern. An die Stelle der Mikrophysik trat die Stoffchemie. Dadurch wurde es schwer, den Zusammenhang zwischen den erklärenden Grundlagen und den phänomenologischen Gesetzen herzustellen. Man konnte kaum hoffen, aus der Kenntnis der chemischen Zusammensetzung des Lichts die Gesetze der Doppelbrechung herleiten zu können. Daß man der Chemie trotzdem zutraute, zum Zentrum der physikalischen Theorie zu werden, zeigt, was man von diesem Zentrum erwartete: die Angabe der materiellen Ursachen, die Erklärung des Weltbaues und nicht so sehr die quantitative Vorhersage der Erscheinungen.

In der ersten Hälfte des 18. Jahrhunderts spielte die Chemie in den Lehrbüchern der Physik eine geringe, mit der Zurückdrängung der Naturgeschichte sogar eine abnehmende Rolle. Sie war keine philosophische Wissenschaft, sondern eher eine Kunst, die Scheidekunst. Sie arbeitete mit künstlichen Substanzen und konnte schon von daher zur Erkenntnis der Natur der Dinge wenig beitragen. Sie konnte ihr Gesetzeswissen nicht mit Vernunftprinzipien in Zusammenhang bringen, sondern hatte einen rein experimentellen Charakter. Wenn die physikalischen Autoren sie überhaupt lobend erwähnen, dann wegen der Kunstfertigkeit ihrer Experimente. Das wurde erst anders, nachdem die Chemie durch Stahl und Boerhaave theoretische Reputation erhalten hatte. In der zweiten Hälfte des 18. Jahrhunderts wird die Chemie als philosophische Wissenschaft anerkannt, und zwischen 1770 und 1800 bilden Chemie und Experimentalphysik in engem Forschungszusammenhang gemeinsam den Kern der Naturwissenschaften.[283] In der Lehrbuchliteratur ist diese Zeit um etwa 20 Jahre verschoben.[284]

Karsten (1783), der als einer der ersten Lehrbuchschreiber die neue Rolle der Chemie formuliert, kritisiert die gängige Definition der Physik als der Wissenschaft von den allgemeinen Eigenschaften und Kräften der Körper. Diese Definition wäre nur dann akzeptabel, „wäre uns die innere Natur der Körper so bekannt, als sie uns unbekannt ist". Der Versuch, die Physik trotzdem auf Aussagen über die innere Natur der Körper zu gründen und daraus auf ihre Eigenschaften und Kräfte zu schließen, habe nur zu unfruchtbaren und unnützen Theorien geführt. Einzig die Chemie erlaube auf dem Weg der Erfahrung Aufschlüsse über die Welt im Kleinen. „Der Chymist muß dem wissenschaftlichen Naturforscher die nöthigen Erfahrungen liefern, damit demselben immer mehr Licht aufgehe, wenn er bemühet ist, die Geheimnisse der Natur zu erforschen, die Gesetze, nach welchen die Natur auch im Grossen wirkt, immer vollständiger zu entwickeln, und alle zur gesammten Naturwissenschaft gehörige Lehren in genauere Verbindung zu bringen" (1783). Was Karsten hier noch als Programm formuliert, glaubt Suckow (1813) dreißig Jahre später in wesentlichen Punkten verwirklicht, wenn er im Rückblick auf diese Zeit meint, daß „die Naturlehre ihre vorzüglichste neue Begründung, und die wichtigsten Erweiterungen chemischen Erfahrungen zu verdanken hat".

Dazwischen lag der Übergang von der phlogistischen zur antiphlogistischen Chemie, der die Erwartungen und Hoffnungen noch höher schraubte. Von manchen Autoren wird die neue „französische Lehre" Lavoisiers geradezu enthusiastisch begrüßt. Man glaubt, Zeuge einer auch die Physik neu begründenden wissenschaftlichen Revolution zu sein. Klügel (1792) vergleicht den Übergang von der phlogistischen zur antiphlogistischen Chemie mit der Umwälzung des Weltbildes vom ptolemäischen zum kopernikanischen System, und Gilbert (in Schrader 1804) meint, seit Newton sei dies die erste grundlegende Neuerung in der Physik.

Die Erwartungen richteten sich vor allem auf zwei Dinge. Zum einen erhoffte man sich eine Lösung des Rätsels der Imponderabilien,[285] insbesondere der Elektrizität. Es herrschte „die Hofnung, bey mehrer Erfahrung und vervielfältigten chemischen Versuchen zu einem hellern Lichte in Betreff der Grundstoffe zu kommen, die in der Elektricität wirken" (Hauch 1795). Die dürftige Kenntnis der elektrischen Materie beruhe wesentlich darauf, daß der „Hauptweg sie darzustellen", der chemische, noch nicht beherrscht werde (Lichtenberg in Erxleben 1794[6]). - Zum anderen erwartete man, daß die Chemie als vereinheitlichendes Band für die Theorien der verschiedenen physikalischen Gebiete wirken werde. Besonders Lichtenberg (1794[6]) betont, es komme darauf an, die Naturlehre zu einem Ganzen werden zu lassen. „Dieses ist dünkt mich das eigentliche Geschäfte, des allgemeinen Naturforschers; die isolierten Beschäftigungen einzelner Classen zu vergleichen und zusammen zu nehmen. Denn wann der Mensch hierin ja zu einem sichern Zweck gelangt: so muß alles Eins seyn."

Wir werden sehen, daß der Einfluß des chemischen Denkens auf die Lehrbücher trotz dieser Hoffnungen weitgehend äußerlich blieb, so daß es schließlich auch nicht schwer fiel, wieder darauf zu verzichten. Wenn Wrede (1801) meint: „Soweit das Gebiet der Scheidekunst reicht, ist Klarheit und überzeugende Gewißheit", so war das Wunschdenken. Die chemischen Theorien, etwa über die Zusammensetzung der Elektrizität, waren Legion und nicht weniger spekulativ, als vorher die mechanistischen Modelle gewesen waren. Die aus empiristischem Denken entsprungene Hoffnung, der rein erfahrungswissenschaftliche Weg der Chemie werde zu einfacheren und sicheren Grundlagen führen, wurde enttäuscht. Am Ende steht die Beschränkung auf die phänomenologischen Teiltheorien, der Verzicht sowohl auf die Erklärung der Natur der Imponderabilien als auch auf die von Lichtenberg erhoffte Einheit.

Aus der großen Zahl von Büchern dieses Typs ragen einige wenige als Referenzwerke hervor, von denen die anderen mehr oder weniger abhängig sind. An erster Stelle sind hier die Bücher Wenceslaus Johann Gustav Karstens zu nennen. Karsten war Mathematiker und hat auch für dieses Fach hervorragende Lehrbücher in verschiedenen Schwierigkeitsstufen verfaßt.[286] Dies ist seinen Physikbüchern zugute gekommen. Sie zeichnen sich durch ein unübliches Maß an begrifflicher Klarheit und gedanklicher Strenge aus.[287] Das Bemühen um exakte und im Hinblick auf den Aufbau der Theorie zweckmäßige Definitionen der Grundbegriffe entspricht den theoretischen Standards der angewandten Mathematik. - Karsten hat drei physikalische Lehrbücher geschrieben. Das erste (1780) ist noch eher ein „physischmathematisches" als ein „physischchemisches". Von der Anlage her könnte man es als Nachfolgewerk zu dem Lehrbuch v. Segners betrachten, seines Vorgängers auf dem Lehrstuhl in Halle. Karsten bezeichnet dieses Buch als einen Kompromiß und ein Zugeständnis an etablierte Lehrgewohnheiten. Erst in seinem zweiten Lehrbuch (1783), das für die Studenten gedacht ist, die Physik nur im Nebenfach betreiben, hat er seine Vorstellungen von einem chemisch-physikalischen Lehrwerk verwirklicht. Das dritte (1785) entspricht in Anlage und Intentionen dem zweiten und benutzt dieses auch als Grundlage. Es ist jedoch kürzer und auch für den Schulgebrauch geeignet.

Außer Karsten haben besonders die Bücher von Georg Christoph Lichtenberg [288] und Friedrich Albrecht Carl Gren auf andere Werke anregend gewirkt. Lichtenbergs Bearbeitung des Lehrbuchs seines Vorgängers in Göttingen, Erxleben, greift in dem Text kaum ein,[289] sondern beschränkt sich auf die Hinzufügung eines von Auflage zu Auflage umfangreicher werdenden Anmerkungsapparats, in dem auch der Bezug zur Chemie immer stärker herausgearbeitet wird. Dieser wird in langen Vorreden genauer begründet (insbesondere 6. Auflage 1794). - Gren, der auch ein Chemie-Lehrbuch geschrieben hat, ist von allen hier behandelten Autoren derjenige, der sich am intensivsten bemüht, die chemische Grundlegung der Physik durch eigene Beiträge voranzutreiben und der dabei auch hochspekulative Gedanken ohne empiristische Gewissensbisse diskutiert. Für dieses Kapitel sind besonders die ersten beiden Auflagen seines Lehrbuches relevant (1787, 1791^2). Danach ist er zum Dynamismus konvertiert und hat die 3. Auflage völlig umgeschrieben.

Die weiteren Bücher seien hier nur summarisch erwähnt. Für die Universität gedacht sind die Bücher von Joseph Weber (1785-96), Franz Carl Achard (1791), Blasius Merrem (1796), Christian Heinrich Pfaff (1800),[290] Johann Tobias Mayer (1801), Georg Adolph Suckow (1813), Benjamin Scholz (1815), Johann Bartholmä Trommsdorf (1817), Johann Ph. Neumann (1818/20) und Johann Andreas Buchner (1825). Das Werk von Mayer war sehr verbreitet und ist bis 1823 fünfmal neu aufgelegt und verbessert worden. Ausführlicher, breiter geschrieben und nicht den knappen Kompendienstil verfolgend, sind die Handbücher von Tiberius Cavallo (Übersetzung aus dem Englischen, 1804f.), Georg Simon Klügel (Abdruck des physikalischen Teils seiner Enzyklopädie, 1792) und Carl Philipp Funke (1797).

Manche Bücher streben ein mittleres Niveau zwischen Gymnasium und Universität an. Johann Gottlieb Friedrich Schrader (1797),[291] Maximus Imhof (1802) und Johann Heinrich Moritz Poppe (1809) halten ihre Bücher für in beiden Institutionen brauchbar. Schraders Buch ist in 2. Auflage (1804) von Ludwig Wilhelm Gilbert bearbeitet und ergänzt worden. Die 3. Auflage (1822), von der nur noch der erste Teil erschien, ist völlig Gilberts Werk und eher für die Universität gedacht. - Im Niveau vergleichbar sind einige Lehrbücher, die aus honorierten öffentlichen Vorlesungen ihrer Autoren hervorgegangen sind: Blasius Merrem (1786), Maximus Imhof (1794), Adam Wilhelm Hauch (1795, Übersetzung aus dem Dänischen), Johann Joseph Ignaz Hoffmann (1821) und Anselm Franz Strauß (1823).

Für den Schulunterricht geschrieben sind die Lehrbücher von Johann Christian Wilhelm Nicolai (1788), Julius Conrad Yelin (1796), Johann Carl Philipp Grimm (1797), David Ludwig Bourguet (1798), Ernst G. Friedrich Wrede (1801), Johann J. H. Berlin (1801), Friedrich Kries (1806) und Friedrich Wilhelm Daniel Snell (1807, 1810). Das Buch von Yelin steht den Universitätsbüchern in Niveau und Umfang um nichts nach. Die relativ große Zahl dieser Schulbücher darf nicht zu dem Schluß verleiten, der Physikunterricht sei an den Gymnasien bereits etabliert gewesen. Die Verbreitung der Bücher war gering. Nicolai (1797) hofft im Vorwort auf den Einsatz seines Buches „an irgendeiner Schule". Meist sind diese Bücher für den Unterricht des Autors geschrieben. - Das Buch von Wrede markiert den Übergang zu den Büchern des niederen Schulwesens; es beschränkt sich auf eine orientierende Ergebnisdarstellung. Umgekehrt haben die für Real- oder Bürgerschulen bestimmten Lehrbücher von Johann Philip Hobert (1789), Gerhard Ulrich Anton Vieth (1797) und Georg Wilhelm Block (1823) gymnasiales Niveau.

Die Orientierung an der Chemie zeigt sich auch in einigen populärwissenschaftlichen Werken.[292] Das in Briefen geschriebene Werk Hubes (1793f.) vermittelt in Umfang und Niveau dasselbe wie ein Lehrbuch. Die Übersetzungen der Bücher von Nicholson (1787/1798), Gregory (1798/1800) und Adams (1798f.) gehören schon zu dem neuen Typ der Populärwissenschaft, der auf literarische Hilfsmittel verzichtet und als Leser weniger die gebildeten Stände im Auge hat, sondern denjenigen, der Physik in seinem Beruf gebrauchen kann.

Der größte Fortschritt gegenüber den Lehrbüchern der vorangegangenen Generation liegt in der Darstellung des phänomenologisch-beschreibenden Teils der Physik. Hier wird ein größerer Zusammenhang innerhalb der einzelnen Gebieten erreicht. Aus Zusammenstellungen des Wissens werden Theorien. Diese phänomenologischen Theorien gelten jetzt als der wichtigste Teil der physikalischen Erkenntnis (Kap. 5.4.2). Demgegenüber werden an den ontologisch-erklärenden Teil weniger hohe Anforderungen gestellt. Zwar sollen die chemischen Imponderabilientheorien der Physik die fehlende Einheit geben, aber dies bleibt Programm. Die Autoren kommen hier über Spekulationen nicht hinaus, von denen sich keine als konsensfähig erwies (Kap. 5.4.3). Die diesbezüglichen Differenzen haben auf die Didaktik keinen Einfluß. Die Abgrenzung des Faches Physik gegenüber den Nachbarfächern, die Auswahl und die Gliederung des Stoffes sind weitgehend unstrittig (Kap. 5.4.4). Insgesamt zeigen die Bücher ein hohes Maß an Vereinheitlichung. Dies wird zum Schluß des Kapitels wiederholend herausgestellt (Kap. 5.4.5).

5.4.2   Die erste Theorieebene

Die wissenschaftstheoretischen und methodologischen Vorstellungen der Autoren weisen sie als Anhänger eines gemäßigten Newtonismus aus. Quellen des Wissens sind die Erfahrung und auch die Vernunft. Am Anfang steht jedoch immer die Erfahrung. Nur der „Weg der Erfahrung" bringt „allein die wahren Fortschritte" (Suckow 1813). Kern der Methode ist das Experiment. Der Vernunft fällt dann die Aufgabe zu, die isolierten Erfahrungen zu ordnen, sie zum Entwurf der Theorie zu verbinden. Die Theorie ist idealerweise „nur eine lichtvoll geordnete Reihe von Beobachtungen und Versuchen" (Poppe 1826[2]). Tatsächlich erfordert der Ordnungsprozeß jedoch oft ein Überschreiten des momentanen Erfahrungshorizonts. „Das

Streben der Vernunft nach Einheit der Principien" erfordert Hypothesen (Snell 1810). Diese werden akzeptiert, solange sie „zur Beförderung der Erfahrung und Versuche" dienen und nicht die „unbefangene Anschauung" des Beobachters verderben (Suckow 1813). Kriterium ist immer die Erfahrung. Ihre Grenzen markieren zugleich die Grenzen der Erkenntnis. Insbesondere wissen wir nichts über die innere Beschaffenheit der Dinge, das Wesen der Kräfte. Wir müssen mit dem Erfahrungswissen über die Gesetze der wirkenden Kräfte zufrieden sein (Klügel 1792). Unter Anwendungsgesichtspunkten ist dies allerding auch genug. Die Fragen der ontologischen Grundlegung der Physik sind nicht die grundlegenden Fragen der Physiker, sondern eher philosophischer Natur und ohne praktische Relevanz. „Zum Glück hört der Physiker diesem Streit ganz sorglos zu" (Yelin 1796).

Auch in diesen Lehrbüchern zerfällt die Theorie in zwei Ebenen, eine phänomenologisch-beschreibende und eine ontologisch-erklärende.[293] Während jedoch bis dahin die zweite Ebene als die Theorie im eigentlichen Sinn galt, wird nun zunehmend die erste Ebene aufgewertet und als der wesentliche Teil der Theorie betrachtet. In den älteren Büchern war sie oft nicht viel mehr als eine Zusammenstellung empirischer Gesetze. Es fehlten wesentliche Merkmale einer Theorie: Allgemeinheit und Zusammenhang der Aussagen. Hier werden beträchtliche Fortschritte erzielt. Die Autoren sind bemüht, die Vielzahl der empirischen Gesetze in einem Phänomenbereich auf wenige Grundgesetze zurückzuführen und diese unabhängig von der zweiten, ontologischen Theorieebene zu formulieren, so daß die erste Theorieebene ein in sich geschlossenes Ganzes darstellt, das als Theorie im engeren Sinn betrachtet wird. „Eine Theorie der Elektricität soll nicht sowohl die innere Beschaffenheit dieser Kraft enthüllen, als vielmehr die mannigfaltigen Erscheinungen auf einige wenige, oder wo möglich auf eine allgemeine zurückbringen. Sie ist also eine Abstraction des Allgemeinen, was in allen besonderen Fällen vorkommt" (Klügel 1792). Zweck der so bestimmten Theorie ist nicht die Erkenntnis des Wesens der Dinge; sie soll vielmehr instandsetzen, „den Erfolg irgend eines Versuches sicher vorherzusehen" (Karsten 1780).

Karsten stellt dem Physiker die Theoriebildung in der Chemie und in der angewandten Mathematik als Beispiel hin. Die geometrische Optik geht von den Erfahrungsgesetzen der geradlinigen Lichtausbreitung, der Reflexion und der Brechung aus und baut darauf eine Theorie auf, ohne Aussagen über die Natur des Lichts zu machen (1780). Denselben Weg geht die Chemie: „Wenn der Chymist einen Erfolg aus den Verwandschaftsgesetzen erklären kann, so beruhigt er sich damit, und fragt nicht weiter, wie es denn zugehe, daß Säure und Alkali sich zum Neutralsalz vereinigen?" (1783). Entsprechend soll der Physiker seine Theorien auf empirische Begriffe und Gesetze gründen. Er muß akzeptieren, daß er sich von den Grundlagen seiner Theorien keine deutliche Vorstellung machen kann. Wenn der Chemiker sagt, ein Stoff habe zu einem andern eine große Verwandtschaft, so klingt dies wie eine Erklärung. „Doch im Grunde lehrt uns diese Erklärung nichts anders als die Erscheinung selbst, da das Wort Verwandtschaft uns von der geschehenen Wirkung, nicht aber von der Ursache derselben, einen Begriff giebt" (Hauch 1795). Das gilt genauso von den anderen Kräften. „Unsre Begriffe ... sind blos sinnliche Begriffe ...: wie kann man denn erwarten, daß Erfolge in der Natur, welche von Kräften herrühren können, die wir gar nicht kennen, aus jenen höchst mangelhaften blos sinnlichen Begriffen sich sollen erklären lassen" (Karsten 1783).

Das Musterbeispiel für eine Theorie, wie sie unseren Autoren vorschwebt, ist Franklins Theorie der Elektrizität. Franklin hatte seine Theorie ursprünglich nur in phänomenologischen Regeln formuliert, dann aber, nachdem er mechanistische Theorien nach Art der Nolletschen kennengelernt hatte, auch einen Mechanismus dazu entwickelt. Die elektrischen Phänomene sollten durch Interaktion der elektrischen Materie mit der normalen Materie der Körper zustande kommen. Die Teilchen der elektrischen Materie sollten sich gegenseitig abstoßen, diejenigen der gewöhnlichen Materie sich anziehen. Elektrische und gewöhnliche Materie sollten sich so stark anziehen, daß die Körper elektrische Materie aufsaugen sollten wie ein Schwamm das Wasser. Wenn der Körper mit elektrischer Materie gesättigt war, sollte sich um ihn herum eine Atmosphäre aus elektrischer Materie bilden. - Dieser Mechanismus unterschied sich von Nollets strömenden Atmosphären durch seinen statischen Charakter. Franklins Atmosphären konnten als Zustände der elektrischen Körper und ihrer Nachbarschaft gedeutet werden. Es war dann möglich, ihre Wirkung durch die Begriffe Anziehung und Abstoßung oder die Symbole + und − zu beschreiben, ohne noch Aussagen über die lokale Konzentration und Bewegung der elektrischen Materie machen zu müssen. Diese Eigenschaft ist es, die unsere Autoren an Franklins Theorie fasziniert. Daß Franklin selbst noch einen Mechanismus konstruierte, wird nicht weiter erwähnt, und um auch die Assoziation eines Mechanismus zu unterbinden, wird die Terminologie geändert. Aus der Atmosphäre wird ein Wirkungskreis; aus Überschuß und Mangel an elektrischer Materie wird + und −. Der Übergang von Franklins ursprünglichem Mechanismus zur Theorie der Wirkungskreise charakterisiert beispielhaft den Wandel im Theorieideal.

Karsten (1780) spottet über Nollets Theorie, wenn man die fiktiven Atmosphären sehen wolle, brauche man nur in Nollets Werken nachzuschlagen; dort fände man sie „sehr schön in Kupfer gestochen". Demgegenüber lobt er Franklin, der „annimmt, daß alle electrischen Erscheinungen aus einem Uebergange der electrischen Materie aus einem Körper in einen andern sich erklären lassen, ohne daß es nöthig sey, über die Art und Weise etwas gewisses festzusetzen, wie sich eigentlich das electrische Feuer, wenn es in Bewegung gesetzt ist, ausbreitet, oder sonst vertheilt". - „Den Raum um einen electrisirten Körper, in welchem sich seine Wirkung äussert, nennt man seine electrische Atmosphäre, ohne daß man dabey eben voraussetzt, daß dieser Raum mit electrischer Materie erfüllt sey. Es ist eine bequeme Redensart, welche dazu dient, daß man sich kurz ausdrücken kann: indessen könnte man auch eben so gut das Wort: Wirkungskreis, brauchen".294

Die Theorien sollen die durch experimentelle Handlungszusammenhänge definierten Phänomenbereiche möglichst vollständig umfassen. Es sollen also etwa alle elektrischen Phänomene unter eine Theorie gebracht

werden, alle magnetischen unter ein andere. Dies erzwingt im Lehrbuch
eine Darstellungslogik für solche größeren Gebiete, die bislang nur in Ansätzen entwickelt war, insbesondere bei Erxleben (1772), dessen Buch in
dieser Hinsicht zum Vorbild für eine ganze Lehrbuchgeneration wurde. Aus
der Praxis der angewandten Mathematik konnte man für eine solche experimentalphysikalische Darstellungslogik nicht viel lernen. Die Theorien
der physikalischen Gebiete innerhalb der angewandten Mathematik bezogen sich durchweg auf einen recht schmalen Phänomenbereich, der durch
ein zentrales quantitatives Gesetz regiert wurde, etwa die Katoptrik oder
die Hydrostatik. Dem war dann ein breites Anwendungsspektrum zugeordnet, dessen Vermittlung die Hauptaufgabe war. Dabei konnte man einfach
einen Fall nach dem anderen mathematisch-deduktiv abhandeln, wobei die
Reihenfolge relativ beliebig war und sich etwa nach der jeweiligen Schwierigkeit richten konnte. Demgegenüber umfaßten die Elektrizitätslehre oder
die Wärmelehre breite Phänomenbereiche, die durch die Bündel qualitativ
oder halbquantitativ formulierter Gesetze geordnet wurden. Die Erklärung
der einzelnen Phänomene war nicht bloße Anwendung, sondern erforderte
jeweils eine Auslegung der Theorie.

Im folgenden ist als Beispiel die Gliederung der Elektrizitätslehre angeführt, wie sie sich mit geringen Abweichungen in den meisten der hier behandelten Bücher findet. Andere Gebiete können ganz ähnlich aufgebaut
sein.

a) Zunächst wird der Begriff der elektrischen Wirkung eingeführt, etwa
anhand des historisch ersten bekannten elektrischen Phänomens am Bernstein, und es wird als Ursache dieser Wirkung eine elektrische Materie postuliert, ohne daß diese genauer bestimmt wird.

b) Sodann werden anhand von Experimenten diejenigen Grundphänomene eingeführt, die für den Aufbau der Theorie von besonderer Wichtigkeit sind, etwa Anziehung und Abstoßung, elektrische Leitung, ursprüngliche und mitgeteilte Elektrizität. Oft werden diese Phänomene mit der Vorstellung des wichtigsten Experimentiergeräts verbunden, der Elektrisiermaschine zur Erzeugung und des Elektrometers zur Messung des „elektrischen Fluidums".

c) Dadurch werden die Grundprinzipien der Theorie wahrscheinlich gemacht, die nun vorgetragen werden: die Existenz zweier Arten der Elektrizität, der positiven und der negativen, und der Begriff des Wirkungskreises.
Die Theorie wird in Form von Gesetzen ausgesprochen, etwa (in der Formulierung von Bourguet 1798): „1. Gesetz: Gleichartig elektrisirte Körper stoßen sich ab ... 2. Gesetz: Ungleichartig elektrisirte Körper ziehen einander
an ... 3. Gesetz: Jeder elektrisirte Körper erregt in den Körpern, die ihn auf
einer gewissen Entfernung nahe kommen, eine der seinigen entgegengesetzte Elektrizität".

d) Die Theorie wurde als plausible Folgerung aus den unter b) angeführten Phänomenen dargestellt. Dies wird nun im Detail ausgeführt, indem die Erklärung dieser Phänomene mit den Begriffen der Theorie für jeden Einzelfall gegeben wird.

e) Nun werden nacheinander die wichtigsten elektrischen Geräte vorgestellt und in ihrer Funktion mit Hilfe der Theorie erklärt: Leidener Flasche, Elektrophor, Voltas Kondensator. Die systematische Bedeutung dieses Unterrichtsabschnitts liegt in der Prüfung der Theorie an neuem, bei ihrer Einführung noch unbekanntem experimentellem Material. Dabei gibt es genügend Gelegenheiten zu hübschen Schauversuchen, die die Schüler für die Anstrengung des Begriffs entschädigen.

f) Einige kurze Anmerkungen über kuriose, noch unerklärliche Effekte, wie etwa elektrische Fische, könnten den Abschluß bilden. Es folgt jedoch meist noch ein Kapitel mit „Hypothesen über das elektrische Fluidum". Hier werden Franklins Ein-Fluidum-Hypothese und Symmers Zwei-Fluida-Hypothese vorgestellt, wobei die meisten Autoren sich für die letztere entscheiden. Spekulationen über die chemische Zusammensetzung der elektrischen Fluida bilden den Abschluß.

Der letzte Teil ist das, was oben als zweite Ebene der Theorie bezeichnet wurde. Die meisten Autoren halten ihn von der vorangehenden phänomenologischen Theorie getrennt und betonen seinen hypothetischen Charakter. Er wird nicht als Arbeitsmittel verwendet, sondern hat die Aufgabe, die Theorie mit den Grundlagen des Weltbildes in Zusammenhang zu bringen und damit die von der Chemie erhoffte Einheit der Physik wenigstens der Möglichkeit nach anzudeuten. Die Bedeutung, die die Autoren diesem Teil zumessen, ist sehr unterschiedlich. Einige sind daran offensichtlich wenig interessiert, besonders die jüngeren Autoren, die die Euphorie hinsichtlich der Einheit stiftenden Rolle der Chemie nicht mehr teilen. - Eine Durchdringung der beiden theoretischen Ebenen wird selten angestrebt (Karsten 1785, Gren 1787).[295]

Ähnliche Gliederungen wie in der Elektrizitätslehre werden auch für die anderen Imponderabilien angestrebt. Der Magnetismus wird oft streng parallel zur Elektrizität behandelt. Bei der Wärmelehre war die Situation komplizierter. Hier werden Teiltheorien für engere Phänomenbereiche entwickelt, wobei allerdings versucht wird, die chemische Verwandtschaft zwischen dem Wärmestoff und den anderen Stoffen zum Kern aller dieser Teiltheorien zu machen.[296] Die Lehre vom Licht bleibt am stärksten der Tradition verhaftet. In der geometrischen Optik waren chemische Deutungen weder naheliegend noch nötig.

Überall ist der experimentelle Aufbau der Gebiete deutlich. Die Gesetze werden durch Experimente nahegelegt und überprüft. Die Schilderung und Erklärung von Experimenten nimmt breiten Raum ein. Gegenüber den Büchern der vorangehenden Generation wird das quantifizierende Experiment stärker betont, wenn auch daneben weiterhin die typische qualitative Demonstrationsphysik steht. Manche Autoren legen viel Wert auf die detaillierte Behandlung der Meßgeräte für die grundlegenden Begriffe der Theorie. Zwar werden in der Regel zunächst noch Verbaldefinitionen gegeben, aber diese sind oft kaum mehr als die Einführung der neuen Wörter. - Die experimentelle Orientierung zeigt sich auch in den aus der angewandten Mathematik stammenden Gebieten. Auch hier werden kaum argumentative Beweise geführt, sondern die Sätze werden experimentell bestätigt. Manche Autoren sind sich klar darüber, daß dies kein vollwertiger Ersatz ist.[297] - Der Zusammenhang innerhalb eines durch eine Theorie bestimmten Gebietes wird nicht durch mathematische Argumentation streng demonstriert, sondern interpretativ hergestellt. Karsten (1780), der noch am stärksten mathematisch argumentiert, sagt klar, daß er damit nur mathematische Erläuterungen geben kann, keine Beweise, da die mathematische Argumentation punktuell bleibe und nicht den theoretischen Zusammenhang stifte, wie in der angewandten Mathematik.[298]

5.4.3   Die zweite Theorieebene

Die Einstellung der Autoren zu der zweiten Theorieebene ist ambivalent. Einerseits gilt sie als legitimer, ja unverzichtbarer Teil der Physik, andererseits wird der gegenwärtige Forschungsstand auf diesem Gebiet als noch sehr vorläufig empfunden, was auch unumwunden zugegeben wird. Achard (1791) schreibt am Schluß des Kapitels über den Magnetismus: „Die Gesetze des Magnetismus sind das einzige Gewisse, die Ursachen sind verborgen und ungewiß. Das ist aber noch kein Grund, alle Untersuchungen und Muthmassungen darüber abzubrechen, welche doch ohne Voraussetzung von Materien nicht wohl statt finden." Es muß eine Ursache geben, und diese zu ergründen ist Aufgabe der Physik. Also muß sich auch das Lehrbuch damit auseinandersetzen. Achard zieht die Konsequenz, es sei das Beste, alle vorgeschlagenen Meinungen zur Natur des magnetischen Fluidums ohne Parteilichkeit vorzutragen, wenn sie auch „oft sämmtlich unverdauliche Speisen" bieten.

Eine ausführlichere Auseinandersetzung mit diesem noch sehr hypothetischen Teil der Physik wird eher für den fortgeschritteneren Studenten reserviert.[299] Wrede (1801) meint, damit habe es Zeit, bis der Lernende „erst zu einigem Nachdenken gewöhnt" sei, und Hauch (1795) beschränkt sich auf den Vortrag weniger beispielhafter Hypothesen, um den Anfänger einerseits nicht zu verwirren und ihm andererseits eine Vorübung für die spätere, intensivere Auseinandersetzung zu geben. In den Universitätsbüchern werden jedoch durchweg alternative Vorstellungen präsentiert und mehr oder weniger ausführlich diskutiert, wobei öfters die Entscheidung offengelassen wird.

Die verschiedenen Theorien der ersten Ebene sind weitgehend unabhängig voneinander. Die zweite Ebene stiftet den Zusammenhang zwischen ihnen und damit die Einheit des Fachs. Dies geschieht durch Zurückgehen auf die Grundkräfte, die ersten, nicht weiter hinterfragbaren Ursachen aller Wechselwirkungen. Der Begriff der Grundkraft ist schillernd. Er meint einerseits und zunächst die theoretisch grundlegenden Wirkungsgesetze. Andererseits ist jedoch ein materieller Träger der Kraft stets mit assoziiert, auch wenn er strukturell unbestimmt bleibt. Der Kraftbegriff fungiert als ontologisches Feigenblatt. Er erlaubt es, den ontologischen Anspruch der Physik aufrechtzuerhalten, dabei aber einen theoretischen Instrumentalismus zu praktizieren.

Entsprechend schillernd wie der Kraftbegriff ist auch der Begriff der Erklärung. Die Definitionen in den Vorworten klingen oft modern: Die Erklärung einer Erscheinung sei die Angabe des Naturgesetzes, auf das sie zurückgeführt werden könne. Aber die Autoren lassen den Ehrentitel eines Naturgesetzes nicht jeder feststellbaren Regularität zukommen. Naturgesetze sind vielmehr nur die „einfachsten Wirkungen", die nicht weiter erklärbar sind (Achard 1791); mit anderen Worten: Naturgesetze im eigentlichen Sinn sind nur die Kraftgesetze; die Kräfte sind die Grundursachen, bei denen jede Erklärung endet, bis zu denen sie aber auch fortgetrieben werden muß, wenn sie befriedigend sein soll. „Den ersten innern Grund einer Naturgegebenheit aufsuchen, angeben, und die Gesetze bestimmen, nach welchen sie erfolgt, heißt, sie erklären ... Jener erste innere Grund einer Naturbegebenheit ist immer eine Kraft" (Yelin 1796).[300]

Die Zahl der Grundkräfte ist kontrovers. Merrem (1786) hält noch an dem ursprünglichen newtonischen Programm fest, wonach alle Kräfte auf eine einzige, die Gravitation, zurückgeführt werden sollten.[301] Gängiger ist die Annahme zweier wesentlich verschiedener Grundkräfte, der Gravitation und der Kohäsion/chemischen Verwandtschaft, d.h. einer Fern- und einer Nahwirkungskraft. Gren (1787) führt noch eine dritte Grundkraft ein, die Expansivkraft. Deren Existenz bleibt kontrovers.[302]

Es herrscht Einigkeit darüber, daß die Grundkräfte nur durch ihre Wirkungen erkennbar sind und daß es bloße Spekulation wäre, noch hinter sie zurückfragen zu wollen. „Was gewinnt man am Ende durch eine solche Erklärung, die immer noch eine weitere neue Ursache voraussetzt ...? ... Mich deucht, es ist weit besser, gerade herauszusagen, daß wir von der Ursache des Zusammenhangs, so, wie von der Ursache der Affinität, Adhäsion, Schwere u.s.w. gar nichts wissen" (Achard 1791). Die Erfahrung zeigt uns nur Bewegungen, nicht Kräfte. Daß wir als Ursache einer Bewegung eine Kraft postulieren, ist ein Anthropomorphismus: Wir rufen durch körperliche Anstrengung Bewegung hervor und übertragen das auf andere Bewegungen (Imhof 1802).

Der Grundlagenstreit zwischen Atomismus und Dynamismus wird heruntergespielt. Er sei eine metaphysische Kontroverse, für die physikalische Theorie nicht erheblich. Die älteren Autoren sind Atomisten, ohne dies besonders herauszustellen. Erst nachdem die Kontroverse zwischen Kantschem Dynamismus [303] und Laplaceschem Atomismus das Thema wieder aktuell gemacht hatte, nehmen auch die Lehrbücher wieder darauf Bezug. Typisch ist eine kurze Darstellung beider Positionen, verbunden mit einer Kritik, die oft von der Skepsis des Experimentalphysikers gegenüber allen Spekulationen zeugt.[304] Wenn die romantische Naturphilosophie überhaupt einer Erwähnung für wert erachtet wird, wird sie mit Spott bedacht.[305]

Die Autoren erwarten weiteren Aufschluß über die Grundkräfte nicht von philosophischen Positionen, welcher Art auch immer, sondern von der Experimentalphysik und -chemie. Es geht um die Beantwortung zweier Fragen: welches die materiellen Träger der Kraft sind, die Körper oder Stoffe, die wechselwirken, und wie die Stärke der Wechselwirkung bemessen ist. Daß eine Kraft stets mit einem Stoff verbunden gedacht werden muß, gilt als selbstverständlich. Die Stärke der Wechselwirkung war nur bei der Gravitation durch ein allgemeines Gesetz angebbar. Bei Kohäsion und Expansivkraft wird nicht versucht, ein Abstandsgesetz zu erschließen. Sie werden als Nahwirkungskräfte betrachtet, die bei „Berührung" der Wechselwirkungspartner zum Tragen kommen und somit eine für die jeweiligen Partner spezifische Stärke aufweisen, über die man z.B. durch chemische Experimente oder durch die Adhäsion Aufschluß bekommen kann.[306]

Ein besonderes theoretisches Problem stellten die Imponderabilien dar. Elektrizität, Magnetismus, Licht und Wärme waren Kräfte, bei denen ein materieller Träger empirisch nicht auszumachen war. Es entsprach der newtonischen Tradition, in solchen Fällen einen hypothetischen Kraftträger zu postulieren, seitdem Boerhaave sein Elementarfeuer eingeführt hatte. „In allen Fällen, wo Körper unsere Sinnesorgane afficiren, ohne sie unmittelbar zu berühren, ist es zur Erleichterung der Vorstellung immer gut, eine eigene Materie anzunehmen, welche diese Körper entweder ausströmen lassen oder in Bewegung setzen" (Mayer 1823). Diese Trägersubstanzen mußten äußerst elastisch, durchdringend, dünn und unwägbar (imponderabel) sein. Ob sie vollkommen gewichtslos seien oder nur so leicht, daß ihr Gewicht praktisch nicht meßbar sei, wird meist offengelassen. Einige Autoren zählen die Schwere weiterhin zu den allgemeinen Eigenschaften der Körper (Hauch 1795, Grimm 1797, Schrader 1797). Diese Allgemeinheit hatte jedoch stets nur als empirisches Faktum, nicht als notwendiges Merkmal eines Körpers gegolten, so daß man sie auch fallenlassen konnte, wenn dies mit der Erfahrung besser vereinbar schien. Die meisten Autoren halten die Annahme gewichtsloser Materie für durchaus akzeptabel. „Allein sind wir denn befugt, einem Princip die Materialität bloß deßwegen abzusprechen, weil es nicht der Schwerkraft gehorcht? Ist es denn bewiesen, daß alle Materie schwer seyn müsse?" (Mayer 1823[6]). Gren (1787) geht noch einen Schritt weiter und nimmt sogar absolut leichte Materie an, d.h. Materie mit negativer Schwere (mit Bezug hierauf auch Achard 1791).

Die Imponderabilien werden wie andere chemische Substanzen behandelt, sie sollen bestimmte Verwandtschaften zu anderen Substanzen haben und chemische Verbindungen eingehen. Die Art der chemischen Bindung der Imponderabilien war allerdings etwas ungewöhnlich. Eine normale chemische Substanz zeigt nur zu bestimmten Reaktionspartnern Verwandtschaft, verändert bei einer Verbindung ihre Eigenschaften und diejenigen des Reaktionspartners und bringt mit verschiedenen Reaktionspartnern unterschiedliche Eigenschaften hervor. All das tat etwa der Wärmestoff nicht. Er verband sich mit allen anderen Stoffen, zeigte in verschiedenen Verbindungen gleichartige Wirkungen, nämlich Temperaturerhöhung, und änderte bei manchen Verbindungen die Eigenschaften seines Reaktionspartners nicht („latente Wärme"). Das ließ sich weder als übliche Wahlverwandtschaft noch als Lösung deuten. Eine andere Schwierigkeit lag darin, daß es nicht gelang, die Imponderabilien zu isolieren. Schließlich wurde die Tatsache, daß sie nicht gesondert darstellbar seien, sogar zu einem Definitionsmerkmal (Suckow 1813). Trotz dieser Schwierigkeiten war die Vorstellung allgemein verbreitet.

Über die Zahl der Imponderabilien herrschte keine Einigkeit. Für die Elektrizität brauchte man ein oder zwei Fluida, je nachdem, ob man die Franklinsche oder die Symmersche Theorie annahm. Das Entsprechende galt für den Magnetismus, je nachdem ob man sich an Aepinus oder an Wilcke anschloß. Beim Licht kam man mit einem Fluidum aus, unabhängig davon, ob man die Emissionstheorie oder die Kontinuumstheorie bevorzugte. Die meisten Autoren entscheiden sich für die Emissionstheorie, da sie die chemischen Wirkungen des Lichts leichter verständlich macht und so dem grundlegenden Erklärungsmuster näher steht. Für die Wärme schließlich war in der phlogistischen wie in der antiphlogistischen Sichtweise ein Fluidum nötig, zu dem eventuell noch ein besonderer Brennstoff kam. Insgesamt erhielt man so vier bis sieben Imponderabilien. Daß man über die Zahl nicht einig war, wurde nicht als sonderlich beunruhigend empfunden. Bei den chemischen Elementen war die Situation ähnlich; man wußte nicht, wieviele es gab und entdeckte ständig neue.

Die Imponderabilien sind nicht unbedingt Elemente. Man versuchte vielmehr, nur möglichst wenige elementare, unnachweisbare Materien zu postulieren, indem man einen Teil der Imponderabilien als Verbindungen auffaßte. Zusammenhänge etwa zwischen Licht und Wärme (z.B. Brennglas) oder Licht und Elektrizität (z.B. Funken) waren vielfach experimentell belegt. Also lag es nahe, auch Gemeinsamkeiten zwischen den Trägersubstanzen zu suchen, und diese konnten nur in gemeinsamen Bestandteilen bestehen. Es wurden viele phantasievolle Theorien zur chemischen Zusammensetzung der Imponderabilien entwickelt. Es ist hier nicht der Ort, die recht unübersichtliche Situation in Einzelheiten nachzuzeichnen.[307] Um einen Eindruck von der Art der Theorien zu vermitteln, sei nur ein Autor als Beispiel angeführt: Johann Conrad Yelin (1796), der sich um einen einheitlichen theoretischen Rahmen bemüht. Er kommt mit nur zwei imponderablen Grundstoffen aus, dem Wärmestoff und dem Lichtstoff. Die Eigenschaften des Wärmestoffs werden nach der neuen Lehre Lavoisiers bestimmt. Beim Licht wird die Theorie Grens (1787) variiert. Danach besteht das sichtbare Licht aus einer Verbindung von Lichtstoff und Wärmestoff. Darin fungiert der Lichtstoff als „Basis", der Wärmestoff als „fortleitendes Fluidum". Verbindet sich der Lichtstoff mit Körpern, so wird der mit ihm verbunden gewesene Wärmestoff frei und der Lichtstoff unsichtbar. - Für die Elektrizität schlägt Yelin eine eigene Theorie vor, als „bloßen Versuch zur Güte". Er nimmt nur ein elektrisches Fluidum an, obwohl er Symmers Theorie der Franklinschen vorzieht. Symmers Theorie lasse die Natur der beiden Elektrizitäten unbestimmt, „ob sie einfache Stoffe und wesentlich verschieden seyen, oder ob die eine blos modificirt die andere ausmache". Er betrachtet das elektrische Fluidum als Verbindung aus Sauerstoff als Basis und Lichtstoff als fortleitendem Fluidum, wobei die positive Elektrizität mit einem Überfluß, die negative mit einem Mangel an Lichtstoff korrespondiere.

Derartige Theorien waren wohlfeil und zeugen davon, daß die Autoren an die zweite Theorieebene viel geringere Standards anlegen als an die erste. Manche weigern sich denn auch, das phantasievolle Spiel mitzuspielen. Mayer (1823[6]) listet eine ganze Reihe von Hypothesen über die Zusammensetzung der elektrischen Fluida auf und stellt dann lapidar fest: „Aus allem erhellet, daß wir über die Natur der elektrischen Flüssigkeiten noch gar nichts wissen." - Aber das ist mehr eine Temperamentssache. Daß es sich um hochspekulative Hypothesen handelte, die zwar den Weg zur Vereinheitlichung der Physik beleuchten, das Ziel aber noch nicht unmittelbar ins Auge fassen konnten, war wohl allen Autoren klar.

Der Übergang von der phlogistischen zur antiphlogistischen Chemie bleibt aufs Ganze gesehen für die Physikbücher von geringer Bedeutung. Nicht nur der Theorientypus bleibt gleich, sondern außerhalb des zentralen Dissenspunktes, der Verbrennungstheorie, können die Vorstellungen sogar übereinstimmen.[308]

Die Phlogistiker Karsten, Lichtenberg, Weber, Gren und Achard sprechen der neuen Theorie Lavoisiers keineswegs allen Wert ab. Die experimentellen Entdeckungen werden anerkannt, und in der Theorie sucht man zu vermitteln. Karsten (1783) meint, der Dissens reduziere sich eigentlich auf die Theorie der Verkalkung der Metalle. Im übrigen brauche man im wesentlichen nur das Phlogiston durch den Sauerstoff zu ersetzen. Lichtenberg (1794[6]) bezeichnet sich als „zweifelnden Naturforscher" und vermutet, „die Wahrheit liege vielleicht, wie bey hundert entgegengesetzten Meinungen, auch hier in der Mitte, wenn sie nicht gar, im gegenwärtigen Falle, jenseits beyder liegt". Die Entdeckungen der neuen Chemie möchten wohl „dereinst Glieder des neuen Ganzen abgeben, und einem Zwecke dienen, den sie selbst nicht vor Augen gehabt hat". Auch die dezidierten Antiphlogistiker halten die neue Theorie nicht für das letzte Wort. Sie sei die gegenwärtig beste, aber keineswegs die bestmögliche (Hauch 1795). Es sei unwahrscheinlich, daß sie völlig umgestoßen würde, aber Änderungen könne es geben (Klügel 1792). Yelin (1796) meint, er sei zwar Antiphlogistiker, aber wenn man ihm ein besseres System vorschlage, sei er bereit, sofort Antiantiphlogistiker zu werden. Die Einsicht in den spekulativen Charakter der Theorien verhindert eine starre Festlegung.[309]

5.4.4 Auswahl und Gliederung des Stoffes

Die Auswahl des Stoffes ist in den Büchern relativ ähnlich. Es gibt offenbar einen Konsens darüber, was im Fach Physik zu behandeln ist und was nicht. Trotz relativ klar definierter Inhalte haben die Autoren jedoch Schwierigkeiten, ihr Fach gegenüber den Nachbardisziplinen abzugrenzen und den Inhaltsbereich der Physik verbal zu umschreiben. Die Identität des Faches, die sich in der Lehrpraxis herausgebildet hatte, war mit der überkommenen Wissenschaftsklassifikation nicht mehr in Einklang.[310]

Die Abgrenzung der Physik von ihren Nachbardisziplinen wird oft noch in traditioneller Weise bestimmt. Snell (1810) macht dies an einem Beispiel deutlich. Er betrachtet das Wasser eines Flusses. Die Naturgeschichte beschäftige sich mit dessen sinnlichen Qualitäten, Farbe oder Geschmack; die

Chemie betrachte zum Beispiel die Zerlegung des Wassers in seine Grundstoffe oder die Abscheidung von Beimengungen zu seiner Reinigung; zur angewandten Mathematik gehöre die Bestimmung des spezifischen Gewichts dieses Wassers, und die Physik schließlich könne nach den Ursachen seiner Elastizität fragen. - Dies entspricht der traditionellen Definition der Fächer. Aber beim Schreiben seines Physiklehrbuches fügt sich Snell dieser selbstgegebenen Inhaltsbestimmung nicht. Er behandelt das spezifische Gewicht und die Grundstoffe des Wassers, also Mathematisches und Chemisches; und er tut das einer etablierten Unterrichtspraxis folgend.

Grimm (1797) stellt fest, die Grenzen der Physik seien ungenau bestimmt. Es gäbe eine enge und eine weitergefaßte Möglichkeit der Grenzziehung. Grimm meint, es entspreche nicht mehr den gegenwärtigen Auffassungen, die Physik so eng zu fassen, wie es die älteren newtonischen Lehrbücher getan hatten.[311] Sie müsse vielmehr sowohl um Inhalte der angewandten Mathematik als auch um Inhalte der Chemie erweitert werden. Damit wird die alte Fächerstruktur praktisch aufgegeben. Chemie und angewandte Mathematik werden der Physik zugeordnet. „Chemie und mathematische Physik, (angewandte Mathematik,) sind beyde nur Zweige der Naturlehre, und lassen sich nicht neben die Physik stellen, sondern sind ihr untergeordnet. Je weiter wir in diese Wissenschaften kommen, desto mehr verschmelzen sie in einander" (Gilbert in Schrader 1804[2]). Der umfassende Anspruch ließ sich in der Praxis schon aus Gründen der Stoffülle nicht durchhalten. Auch sind die Physiker gar nicht daran interessiert, Chemie und angewandte Mathematik in voller Breite zu inkorporieren. Beides waren Wissenschaften, die traditionell das technisch-praktische Erkenntnisinteresse betonten und ein sehr breites Feld solcher Anwendungen umfaßten. Diese Teile der Chemie und der angewandten Mathematik lagen den Physikern mit ihrer philosophischen Tradition eher fern. Zwar war der Nutzen der Anwendungen unumstritten, und die Bedeutung der Physik für die Technik wurde gern gelobt, aber im Unterrichtsstoff spielten die Anwendungen weiterhin eine Nebenrolle in den Anmerkungen. Die Physik beschäftigte sich nicht mit ihren Folgen.

Demgemäß soll die Physik nur die Grundlagen der Chemie und der angewandten Mathematik umfassen, die daneben als eigenständige angewandte Fächer bestehen bleiben sollen. Klügel (1792) betont, daß es Überschneidungsbereiche gebe. Die Gebiete der mathematischen Physik sollten im Physikunterricht unter Betonung der Grundlagen behandelt werden, in der angewandten Mathematik mehr im Detail und insbesondere unter technischem Aspekt. Das gleiche gelte für die Chemie. Insofern sie sich mit den Grundstoffen beschäftige, sei sie „ein Haupttheil der Naturlehre"; jedoch gehörten Spezialuntersuchungen und die mannigfachen Anwendungen in ein eigenes Fach. Physik/Naturlehre wird hier als die Lehre von den Grundlagen aller Naturwissenschaften bestimmt.[312]

Demnach können die Inhalte der Physik nicht mehr dadurch bestimmt werden, daß man die Gebiete angibt, mit denen sie sich beschäftigt. Viele Gebiete gehören zu den Überschneidungsbereichen. Klügel (1792) rechnet nur die Imponderabilien „der Naturlehre eigenthümlich zu", da hier weder die Mathematik noch die Chemie bisher viel zur Erklärung beizutragen hätten.[313] Und er tut auch dies offenbar mit dem Vorbehalt, daß der naturwissenschaftliche Fortschritt es ändern könnte. Physik ist nicht durch ihre Inhaltsbereiche definiert, sondern sie legt den Grund für die theoretische und experimentelle Teilarbeit in allen Sparten der exakten Naturwissenschaften. Was in irgendeinem Teilgebiet zu dieser Grundlage gehört, ist allgemein schwer zu beschreiben, aber konkret besteht darüber ein weitgehender Konsens unter den Fachdidaktikern.

Physik ist damit ein Unterrichtsfach, das per Definition seine Anwendungsbereiche nicht enthält. Zwar blieben die Meteorologie, die physikalische Geographie und die physikalische Astronomie noch ihrem Mutterfache zugeordnet, jedoch sozusagen auf Widerruf bis zur Entwicklung eigener disziplinärer Strukturen. In den Lehrbüchern werden sie manchmal behandelt, manchmal nicht. Wenn sie behandelt werden, dann ohne Zusammenhang mit der „eigentlichen" Physik, als zweiter Teil des Lehrwerks oder sogar als gesonderter Band.

Dem weitgehenden Konsens bei der Auswahl der Inhalte entsprechen weitgehende Ähnlichkeiten bei der Gliederung des Stoffes. Die Gliederungen wirken geschlossener und weniger zufällig als in den Vorgängerwerken. Sie folgen durchweg der wissenschaftlichen Systematik. Nur selten werden der Voraussetzungsgebundenheit des Lehrgangs wegen gewisse Umstellungen vorgenommen.[314] Im Grunde wird die traditionelle Einteilung in allgemeine und besondere Physik fortgeführt, wenn auch auf diese beiden Begriffe nicht mehr viel Wert gelegt wird und sie selten explizit in den Gliederungen auftauchen. Der allgemeine Teil enthält weiterhin die Behandlung der allgemeinen Eigenschaften der Körper sowie die mechanischen Wissenschaften, der besondere Teil die Lehre von den Elementen, beziehungsweise wie man jetzt lieber sagt, von den Grundstoffen.[315] Dieser durch die Tradition vorgegebene Rahmen wird in einer der chemischen Orientierung entsprechenden Weise variiert und ausgefüllt. Als Beispiel sei die Gliederung aus Suckow (1813) angeführt. Sie ist typisch und zeigt durch ihre Untergliederung die Struktur besser als die meisten anderen, die nur Kapitel aneinanderreihen.

1   Allgemeine Eigenschaften der Körper
2   Anziehende Kraft, Kohäsion, chemische Verwandtschaft
3   Gesetze der Bewegung und des Gleichgewichts
3.1   Dynamik und Statik fester Körper
3.2   Hydrodynamik und Hydrostatik sowie Aerodynamik und
       Aerostatik
4.   Grundstoffe der Körper
4.1   Wägbare Grundstoffe
4.2   Unwägbare Grundstoffe
4.2.1 Wärmestoff
4.2.2 Lichtstoff
4.2.3 Elektrizität
4.2.4 Galvanismus
4.2.5 Magnetismus

Suckows Eingangskapitel über die „Allgemeinen Eigenschaften" bringt nicht mehr die klassische Liste. Sie war am Atomismus der Newtonianer orientiert und für die neue, chemische Weltsicht nicht zentral. Suckow faßt unter der alten Überschrift zusammen, was er als Grundlage der Physik betrachtet: die Begriffe Volumen und Masse, die mechanische und die chemische Teilbarkeit, die Grundstoffe und Grundkräfte, sowie eine Reihe makroskopischer Eigenschaften der Körper, wie Härte, Elastizität, Aggregatzustand usw. Er folgt damit einer von Karsten (1780) begründeten Praxis. Karsten überschreibt sein Eingangskapitel mit „Erklärung einiger Grundbegriffe der Naturwissenschaft". Es geht darum, eine begriffliche Grundlage zu schaffen, auf der die Behandlung der folgenden Gebiete aufbauen kann. Die Begriffe werden als Erfahrungbegriffe eingeführt, nicht als notwendige Definitionsmerkmale wie ehedem ein Teil der allgemeinen Eigenschaften. Die Auswahl der einzuführenden Begriffe ist nicht mehr durch die Wissenschaftssystematik streng vorgegeben, sondern läßt didaktischen Entscheidungen bis zu einem gewissen Grade Raum. Suckow (1813) widmet dem erklärenden Grundbegriff der chemischen Physik, der anziehenden Kraft, ein eigenes Kapitel. Bei anderen Autoren kann dies auch zum anfänglichen Grundlagenkapitel gehören.[316]

Daran schließt sich die Behandlung der mechanischen Wissenschaften an. Sie umfaßt jetzt die Mechanik der festen Körper, der Flüssigkeiten und der Gase. Die Zuordnung der Hydromechanik zum Wasser und der Aeromechanik zur Luft verschwindet. Sie war naturgeschichtlich motiviert und - von einer Theorie der Kräfte her betrachtet - nicht schlüssig. Das Verhalten der Körper unter dem Einfluß der ersten Grundkraft, der Schwerkraft, mußte im Zusammenhang behandelt werden.[317]

Die allgemeine Physik ist der allgemeinen Grundkraft, der Schwere, gewidmet; die spezielle Physik behandelt die zweite Grundkraft, die Kohäsion/chemische Verwandtschaft, die sich in den Grundstoffen in je spezifischer Form äußern soll. Sie zerfällt in zwei Teile, einen Teil, der die ponderablen Grundstoffe behandelt, und einen für die Imponderabilien. Außer den Grundstoffen werden oft auch die wichtigsten Verbindungen behandelt.

Der Teil über die ponderablen Stoffe enthält einen Überblick über die Grundlagen der Chemie. Dazu gehört eine Auflistung und Beschreibung der bis dato bekannten Grundstoffe, eine Behandlung der verschiedenen Luftarten (Gase), deren Entdeckung als größter Fortschritt der neueren Chemie betrachtet wird und zur antiphlogistischen Theorie geführt hatte, und manchmal auch noch ein Überblick über die wichtigsten chemischen Verbindungen.[318]

Die Kapitel über die Imponderabilien sind in allen Büchern vom Umfang her sehr gewichtig. Meist sind es vier: Wärme, Licht, Elektrizität und Magnetismus. In einigen der jüngeren Bücher wird dem Galvanismus ein eigenes Kapitel gewidmet, der sonst der Elektrizität zugeordnet ist.

Die Gliederungen wirken geschlossen,[319] als wären sie Ausdruck einer einheitlichen Theorie. Aber der Eindruck täuscht. Sie sind nur Ausdruck einer Konzeption, die noch der Verwirklichung harrte. Lichtenberg (1794[6]) meint, man müsse gestehen: „Unsere ganze Naturlehre bestehe nur aus Bruchstücken, die der menschliche Verstand noch nicht zu einem einförmigen Ganzen zu vereinigen wisse. Vor Gott ist nur Eine Naturwissenschaft, der Mensch macht daraus isolirte Capitel." Der Aufbau der Werke zeigt, wie man sich diese Einheit vorstellte, nämlich als einen Komplex aus phänomenologischen Theorien über einzelne Gegenstandsbereiche, die von einer übergeordneten chemischen Theorie der Grundkräfte zusammengehalten wurden. Das Programm erwies sich schließlich als unrealistisch. Die Entwicklung sowohl der Chemie als auch der Physik sprach gegen eine chemische Theorie der Imponderabilien. Die Chemie entwickelte sich durch Berzelius und Dalton zu einer Wissenschaft des Wägbaren, und in der Physik gewannen die mechanischen Vibrationstheorien für Licht und Wärme wieder Attraktivität.

5.4.5   Standardisierung

Der größte didaktische Fortschritt gegenüber den Lehrbüchern der vorangegangenen Generation liegt in der Darstellung der ersten Theorieebene. Er besteht in einem Gewinn an Zusammenhang, Kohärenz, Einheit des Wissens. Aus der großen Menge des experimentellen Wissens wird eine kleine Zahl von Tatbeständen als grundlegend ausgezeichnet, und die übrigen werden als davon ableitbar begriffen. Dieser Prozeß der Rationalisierung und Herstellung von Konsistenz ist als Standardisierung bezeichnet worden.[320] Der Gewinn an Ordnung und Stringenz wird dabei durch einen Verlust an Beziehungsreichtum erkauft. Das Wissen wird so dargestellt, als gäbe es eine geradlinige, logische Entwicklung von einfachen, grundlegenden Tatsachen hin zur komplexen Theorie. Dabei gibt es eine Tendenz, Ungereimtheiten und begriffliche Unklarheiten glattzubügeln und sich auf solche Gegenstände zu konzentrieren, die sich der Logik des Unterrichtsganges einordnen.

Ein gewisses Maß der Standardisierung wird wohl jedem Lehrbuch eigen sein, aber es gibt doch große Unterschiede. Ein Wissen, das philosophisch oder weltanschaulich kontrovers ist, kann nur bei Unterschlagung dieser Tatsache standardisiert werden. In den „chemischen" Lehrbüchern ist ein bis dahin noch nicht erreichtes Maß der Standardisierung verwirklicht. Die Indizien dafür wurden schon genannt und seien hier nochmals wiederholend zusammengestellt:

a) Das Dominieren der phänomenologischen Theorien gegenüber den erklärenden oder, damit zusammenhängend, das Dominieren des positiven Wissens gegenüber dem interpretativen. Zwar wollte schon Eberhard (1755) vor allem die „ausgemachten Wahrheiten" darstellen, aber er stellte sie in einen theoretisch-diskursiven Zusammenhang, zeigte ihr fragwürdiges Umfeld und machte damit über das positive Wissen hinaus Konnotationen und Beziehungen deutlich. Demgegenüber wird jetzt versucht, das positive Wissen möglichst rein darzustellen. Fragliches, Spekulatives wird davon abgesetzt und manchmal auch abgewertet.

b) Die Betonung des Zusammenhangs und der internen Konsistenz. Der „Ozean der Daten"[321] der älteren Newtonianer, in dem potentiell alles wichtig war und alles mit allem zusammenhängen konnte, wird radikal reduziert. Die interne Konsistenz der Theorie bestimmt, was wichtig ist, was zum Randphänomen wird und was als bloße Seltsamkeit weggelassen werden kann. Diese Veränderung des wissenschaftlichen Theorieideals macht auf manchen Gebieten eine Standardisierung überhaupt erst möglich. Nicht umsonst waren in den älteren Büchern die Standardisierungsansätze in den aus der angewandten Mathematik übernommenen Gebieten am deutlichsten.

c) Die weitgehende Übereinstimmung in der Auswahl der Inhalte und der Gliederung der Gebiete. Die theoretische Konsistenz ist Voraussetzung dafür, daß sich ein solcher Konsens der Lehrbuchschreiber ausbilden kann. Die selbständige Leistung des Lehrbuchschreibers bezieht sich mehr auf mikrodidaktische beziehungsweise methodische Entscheidungen.

Mit zunehmender Standardisierung brauchen die Lehrbuchautoren nicht mehr in Kontakt zur lebendigen Wissenschaft zu stehen. Sie können weitgehend darauf verzichten, Originalliteratur zu konsultieren und das Wissen zu großen Teilen selbst aus Lehrbüchern (evtl. einer höheren Stufe im Ausbildungssystem) schöpfen. - Auf die Abhängigkeit eines großen Teils der „chemischen" Physikbücher von wenigen Referenzwerken ist schon hingewiesen worden. Ein anderes, in dieselbe Richtung weisendes Indiz ist, daß in vielen Büchern keine Quellen mehr zitiert werden. Suckow (1813) beklagt, daß dies immer mehr einreiße und dadurch den Studenten eine eigene Meinungsbildung erschwert werde. Das Lehrbuch solle „die Darstellung des gegenwärtigen Zustandes der Wissenschaft liefern und deren Richtigkeit aus den Original-Schriften der Beobachter nachweisen". Dies Ziel verfolgen aber nur noch die anspruchsvolleren Werke, insbesondere die ausschließlich für die Universität geschriebenen. Die im Niveau tiefer ansetzenden Bücher bekennen sich manchmal sogar ausdrücklich zu ihrer Abhängigkeit von den Referenzwerken, ohne dieso im einzelnen aufzuzeigen. Bourguet (1798) meint in Hinblick auf sein Buch: „Daß ein Buch wie gegenwärtiges im Ganzen genommen nichts anders, als eine Compillation oder ein Auszug aus andern seyn könne, erhellet wohl aus der Natur der Sache. Da es denjenigen, welche meinen Grundriß zu ihrer Belehrung studieren, ganz gleichgültig seyn kann, wo dieses oder jenes hergenommen ist; so hielt ich es nicht für zweckmäßig, bei den manchmal wörtlich entlehnten, sehr oft excerpirten Stellen, den benutzten Schriftsteller anzuführen". Ähnlich beschreibt Imhof (1794) das Geschäft des Lehrbuchschreibens: „Ich durchsuchte ... die besten und bekanntesten Werke physischen Inhaltes, nahm von jedem das, was ich als das Beste von allen erkannte, oder doch von den meisten dafür anerkannt wird, und machte daraus von Zeit zu Zeit ein Ganzes ... ." - Nun ist auch vorher abgeschrieben worden. Aber das war dann entweder ein Zeichen für mangelnde Kompetenz oder das ausdrückliche Bekenntnis zu einer bestimmten Philosophie. Bourguet und Imhof sind jedoch durchaus kompetente Lehrbuchschreiber mit breitem Wissen und eigenständigem Urteil. Wenn sie sich freimütig zur Methode der Kompilation bekennen, so sagt das nichts über die Verfasser, wohl aber über ihre Auffassung vom Lehrbuchschreiben. Auf standardisiertes Wissen gibt es kein Urheberrecht. Warum also sich die Mühe einer Neukonzeption machen, wenn man eine gute Darstellung gefunden hat?

Zur Standardisierung der Inhalte paßt eine Standardisierung der Sprache. Sie wird kürzer, trockener, kompendienhaft. Die Subjektivismen werden seltener. Eigenlob, Schimpfen über die Kollegen, moralische Sentenzen und fromme Ergüsse verschwinden. Person und Temperament des Verfassers treten ganz hinter die Inhalte zurück.

Lithographie von Jules Boilly 1820

5.5 Fallstudie: René Juste Haüy

5.5.1 Einleitung

René Juste Haüy (1743-1822) ist als Begründer der Kristallographie bekannt. Die längste Zeit seines Lebens war er Lehrer an höheren Schulen. Nachdem er durch seine mineralogischen Arbeiten bekannt geworden war, wurde er zunächst Professor an der Ecole Normale (Lehrerseminar) in Paris und erhielt schließlich 1802 den Lehrstuhl für Mineralogie an der dortigen Universität. Es wurde in die französische Akademie der Wissenschaften aufgenommen und mit dem Ritterkreuz der Ehrenlegion ausgezeichnet.

Während des Konsulats Napoleon Bonapartes wurde das höhere Schulwesen in Frankreich neu geordnet. Es entstanden die Nationallyzeen, in denen auf mathematisch-naturwissenschaftliche Bildung großer Wert gelegt wurde. Haüy wurde beauftragt, für diese Schulen das physikalische Lehrbuch zu schreiben. Das Buch erschien 1803 und war für die Lyzeen obligatorisch. Es wurde bereits ganz kurz nach seinem Erscheinen ins Deutsche übersetzt, und zwar gleich zweimal: von Blumhof (1804) und von Christian Samuel Weiss (1805), der auch Haüys mineralogisches Hauptwerk übersetzt hatte. Weiss war zu der Zeit noch ein unbekannter Dozent. Seine wesentlichen kristallographischen Arbeiten, in denen er Haüys Forschungen fortsetzt, sind erst später entstanden.

Das prompte Erscheinen der Übersetzungen zeigt, mit welchem Interesse die wissenschaftlich gebildete Öffentlichkeit damals nach Paris blickte. Was aus dem Zentrum der mathematischen Physik kam, konnte der Beachtung durch die deutschen Physiker sicher sein. Für den Gebrauch innerhalb der institutionalisierten Bildung in Deutschland eignete sich das Buch weniger. Für das gelehrte Schulwesen war es entschieden zu umfangreich. Für die allgemeinen Einführungsvorlesungen an den Universitäten und die öffentlichen Vorlesungen der Professoren war es zu wenig experimentell orientiert. Außerdem behandelte es die Mechanik nicht.[322] Da sich die Kurse eng an das Lehrbuch zu halten pflegten, war ein Buch, das so stark die Persönlichkeit seines Autors widerspiegelte, wie das von Haüy, auch nicht leicht zu adaptieren. Es ließ dem Vortragenden zu wenig Freiheiten. Dementsprechend empfehlen die beiden Übersetzer in ihren Vorworten das Buch mehr zum Selbststudium, zum Gebrauch neben Vorlesungen für Studenten der Anfangssemester.

Haüys Buch ist vom Geist der französischen mathematischen Physik geprägt. Er gibt an (1804, 18), daß Teile seines Werkes in der Unterhaltung mit Laplace entstanden sind, den er als Gewährsmann in Zweifelsfragen benutzt zu haben scheint. Der Instrumentalismus dieser Schule hat die deutsche Physik um die Wende zum 19. Jahrhundert zwar maßgeblich beeinflußt,[323] war jedoch immer auch herber Kritik ausgesetzt, die sich gerade um die Erscheinungszeit von Haüys Buch in der romantischen Naturphilosophie neu formierte. Auch Weiss war ein Anhänger der Naturphilosophie. Er hat seiner Übersetzung einen Anhang beigegeben, in dem er das Programm der romantischen Naturphilosophie gegen dasjenige der Laplaceschen Physik setzt. Weiss kritisiert an Haüy, ihm fehle die „Idee der Natur als eines Ganzen", und deshalb bleibe „das Wesentliche und gewiß Erhabene der heutigen Naturwissenschaft ihm fremd" (1805, 1. Bd. 641f.). Auf die Einzelheiten der Kritik von Weiss an Haüy soll hier nicht eingegangen werden. Zentrale Punkte sind die atomistische Materievorstellung und die „lediglich zum Behuf einer dürftigen Erklärung" dienenden Imponderabilien, die es für Weiss „nicht giebt" (1805, 2. Bd. 601f.). Weiss kritisiert also nicht die mathematische Theorie, sondern die dieser zugrundeliegende Ontologie, die für den Instrumentalisten Haüy, wie wir sehen werden, bloß heuristischen Wert hatte. Für den Naturphilosophen Weiss bedeutet sie aber mehr, und damit hat er den zentralen Unterschied der beiden Position sehr genau getroffen. Zugleich kann er die Vorzüge von Haüys Buch im Rahmen dieser Beschränkung durchaus würdigen.

Der zentrale Begriff in Haüys Buch ist die Theorie. Die theoretische Neugierde liefert die Motivation der physikalischen Forschung (Kap. 5.5.2). Die mathematische Formulierung gibt der Theorie Allgemeinheit und innere Konsistenz (Kap. 5.5.3). Die Elementarisierung der mathematischen Physik unter Bewahrung ihres Denkstils ist die wichtigste Aufgabe der Didaktik. Begründet ist die Theorie ausschließlich in der Erfahrung (Kap. 5.5.4), und von daher bestimmt sich auch die Aufgabe des Experiments im Unterricht. Die Theorie sagt nichts Definitives über das Wesen der Dinge (Kap. 5.5.5). Sie kann durch Modellvorstellungen interpretiert werden, die jedoch nur heuristischen Wert haben. Allerdings sind diese Modelle nicht beliebig, sondern folgen aus der regulativen Idee der newtonischen Welt, wie sie im Laplaceschen Programm konkretisiert wurde. Angestrebt ist eine Physik der Imponderabilien auf der Grundlage eines einheitlichen Kraftgesetzes (Kap. 5.5.6). Im folgenden wird durchweg die Übersetzung von Blumhof (1804) zitiert, die sprachlich flüssiger ist.[324]

5.5.2 Theoretische Neugierde und praktischer Nutzen

„Das Phänomen, welches uns jetzt beschäftigen soll, nämlich die sogenannte Gewalt der Spitzen, ist theils an sich selbst, theils wegen der nützlichen Anwendung derselben, um Gebäude gegen die Explosionen der natürlichen Elektricität zu schützen, eines der merkwürdigsten, welches die Elektricität darstellt" (1804, 434). So beginnt Haüy sein Kapitel über die Spitzenwirkung. Das Zitat zeigt, wann er einen bestimmten Gegenstand besonders schätzt: er muß merkwürdig und nützlich sein. Die Naturwissenschaft soll die theoretische Neugierde befriedigen und von praktischem Nutzen sein.

Insoweit ist dies eine ganz in der Tradition des 18. Jahrhunderts liegende Beschreibung des Zwecks der Physik. Allerdings unterscheidet sich Haüy von den Physikern des 18. Jahrhunderts dadurch, worin er den Nutzen der Physik sieht. Die Hinführung zum Glauben, die Bekämpfung des Aberglaubens, der moralische Zweck: all dies spielt kaum noch eine Rolle. Nutzen bestimmt sich für Haüy ganz überwiegend technisch-praktisch. Zwar wird in der Einleitung noch auf die Beziehung zwischen Naturstudium und Religiosität hingewiesen. Dieses „erhebt das Herz, und schafft die Empfindungen der Ehrfurcht und Bewunderung, durch die Anschauung so vieler Wunder, welche die unverkennbarsten Kennzeichen der unendlichen Macht und Weisheit an sich tragen" (1804, 4). Aber danach ist von derlei Dingen nicht mehr die Rede. Die Bekämpfung des Aberglaubens ist überhaupt kein Thema mehr. Demgegenüber wird auf den Nutzen der Technik immer wieder verwiesen; nicht nur wo, wie bei der Dampfmaschine, „das Interesse des Handels und der Industrie" (1804, 237) offensichtlich ist,[325] sondern auch bei viel weniger spektakulären Dingen, wie dem Hygrometer, dessen Nutzen für das Reisen und die Veranstaltung von (regenfreien) Festen gelobt wird (1804, 182).

Der naturwissenschaftliche Unterricht soll sich aber keineswegs nur am praktischen Nutzen orientieren, denn man kann oft nicht entscheiden, wozu das Wissen einmal nützlich sein könnte. „Wenn daher ein wissenschaftlicher Gegenstand anfänglich auch nur auf müssige Spekulationen zu führen scheint, so ist dieß doch noch kein Grund, denselben zur Vergessenheit zu verdammen. Außerdem, daß daraus Kenntnisse entstehen, welche sich zur Uebung des Scharfsinns und zur Cultur des Verstandes eignen,[326] so dienen dieselben auch oft dazu, nützliche, sie begleitende Wahrheiten aufzuklären, und sie nehmen Theil an den Vortheilen dieser letztern, indem sie uns dieselben ergründen helfen. Ueberdem enthalten sie vielleicht einen verborgenen Nutzen, der sich endlich offenbart, und die Augenblicke, welche wir ihnen widmen, bereiten vielleicht denjenigen vor, wo sie aufhören unfruchtbar für das Wohl der menschlichen Gesellschaft zu seyn" (1804, II: 159).

Das Argument vom „verborgenen Nutzen" wird von den Wissenschaftlern des 19. Jahrhunderts immer wieder gebracht. Es enthebt der Notwendigkeit, konkrete Forschungsvorhaben zu legitimieren. Das im 18. Jahrhundert noch durchweg vorhandene Bewußtsein von der Legitimationsbedürftigkeit des wissenschaftlichen Fortschritts ist hier verloren gegangen. Wenn die Theorie durch ihren potentiellen Nutzen schon von vornherein gerechtfertigt ist, kann Wissenschaft um ihrer selbst willen betrieben werden, und der wissenschaftliche Fortschritt erhält etwas Naturgegeben-Zwangsläufiges.[327]

Für die Didaktik bedeutet dies, daß der Zusammenhang von Naturwissenschaft und Technik, mag er auch für noch so wichtig gehalten werden, weiterhin im Unterricht marginal bleiben kann. Das eigentlich Bestimmende sind die Theorien. Technisch-praktische Aspekte behalten den Charakter von Exkursen, Hinweisen, Anwendungsbeispielen. Haüy will mit seinem Lehrbuch die Schüler „zu denjenigen Functionen, wozu sie dereinst bestimmt werden, geschickt machen" (1804, 19). Er will also erklärtermaßen auch Berufsvorbereitung betreiben, aber er tut dies, indem er die Theorie in den Mittelpunkt stellt.

Der Überzeugung von der Zwangsläufigkeit des Fortschritts entspricht ein Wissenschafts- und Technikpathos. Durch die auf der Naturwissenschaft beruhende Technik ist der Mensch in der Lage, die Natur zu beherrschen. Die Zeit, als er ihr noch ausgeliefert war und mit Furcht entgegentreten mußte, ist überwunden. „Die Macht der Kunst hat die der Natur weit übertroffen" (1804, 145). Als beispielhaft für diesen Fortschritt erscheint ihm die Luftfahrt mit dem Ballon, dem er ein ganzes Kapitel seines Buches widmet. Die erste Fahrt mit einem wasserstoffgefüllten Ballon durch Charles erscheint ihm als Symbol für die Herrschaft des Menschen über die Natur. Charles „erhob sich hierauf, angefeuert durch einen, seinem Eifer und Muth würdigen Enthusiasmus, ..., um gleichsam im Namen der Physiker Besitz von der Region der Meteore zu nehmen" (1804, 337).

Der Physiker ist eine Art Entdeckungsreisender, der sich, getrieben von der theoretischen Neugierde, an die Eroberung der unbekannten Gebiete der Natur macht und der damit den nachfolgenden Kaufleuten den Weg bereitet. Man merkt Haüys Formulierungen an vielen Stellen an, wie sehr ihn die Forschungstätigkeit fasziniert, wie stark er selbst von der theoretischen Neugierde gepackt ist, die „das Genie in diese Art von Unruhe und Bewegung" versetzt, „die den Entdeckungen so günstig ist" (1804, 250). Für Haüy ist die Neugierde ein unmittelbares Lebensgefühl und Forschung eine Tätigkeit, die Spaß macht. Motivierend ist nicht mehr das Glück der reinen Erkenntnis, das dem Forscher als Lohn seiner Mühe winkt, sondern die Spannung des Prozesses. Die Automatik des Fortschritts erlaubt es dem Forscher, ganz naiv der eigenen Wißbegierde zu folgen, ohne in den Verdacht zu geraten, bloß für das eigene Vergnügen zu sorgen. Forschung ist eo ipso gerechtfertigt und der einzelne Forscher braucht nicht mehr zu versuchen, seinen Beitrag als einen Dienst an der Menschheit darzustellen.

Mit dem Zwang zur Legitimation der theoretischen Neugierde entfallen zugleich deren Grenzen. Die Physik kennt keine Tabus mehr. Ein Beispiel ist die im 18. Jahrhundert hitzig diskutierte Frage von Experimenten mit Tieren und Menschen. Haüy hält „Versuche an großen Thieren und eben gestorbenen Menschen" (1804, 8) für normal. Ein anderes Beispiel sind die Versuche mit der Gewitterelektrizität, die wohl nur deshalb ein so ungeheures Aufsehen erregen konnten, weil sie vom Publikum als eine Grenzüberschreitung begriffen wurden. Für Haüy sind sie Anlaß, den Sieg der theoretischen Neugierde über die Furcht zu konstatieren. „Die mit dergleichen Versuchen, selbst bei der größten Vorsicht, verknüpften Gefahren sind so einleuchtend, daß solche nur von Leuten unternommen werden können, deren Neugierde über ihre Furcht siegt" (1804, 475).

Demgegenüber sind ihm die harmlosen Belustigungen der Schauphysik suspekt. Das allgemeine Interesse „erschuf Physiker, welche auf öffentlichen Plätzen Elektrisirmaschinen aufstellten, und in der ersten Hitze strömte die Menge herbei, um hier statt der Wunder, Blendwerke anzustaunen" (1804, 445). Hier wird die Neugierde pervertiert zur bloßen Schausucht, der das theoretische Interesse fehlt. Ein wenig Schau darf für Haüy ruhig dabeisein (1804, 441 u. 444), aber das Ziel bleibt doch immer, die Wunder der Natur zu erforschen.

5.5.3   Die Theorie: Allgemeinheit und Mathematisierung

Haüy bezeichnet sich als Newtonianer. „Newton lehrte die wahre Methode zur Erklärung der Phänomene, durch welche die Wissenschaften so schnelle Fortschritte gemacht haben" (1804, 4). Aber unter dieser Methode versteht Haüy nicht das, was die newtonische Methodologie fordert. Newtons Regeln des Philosophierens kommen bei Haüy nicht explizit vor, und er hat auch keine grundsätzlichen Einwände gegen den Gebrauch von Hypothesen, sondern verwendet sie recht freigiebig. Wenn er sich als Bewunderer Newtons zu erkennen gibt, so hat er nicht dessen Methodologie im Auge, sondern die methodische Praxis der „Principia". Die Gravitationstheorie erscheint ihm als Paradigma für wissenschaftliches Vorgehen (1804, 5 u. 64). Nach ihrem Vorbild sollen alle Gebiete der Physik bearbeitet werden. Und so beginnt Haüy seine Betrachtungen über die Methode der Physik mit einer Erklärung des Begriffs „Theorie". Damit meint er, „das Wesentliche dieser Methode" (1804, 5) zu charakterisieren.

Zwei Merkmale kennzeichnen nach Haüy eine reife physikalische Theorie: Allgemeinheit und Mathematisierung. Allgemeinheit ist sozusagen das konstituierende Element der Theorie. „Der Zweck einer Theorie ist, alle besonderen Thatsachen unter eine, oder die geringste Zahl allgemeiner Thatsachen zu verbinden" (1804, 4f.). Die Gravitationstheorie führt dazu, daß so verschiedene Phänomene wie die Bewegungen der Himmelskörper, die Abplattung der Erde und der freie Fall als verwandt gesehen werden, als Ausdrucksformen eines allgemeinen Phänomens. Die Theorie hat „den Vortheil, ihren Gegenstand allgemein zu machen, indem sie diese Mannigfaltigkeit der Formen, die wegen ihrer Verschiedenheit so wenig mit einander gemein zu haben scheinen, auf ein und dasselbe Element zurückführt" (1804, 116).

Dem Physiker konstituiert sich dadurch eine neue Welt, die sich von der Alltagswelt unterscheidet. Er „gewöhnt sich", unterschiedlich erscheinende Dinge „unter einerlei Ansicht" zu betrachten (1804, 144). Die Theorie ist die Brille, mit der der Physiker die Welt betrachtet, und dabei verändert sich die Welt radikal. Unter dem Blickwinkel der Theorie der Wärme erscheinen das Schmelzen des Eisens im Hochofen und das Auftauen des Eises als ein- und derselbe Prozeß, so daß man auch vom „Aufthauen des Eisens" (1804, 144) sprechen könnte. Die Theorie erlaubt die Verknüpfung von Phänomenen, „die der große Haufe nicht näher erwägt, und die man selbst durch die Sprache unterscheidet" (1804, 143, 144). Ihre Allgemeinheit macht die Theorie also zu einem mächtigen heuristischen Hilfsmittel.

Die Allgemeinheit ist aber nicht nur für den Kontext der Entdeckung von Vorteil, sondern betrifft auch den Kontext der Rechtfertigung. Eben weil sie allgemein ist, ist die Theorie mehr als eine bloße Ordnung und Beschreibung der Fakten, die zu ihrer Aufstellung geführt haben. Haüy macht an vielen Stellen seines Buches klar, daß ihm die Theorie mehr bedeutet als eine ökonomische Darstellung der empirischen Befunde. Sie ist zugleich Rechtfertigung für die von ihr postulierten Fakten, auch wenn diese (noch) nicht beobachtet wurden oder nicht beobachtbar sind. Die von der Theorie postulierten Wirkungen „haben aber durch die Theorie eine Allgemeinheit erhalten, die man nicht verwerfen kann", auch wenn „die Beobachtung ... eingeschränkt" ist (1804, 144). Erst die Integration in eine Theorie macht eine Tatsache zu einer physikalischen.

Die Allgemeinheit einer Theorie wird erreicht durch Mathematisierung. Die mathematische Gleichung faßt die Vielzahl der natürlichen Phänomene zu dem allgemeinen Phänomen der Theorie zusammen. Die Eleganz und Exaktheit der mathematischen Behandlung sind für Haüy das Faszinierende an der Physik. Die wohl häufigste Redewendung in seinem Buch ist „dem Calcul unterwerfen". Der Ausdruck ist bezeichnend. Er zeigt das Selbstverständnis des Instrumentalisten Haüy. Die Mathematik ist Herrscher, dem sich alles unterzuordnen hat, insbesondere die traditionelle philosophische Naturbetrachtung. Die Ontologie der Theorie ist nicht mehr der mathematischen Behandlung über- und vorgeordnet, sondern muß sich am Kriterium der Mathematisierbarkeit messen lassen. Wenn verschiedene Theorien die Existenz verschiedener Gegenstände behaupten, ist dies „nur eine verschiedene Vorstellungsart von der nämlichen Verbindung der Wirkungen", und man kann diejenige wählen, „welche sich leichter durchs Räsonnement entwickeln läßt" (1804, 417). Die „richtigere Idee" (1804, 31) ist immer diejenige, deren Resultate sich dem Kalkül unterwerfen lassen. Die Unterwerfung der Ontologie unter die Mathematik ist aber zugleich eine Unterwerfung der Natur unter den Willen des Menschen. Die mathematische Theorie macht die Natur berechenbar und damit beherrschbar.

Wissenschaft wird hier nicht mehr getrieben zur Erkenntnis des Gegebenen, sondern zur Voraussage mit dem Zweck der Beherrschung. Nicht mehr die Enthüllung der Struktur des Seienden ist Aufgabe der Wissenschaft, sondern die Konstruktion von Modellen zum Zweck der Kontrolle. Wer davon spricht, die Erscheinungen dem Kalkül zu unterwerfen, sieht den Theoretiker in Analogie zum Feldherrn, als einen handelnden Menschen, der die Natur mit Hilfe der von ihm entworfenen Theorie in das Joch der Berechenbarkeit zwingt. - Was in der Metapher von der Unterwerfung unter den Kalkül schlaglichtartig zum Ausdruck kommt, soll im folgenden noch im einzelnen belegt werden.

Besonders klar kommt Haüys Instrumentalismus in seiner Haltung zu den „subtilen Fluida" zum Ausdruck, die allgemein als Träger der verschiedenen Kraftwirkungen angenommen wurden. Für den älteren Newtonismus waren dies grundlegende Entitäten, deren Existenz durch bekannte Phänomene als eindeutig erwiesen galt. Sie galten nicht als hypothetisch, sondern als notwendige Voraussetzungen der Theorie, ohne die die Kraftwirkungen nicht gedacht werden konnten. Eine Theorie gewann ihre Anschaulichkeit dadurch, daß sie die Erscheinungen auf Bewegungen solcher materiellen Entitäten zurückführte, und eine Erklärung wurde nur als befriedigend akzeptiert, wenn sie auf derart anschauliche Grundvorstellungen zurückführte.

Haüy entwickelt seine Position zu den subtilen Fluida ausführlich bei der Einführung des Wärmestoffs. Er schreibt dort (1804, 117ff.): „Ist der Wärmestoff bloß der Effekt einer innern Bewegung, durch welchen die Theilchen der Körper genöthigt werden, sich nach den Umständen zu zerstreuen oder sich einander zu nähern? Oder besser, ist er eine wirkliche Materie, ein feines und elastisches Fluidum, welches alle Körper durchdringt, und ihre Bestandtheile zerstreut, oder ihnen erlaubt sich einander zu nähern, so wie die Menge desselben in jedem dieser Körper sich vermehrt oder vermindert? Ohne über diese beiden Meinungen zu entscheiden, behalten wir die zweite bei, und betrachten solche bloß als Hypothese, welche am meisten geeignet ist, die Begriffe von den Phänomenen aufzuhellen, und letztere am bequemsten zu erklären.

Auch werden wir uns derselben bei allen ähnlichen Gelegenheiten bedienen, besonders bei der Lehre von der Elektricität und von dem Magnetismus, indem wir durch das Wort Fluidum die beiden zusammensetzenden Stoffe der elektrischen und magnetischen Flüssigkeit bezeichnen; nicht, um die Wesen, deren Existenz nicht hinlänglich erwiesen ist, auszudrücken, sondern um in Gedanken einen Gegenstand der Wirkung von den bekannten Kräften anzugeben, welche zur Entstehung der Phänomene beitragen. Uebrigens werden wir den Unterschied, welchen man zwischen den wahren Fluidis, die bemerkbar sind, und die wir in Gefäße einschließen, und diesen Agentien, über deren Daseyn sich die Beobachter bisher so viele Mühe gegeben, machen muß, nie aus dem Auge verlieren. Wir bringen sie durchaus nicht in die Natur, sondern bloß in die Theorie, weil sie, wenn man sie gehörig auswählt, den Vortheil haben, die Resultate glücklich darzustellen, und eine genugthuende Erklärung derselben zu gewähren; auch dienen sie selbst dazu, sie vorherzusehen. Wenn sie also auch nicht die wirklichen Agentien sind, welche die Natur zur Entstehung der Phänomene anwendet, so nimmt man sie doch als wirklich und gleichgeltend an.

Wir bestehen auf dieser Bemerkung, weil sie uns zu den Fortschritten der Wissenschaft wesentlich scheint, um in das Studium derselben diese Richtigkeit und Präcision der Ideen, diese correcte und genaue Methode, welche jede Sache in ihre gehörige Lage setzt, welche die Natur nicht mehr sagen läßt, als was sie gesagt hat, zu bringen, ...“

Das Zitat bedarf keiner Interpretation. Klarer kann man die instrumentalistische Position kaum ausdrücken. Die subtilen Fluida sind nicht mehr die Grundbausteine der Welt, sondern theoretische Fiktionen. Nicht weil die Natur so ist, werden sie eingeführt, sondern um „die Begriffe aufzuhellen“, „die Resultate glücklich darzustellen“, „am bequemsten zu erklären“ und „vorherzusehen“. Die Einfachheit, Geschlossenheit und Allgemeinheit der mathematisierten Theorie entscheiden über die Wahl der Grundbegriffe. Diese haben Modellcharakter.

Diese Haltung gibt Haüy eine große Freiheit im Umgang mit den einer Theorie zugrundeliegenden Modellvorstellungen. Subtile Fluida werden ohne Skrupel postuliert; Hauptsache, man kann berechnen, vorhersagen. Wenn mehrere Modelle zum gleichen Ziel führen, kann man dasjenige wählen, das der Theorie eine „glückliche Einfachheit" verleiht (1804, 421). Zur Auflösung einer „Schwierigkeit", sprich zur Erklärung eines Phänomens, die der Theorie nicht gelingt, werden ad hoc den Fluida passende Eigenschaften zugelegt (1804, 465). Haüy kann auch Theorien akzeptieren, ohne ihre ontologischen Voraussetzungen zu übernehmen.[328]

Damit hat die Physik sich ganz von der Philosophie emanzipiert. Die Fragen, die der philosophischen Naturbetrachtung grundlegend erschienen, werden zu Randaspekten, die bloß einen instrumentellen Wert haben. Die Frage nach dem Wesen der Dinge wird abgelehnt und zwar nicht aus einem grundsätzlichen erkenntnistheoretischen Pessimismus heraus, sondern wegen ihrer Unfruchtbarkeit.

„Die Philosophen haben sich in langen Untersuchungen erschöpft, um den wahren Begriff von der Ausdehnung zu bestimmen, und ob sie das Wesen der Materie ausmache. Wir sind zu wenig mit der Natur der Körper bekannt, um diese Arten von Fragen entscheiden zu können, und wahre Physiker beschäftigen sich jetzt nicht mehr damit... Mehr als die bloße Definition derselben, interessiert sie das Vermögen die Ausdehnung messen, d.i. ihre verschiedenen Theile vergleichen und aus dieser Vergleichung für die Fortschritte unserer Kenntnisse wahrhaft brauchbare Resultate ziehen zu können" (1804, 21).

Daß Haüy die mathematisierte Theorie zum Kern der Physik erklärt, bedeutet für das Geschäft des Lehrbuchschreibens eine ziemliche Erschwernis. Er muß Ernst machen mit der Mathematisierung, die ein Jahrhundert lang immer wieder gefordert, aber nur selten praktiziert worden war.

Fast alle Lehrbuchschreiber des 18. Jahrhunderts insistieren auf der Bedeutung der Mathematik für die Physik. Der Schwerpunkt liegt dabei auf der Angabe quantitativer experimenteller Ergebnisse und auf dem Ausdruck physikalischer Gesetze in mathematischer Form. Die Praxis entsprach diesen Forderungen in der Regel nicht. Qualitative Experimente und Gesetzmäßigkeiten überwogen bei weitem. Das mathematische Niveau war ziemlich niedrig. Insbesondere wurde die Mathematik nur selten argumentativ verwendet, etwa um Beweise zu führen, Kalkulationen zu machen, etwas herzuleiten. Dies war vielen Lehrbuchschreibern durchaus als Mangel bewußt, der mit dem stereotypen Hinweis auf die ungenügende mathematische Vorbildung der Schüler und Studenten entschuldigt wurde. Sicher war das nicht die ganze Wahrheit. Viele Lehrbuchschreiber hatten selbst kein Verhältnis zur mathematischen Physik und waren mit der didaktischen Aufgabe, die mathematischen Gedankengänge auf das Niveau der Schüler zu transformieren, überfordert.

Haüy stellt sich genau dies als Aufgabe. Auch er muß natürlich auf die mathematischen Voraussetzungen der Schüler Rücksicht nehmen. Die Theorien eines Laplace oder Biot, die ihm als Musterbeispiele der mathematischen Physik gelten, kann er nicht darstellen wollen. Aber er hält dies auch nicht für nötig. Es kommt ihm vielmehr darauf an, die Schüler mit der Art des Denkens dieser Physiker vertraut zu machen. „Indem wir uns bemüht haben, den Geist der geometrischen Methoden, welche zur Demonstration der hier zu entwickelnden Wahrheiten dienen, durch ein einfaches Raisonnement zu zeigen, haben wir die Darstellung dieser Methoden selbst nicht für nöthig gehalten" (1804, 19). Damit ist die Aufgabe sehr genau gekennzeichnet: Elementarisierung der mathematischen Physik, ohne deren spezifischen Denkstil aufzugeben.

Haüy geht nirgends über die Anforderungen der elementaren Geometrie und Algebra hinaus. Innerhalb des dadurch vorgegebenen Rahmens schreckt er jedoch auch vor komplizierten Gedankengängen und langwierigen Beweisen nicht zurück. Einige längere Beweise sind aus dem fortlaufenden Text herausgenommen und in Anmerkungen hinzugefügt. Häufig beweist er einen Satz nur für einen Spezialfall oder unter bestimmten Vereinfachungen, um sodann das allgemeine Ergebnis anzugeben. Wo auch das nicht möglich erscheint, gibt er nur Beweisskizzen oder Hinweise zum Beweisgang, ohne diesen selbst durchzuführen, um wenigstens plausibel zu machen, wie das Ergebnis zustande kommt. Insgesamt ist das Bemühen zu spüren, wesentliche Aussagen nicht nur anzugeben und evtl. experimentell zu untermauern, sondern sie gedanklich zu entwickeln.

Dazu gehört auch das Bemühen um Voraussetzungsgebundenheit des Lehrgangs. Dem wird die Systematik der Gliederung untergeordnet. Haüy geht es bei der Ordnung des Stoffes darum, die „Verbindung der Ideen möglichst beizubehalten, und die Wahrheiten nur so, wie sie die Reihe trifft, aufzuführen" (1804, II: 163).

5.5.4 Theorie und Experiment

Haüys Bekenntnis zum Newtonismus bedeutet außer der Hochschätzung der mathematisierten Theorie vor allem die Überzeugung, daß die Erfahrung die einzige Quelle des theoretischen Wissens sei.

Die Erfahrung liefert das Rohmaterial, das von der Theorie geordnet und auf die Ebene der Allgemeinheit gehoben wird. Naturwissenschaft beginnt deshalb immer mit der sinnlichen Wahrnehmung der Phänomene. „Unsere ersten Schritte in den Wissenschaften waren auf die Untersuchung der Thatsachen gerichtet" (1804, 5). Und sie endet auch dort, wo die Erfahrung endet. „Man hat nun alle für die Fortschritte unseres Wissens unfruchtbaren Fragen aus der Physik verbannt ... Man sahe weislich ein, daß die Gränzen der Natur selbst für uns die Gränzen der Erfahrung und Beobachtung sind" (1804, 30). Nur innerhalb dieser Grenzen ist Fortschritt möglich. Was darüber hinausgeht, bleibt Spekulation.

Die „wahre Methode" Newtons stellt sich also für Haüy als eine wechselseitige Befruchtung von Experimentieren und Theoretisieren dar. „Die Beobachtung geht also mit der Theorie gleichförmig zur Gewißheit und zur Entwicklung unserer Kenntnisse; jede mit ihrer Fackel in der Hand. Die Beobachtung leitet die Stralen der ihrigen auf jede Thatsache besonders, so daß sie ganz ins Licht gesetzt und genau bestimmt wird, und unter ihrer wahren Gestalt erscheint. Die Theorie klärt das Ganze der Thatsachen auf, und bei dem Schein ihrer Fackel nähern sich alle diese, anfänglich zerstreuten Thatsachen, welche unter sich nichts gemein zu haben schienen; sie werden gleichsam eine Familie, und scheinen bloß verschiedene Seiten einer einzigen Thatsache zu seyn" (1804, 6).

In den frühen Phasen einer Wissenschaft soll eher die experimentelle Blickrichtung dominieren, während erst in einer hochentwickelten Wissenschaft die Wechselwirkung von Theorie und Experiment zum Tragen kommen soll. Am Beispiel der Elektrizitätslehre beschreibt Haüy, wie er sich die Entwicklung der Wissenschaft vorstellt. Die Elektrizitätslehre hatte sich innerhalb eines Zeitraums von weniger als einem Jahrhundert aus ersten Anfängen zu einer mathematisierten Theorie entwickelt und erschien wegen ihrer „glücklichsten Erfolge" (1804, 384) paradigmatisch für den Fortschritt der Wissenschaften.

Anfangs waren nur wenige, unzusammenhängende Tatsachen aus der Beobachtung der Natur bekannt, in denen die Elektrizität eine Rolle spielte. Erst mit den systematischen Experimenten Dufays und Grays wurde daraus eine eigene Disziplin, begann die „fruchtbare Epoche" (1804, 384) dieser Wissenschaft. Zu Anfang war die genaue Untersuchung der Phänomene das Hauptanliegen. Dabei wurden die experimentellen Hilfsmittel vervollkommnet. Diese „verbesserte Einrichtung der Maschinen" (1804, 385) erwähnt Haüy ausdrücklilch als eine Bedingung für den Fortschritt. Es entstand ein umfangreiches, jedoch noch nicht integriertes Faktenwissen. „In dem Maaße, wie die Thatsachen sich vervielfältigten, versuchte man dieselben zu erklären, und ihre wechselseitige Abhängigkeit kennen zu lernen" (1804, 385). Unter den vorgeschlagenen Hypothesen war auch Symmers Hypothese zweier elektrischer Fluida, die nach Haüy „gleichsam der Schlüssel zur wahren Theorie" (1804, 386) war. Sie hatte jedoch zunächst keine entscheidenden Vorteile gegenüber anderen Hypothesen, insbesondere gegenüber derjenigen Franklins. Solange beide nicht mathematisiert waren, war eine Entscheidung unmöglich. Erst nachdem Aepinus und Coulomb darauf „den Calcul anwandten" (1804, 386) trat die Elektrizitätslehre in das Entwicklungsstadium der Theorie. Erst in dieser ganz auf Quantifizierung ausgerichteten Stufe erreicht auch das Experiment seine volle Bedeutung.

Coulomb ist für Haüy der Prototyp eines Physikers, bei dem sich experimentelle und theoretische Arbeit ideal ergänzen. „Versehen mit einem Apparat, dessen Erfindung man ihm verdankt, und der mit dem Verdienste der Einfachheit das einer bis dahin unbekannten Genauigkeit vereinigt, bestimmte er durch entscheidende Versuche das Gesetz, nach welchem die elektrischen Anziehungen und Zurückstoßungen ein Verhältniß der Entfernung befolgen, ... Die auf eine feste Grundlage gebaute Theorie, wurde durch eben diesen Physiker auf die Wirkungsart angewandt, wie sich das elektrische Fluidum unter verschiedene Körper vertheilt, so wie auf andere Effekte, die man bis dahin nur flüchtig angesehen hatte" (1804, 386f.).

Nach Haüy hat das Experiment für die Theorie im wesentlichen zwei Funktionen. Es kann durch Induktionen zu empirischen Gesetzen führen, und es kann zur Bestätigung einer Theorie dienen. Beide Aspekte werden von Haüy in bestimmter Weise interpretiert und erfordern daher eine etwas genauere Betrachtung.

Daß man auf induktivem Wege, durch empirische Generalisation, zu physikalischen Gesetzen gelangen kann, wird von Haüy nirgends problematisiert. Dies war wohl stets eher ein Problem der Philosophen, während die Naturwissenschaftler geneigt waren, auf die Gleichförmigkeit der Natur zu vertrauen. Aber den Wert isolierter empirischer Gesetze schätzt Haüy nicht sehr hoch ein. Sie sind ein Notbehelf, der ein theoretisches Defizit anzeigt.

Zum Magnetismus schreibt er: „Weil aber die Wissenschaft in diesem Punkte noch zu wenig vorgerückt ist, um mit Hilfe der Theorie den Einfluß dieser Wirkung direkt und mit aller nöthigen Genauigkeit bestimmen zu können, und solche Gesetze, die uns eine tiefere Kenntniß von der Ursache des Magnetismus verschaffen würden, fehlen, so substituirte man dafür Resultate der Beobachtung, und nahm diese als Gesetze an" (1804, II: 75). Solche Experimente mögen einen Wert in einer relativ wenig entwickelten Wissenschaft haben, da sie mit den Phänomenen vertraut werden lassen, aber in der Regel sind sie „nicht hinreichend, um darnach eine Theorie ... zu bilden" (1804, II: 79). Von Wichtigkeit ist eigentlich nur die empirische Bestimmung der wenigen Gesetze, die als Axiome zum Aufbau der Theorie notwendig sind. Diese sind stets empirische Generalisationen, und insofern beruht jede Theorie letztlich auf dem Experiment. Aber es kommt eben nicht darauf an, möglichst viele Gesetze empirisch zu bestimmen, sondern die richtigen. Beispiele für solche grundlegenden Gesetze sind Coulombs Kraftgesetze für die Elektrizität und den Magnetismus oder Voltas Gesetze der Kontaktelektrizität. Was also ein „wichtiges" Gesetz ist, das kann letztlich nur auf der Grundlage eines theoretischen Vorverständnisses entschieden werden, sprich: die empirische Bestimmung von Gesetzen sollte theoriebezogen sein.

Den zweiten Aspekt, den Haüy mit dem Experiment verknüpft, ist die Bestätigung von Theorien. Dies war auch für viele Wissenschaftler ein Problem. Eine falsche Theorie kann ja wahre Konsequenzen haben, und deshalb ist nicht von vornherein klar, ob ein empirisches Faktum als Evidenz für eine Theorie gezählt werden darf. Die Standardantwort der Physiker des 18. Jahrhunderts war: Wenn möglichst viele experimentelle Tatsachen für eine Theorie sprechen und keine dagegen, dann ist die Theorie gut bestätigt. Haüys Antwort ist wesentlich differenzierter. Er betrachtet die Theorie als ein System, das nicht durch isolierte experimentelle Ergebnisse tangiert wird. Wenn die Grundgesetze der Theorie bestätigt sind, hat die Theorie (innerhalb des Geltungsbereiches dieser Gesetze) überhaupt keine Bestätigung mehr nötig. Was experimentell in Frage steht, ist nicht die Theorie, sondern nur der Grad ihrer Allgemeinheit. Eine Theorie hat dann einen Test auf Allgemeinheit positiv bestanden, wenn sie in der Lage ist, neues Wissen zu inkorporieren. Wenn eine Theorie in der Lage ist, Dinge zu erklären, die zunächst erstaunlich und paradox erscheinen, ist dies eine Bestätigung für die Theorie; „nie ist eine Theorie besser begründet, als wenn ihre Grundsätze, welche man anfangs durch die aus diesen Resultaten entstandenen Schwierigkeiten erschüttert glaubte, im Gegentheil von den glücklichen Aufklärungen derselben, neue Kräfte entlehnen" (1804, II: 93). Wenn eine Hypothese auch neue Tatsachen erklären kann, sich also „gleichsam von selbst den durch die Erfahrung gegebenen Thatsachen anpaßt, so muß man dieselbe unumgänglich als außerordentlich bewährt betrachten" (1804, 373). Hier klingt ein Gedanke an, der später von Herschel und Whewell in die Methodologie eingeführt wurde: daß eine Theorie sich dadurch bewährt, daß sie mehr bietet, als dasjenige, wozu sie eingeführt wurde.

Beide Aspekte der Verwendung des Experiments im theoretischen Prozeß sind nach Haüys Überzeugung an die Quantifizierung des Experiments gebunden. Nur ein quantitatives Gesetz kann zur Grundlage einer Theorie werden, und in der Regel kann auch nur eine quantifizierte Tatsache eine Theorie ernsthaft in Schwierigkeiten bringen. Als „interessant" bewertet Haüy einen Versuch, wenn er „seinen Gegenstand allgemein macht, und einen geometrischen Ausdruck des Phänomens darstellt" (1804, 200). Quantitative Versuche, wie derjenige von Boyle und Mariotte, „verdienen den Vorzug, weil sie sich nicht darauf einschränken, die Existenz eines Phänomens zu beweisen, sondern auch noch zeigen, wie es existirt, indem sie das Gesetz, welchem es unterworfen ist, bestimmen" (1804, 258).

Die Forderung nach Quantifizierung des Experiments war keineswegs neu. Wenn die Newtonianer seit Beginn des 18. Jahrhunderts forderten, die Physik zu mathematisieren, war zunächst und vor allem das messende Experiment gemeint. Aber der Schwerpunkt der experimentellen Praxis des 18. Jahrhunderts, wie sie sich in den Lehrbüchern widerspiegelt, liegt doch anders. Da sind Experimente in erster Linie dazu da, ein Phänomen möglichst plastisch und anschaulich darzustellen. Sie sollen qualitative Hypothesen über die Natur der Dinge nahelegen. Nicht umsonst hat das Demonstrationsexperiment in der Physik des 18. Jahrhunderts einen so großen Stellenwert. Das Wunderbare und Seltsame erfreute sich großer Beliebtheit. Eine Trennungslinie zwischen wissenschaftlichem Experiment und Demonstrationsexperiment läßt sich nicht ziehen. Auch in wissenschaftlichen Experimenten wird die sinnfällige Darstellung oft über die Genauigkeit der Ergebnisse gestellt.

Den von Haüy herausgestellten Experimenten fehlt oft dieser anschauliche Zug. Die Erfahrung ist apparativ vermittelt. Es sind weniger Experimente im alten Sinn als vielmehr Messungen. Das Naturgefühl, das dieser experimentellen Praxis korrespondiert, kommt sehr schön in einer Metapher Haüys zum Ausdruck. Über „die unsere physikalischen Kabinette zierenden Instrumente" meint er: „Alle diese mannichfaltigen Instrumente sind auch die Ausleger der Sprache, in welcher die Natur beständig mit uns redet" (1804, 3). Die Natur ist etwas dem Menschen Fremdes, sie redet in einer Fremdsprache, die sich jedoch durch die Apparate in die Sprache der Mathematik übersetzen läßt und dadurch für den Forscher verständlich wird.

Insgesamt nimmt das Experiment in Haüys Buch einen wesentlich geringeren Raum ein als in den für das 18. Jahrhundert typischen Werken. „Wir haben bloß eine kleine aber ausgesuchte Zahl der entscheidendsten Versuche angeführt; und daraus die Folgerungen gezogen, welche zur Entwicklung des Ganzen dienen können" (1804, 18). Es fehlen die langen Aufzählungen von Tatsachen, die mehr oder weniger plausibel für oder gegen eine Aussage angeführt wurden. Dafür sind diejenigen Experimente, die Haüy als zentral für die Grundlegung einer Theorie ansieht, sehr ausführlich behandelt; nicht nur dem Prinzip nach, sondern manchmal mit ausführlichen konstruktiven Details der Apparatur, mit quantitativen Versuchsergebnissen und einer Diskussion von Mängeln und Ungenauigkeiten.

Im letzten Viertel des 18. Jahrhunderts erhöhte sich der Standard der physikalischen Instrumente beträchtlich. Es gab gute Instrumentenmacherwerkstätten, und eine Reihe von Geräten war kommerziell erhältlich. Haüy behandelt die Standardgeräte seiner Zeit ausführlich: Thermometer, Hygrometer, Barometer, optische Instrumente, Pumpen, elektrische Maschinen. Dabei ist er auch an technischen Details interessiert, so z. B. wenn er bei der Druckpumpe die Abhängigkeit des zulässigen Kolbenspiels von der Hubhöhe diskutiert (1804, 269). Vor allem aber interessieren ihn meßtheoretische Fragen: Vergleichbarkeit von Geräten, Wahl von Fixpunkten, Herstellung von Normalen. Derartige Probleme werden ausführlich und auf hohem Niveau erörtert. Zur Verbesserung der Vergleichbarkeit fordert er eine Standardisierung der Konstruktion von Meßgeräten (1804, 156). Dem neuen metrischen Maßsystem widmet er ein eigenes Kapitel (1804, 78ff.), das er mit einem Hinweis auf die erste Generalkonferenz für Maß und Gewicht beschließt, wobei er hoffnungsvoll auf deren mögliche politische Auswirkungen hinweist: „Niemals gewährten die Wissenschaften ein ihnen würdigeres Schauspiel, als das dieser interessanten Gesellschaft, welche, indem sie einen neuen Beweis gab, daß aufgeklärte Menschen aller Länder nur eine einzige Familie ausmachen, gewissermaßen ihre Sanktion diesem Systeme gaben, dessen Annahme die Versicherung eines engern Bandes zwischen den Nationen selbst werden könnte" (1804, 86).

5.5.5   Theorie und Erklärung

Eine für Haüy charakteristische und recht häufig verwendete Metapher ist diejenige vom „Gemälde der Natur". „Man kann die Physik als ein Gemälde betrachten, welches, wenn es glücklich vollendet ist, diejenige ausdrucksvolle Schattirung haben muß, wodurch die Gewißheit von der einfachen Wahrscheinlichkeit getrennt wird, und in welchem man abwechselnd in den stark ausgedrückten Zügen eine feste und kühne, und in den sanftern eine weise und gemessene Hand erkennt" (1804, 119).

Das Gemälde der Natur ist eine Metapher für die physikalische Theorie. Eine ähnlich charakteristische Metapher für die Natur selbst hat Haüy nicht, was auffällt, da er eine bildhafte Sprechweise liebt.[329] Vielleicht ist aber gerade das Fehlen einer Naturmetapher für den Instrumentalismus typisch. Wer glaubt, die Frage nach dem Wesen der Dinge sei nicht vernünftig, für den bleibt die Natur ein unbekanntes Etwas, für das sich kaum bildliche Vergleiche anbieten.

Die Metapher von der Theorie als dem Gemälde der Natur kennzeichnet Haüys Theorieverständnis sehr schön:

a) Theoretisieren heißt Abbilden der Natur. Abbild und Urbild sind aber nie ganz identisch. Die Theorie ist approximativ.

b) Die Abbildung auf dem Gemälde hat es mit dem äußeren Schein der Dinge zu tun, nicht mit ihrem inneren Wesen. Die Theorie ist in erster Linie beschreibend und bietet keine „tieferen" Erklärungen.

c) Wie das Gemälde eines Gegenstandes aussieht, das hängt nicht nur von dem Gegenstand ab, sondern auch von dem Künstler. Er kann eher mit „fester und kühner" oder mit „weiser und gemessener" Hand malen. Die Theorie ist das Werk des Physikers, trägt seine persönliche Handschrift.

d) Die Theorie hat neben der Abbildungsfunktion auch eine ästhetische Komponente. Sie kann schön und elegant ein.

Um weitere Momente seines Theorieverständnisses im Bilde auszudrücken, schmückt Haüy dieses noch aus. In dem oben angeführten Zitat setzt er die Hell-Dunkel-Schattierung des Gemäldes in Parallele zu den Stufen der Sicherheit von der bloßen Wahrscheinlichkeit bis zur Gewißheit. Der Zusammenhang, in dem das Zitat steht, macht deutlich, was er als gewiß, und was als bloß wahrscheinlich betrachtet: Gewiß ist die auf dem Experiment beruhende, mathematisch ausgedrückte Theorie, bloß wahrscheinlich sind die ihr zugrundeliegenden erklärenden oder interpretierenden Modelle, die er deshalb auch nur vorsichtig, mit „gemessener Hand" verwendet sehen möchte (wonach er sich selbst nicht immer richtet). Oder anders ausgedrückt: sicher sind die Matheamtik und die unmittelbare Erfahrung, unsicher bleibt die Ontologie. Die subtilen Fluida und ähnliche Vorstellungen sind die Schattenseite der Theorie, die undeutlichen Stellen der Grenzen unseres Wissens.

Das Gemälde der Natur wird nie ganz fertig. Der Künstler wird daran ständig Veränderungen und Ergänzungen vornehmen. Diesen Vorgang der Ausarbeitung der Theorie kennzeichnet Haüy im Bilde in zweifacher Weise. Zum einen geht es darum, das Gemälde zu ergänzen (1804, 143), um dem Reichtum an Nuancen in der Natur gerecht zu werden, und zum andern geht es - und darauf scheint Haüy noch mehr Wert zu legen - um die Vereinfachung des Gemäldes (1804, 187 u. 303, II: 205). Die Theorie soll das wiedergeben, „was mit Recht der wahre Wahlspruch der Natur genannt werden könnte: Oekonomie und Einfachheit in den Mitteln, Reichthum und unerschöpfliche Mannichfaltigkeit in den Wirkungen" (1804, 96).

Unter dem Gesichtspunkt der Einfachheit betrachtet Haüy auch die erklärenden Modellvorstellungen. Wenn man sie geschickt wählt, „so erhält die Theorie dadurch eine so glückliche Einfachheit, daß die bloße Angabe der Hypothese eine abgekürzte Erklärung der Phänomene zu seyn scheint" (1804, 421). Die Betonung liegt auf Einfachheit, nicht auf Erklärung. Wenn die Hypothese dies nicht leistet, ist sie „eine bloß erklärende Hypothese" (1804, 119), eine Schattenstelle auf dem Gemälde.

Bis dahin hatte man unter einer Erklärung allgemein eine Zurückführung auf gewisse, als grundlegend geltende Entitäten, die Ursachen, verstanden, deren Existenz auf die eine oder andere Art als gesichert galt. Erklärung war die ontologische Verankerung der Dinge, und diese galt gemeinhin als wesentliche Aufgabe der Physik. Der Instrumentalismus in seinem Versuch, die Theorie möglichst frei von Ontologie zu halten, konnte diese Auffassung von Erklärungen und ihrer Bedeutung nicht übernehmen. Dementsprechend wertet Haüy die Bedeutung von Erklärungen für die Theorie ab. Wesentliche Aufgabe ist die modellmäßige Beschreibung mit dem Zweck der Vorhersage und nicht die Erklärung. Außerdem wird der Begiff der Erklärung selbst uminterpretiert. Er wird aus einem ontologischen zu einem heuristischen Begriff. Eine Erklärung ist eine Interpretation des Gemäldes, nicht der Natur. Sie hat den Zweck, das Gemälde einfacher und klarer erscheinen zu lassen.

Der heuristische Charakter der Erklärung kommt auch darin zum Ausdruck, in welchen Situationen Haüy das Bedürfnis nach einer Erklärung artikuliert. Oft sind dies Stellen, an denen er einen (scheinbaren) Mangel der Theorie, ein Versagen der Beschreibungskapazität konstatiert. Es geht dort um Phänomene, die im Lichte der Theorie „überraschen" (1804, 128), „problematisch", „erstaunlich", „paradox" (1804, II: 106) erscheinen, um einen „scheinbaren Widerspruch" (1804, II: 144). Die erklärende Modellvorstellung führt dann dazu, daß die Tätigkeit des Theoretikers weitergehen kann, daß es in dem betreffenden Gebiet „nichts außerordentliches mehr" (1804, II: 108) gibt.

Damit fallen die Begriffe der wirkenden Ursache und der Erklärung auseinander. Auch Modellvorstellungen werden als Erklärungen akzeptiert. Ursachen hingegen sind nur die Kräfte (1804, 35).[330] Die aber sind nicht erkennbar, sondern lassen sich nur durch ihre Wirkungen feststellen (1804, 37 u. 59). Erklärungen können und müssen also nicht auf die Ursachen zurückgehen. Vielmehr wird eine Wirkung (irgendein Phänomen) durch eine andere (ein Kraftgesetz) erklärt. Modellvorstellungen können bei der Analyse der Kraftwirkungen hilfreich sein. Die mathematisch formulierte Erklärung ist dann geeignet, „die Simplizität des Gemäldes der Natur in ein neues Licht zu setzen", indem dadurch das betreffende Phänomen „unter die allgemeine Gewalt der Attraktion gebracht wird" (1804, 303).

Der Wandel des Erklärungsbegriffs ist Ausdruck des Übergangs vom System zur Theorie. Haüy benutzt den Begriff System pejorativ. Descartes Versuch, alle Naturerscheinungen in einheitlicher, der Vernunft gemäßer Weise zu erklären, führte nur zu einem „Roman der Natur" (1804, 7) und kann als Anzeichen dafür gelten, daß die Wissenschaft jener Zeit noch nicht sehr hoch entwickelt war. Allerdings hegt Haüy die Hoffnung, daß vielleicht in der Zukunft doch einmal das wahre System an die Stelle der heuristischen Modelle treten könne, daß es der Wissenschaft einmal gelingen werde, den tatsächlichen Mechanismus der Natur zu erkennen. Und er kann sich diesen tatsächliche Mechanismus nur in newtonischen Begriffen denken: als ein Universum aus unveränderlichen, harten kleinsten Teilchen, zwischen denen Zentralkräfte wirken. Es ist die „sehr weise Idee" (1804, 33) Newtons, daß Gott die Welt so geschaffen habe. Diese kleinsten Teilchen „sind also die wahren einfachen Substanzen der Chemie, und die Resultate der Operationen, die sie isoliert darbieten würden, bestimmten dann das äußerste Ziel dieser Wissenschaft, welche unterdessen die Substanzen, die sie noch nicht zerlegen konnte, als einfach betrachtet" (1804, 34). Die Erfahrung ist noch nicht zur Erkenntnis dieser kleinsten Teilchen vorgedrungen. Sie sind deshalb auch nicht legitimer Bestandteil der Theo-

rie, sondern nur deren „äußerstes Ziel". Haüy führt hier eine regulative Idee
für die Theorie- beziehungsweise Modellbildung ein, und diese Idee wird
nicht durch die Erfahrung gerechtfertigt, sondern ist a priori gültig. Dahinter steht die Überzeugung von der Einheit der Natur im Großen und Kleinen, Newtons dritte Regel. Ohne den Boden der Erfahrungswissenschaft zu
verlassen, führt er damit in die Theoriebildung ein integrierendes Moment
ein, das geeignet erscheint, ungeachtet der instrumentalistischen Grund-
tendenz, die Theorie wenigstens prinzipiell als eine Einheit zu sehen.

Haüys Theoriebegriff ist demnach durch drei Aspekte zu kennzeichnen:
1) die Erfahrung begründet die Grundbegriffe der Theorie, 2) die Mathematik gibt ihr die innere Konsistenz und 3) die regulative Idee der newtonischen Welt gewährleistet den Zusammenhang zwischen den Theorien,
die Gesamtstruktur.

5.5.6 Die Grundlagen der Physik

Haüy bekennt sich zum Programm der Laplaceschen Physik, das er als
„sehr glückliche Idee" (1804, 63) empfindet.[331] Danach soll die Welt aus festen, harten, unveränderlichen kleinsten Teilchen bestehen, zwischen denen Zentralkräfte wirken, die eine umgekehrt quadratische Entfernungsabhängigkeit zeigen. Molekularkräfte sind dann „nichts anders als die durch
die Umstände modifizirte Schwere" (1804, 60).

Der Versuch, mit einem einzigen Kraftgesetz auszukommen, führt notwendig dazu, daß die den Theorien zugrundeliegenden Modelle recht kompliziert werden. Man muß irgendwelche Modelle konstruieren, derart, daß
die makroskopisch festgestellen Kraftwirkungen durch Kräfte vom umgekehrt quadratischen Entfernungstyp zwischen fiktiven Teilchen beschrieben werden. Die Standardlösung war, daß man für jede makroskopische
Kraftwirkung ein oder zwei neue Formen von Materie postulierte: die normale, wägbare Materie für die Schwere, die elektrische Materie für die elektrische Kraft, eine Materie für das Licht usw. Neben der wägbaren Materie
wurde so eine ganze Reihe „subtiler Fluida" postuliert. Haüy benötigt sieben
oder acht: zwei Wärmestoffe, zwei elektrische Fluida, zwei magnetische
Fluida, die Lichtmaterie und evtl. noch ein galvanisches Fluidum (das aber
vielleicht auch eine „Metamorphose" des elektrischen sein soll). Es fehlt nur
das Phlogiston, das er als Anhänger Lavoisiers „wenigstens unnütz" findet
(1804, 168). Wie bereits erwähnt, betont Haüy sehr deutlich den Modellcharakter dieser subtilen Fluida. Sie sind theoretische Entitäten, deren Existenz nicht gesichert ist (1804, 117f. u. 392). Sie werden erfunden, um wenigstens grundsätzlich eine Quantifizierung zu ermöglichen, die die Fun-
damentaltatsache einer Kraftwirkung nach dem Muster der Gravitationskraft in den Mittelpunkt stellt. Eine solche Quantifizierung erschien möglich. Man konnte z.B. die Kraftwirkung proportional zur Dichte des Fluidums ansetzen (1804, 398).

Die einzelnen Fluida sollen hier kurz gestreift werden, um auf einige charakteristische Momente hinzuweisen. - Von den beiden Wärmestoffen, die Haüy annimmt, soll zwischen dem einen und der normalen Materie eine Attraktion in kleinen Entfernungen stattfinden, der andere hingegen soll keine solche Wechselwirkung zeigen (1804, 123). Letzterer wird zur Erklärung der Wärmestrahlung benötigt. Haüy hält es für möglich, daß er mit der Lichtmaterie identisch ist, ohne sich jedoch festzulegen (1804, II: 289ff.). Auf eine Diskussion zwischen Wärmestofftheorie und kinetischer Wärmetheorie läßt er sich nicht ein. Er nimmt einfach die erste als Hypothese an (1804, 118). Aus anderen Äußerungen ist jedoch zu entnehmen, daß er das kinetische Gasmodell für falsch hält, weil es die Attraktion in kleinen Entfernungen zwischen den Teilchen nicht berücksichtigt, also nicht dem newtonischen Erklärungsmuster entspricht.

In der Elektrizitätslehre zieht Haüy Symmers Zwei-Fluida-Modell dem Ein-Fluidum-Modell Franklins vor. Er folgt darin Coulomb, seinem Gewährsmann in elektrischen Fragen. Er begründet dies mit den Schwierigkeiten des Ein-Fluidum-Modells bei der Erklärung der Abstoßung zwischen Körpern negativer Elektrizität, wobei er an einen Gedankengang von Aepinus anknüpft (dessen Hauptwerk er ins Französische übersetzt hatte). Im Ein-Fluidum-Modell wird angenommen, daß die Teilchen des elektrischen Fluidums sich gegenseitig abstoßen und daß sie von gewöhnlicher Materie angezogen werden. Um die Abstoßung zwischen negativ elektrischen Körpern (d.h. Körpern mit Mangel an elektrischem Fluidum) zu erklären, muß man annehmen, daß diese sich abstoßen. Aepinus hatte diesen Schluß gezogen und also der gewöhnlichen Materie neben der Gravitationsanziehung noch eine elektrische Abstoßung zugelegt. Dazu meint Haüy: „Es war in der That hart, eingestehen zu müssen, es beruhe nur auf der Gegenwart des elektrischen Fluidums, daß die Theilchen aller festen Körper nicht eine der allgemeinen Gravitation direkt entgegengesetzte Wirkung gegen einander auszuüben schienen. Dieses hieße der Theorie einen mächtigen und furchtbaren Gegner geben. Man beugt diesem übeln Umstande vor, wenn man annimmt, daß das elektrische Fluidum gleichsam durch die Vereinigung zweier Flüssigkeiten gebildet sey" (1804, 433). Dann braucht man keine Wechselwirkung mit der gewöhnlichen Materie mehr anzunehmen, sondern braucht nur noch diese beiden Fluida zur Erklärung. Um das newtonische Erklärungsschema nicht in Schwierigkeiten zu bringen, wird also ohne Skrupel ein weiteres Fluidum postuliert.

Den Galvanisums behandelt Haüy nach einem Vortrag Voltas vor der Pariser Akademie der Wissenschaften. Hinsichtlich der Natur des galvanischen Fluidums mag er sich noch nicht festlegen und verweist auf die Notwendigkeit weiterer Forschungen. Jedenfalls stellt er „eine auffallende Analogie" zwischen elektrischem und galvanischem Fluidum fest (1804, II: 64) und meint, die weiteren Forschungen könnten „nicht die Bestimmungen eines wesentlichen Unterschiedes zwischen dem Galvanismus und der Elektrizität, sondern bloß die Vereinigung beider, zur Folge haben" (1804, II: 65).

Den Magnetismus behandelt er nach Coulomb in Analogie zur Elektrostatik. Auch hier werden also zwei Fluida angenommen, das südliche und das nördliche.

Die Optik ist das bei weitem umfangreichste Kapitel in Haüys Buch. Sie nimmt fast ein Drittel des gesamten Werks ein. Er nennt sie „die Delicatesse aller Theorien" (1804, 14) und meint: „Dieser schöne und an Phänomenen so reiche Gegenstand, verdient unter allen Materien, womit sich die Naturlehre beschäftigt, das aufmerksamste Studium" (1804, II: 160). Der Grund für diese Hochschätzung liegt darin, daß die Optik (neben der Mechanik) in der Mathematisierung am weitesten fortgeschritten war. „Die Theorie des Lichts hat den Vortheil, daß der Gang dieses Fluidums geometrisch ist. Man braucht also nur von einer kleinen Anzahl Gesetze auszugehen, um die Resultate durch genaue und strenge Methoden bestimmen zu können" (1804, II: 162).

Die Entscheidung zwischen Emissions- und Kontinuumstheorie fällt Haüy leicht. Nicht nur, daß erstere dem newtonischen Weltbild entspricht, sie war auch die besser ausgearbeitete und erfreute sich ganz überwiegender Anerkennung. Allein der Hinweis auf die wenig plausible Behandlung der geradlinigen Ausbreitung in der Kontinuumstheorie reicht ihm, um diese als widerlegt zu betrachten (1804, II: 165). Er will alle Phänomene auf die Attraktion in kleinen Entfernungen zurückführen (1804, II: 195). Daß diese bei den optischen Phänomenen eine Rolle spielt, scheint ihm besonders deutlich aus der Brechung und der Beugung des Lichts hervorzugehen. Beugungsversuche „sind sehr interessant, weil man hier die Repulsion auf die Attraktion folgen sieht" (1804, II: 209). Daß Newton zur Erklärung der Periodizitäten bei diesen und anderen Versuchen zusätzlich zur Lichtmaterie noch einen Äther annahm, gefällt ihm nicht. Er kritisiert, daß Newton sich „nicht immer an die Wirkungen auf Entfernungen" gehalten habe, und legt Wert auf die Feststellung, Newton habe all dies „nur als bloße Zweifel" vorgetragen (1804, II: 204).

Haüy selbst verzichtet auf eine Erklärung der optischen Periodizitäten und begnügt sich mit einer Beschreibung. Bei der Beugung stellt er einen Übergang von einer Attraktion zu einer Repulsion mit wachsendem Abstand zwischen beugender Kante und gebeugtem Lichtteilchenstrahl fest, ohne darauf einzugehen, wie dies zustande kommen könnte. Bei den Farben dünner Plättchen präsentiert er Newtons Theorie der „fits". Zwar meint er, „es wäre zu wünschen, daß diese Theorie noch höher stiege, und nach irgend einer Hypothese erklärte, warum gewisse Strahlen durch die Dicke einer bestimmten Scheibe durchgehen und andere zurückgeworfen werden" (1804, II: 288), um dann jedoch zu mahnen, lieber bei der Beobachtung stehenzubleiben und sich an den Leistungen der Theorie zu erfreuen, als auf so unsichere Hypothesen wie Newtons „Begleitwellen" der Lichtteilchen zurückzugreifen.

Auch bei dem anderen kritischen Punkt der Emissionstheorie, der Doppelbrechung, verzichtet Haüy auf Erklärungen. Er kann der Huygensschen Theorie nicht absprechen, daß sie das Gebiet „mit vieler Kunst" (1804, II: 380) behandelt, meint jedoch, sie stütze sich „auf eine wenig natürliche Hypothese" (1804, II: 384). Daß Newtons Andeutungen zu diesem Gebiet falsch sind, weiß er natürlich (1804, II: 385 u. 399). Also übernimmt er die Ergebnisse von Huygens und gibt für den außerordentlichen Strahl ein Konstruktionsverfahren an, das diesen Ergebnissen entspricht, jedoch ohne Huygens' Wellenkonstruktionen zu verwenden. Das Verfahren ist rein geometrisch und macht keinerlei modellmäßige Voraussetzungen, insbesondere auch nicht über Kräfte.

Das alles betrachtet Haüy offenbar als relativ befriedigend, denn die Defizite der optischen Theorie konstatiert er an anderer Stelle: in den noch kaum bearbeiteten Grenzgebieten zur Wärmelehre, Elektrizitätslehre und Chemie (ultrarote Strahlung, Phosphoreszenz, ultraviolette Strahlung).[332] Diese Grenzgebiete interessieren ihn besonders, da sich hier die Aussicht bietet, Verwandtschaften zwischen verschiedenen subtilen Fluida zu entdecken und so vielleicht zu einer weiteren Vereinfachung der Theorie zu kommen.

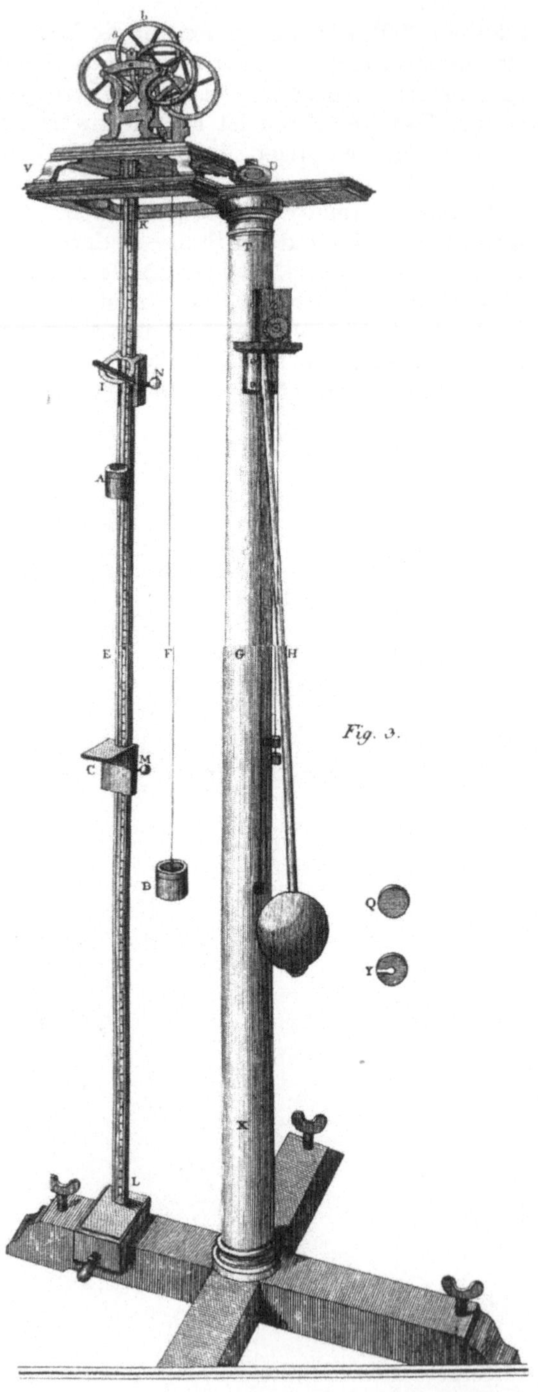

Atwoodsche Fallmaschine
in der Konstruktion von
E.G. Fischer; aus Cavallo
1804
(Im Original sind die Teile
oberhalb und unterhalb
EFGH aus Platzgründen
nebeneinander wiederge-
geben).

5.6 Der Einfluß der Mathematik

5.6.1 Einleitung

Das Verhältnis des Physikunterrichts zur Mathematik war im 18. Jahrhundert nicht klar bestimmt. Einerseits war das Bewußtsein verbreitet, daß Mathematisierung ein wesentliches Element der Physik sei, und es gab Bestrebungen, die mathematische Behandlung der Naturgegenstände in das Fach Physik aufzunehmen und sie nicht mehr der angewandten Mathematik zu überlassen.[333] Andererseits existierten die beiden Fächer auch am Ende des Jahrhunderts noch oft beziehungslos nebeneinander, und im Physikunterricht spielte die Mathematisierung kaum eine Rolle. Tatsächlich konnten die Integrationsversuche solange beiden Fächern nicht gerecht werden, wie deren vorrangige Unterrichtsziele verschieden waren, die Physik auf die Vermittlung einer Weltanschauung, die angewandte Mathematik auf ingenieurwissenschaftliche Kenntnisse zielte.

Daneben standen praktische Gründe einer Integration entgegen. Immer wieder wird in den Lehrbüchern beklagt, daß die geringe mathematische Vorbildung der Studenten die Aufnahme mathematisierter Teile in den physikalischen Grundkurs verhindere. Eine abwechslungsreiche Experimentalvorlesung versprach mehr Hörer, und man mußte sich dann auch nach denen richten, die mehr der Abwechslung wegen kamen. Dazu kam der Mangel an Professionalität bei den Lehrern. Die nur philosophisch geschulten Professoren fürchteten, einer mathematisierten Physik nicht gewachsen zu sein. Auch noch in der Mitte des Jahrhunderts betrachteten viele ihre Stellung nur als Durchgangsstation zu einem besser bezahlten und angeseheneren Posten, etwa in der medizinischen Fakultät. Das förderte nicht gerade den Eifer, sich die Analysis anzueignen.

Am weitesten kam die Integration dort, wo das Demonstrationsexperiment und die Rücksichten auf die Hörer die geringste Rolle spielten: bei den Jesuiten. Gefördert wurde diese Entwicklung durch die Philosophie Boscovichs, die philosophische Ontologie und mathematische Naturbeschreibung miteinander verbinden wollte. Davon wird später noch ausführlich die Rede sein.[334]

Die Lehrpraxis der Jesuiten wirkte weiter, auch nachdem der Orden aufgelöst worden war und Boscovichs Philosophie keine größere Rolle mehr spielte. Es erschienen Bücher, die sich zwar der dominierenden Lehrpraxis der „chemischen" Physik mehr oder weniger stark annähern,[335] aber doch weiterhin der Mathematisierung relativ viel Aufmerksameit widmen. Das Ergebnis ist nicht eigentlich eine Integration von Physik und angewandter Mathematik, sondern eine Addition; die klassischen Gebiete der angewandten Mathematik werden in deren Stil behandelt, die restlichen Gebiete im Stil der „chemischen" Bücher (Jakob Anton Zallinger 1774/75, Johann Baptist Horvarth 1790, Heinrich Walser 1795f., Longinus Anton Jungnitz 1804, Thaddä Siber 1805, 1815[2], Remigius Döttler 1812, Cassian Hallaschka 1813, 1824f.). Das ältere Werk von Hallaschka ist für den normalen Schulunterricht geschrieben, alle anderen für Kurse mit höherem Niveau (Universität, Lyzeum, Jesuitenkolleg).

Ähnlich ist Wenceslaus Johann Gustav Karstens „physischmathematisches" Lehrbuch (1780), das von ihm selbst als Zugeständnis an die durch v. Segner in Halle eingeführte Lehrpraxis bezeichnet wird. Karstens eigene Vorstellungen liefen auf eine Trennung der experimentellen und der mathematischen Physik hinaus. Wo er im Anfangsunterricht nicht die „allgemeinen und vollständigen Theorien" in mathematischer Form bringen konnte, wählte er lieber den experimentellen Weg.

Einen neuen Anstoß erhielten die Bemühungen um die Mathematisierung des Physikunterrichts, als die französische mathematische Physik zunehmend das Wissenschaftsbild der deutschen Physiker zu prägen begann. Frankreich war während des ganzen 18. Jahrhunderts das Zentrum der mathematischen Physik. Diese beschäftigte sich zunächst ganz überwiegend mit der Weiterentwicklung der traditionellen Gebiete der mathematischen Physik, insbesondere mit der Mechanik. Zentral war die Anwendung der Analysis auf Probleme der Bewegung und die Weiterentwickung des mathematischen Rüstzeugs zu deren Behandlung. Dabei entfernte sich die Forschung zunehmend sowohl von den ingenieurwissenschaftlichen Problemen der angewandten Mathematik als auch von den experimentellen Problemen der Physik. Es entstand die rationale Mechanik, deren Paradigma Lagranges „Analytische Mechanik" ist. Sie war eine hochelaborierte mathematische Diszipin. Manche ihrer Vertreter vermuteten, daß das Gebiet weitgehend erforscht und eine Entwicklung nur noch im Detail moglich sei. In die zeitgenössischen Physiklehrbücher ist aus der rationalen Mechanik so gut wie nichts und in die Lehrbücher der angewandten Mathematik nicht sehr viel eingegangen. - Die mathematische Physik verlor ihre Sterilität erst unter dem Einfluß eines neuen physikalischen Programms, oder besser gesagt durch die Konkretisierung einer alten Hoffnung in einem Forschungsprogramm: die gesamte Physik nach dem Muster der newtonischen Mechanik zu mathematisieren. Coulombs Entdeckung des elektrischen Kraftgesetzes eröffnete die Möglichkeit der Behandlung der Elektrizität nach dem Muster der Gravitation. Laplace' Theorie der Kapillarität ließ erhoffen, auch die rätselhafte Kraft des Zusammenhangs auf die Mechanik reduzieren zu können. In den ersten Jahrzehnten des 19. Jahrhunderts griffen die französichen Mathematiker die meisten der Gebiete auf, die bis dahin der Experimentalphysik vorbehalten waren. Die leitende Figur war dabei zunächst Laplace.[336] Die Erfolge der sich um ihn scharenden Gruppe wurden in Deutschland aufmerksam verfolgt,[337] wenn auch zunächst nur wenige deutsche Physiker in der Lage waren, aktiv an diesem Forschungsprogramm teilzunehmen.

An der Mathematisierung der traditionell experimentellen Gebiete konnten die Lehrbuchautoren nicht einfach vorbeigehen. Wer die neue Laplacesche Physik und die damit verbundene Wissenschaftsauffassung akzeptierte, mußte auch eine Mathematisierung des Unterrichts versuchen, wenn er nicht auf eine wissenschaftlich angemessene Ordnung des Stoffes verzichten wollte. Die Alternative war eine bloße Propädeutik.

Die bedeutendsten Lehrbücher der Experimentalphysik, die während dieser Zeit in Frankreich erschienen, sind ins Deutsche übersetzt worden (Haüy 1804 und 1805, Biot 1819, 1828/29, Lamé 1838/41, Pouillet 1839/43). - René Juste Haüy und Jean Baptiste Biot gehörten zu dem Kreis um Laplace. Haüys Buch ist schon ausführlich behandelt worden.[338] Biots „Anfangsgründe der Erfahrungs-Naturlehre" (1819) waren als Nachfolgewerk des Haüyschen Lehrbuchs für die öffentlichen Lehranstalten Frankreichs gedacht, auf deutsche Verhältnisse übertragen allerdings nur für die Universität geeignet. Das Buch ist ein im Stoff gekürzter und in den mathematischen Anforderungen reduzierter Auszug aus Biots umfassend angelegtem Universitätsbuch, dessen zweite, fünfbändige Auflage später auch ins Deutsche übersetzt wurde (1828/29). Dieses umfangreiche Werk hat den Charakter eines Handbuches für den fortgeschrittenen Studenten und fällt aus dem Rahmen der hier betrachteten Bücher heraus. - Claude Servais Mathias Pouillet und Gabriel Lamé sind nicht mehr Anhänger der Laplaceschen Physik, stehen aber in der Tradtition der französischen mathematischen Physik. Der Übersetzer beider Werke, C. H. Schnuse, bestimmt das Lamésche für höhere polytechnische Lehranstalten, das Pouilletsche ist für den Anfängerkurs an der Universität gedacht. Schnuse hat beiden Büchern eine Sammlung von Übungsaufgaben zugefügt. Das Buch von Lamé fußt auf einem Vorlesungszyklus an der École Polytechnique in Paris und bewahrt in der Darstellung den Vorlesungsstil. Der Übersetzung des Buches von Pouillet liegt die 3. Auflage zugrunde. Etwa gleichzeitig mit der Übersetzung erschien die Bearbeitung des Werkes durch Johannes Müller (1842), der das Buch für die deutsche Vorlesungspraxis adaptierte und zugleich populärer machte als die Übersetzung. Der Müller-Pouillet war ein Jahrhundert lang, immer wieder neu bearbeitet, eines der maßgeblichen Lehrbücher für die Universität. In der Originalfassung entsprachen die französischen Bücher den deutschen Unterrichtsgepflogenheiten nicht sonderlich gut. Sie behandeln die Mechanik nicht oder nur ganz kurz, da diese in Frankreich im mathematischen Unterricht oder in einer eigenen Vorlesung gelehrt wurde. Die Ordnung des Stoffes ist stärker vom didaktischen Prinzip der Voraussetzungsgebundenheit bestimmt, während in Deutschland der Systematik ein größerer Stellenwert eingeräumt wurde. Der Gesichtspunkt der Einübung physikalischen Arbeitens steht in den französischen Büchern stärker im Vordergrund. Demgegenüber bevorzugen die deutschen Autoren eine knappere, kompendienmäßige Wissensvermittlung, die den Gebrauch des Buches bei unterschiedlich aufgebauten Vorlesungen ermöglichte. Daß die französischen Bücher trotzdem übersetzt wurden, zeigt, welche Hochschätzung die französische Physik damals in Deutschland genoß. Man konnte auf genügend Leser hoffen, auch wenn das Buch nicht Grundlage bestimmter Kurse war.

Zu den ersten Autoren, bei denen sich der französische Einfluß bestimmender zeigt, gehören Johann Tobias Mayer (1801) und Longinus Anton Jungnitz (1804). Beide stehen jedoch noch weitgehend unter dem Einfluß der Tradition, Mayer der experimentalphysikalischen, Jungnitz derjenigen der angewandten Mathematik. Jungnitz hat die „Mechanik des Himmels" von Laplace gelesen und bekennt sich explizit zu dessen Programm.

Voll zum Tragen kommt die neue Richtung zunächst nur in den Büchern einiger weniger Autoren, des Gießener Physikprofessors Georg Gottlieb Schmidt (1801/03), des Berliner Gymnasialdirektors Ernst Gottfried Fischer (1805)[339] und des Dorpater Professors Georg Friedrich Parrot (1809/11). Keiner von ihnen wirkte an einer der als Zentren der Physik bekannten Universitäten. Erst nach 1820 wird der Einfluß der Mathematisierung auf die Anfängervorlesungen allgemeiner.

Das Lehrbuch von Schmidt stellt die höchsten mathematischen Anforderungen. In ihm wird gelegentlich sogar die Differentialrechnung verwendet. Während Schmidt das analytische Denken der neuen mathematischen Physik bevorzugt, bleibt Parrot lieber bei der mehr geometrischen Betrachtungsweise der angewandten Mathematik. Seine „Theoretische Physic" ist in mancher Hinsicht das konservativste der drei Bücher. Man kann es als konsequent quantifizierende Weiterentwicklung der „chemischen" Bücher betrachten. Parrot versucht noch, die Einheit der Physik auf der Chemie zu gründen, und entwirft dazu auch eigene Theorien. Didaktisch besticht das Werk durch die Mühe, die der Verfasser sich mit Fragen der Begriffsbildung, der Beweisführung, des zirkelfreien Aufbaus der Gebiete gegeben hat, d.h. mit allem, was den theoretischen Zusammenhang für den Leser transparent werden läßt. Darin steht ihm allerdings Fischers „Mechanische Naturlehre" nicht nach. Obwohl fürs Gymnasium geschrieben, ist dies sicher das interessanteste und am stärksten in die Zukunft weisende der drei Bücher. Während Parrot und Schmidt den mikrophysikalischen Modellen der zweiten Theorieebene noch beträchtliche Bedeutung beimessen, verzichtet Fischer fast ganz darauf und artikuliert positivistische Anschauungen, indem er für konsequente Beschränkung auf die Erkenntnis des in der Erfahrung Gegebenen plädiert. - Fischers Buch wurde wohl die größte Ehre zuteil, die man sich damals für ein deutsches Lehrbuch denken konnte: Schon im Jahr nach seinem Erscheinen veranlaßte Biot eine französische Übersetzung und versah sie mit einem Vorwort. In Deutschland hatte das Buch demgegenüber zunächst wenig Erfolg. Es galt als zu schwierig für die Gymnasien. Fischer hat daraus die Konsequenz gezogen, die zweite Auflage (1819) zu erweitern, die mathematische Behandlung zu vertiefen und das Buch für die Universität zu bestimmen. Später hat sein Schwiegersohn Ernst Ferdinand August von der dritten Auflage wieder einen Auszug für den Schulgebrauch (1829) hergestellt, der noch große Teile des ursprünglichen Textes von 1805 enthält, dabei aber von den mathematisierten Teilen einiges wegläßt. - Fischer zeichnete auch für die 5. Auflage des Lehrbuches von Gren (1808) verantwortlich. Er hat dabei ziemlich weitgehende Veränderungen in den mathematischen Teilen vorgenommen, um die Strenge der Beweisführung zu verbessern, und im übrigen einige bissige Bemerkungen über Grens „metaphysische Behandlung gewisser Gegenstände" beigesteuert.

Von der nächsten Autorengeneration sind vor allem zwei Namen zu nennen, Georg Wilhelm Muncke (1819/29) und Andreas Baumgartner

(1824). Beide setzen unterschiedliche Akzente.[340] Muncke schreibt eine quantifizierte Experimentalphysik, in der die Ergebnisse der Wissenschaft im Zentrum stehen und Mathematik bloß eine Hilfsfunktion hat. Baumgartner schreibt eine „Naturlehre ... mit Rücksicht auf mathematische Begründung", in der die Mathematik konstitutiv ist und der Zusammenhang des Wissens im Mittelpunkt steht. In ihrem Wissenschafts- und Weltbild unterscheiden sich Muncke und Baumgartner nicht besonders. Die Unterschiede in den Büchern sind Zeichen einer beginnenden Differenzierung innerhalb der Physik in Deutschland in eine theoretische und eine experimentelle Richtung, die an die Stelle der alten Trennung in die Fächer Angewandte Mathematik und Physik tritt. Zunächst dominiert die Experimentalphysik weitgehend, und der Prozeß der Etablierung einer theoretischen Physik vollzieht sich recht langsam. Eine gewisse Zwischenstellung nimmt das Buch das Kantianers Jakob Friedrich Fries (1826) ein. Fries betont das mathematisch formulierte Gesetz und den Wert der Mathematik für das Experiment stärker als die zusammenhangstiftende Funktion der Mathematik, versucht diese aber wenigstens im Ansatz deutlich zu machen, wenn er sie auch nicht im Detail durchführt.[341]

Zu den Büchern von Muncke und Baumgartner sind Auszüge für den Schulgebrauch erschienen (Muncke 1825, Baumgartner 1837), ein Zeichen dafür, daß Universitäts- und Schulbuch noch in einem Zusammenhang gesehen werden, wenn auch eine Niveaudifferenzierung notwendig erscheint.[342] - Muncke hat zu seinem Universitätsbuch auch noch eine erweiterte Fassung als „Handbuch" (1829/30) veröffentlicht. Baumgartner bietet eine Vertiefung durch einen Supplementband (1831), der praktisch alles enthält, was es zu der Zeit an geschlossenen mathematisierten Theorien gab (außer Technik), und außerdem in die Technik des Experimentierens einführt.

5.6.2 Theorie und Mathematisierung

Parrot (1809) nennt sein Lehrbuch im Titel eine „theoretische Physic". Daß er sich damit nicht von der Experimentalphysik absetzen will, zeigt sein Buch zur Genüge. Er will aber „im Ganzen mehr Zusammenhang einführen" als die gängigen Lehrbücher der Experimentalphysik. Er will das Schwergewicht nicht auf die Einzeltatsachen legen, sondern auf die Darstellung ihres Zusammenhanges, auf die Theorie.

Die „Theorie" ist ein Schlüsselbegriff in diesen Büchern. Verstanden wird darunter ein hierarchisch geordnetes System mathematisch formulierter Gesetze. An der Spitze der Hierarchie stehen wenige Grundgesetze, im Idealfall nur ein einziges, das den betreffenden Phänomenbereich bestimmende Kraftgesetz. Hieraus lassen sich alle untergeordneten Gesetze mathematisch herleiten. „Der Ausdruck dieses Gesetzes und die rationelle Ableitung aller Folgerungen daraus, bilden alsdann die Erklärung der davon abhängigen Erscheinungen, und diese Erklärung wird die physikalische Theorie derselben genannt" (Lamé 1838). Das Paradigma ist immer noch Newtons Gravitationstheorie mit dem Gravitationsgesetz als grundlegendem Kraftgesetz.

Theorie und Erklärung hängen zusammen. Erklärung kann als das Erkennen der Erscheinungen „im Zusammenhange mit andern Thatsachen" definiert werden (Baumgartner 1824). Der Erklärungsbegriff ist nun endgültig kein ontologischer Begriff mehr, sondern wird zu einem logischen. Ein Phänomen ist erklärt, wenn man das zugehörige Gesetz angeben kann, ein Gesetz, wenn es unter ein allgemeineres fällt. So entstehen Erklärungsketten, die schließlich auf die Grundgesetze führen. Diese müssen „alle empirischen Gesetze genau enthalten, welche das Experiment gibt" (Lamé 1838). Die Grundgesetze selbst sind nicht weiter erklärbar.[343] Sie sind Ausdruck einer „ganz unbekannten Ursache", die wir Kraft nennen. „Wir nehmen deßhalb für jede zusammen gehörige Reihe von Erscheinungen, die wir nicht weiter erklären können, eine besondere Kraft an" (Baumgartner 1824). Grundgesetze sind also die Wirkungsgesetze der Kräfte, und nur sie haben im engeren Sinn Anspruch auf die Bezeichnung Naturgesetz. „Die Erforschung der Naturgesetze ist der höchste Zweck der Naturlehre, und man kann mit Zuversicht behaupten, daß man im Gebiete dieser Wissenschaft desto weiter gekommen ist, auf je weniger Naturgesetze alle wahrnehmbaren Erscheinungen zurückgeführt sind" (Baumgartner 1824). Würde man alle Naturgesetze kennen, so wäre der Rest des Geschäftes der Naturforschung nur noch Mathematik (Fischer 1808).

Wenn die Erklärung als ein Argument aufgefaßt wird, als Subsumtion unter ein Gesetz, liegt es nahe, den erklärenden und den prognostischen Wert einer Theorie in Zusammenhang zu bringen. Erklärung und Prognose repräsentieren den gleichen Argumentationstyp, wobei im einen Fall das Phänomen bereits gesichert ist, im andern erst postuliert wird. Lamé (1838) betont denn auch, eine Theorie müsse „nicht blos alle bekannten Thatsachen erklären, sondern auch andere anzeigen, welche der Physiker nicht würde haben direct wahrnehmen können". Und die Vorhersage von Neuem mittels der „mathematischen Analysis" gilt ihm, wenn sie von der Erfahrung bestätigt wird, als „allein entscheidende" Prüfung der Theorie.

Wenn die erklärenden und prognostischen Leistungen einer Theorie zum Kriterium für die Richtigkeit werden, so ist dazu einschränkend zu bemerken, daß diese Leistungen sich nicht unbedingt auf die komplexen, zusammengesetzten Naturphänomene beziehen, sondern auf das „einfache" Phänomen (Parrot 1809). Einfach aber ist, was den Grundgesetzen folgt. Die Theorie schafft sich ihre paradigmatischen Phänomene. Sie beschreibt eine idealisierte Welt. Fischer (1805) beklagt, daß die Resultate der klassischen Hydrodynamik so schlecht mit der Erfahrung (in der Hydraulik) übereinstimmen, ohne deshalb Zweifel an der Theorie aufkommen lassen zu wollen. Die Abweichungen beruhen auf „Nebenumständen und fremden Kräften" und „beweisen daher auch nichts gegen die vorgetragene Theorie, sondern machen nur sichtbar, daß es dem menschlichen Geiste noch nicht gelungen ist, den Einfluß der fremden Kräfte Gesetzen zu unterwerfen". Die Theorie als mathematische Struktur wird nicht dadurch falsch, daß sie in der Natur nirgends rein verwirklicht ist. Im Gegenteil, betont Parrot (1809), können sogar die Abweichungen von der Erfahrung noch zur Bestätigung der Theorie dienen, wenn sie sich nämlich abschätzen lassen.

Das Ideal ist eine Theorie, die „die höchste Simplicität mit der allgemeinsten Anwendbarkeit vereinigt" (Parrot 1809). Möglichst wenige Grundgesetze sollen einen möglichst großen Phänomenbereich regieren. Einfachheit ist strukturell gemeint, nicht kalkulatorisch. Die mathematische Durchführung kann im Gegenteil sehr kompliziert sein. Höchste Einfachheit und zugleich höchste Allgemeinheit wären erreicht, wenn es gelänge, eine einzige Theorie zu entwerfen, die alle Phänomene beschreibt. Lamé (1838) erwartet, daß die relativ wenigen Theorien der mathematischen Physik seiner Zeit, die jeweils nur schmale Phänomenbereiche beschreiben, sich in der Zukunft einmal „als ebensoviele besondere, geschlossene Abtheilungen zu einer vollständigen mathematischen Theorie vereinigen werden, und alsdann wird wahrscheinlich blos erforderlich seyn, daß die Definitionen der angewandten veränderlichen Größen verändert, oder die Rechnungen weiter getrieben werden, um den Einfluß gewisser störender Ursachen in Rechnung zu bringen". Nicht alle Autoren teilen die Hoffnung auf eine solche allumfassende Theorie, insbesondere diejenigen nicht, die mehrere wesentlich verschiedene Grundkräfte annehmen, aber das Streben nach möglichst weitgehender theoretischer Einheit ist kennzeichnend für diese Bücher.

Die Bedeutung der Mathematik für die Physik wird überall betont. Es sei „in den Naturwissenschaften gerade so viel Wissenschaft als Mathematik enthalten" (Baumgartner 1824). „Die Physic ohne Mathematic studiren, hieß eine Ziffernsprache ohne Schlüssel entziffern wollen" (Parrot 1809). Kontrovers ist aber, ob die Mathematik für die Physik eine bloße Hilfswissenschaft ist, oder ob sie für die physiklischen Theorien konstitutiv ist. Für Parrot ist die Mathematik die Sprache der Natur. Nur der mathematische Physiker kann im Buch der Natur lesen, dem Nicht-Mathematiker bleibt es verschlüsselt. Muncke (1819) betont demgegenüber, daß die Mathematik eine vom Menschen erfundene Sprache sei, derer er sich „bedient", um die Phänomene mit „Bestimmtheit" und „Kürze" zu beschreiben. „Die Mathematik an sich kann die Natur nicht erforschen" und deshalb ist „mathematische Naturforschung nicht als etwas für sich Bestehendes anzusehen." Der Unterschied mag subtil sein, aber mit ihm korrespondiert eine recht verschiedene Einstellung beim Gebrauch der Mathematik. Muncke benutzt sie einfach; Parrot (oder noch mehr Baumgartner) legt auch Wert auf Eleganz. Er sieht die Schönheit der Natur in den Gleichungen und nicht nur die ökonomische Beschreibung.

Nach dem Gesagten ist klar, daß die Autoren eine möglichst weitgehende Mathematisierung des physikalischen Unterrichts anstreben müssen. Bei vielen Gegenständen könne „nur der mathematische Vortrag .. klare und bestimmte Einsicht" vermitteln (Schmidt 1813[2]). Von daher wird das Auseinanderreißen der Physik in Experimentalphysik und angewandte Mathematik kritisiert. „Die Naturlehre ist aber jetzt mehr als je dem Zustande nahe, wo man den mathematischen Theil nicht mehr von ihr trennen kann, wenn man sich nicht mit oberflächlichen Kenntnissen begnügen, und sich zufrieden stellen will, blosse Facta und ihren Zusammenhang im Allgemeinen zu wissen, ohne den eigentlichen Zustand der Dinge bis ins Einzelne zu beachten" (Baumgartner 1824). Ein Unterricht, der darauf keine Rücksicht nehme, produziere „eingebildete Halbwisser".

Die traditionellen Lehrbücher werden kritisiert, weil es ihnen nicht gelänge, die Fakten zu einer zusammenhängenden Theorie zu ordnen. Ein Gebiet wie die Hydraulik sei in ihnen nur „ein Gebäude von Formeln und Versuchen; Jene haben wenig theoretisches, und diese dienen vorzüglich dazu, die Formeln zu corrigiren, oder gar zu componiren" (Parrot 1809). Wo der mathematische Zusammenhang fehle, entarteten die Bücher zu einer „Art von Tabellen oder Inhaltsverzeichnissen", die es dem Lernenden nicht erlaubten, „die Philosophie der Wissenschaften" zu erkennen. Durch solche Bücher werde die Physik „verstümmelt" und der Hang zu voreiligen „systematischen Erklärungen" gefördert (Biot 1819).

Die Aufgabe, die aus dieser Kritik resultiert, hat Muncke (1819) prägnant formuliert. Es komme darauf an, „die Naturgesetze nach ihrem innern Zusammenhange zu entwickeln und in logischer Ordnung zusammenzustellen, wodurch zugleich unfehlbar die Uebersicht des Ganzen und die Prüfung der Schlußfolgerungen erleichtert wird". Muncke sieht durch ein solches Vorgehen zweierlei gewährleistet. Zum einen ermögliche es, daß der Lernende „an Schärfe des Gedankens und des Ausdrucks gewöhnt werde, und man von ihm das Auffassen und Erlernen der Hauptsätze mit Recht verlangen könne" (Muncke 1842[4]). Zum andern könne es aber auch „Anleitung geben, wie Beobachtungen angestellt, und wahre Resultate durch richtige Schlüsse aus ihnen abgeleitet werden" (Muncke 1819). Die Entwicklung der Zusammenhänge im Lehrbuch soll also ein verständiges, an der Ordnung des Ganzen orientertes Lernen ermöglichen und zugleich eine erste Einführung in das wissenschaftliche Arbeiten leisten.

Mit dieser Kenneichnung des Lehrverfahrens grenzt Muncke sich auch von der traditionellen angewandten Mathematik ab, der es weniger um die Entwicklung von Zusammenhängen als um den Beweis von Lehrsätzen ging. Die Theorie soll nicht erst präsentiert und dann bewiesen werden, sondern sie wird, Stück um Stück herleitend, entwickelt. Die Einführung eines Gesetzes besteht dann etwa aus einem der Entwicklung dienenden Teil, in dem Plausibilitätsargumente, Gedankenexperimente oder mathematische Herleitungen das Gesetz an den bisherigen Stoff anschließen und einem der Festigung und Detaillierung des Gelernten dienenden Teil mit Bestätigungsexperimenten, erläuternden Beispielen, mathematischen Herleitungen von Folgesätzen.

Die Einführung in das wissenschaftliche Arbeiten wird in den älteren Lehrbüchern nicht als Ziel erwähnt. Sie wollen nur eine Darstellung und Rechtfertigung des Wissens geben. Dies dominiert auch weiterhin. Aber es gibt immerhin Ansätze, dem Lernenden Einsicht in wissenschaftliche Methoden und Denkweisen zu vermitteln. Das gilt besonders für die französischen Lehrbücher. Muncke scheint dies Ziel für den Universitätsunterricht zu reservieren (er erwähnt es nur in seinem Universitätsbuch). Ähnlich verhält es sich bei Baumgartner (1824, 1837). Hier deutet sich eine Unterscheidung der Unterrichtsziele von Gymnasium und Universität an. Die

Universität wird nicht mehr nur als Lehr- sondern auch als Forschungs-
stätte definiert.

Das Streben nach Zusammenhang und Ordnung beeinflußt nicht nur
die mathematisierten Teile der Bücher, sondern die gesamte Darbietung des
Stoffes. In Fischers Anmerkungen zu Grens Lehrbuch (1808[5]) kann man gut
verfolgen, wo er die schwachen Stellen des älteren Lehrbuchtyps sah und
didaktische Verbesserungen für wichtig hielt. Ein Punkt, den er besonders
hervorhebt und dem auch die anderen Autoren intensive Bemühungen
widmen, ist die Definition der Grundbegriffe. Wenn man mit ihnen mathematisch arbeiten wolle, seien an ihre Einführung höhere Anforderungen zu
stellen. Auch sollten sie „unabhängig von allem Hypothetischen" sein, denn
Hypothesen haben nur heuristischen Wert.[344] - Ein anderer Aspekt ist die
Voraussetzungsgebundenheit des Lehrgangs, deren Fehlen in dem Gren-
schen Buch Fischer tadelt. Mit Begriffen, die erst später erklärt werden,
kann man nicht exakt arbeiten. - Ein dritter Punkt besteht in der Reduzie-
rung der Aspektvielfalt. Nicht natürliche, komplexe Phänomene sollen am
Anfang stehen, sondern das reine paradigmatische Phänomen, das sich
leichter mathematisch fassen läßt. Es gelte, „den Gegenstand der Betrachtung zu isolieren, und die Einmischung alles Fremdartigen so lange zu vermeiden, bis man das Einfache oder Gleichartige erkannt hat". - Bei manchen Autoren beeinflußt der mathematische Lehrstil auch die Stoffauswahl.
Was sich mathematisch elementar behandeln läßt, erhält breiten Raum. Wo
sich nichts quantifizieren läßt, wird gekürzt (Baumgartner 1824, Lamé
1838). Das für die Unterrichtsweise paradigmatische Gebiet ist die Mechanik (Parrot 1809, Fischer 1805).

Ein Problem sind diejenigen Theorien, die sich nicht mit elementaren
mathematischen Mitteln darstellen lassen. Und das sind die meisten, denn
die Differentialrechnung ist für die Schulbücher noch gänzlich tabu, und
auch manche Universitätsbücher verzichten noch darauf. Abstriche am
Programm waren also nicht zu umgehen. Man bedient sich dann der experimentellen Unterrichtsweise, auch wenn man sie für nicht wirklich gegen-
standsadäquat hält. Das gilt in besonderem Maße für die Schulbücher. Fischer (1805) schreibt: „Die mechanische Naturlehre ist in ihren wesentlichen Theilen fast ganz mathematisch ... Da aber der strenge mathematische
Vortrag für den ersten Unterricht zu schwierig seyn würde, so weicht man
demselben, so viel als möglich, durch den Experimentalweg aus, d.h. man
giebt die Resultate, welche der mathematische Scharfsinn entdeckt hat, historisch an, und verbürgt sie gleichsam durch Experimente; daher der Begriff einer Experimental-Physik". Fischer läßt keinen Zweifel daran, daß
dies für ihn nur ein Behelf ist. Für Biot (1819) stellte sich offenbar die
Frage, ob ein solcher Behelf überhaupt zu vertreten sei. „Nur mit einiger
Ueberwindung konnte ich den Entschluß fassen, dem Lernenden ein Buch
darzubieten, in welchem die Physik dessen beraubt ist, was ihre vorzügliche
Nützlichkeit und Gewißheit ausmacht, ich meine der mathematischen Formeln und Methoden." Er läßt es dann auch nicht bei einer bloßen Experimentalphysik, sondern reichert sie mit Bemerkungen zum „Wesen der Wissenschaft" an. Was er nicht praktizieren kann, darüber will er wenigstens
berichten.

Die Autoren versuchen mit verschiedenen methodischen Hilfsmitteln, schwierige mathematische Beweise zu vermeiden und doch ihrem Ziel einigermaßen treu zu bleiben. Beliebt ist die Behandlung besonders einfacher Spezialfälle. Die Erweiterung auf den allgemeinen Fall wird dann nur angegeben. Wo sich selbst ein einfacher Fall nicht exakt durchrechnen läßt, wird eventuell nur der Beweisgang geschildert (besonders bei Schmidt 1813[2]), oder es werden die Voraussetzungen des Lösungsweges angeführt und dann auf die Literatur verwiesen, wo man den ausgearbeiteten Beweis findet (Baumgartner 1824). Manchmal wird allerdings auch schlicht die Formel gegeben und darauf verwiesen, daß man zu ihrer Herleitung die höhere Mathematik benötige. - Schmidt (1813[2]) und Fischer (1805) führen eine Art innerer Differenzierung ein. Sie schreiben stellenweise einen experimentalphysikalischen Basistext und bringen die zugehörigen mathematischen Beweise im Kleingedruckten. Lamé (1838) differenziert zwischen theoretisch Grundlegendem und den Folgerungen aus der Theorie. Das erste wird genau behandelt, die letzteren werden nur angegeben. - Der Vereinfachung dient auch die Bevorzugung geometrischer vor algebraischen Argumentationen. Dadurch werden die Herleitungen anschaulicher, verlieren etwas von ihrem formalen Charakter. Parrot (1809) versucht, möglichst durchgängig geometrische Verfahren zu verwenden. Dies sei „dem physikalischen Vortrage überhaupt, und für Anfänger insbesondere, angemessen". - Schließlich sei noch auf die bei einigen Autoren (Fischer 1805, Parrot 1809, Schmidt 1813[2]) recht häufige Verwendung von Gedankenexperimenten verwiesen. Dies ist vielleicht die ideale Möglichkeit, Anschauung und schlußfolgerndes Denken miteinander zu verbinden, und kann oft mit ganz elementaren mathematischen Mitteln auskommen.

Trotz dieser unterrichtsmethodischen Bemühungen dominiert in den meisten Büchern die Experimentalphysik. Allerdings ist die Zahl der geschilderten Experimente durchweg geringer als in den älteren Büchern. Aus der Vielzahl der möglichen Experimente wird nur das ausgewählt, was aus methodischen Gründen notwendig erscheint. Eine besondere Bedeutung hat für die Autoren die experimentelle Einführung der Grundbegriffe und Grundgesetze. Die dazu notwendigen Meßverfahren werden ausführlich beschrieben und begründet. Die Konstruktion der wichtigsten Meßgeräte wird bis zu apparativen Details hin behandelt, einschließlich der Maßnahmen zur Erhöhung der Genauigkeit. Die zweite Hauptfunktion des Experiments ist die quantitative Darstellung von Gesetzen, entweder zusätzlich zur mathematischen Herleitung oder anstelle derselben. Hier werden speziell für die quantitative Untersuchung bestimmter Vorgänge konstruierte Apparaturen bevorzugt, wie etwa das Monochord oder die Atwoodsche Fallmaschine. Noch typischer ist allerdings die Anführung wissenschaftlicher Originalexperimente, auch mit den Originalergebnissen. Gemessen an den älteren Büchern tritt das Demonstrationsexperiment stark zurück. Nur bei Parrot (1809) begleiten Demonstrationsexperimente den ganzen Lehrgang. Aber auch ihm geht es um die „Beseitigung der vielen überflüssigen Spielereien". Die auf sinnfällige Veranschaulichung zielende Praxis des Demonstrationsunterrichts genügt nicht dem Anspruch der Wissenschaftlichkeit. Auch wenn man annimmt, daß im Hörsaal mehr experimentiert wurde als das unterrichtsbegleitende Buch zwingend erforderte, haben diese Bücher wohl die Kreidephysik gefördert. Das dürfte besonders für die Schulen gelten, an denen der Experimentalunterricht noch nicht Tradition war.

5.6.3 Hypothesen und Modelle

In den Lehrbüchern des 18. Jahrhunderts zerfiel die Theorie in zwei Ebenen, eine Ebene des Gesetzeswissens und eine Ebene der mikrophysikalischen Interpretation. Zunächst galt diese zweite Ebene als die Theorie im engeren Sinn, jedoch verschob sich das Schwergewicht zunehmend zur ersten Ebene.[345] Dieser Prozeß setzt sich nun fort. Solang man noch hoffte, die Einheit der Physik werde sich aus einer mikrophysikalischen Theorie der Affinität ergeben, hatte die zweite Theorieebene eine unverzichtbare Funktion. Indem nun die Mathematik als Einheit stiftendes Moment betont wird, verliert die zweite Theorieebene an Bedeutung. Der Theoriebegriff wird auf die erste Ebene eingeschränkt.

Das heißt nun nicht, daß die zweite Theorieebene verschwindet. Mikrophysikalische Hypothesen werden durchweg für nötig und nützlich gehalten. Die meisten Autoren betonen ihren heuristischen Wert. Sie sollen als Forschungsinstrument beim Ausbau der ersten Theorieebene dienen, jedoch nicht mehr deren ontologische Interpretation leisten.[346] Hypothesen seien, „so lange sie nicht zu weit ausgedehnt werden, von dem größten Nutzen, weil sie dazu dienen, viele ungleichartige Erscheinungen unter einem allgemeinen Gesichtspunkt zusammen zu fassen, und eben dadurch Winke geben, neue Wahrheiten zu entdecken". Man solle sie nach „dem Nutzen, welchen sie dem experimentirenden Naturforscher in Enthüllung der Wahrheit leisten" beurteilen. Selbst als falsch erkannte Hypothesen können dafür noch einen Nutzen haben, weil „sie dem denkenden Naturforscher Gelegenheit geben, bekannte Erscheinungen von einer andern Seite zu betrachten, welches oft und unerwartet auf reelle Entdeckungen führet" (Alle Zitate Schmidt 1813[2]). Lamé (1838) betont, daß besonders der mathematische Naturforscher von derartigen Hypothesen profitiere. Er solle „von einer der besonderen Hypothesen über die allgemeine Ursache, auf welche die bekannten Erscheinungen hinzudeuten scheinen" ausgehen und dann versuchen, diese in mathematischer Sprache auszudrücken.

Baumgartner (1824) hat diese Haltung gegenüber den mikrophysikalischen Hypothesen durch eine treffende Metapher ausgedrückt. Sie seien „nur Spielpfennige, derer man sich bedient, um das Spiel in Ordnung zu erhalten". Die mathematische Physik ist zunächst ein Spiel mit Hypothesen. Wenn es ihr aber gelingt, „den Zusammenhang zwischen ihnen und der Erscheinung, die sie erklären sollen, Glied für Glied" aufzuzeigen, wird aus dem Spielgeld die „wahre Münze" der Theorie.

Genau so einhellig, wie die Autoren den Nutzen von Hypothesen herausstellen, warnen sie vor deren Mißbrauch. Sie haben dabei die ontologische Erklärungspraxis im Auge, die sich mit der Angabe materieller oder dynamischer Ursachen zufrieden gab, ohne den Zusammenhang von Ursachen und Wirkungen mathematisch im Detail herstellen zu können. Diese „Sucht zu erklären stiftet viel Unheil" (Schmidt 1813[2]). Sie sei bloße Spekulation und habe „die Wissenschaft nicht um einen Schein vorwärts gebracht" (Fischer 1805). Wenn sich eine Hypothese nicht mathematisch durchführen läßt, bringt sie die Theorie nicht weiter. Bloße Spekulationen über die Natur der Dinge gelten als nutzlos und physikalisch irrelevant. Es wird herausgestellt, daß die Physik grundsätzlich auch ohne Hypothesen betrieben werden könne. „Es kann uns gleichgültig seyn, ob irgend eine dieser Speculationen, oder ob keine die wahre sey, wofern wir nur die Gesetze kennen" (Fischer 1805). Man könne auch „die unbekannte Ursache der Wärme x nennen, und doch alle in der Folge vorkommenden, durch die Erfahrung gegebenen, Gesetze der Wärme eben so gut und ganz allgemein darstellen" (Schmidt 1813[2]).

Wenn der Wert der Hypothesen vor allem in ihrer heuristischen Bedeutung bei der Theorienkonstruktion liegt, können sie im Unterricht grundsätzlich entfallen, weil die Darstellung der fertigen Theorie ihrer nicht mehr bedarf. „Der physikalische Unterricht wird sich dereinst allein auf die Beschreibung und Ausführung der Versuchs- und Beobachtungsmethoden beschränken, welche zu den Gesetzen der Naturerscheinungen führen, ohne über ihre Grundursachen irgend eine Hypothese aufzustellen" (Schnuse in Lamé 1838). Diese Haltung bezieht sich stärker auf den Unterricht am Gymnasium als auf denjenigen an der Universität. Vergleicht man die für diese Lehranstalten geschriebenen Bücher von Muncke (1819, 1842[4]) beziehungsweise von Baumgartner (1824, 1837), so wird das besonders deutlich. Muncke, der im Universitätsbuch schon nicht viel über Hypothesen bringt, verzichtet im Schulbuch ganz darauf. Baumgartner, der im Universitätsbuch mathematisierbare Hypothesen gern behandelt, kürzt sie im Schulbuch so stark, daß ihr theoretischer Stellenwert nicht mehr deutlich wird. Man kann vermuten, daß hier das Ziel der Einführung ins wissenschaftliche Denken und Arbeiten eine Rolle spielt. Wo dies angestrebt wird, erscheint die Behandlung von Hypothesen notwendig. Dafür spricht auch, daß die französischen Schulbücher ihnen relativ viel Platz widmen. - Fischer (1805), der mit Hypothesen recht sparsam umgeht, erkennt ihnen immerhin eine didaktische Funktion als „bequemes Versinnlichungsmittel" zu. Zur Frage der Entscheidung zwischen der Franklinschen und der Symmerschen Auffassung vom elektrischen Fluidum meint er: „Ich betrachte beyde Hypothesen bloß als Hilfsmittel, die Gesetze der Elektricität an ein anschauliches Bild zu heften; und bloß in dieser Rücksicht ziehe ich die Symmersche Vorstellungsart vor" (Fischer in Gren 1808).

Relativ ausführlich werden Hypothesen von Parrot (1809), Schmidt (1813[2]), Baumgartner (1824) und Lamé (1838) behandelt. Lamé erkennt ihnen wohl den höchsten Stellenwert zu, indem er sie, wenn möglich, an den Anfang eines Gebietes stellt. Er versucht, sie quantitativ zu behandeln. Das ist für ihn der Kern der Theorie, deren weitere Ausformulierung im Detail er dann oft nicht mehr durchführt, sondern sich mit der Angabe der Ergebnisse begnügt. Lamé betont damit, daß die Theorie den Charakter einer auf

Modellvorstellungen aufbauenden Konstruktion hat. Für ihn ist die Theorie eine (empirisch erhärtete) Hypothese. Ähnlich sieht das auch Baumgartner (1824). Parrot (1809) betont demgegenüber ihren Charakter als Beschreibung der Erscheinungswelt. Er behandelt jedes Gebiet zunächst rein phänomenologisch-deskriptiv, und dies ist ihm offenbar die Hauptsache, denn er überschreibt die Kapitel mit „Phänomene der Wärme", „Phänomene des Lichts" usw. Im zweiten Schritt wird dann eine Deutung der phänomenologischen Gesetze mit Hilfe der grundlegenden Kräfte versucht. Dabei kommt er nicht ohne hypothetische Konstruktionen aus, deren Einführung ihm jedoch sichtlich als Mangel erscheint. Er strebt eine hypothesenfreie Theorie an.

Ob Theorie als Hypothese oder hypothesenfreie Theorie - in jedem Fall wird eine von der ersten Theorieebene unabhängige zweite abgelehnt. Die Mathematisierung ist übergreifend und integriert die zweite Theorieebene in die erste.[347]

Eine gute Hypothese muß sich zwanglos und eindeutig mathematisch formulieren lassen. Baumgartner (1824) kritisiert an den von den Imponderabilientheorien postulierten Materien, daß sie diesem Kriterium nicht genügten. Man könne etwa dem Wärmestoff ad hoc nahezu beliebige Eigenschaften beilegen und brauche sich dann „nicht viel zu Gute thun, wenn sich viele Eigenschaften leicht daraus ergeben"; aber in ungezwungener Weise und ohne Zusatzhypothesen herleiten könne man aus der Wärmestoffhypothese nicht viel. Demgegenüber hält er eine Hypothese, die die Wärme in Analogie zur Optik durch Ätherschwingungen deutet, für gut und erhofft ihre Ausarbeitung. Bei dieser habe „man es nicht so leicht, wie bei der Annahme eines Wärmestoffes, den man sich nach Belieben schafft und qualificirt; man muß mittelst Rechnung alles aus der Natur der vibrirenden Bewegung ableiten". Die Modellvorstellung von Schwingungen erlaubt eine eindeutige mathematische Formulierung. Daß man über den Äther als Träger dieser Schwingungen nichts weiß, stört nicht weiter.

Durch die Einbeziehung der Hypothesen in die mathematische Theorie stellt sich die Frage ihrer empirischen Bewährung neu. Bis dahin war als notwendiges Adäquatheitskriterium meist schlicht formuliert worden, eine Hypothese dürfe keinen anerkannten Tatsachen widersprechen. Für Hypothesen, die grundsätzlich oder mit den Mitteln der Zeit nicht falsifizierbar waren, war dies immer erfüllt. Nun kann Fischer (1805) die Ausarbeitung der Hypothese bis hin zu empirisch überprüfbaren Folgerungen zum Adäquatheitskriterium erheben. Hypothesen „müssen von der Art seyn, daß es möglich ist, sie auf den Prüfstein der Erfahrung zu ziehen. Jede Hypothese die durch Erfahrung weder bewährt, noch verworfen werden kann, ist Spielwerk des Witzes oder Scharfsinnes."

Die empirische Bewährung ist ohne ontologische Relevanz. Sie bezieht sich immer auf Wirkungsgesetze. Auch wenn die optischen Erscheinungen sich durch die Vibrationstheorie beschreiben lassen, bleibt der Äther als Träger der Schwingungen hypothetisch, die unbekannte Ursache x. Die Autoren vertreten die Position eines kritischen Realismus, beurteilen aber die Möglichkeiten, das Wesen der Dinge zu erkennen, sehr skeptisch, teils aus grundsätzlichen Überlegungen, teils den aktuellen Forschungsstand betrachtend. Wir wissen nichts über Atome, wir wissen nichts über Kräfte, wir erkennen nur die Wirkungen.

Von daher schließen die meisten der Autoren sich auch keiner der konkurrierenden Grundlagentheorien an. Fischer (1805) lehnt sie alle als Spekulation ab. „Der wahre Naturforscher muß daher weder Atomist, noch Dynamiker seyn. Die innere Natur der Körper wird uns ewig verborgen bleiben; was wir von ihrer Außenseite wissen, verdanken wir ganz allein ... der Erfahrung". Ähnlich urteilt Parrot (1809). Andere sind der Spekulation nicht ganz so abhold und erkennen mal dem Atomismus, mal dem Dynamismus den höheren Erklärungswert zu (Schmidt 1813[2], Baumgartner 1824). Von den deutschen Autoren ergreifen nur Fries (1826) und Muncke (1819) eindeutig für eine der beiden Seiten Partei, Fries für den Dynamismus, Muncke für den Atomismus. Beide relativieren jedoch ihre Position in charakteristischer Weise, indem sie den heuristischen Wert dieser Positionen betonen und ihren Erklärungswert abwerten.[348] Sie betrachten die mikrophysikalischen Hypothesen als Modelle. Sie erhoffen sich vom Dynamismus, respektive Atomismus, keine Erklärungen, wohl aber eine Vereinheitlichung der Theorienbildung in verschiedenen Gebieten, nicht anders, als es etwa Fischer und Parrot von der Mechanik oder Affinitätstheorie erwarten.

Die romantische Naturphilosophie wird, wo sie überhaupt Erwähnung findet, abgelehnt. Manchmal fallen da sehr starke Worte. Sie sei ein „Roman", „eine Satyre auf den menschlichen Verstand" (Parrot 1809), eine „Afterphilosophie" mit Schelling als „Führer der Secte". Sie habe eine „Sucht nach dem Mystischen und Paradoxen" und ihre Begriffe seien „mit der Anschauung der Natur und der dem Naturforscher unentbehrlichen Mathematik im Widerspruch" (Muncke 1819). Hier waren die Unterschiede so groß, daß die Polemik an die Stelle einer Auseinandersetzung trat.[349]

5.6.4 Die mechanische Naturlehre und das Laplacesche Programm

Es wurde schon darauf hingewiesen,[350] daß die Abgrenzung der Physik von ihren Nachbardisziplinen nicht mehr durch die Angabe ihrer Gegenstandsbereiche geschah, sondern daß sie als Grundlagenwissenschaft für die anderen naturwissenschaftlichen Spezialdisziplinen bestimmt wurde. Eine inhaltliche Bestimmung hätte ihr nach Auffassung der damaligen Physiker nicht viel mehr gelassen als „gewisse Erscheinungen auf unserer Erde, welche unter keiner der ... besonderen Abtheilungen der Naturlehre begriffen sind" (Schmidt 1813[2]), also die Gebiete, die noch nicht Gegenstand einer Spezialdisziplin geworden waren, insbesondere die Imponderabilien. Und solange man auf eine chemische Theorie der Imponderabilien hoffte, war auch dies nur eine Zuordnung auf Widerruf. Gegenüber einer solchen Restkategorie war die Neubestimmung der Physik als Grundlagenwissenschaft wesentlich attraktiver. Sie sollte wieder das Zentrum der Naturwissenschaften werden. Und sie konnte diesen Anspruch jetzt mit mehr Überzeugung vertreten, nachdem sie nicht mehr nur den experimentellen, sondern auch den mathematischen Erkenntnisweg repräsentierte. Muncke (1819) kennzeichnet die neue Rolle der Physik treffend, wenn er sie als eine propädeutische Wissenschaft bestimmt, die jedem naturwissenschaftlichen Spezialstudium vorangehen müsse. „Die Naturlehre im engeren Sinne ist ohnehin eine propädeutische Wissenschaft, und eröffnet das weitläufige Studium der gesammten Natur und ihrer Gesetze." Aufgabe dieser Wissenschaft ist es, „die ersten Grundgesetze aufzustellen, und zu befestigen" (Fischer 1805). Deren Anwendung ist Aufgabe der Spezialdisziplinen, der Maschinenlehre, der Meteorologie usw. Die Physik ist deshalb auch vor diesen zu lehren, insbesondere auch vor der Chemie (Muncke 1819).

Wie man sich diese Grundlegung dachte, sagt programmatisch der Titel von Fischers Lehrbuch (1805): sie soll eine mechanische sein, nicht mehr eine chemische. Die Elektrizitätslehre soll zur „elektrischen Statik" werden, die Optik zur „wahren Mechanik des Lichtes". Damit redet Fischer nicht einem mechanischen Reduktionismus das Wort. Er betont vielmehr ausdrücklich, daß die Bewegungsgesetze, etwa des Lichtes, ganz andere seien als die der schweren Körper. Es geht ihm nicht darum, alle Phänomene durch die Gesetze der Mechanik zu beschreiben, sondern sie als Bewegungen aufzufassen, denn Bewegungen sind leicht mathematisch zu beschreiben. Die von der Chemie beeinflußte Definition der Physik als der Wissenschaft von den Arten und Eigenschaften der Materie wird wieder durch die ältere abgelöst, wonach sie sich mit den Bewegungen der Körper beschäftigt. Allerdings gibt es kein Zurück zu den alten mechanistischen Theorien. Die Ergebnisse der chemischen Periode der Physik werden anerkannt und weiterentwickelt. Wenn Fischer im Rückblick auf die Wissenschaftsgeschichte „mechanische Naturforscher" und „chemische Naturforscher" unterscheidet, so schließt er sich eher den Meinungen der letzteren an.[351]

Während die Chemie bis auf ihre Grundbegriffe aus der Physik ausgegrenzt wird, bleiben Meteorologie, physikalische Geographie und physikalische Astronomie zunächst Teile der Physik. Solange sie nicht Gegenstand von Spezialdisziplinen geworden sind, bleiben sie als „angewandte Physik" ihrem Mutterfach zugeordnet. Während die Experimentalphysik die „reinen" Phänomene sucht, um die allgemeinen Naturgesetze zu erkennen, betrachtet die angewandte Physik die Naturphänomene in ihrer gegebenen Komplexität und bedient sich dabei der Ergebnisse der Experimentalphysik.[352]

Die Physik im engeren Sinn wird unterschiedlich bezeichnet. Manche Autoren betonen ihre empirischen Grundlagen und sprechen von Erfahrungsnaturlehre (Schmidt 1813[2], Baumgartner 1824) oder Experimentalphysik (Muncke 1819). Andere betonen den theoretischen Zusammenhang und sprechen von theoretischer Physik (Jungnitz 1804, Parrot 1809). Muncke (1819) wendet sich gegen diesen Begriff, der „leicht auf Mißdeutungen führen" könne. Physik sei eine Erfahrungswissenschaft, und die Ordnung der Erfahrung zu einer Theorie gehöre dazu. Muncke befürchtet wohl einen Rückfall in die Trennung von Experimentalphysik und angewandter

Mathematik. Aber auch von den Autoren, die den Begriff theoretische Physik verwenden, möchte keiner die neu gewonnene Integration des experimentellen und des mathematischen Weges aufgeben.[353]

In Frankreich war der Aufschwung der mathematischen Physik eng mit dem von Laplace und Berthollet ins Leben gerufenen Forschungsprogramm verbunden.[354] Es ging um die Wiederbelebung der alten, innerhalb der newtonischen Tradition immer wieder einmal artikulierten Idee, alle Naturphänomene durch Kräfte gleichen Typs zu erklären, nämlich durch Zentralkräfte nach Art der Gravitation. Bis dahin war sie eher eine vage Vermutung gewesen, die, außer in der Gravitationstheorie selbst, nirgendwo quantitativ durchgeführt war und die während der chemischen Periode der Physik kaum noch ernsthaft verfolgt wurde.

Typische Produkte dieses Forschungsprogramms waren Laplace' Theorie der Kapillarität, Berthollets Theorie der chemischen Affinität [355] oder Biots Theorie der Wechselwirkung von Licht und Materie. Alle drei behandeln Phänomene, die dem 18. Jahrhundert als Standardbeispiel für Nahwirkungskräfte galten. Die Ersetzung der Nahwirkungsvorstellung, bei der spezifische Eigenschaften der Wechselwirkungspartner als zentral betrachtet wurden, durch die Vorstellung einer Fernwirkung mit geringer Reichweite, die auf einem allgemeinen Gesetz beruhte, war wohl die weitreichendste Änderung. Sie betraf nicht nur die normale Materie, sondern auch die Imponderabilien. Diese stellte man sich als Flüssigkeiten vor, deren Teilchen sich gegenseitig abstoßen und die normale Materie anziehen.

Laplace wollte nicht nur die Nahwirkungskräfte als Zentralkräfte konstruieren, er glaubte auch, daß es vielleicht möglich sein werde, alle Zentralkräfte auf die Gravitationskraft zurückzuführen, die dann zur einzigen, alles regierenden Naturkraft würde. Daß die gemessenen Nahwirkungskräfte nicht der umgekehrt quadratischen Entfernungsabhängigkeit des Gravitationsgesetzes gehorchten, versuchte er durch Form und räumliche Anordnung der Moleküle zu erklären.

Die mathematischen Schwierigkeiten bei der Behandlung von Flüssigkeiten als Vielteilchensystemen waren enorm. Nur unter vereinfachenden Annahmen und für Spezialfälle waren die Differentialgleichungssysteme näherungsweise lösbar. Für das Lehrbuch waren solche Theorien nicht geeignet. Nur die Kapillartheorie und die Theorie der chemischen Affinität werden von einigen Autoren erwähnt, hingegen keinerlei Imponderabilientheorien.[356]

Die deutschen Autoren betrachten das Laplacesche Programm differenziert. Wo sie ihm zustimmen, geschieht dies nicht mit dem Enthusiasmus und der Überzeugung, die etwa Haüy oder Biot ausdrücken. Die Rückführung aller Phänomene auf Zentralkräfte wird als Ziel akzeptiert. Der Begriff Flächenkraft sei überflüssig (Muncke 1819). Wo er noch verwendet wird (Parrot 1809), dient er der makroskopischen Beschreibung. Die Konstruktion mikrophysikalischer Modelle wird (außer bei Schmidt 1813[2]) eher vorsichtig und unmittelbar erfahrungsbezogen angegangen. Die Hypothese einer einzigen allgemeinen Naturkraft wird nicht von allen Autoren geteilt und nirgends in den Mittelpunkt gestellt.[357]

Insgesamt hat die Neudefinition der Physik auf die Inhalte zunächst keinen besonders großen Einfluß, sondern betrifft eher deren Behandlung. Die Gliederungen sind denen der Bücher aus der „chemischen" Periode sehr ähnlich.[358] Auch die chemischen Imponderabilientheorien spielen noch eine gewisse Rolle. Am stärksten in dieser Tradition steht Parrot (1809). Sein Lehrbuch ist wohl das letzte, in dem ein Autor eine eigene, umfassende Theorie vorstellt, eine Theorie der Imponderabilien. Das „allgemeine Band", mit dem die Imponderabilientheorien und die Chemie zusammengefaßt werden sollten, ist die Affinitätstheorie. Allerdings gelingt es Parrot nicht, die „Kluft zwischen Bewegung und Affinität, zwischen Mechanik und Chemie" zu überbrücken.[359]

Auch das Laplacesche Programm konnte sein Versprechen, diese Kluft zu überbrücken, nicht einlösen. Daß es schon zwanzig Jahre nach seinen ersten Erfolgen seine Attraktivität weitgehend eingebüßt hatte, lag aber wohl weniger hieran, als vielmehr an einigen außerhalb dieses Programms entwickelten, erklärungsmächtigen Theorien, die mit ihm kaum zu vereinbaren waren: Fresnels Theorie der Optik, Ampères Theorie des Elektromagnetismus, Daltons chemischer Atomtheorie. Innerhalb kurzer Zeit wurden die Grundvorstellungen der newtonischen Physik des 18. Jahrhunderts zu Grabe getragen. Keine der neuen Theorien arbeitete noch mit subtilen Fluida beziehungsweise Imponderabilien. Einzig der Wärmestoff konnte sich noch einige Zeit halten, aber auch er wurde mit zunehmender Skepsis bedacht. Damit wurde zugleich die Einheit der grundlegenden Erklärungsmuster aufgegeben. An die Stelle des Imponderabilienmodells traten unterschiedliche Modellvorstellungen in den einzelnen Teilgebieten. Diese Modelle hatten zum Teil ärgerliche physikalische Schwierigkeiten, die im Kontrast zu den Erfolgen der aus ihnen entwickelten Theorien standen. Die Existenz der chemischen Atome und des Äthers waren zweifelhaft, und man wußte eigentlich nicht, wie man sich diese Entitäten vorstellen sollte. In den Lehrbüchern wurde durch diese Situation der latent vorhandene Positivismus, oder besser gesagt Agnostizismus, verstärkt.

Schon in einigen der älteren Bücher deutet sich eine gewisse Skepsis gegenüber den Imponderabilien an. Die Autoren betonen, daß man fast nichts von ihnen wisse. Es sei unbekannt, ob sie schwer und undurchdringlich seien (Fischer 1805). Man wisse nicht, ob man sie als elastische Flüssigkeiten behandeln dürfe (Parrot 1809). Als sicher gilt den meisten Autoren nur ihre Existenz und daß sie Affinität zu anderer Materie zeigen. Schmidt (1813[2]) und Fischer (in Gren 1808[5]) äußern sogar vorsichtige Zweifel an ihrer Existenz. Fischer meint, wir wüßten nicht, „ob das, was wir Bewegung des Lichts nennen, eine progressive oder eine vibrirende Bewegung, oder vielleicht nur ein Uebergang einer gewissen Wirkung aus einem Theile des Raumes in den andern sey, wozu vielleicht gar kein Bild in unserm Vorstellungsvermögen vorhanden ist".

Der erste deutsche Lehrbuchautor, der die Imponderabilien gänzlich aufgibt, ist Baumgartner (1824). Er ist nicht nur wissenschaftlich auf dem neuesten Stand, sondern schneidet auch konsequent die alten Zöpfe ab. Das Buch hat nicht umsonst so viele Auflagen erreicht. In seiner Art gab es auch dreißig Jahre später noch nichts Besseres. Baumgartner ist von der Wellenoptik offenbar begeistert und behandelt sie sehr ausführlich. Sie sei deswegen der bisherigen Auffassung überlegen, „weil sie die meisten optischen Phänomene aus der bloßen Natur der vibrirenden Bewegung vollständig erklärt, und nur da Lücken läßt, wo die bisher bekannten Kunstgriffe der mathematischen Analysis nicht hinreichen, um die Gesetze der vibrirenden Bewegung darzustellen". Gegenüber Biots Optik, die für jedes Phänomen eine komplizierte Modellkonstruktion vornahm, wird hier alles aus einem Gedanken heraus, in Analogie zum Schall, erklärt. Eine Aussage über die Natur des Lichts macht die Wellenoptik nach Baumgartner nicht. Darüber wisse man nichts und brauche man nichts zu wissen. - Auch den Wärmestoff möchte Baumgartner abgeschafft wissen. Er erhofft eine Wärmetheorie der Ätherschwingungen, analog zur Optik. - Die Annahme eines magnetischen Fluidums sei „mehr als die jedes anderen imponderablen Stoffes bloßes physikalisches Verstandes-Spielwerk". Hingegen erkläre Ampères Kreisstromtheorie die Erscheinungen „mit viel Glück". - Nur in der Elektrizitätslehre werden Franklins und Symmers Fluida mangels einer besseren Alternative noch angeführt, allerdings mit dem Hinweis auf die Unzulänglichkeit dieser Theorien. - Mathematisch durchgeführt wird von Baumgartner nur die Wellenoptik. In den anderen Gebieten beschränkt er sich auf die phänomenologische Theorie.

THEORIA CORPORIS NATURALIS

PRINCIPIIS

BOSCOVICHII

CONFORMATA,

QUAM ELUCUBRATUS EST

P. NICOLAUS BURKHAEUSER

SOCIETATIS JESU,

PHILOSOPHIAE IN UNIVERSITATE WIRCEBURGENSI PROFESSOR P. O.

CUM PERMISSU SUPERIORUM.

WIRCEBURGI,

Typis Francisci Ernesti Nitribitt, Universitatis Typographi. 1770.

6 Alternativen zur newtonischen Experimentalphysik

6.1 Das newtonische System Boscovichs

6.1.1 Einleitung

Es ist offensichtlich, daß viele Lehrbuchautoren im 18. Jahrhundert einen Zusammenhang zwischen dem wissenschaftlichen Weltbild und der Methode des Unterrichts herstellen. In der Wolffschen Schule wird die dogmatische Lehrart bevorzugt, bei den Newtonianern hingegen die experimentelle Lehrart. Zwar hatte Wolff auch eine experimentelle Lehrtradtion begründet, und diese wurde unter seinen Schülern weitergepflegt, aber sie wurde mehr des praktischen Nutzens wegen betrieben und repräsentierte nicht den Bildungsauftrag des Faches Physik als einer Sparte der Philosophie. Wenn auf der anderen Seite bei Autoren, die sich zur newtonischen Philosophie bekennen, Elemente der dogmatischen Lehrart auftreten, so geht dies durchweg mit einer eklektizistischen Wissenschaftsmethodologie zusammen. Die strikten Newtonianer lehnen die dogmatische Lehrart genauso ab wie die mechanistische Physik, die sie damit in Zusammenhang bringen.

Dem liegt die Auffassung zugrunde, daß die Methode der Wissenschaft (genauer: die Methode der Rechtfertigung wissenschaftlicher Aussagen) die wesentlichen Momente der Lehrmethode in sich trage. Für den vernünftigen Menschen soll der Weg der methodischen Sicherung der Erkenntnis auch der beste Weg zum Erwerb der Erkenntnis sein. Lernen ist Einsicht der Wahrheit. Und je nachdem, ob man diese eher deduktiv oder eher induktiv begründet sieht, kommt man zu unterschiedlichen Konzeptionen von der Methode des Unterrichts. Der Spielraum der Didaktik ist beschränkt durch die allgemeine Methodologie, die zugleich das didaktische Geschäft begründet.[360]

Von besonderer Bedeutung sind die Auffassungen darüber, wie weit das methodisch gesicherte Wissen vordringen kann, ob und inwieweit die grundlegenden Entitäten, die Welt des unendlich Kleinen, die Elemente und ihre Kräfte, dem wissenschaftlichen Zugriff zugänglich sind. Es muß Dogmen geben, wenn man dogmatisch unterrichten will, und nach der durchgängigen Auffassung der Lehrbuchautoren jener Zeit kommen als Dogmen nur Aussagen über die grundlegenden Entitäten der Welt in Frage. Die Physik kann als philosophische Disziplin die Axiome, auf denen sie auf baut, nicht nach bloßen Zweckmäßigkeitsgesichtspunkten wählen. Sie wird vielmehr immer auch als empirisch fundierte Ontologie begriffen.

Die dogmatische Lehrart ist nur sinnvoll praktizierbar, wenn man die Möglichkeit eines physikalischen Systems bejaht. Charakteristisch für die Systeme des 18. Jahrhunderts ist der Versuch, alle physikalischen Phänomene aus *einem* Grundgedanken heraus zu erklären, der es erlaubt, „das Gesammte der Naturlehre, wie aus einem Gesichtspuncte bequem [zu] überschauen" (Däzel, 1790), und dieser Grundgedanke betrifft die Struktur der Materie.

Die newtonische Philosophie erlaubte ein solches System nicht, jedenfalls nicht ohne Verletzung selbstgesetzter methodischer Maximen. Es gab keinen einheitlichen theoretischen Rahmen, sondern nur relativ zusammenhanglose Theoriefragmente zu einzelnen Phänomenbereichen. Sie bezogen sich jeweils auf eine bestimmte Materie und die ihr zugeordneten Kräfte. Was Materie und Kraft dabei ontologisch meinten und wie beide Begriffe miteinander verknüpft waren, blieb ziemlich vage. Die Aussagen zu diesem Komplex wurden oben als „zweite Theorieebene" bezeichnet.[361] Sie waren wenig präzise und oft ad hoc entworfen. Sie mochten zur Befriedigung des Erklärungsbedürfnisses noch einigermaßen hinreichen, aber als Grundlage zur deduktiven Herleitung der „ersten Theorieebene" waren sie ungeeignet. Die Grundlagen waren faktisch unbekannt und galten manchen sogar als nicht erkennbar. Also wandte man sich gegen die Aufstellung von Systemen und propagierte ein empiristisches Programm.

Einem philosophisch geschulten Lehrer mußte der Verzicht auf ein System schwerfallen. Er betraf den Bildungswert des Faches Physik. Der Physikunterricht sollte philosophische Erkenntnisse vermitteln. Er sollte Einsicht in Gottes Weltenplan geben und nicht nur dem praktischen Nutzen dienen. Als Teildisziplin innerhalb der Philosophie war die Physik nur schwer zu rechtfertigen, wenn man auf ein System verzichtete.

Vielleich ist es deshalb kein Zufall, daß der interessanteste Versuch eines der newtonischen Physik zugeordneten Systems gerade von den Jesuiten ausging, die am hartnäckigsten an der Einbettung der Physik in den philosophischen Kurs festhielten. Die Grundlage dazu bildeten die Arbeiten des dalmatinischen Jesuiten Roger J. Boscovich,[362] der eine einheitliche Materietheorie zur newtonischen Physik entwarf. Bereits wenige Jahre nach Erscheinen seines Hauptwerkes („Philosophia naturalis theoria" 1758) hatte sich seine Theorie bei den jesuitischen Lehrern im deutschen Sprachraum durchgesetzt. Allerdings blieb sie auch weitgehend auf diesen Kreis beschränkt und verschwand wieder, als nach der Aufhebung des Ordens (1773) die Jesuiten nach und nach ihre Lehrpositionen räumen mußten.

Dem Dominieren der Philosophie Boscovichs war eine Zeit der Verunsicherung in der Lehre der Jesuiten vorausgegangen. Die meisten Autoren vertraten ein „gelockertes" peripatetisches System, das eher mechanistisch als peripatetisch war.[363] Der Einfluß Wolffs war beträchtlich, jedoch bekannte man sich der theologischen Konsequenzen wegen nicht zu dessen System. Man versuchte, Heterogenes miteinander zu verbinden. Das Ergebnis konnte ein souveräner Eklektizismus sein (z.B. Hauser 1755ff.), aber auch ein Synkretismus ohne Leitideen (z.B. J. Mangold 1756). Nur wenige

Autoren vertraten dezidiert newtonische Standpunkte (Redlhammer 1755, Sagner 1758).[364]

Die Physik Boscovichs hat für die jesuitisch dominierten Universitäten und Kollegs eine in gewisser Weise ähnliche Funktion gehabt, wie dreißig Jahre davor die Wolffsche Physik für die protestantischen Universitäten: sie erlaubte eine Ablösung des Aristotelismus ohne grundsätzliche Veränderungen im Lehrsystem. Sie schuf Kontinuität in Zielen und Methoden und erleichterte so die Einführung neuer Inhalte. Für einen strikten Newtonianer war diese Kontinuität allerdings suspekt. Daß die Jesuiten weiterhin Disputationen abhielten und der Schauphysik keinen Platz einräumten, machte sie für die Vertreter des newtonischen Hauptstroms zu Häretikern. Wo die Theorie Boscovichs in ihren Lehrbüchern überhaupt erwähnt wird, geschieht dies in der Regel ablehnend.[365]

In der kurzen Blütezeit der Philosophie Boscovichs wurden eine ganze Reihe von Lehrbüchern geschrieben, und zwar von Boscovichs Wiener Freund und Korrespondenzpartner Karl Scherffer (1763^2)[366] sowie von Paul Mako (1762/63), Maximus Mangold (1763/64), Johann Baptist Horvath (1767/70), Leopold Biwald (1767/68) und Benedict Stattler (1771/72). Alle behandeln die Physik als Teil des philosophischen Grundstudiums. Mangold, Mako, Stattler und Horvath setzen ihre eigenen Vorlesungen in Logik und Metaphysik voraus. Der Lehrstil ist besonders in den älteren Werken noch oft von der philosophischen Tradition geprägt; dem entspricht auch die lateinische Sprache. Auch die Auswahl der Inhalte orientiert sich an der Tradition. Die neuen Gebiete der Elektrizität und der Wärme werden nur kurz behandelt, die klassischen Gebiete wie Mechanik und Optik dagegen ausführlich und auf hohem Niveau. - Dieser Gruppe von Büchern lassen sich noch die Werke von Anton Zeplichal (1769) und Nicolaus Burkhäuser (1770) zuordnen. Beide sind keine vollständigen Lehrbücher, sondern behandeln nur die Theorie Boscovichs, das erste für Anfänger, das zweite für Studenten, die schon eine Physikvorlesung gehört haben.

Von etwas anderem Zuschnitt als diese jesuitischen Bücher ist das Werk des Kapuzinerpaters Mauritius (1780). Es ist für die Theologenausbildung geschrieben und nimmt auf deren besondere Erfordernisse Rücksicht. Es behandelt in erster Linie die Grundlagen, diese aber in umfassender philosophischer Auseinandersetzung. Gemessen an Biwald und Horvath wirkt es doch recht antiquiert.

Alle bisherigen Autoren orientieren sich eng an Boscovich. Seine Theorie wird nicht weiterentwickelt, sogar kaum in Details modifiziert. Einzig in der Erweiterung ihrer Anwendung auf neue Gebiete bringen die Autoren auch eigene Ansichten. Demgegenüber ist das Buch von Matthias Gabler (1778) ein originelles Werk, praktisch ein neues System in der Nachfolge Boscovichs, wobei Einflüsse der Leibniz-Wolffschen Philosophie unverkennbar sind. In der wissenschaftlichen Welt seiner Zeit hat Gabler durch seine Theorie des Magnetismus eine gewisse Aufmerksamkeit gefunden. Nachdem er seinen Lehrstuhl in Ingolstadt verlassen mußte, hat er sich als Dorfpfarrer um die Verbesserung des Elementarschulwesens gekümmert. - Von Gabler abhängig ist das Lehrbuch von Georg Anton Däzel (1790). Es versucht, Beweise aus Kants „Metaphysischen Anfangsgründen der Naturwissenschaft" zur Stützung der Gablerschen Theorie zu verwenden. Das Ergebnis ist nicht sonderlich überzeugend, aber der Versuch ist ein Indiz für einen weiteren Grund des Verschwindens der Boscovichschen Theorie: In der Theorie Kants stand ein offenbar überzeugenderer Nachfolger bereit.

In einigen später erschienenen Lehrbüchern ist zwar der Einfluß von Boscovichs Philosophie und der jesuitischen Lehrtradition noch deutlich, jedoch tritt eine Annäherung an den newtonischen Hauptstrom ein. Die Materietheorie ist nicht mehr zentral, sondern nur noch ein Teil der „zweiten Theorieebene", und der Lehrstil verbindet Elemente der Lehrweise der angewandten Mathematik in den klassischen Gebieten und der chemischen Physik in den neuen experimentellen Gebieten. Zu nennen sind hier die Lehrbücher von Jakob Anton Zallinger (1774/75),[367] Anton Bruchausen (1775, deutsche Übersetzung 1790), Johann Baptist Horvath (1790),[368] Heinrich Walser (1795/96)[369] und auch noch Remigius Döttler (1812).

Im folgenden wird zunächst das System Boscovichs, das die Grundlage dieser Bücher bildet, kurz dargestellt (Kap. 6.1.2). Danach wenden wir uns der didaktischen Umsetzung dieses Systems zu. Neue Gedanken zeigen sich hier vor allem auf methodischem Gebiet (Kap. 6.1.3). Im übrigen wird die Kontinuität zur scholastischen Lehrtradition betont (Kap. 6.1.4).

6.1.2 Boscovichs System

Der Grundgedanke des Boscovichschen Systems ist der folgende: Alle Phänomene sollen sich erklären lassen aus der räumlichen Anordnung und der Bewegung materieller Punkte, die alle nach dem gleichen Kraftgesetz wechselwirken. Die Gesetzmäßigkeit in der Natur ist einfach; es gibt nur ein einziges (allerdings kompliziertes) fundamentales Gesetz. Die Verschiedenheit der Erscheinungen soll sich nur auf die spezifischen Rand- und Anfangsbedingungen zurückführen lassen, auf die das Gesetz angewandt wird, d.h. auf spezifische raum-zeitliche Strukturen aus unveränderlichen materiellen Punkten.

Die kleinsten Teilchen werden als Elemente oder Punkte bezeichnet. Sie sind einfach, ohne Ausdehnung und Figur, unteilbar. Darin ähneln sie Leibnizschen Monaden. Im Gegensatz zu diesen haben sie jedoch keine Individualität, sondern sind einander vollkommen gleich. Die Lehrbuchautoren zeigen auf, daß die Punkte sowohl Züge Leibnizscher Monaden als auch Newtonscher Atome haben (explizit z.B. Zeplichal 1769). Die meisten betonen die aktiven, aus der leibnizschen Materievorstellung stammenden Züge stärker als Boscovich selbst. Die Punkte sind mit bewegender Kraft begabt und in der Lage, ihre Bewegung selbst hervorzubringen. Nur die Kenngrößen der Bewegung werden durch die äußeren Umstände bestimmt. Ob die bewegende Kraft der Punkte eine wesentliche Eigenschaft derselben sein soll (z.B. Gabler 1778) oder ob sie ihnen von Gott bei der Schöpfung mitgegeben wurde (z.B. Mauritius 1780), wird unterschiedlich gesehen oder auch offengelassen (Bruchausen 1790).[370]

Am stärksten ist der dynamische Einfluß bei Gabler (1778). Für ihn ist die Materie nicht nur mit Kraft begabt, sondern beide Begriffe gehen ineinander auf. „Wenn es also auf die Frage kömmt, in wem das Wesen der körperlichen Kräfte bestehe, antworten wir gerade hin: *Die Kräften sind die Elemente selbst.*" Seine Elemente sind auch hinsichtlich ihrer Individualität Monaden, und er beweist dies wie Leibniz durch das principium identitatis indiscernibilium. Die Nähe zu Wolffs Elementbegriff ist groß. Die Individualität der Elemente muß in ihrer Kraft liegen, da sie ja außer ihrer Kraft nichts sind. Gabler lehnt deshalb Boscovichs zentralen Gedanken eines einheitlichen Kraftgesetzes ab. Jedes Element soll sein individuelles Kraftgesetz haben, die allerdings alle vom gleichen Typ sein sollen.

Das originellste Stück an Boscovichs Theorie, das auch ihre Bekanntheit bewirkte, ist sein Kraftgesetz. Es wird in den Lehrbüchern graphisch dargestellt. Boscovich selbst hatte auch einen algebraischen Ausdruck anzugeben versucht, eine Polynomdarstellung, die kaum praktischen Wert hatte. Horvath (1772[2]) gibt Funktionsgleichungen für einzelne Teilstücke der Kurve an. Die graphische Darstellung (siehe S. 257) zeigt das Wesentliche. Auf der Abszisse ist der Abstand zweier wechselwirkender Punkte aufgetragen, auf der Ordinate die Stärke der zugehörigen Kraftwirkung, wobei die positive Richtung eine abstoßende, die negative eine anziehende Kraft meint. Für große Entfernungen geht das Gesetz in die invers quadratische Abstandsabhängigkeit der Gravitationsanziehung über. Für kleine Abstände zeigt es eine über alle Grenzen wachsende Abstoßungskraft, so daß zwei Punkte stets in endlicher Entfernung voneinander bleiben müssen. Dazwischen wird eine nicht genau bestimmte Zahl anziehender und abstoßender Bereiche angenommen, die für verschiedene Nahwirkungskräfte, insbesondere Kohäsionskräfte, zuständig sein sollen. Den mit negativer Steigung durchlaufenen Nullstellen entsprechen stabile Gleichgewichtszustände. Wenn eine Menge Punkte im Raum gerade in solchen gegenseitigen Abständen angeordnet sind, entsteht eine stabile Punktekonfiguration, ein Körper. Solche stabilen Zustände werden jedoch dynamisch betrachtet; die Punkte beeinflussen sich gegenseitig, und es kommt zu verschiedenen Arten von Schwingungsbewegungen, die zur Erklärung vieler Erscheinungen angenommen werden, etwa der Verdunstung oder der Lichtemission. Auf die Einzelheiten soll hier nicht eingegangen werden. Grundsätzlich muß das Gesetz alle Phänomene erklären, denn zwischen den Punkten gibt es ja keine Unterschiede.

Boscovich gewinnt sein Gesetz durch Rückgriff auf empirische Tatbestände und betrachtet es als mathematische Beschreibung. Es sagt nur etwas über Wirkungen, nicht über Ursachen. Insbesondere werden über die Entfernung wirkende Kräfte nicht als Ursachen bezeichnet. Die deutschen Autoren unterscheiden hier weniger scharf. Scherffer (1763[2]) beweist, daß der Annahme von Fernwirkungen keine metaphysischen Argumente entgegenstehen und kann die Kräfte dann auch als Ursachen bezeichnen.[371]

Gabler (1778) hält Boscovichs Kraftgesetz zwar für eine mögliche Beschreibung der Welt, aber seine Aufstellung verstoße gegen Newtons Regeln

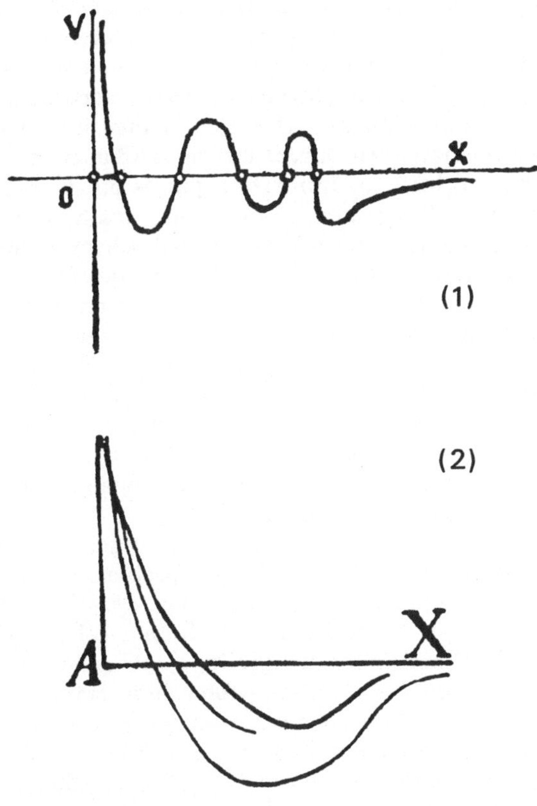

Kraftgesetze
(1) aus Boscovich (1759) und (2) aus Gabler (1778).
Beschriftung teilweise getilgt.

des Philosophierens; es sei nämlich nicht das einfachstmögliche. Sein eigenes Kraftgesetz ist einfacher und kann auch einfacher sein, da er die Vielfalt der Phänomene nicht nur aus einem Gesetz erklären muß, sondern auch die Unterschiede der Elemente heranziehen kann. Seine elementaren Kraftgesetze zeigen nicht den mehrfachen Wechsel zwischen abstoßenden und anziehenden Bereichen, sondern haben nur eine Nullstelle.[372]

Boscovichs Kraftgesetz beschreibt die Wechselwirkung zwischen zwei Punkten. Wenn eine größere Zahl von Punkten wechselwirkt, ist ein Mehrkörperproblem zu lösen (Mako 1762, Horvath 1772[2]). Dafür Näherungslösungen unter bestimmten vereinfachenden Annahmen zu entwickeln, war ein Forschungsproblem der Zeit. Selbst wenn das Kraftgesetz genau bekannt gewesen wäre, wären also die Möglichkeiten, auf ihm quantitative

Theorien aufzubauen, mit den mathematischen Mitteln der damaligen Zeit kaum gegeben gewesen. Die Lehrbuchautoren denken deshalb zunächst auch nur an qualitative Folgerungen. Das Wesen der Dinge soll durch ihre Qualitäten bestimmt sein. Deren Erklärung ist die vorrangige Aufgabe der philosophischen Naturbetrachtung. Die Forderung nach Quantifizierung wird zwar ernst genommen, ihre Durchführung muß aber in vielen Gebieten der Zukunft überlassen bleiben. Immerhin gab es ein klares, physikalisch einfaches und elegantes Programm. Man konnte das System im Lehrbuch darstellen, wenn auch nicht in mathematisch-deduktiver Form.

Auf einigen Gebieten führte die Durchführung des Programms zu recht befriedigenden Ergebnissen. Die allgemeinen Eigenschaften der Körper ließen sich aus den Grundannahmen des Systems verstehen. Die Theorie der Gravitationskraft ließ sich zwanglos integrieren. Bei den mit den Phänomenen des Zusammenhangs verbundenen Kräften war Boscovichs Theorie den anderen zeitgenössischen wohl überlegen. Die verschiedenen Phänomene des Zusammenhangs dienen auch als Analogien zur Erklärung anderer Erscheinungen, denn „in dem Zusammenhange gründen sich alle übrigen Eigenschaften der Körper" (Gabler 1778).

Schwieriger ist die Erklärung von Erscheinungen, die nicht direkt in dem Kraftgesetz repräsentiert sind. Besonders problematisch sind Elektrizität und Magnetismus, denn das Kraftgesetz sieht nur *eine* Art der Fernwirkung vor, die Gravitation. Auch die Boscovichianer sehen sich deshalb gezwungen, auf subtile Fluida zurückzugreifen, und gehen damit eines wesentlichen Vorteils gegenüber dem newtonischen Hauptstrom verlustig. Ihre Imponderabilientheorien sind nicht weniger kompliziert und willkürlich. Die meisten Autoren kommen mit einem subtilen Fluidum aus, das sie mit Boerhaave als Elementarfeuer bezeichnen.[373] Das Elementarfeurer soll für die Erscheinungen des Lichts, der Wärme und der Elektrizität verantwortlich sein. Das Licht wird nach der Emissionstheorie behandelt. Bei der Elektrizität werden Atmosphärentheorien präsentiert. Die Atmosphären bestehen ähnlich denjenigen Nollets aus feurigen Effluvia der Körper. Die meisten Autoren beziehen sich jedoch auf Franklin, ohne auf die unterschiedlichen Atmosphärenbegriffe einzugehen.

Daß dies nicht auf der Höhe der Zeit war, ist zumindest Gabler (1778) klar gewesen.- Er meint: „die Zerschiedenheit der neuen Entdeckungen scheint die bisher angenommenen Theorien immer unbrauchbarer zu machen". Für den Magnetismus entwirft er dann auch eine eigene. Am einleuchtendsten erscheint ihm die Vorstellung von Elementarmagneten, die durch unmittelbare Fernwirkung wechselwirken. Aber er entscheidet sich dann doch für eine Atmosphärentheorie, weil sonst der Kern der Boscovichschen Theorie aufgegeben werden müßte. „So lange die ganze Sache durch die unmittelbare Wirkung einer Atmosphäre und durch diejenigen Kräfte erklärt werden kann, die nur in kleinsten Abständen wirken, ..., glaube ich nicht befugt zu seyn, eine ganz besondere Kraft anzunehmen, die sich von der allgemeinen Schwerkraft sowohl, als von der den Elementen eigenen Kraft unterscheidet; denn eine neue innerliche Kraft der Körper, eine so ganz besondere Kraft kann nach den Regeln einer gegründeten Logik, und nach der Anleitung des großen Newtons nur da behauptet werden, wo sich die Sache durch keine andere schon zuvor, und unabhängig erwiesene Ursache erklären läßt". Wohl bemerkt: Gabler findet nicht die Vorstellung der Fernkräfte an sich problematisch, aber es darf nur *eine* Kraft dieser Art geben, eben die Schwerkraft.

6.1.3   Die Methode

Die materiellen Punkte sind nicht sinnlich erfaßbar. Ihr Begriff widerspricht sogar unseren Erfahrungsbegriffen, die nur ausgedehnte, figurbegabte, teilbare Körper kennen und eine Zusammensetzung ausgedehnter Körper aus unausgedehnten Teilen nicht vorstellbar erscheinen lassen. Den Begriff des materiellen Punktes kann man nur bilden, wenn man von der Erfahrung absieht (Zeplichal 1769). Die Punkte sind nur dem spekulativen Denken zugänglich, und insofern ist das Fundament der Physik a priori gegeben. Die Autoren gehen ganz selbstverständlich davon aus, daß am Anfang der Physik die philosophische Ontologie zu stehen habe. Dies entsprach auch ihrer Lehrpraxis, in der die Metaphysikvorlesung der Physikvorlesung vorausging.

Der apriorische Teil der Physik besteht jedoch im wesentlichen nur aus der Klärung der Vorstellungen über Materie und Kraft. Dabei wird Wert darauf gelegt, wo möglich die Übereinstimmung der spekulativen Konsequenzen mit der Erfahrung aufzuweisen. Tendenziell kann man sagen, daß die Autoren nicht versuchen, den spekulativen Teil der Physik so weit wie möglich ausdehnen, sondern im Gegenteil bestrebt sind, ihn auf das für die Schaffung einer ontologischen Basis der Physik unumgänglich notwendig erscheinende Maß einzuschränken. Darüber hinaus betonen sie einhellig den empirischen Charakter der Physik.

Es ist auffällig, wie stark die Autoren bestrebt sind, auf methodologischem Gebiet ihre Treue zur newtonischen Philosophie herauszustellen. Die Erfahrung wird als einzige Quelle der physikalischen Erkenntnis angesehen (was nur heißen kann, daß die Grundlagen der Physik eben keine physikalischen, sondern metaphysische Erkenntnisse sind).[374] Die Aufstellung von Hypothesen wird abgelehnt (was nur heißen kann, daß die eigenen Hypothesen mehr sein sollen als „bloße" Hypothesen). Meist werden Newtons vier Regeln des Philosophierens sehr ausführlich behandelt und mit dem Charakter eines Glaubensbekenntnisses versehen. Offenbar wollen die Autoren betonen, daß sie gute Newtonianer sind, und daß ihre vom Hauptstrom abweichenden Theorien durch strikte Einhaltung der Newtonschen Methodologie gewonnen wurden.

Wendet man sich von den proklamatorischen Vorworten zum Text der Bücher, so ist man zunächst überrascht. Man findet recht oft ein differenziertes methodisches Vorgehen, das man nicht ohne weiteres einer Methodologie zuordnen würde, die auf Newtons vier Regeln fußen soll (so wie diese damals üblicherweise verstanden wurden). Häufig ist eine Aufeinanderfolge induktiver und hypothetisch-deduktiver Argumente, besonders in der speziellen Physik.

Am Anfang steht die Erkenntnis der Wirkungen durch Beobachtung und Versuch. Die Phänomene werden dargelegt, und es werden empirische Gesetze formuliert, die diese Phänomene zusammenfassend beschreiben. Soweit möglich, sollen diese Gesetze quantifiziert sein. Die Argumentation ist induktiv. Es handelt sich um jene Induktion „im Kleinen", die Zusammenfassung von Daten zu empirischen Gesetzen, ein Verfahren, das von den Physikern wohl immer für unproblematisch gehalten worden ist.

In einer newtonischen Methodologie würde man erwarten, daß daran eine Induktion „im Großen" angeschlossen wird, ein schrittweiser Übergang zu immer allgemeineren Gesetzen, der schließlich in mikrophysikalische Erklärungen mündet. Manche programmatischen Bemerkungen fordern dies auch (Gabler 1778). Faktisch wird jedoch ein hypothetisch-deduktives Argument angeschlossen. Auf der Grundlage der Boscovichschen Theorie wird eine Erklärungshypothese formuliert, und dann wird versucht, aus dieser die induktiv gesicherten Gesetze streng herzuleiten. Gelingt dies, so gilt die Hypothese als bestätigt.

Die Autoren sehen keinen Widerspruch zwischen diesem Vorgehen und ihrer Ablehnung von Hypothesen. Wie meist, wenn Newtonianer ein negatives Urteil über Hypothesen abgeben, meinen sie die mechanistischen Konstruktionen der Cartesianer und Wolffianer. Ihnen wird vorgeworfen, sie gäben bloß mögliche Erklärungen, von denen man nicht wisse, ob sie auch die tatsächlichen seien (Horvath 1772[2]); es müsse nicht nur die Möglichkeit, sondern auch die Existenz der behaupteten Ursachen gezeigt werden (Biwald 1779[2]); diese Konstruktionen seien ad hoc und willkürlich erfunden (Gabler 1778). Demgegenüber gelten die eigenen Hypothesen als methodisch gerechtfertigt. Sie sollen aus der Ontologie Boscovichs und aus der Erfahrung nach der Newtonschen Methode des Philosophierens gewonnen sein. Dieser Prozeß wird allerdings in den Lehrbüchern selten deutlich gemacht. Die Hypothesengewinnung geschieht vielmehr gern in einer Auseinandersetzung mit der Literatur. Konkurrierende Hypothesen werden präsentiert, empirisch oder durch Aufzeigen von Widersprüchen falsifiziert, und die Vorteile der eigenen Hypothese werden dagegen abgehoben. Das ist wohl kaum Newtons Methode des Philosophierens. In dieser Auseinandersetzung spielt jedoch ein Typ von Argumenten eine besondere Rolle, der ganz im Sinne der newtonischen Philosophie ist: die Berufung auf die Einfachheit der Natur, auf Analogien und Ähnlichkeiten, auf Gleichförmigkeit und Stetigkeit der Wirkungen. Vielleicht kann man das Ideal der Hypothesengewinnung als eine Herleitung aus der Boscovichschen Ontologie mit Hilfe derartiger Stetigkeitsüberlegungen und ähnlicher allgemeiner Aussagen über die Natur bezeichnen. Gabler (1778) benutzt zu diesem Zweck auch den Satz vom zureichenden Grund und demonstriert damit, daß diese Art, zu Hypothesen zu kommen, doch nicht so weit von der Wolffschen Schule entfernt ist.

Daß die so formulierten Hypothesen ihre Wahrscheinlichkeit erst durch die empirische Bewährung erhalten, ist allen Autoren klar. Sie werden zunächst „nur Bedingnißweise" angenommen (Gabler 1778). Welchen Grad der Sicherheit die empirische Bewährung geben kann, wird unterschiedlich beurteilt. Scherffer (1763[2]) etwa betont die Sicherheit, Horvath (1772[2]) den grundsätzlich hypothetischen Charakter physikalischer Erkenntnisse.

Das zweischrittige methodische Schema aus Induktion und Hypothetiko-Deduktion wird mit traditionellen methodologischen Unterscheidungen in Verbindung gebracht. Horvath (1772[2]) weist auf die Methoden der Analyse und der Synthese hin und meint, man solle von der Analyse zur Synthese fortschreiten. Biwald (1779[2]) knüpft an die Unterscheidung von mathematischer und philosophischer Erkenntnis an und will die mathematische (d.h. quantitativ beschreibende) Erkenntnis der philosophischen (d.h. die hypothetischen Ursachen suchenden) vorangehen lassen. Dieser Doppelschritt sei Newtons Methode a posteriori.

Die Autoren benutzen diese Methode nicht nur zur Strukturierung einzelner Themen, sondern manchmal auch zur Gliederung größerer Gebiete. Als Beispiel sei Makos (1763) Behandlung der Lehre vom Licht und den Farben angeführt:

- Zunächst werden die wichtigsten Eigenschaften des Lichts experimentell bestimmt und jeweils die empirisch gefundenen Gesetzmäßigkeiten herausgestellt: Ausbreitung, Subtilität, Reflexion, Brechung, Farben, Beugung, Periodizitätsphänomene.
- Es folgt die Behandlung der Natur des Lichts. Die Emissionstheorie nach Newton und Boscovich wird dargestellt und mit der Vibrationstheorie verglichen. Diese wird widerlegt; Einwände gegen jene werden entkräftet.
- Sodann werden die einzelnen Phänomene in derselben Reihenfolge, wie sie oben eingeführt wurden, nach der Newton-Boscovichschen Theorie erklärt. Dabei wird die Theorie weiter spezifiziert.
- Als eine Art Anhang werden schließlich noch die wichtigsten Anwendungsgebiete behandelt; die aus der angewandten Mathematik übernommene Optik, Katoptrik und Dioptrik, wobei Mako sich aufs Physikalisch-Prinzipielle beschränkt und die technischen Aspekte beiseite läßt.

Als unverzichtbarer Bestandteil der Methode gilt den Autoren die Mathematisierung.[375] Der induktive Schritt der Methode soll zu quantitativ formulierten Gesetzen führen, und im hypothetisch-deduktiven soll die Deduktion mathematisch durchgeführt werden. Biwald (1779[2]) betont besonders den Wert der Mathematik für die Falsifizierung von Hypothesen. Die quantitative Herleitung der Wirkungen erlaube mit Sicherheit die Entlarvung „falscher Ursachen".

Daß Mathematisierung gefordert wird, haben diese Bücher mit vielen ihrer Zeit gemeinsam. Hervorzuheben ist hingegen, daß die meisten dies in einer für die Zeit beispielhaften Weise auch praktizieren. Die Beweise werden überwiegend elementargeometrisch geführt, aber auch algebraische und trigonometrische Sätze werden verwendet. Scherffer benutzt sogar die Differentialrechnung. Das Niveau der Bücher entspricht dem der angewandten Mathematik. Offensichtlich wird der Besuch einer mathematischen Grundvorlesung vorausgesetzt.

6.1.4 Fortführung scholastischer Lehrtraditionen

Als newtonische Systematiker müssen die Boscovichianer bestrebt sein, experimentelle und dogmatische Lehrart miteinander zu verbinden, und sie tun dies, indem sie die Methode in einen analytischen und einen synthetischen Schritt untergliedern und im ersten das Experiment, im zweiten das System in den Mittelpunkt stellen. Allerdings wird der dogmatische Aspekt meist stärker betont. Er bestimmt die Art der Darstellung und weist den Experimenten ihren Platz zu. Die Darbietung des Systems ist die zentrale Aufgabe, und das präsentierte experimentelle Wissen wird im Hinblick darauf ausgewählt. Die Bücher versuchen nicht, einen Überblick über das gesamte experimentelle Wissen der Zeit zu geben. Man erfährt recht wenig über die Technik des Experimentierens und die Konstruktion der verwendeten Apparate. Dargestellt werden vielmehr in erster Linie die Ergebnisse der experimentellen Forschung. Man gewinnt den Eindruck, daß die Mode der Demonstrationsexperimente die Vorlesungen dieser Autoren nicht erreichte.[376] Auch scheinen sie nur wenig Praxis im eigenen Experimentieren gehabt zu haben. Ein Grund dafür mag in ihrer beruflichen Stellung gelegen haben. Als Ordensleute hatten sie kein Gehalt zur Verfügung, von dem sie teure Apparate hätten kaufen können. Aber ihr vorwiegend systematisches Interesse hat wohl auch die experimentelle Arbeit nicht gefördert.

Die dogmatische Lehrart wird durch die äußere Form der Darstellung betont. Oft sind die einzelnen Abschnitte mit Definition, Satz, Beweis, Erklärung, 1. Folgesatz, 2. Folgesatz usw. überschrieben. Dadurch wird der Eindruck eines streng deduktiv aufgebauten Systems hervorgerufen. Als Prämissen dienen die Ontologie Boscovichs, die Stetigkeitsprinzipien und allseits akzeptierte Erfahrungen. Die Beweisführung wird, wo möglich, quantitativ durchgeführt. Die Orientierung an der Methode der Mathematik ist offensichtlich. Es werden auch typisch mathematische Beweisverfahren verwendet, z.B. indirekte Beweise. Wo die Aussagen im Qualitativen verbleiben, erinnern die Beweise an die scholastische Tradition. Besonders bei Gabler (1778) und Däzel (1790) findet man häufiger syllogistische Beweise auf der Grundlage von Begriffsdefinitionen.

Die aus der angewandten Mathematik übernommenen Gebiete werden so behandelt, daß kein Unterschied zu einem Lehrbuch der angewandten Mathematik festzustellen ist. Allerdings sind sie inhaltlich in das System eingebunden. Die Grundsätze werden nicht nur empirisch, sondern auch systematisch gerechtfertigt. Der Praxisbezug der angewandten Mathematik fehlt weitgehend.[377] Typisch, und ganz der jesuitischen Tradition entsprechend, ist die Haltung von Horvath (1772²). Er lobt zwar die segensreichen Auswirkungen der Physik auf die Maschinenlehre, definiert die Physik selbst aber als eine theoretische Wisenschaft, deren Ziel nicht in der Praxis, sondern in der spekulativen Welterkenntnis liege. Damit ist die philosophische Intention dieser Lehrbücher klar gekennzeichnet. Dementsprechend werden die physikalischen Grundlagen ins Zentrum gestellt und ausführlich behandelt, während für die Anwendungen nur ein Randplatz bleibt.

Die Zuordnung der Physik zur Philosophie wird auch in der Verwendung der dialektischen Methode deutlich. Die Grundlagen der Boscovichschen Theorie werden in Auseinandersetzung mit anderen Positionen entwickelt. Öfter findet man apologetische Passagen. Besonders Scherffer (1763[2]) und Mauritius (1780) lassen sich in umfassende Diskussionen der naturphilosophischen Tradition ein und widerlegen auch noch die entferntesten und längst nicht mehr aktuellen Gegenargumente. In den Augen seiner Nachfolger hatte Boscovich aus den bloß mathematischen Theorien Newtons (die höchstens in solchen Passagen wie den letzten Queries in den „Opticks" auch etwas Philosophisches hatten) ein philosophisches System gemacht. Damit war auch die Anknüpfung an die philosophische Lehrtradition möglich geworden. Mangold (1763) bezeichnet die Kapitel seines Werkes als Dissertationes, Scherffer (1763[2]) nennt sie Exercitationes. Bei beiden sind ganze Passagen im typischen Stil der philosophischen Disputationen geschrieben. Noch ausgeprägter ist dies bei dem für Theologen schreibenden Mauritius (1780). Die Lehrtradition der Jesuiten vollzieht den Übergang von der aristotelischen zur Boscovichschen Physik bruchlos.

Auch in der Ordnung des Stoffes zeigt sich die Verbundenheit mit der Tradition. Die durchweg sehr ausführlichen und bis ins einzelne aufgeschlüsselten Gliederungen der Bücher enthalten kaum neue Gesichtspunkte, sondern variieren die taxonomischen Ordnungsschemata der peripatetischen Physik. Dies gilt besonders für die spezielle Physik. Hier sind die vier aristotelischen Elemente immer noch das wichtigste Ordnungsprinzip, obwohl sie im System Boscovichs keine Elemente sind und überhaupt keine herausgehobene Bedeutung besitzen. Daneben werden andere Stücke der aristotelischen Systematik verwendet: die fünf Sinne (Mangold 1764), die Regionen des Himmels, der Meteore und der Erde (Stattler 1772). Die Einordnung des Stoffes in diese aus dem System Boscovichs kaum zu rechtfertigende Taxonomie ist nicht frei von Willkür.

Vergleicht man die Behandlung der einzelnen Gebiete miteinander, so fallen beträchtliche Niveauunterschiede auf. Auch werden die Schwerpunkte wesentlich anders gesetzt als im newtonischen Hauptstrom. Die klassischen Gebiete der mathematischen Physik, die Mechanik, die Theorie der Planetenbewegungen, die Optik, werden kompetent und ausführlich behandelt. Hier hatte auch Boscovich detaillierte Abhandlungen veröffentlicht. Gemessen daran ist die Darstellung der neuen experimentellen Gebiete, die in der zeitgenössischen Forschung dominieren, geradezu dürftig. Mako (1763) handelt die Optik in 15 Kapiteln auf 156 Seiten ab und gesteht der Wärmelehre und der Elektrizitätslehre zusammen nur ein Kapitel von gerade 8 Seiten zu. Das ist der Rekord, aber auch bei den anderen werden diese Gebiete viel knapper behandelt als in den gleichzeitigen Büchern der Newtonianer. Die Elektrizitätslehre, das Hauptgebiet der Demonstrationsphysik und das beliebteste physikalische Thema der Zeit, erhält bei Biwald (1779[2]) nur 35 Seiten von insgesamt über 700, bei Mauritius (1780) nur 40 Seiten von über 1.000 usw. Selbst wenn man berücksichtigt, daß dieses Gebiet im Rahmen der Boscovichschen Theorie nicht besonders ausgezeichnet war und keine sehr überzeugenden Erklärungen angeboten werden konnten, kann man diese Vernachlässigung wohl nur als Geringschätzung einer reinen Experimentalphysik werten. Der größte Teil der Elektrizitätslehre war wohl in den Augen unserer Autoren noch bloße Naturgeschichte und damit für eine philosophische Naturlehre irrelevant. Der geringen Wertschätzung entspricht dann auch eine geringe Kompetenz der Autoren auf diesem Gebiete.

Die Bücher hinterlassen einen zwiespältigen Gesamteindruck. Konservative und progressive Momente stehen nebeneinander. Einem den didaktischen Neuerungen der Zeit aufgeschlossen gegenüberstehenden Lehrer müssen diese Bücher extrem konservativ erschienen sein. Die Vernachlässigung des Unterrichtsexperiments und der modernen experimentellen Gebiete sowie die mannigfachen Relikte aus der Lehrtradition der aristotelischen Naturphilosophie werden seinen Eindruck bestimmt haben. Was dem heutigen Leser progressiv erscheint, die Mathematisierung und die hypothetisch-deduktive Methode, wurde erst um die Jahrhundertwende mit der Laplaceschen Physik modern, und diese hatte ungleich bessere Karten, was die Durchführbarkeit ihres Programms zur Mathematisierung auf der Grundlage mikrophysikalischer Hypothesen angeht.[378] Der Boscovichianismus blieb eine kurze Episode, die nur eine relativ kleine und isolierte Gruppe von Lehrern betraf, denen es nicht gelingen konnte, den Geist der philosophischen Physik und die dogmatische Lehrtradition in die neue newtonische Lehre einzuführen.

Metaphysische Anfangsgründe

der

Naturwissenschaft

von

Immanuel Kant

Riga,
bey Johann Friedrich Hartknoch
1786.

6.2 Die erkenntnistheoretische Begründung der Physik durch Kant

6.2.1 Einleitung

Für die jesuitischen Lehrer, die der Physik Boscovichs anhingen, waren physikalisches System und Lehrgebäude eng miteinander verbunden. Die Physik erschien ihnen als eine Disziplin innerhalb des philosophischen Unterrichts nur lehrenswert, wenn sie als ein System gelehrt werden konnte, das mit der philosophischen Ontologie eine Einheit bildete. Für die Anhänger der Physik Kants besteht ein solcher Zusammenhang nicht, obwohl sie in mancher Hinsicht das Programm der Boscovichianer weiterverfolgen. Auch sie wollen die Physik dynamisch begründen und betrachten dies als eine Aufgabe der Philosophie, aber sie weisen diese Aufgabe nicht der Ontologie zu, sondern der Erkenntnistheorie. Es geht ihnen nicht um die letzten Entitäten und die Rückführung aller Phänomene auf deren Eigenschaften, sondern um die angemessene Konstruktion der Begriffe, in denen wir unsere Erfahrungserkenntnis ausdrücken. Es geht ihnen nicht darum, ein neues System aufzustellen, sondern die vorhandene Wissenschaft neu zu begründen, „das Bekannte, allgemein Angenommene gründlicher zu beweisen" (Link 1806) und „falsche Anmaaßungen abzuhalten" (Fries 1826). Demgemäß ist auch der Ertrag für die Didaktik zunächst ein kritischer: Die Klärung von Begriffen, das Aufzeigen ungerechtfertigter Voraussetzungen, die Aufdeckung und Eliminierung metaphysischer Vorurteile. Die philosophische Analyse liefert jedoch keine neuen Erklärungen für irgendwelche Phänomene, etwa in der Wärmelehre. Die Wärmelehre kann in dem Buch eines Kantianers genauso aussehen wie in einem Werk aus dem newtonischen Hauptstrom.

Das Aufgeben des Strebens nach einem ontologischen System ist nun aber keineswegs mit einer Abwertung der Systematik überhaupt verbunden. Diese ist im Gegenteil die Hauptaufgabe; es ist „die systematische Einheit der Zweck einer jeden Theorie" (Link 1798). Nur wird sie nicht durch die Ontologie erreicht, sondern durch die Mathematik. „Denn wie vermag man das Ganze zu umfassen? Ich sage: nur mit mathematischer Naturphilosophie in Newtons Geist, der im Verfasser der Mechanik des Himmels lebt. - Dieser mathematischen Naturphilosophie kann aber eine richtigere philosophische Grundansicht der Wissenschaft bedeutenden Vorschub thun. Eine solche besitzen die Deutschen in Kants Dynamik" (Fries 1813). Damit ist auch die Aufgabe des Lehrbuchs umschrieben: die newtonische Physik -

oder genauer: die mathematische Physik Laplacescher Prägung - darzustellen und durch die Kantsche Dynamik zu fundieren.

Die meisten Autoren, die sich zum Kantschen Dynamismus bekennen, vollziehen allerdings diese anspruchsvolle Aufgabenstellung nicht mit. Die Lehrbücher von Pfaff (1800), Funke/Fricke (1804/06), Kries (1806), Scholz (1815), Trommsdorf (1817), Hoffmann (1821), Strauß (1823) und Buchner (1825) sind reine Darstellungen der Experimentalphysik vom „chemischen" Typ, weshalb sie auch dort [379] behandelt wurden. Durchgängig wird der Zusammenhang zwischen Physik und Chemie betont und das heißt: die nicht mathematisierte Physik. Scholz (1837[5]) meint, die dynamische Physik spreche besonders den Chemiker an, während Mathematiker noch die atomistische Physik zu verteidigen geneigt seien. Seine Bemerkung ist wohl zutreffend; allerdings ist bei diesen chemischen Dynamikern von Kants Lehre kaum mehr übriggeblieben als die Vorstellung zweier Grundkräfte. In den Texten spielt der Dynamismus nur eine untergeordnete Rolle: bei der Erörterung der Begriffe Materie und Kraft am Anfang des Buches und vielleicht dann und wann bei den knappen Bemerkungen zur zweiten Theorieebene.[380]

Stärker ist der dynamische Einfluß in den Büchern von Joseph Weber (1793[2]), Johann Carl Fischer (1797) und Friedrich Albrecht Carl Gren (1797[3]). Auch sie gehören zum „chemischen" Typ, beziehen jedoch die angewandte Mathematik stärker ein.[381] Charakteristisch ist der Titel von Fischers Buch, wonach seine Physik aus einem mathematischen und einem chemischen Teil besteht. Die Bücher versuchen, die dynamische Betrachtungsweise soweit wie möglich in den bestehenden Lehrbuchtypus zu integrieren. - Das Werk von Gren ist das bedeutendste der drei und war eines der verbreitetsten Lehrbücher der Zeit. Die dynamische Begründung der Physik hat Gren erst in der dritten Auflage (1797[3]) eingeführt, der letzten, die er selbst betreut hat.[382]

Gänzlich vom dynamischen Standpunkt neu konzipiert sind die Lehrbücher von Heinrich Friedrich Link (1798) und Jacob Friedrich Fries (1813, 1826). Das kurze, elementare Kompendium von Link beschränkt sich auf die wichtigsten Inhalte. Die beiden Bücher von Fries gehören zusammen. Das kurze, ältere (1813) ist kein eigentliches Lehrbuch, sondern eher der Plan zu dem späteren, umfangreichen (1826). Fries hat die Kurzfassung für die Studenten geschrieben, die seine Vorlesung hörten, zum Gebrauch neben einem anderen Lehrbuche und darin besonders das berücksichtigt, was vom Üblichen abwich. Das große Lehrbuch von Fries gehört, was Sauberheit der Begriffsbildung und Beweisführung angeht, zu den besten seiner Zeit. Fries war wohl auch von den in diesem Kapitel behandelten Autoren der einzige, der die für die Ausführung eines solchen Unterfangens nötige Souveränität im Umgang mit der Mathematik besaß. - Fries' philosophische Begründung der Physik weicht beträchtlich von derjenigen Kants ab. Da sich die Unterschiede jedoch mehr auf die Art der Begründung und weniger auf die Inhalte der Dynamik beziehen, kommen sie im Lehrbuch nicht so stark zum Ausdruck. - Von Fries beeinflußt ist Gustav Suckow (1840), dessen Lehrbuch zu einer Zeit erschien, in der die dynamische Physik kaum noch eine Rolle spielte.

Erwähnt werden soll hier noch das Büchlein von Salomon Anschel (1801), obwohl es kein vollständiges Lehrbuch der Physik ist, sondern nur in enger Anlehnung an Kant die Grundsätze der Physik behandelt.

Kants Philosophie wurde erst nach dem Erscheinen der „Metaphysischen Anfangsgründe der Naturwissenschaft" (1786) unter Physikern bekannt, obwohl manches schon in der „Kritik der reinen Vernunft" (1781) kürzer ausgeführt war. Dann wurde sie jedoch schnell zum Gegenstand intensiver Diskussion, verband man mit ihr doch nicht weniger als die Erwartung, die Grundlagenkrise der newtonischen Physik werde nun ein Ende haben. Wie groß ihr Einfluß zeitweise war, zeigt die Bemerkung Munckes (1809), die Mehrzahl der Naturwissenschaftler hänge dem dynamischen System an, und ein Verteidiger des Atomismus - wie er selbst - werde für gestrig gehalten. Auch auf dem Höhepunkt des Dynamismus war dies wohl für die Physik etwas übertrieben. Trotzdem ist es erstaunlich, daß sich dieser insgesamt doch beachtliche Einfluß nicht stärker in der Lehrbuchliteratur niedergeschlagen hat. Ein Grund mag der große Erfolg von Grens Buch gewesen sein, der nicht gerade dazu ermunterte, Konkurrenzprodukte zu schreiben. Eine Rolle mag auch gespielt haben, daß Grundlagenfragen für viele Physiker nicht mehr zum wichtigsten Unterrichtsstoff gehörten. Die Experimentalphysik konnte ohne ihre Klärung unterrichtet werden, und die Meinungsbildung über kontroverse philosophische Fragen mochte man wohl eher den fortgeschrittenen, urteilsfähigen Studenten überlassen. Dazu paßt, daß alle Lehrbücher, in denen der Dynamismus eine stärkeren Niederschlag gefunden hat, für die Universität bestimmt sind. Bei Kries (1806), einem Mitarbeiter Salzmanns, bei Hallaschka (1813) und bei Strauß (1823), die für gelehrte Schulen schreiben, könnte man durch Tilgung weniger Sätze die dynamische Position vergessen machen.

Schließlich ist zu bemerken, daß die Naturphilosophie Schellings von Kant die dynamische Konstruktion der Materie übernahm und sich deshalb auch „dynamisch" nennen konnte. Ein großer Teil der philosophisch interessierten Physiker wandte sich diesem radikaleren System zu, das die physikalischen Inhalte nicht nur neu begründen, sondern verändern wollte und das auch unter pädagogischen Gesichtspunkten neue Perspektiven bot. Von den Kantianern wird die Naturphilosophie abgelehnt. Trommsdorff (1817) meint, im Ton drastisch, aber im Urteil typisch, „jene Herren" hätten nur „leeres Stroh gedroschen", und er ließe sich von ihnen „nicht Poesie statt Philosophie verkaufen".

Im folgenden wird zunächst die Grundlegung der Physik nach Kant dargestellt. Sie beschränkt sich im wesentlichen auf die Bestimmung des Begriffs der Materie und kann der konkreten physikalischen Erklärungspraxis kaum Hilfen bieten (Kap. 6.2.2). Es ist deshalb auch verständlich, daß der Dynamismus didaktisch weitgehend folgenlos geblieben ist. Nur Fries (1813, 1826) entwirft ein neues didaktisches Programm, dessen Verwirklichung er jedoch nicht in Angriff nimmt, da der Stand der Wissenschaft sie nicht zuläßt (Kap. 6.2.3).

6.2.2 Die reine Naturwissenschaft und ihre Grenzen

Die Autoren unterscheiden zwischen der empirischen Wissenschaft Physik und der dieser zugrunde liegenden rationalen, „reinen" Naturerkenntnis,[383] die sie als allgemeine Naturwissenschaft (Link 1798) oder metaphysische Naturlehre (Gren 1797[3]) bezeichnen. Die letztere zeigt, „wie wir uns die Materie denken müssen" (Link 1798), sie gibt die „Grundgesetze für jede mögliche Materie überhaupt" an (Fries 1826). Die metaphysische Naturlehre ist nicht Grundlage der Physik in dem Sinne, daß sich physikalische Aussagen aus ihr herleiten ließen, wohl aber müssen die Begriffe, mit denen die empirischen Tatbestände beschrieben werden, so konstruiert sein, daß sie vom Standpunkt der metaphysischen Naturlehre aus möglich sind. „Die Physik setzt die allgemeine Naturwissenschaft voraus, und alle Erscheinungen, wovon in ihr gehandelt wird, müssen sich so denken lassen, als ob sie von den Sätzen der allgemeinen Naturwissenschaft könnten hergeleitet werden" (Link 1798). Jede empirische Naturforschung sei auf einer derartigen apriorischen Grundlage errichtet. Die newtonischen Atomisten werden getadelt, weil sie das nicht zugeben, die angewandte Mathematik, weil sie die Grundlage einfach postuliert, anstatt nach den apriorischen Quellen zu fragen.

Die wesentlichen Bestimmungen der Materie sind nicht aus der Wahrnehmung zu erhalten, „da man den Gegenstand derselben allererst bestimmen will" (Anschel 1801). Die metaphysische Naturlehre bedient sich also bei der Bestimmung des Materiebegriffs „keiner besonderen Erfahrungen, sondern nur dessen, was sie im abgesonderten, obgleich an sich empirischen Begriffe selbst antrifft" (Gren 1797[3]). Es geht darum, a priori Begriffe und Grundsätze aufzustellen, durch die eine systematische Erfahrung überhaupt erst möglich wird. Solche Begriffe, wie der Bewegungs- oder Trägheitsbegriff, bringen Ordnung und Gesetzmäßigkeit in die empirischen Vorstellungen. Erst dadurch kann der Materiebegriff mit der sinnlichen Erfahrung verknüpft werden. Die Metaphysik der Natur soll „die Bedingungen angeben, unter welchen Erfahrung von ihr möglich ist, wie auch, was diesem gemäß, sich mathematisch darstellen und construiren läßt" (Link 1798). Es wird betont, daß die Begriffe so konstruiert werden müssen, daß sich die Mathematik darauf anwenden läßt. Nur mathematische Erkenntnis ist wissenschaftliche Erkenntnis im eigentlichen Sinne. Daß alle Naturvorgänge sich mathematisch erfassen lassen, folgt aus der Stetigkeit der Naturvorgänge. Auch ungleichförmig erscheinende Veränderungen sind „in ihren Differentialverhältnissen gleichförmig" (Fries 1826) und lassen sich deshalb mit Hilfe der Analysis beschreiben. Die metaphysische Naturlehre muß die Grundbegriffe so bestimmen, daß eine mathematische Physik möglich wird.

Das System der reinen Naturwissenschaft wird nach Kants Kategorientafel konstruiert und besteht danach aus vier Teilen:

1. In der *Phoronomie* (Kinematik) wird die Materie nur nach der Kategorie der Größe betrachtet; das heißt, sie wird nur als beweglich betrachtet, und man abstrahiert von den bewegenden Kräften (Gren 1797[3]). Nur durch

Bewegung können die Sinnesorgane erregt werden, und Bewegung ist demnach die Grundbestimmung der Materie. Der menschliche Verstand führt alle anderen Eigenschaften hierauf zurück. Naturwissenschaft ist zunächst Bewegungslehre. Da Bewegung eine reine Quantität ist, ohne alle Qualität, ist die Phoronomie ein Teil der reinen Mathematik (Link 1806).

2. In der *Dynamik* wird zur Kategorie der Quantität noch diejenige der Qualität hinzugenommen. Die zur Materie gehörige Qualität nennen wir bewegende Kraft.

3. Die *Mechanik* berücksichtigt zusätzlich die Kategorie der Relation. Während der dynamische Materiebegriff noch davon absieht, ob die Materie ruht oder bewegt ist, betrachtet die Mechanik bewegte Körper in ihrer Wirkung aufeinander aufgrund der ihnen zukommenden bewegenden Kraft. In der Mechanik werden recht spezielle Gesetze a priori zu begründen versucht: die Erhaltung der Quantität der Materie, das Trägheitsgesetz, das Wechselwirkungsgesetz, bei Fries (1826) auch der Impulssatz. Diese Gesetze seien von „axiomatischer Einleuchtendheit" (Fries 1826). Es wird ausdrücklich betont, daß die gesamte Mechanik eine apriorische Wissenschaft ist. „Wir schreiben der Erfahrung durch die Mechanik Gesetze vor, und sehen alle Abweichungen von ihnen als zufällige Hindernisse an" (Link 1798).

4. In der *Phänomenologie* schließlich kommt noch die Kategorie der Modalität hinzu. Die Bewegung wird in Beziehung auf die Vorstellungsart, als Erscheinung der Sinne, betrachtet. Es geht, kurz gesagt, um die Relativität von Bezugssystemen, die Unterscheidung von wahrer und scheinbarer Bewegung. In diesem Zusammenhang wird auch die Unmöglichkeit des leeren Raumes bewiesen.

Damit soll der Begriff der Materie vollständig bestimmt sein, und alles enthalten, was von der Materie a priori gedacht und was an ihr mathematisch konstruiert werden kann. Die reine Naturwissenschaft umgreift damit auch alles, was in der Erfahrung gegeben sein kann.

Das eigentliche Kernstück und das inhaltlich Neue ist die Dynamik, die ja auch der ganzen Richtung den Namen gegeben hat. In Phoronomie und Mechanik werden dagegen bekannte Sätze vorgetragen, allerdings in neuem Zusammenhang und mit neuen Beweisen. Die Dynamik konstruiert die Materie aus zwei Grundkräften, einer zurückstoßenden, expansiven Kraft, der Repulsion, und einer anziehenden, zusammendrückenden Kraft, der Attraktion. Beide sollen denknotwendig sein, um die Möglichkeit der Materie einzusehen. Ohne Attraktion würde sich die Materie ins Unendliche ausdehnen, und ohne Repulsion würde sie in einen Punkt zusammenstürzen. Durch beide zusammen entsteht die Materie mit ihrer Raumerfüllung und ihrer relativen Undurchdringlichkeit.

Repulsion und Attraktion sollen wesentlich verschieden sein. Die Repulsion soll sich durch Wirkung und Gegenwirkung bei der Berührung zeigen, die Attraktion soll hingegen eine Fernwirkungskraft sein. Kant nennt die Berührungskräfte Flächenkräfte und die Fernwirkungskräfte durchdringende Kräfte. Bei ihm gibt es also nur eine ursprüngliche Flächenkraft, die Repulsion, und eine ursprüngliche durchdringende Kraft, die Attraktion. Unmittelbare Wirkung der ersten soll die elastische Kraft bei Ausübung eines Druckes sein. Die zweite zeigt sich unmittelbar in der Gravitation. Dies sind auch die einzigen beiden a priori einsehbaren Wirkungen der Grundkräfte.

Gren (1797[3]) und Fries (1826) nehmen drei Grundkräfte an, eine anziehende Flächenkraft, eine abstoßende Flächenkraft und eine anziehende durchdringende Kraft. Nach Fries (1813) wäre auch eine vierte Grundkraft, eine abstoßende durchdringende Kraft, möglich. Eine solche werde jedoch in der Natur nicht beobachtet. Unmittelbare Wirkung der anziehenden Flächenkraft soll die chemische Verbindung sein.

Der dynamische Materiebegriff unterscheidet sich grundlegend von dem Materiebegriff der newtonischen Atomisten. Fischer (1797) hat die auffälligsten Unterschiede folgendermaßen zusammengefaßt:

a) Der Atomismus nimmt kleinste, unteilbare Elemente an, der Dynamismus geht von der unendlichen Teilbarkeit der Materie aus. b) Für den Atomismus ist die Materie absolut undurchdringlich, für den Dynamismus nur relativ, in Abhängigkeit von der Stärke der wirkenden Kräfte. c) Nach dem Atomismus erfüllt die Materie ihren Raum durch bloße Existenz, nach dem Dynamismus durch die Grundkräfte. d) Der Atomist nimmt leere Zwischenräume zwischen den Atomen an, der Dynamist kennt keinen absolut leeren Raum. e) Für den Atomisten bestehen Flüssigkeiten aus diskreten Teilchen, für den Dynamisten sind sie echte Kontinua. - Die Kennzeichnung zeigt, daß der dynamische Materiebegriff dem der Leibniz-Wolffschen Schule in manchem nahekommt.

Gegen Schelling und seine Schüler, die den Bereich der apriorischen Naturerkenntnis sehr weit zogen, betonen die Kantianer, über das in der reinen Naturwissenschaft Dargelegte hinaus seien keine weiteren spezifischen Merkmale oder Unterschiede der Körper a priori erkennbar. Kant habe den *Begriff* der Materie auf die beiden Grundkräfte zurückgeführt, es sei jedoch nicht möglich, deren Verhältnis in einer bestimmten empirisch gegebenen Materie zu bestimmen. Hierüber könne man höchstens hypothetische Annahmen machen, ohne einsehen zu können, ob diese tatsächlich zuträfen. Zwar seien die beiden Grundkräfte für alle Verschiedenheiten in der Natur verantwortlich, „aber welche Verschiedenheiten in der Natur vorkommen werden, kann nur die Erfahrung lehren" (Link 1798).

Damit ist der Wert der reinen Naturwissenschaft für die physikalische Erklärungspraxis stark eingeschränkt. So können etwa die verschiedenen Phänomene des Zusammenhangs (Adhäsion, Kohäsion, Kapillarität usw.) nicht quantitativ erklärt werden. Die dynamische Betrachtungsweise liefert nur eine allgemeine Deutung. Danach ist der Zusammenhang keine Grundkraft, sondern abgeleitet, ein Produkt der Wechselwirkung von Materien aufeinander. Diese wechselseitige Anziehung ist abhängig von den jeweiligen geometrischen Bedingungen der Berührung und vom Verhältnis der Grundkräfte in den Wechselwirkungspartnern. Beides läßt sich nicht a priori erkennen, sondern höchstens hypothetisch aus der Erfahrung erschließen. Tatsächlich hat der Dynamismus es nie vermocht, quantitative Aussagen über das Verhältnis spezieller Grundkräfte aufzustellen.

Link (1798) bestreitet sogar grundsätzlich, daß dies möglich sei. Er will spezifische Aussagen über die Grundkräfte nicht einmal als Hypothese zulassen. Die Grundkräfte „müssen als ursprüngliche Kräfte aus der Physik durchaus verbannt seyn. Die Dynamik dient bloß, um die Möglichkeit der Mechanik zu begründen, und um überflüßige Voraussetzungen abzuhalten". Damit war allerdings das aufgegeben, was die meisten Physiker wohl vom Dynamismus erhofften: ein durchgängig anwendbares Erklärungsprinzip. Nur die Möglichkeit eines ohnehin gut funktionierenden Unterfangens aufgezeigt zu bekommen, war für einen physikalischen Praktiker nicht besonders aufregend. - Für Link (1806) liegen die Grundkräfte „in einer unendlichen Ferne". Wie Wolffs Elemente sind sie aus metaphysischen Gründen notwendig, aber für die Physik ohne praktische Bedeutung.

Das ist auch bei den Autoren nicht viel anders, die Aussagen über Grundkräfte nicht grundsätzlich ablehnen. Nach Fries (1813) sind fast alle physikalischen Prozesse nicht unmittelbar durch Grundkräfte bestimmt, sondern durch „Wechselwirkungen, welche sich für die Körper erst vermittelst der Verhältnisse der Grundkräfte zum Raum ergeben". Diese bezeichnet er als Triebe.[384] Der Begriff ist in Anlehnung an Blumenbach gebildet, und wie dieser bezeichnet Fries die org   isierenden Prinzipien im Bereich des Lebendigen als Bildungstriebe. Ähnlich ist Links (1806) Begriff des Bildungsgesetzes oder Ordnungsgesetzes. Er denkt dabei an „allgemeine Ausdrücke für die Verknüpfungen von Cohäsion, Elastizität, Strahlung, Polarität, u.s.w.". Gemeint sind bei Link und bei Fries Wechselwirkungsgesetze rein phoronomischer Art, d.h. ohne Rekurs auf Kräfte und somit bloß beschreibend, die einen komplexen Phänomenbereich strukturieren, also zum Beispiel die Gesetze der Kristallisation. Fries faßt diese unter den Begriff Kristallisationstrieb.

Mit der Einführung von Trieben oder Ordnungsgesetzen als Fundament der Theorie wird auf Erklärungen verzichtet, denn Triebe sind nur phoronomische Konstrukte, keine dynamischen. „Die Wissenschaft würde hier erst erklären können, wenn sich diese Naturtriebe in der höheren Mechanik eben so construiren ließen, wie die der Centralbewegung" (Fries 1826), wenn also etwa die Kristallisation mechanisch ausgearbeitet werden könnte wie die Gravitationstheorie.

Aber auch die grundlegenden Triebe sind meist noch nicht erkannt. In den meisten Gebieten, in der Optik, der Akustik, der Wärmelehre, der Elektrizitätslehre, dem Magnetismus, ist man vorläufig auf bloße Hypothesen angewiesen und kann nicht mehr tun, als zu versuchen, diese Hypothesen so zu konstruieren, daß sie den Gesetzen der reinen Naturwissenschaft nicht widersprechen. Die Auswahl solcher Hypothesen geschieht nach heuristischen Kriterien: Einheit des Wissens, Allgemeinheit, Mathematisierbarkeit. Ein Hypothesenwechsel ist für das gesamte System nicht von großer Bedeutung.[385]

Insgesamt ist die Auffassung von Hypothesen recht ähnlich wie im newtonischen Hauptstrom, und so unterscheidet sich auch die Darstellung der Imponderabilientheorien kaum von dem dort Üblichen. Erst wird die phänomenologische Theorie präsentiert; danach als „zweite Theorieebene" ein hypothetisches mikrophysikalisches Konstrukt. Allerdings sind sich die Autoren über die Vorläufigkeit dieser Bemerkungen klar. Fries (1826) versucht, den phänomenologischen Teil möglichst von der zweiten Theorieebene freizuhalten und auch entsprechend besetzte Begriffe zu vermeiden.

Bei der zweiten Theorieebene betont er den Modellcharakter. „Wir vergleichen vorläufig nur, wie sich das Gesetz der Bewegung des Lichts *nach den Analogien* der Wurfbewegung strahlender Flüssigkeiten und denen der Schwingungsbewegungen in Aether construiren lasse, ohne eigentlich das eine oder andere selbst vorauszusetzen".

Der Anspruch des Kantschen Dynamismus ist also viel bescheidener als derjenige des Dynamismus Boscovichs oder Wolffs. Er reduziert sich in der Praxis auf die Forderung, dynamisch mögliche Begriffe zu verwenden, und da dies keine besonders starke Forderung ist, sind die Unterschiede zum newtonischen Hauptstrom bis zur Verwechselbarkeit eingeebnet. Trotz dieses bescheidenen Anspruchs ist die Bilanz negativ. Fries (1826) findet vierzig Jahre nach Kants „Metaphysischen Anfangsgründen", nur in der Theorie der Gravitation habe alles „seine genügende Erklärung" gefunden. Auf allen andern Gebieten sei es dagegen noch nicht gelungen, „eine genugthuende Hypothese mit den Grundbegriffen der Dynamik in Uebereinstimmung zu bringen". Der Grund für diese negative Bilanz sind einige neuentdeckte Phänomene, insbesondere die Polarisation des Lichts (1808) und der Elektromagnetismus (1820). Beide schienen nicht in das dynamische Konzept integrierbar, „indem die Richtungen der hervorgebrachten Beschleunigungen hier anscheinend nicht in die grade Linie fallen, welche die auf einander wirkenden Körper mit einander verbindet" (Fries 1826). Fries hofft, die Zukunft werde „dem Ganzen der Lehre eine größere Vollendung geben", aber als er dies schrieb, war das Interesse der wissenschaftlichen Öffentlichkeit am Dynamismus schon weitgehend erloschen.[386]

6.2.3 Folgenlosigkeit für die Didaktik

In methodologischer Hinsicht gibt es Ähnlichkeiten zu den Boscovichianern. Weber (1793[2]), Gren (1797[3]) und Fries (1826) propagieren explizit ein zweischrittiges methodisches Schema aus Induktion und Hypothetiko-Deduktion. Dabei wird das Zusammenwirken von Verstand und Erfahrung betont. Zwar ist (fast) alles physikalische Wissen Erfahrungswissen, aber die Erfahrungen allein sind „von keiner Erheblichkeit" (Fischer 1797). Die Gegenstände der Erfahrung sind für sich genommen beziehungslos, isoliert. Erst der Verstand verknüpft sie nach den ihm innewohnenden Gesetzen und schafft so die Ordnung der Welt (Anschel 1801). „Nur die Wirkungen sind in der Natur, die Gesetze dazu legt unser Verstand hinein" und bringt dadurch „Einheit in unsere Vorstellungen" (Gren 1797).

Die Erkenntnis der Phänomene und der sie beschreibenden Naturgesetze soll am Anfang stehen. Sie geschieht auf induktivem Wege. Die Induktion ist „eine sichere Führerin" (Fries 1826), aber sie kommt nur zu Allgemeinausdrücken, nicht zu Erklärungen. Die Gleichsetzung von Erklärung und Naturgesetzlichkeit wird abgelehnt. „Es heißt noch keineswegs die Phänomene erklären, wenn man selbige auf allgemeine Naturgesetze zurückbringen kann" (Fischer 1797). Dazu muß man vielmehr die Ursachen angeben, die Kräfte, eigentlich sogar die Grundkräfte.

Die Erkenntnis der Ursachen ist nur auf dem Weg der Hypothese möglich. Sie sind weder a priori noch a posteriori herzuleiten, man kann vielmehr nur dynamische Konstruktionen entwerfen, die nach der reinen Naturwissenschaft möglich sind und der Erfahrung nicht widersprechen. Der Erkenntnisweg ist also hypothetisch-deduktiv; es gilt, eine dynamische Konstruktion spekulativ zu entwickeln und ihre Folgerungen empirisch zu testen. Dies Erklärungswissen ist nicht von gleicher Sicherheit wie das Gesetzeswissen. Die dynamischen Konstruktionen sind stets Hypothesen, „aber so sie gelingen vom schönsten wissenschaftlichen Erfolg" (Fries 1826). Dies Verfahren soll die Methode Newtons sein. Seine vier Regeln des Philosophierens werden akzeptiert, und auch sonst legen die Autoren Wert darauf, sich als gute Newtonianer darzustellen. Fries (1826) führt die Verirrungen der Schellingschen Naturphilosophie auf die Nichtbeachtung dieser methodischen Regeln zurück. Die bloße, nicht in den quantitativen Falsifikationsprozeß der Hypothetiko-Deduktion eingebundene Spekulation, die „combinirenden Methoden", wie er sagt, führen leicht zu „leeren Phantasiespielen", da sie „am fernsten von der mathematischen Regel" sind.

Quantifizierung und mathematische Behandlung gelten als unverzichtbare Elemente der Methode. Fries (1826) kritisiert sogar Newtons vier Regeln, weil sie „der mathematischen Erkenntniß nicht ihr volles Recht an der Naturlehre zugestehen", und formuliert ergänzend eine fünfte Regel: „Kein vorauszusetzender Erklärungsgrund ist anders zulässig als in den Schranken, welche ihm die reine mathematische Theorie zuweist, diese hat zuerst über seine Einfachheit und Zweckmäßigkeit zu entscheiden". Anders ausgedrückt: dynamische Hypothesen sind nur statthaft auf der Grundlage mathematischer (kinematischer) Beschreibungen. Da aber die Grundlagen der Kinematik a priori sein sollen, kann Fries formulieren, „daß die Mathematik nicht nur die Dienerin der Erfahrung ist, sondern daß sie dieser gebietend ihre höchsten Gesetze vorschreibt".

Die methodologischen Vorstellungen der Autoren haben bei der Behandlung des Stoffes durchaus Spuren hinterlassen. Es wird versucht, zu quantifizieren und zu mathematisieren, soweit das elementare Niveau es zuläßt; es wird viel Wert auf saubere Bildung der Grundbegriffe gelegt und zwischen induktiv fundiertem Gesetzeswissen und hypothetischen Konstruktionen unterschieden; die Formulierung dynamischer Hypothesen geschieht mit Vorsicht und eingedenk ihrer Unsicherheit. All dies betrifft aber die Details und ist nicht unbedingt typisch für den Dynamismus. Der Unterrichtsstil im ganzen ist an den Büchern des newtonischen Hauptstromes orientiert. Die Autoren entwickeln hier keine neuen Gedanken und übertragen auch ihre wissenschaftsmethodischen Vorstellungen nicht auf den Unterricht. Rechtfertigung des Wissens und Lehre werden nicht mehr in eins gesetzt.

Fries (1826) schreibt nach dem Vorbild der mathematischen Physik. Die älteren Bücher orientieren sich in den stärker mathematisierten Teilen mehr an den Büchern der angewandten Mathematik, im Rest mehr an den „chemischen" Büchern. Im Unterschied zur angewandten Mathematik wird jedoch bei der Auswahl der Prämissen eines Beweises selektiert: nicht jeder für wahr erkannte Satz soll als solche dienen, sondern nur, was auf die Ursache der Erscheinung führt (Link 1798). Auch wo die mathematische Theorie nicht zusammenhangbildend ist, wird versucht, den Stoff quantitativ zu behandeln. Meßgeräte und wichtige quantitative Experimente werden geschildert. Es gibt recht wenig typische Demonstrationsexperimente. Häufiger werden die Ergebnisse wissenschaftlicher Experimente dargestellt. Im großen und ganzen hält man sich an die beliebte „gemischte" Lehrart, wonach „bey dem Vortrage die Theorie mit Versuchen verwebt" wird (Gren 1797[3]). - Der Schwerpunkt der didaktischen Bemühungen der Autoren liegt auf den „philosophischen Vorbereitungen und mathematischen Grundlagen" (Fries 1826). Im übrigen orientiert man sich am Gängigen.

Wenn man die Gliederung des Lehrbuchs als unmittelbaren Ausdruck des Systems wertet, sieht man, daß es ein dynamisches System nicht gegeben hat. Auch bei der Gliederung richten sich die Kantianer nach dem newtonischen Hauptstrom, mit dem U erschied, daß (außer bei Fischer 1797) das Anfangskapitel über die allgemeinen Eigenschaften wegfällt und durch die Kantsche allgemeine Naturwissenschaft ersetzt wird (die bei Fischer hinzukommt).[387] Gren (1797[3]) und Link (1798) behaupten zwar, eine neue Ordnung des Stoffes eingeführt zu haben, die dem Ganzen eine bessere Übersicht geben soll, aber die Reihenfolge, in der der Stoff vorgetragen wird, ist doch im wesentlichen die gewohnte. Neu ist an diesen Gliederungen nicht die Reihenfolge des Stoffs, sondern höchstens die Formulierung der Überschriften.[388]

Auch Fries (1813, 1826) läßt die übliche Reihenfolge bestehen. Trotzdem verdient seine Gliederung eine nähere Betrachtung, da er ein neues Gliederungsprinzip einführt, das für sein Bemühen um eine empirisch-psychologische Begründung der Dynamik charakteristisch ist.

Fries (1813) unterscheidet zwei Arten der Ansicht von der Natur, eine subjektive, auf der Sinnesanschauung beruhende und eine objektive, auf mathematischer Anschauung beruhende. Ziel der Physik ist es, die ganze Erscheinungswelt mathematisch darzustellen und mechanisch zu begreifen. Nun ist aber außerhalb der Metaphysik der Natur nichts der mathematischen Anschauung unmittelbar zugänglich. Die Physik im engeren Sinn ist eine Erfahrungswissenschaft, und es stellt sich die Frage, wie man von der sinnlichen Anschauung zur mathematischen kommt. „Alle erfahrungsmäßigen Theile unsrer Untersuchung ruhen auf einer ersten subjektiven Ansicht, wodurch die nur sinnliche Erscheinungen betrachtende *phänomenologische* Vorbereitung der Lehre notwendig wird, die man gewöhnlich nicht genug beachtet, und welche erst künstlich auf Verhältnisse der Bewegung, auf *phoronomische* Verhältnisse zurückgebracht werden muß."

Hinsichtlich der didaktischen Behandlung der phänomenologischen Vorbereitung unterscheidet Fries zwei Fälle: „Naturerscheinungen bey denen wir die Beobachtung unmittelbar auf die wirkende Masse beziehen können" (1826) und solche, bei denen das nicht möglich ist. Damit ist zugleich eine Reihenfolge für die Behandlung im Unterricht vorgegeben. Am Beginn stehen die mechanischen Wissenschaften, weil sie am leichtesten die phoronomische Umsetzung der Sinneswahrnehmung gestatten. Wir beobachten dort die mathematisch zu beschreibenden Bewegungen unmittelbar, und die phänomenologische Vorbereitung besteht schlicht in der Beobachtung. Das ist in der Optik, Akustik oder Wärmelehre anders. Wir nehmen Farben, Töne oder Kälte wahr, wollen aber Gesetze über Bewegungen von Masseteilchen formulieren. In jedem dieser Gebiete sind deshalb zwei Teile abzuhandeln, ein phänomenologischer Teil, der es mit „dem Verhältniß unserer Sinne zur Natur überhaupt" zu tun hat, und ein phoronomischer Teil, „welcher die eigentlich der Naturlehre gehörende mathematische Theorie hinzugeben soll" (1826).

Wenn wir Optik betreiben wollen, „so sind wir zunächst ganz auf die subjectiven psychischen Verhältnisse dessen angewiesen, wie wir sehen ... wir werden die Untersuchung ganz von der psychischen Seite her einleiten müssen". Der Weg geht „von der psychischen [389] Seite der bloßen Anschauung der Farben zu den physiologischen Bedingungen der Anregung dieser Anschauungen durch das Auge, und dann zu den physischen Bedingungen und den Gesetzen der Bewegung ... nach denen der Reiz auf das Auge wirkt" (1826).

Es braucht kaum betont zu werden, daß dieses Programm nicht durchführbar war. Die phänomenologischen Vorbereitungen, die Fries den einzelnen Kapiteln voranstellt, leisten das nicht einmal andeutungsweise. Er beklagt, daß die Sinnesphysiologie noch so wenig entwickelt sei (wobei sein Programm zum Aufschwung dieses Gebietes einiges beigetragen hat).

Für Fries hing an diesem Programm der pädagogische Wert der Physik. Sie erhielt „ihren Werth im Leben" dadurch, daß sie das „Verhältniß des Geistes zum Körperlichen" thematisieren mußte. Psychisches und Physisches hängen miteinander zusammen „durch den Lebensproceß unsers Körpers und zwar bestimmt durch die Form der Gegenwirkung im Nervensysteme" (1813). Fries vermutet, die Reizung der Sinnesnerven geschehe allein durch den Licht- und Wärmeäther, dessen Bewegungsgesetze damit eine große erkenntnistheoretische Bedeutung bekommen. Mit ihrer Hilfe hofft er, dem Wesen der Organisation des Lebendigen, dem (mechanistisch verstandenen) Lebenstrieb, auf die Spur zu kommen. - Pädagogisch würde die Verwirklichung dieses Programms bedeuten, daß Selbsterkenntnis und Welterkenntnis wieder vereint wären, nun aber nicht mehr in teleologischer, sondern in kausal-mechanischer Sicht. Fries weiß, daß man von der Verwirklichung des Programms noch so weit entfernt ist, daß eine didaktische Umsetzung nicht einmal ins Auge gefaßt werden kann. „Durch die Einheit des menschlichen organischen Lebenstriebes wird wohl die ganze menschliche Naturkenntniß um einen Mittelpunkt geordnet, aber wir vermögen dieses Prinzip nicht dem System der Naturlehre, nicht der erklärenden Theorie zu Grunde zu legen" (1826). Auch bei Fries bleibt der Dynamismus letztlich didaktisch folgenlos.

Professor Kastner.

Erlangen, 16 Jul. Gestern hat unsere Universität eines ihrer ältesten Mitglieder, den Professor der Chemie und Physik, Hofrath, Ritter ꝛc. K. W. Gottlob Kastner, unter großer allseitiger Theilnahme zur Erde bestattet. Geboren zu Greifenberg in Pommern den 31 Oct. 1783, und anfänglich dem Apothekerstand bestimmt, gelangte er nur durch ungewöhnliche Anstrengungen dahin sich 1805 in Jena habilitiren zu können; so konnte er z. B. die Promotionskosten nur mit dem Honorar bestreiten welches ihm mehrere Studierende für ein ihnen künftig zu lesendes Collegium vorausbezahlten. Noch in demselben Jahr kam er als außerordentlicher Professor nach Heidelberg, wurde ordentlicher im Jahr 1810, folgte 1812 einem Ruf nach Halle, wurde 1818 von hier aus an die neu gegründete Universität Bonn versetzt, und gieng 1820, von Senat und Facultät mit allem Nachdruck vorgeschlagen, nach Erlangen. Hier war er geraume Zeit einer der anregendsten und beliebtesten Lehrer. Gewiß ist vielen Zuhörern auch von nicht naturwissenschaftlichem Lebensberuf sein Collegium über Physik, insbesondere seine geistreiche Uebersicht des Gebiets der Naturwissenschaften wenigstens dem allgemeinen Eindruck nach noch in lebhaftester Erinnerung. Sein durchaus freier Vortrag war hinreißend, kraft der edlen Begeisterung mit welcher er für Wissenschaft und Lehramt erfüllt war. Es hat in der That nicht leicht einen unermüdlichern Arbeiter, Schriftsteller und Lehrer gegeben, und dieser Thätigkeit entsagte er buchstäblich nicht eher als bis sie ihm physisch unmöglich geworden war. Ohne je Prorector gewesen zu seyn, da er sich zum Geschäftsmann nicht befähigt glaubte, jedoch immer eifriger Facultist und Senator, hat er der Universität durch seine persönliche Stellung zu den Studierenden in schwierigen Verhältnissen sehr wesentliche Dienste geleistet. Die Verehrung der Jugend für ihn gründete sich früherhin auch auf seine patriotische Thätigkeit in den Freiheitskriegen, indem er von Halle aus nicht nur Hauptmann in der preußischen Landwehr, sondern auch in England für die Beschaffung von Geldunterstützungen für die Hinterlassenen gefallener Krieger persönlich aufs eifrigste bemüht war. Seine Stellung in der Wissenschaft zu bestimmen ist Schreiber dieses nicht befähigt; aber so viel ist gewiß daß er mit naturphilosophischen, von christlicher Erkenntniß getragenen Anschauungen, ein wahrhaft kolossales Wissen von der Geschichte seiner Fächer verband. Jedenfalls steht er würdig in der Reihe großer, naturwissenschaftlicher Celebritäten, welche Erlangen seit Schreber, Esper, Hildebrand u. s. w. zu besitzen so glücklich war. (Nürnb. Corr.)

Nachruf aus der Augsburger Allgemeinen Zeitung vom 18. Juli 1857

6.3 Fallstudie: Karl Wilhelm Gottlob Kastner

6.3.1 Einleitung

Karl Wilhelm Gottlob Kastner (1783-1857) ist heute am ehesten noch als akademischer Lehrer Liebigs bekannt. Zu seiner Zeit galt er jedoch als der bedeutendste deutsche Chemiker. Er studierte in den Jahren in Jena, in denen Schelling dort wirkte. Hier wurde seine wissenschaftliche Weltanschauung maßgeblich geprägt. Er wurde zu einem der bekanntesten Vertreter der romantischen Naturphilosophie. Zwischen 1805 und seinem Tod bekleidete er Professuren der Chemie/Physik in Heidelberg, Halle, Bonn und Erlangen. Er war Herausgeber mehrerer Fachzeitschriften.

Kastner muß ein guter Lehrer gewesen sein, der es verstand, im Vortrag zu begeistern. Einen gewissen Eindruck davon geben die verschiedenen großen Vorträge, die er in den vierziger Jahren vor der Gesellschaft deutscher Naturforscher und Ärzte gehalten hat. Der größte Teil seiner Werke ist im Zusammenhang mit der Lehre entstanden: Lehr- und Handbücher der Chemie, der Physik, der Meteorologie, der angewandten Naturlehre. Diese Werke zeugen von einem immensen, ungewöhnlich breiten Wissen und dem Versuch, dieses unter naturphilosophische Ideen zu integrieren. Detailbesessenheit und Gesamtschau kommen hier zusammen.

Kastners „Grundriß der Experimental Physik" ist ein Lehrbuch für den Gebrauch in den Grundvorlesungen an der Universität. Die erste Auflage erschien 1810, die zweite, wesentlich überarbeitet und verändert, 1820/21. Die Veränderungen betreffen die methodologischen und wissenschaftstheoretischen Positionen nur am Rande. Auffällig sind hingegen die Unterschiede in den physikalischen Grundanschauungen. 1810 ist Kastner die naturphilosophische Grundlegung der Physik erst in Ansätzen gelungen. Sie hat eher programmatischen Charakter. Manche Leerstellen bleiben noch zu füllen. Manche Spekulation wird später verworfen. Demgegenüber zeigt die zweite Auflage ein in den Grundzügen weitgehend ausgearbeitetes physikalisches Weltbild. Etwa gleichzeitig mit dieser erschien 1821 die erste Auflage von Kastners Lehrbuch für den Unterricht des höheren Schulwesens, die „Grundzüge der Physik und Chemie". Die zweite Auflage 1832/33 ist zwar im Umfang vermehrt, bringt jedoch keine Änderungen in den grundlegenden Positionen.

Die romantische Naturphilosophie erstrebt nicht nur eine philosophische Begründung der bestehenden Physik, wie der Dynamismus, sondern eine Reform der physikalischen Forschung von Grund auf. Das Ziel der Forschung und die Einstellung zur Natur sollen sich ändern. Angestrebt wird die Einheit von Mensch und Natur in einer Philosophie, Kunst und Religion umfassenden Naturbetrachtung (Kap. 6.3.2). Natur wird dabei als Organismus gedacht, als ein einheitliches Ganzes. Diesem Gedanken theoretischen Ausdruck zu verleihen, ist die Hauptaufgabe des Systems (Kap. 6.3.3). Sehr intensiv hat Kastner sich damit beschäftigt, wie die Möglichkeit einer solchen Naturerkenntnis gesichert werden kann. Sie folgt für ihn aus der Verwandtschaft von Geist und Natur. Voraussetzung und Ziel der Naturforschung werden damit aufeinander bezogen (Kap. 6.3.4). Die Konkretisierung dieses Forschungsansatzes in der „spekulativen Physik" Kastners wird im folgenden ausführlicher behandelt als im Rahmen einer Lehrbuchgeschichte nötig wäre (Kap. 6.3.5). Weder haben Kastners Theorien die Physikgeschichte beeinflußt, noch hat er didaktisch richtungweisend gewirkt. Seine Theorien stehen hier als Beispiel für die Art des Denkens der romantischen Naturforscher. Im Vergleich mit dem dann folgenden, zusammenfassenden Kapitel (6.4) über die romantische Naturphilosophie soll das Kapitel über Kastner auch die Eigenständigkeit seiner Physik verdeutlichen. Die Spannung zwischen Allgemeinem und Individuellem ist für die romantische Naturforschung charakteristisch. Ihre namhafteren Vertreter haben sehr eigenständige, divergierende Positionen entwickelt und konnten sich doch einer Richtung zugehörig fühlen. Diese Richtung exakt zu definieren, fällt schwer. Man kann sie wohl am besten in den Ideen und Einstellungen von Individuen verstehen, auch wenn es vielleicht keine einzelne Person gegeben hat, die den typischen romantischen Naturforscher repräsentiert.[390]

6.3.2 Das Ziel der Naturwissenschaft

Die romantische Naturforschung hat sich sehr intensiv mit der Frage nach dem Ziel der wissenschaftlichen Tätigkeit beschäftigt. Die Legitimation der Forschung ergibt sich für sie nicht wie im 18. Jahrhundert aus der Summe der positiven Auswirkungen der Naturwissenschaft für den Menschen und die Gesellschaft, sondern wird aus der Idee der Naturwissenschaften selbst abgeleitet.[391] In Kastners Büchern fehlt deshalb jene Liste der verschiedenen Arten des Nutzens der Wissenschaft, die in den traditionellen Büchern auch zu dieser Zeit noch üblich ist. An die Stelle einer Addition mehr oder weniger gegeneinander austauschbarer Zwecke, die dem einzelnen Forscher und Lehrbuchschreiber die Möglichkeit unterschiedlicher Gewichtung geben, tritt eine Zielbestimmung, die bei der Analyse des Wesens wissenschaftlicher Tätigkeit und des Verhältnisses des Menschen zur Natur ansetzt. Wissenschaftliche Tätigkeit ist eingebunden in eine umfassende Teleologie. Der einzelne Forscher kann das ihm gesetzte Ziel nur akzeptieren, oder er verfehlt den eigentlichen Sinn wissenschaftlicher Tätigkeit.

Grundlegend für die Zielbestimmung der romantischen Naturforschung ist der Gedanke der Einheit von Mensch und Natur. Die Verwandtschaft des Menschen mit der Natur ermöglicht Naturerkenntnis, und diese soll dazu dienen, den Menschen der Natur näher zu bringen. Voraussetzung und Ziel naturwissenschaftlicher Erkenntnis fallen in dem Gedanken der Einheit von Mensch und Natur zusammen. Bei Kastner erhält dieser Grundgedanke im Anschluß an Schelling eine panentheistische Wendung. Die Natur ist eine Erscheinungsform des göttlichen Geistes. Natur und Geist sind eins, und der Geist des Menschen hat Teil am Geist der gesamten Natur.

„Natur ist mithin unserm anschauenden Geiste die reale Bezeichnung der ewigen unendlichen Ideen der Gottheit, und alle Naturforschung besteht in dem Bestreben des menschlichen Geistes, das ihm Gleiche in allem Aeusseren zu schauen, das Maaß (die Energie, das Moment) und die Art der endlichen Beschränkung des Naturgeistes zu ergründen" (1810, 13). „Unvermerkt strebt jeder ächte Naturforscher, die Lebensgesetze seiner selbst im Leben des Ganzen wieder zu finden, und so einer höhern Weihe entgegen eilend, zu erfüllen, was sein Name heischt" (1810, 48). „Was er sucht, forscht, ist das was seinem Wesen entspricht; indem er die Natur erforscht, deutet er die Symbole seiner selbst, geistig geht er zur Natur, ihre Geistigkeit erspähend" (1810, 14f.).

Naturerkenntnis ist Selbsterkenntnis. Wer den Schleier der Isis, der Göttin der Wahrheit, lüftet, erkennt darunter sich selbst. - Kastner betrachtet das Bestreben, in der Erkenntnis die Einheit von Mensch und Natur herzustellen, als ein dem Menschen ursprünglich Gegebenes, das viele Naturforscher, wenn auch unbewußt, schon immer geleitet haben soll. Jedoch erst die romantische Naturforschung hat dies als wahres Ziel der Naturwissenschaft begriffen und verfolgt systematisch und planvoll, was vorher unbewußt war. War die Physik vorher ins Detail verloren und konnte nur Stückwerk zustande bringen, so wird jetzt der Blick auf das Ganze möglich. Die Einheit von Mensch und Natur erlaubt es, die Idee des Ganzen zu fassen und zur Leitschnur der Erkenntnis zu machen. „Auf diesem Wege gelangt der Mensch nach und nach zur *Einsicht* der Natur; er sammelt die aufgefundenen Wahrheiten, und bildet daraus, von der seinem Wesen mehr oder minder bewußt inwohnenden Idee des *Ganzen* geleitet, ein wissenschaftlich zusammenhängendes Gebäude: eine *Theorie* der Natur und ihrer einzelnen Erscheinungen, welche seinem suchenden Geiste, bei fernerer Forschung zum Leitstern dient" (1810, 18).

Die Idee des Ganzen ist umfassend. Sie ist nicht nur ein naturwissenschaftlicher Begriff, sondern soll das gesamte Verhältnis des Menschen zur Natur bestimmen. Sie hat damit insbesondere auch einen ästhetischen und einen religiösen Aspekt. Der Forscher, der Künstler und der Priester werden in einem Zusammenhang genannt (1818, 3). Die Idee des Ganzen ist die Idee des Wahren, Schönen und Guten in der Natur. Sie garantiert dem erkennenden Subjekt die Möglichkeit einer übersubjektiven Wahrheit, indem dieses seine Vernunft als Abglanz der göttlichen begreift (1810, 17f.). Sie ist mit der Idee des Schönen schlechthin identisch (1810, 17) und eine Naturwissenschaft, die dies sieht, kann jene Einheit von Wissenschaft und Kunst wiedererlangen, die in der Vorzeit bestanden haben soll (1810, 38). Sie führt schließlich den ihr verpflichteten Foscher dazu, sich selbst zu vervollkommnen, um der göttlichen Natur im Tempel der Wissenschaft angemessen zu dienen. „Das Bedürfniß, die Natur zu studiren ist das unschuldigste; der

Genuß, den seine Befriedigung gewährt, der reinste, und die Freude über neue Entdeckungen die lauterste, wenn der Forscher der Natur wahrhaft ergeben, nicht durch Eitelkeit, Sucht zu glänzen, und ähnliche niedere Verhältnisse des entartenden menschlichen Geistes, sondern durch kindliche Hingebung und männlichen Wissensdrang zu ihrem Tempel geleitet wird" (1810, 19).

Für eine solche Einstellung zur Wissenschaft sind weder der technische Nutzen noch die bloße theoretische Neugierde geeignet, die Naturforschung zu legitimieren. Beide stellen für sich genommen den Menschen außerhalb der Natur und machen diese zum bloßen Objekt menschlicher Bedürfnisse, seien diese nun praktischer oder theoretischer Art. Dem Forscher, der sich in erster Linie durch solche Motive leiten läßt, fehlt die rechte Einstellung bewundernder Liebe zur Natur. Nur wer „mit einer Brust voll Freude und Lust an der Natur" der „heiligen Pflicht" der Wissenschaft nachgeht (1810, X, IX im 2. Bd.), wird das Ganze erfassen und die Einseitigkeiten der bisherigen Naturwissenschaft vermeiden können.

Diese Haltung führt nun keineswegs zu einer Ablehnung der theoretischen Neugierde oder zu Technikfeindlichkeit. Das oben angeführte Zitat (1810, 19) zeigt, daß Kastner das Bedürfnis, die Natur zu erkennen und die Entdeckerfreude sehr positiv bewertet, wo sie mit der rechten Einstellung zur Forschung verbunden sind. Genauso ist es mit dem praktischen Nutzen. Kastner war Herausgeber des „Deutschen Gewerbsfreundes". In seinen Lehrbüchern geht er häufig auf technische Anwendungen der Physik ein, und im Vorwort des Schulbuches (1821, V) weist er ausdrücklich darauf hin, daß es der Beförderung des öffentlichen Wohls und des Gewerbes dienen solle. Ja, er beschreibt als Aufgabe der Naturforschung sogar, sie solle mit ihren Ergebnissen *Einsicht* in das Wesen der Natur (*Theorie*) und beliebigen *Gebrauch* (Anwendung auf die Vervollkommenung anderer Wissenschaften und die Veredelung des geselligen Lebens - Ausübung oder Praxis)" ermöglichen (1821, 4). Hier scheint der praktische Nutzen zur Legitimierung der Forschung zu dienen.

Eine genauere Differenzierung des Verhältnisses von religiös-ästhetischen und technisch-praktischen Forschungsmotiven gibt Kastner im Rahmen seiner Interpretation der Geschichte der Naturwissenschaften.

Wenn in den Lehrbüchern des 18. Jahrhunderts überhaupt kurze Abrisse der Geschichte der Physik auftauchen, dienen sie in erster Linie dem Zweck, den wissenschaftlichen Fortschritt der jüngsten Zeit herauszustellen. Dieser Aspekt spielt auch bei Kastner eine gewisse Rolle. Das Hauptanliegen seines recht ausführlichen historischen Exkurses geht jedoch in Richtung einer kritischen Standortbestimmung der Wissenschaft. Die Wissenschaftsgeschichte wird nach ihrem Sinn befragt und damit auf die Zukunft bezogen. Sie soll die gegenwärtige Situation der Physik verstehen lehren und eine Zielprojektion ermöglichen helfen.

Nach der Auffassung der romantischen Naturforschung ist die Wissenschaftsgeschichte nicht eine Folge von Zufällen, sondern zeigt ein immanentes Entwicklungsgesetz. Die Entwicklung wird allerdings nicht als linearer Progress vorgestellt, sondern soll einem zyklischen Verlauf folgen. Anfänglich lebte der Mensch in glücklicher Einheit mit der Natur. Mit dem Zerfall dieser Einheit wurde die Natur dem Menschen zum Objekt der Erkenntnis. Wissenschaft ist also Zeichen der Entfremdung des Menschen von der Natur, zugleich aber auch das Mittel, diese Entfremdung zu überwinden. Ziel der Wissenschaft ist die Wiedergewinnung der Einheit, jedoch in einer höheren, bewußten Form. Geschichte ist Rückkehr zum Ursprung.[392]

Nach Kastner soll die ursprüngliche Einheit von Mensch und Natur schon in vorgeschichtlicher Zeit verloren gegangen sein, weil der Mensch, getrieben durch die Sorge um die materiellen Bedürfnisse des Lebens, der Natur nicht mehr in religiöser Verehrung entgegentrat, sondern sie rational zu erkennen und für Handel und Gewerbe zu nutzen trachtete. An die Stelle kollektiver Naturweisheit trat die individuelle Forschung. An die Stelle religiös-ästhetischer traten technisch-praktische Motive beim Umgang mit der Natur. Im Unterschied zu manchen anderen Romantikern beurteilt Kastner diese Entwicklung nicht negativ, sondern betrachtet sie als notwendige Voraussetzung zur Wiedererlangung der Einheit von Mensch und Natur. Durch die segensreichen Auswirkungen der Naturwissenschaft kann die Sorge um die materiellen Lebensbedürfnisse wieder zurücktreten, der Forscher kann wieder Künstler und Priester werden. Zwischen der ursprünglichen und der wiederzufindenden Einheit besteht jedoch ein qualitativer Unterschied. War erstere naturgegeben und unreflektiert, so soll letztere das bewußte Werk des Menschen sein; die Geschichte der Naturwissenschaft wird damit zur Geschichte der geistigen Vervollkommnung des Menschen.

6.3.3   Das System

Die romantische Naturforschung erstrebt die Integration des Detailwissens zu einem einheitlichen, aus einem Gesichtspunkt entworfenen System. Das Fehlen eines solchen ist ein Hauptvorwurf gegenüber konkurrierenden Forschungsprogrammen. Die atomistische Lehre erscheint Kastner in dieser Hinsicht besonders unbefriedigend. In ihr „waltet der *Zufall* als bestimmendes Princip". Der Materie werden Kräfte zugeordnet, ohne daß begründet werden könnte, warum einer bestimmten Materie eine bestimmte Kraft zukommt. Das kann nach Kastners Meinung nur zu „willkürlichen Hypothesen", „spitzfündigen Witzeleien" führen (1810, 78). Es fehlt jedes Einheit stiftende Moment. Der Mathematik kann er eine solche Rolle natürlich nicht zugestehen. Sie gilt zwar als unentbehrliches Hilfsmittel (1810, 58), bleibt aber doch dem Wesen der Natur äußerlich. Sie ist methodisches Inventar, wird verwendet, spielt aber für die Begründung der Wissenschaft genauso wenig eine Rolle wie die Methodologie überhaupt.

Die dynamische Naturphilosophie Kants und seiner Nachfolger beurteilt Kastner wesentlich positiver als den Atomismus. Sie verschafft den Erscheinungen „einen größeren Zusammenhang" als dieser (1810, 82). Sie will aber alle Erscheinungen auf zwei einander entgegengerichtete Kräfte zurückführen, ist also dualistisch, und dadurch kann die Einheit der Theorie nicht vollkommen werden. Es fehlt „die Copula, die *Weltseele*, die innere Einheit jeglichen Dinges, welche auch im scheinbaren Streite der Kräfte die Harmonie der Welten sichert" (1810, 84). Der Dynamismus muß die Dualität der Kräfte unerklärt stehenlassen. Demgegenüber hat die romantische Naturwissenschaft mit Schellings Weltseele [393] das alles verknüpfende Band gefunden. Damit ist erstmals ein einheitliches physikalisches System überhaupt möglich geworden. „Diese Idee und deren Nachweisung in den Erscheinungen (die wenigstens versucht wird) ist es, welche die neuere Ansicht vortheilhaft characterisirt" (1810, 84).

Es ist festzuhalten, daß der Systemcharakter der Theorie sich für Kastner nicht in erster Linie an irgendwelchen formalen Eigenschaften derselben, wie Kohärenz oder Widerspruchsfreiheit, zeigt, sondern daß er inhaltlich bestimmt wird. Das intuitive Vorverständnis vom Wesen der Natur läßt eine Ahnung dessen zu, wie die Theorie auszusehen habe. Theorie ist die Entfaltung von Ansichten der Weltseele. Einheit herstellen bedeutet, in verschiedenen Theoriebereichen die grundlegenden Kennzeichen der Weltseele in gleicher Weise herausarbeiten, d.h. diese als Produktivität, als Organismus, als Entwicklung zeigen.

Die Leitmetapher für den Kosmos war im 18. Jahrhundert das Uhrwerk beziehungsweise die Maschine. Das Weltbild war statisch, mechanistisch, atomistisch. Dem setzt die Romantik ein dynamisches, organismisches, ganzheitliches Weltbild entgegen. Die Leitmetapher ist der Organismus beziehungsweise die Weltseele. Die Gesamtnatur ist ein Organismus; ihre Teile sind analog zu Organen (1810, 20). Organismen leben, weil sie eine Seele haben. Die Weltseele ist das integrierende Moment, das den Kosmos zu einem Ganzen macht. Kastner erscheint „das Universum (der Weltorganismus) rücksichtlich seiner Thätigkeit als ein Wesen, welches bloß beweget, ohne durch etwas Aeusseres bewegt zu werden: als *reine Productivität*" (1810, 683). In ihm zeigt sich „das rein geistige göttliche Seyn ... als unbedingt schaffende Thätigkeit" (1810, 3). Schelling hatte von Spinoza die Unterscheidung von natura naturans und natura naturata entlehnt, und Kastner knüpft hieran an. Natur ist Produktivität und Produkt zugleich, wobei letzteres durch erstere erklärt wird. „Natur ... wird zur Bezeichnung der ewig schaffenden, alle Dinge aus sich selbst erzeugenden Urkraft der Welt, der ersten Grundursache der Erscheinungen in der Welt, und somit der Dinge selbst" (1810, 12). Als erste Ursache aller Erscheinungen ist die Weltseele Grundlage jeder entwickelten Theorie und stiftet damit die Einheit der gesamten Naturwissenschaften.

Wenn die ganze Natur ein Organismus ist, muß auch die sogenannte anorganische Natur daran teilhaben. Kastner spricht von „anorganischem Leben" (1810, 19) und „Anorganismen" (1810, 21). Zwischen Organischem und Anorganischem besteht keine „strenge Grenzscheide" (1810, 19); beide unterscheiden sich nicht qualitativ, sondern quantitativ, im *Grad* der Selbständigkeit des Daseins (1810, 678). „Spuren einer ... Beseelung (eines in sich thätigen Bestimmungsgrundes) treffen wir selbst noch in der sogen. anorganischen Natur an" (1810, 679). Es wird eine Stufenleiter angenommen, die von der amorphen Materie über das Mineralreich, das Pflanzen- und das Tierreich bis hin zum Menschen führt beziehungsweise noch weiter bis hin zu Gott. All diese Stufen sind verschiedene Arten der Entfaltung des Geistes in der Natur.

Von da ist es nur noch ein kleiner Schritt, diese Stufenleiter als eine historische zu sehen und der Welt eine Entwicklung hin zum Organischen, Geistigen zu unterlegen (1810, 20 u. 680). Und da der Gegensatz von organisch und anorganisch mit demjenigen von Freiheit und Notwendigkeit korrespondiert, ist diese Entwicklung zugleich eine Befreiung des an die Materie gefesselten Geistes (1821, 532).

Hierdurch wird deutlich, warum die Romantiker die Kosmologie und die Evolutionslehre als zentrale Gebiete der Naturwissenschaft betrachtet haben. Die Geschichte der Natur ist die Erlösungsgeschichte des Geistes. Es wird eine Teleologie in der Natur angenommen. Die Begriffe Kosmologie und Evolutionslehre haben für die Romantik aber eine andere Bedeutung als für uns heute. Es geht um Idealgenese; um die Erkenntnis des Wesens der Dinge, das sich in der Entwicklung äußern soll. Evolutionstheorie ist nicht in erster Linie Abstammungslehre, sondern Bestimmung der Höherentwicklungspotenzen eines Wesens.

Kastner sieht eine solche Geschichte der Natur erst in „einzelnen Bruchstücken" verwirklicht. Er strebt jedoch an, „die Geschichte ganz zum leitenden Principe der Naturuntersuchung zu machen" und ist überzeugt, daß diese dadurch „an innerem Gehalte und ächt wissenschaftlichem Werthe gewinnen muß" (1810, 27).[394]

Das Theorieideal, das Kastner entwirft, ist programmatisch. Die gesamte Natur als einen Organismus und diesen in seiner Geschichte darzustellen, ist ein so weit gestecktes Ziel, daß der Versuch einer Verwirklichung scheitern müßte. Kastner verschmäht die rein spekulative Scheinlösung, die manchen Romantikern genügte. Er versichert, „nach Einheit und wissenschaftlicher Form der Physik gestrebt zu haben; jedoch wissentlich nie zum Nachtheil dessen, was die Erfahrung bisher reichte" (1810, IX). Seine Bücher lassen deshalb kaum ahnen, wie das System der Physik letztendlich vielleicht einmal aussehen könnte. Aber das Bemühen um die Einheit der Physik ist doch deutlich, wenn es sich auch mehr im Formalen äußert, als daß es bereits inhaltlich einzulösen wäre. „Die Einheit des Ganzen" soll sich in der Anordnung des Stoffes widerspiegeln und hat auch da Priorität, wo eine andere Ordnung „für manche einzelne Phänomene erläuternder" wäre (1810, VII, Bd. 2). Die Gliederung folgt also dem System der Wissenschaft und nicht didaktischen Erfordernissen.

Auch die Darbietung einzelner Stücke steht unter dem Postulat der Einheit. Kastner ist bemüht, „den einzelnen Erscheinungen ihre allgemeine Seite abzugewinnen, und diese so herauszuheben, daß die specifischen Werthe der verschiedenen Materien um so bemerkbarer auf höhere gemeinsame Werthe hindeuten, und das Ineinandergreifen aller Naturkräfte zu einem Ganzen, sich dem denkenden Geiste um so lebendiger darstellt" (1810, Vf., Bd. 2).[395]

Großen Wert legt Kastner auf die Integration der verschiedenen in seinen Büchern behandelten Teilgebiete. Er tadelt, daß das Chemiekapitel in den üblichen Physikbüchern bloß einen „isolierten Theil" darstelle (1810, VI, Bd. 2). Seine Bücher sind voller Querverweise, in denen Berührungspunkte zwischen verschiedenen Teilgebieten behandelt werden. Astronomie und Meteorologie werden nicht wie üblich in eigenen Kapiteln behandelt, sondern in den physikalischen Stoff an (mehr oder weniger) passender Stelle eingebaut.

Die Darstellungsschwierigkeiten, die sich aus dieser Konzeption ergeben, versucht Kastner zu lösen, indem er die einzelnen Paragraphen in einen Basistext und einen Anmerkungsapparat untergliedert. Der meist kurze Basistext enthält das Allgemeine, das dann in den Anmerkungen erweitert, interpretiert, mit anderem verknüpft wird. Das Allgemeine ist keineswegs immer eine theoretische Erörterung. Viele der Paragraphen sind mehr phänomenologisch orientiert (besonders diejenigen am Beginn neuer Kapitel), und der Basistext enthält dann einen paradigmatischen Versuch oder eine Beobachtung. Der überwiegende Teil des Stoffes wird durch die Anmerkungen vermittelt, die manchmal von exzessiver Länge sind.[396] Durch die Anmerkungen ist es möglich, den Stoff facettenreich darzustellen, von verschiedenen Seiten zu beleuchten, Querverbindungen zu ziehen und zu zeigen, wie letztlich alles mit allem zusammenhängt. Eine solche Gliederung in Gedankensplittern, die sich erst als Gesamt zur Einheit zusammenfügen, erscheint dem romantischen Einheitsbegriff angemessener als eine streng systematische Gliederung. Es ergibt sich ein Bild von großer Vielfältigkeit und überwältigendem Detailreichtum, in dem der Leser sich leicht verliert. Aber wie anders sollte man ein System, das es nur in Bruchstücken gibt, darstellen, als die Bruchstückhaftigkeit zum System zu machen?

Aus der Vorstellung von der Einheit der gesamten Natur erklärt sich Kastners Versuch, die im Verlauf des 18. Jahrhunderts vorgenommene Fächergliederung und die damit einhergehende Einschränkung des Inhaltsbereichs der Physik wieder aufzuheben. Die Natur ist Eine; also sind alle Fächergrenzen zwischen den Naturwissenschaften künstlich. Gerade die zwischen den traditionellen Gebieten liegenden Phänomene erscheinen als besonders interessant und für die Forschung erfolgversprechend. Physik und Chemie lassen sich für Kastner überhaupt nicht sinnvoll trennen. Aber auch die Biologie soll wieder zur Physik kommen, wie dies bis zum Beginn des 18. Jahrhunderts der Fall war. Physik ist für Kastner Naturlehre. Er bezeichnet sein Werk als ersten Versuch, „in einem Lehrbuche der Physik einigermaßen den Zusammenhang der Gesetze des individuellen Lebens mit denen des allgemeinen der Weltorganismen anzudeuten, und so der Physik ein Feld wieder zu gewinnen, welches ihr ursprünglich ganz angehörte, und von dem ihr wenigstens eine allgemeine Uebersicht verbleiben sollte, um zu beweisen, daß ihr Gegenstand die gesammte Naturthätigkeit ist" (1810, VIII, Bd. 2). In sein Hochschulbuch nimmt er ein Kapitel „Von dem organischen Processe" auf. Auch in den Anmerkungen zu anderen Kapiteln findet man weit öfter Hinweise auf die organische Natur als in traditionellen Büchern.

6.3.4 Möglichkeit und Methode der Naturerkenntnis

„Alles Forschen beginnt mit dem Bewußtseyn, denn nur sich selbst bewußte Wesen sind der Forschung fähig. Sich selbst steht der Mensch in dieser Hinsicht gegenüber, in sich unterscheidend: freies *Seyn*, und leidendes, beschränktes *Daseyn*; beide nur relative Gegensätze sind in seiner Persönlichkeit vereint, und mithin zu betrachten, als Grundverhältnisse *Eines* Wesens. ... Wir nennen dieses Wesen, zu dessen Anschauung wir nicht unmittelbar gelangen, sondern durch die in uns liegende Fähigkeit: zu denken und zu wollen: unsere *Vernunft* ..." (1810, 1).

So beginnt die Einleitung zu Kastners Universitätslehrbuch, in der er einen Abriß seiner erkenntnistheoretischen Anschauungen gibt. Bereits diese einleitenden Worte machen die Abhängigkeit von Schelling deutlich, zu der Kastner sich auch klar bekennt (1810, 9 u. 84). Danach hat der Mensch Teil an zwei einander entgegengesetzten Bereichen, dem rein geistigen Sein und dem materiellen Dasein. Dieser Gegensatz zwischen Geist und Natur, Idealem und Realem, Subjektivem und Objektivem, was alles dasselbe meint, ist zugleich der Gegensatz zwischen Freiheit und Notwendigkeit und damit auch ein Gegensatz zwischen etwas Höherem und etwas Niederem.

Natur und Geist sind jedoch nichts schlechthin Verschiedenes. Zwar überwiegt in der Natur das „Reale" und in der Welt des Geistes das „Ideale", aber es ist doch beides in beidem zu finden. Der Gegensatz ist nicht qualitativ, sondern nur quantitativ. Das Universum wird als in Entwicklung befindlich begriffen, einer Entwicklung von der Notwendigkeit zur Freiheit. Eine aufsteigende Linie zunehmender Vergeistigung soll von den anorganischen Körpern über die Pflanzen, die Tiere und den Menschen zum rein geistigen göttlichen Sein führen. Die höchste Stufe bezeichnet Schelling als das Absolute oder als absolute Vernunft. Kastner ist direkter und spricht meist vom Göttlichen. Im Absoluten soll der Gegensatz von Geist und Natur aufgehoben sein. Dies ist Schellings Prinzip der Identität von absoluter Idealität und absoluter Realität.

Das Identitätsprinzip ist die Grundlage der Erkenntnistheorie. Vollkommene Erkenntnis kann nur im Absoluten gegeben sein. Sie ist Selbsterkennen des Absoluten. Menschliche Erkenntnis ist stets nur ein Abglanz hiervon, aber durch die Verwandtschaft der menschlichen Vernunft mit der göttlichen doch immerhin in beschränktem Maße möglich. Dies ist für Kastner der Ausgangspunkt für Naturforschung. Zur Charakterisierung der romantischen Naturforschung im Gegensatz zu den atomistischen und dynamischen Systemen stellt er diesen Gedanken als zentral heraus. Die romantische Naturforschung versucht danach, „aus dem Unbedingten (Absoluten), wo Thätigkeit und Seyn *eins* sind, die Möglichkeit des Bedingten, des *Daseyenden*, der Materien und ihrer Verschiedenheiten nachzuweisen, und zwar durch den (noch in unserm Geiste der Möglichkeit nach vorhandenen) Act der Selbstbetrachtung (Selbstobjectivirung, zur Selbsterkennung führend), den jene Ansicht als in dem Absoluten oder dem Göttlichen von Ewigkeit her gegeben annimmt" (1810, 82).

Das absolute Sein ist demnach Bedingung der Möglichkeit alles Daseienden, und die Idee des absoluten Seins ist Bedingung der Möglichkeit der Erkenntnis des Daseienden. Das Absolute selbst kann nicht in gleicher Weise erkannt werden wie die Natur. Es läßt sich nicht denken, sondern nur intuitiv erfassen, „wie denn das Unendliche überall nicht vom Verstande begriffen, sondern nur von der Vernunft *erkannt* oder geschaut, vom Gemüthe empfunden, und durch Vereinigung beider in die Sphäre des geistigen Lebens des Individuums gezogen und so *geglaubt* zu werden vermag" (1821, 10f.). Auf diesem Wege gelangt der Mensch „zu der Idee des unbedingten, einigen ewig selbstthätigen Seyns, wo vollkommen klares, allumfassendes Wissen, ewige Wahrheit mit Ausschluß jeder durch Individualität herbeigeführten Täuschung, ... gegeben ist" (1810, 2).

Während das höchste geistige Wesen, Gott, von Menschen nur intuitiv erfaßt werden kann, sind die niederen Manifestationen des Geistes, die übrige Natur, der menschlichen Verstandeserkenntnis zugänglich. „Das, was dem menschlichen Wesen entspricht, und überhaupt, was unter Gesetzen einer bestimmten Beziehung, unter Fesseln niederer Nothwendigkeit lebt, d.i. die gesammte Erscheinungswelt, liegt im Gebiete des menschlichen Verstandes, und kann - wenigstens der Möglichkeit nach - von ihm begriffen werden" (1810, 2).

Intuitive Erkenntnis und Verstandeserkenntnis sind aufeinander bezogene Polaritäten, entsprechend Geist und Natur; und sie werden wie diese bewertet. Die Intuition ist der Verstandeserkenntnis übergeordnet. In der intuitiven Teilhabe an der göttlichen Subjekt-Natur liegt mehr Wahrheit als in der verstandesmäßigen Analyse der Objekt-Natur. „Die Verstandesbeweise ..., d.i. die aus den Thätigkeitsverhältnissen der Gegenstände gezogenen Schlüsse, können für sich auf keine unbedingte Gültigkeit Anspruch machen, erlangen jedoch einen hohen Grad allgemeiner Gewißheit wenn ihnen die innere Stimme der Wahrheit: die Vernunft entgegen kommt, und so den Arbeiten des Forschers den Stempel des Wissens verleihet" (1810, 4).

Die apriorische Konstruktion der Natur, die „spekulative Physik", ist nicht ein Erfinden bloßer Hypothesen. Ihre Aufgabe ist es, vernunftgemäße Prinzipien und einsichtige Begriffe zu finden, mit denen eine befriedigende Erklärung der Erscheinungen ermöglicht wird. Dazu muß sie von der Idee des Ganzen, des Absoluten geleitet sein, die die Natur als Tätigkeit, als dynamischen Prozeß, als Organismus vorstellt, als Subjekt-Objekt.

Aus der Darstellung sollte deutlich geworden sein, daß Kastners Erkenntnistheorie recht eng am Vorbild Schelling orientiert ist. Auf zwei Unterschiede sei jedoch hingewiesen, Nuancierungen eher als Divergenzen. Beide finden sich nicht nur bei Kastner, sondern sind eher typisch für diejenigen Naturforscher der Romantik, die selbst experimentelle Forschung getrieben haben.

Der erste Unterschied betrifft die Praxis der spekulativen Physik. Schelling bezieht aus seiner Erkenntnistheorie ein erstaunliches Vertrauen in die Möglichkeiten der apriorischen Weltkonstruktion. Kastner ist da wesentlich vorsichtiger. Er kritisiert die Überbetonung des spekulativen Elements und legt Wert auf ein ausgewogenes Verhältnis zwischen intuitiver und empirischer Erkenntnis. Er nimmt die bisherige, empirisch fundierte

Naturwissenschaft in Schutz und meint, daß darin „sich öfters mehr Sinn und umfassender Tiefblick findet, als in manchen neueren Spielen des Witzes mit Grundkräften der Materie, oder mit entgegengesetzten Principien, Polaritäten u.s.w." (1810, 42).

Ein zweiter Punkt, in dem Kastner sich von Schelling unterscheidet, hängt eng mit dem ersten zusammen. Er betrifft die Sicherheit der Erkenntnis. Schelling hat einseitig die Verwandtschaft der menschlichen Vernunft mit dem Absoluten betont, und er kommt dadurch zu einer optimistischen Sichtweise der Möglichkeiten der Erkenntnis. Kastner kritisiert, Schelling habe „die Gottheit mit der menschlichen Vernunft verwechselt" (1810, 10) und betont die graduelle Verschiedenheit der menschlichen und der göttlichen Vernunft. Daraus folgt eine wesentlich vorsichtigere Sicht von Ausmaß und Sicherheit möglicher Erkenntnis. Der Mensch kann durch die spekulative Vernunft an der Gottheit teilhaben und ein Stück des Weltenplanes begreifen. Aber durch die Grenzen seiner Vernunft sind auch seine Erkenntnismöglichkeiten begrenzt. Letztlich entzieht sich das Wesen der Natur dem Menschen, und Sicherheit ist nicht erreichbar.

Die Polarität von Intuition und Verstandeserkenntnis, von spekulativer und empirischer Physik muß, wenn sie fruchtbar werden soll, methodisch umgesetzt werden. Kastner meint, daß die bisherige Physik dies versäumt habe. „Streng genommen" seien alle bisherigen Kenntnisse über die Natur nur „Naturkunde" und noch nicht „Naturwissenschaft" (1810, 5f.). Sie seien nur empirisch begründet, aber nicht durch die Spekulation auf das Ganze bezogen worden. Dies soll erst durch die romantische Naturphilosophie möglich geworden sein, die dabei auf den Ergebnissen und Methoden der bisherigen Naturkunde aufbaut.

„Diese philosophische Bearbeitung der Naturkenntnisse überhaupt, macht indeß keineswegs das Geschäft des Sammelns und Vergleichens, oder den in der physischen und geistigen Natur des Menschen und seines Verhältnisses zur Erde begründeten und vorgezeichneten Weg, bisheriger Naturforschung entbehrlich, sondern die Naturphilosophie würde vielmehr, ohne jene Bemühungsweise in's Auge zu fassen, eine bedeutungslose Skitze geliefert haben. Die wahre und volle Bedeutung, das wahrhafte Einverständniß mit der Natur, so weit es dem denkenden Erdbewohner möglich ist, kann ihm aber nur durch Vereinigung beider Wege werden; eine Methode des Naturstudiums, zu der sich unsere Zeit unter mancherlei Formen, auf mancherlei Weise kräftig rüstet" (1810, 7).

Empirische Kenntnisse allein sind „ohne Nutzen für die Wissenschaft" (1810, 24), denn sie können nur zu Beschreibungen der Phänomene führen, nicht zu Erklärungen. Um befriedigende Erklärungen zu liefern, ist vielmehr „die Nachweisung des *letzten* Grundes, die Zurückführung auf das Wesen der Natur" nötig. Versuche, solche Erklärungen allein auf Tatsachen aufzubauen, sind „zu allen Zeiten mehr oder weniger mißglückt" (1810, 28f.). Entweder sie waren gar keine Erklärungen, sondern gaben etwas als Ursache aus, was eigentlich hätte erklärt werden sollen (wie z.B. die Fernkräfte), oder sie blieben nicht bei den Tatsachen stehen, sondern formulierten willkürliche Hypothesen (wie z.B. die subtilen Fluida). Erklären bedeutet einordnen in das System, das als „ein in allen seinen Theilen erklärbares und sich erklärendes Ganze" bestimmt wird (1821, 4). Dies kann nur die spekulative Physik leisten, die die Erfahrungserkenntnis von der intuitiven Kenntnis des Wesens der Natur her interpretiert.

„Die Aufgabe ist hier, die gesammten Erfahrungen in richtige Beziehung mit unserer Vernunft zu setzen, oder die Gesetze, welche die Erfahrung darbietet, die der Verstand aus ihnen durch Vergleichung ableitet, durch die Vernunftsgesetze zu berichtigen, und ihnen so wissenschaftlichen Werth zu geben" (1810, 6).

Damit ist auch schon der Kern von Kastners Methodologie gekennzeichnet. Das methodische Vorgehen vollzieht sich danach auf zwei Stufen; zunächst werden auf empirischem Wege Gesetze gewonnen und diese sodann auf ihre Vernunftgemäßheit überprüft.

Die Aufstellung von Gesetzen stellt Kastner sich offenbar als eine Art Induktion vor. Am Anfang stehen isolierte Sinneswahrnehmungen. Wiederholte, beständige Wahrnehmungen verdichten sich zur Beobachtung. Durch wiederholte Beobachtungen unter verschiedenen Randbedingungen gelangt man zur Erfahrung, die das Beständige in den Erscheinungen beschreibt und in Form von Gesetzen ausgedrückt werden kann (1810, 22; 1821, 3). Wichtigstes Hilfsmittel zur Systematisierung der Erfahrung ist das Experiment, das als eine Frage an die Natur beschrieben wird (1821, 3). Der Prozeß der Erfahrung soll natürlich von der Idee des Ganzen geleitet werden, aber diese hat dabei nur eine heuristische Funktion; sie hilft, weiterführende Fragen zu stellen, günstige Bedingungen auszuwählen. Die Rechtfertigung der Naturgesetze kann allein durch die experimentelle Erfahrung geschehen (1820, VIII).

Die zweite Stufe des methodischen Vorgehens beschreibt Kastner als Berichtigung durch die Vernunftgesetze oder Vergleich mit den Denkgesetzen (1810, 6 u. 683). Offenbar geht es darum, die durch Erfahrung gewonnenen Gesetze mit der Naturphilosophie zu harmonisieren. Erst dadurch scheinen ihm die durch die Gesetze beschriebenen Phänomene erklärt.

Verglichen mit seinen erkenntnistheoretischen Ausführungen sind die methodologischen Bemerkungen Kastners kurz, nicht sehr subtil und wenig charakteristisch. Auch andere Naturforscher der Romantik legen auf die Behandlung methodologischer Fragen nicht sonderlich großen Wert.

Für das 18. Jahrhundert war der Hauptzweck der Methodologie die Sicherung der Wahrheit (oder größtmöglichen Wahrscheinlichkeit) der Erkenntnis, sei es durch ein sicheres Verfahren der Erkenntnisgewinnung, sei es durch ein Verfahren zur Prüfung der Erkenntnis. Hieran sind die romantischen Naturforscher nicht sonderlich interessiert, und entsprechend fehlen hier auch originelle Beiträge. Die Sicherheit der Erkenntnis ist für die Romantiker durch die Verwandtschaft von Geist und Natur bedingt und nicht durch eine bestimmte Methode. Methodisches Vorgehen kann helfen, Fehler zu vermeiden, garantiert aber nicht den Erwerb der Wahrheit. Das beste Mittel, der Wahrheit näher zu kommen, ist es, die Verwandtschaft des Geistes mit der Natur enger zu gestalten. Die Einstellung des Naturforschers zur Natur und zu seiner Tätigkeit sind wichtiger als bestimmte Methoden oder Techniken. Diese Haltung führt zu einer relativ großen methodischen Freiheit. Nichts ist tabuisiert, solange es mit der Einstellung bewundernder Naturliebe verträglich ist und den Blick auf das Ganze der Weltordnung nicht verstellt.

6.3.5 Die spekulative Physik

Die spekulative Physik betrachtet die Natur als dialektische Einheit von natura naturans und natura naturata, von Produktivität und Produkt.[397] Der Akzent liegt jedoch mehr auf natura naturans, in Abgrenzung von der traditionellen Physik, die eher natura naturata betont hatte. Von den beiden physikalischen Begriffen, in denen der Produktivitätsaspekt und der Produktaspekt der Natur paradigmatisch zum Ausdruck kommen, nämlich Kraft und Materie, ist der Kraftbegriff für die spekulative Physik der wichtigere.

Kastner kritisiert an der traditionellen Physik vor allem ihren Atomismus und ihren Mechanismus (1810, 77f.; 1821, 26). Sie habe entweder (in der cartesischen Tradition) überhaupt keine Kräfte zugelassen, sondern Physik als eine kinematische Mechanik betrieben, oder sie betrachte (in der newtonischen Tradition) die Kräfte als etwas der Materie bloß zufällig Innewohnendes, ihr Äußerliches. In beiden Fällen sei das Verhältnis von Materie und Kraft nicht angemessen erfaßt. Kastner kritisiert aber auch den Dynamismus (1810, 79ff.), obwohl er mit ihm in manchen Punkten übereinstimmt. Es sei unmöglich, die Materie allein aus Kräften zu konstruieren. Sie sei vielmehr ein „selbständiges, durch sich selbst und nicht durch fremde Inspiration thätiges Wesen" (1810, 84), das zwar von seinem dialektischen Gegensatz, den Kräften, nicht getrennt werden könne, das aber nicht „aus diesen Kräften entstehe, durch dieselben werde oder sey" (1810, 84).

Die Kritik zeigt, welche Aspekte für Kastner am Verhältnis von Materie und Kraft wichtig sind. Einerseits kommt es ihm darauf an, beide zu unterscheiden. Die ausschließlich der Notwendigkeit unterworfene Materie und die schon eher zur Freiheit tendierende Kraft stehen in einer Tiefer-Höher-Beziehung. Andererseits liegt ihm daran, die Wandelbarkeit sowohl der Materie als auch der Kraft zu betonen. Insbesondere soll die Materie sich unter dem Einfluß der Kraft in ihrem Wesen ändern können, denn nur so erscheint ihre Höherentwicklung möglich. Der Gedanke der Entwicklung der Natur zum Geistigen beeinflußt also die Vorstellung von den grundlegenden physikalischen Entitäten.

Kastner definiert die Materie als „das Raumfüllende des Leiblichen" (1821, 23). Daß jeder Körper einen Raum erfüllt, ist eine Grunderfahrung, die wir an uns selbst machen. Die Ursache dieser Raumerfüllung nennen wir Materie. Nach dieser Definition kommen der Materie die geometrischen Eigenschaften der Ausdehnung und der Teilbarkeit zu. Die Teilbarkeit ist wenigstens der Möglichkeit nach unbegrenzt. Es gibt keine Atome. Allerdings gibt es faktische Grenzen der physikalischen oder chemischen Teilbarkeit (1810, 92).

Nach Kastner hat die Materie zwei grundlegende physikalische Eigenschaften, die wiederum polar aufeinander bezogen sind: ihre Undurchdringlichkeit oder, wie er lieber sagt, Unverdrängbarkeit und ihre (chemische) Durchdringbarkeit (1821, 23ff.). Bei letzterer, die sich in chemischen Verbindungen und Lösungen zeigt, hören die einander durchdringenden Materien als solche auf zu bestehen und vereinigen sich zu einem neuen Wesen. Eine chemische Verbindung ist also nach Kastner nicht eine Aneinanderlagerung unterschiedlicher Materien, sondern eine mit qualitativer Änderung verbundene Durchdringung derselben (1810, 597).

Die Materie an sich ist untätig. Sie kann deshalb außer den geometrischen keine Eigenschaften aus sich selbst heraus haben. Alle ihre physikalischen Eigenschaften, auch Unverdrängbarkeit und Durchdringbarkeit, werden von Kräften erzeugt. Kraft ist der zentrale Erklärungsbegriff der romantischen Naturforschung. Allerdings meint Kraft nicht nur den newtonischen Kraftbegriff, sondern wird in einer umfassenderen Bedeutung gebraucht. Kraft heißt das aktive Prinzip in der Natur. Kräfte werden (im Anschluß an Kant) als Polaritäten begriffen. Kastner meint, daß „in jedem besonderen Leiblichen die Erscheinungen der Raumerfüllung und die der möglichen Durchdringung von *Gegenkräften* gleicher Art erzeugt werden; mithin, daß jegliche Materie den Raum erfüllt und in dieser Erfüllung sich ändert durch Kräfte, die einander entgegen wirken, und daher Gegenkräfte, und sofern sie die Bedingung der allgemeinsten Beschaffenheit und Erscheinung aller Materien, die der Raumerfüllung und der Durchdringbarkeit enthalten: *Grundkräfte* genannt zu werden verdienen" (1821, 25). Die Annahme von Grundkräften ergibt sich nicht aus der Erfahrung, sondern hat rationale Gründe. „Die *Grundkräfte* sind hypothetisch angenommen, und dienen nicht sowohl dazu die Dinge selbst, ihr Seyn mit seinen Prädicaten zu erklären, als vielmehr nur den Grund der Veränderungen der Substanz allgemein anzudeuten" (1810, 64). Kastner tadelt den ausschließlich spekulativen Umgang mit Grundkräften. Man solle nicht annehmen, durch derartige abstrakte Konstruktionen die tatsächliche Vielfalt der Erscheinungen begreifen zu können. Die Grundkräfte sind ihm letztlich nicht mehr als ein Hinweis auf ihren „Träger, das Substrat derselben, das Band, welches beide in ihrer bestimmt wirksamen Beziehung erhält, die Weltseele" (1810, 64f.). Letzte Ursache aller Erscheinungen ist die Weltseele. Diese aber kann nicht rational erkannt, sondern nur geahnt, gefühlt und geglaubt werden. Alle Erklärungen führen so auf das Unerklärliche, aber Evidente.

Kastner bezeichnet die beiden Grundkräfte als Bindkraft und Löskraft. Beide sollen nicht in freier Form, sondern stets nur in Wechselwirkung auftreten (1810, 65 u. 81; 1821, 25f.). Wenn man die Wechselwirkung antagonistischer Kräfte als konstituierend für die Raumerfüllung betrachtet, kann eine freie Kraft nicht einem räumlichen Wesen zukommen, sondern nur einem unräumlichen und damit immateriellen. Nur geistige Kräfte sind danach als freie, ohne Gegenkraft denkbar.

Solange Bindkraft und Löskraft im Gleichgewicht sind, kompensieren sie sich gegenseitig, und nach außen ist keine Wirkung feststellbar. „Indeß ist ein solches vollkommenes Gleichgewicht der Kräfte nur in der Idee möglich ... Die Grundkräfte jeglicher Materie sind mithin nur in scheinbar andauernder Ruhe nach Aussen, hingegen in wirklicher, steter wechselseitiger Störung ihres Gleichgewichts, und die ganze, in fortdaurender Aenderung begriffene Welt als solche, befindet sich in einem steten Stören oder Verlieren und Wiederherstellen des Gleichgewichts ihrer Kräfte" (1821, 28). Die Welt ist von chaotischer Dynamik. Nicht Gleichheit, Symmetrie, Dauer sind das Normale, sondern der stete Wechsel.

Der Störung des Gleichgewichts zweier Kräfte folgt ein „Streben" nach Wiederherstellung desselben, und dies äußert sich als Anziehung. Umgekehrt folgt dem wiederhergestellen Gleichgewicht eine neue Störung, und diese äußert sich als Abstoßung. Anziehung und Abstoßung sind also nicht selbst Kräfte, sondern Kraftverhältnisse (1821, 28). Bei der Anziehung überwiegt die Bindkraft mit ihrem Streben nach Wiederherstellung des Gleichgewichts, bei der Abstoßung überwiegt die Löskraft mit ihrem Streben nach Gleichgewichtsstörung.

Diese Argumentation enthält eine Asymmetrie. Einerseits sollen sich im Gleichgewicht Bindkraft und Löskraft kompensieren, anderseits wird die Gleichgewichtsherstellung mit der Vorherrschaft der Bindkraft in Zusammenhang gebracht. Der Grund liegt darin, daß die Bindkraft als etwas dem Körper Innewohnendes, die Löskraft hingegen als etwas von außen auf ihn Einwirkendes angesehen wird (1821, 29ff.). Abstoßung ist scheinbar, eigentlich ist sie eine von außen wirkende Anziehung. Abstoßungen sind „verminderte oder besonders modificirte Anziehungen" (1810, 96). Löskraft und Bindkraft sind nicht wesentlich verschieden; „man kann dann die eine als *Attractivkraft des Universums*, die andere als *Attractivkraft des Individuums* betrachten" (1810, 65). Eine Störung des Gleichgewichts geschieht immer durch äußere Einwirkung, nie durch die dem Körper selbst innewohnende Kraft.

Das spezifische Verhältnis zwischen den hypothetischen Bind- und Löskräften eines Körpers äußert sich in makroskopischen Kräften. Bei diesen unterscheidet Kastner zwei Typen: Kräfte, die „in alle Fernen" wirken, und solche, die „in der Berührung" wirken (1821, 32). Ein Beispiel für erstere ist die Gravitation, für letztere die chemische Bindung. Nahwirkung und Fernwirkung sollen von denselben Grundkräften hervorgebracht werden.

„Ueberall, wo anziehende oder abstoßende Kraftverhältnisse bereits in Materien entwickelt sind, wirken diese auch ziehend oder zurückstoßend über ihre Grenzen in die Ferne hinaus; wo hingegen jene Verhältnisse erst durch die Berührung zu Stande kommen, wie z.B. bei allen Mischungen, wirken sie auch erst mit und nach dem Eintritte der Berührung, wechselseitig von der Grenze des einen der Berührenden in die Substanz des anderen, und umgekehrt, und die entgegenstehenden Substanzen der Berührenden sind dann selber die endlichen Fernen, innerhalb welcher ziehend oder abstoßend fortgewirkt wird. Man kann daher die Fernenwirkung als in der ziehenden oder abstoßenden Materie schon bedingte oder *schon veranlaßte* oder *wirkliche*, die nur in unmeßbarer Nähe statthabende Zug- oder Abstoßungswirkung hingegen, als eine bei der einzelnen Substanz *nur mögli-*

che, durch die Berührung der Gegensubstanz veranlaßbare, ausserdem noch gar nicht vorhandene Thätigkeitsäusserung betrachten" (1821, 33).

Kastner beschreibt hier alle Kraftwirkungen als Fernwirkungen; Nahwirkung ist Wirkung über unmeßbar kleine Entfernungen. Dabei ist jedoch zu beachten, daß für Kastner jede Fernwirkung eine mittelbare ist. Eine unmittelbare Fernwirkung, wie sie in der newtonischen Tradition angenommen wurde, hält er für Spiritualismus. Sie sei „nicht in und an den Körpern, sondern bei freien Geistern zu suchen, und zur Ausmittelung ihrer Wirkungsgesetze nicht bei der Physik sondern an der Quelle, beim eigenen *Ich* nachzufragen" (1810, VII). Jede Fernwirkung „afficirt" den Raum zwischen den wechselwirkenden Körpern, sie „pflanzt sich fort" in diesem (1810, VI). Kastners Fernwirkungsbegriff kann als Vorstufe der Feldvorstellung gewertet werden.

Der Versuch, alle empirisch festgestellten Kraftwirkungen trotz ihrer Unterschiedlichkeit aus dem simplen Modell der Grundkräfte zu erklären, führt zu Konstruktionen, die manchmal willkürlich wirken. Ein Beispiel ist Kastners Behandlung der Imponderabilien. Natürlich benutzt er diesen Begriff der Gegenpartei nicht in seiner Theorie. Aber er übernimmt doch die Vorstellung gewichtsloser Materien. Da für ihn aber das Gewicht eine direkte Folge der Wechselwirkung der Grundkräfte ist, lassen sich mit dieser die Erscheinungen an gewichtslosen Materien nicht erklären. Kastner hilft sich, indem er neben der Wechselwirkung eine zweite Art von Wirkung der Grundkräfte postuliert, die er Rückwirkung nennt (1821, 44f.). Bei der Wechselwirkung sind die beiden Kräfte gegeneinander gerichtet und schwächen sich (teilweise). Bei der Rückwirkung sind die Kräfte „freithätig"; sie beeinflussen sich nicht gegenseitig, sondern es wirkt jede für sich. Allerdings sollen auch dann zwei antagonistische Kräfte nötig sein, die sich „gegenseitig bestimmen", da ganz freie Kräfte im Bereich des Materiellen nicht denkbar sein sollen. Diese Gegenkräfte sind aber, im Unterschied zu wechselwirkenden, nicht raumerfüllend, denn die Raumerfüllung soll ja gerade eine Folge der Wechselwirkung sein.

Die Unterscheidung von Wechselwirkung und Rückwirkung zeigt, wie weit Kastners Kraftbegriff von dem newtonischen entfernt ist. Kastners Kraftbegriff ist nicht von mechanischen, sondern eher von organischen Vorbildern beeinflußt. Wechselwirkung ist ein Kampf zwischen Rivalen, Rückwirkung das gemeinsame Handeln symbiotisch verbundener Wesen. Unnötig zu betonen, daß ein solcher Kraftbegriff kaum Ansatzpunkte für eine Quantifizierung liefert.

Nach den beiden Kraftwirkungstypen unterscheidet Kastner drei Arten der Materie: solche, die nur der Wechselwirkung fähig ist, solche, die nur der Rückwirkung fähig ist und solche, die beide Arten der Wirkung zeigt. Er bezeichnet diese drei Materiearten als Grundstoffe, Gemeinwesen und Urstoffe (1821, 47). Grundstoffe sind die gewöhnlichen Materien, die alten Elemente. Sie sind raumerfüllend und schwer. Gemeinwesen sind weder raumerfüllend noch schwer. Hierzu gehören nach Kastner das Licht und die Wärme. Zum Licht gehört nur ein Minimum an Bindkraft, verknüpft mit einem Maximum an Löskraft. Bei der Wärme ist dies Verhältnis mehr zugunsten der Bindkraft verschoben (1821, 45). Urstoffe schließlich heißen

„die Elektricitäten" + E und − E, auf die sich auch der Magnetismus und überhaupt alle Tätigkeitsverhältnisse, die eine Polarität zeigen, zurückführen lassen sollen. Sie sind raumerfüllend, aber nicht schwer. Kastner meint, „daß die *Grundkräfte* in den *Elektricitäten* nicht lediglich (wie bei den gewichtigen Materien) *gegeneinander* (...) sondern auch (...) dergestalt *zurück* wirken, daß das + E unter Form der Lösekraft, das − E unter Form der Bindkraft sich thätig zeigt" (1821, 44).

Kastner verknüpft seine Unterscheidung dieser drei Seinsformen der Substanz noch mit einer Evolutionsvorstellung. Danach stehen Urstoffe, Grundstoffe und Gemeinwesen in einer evolutionären Ordnung, an deren Spitze das Licht steht.

„*Licht* und *Wärme* kann man hiernach betrachten als *gewesene Materien*, d.h. als solche, welche dasjenige Gegenwirkungsverhältniß, wodurch die gewichtigen Materien raumerfüllend sind, verloren haben; denn sowohl *Licht*, wie die *Wärme* wirken im Raume ohne ihn zu erfüllen, und begleiten mehrere (vielleicht - für unsere nicht hinreichend empfindlichen Erforschungsmittel unmerkbar - alle) von jenen Veränderungen der Leiblichen, durch welche dieselben aus mehreren Ungleichartigen zu einer geringeren Zahl von Gleichartigen verbunden werden, und aus wenigeren Gleichartigen in eine größere Zahl von Ungleichartigen übergehen. - Läßt man diese Annahme gelten, so wird man versucht auch diejenige einer weiteren Prüfung zu unterwerfen, welcher zufolge die *einzelnen Elektricitäten* als *werdende*, aber nie zum Gewordenseyn gelangende (mögliche aber nicht wirkliche) gewichtige Materien angesehen werden" (1821, 45f.).

Kastners Theorie ist eine Weiterentwicklung der Schellingschen Vorstellung, daß Schwere und Licht die augenfälligsten Repräsentanten des körperlichen und geistigen Prinzips in der Natur seien. Kastner behandelt diesen Gedanken Schellings zustimmend, betont jedoch, daß er nur auf Analogieargumenten fuße und noch hypothetisch sei (1810, 83). Auch er bringt die Gemeinwesen, und insbesondere das Licht mit dem Geistigen in Verbindung (1821, 45). Die Substanz des Lichts ist zwar materiell, aber insofern sie den Raum durchdringt, ohne ihn zu erfüllen, ist sie diejenige Materie, die dem Geist am nächsten steht. Die Substanz des Lichts bezeichnet Kastner als Äther beziehungsweise Himmelsluft. Darunter darf man sich allerdings nicht ein atomares Äthergas oder einen atomaren Ätherkristall vorstellen, wie in den zeitgenössischen mechanistischen Äthertheorien. Kastners Äther ist das „Gestaltlose", das „Urflüssige" (1810, 917), aus dem alles geworden ist und zu dem alles wieder werden soll, Ursprung und Ende der evolutionären Entwicklung der Materie. Man wird an Hölderlins „Vater Äther" erinnert.[398] Es ist nicht verwunderlich, daß ein solcher Begriff diffus bleibt und dann auch in den konkreten physikalischen Argumentationen Kastners nicht mehr auftaucht. Durch seine Verwandtschaft zum Geistigen wird der Äther für Kastner zum Symbol des Lebens in der Natur. „... so ist offenbar die Luft des Himmels mit ihrer Wärme- und Lichtspendung der Befreier des Geistigen auf der Erde von der Gewalt der Elemente, und das Leben selbst, das fortdauernde Zeichen dieser beginnenden Befreiung (...). Wie aber im Kleinen jeder einzelne Organismus (die nur wachsende, gleichsam nie über den Thierembryonen-Zustand hinaustreibende *Pflanze*, und das vom Wachsen zur geistigen Entwicklung sich wendende, solche aber nur im Menschen erreichende *Thier*) für die eigenthümliche Entwickelungsstufe und mithin für die Geschichte des irdischen Lebens das bestimmte Zeichen giebt, so ohne Zweifel auch jeder *Weltkörper* mit seiner Gesammtmasse für die des Lebens der gesammten Körperwelt; denn auch die (...) Masse der einzelnen Weltkörper ist fortdauernd von demselben Himmelsäther umgeben, der zur Luft verdichtet den Athem zeugt, und der, indem er auflösend wirkt, selbst den Anziehungen der Weltkörper unterliegt, und indem er gebunden wird, die starren Bande dessen löst, der ihn fesselt" (1821, 532).

Mit diesem in der Gedankenführung wie im Stil so typischen Passus schließt Kastner sein Schulbuch. Ziel ist die Befreiung des Geistigen aus seinen materiellen Fesseln, die Vergeistigung der Natur, oder religiös ausgedrückt: die Erlösung.

Soweit Kastners spekulative Konzeption der Welt. Die Zuordnung der empirischen Physik hierzu bleibt meist assoziativ. Die angestrebte Harmonisierung beider kommt nicht weit; zwischen den beiden Bereichen klafft eine Lücke; es fehlen die „Korrespondenzregeln". Würde man die relativ kurzen expliziten Darstellungen der spekulativen Physik streichen, es gelänge kaum, sie aus dem Rest zu rekonstruieren. Der größte Teil der Bücher Kastners ist mit einer überwältigenden Fülle experimenteller Ergebnisse gefüllt, mit Andeutungen von Teilerklärungen und Vermutungen über Zusammenhänge verschiedener Erscheinungen versehen. Das Ganze zeugt von immenser Belesenheit. Ergebnisse und Erklärungsvorschläge von Vertretern anderer Weltbilder werden mit Selbstverständlichkeit übernommen, solange sie der spekulativen Physik nicht widersprechen. Die Mathematik spielt eine bloß marginale Rolle. Zwar ist das mathematische Niveau nicht niedriger als in den meisten Büchern der Zeit, aber die Mathematisierung hat für die Erklärung der Erscheinungen keine wesentliche Bedeutung. Typisch ist etwa die Behandlung der Coulombschen Kraftgesetze von Magnetismus und Elektrizität, durch die Elektro- und Magnetostatik zu mathematisierten Disziplinen wurden. Sie tauchen in einer von vielen Anmerkungen im Paragraphen über die elektrische beziehungsweise magnetische Anziehung auf (1810, 393; 1821, 362 u. 370).[399] Die Bedeutung wird nicht hervorgehoben; nachdem sie einmal erwähnt wurden, wird nie wieder darauf Bezug genommen. Man gewinnt den Eindruck, sie seien etwa von der gleichen Bedeutung wie J. W. Ritters Spekulationen über den Einfluß des Mondmagnetismus auf den Erdmagnetismus.

ANFANGSGRÜNDE

DER

NATURWISSENSCHAFT

von

Dᵣ E. D. A. BARTELS

Zweiter Band

LEIPZIG, 1822

bei Johann Ambrosius Barth.

6.4　Die romantische Naturphilosophie

6.4.1　Einleitung

Die romantische Naturphilosophie war eine relativ kurze Episode. Ihre Blützezeit begann mit den frühen naturphilosophischen Schriften Schellings um die Jahrhundertwende. Bereits zwei Jahrzehnte später war die produktive Periode zu Ende, und noch einmal zwanzig Jahre später sind die Spuren aus den Lehrbüchern verschwunden.

Die romantische Naturphilosophie [400] war eine Reaktion auf eine empiristisch-mechanistische Physik, eine Reaktion gegen Entweihung und Vernutzung der Natur und gegen die Künstlichkeit von Theorien, die nicht nach dem Wesen der Natur fragen. Es gelang ihr jedoch zu keiner Zeit, die traditionelle Physik zu verdrängen. Das Verhältnis der beiden Strömungen zueinander war durch Polemik geprägt. Die Einstellung zur Natur und die Auffassung vom Zweck der Naturforschung waren wohl zu unterschiedlich, als daß ein anregender Dialog möglich gewesen wäre. Die Romantiker wollten eine andere Physik und eine andere Art, Physik zu betreiben. Sie kritisierten die Tradition als defizitär und richteten ihre Kritik gerade auch auf den von der Gegenpartei mit fast religiöser Verehrung bedachten Newton.

Die Anhängerschaft der Naturphilosophie war unter den gebildeten Laien wohl zahlreicher als unter den physikalischen Fachgelehrten. Die naturwissenschaftlichen Kenntnisse vieler Gebildeter waren erstaunlich weitreichend. Das gilt insbesondere auch für manche Vertreter der literarischen Romantik. [401] Die von der Romantik erstrebte ganzheitliche Natursicht, die Wissenschaft, Philosophie und Kunst umfassen sollte, hat wohl die philosophische und die literarische Szene stärker geprägt als die wissenschaftliche. - Bei den Naturwissenschaftlern hatte die Naturphilosophie ihre meisten Anhänger unter den Vertretern der Lebenswissenschaften, während bei den exakten Naturwissenschaften eher Reserve zu finden war. Unter Biologen und Medizinern war die neue Richtung eine Zeitlang dominierend, unter Experimentalphysikern und Chemikern hatte sie immerhin noch eine gewichtige Anhängerschaft, hingegen haben sich kaum Mathematiker oder theoretische Physiker dazu bekannt. - Die physikalischen Lehrbücher aus dem Kreis der romantischen Naturphilosophie sind zu einem beträchtlichen Teil nicht von Fachphysikern geschrieben worden, sondern von Chemikern oder Medizinern, die Physik für Nebenfachstudenten lasen, oder von Philosophen.

Die Naturphilosophie betrachtet sich als Fortsetzer und Vollender der dynamischen Tradition. Insbesondere Kant wird als Vorläufer in Anspruch genommen, [402] aber auch Leibniz. Vereinzelt werden sogar Wolff und Boscovich genannt (Rodig 1801). Kants dynamische Begründung der Physik wird von den meisten Autoren akzeptiert. Hildebrandt (1807) nennt sein Buch im Titel ausdrücklich eine „dynamische Naturlehre". Er meint, Kants Dynamik habe „in der ganzen Naturlehre Epoche gemacht" und die von ihm eingeführten Grundkräfte seien „die fruchtbarste Speculation in der ganzen Naturlehre, welche, wie noch keine vor ihr, befriedigenden Zusammenhang in die Erklärungen aller Naturerscheinungen gebracht hat". Auch andere Autoren konstruieren die Materie streng nach Kants Grundkräftemodell (Weiß in Haüy 1805, Bartels 1821).

Wenn man von Einzelpunkten absieht, bezieht sich die Kritik der Romantiker an Kant in erster Linie darauf, daß er nicht weit genug gegangen sei, daß seiner Philosophie etwas fehle. Weiß (in Haüy 1805) vermißt in der Kantschen Physik „das Wesentliche, und gewiß Erhabene". Hildebrandt (1807) bestimmt dies als „die Idee der Vernunft von der *Gottheit*, als *einer* unendlichen Urkraft, durch welche und in welcher das Ganze Weltall *ist*". Kants Dualismus sei bloße Spekulation des Verstandes. Hinzukommen müsse diese Idee der Vernunft, die der Mensch „mit vollkommener Ueberzeugung" in seinem Innern trage. Ihre philosophische Formulierung hat diese Idee durch Schellings Weltseele erhalten. Schelling hat nach der Auffassung der Romantiker erstmals den richtigen Ansatz zum Studium der Natur gefunden.[403] Er „ist auf Kant's Schultern gestiegen, um aus einem noch höheren Standpuncte, wie Kant, das Weltall anzuschauen" (Hildebrandt 1807). Das Verhältnis des Naturforschers zu seinem Gegenstand soll nicht nur, wie bei Kant, rein kognitiv sein, sondern den ganzen Menschen betreffen. Natur ist nicht nur Gegenstand der Erkenntnis, sondern zugleich der Bewunderung und Verehrung. Epistemologische, religiöse und ästhetische Naturbetrachtung sollen zusammenkommen.

Bei aller Zustimmung im Grundsätzlichen wird Schelling doch auch hart kritisiert. Im strengen Sinn kann man keinen der Autoren als Anhänger seiner Philosophie betrachten. - Im christlichen Glauben an einen personalen Gott verwurzelte Autoren müssen Schellings Panentheismus ablehnen. Bartels (1821) meint, eine „theosophirende Physik" sei ihm ein Greuel und müsse als Rückfall in längst vergangene Naturvergötterung angesehen werden. Damit einher geht konsequenterweise eine Ablehnung der Schellingschen Identitätslehre, auch in ihren erkenntnistheoretischen Konsequenzen (Bartels 1821, Eschenmayer 1832). - Autoren, die die neue Natursicht auf dem gegebenen Kenntnisstand der Experimentalphysik aufbauen möchten, kritisieren Schellings Vertrauen in die spekulative Physik und plädieren für eine stärkere Gewichtung der Erfahrungserkenntnis. Alle im engeren Sinn physikalischen Werke sind hier vorsichtiger als Schelling. Die Kritik kann in diesem Punkt recht harsch sein, etwa wenn Hildebrandt (1807) Schelling vorwirft, er habe „sich in Mystik verirret". - Schellings inhaltliche Aussagen zur Physik werden von keinem der Autoren als Ganzes übernommen. Einzelne Anregungen werden ausgebaut, anderes wird kritisiert, viele Positionen werden mit Stillschweigen übergangen.

Für die Lehrbuchautoren der Romantik haben Kant und Schelling der Naturwissenschaft eine neue Richtung gegeben. Dieser Richtung, nicht konkreten Einzelaussagen, fühlen sie sich verpflichtet. Was zählt, ist die neu gewonnene Einstellung zur Natur und zur Naturforschung und nicht der „todte Buchstabe" irgendeines Systems, auch wenn es „in Königsberg oder in Jena" erdacht wurde (Weber 1806).

Angesichts der kurzen Zeit, in der die romantische Naturphilosophie eine ernstzunehmende Alternative darstellte, und angesichts der Tatsache, daß die neue Physik, die man verwirklichen wollte, in vielem erst als Programm existierte, ist es verständlich, daß kein einheitlicher Lehrbuchtyp entstand. Von den einschlägigen Lehrbüchern gleicht vielmehr kaum eines dem anderen. Dem traditionellen Lehrbuch am nächsten sind die Bücher von Friedrich Hildebrandt (1807) und Thaddä Siber (1815[2]). Sibers Buch ist auch als Nachfolgewerk eines traditionellen Lehrbuches (1805) entstanden. Im Lehrstil orientiert es sich weitgehend an der angewandten Mathematik. Die Naturphilosophie liefert die Ordnung und den Zusammenhang des Stoffes. - Das Buch von Hildebrandt war von allen hier zu besprechenden das am weitesten verbreitete. Es ähnelt im Typus den „chemischen" Büchern und führt naturphilosophisches Gedankengut nur relativ vorsichtig ein. - Mit diesen beiden Büchern, wie auch mit dem oben behandelten Buch von Kastner (1810),[404] konnten naturphilosophische Intentionen in das überkommende Curriculum einfließen. Der physikalische Wissensstand der Zeit wird vermittelt und durch die naturphilosophische Betrachtung ergänzt und aspektiert. Das gleiche intendiert auch Christian Samuel Weiß (1805), wenn er seine Übersetzung des Lehrbuches von Haüy mit einem ausführlichen Anhang versieht, worin er den naturphilosophischen Standpunkt nachträgt.[405]

Diesen Universitätsbüchern entsprechen auf Gymnasialniveau das bereits behandelte Buch von Kastner (1821) und dasjenige von Stephan N. Nenning (1828). Nennings Buch ist zwar als didaktischer Versuch interessant, aber in der Durchführung wenig kompetent. Oft wird nur oberflächlich angelesenes Wissen referiert. In den Grundpositionen ist Nenning von Oken [406] abhängig. Eher für die Bürgerschule ist das Lehrbuch von Johann Wilhelm Andreas Pfaff (1823) gedacht. Ein zweites ausführliches Werk (1834) dieses Autors trägt eher populärwissenschaftliche Züge, soll aber auch für die Lehrerbildung dienen. Pfaffs interessanter didaktischer Ansatz für eine „volksthümliche" physikalische Bildung ist nicht weiterverfolgt worden.[407]

Sowohl in den Inhalten wie in der Art der Darstellung entfernen sich die Bücher von Josef Weber (1805ff., 1819) und Ernst Daniel August Bartels (1821) stärker von der Tradition. Bartels schreibt für Medizinstudenten, Weber [408] für seinen Unterricht am Lyzeum in Ingolstadt. Seine beiden Lehrbücher sind aufeinander bezogen. Das ältere (1805ff.) betont stärker den empirischen, das jüngere (1819) den philosophischen Aspekt. Zwischen beiden erschienen noch einige Schriften zu Einzelgebieten, die Weber selbst als Ergänzungen zu seinem empirischen Lehrbuch betrachtete. Den Plan einer Zusammenfassung zu einem geschlossenen Ganzen hat er nicht mehr verwirklicht.

Neben diesen eigentlichen Physiklehrbüchern gibt es einige Lehrbücher der Naturphilosophie, die auch physikalischen Stoff behandeln, sich aber der üblichen Wissenschaftssystematik entziehen. Typische Beispiele sind die Bücher von Lorenz Oken (1809-11; 1831) und Karl Adolf Eschenmayer

(1832), hochspekulative Werke, allerdings von sehr unterschiedlichem Inhalt und Niveau. Oken hat auch ein Lehrbuch der Naturgeschichte für Schulen geschrieben (1821). Durchweg werden in diesen Büchern mehr naturgeschichtliche als physikalische Kenntnisse vermittelt. Der Bildungswert der Biologie wird wesentlich höher eingeschätzt als derjenige der Physik. Physik wird nur insoweit betrieben, wie es für die Grundlegung der Naturgeschichte notwendig erscheint.

Eine ganze Reihe naturphilosophischer Schriften könnte man als Lehrbücher im weiteren Sinn bezeichnen: sie sind zwar nicht für eine bestimmte Bildungsinstitution geschrieben, nennen sich auch nicht Lehrbuch, sind aber im Zweck wie in der Anlage Lehrbüchern durchaus vergleichbar. Beispiele sind Wagners „Von der Natur der Dinge" (1803), Niemanns „Elemente" und „Fragmente der Naturlehre" (1810), Sinclairs „Versuch einer durch Metaphysik begründeten Physik" (1813) oder auch das frühe, noch nicht von Schelling beeinflußte Werk Rodigs (1801).

Wer ein Physiklehrbuch auf der Grundlage der romantischen Naturphilosophie schreiben wollte, sah sich einem Dilemma gegenüber. Die Physik, die er darzustellen hatte, gab es noch nicht. Es gab Vorstellungen, was sie leisten sollte; es gab Ansätze, Anregungen für die Forschung. Entweder der Lehrbuchschreiber hielt sich an die gesicherte, herkömmliche Physik und fügte die naturphilosophischen Gedanken eher prospektiv hinzu; dann konnten diese nicht den Kern des Buches bilden. Oder er konzipierte das Buch von diesem naturphilosophischen Kern her; dann war er gezwungen, sich in den physikalischen Inhalten auf ungesichertes Terrain zu begeben und der Forschung vorzugreifen. Beides war unbefriedigend und zumindest *ein* Lehrbuch scheint aus diesem Grunde nicht geschrieben worden zu sein. Hans Christian Ørsted, dem die romantische Naturphilosophie ihre größte physikalische Entdeckung verdankt, war ein engagierter Lehrer und hat sich sehr um die physikalische Bildung bemüht, aber er hat immer wieder gezögert, ein Lehrbuch zu schreiben, beziehungsweise den Plan verschoben. Als er schließlich kurz vor seinem Tod doch noch die Mechanik bearbeitete (1851), stellt er seine naturphilosophischen Gedanken in einer Einleitung voran und kommt dann an keiner Stelle darauf zurück - ein stillschweigendes Eingeständnis des Scheiterns.

Im folgenden wird versucht, die sehr unterschiedlichen Positionen der romantischen Naturforscher zusammenzufassen und ihre Auswirkungen auf die Lehrbücher zu kennzeichnen. Es sollen zunächst zwei zentrale Gedanken herausgehoben werden, durch die die romantischen Naturforscher als Gruppe charakterisiert werden können: das religiös-philosophische Naturbild (Kap. 6.4.2) und der Erkenntnisweg der spekulativen Physik im Verhältnis zur empirischen Naturforschung (Kap. 6.4.3). Anschließend werden einige didaktische Implikationen dargestellt: die Auffassung vom Hauptziel naturwissenschaftlicher Bildung (Kap. 6.4.4) und die Versuche, dem System der spekulativen Physik in der Ordnung des Stoffes Ausdruck zu verleihen (Kap. 6.4.5). Den Schluß bildet eine kurze Kennzeichnung der Theorien, die innerhalb des spekultativen Ansatzes entworfen wurden (Kap. 6.4.6).

6.4.2 Das Naturbild

Was die romantischen Naturforscher ihrer eigenen Auffassung nach von ihren atomistischen und dynamistischen Zeitgenossen fundamental unterscheidet, ist ihr Naturbild. Darauf lassen sich die wesentlichen Dissenspunkte zurückführen. Dies Naturbild ist eine Idee der Vernunft, die nicht weiter begründbar ist, sondern nur erfahren, geschaut werden kann. Im Lehrbuch wird sie als Anfang *gesetzt*. Zur Verdeutlichung seien hier einige Zitate angeführt, die besser als eine Beschreibung die Einstellung dieser Forscher zu ihrem Gegenstand zeigen.

„Oberstes, einziges Axiom. Die Welt ist eine, eine ganze, sich selbst gleiche, harmonische, organische, schlechthin unendliche, unbegründete, vollendete; also eine absolute; sie ist das einzige Absolute und Reale, das Wesen der Wesen, das Wahre An sich ... Universum, Welt, die Substanz, das Absolute, das Ewige, bedeute uns also das gleiche" (Krause 1804).

„Gott ist das einzige an sich, ist Eins und Alles. Das ganze Weltall ist, (menschlich zu reden,) eine Idee der Gottheit, und als solche eins mit der Gottheit selbst ... Es gibt demnach keine Dinge an sich, sondern alle Dinge sind nur in Gott" (Hildebrandt 1807).

Es „ist die Natur nichts anderes, als die Darstellung der einzelnen Thätigkeiten des Urgeistes oder Gottes". „Die Naturphilosophie muß daher von Gott anfangen" (Oken 1831).

„Findet aber die Philosophie als Wissenschaft des Universums, das Prinzip des Universums nur in Gott (im Absoluten, oder nach meiner Sprache im Allrealen), und kann sie nur durch das Allreale das Universum zu verstehen geben: so ist auch lediglich nur das Allreale (Gott) die Quelle, aus welcher die Physik Aufschlüsse über die Welt erholen, und alsdann dadurch Wissenschaft werden kann, daß sie das Allreale zum Fundament ihres Gebäudes legt, auf dasselbe alle ihre Lehren stützt, und es durchweg als Halt- und Einigungspunkt derselben festhält.
Diesemnach sollte aber eine höhere Ansicht der Natur, eine religiös-philosophische an die Stelle der gemeinen kommen, und in eine geistigere übergehen. In der Physik sollte alles anders; alle Vorstellungen von der Natur sollten in ihr neu werden" (Weber 1819).

Ob das religiös-philosophische Naturbild eher panentheistische Züge trägt oder an dem christlichen Schöpfergott festhält, ist hinsichtlich der Auswirkungen auf die experimentellen Lehrbücher nicht sonderlich wichtig. Ob man die Naturwissenschaft als „die Wissenschaft von der Verwandlung Gottes in die Welt" (Oken 1831) definiert oder als „die Wissenschaft von der göttlichen Allkraft, welche sich offenbaret in der Natur" (Weber 1819): Die rechte Einstellung zur Natur und ihrer Erforschung ist bewundernde Liebe, nicht die theoretische Neugierde und nicht die Hoffnung auf Vorteile für den Menschen.

Kennzeichen der Natur ist ihre „unendliche Productivität" (Bartels 1821). Natura naturans wird gegenüber natura naturata stärker betont. Produktivität, Tätigkeit ist Eigenschaft eines Organismus. Die Natur ist ein „lebendiges Ganze" (Weber 1805). All dies ist oben bei der Behandlung

Kastners schon genauer ausgeführt worden [409] und gilt für die anderen Autoren gleichermaßen.

Alles in der Natur soll an ihrem Leben teilhaben, jedoch nicht in gleicher Intensität. Es wird eine Stufung zunehmender Belebtheit von der mechanischen Bewegung über die chemischen Prozesse, das organische Wachstum, die Willkürhandlungen der Seele zum sich selbst bewußten Geist angenommen (Bartels 1821). Die physikalischen Prozesse bilden also das untere Ende der Leiter, wo Leben sich erst ansatzweise zeigt. Innerhalb derselben wiederum sind die Phänomene der Gravitation und der Kohäsion die niedersten, in denen sich die Produktivität der Natur am wenigsten ausdrückt. Erscheinungen der Wärme, des Lichtes, der Elektrizität und des Magnetismus sind dem Leben schon näher. Einen Übergang zwischen dem anorganischen und dem organischen Reich sehen die meisten Autoren im Galvanismus, einige auch im tierischen Magnetismus (Weber 1819, Nenning 1828). Weiß (in Haüy 1805) betont die Nähe der inneren Organisation der Kristalle zum organischen Bereich. Eine besondere Rolle spielt das reine, nicht mit Materie wechselwirkende Licht. Es gilt als Zustand höchster Expansibilität und Immaterialität und soll bei allen Lebensprozessen eine Rolle spielen. Es ist „das gleichsam Geistige in der Raumwelt" (Bartels 1821). Es erweckt das Leben, setzt die in der Materie schlafenden Kräfte frei; es ist die eigentlich bildende Tätigkeit der Natur (Weiß in Haüy 1805, Weber 1819).

Von daher erscheint die in den Fächern historisch gewachsene Trennung von Physik, Chemie, Mineralogie und Biologie willkürlich. Ein physikalischer Unterricht, der nicht wenigstens Grundprinzipien der Nachbarfächer integriert, wäre ein Torso. Gerade Zwischenbereiche, wie der Galvanismus, sind besonders wichtig. In den meisten Büchern werden Physik und Chemie als untrennbare Einheit betrachtet und wenigstens die Grundlagen der Chemie behandelt. Der Bezug zur Biologie wird in den reinen Physik-lehrbüchern zumindest durch Hinweise an entsprechenden Stellen hergestellt.

Die einzelnen Stufen der Verlebendigung sind nicht voneinander getrennt. Es gibt Übergänge. Die höchste Entwicklung auf einer Stufe ist der Anfang einer neuen (Nenning 1828). Die ursprüngliche Produktivität der Natur gibt den Naturprozessen eine Richtung: von der Materie zum Licht, von der Körperlichkeit zum Geistigen, von der Notwendigkeit zur Freiheit. Die Naturprozesse erscheinen als eine Selbstbefreiung der Natur, eine vergeistigende Höherentwicklung. Es wird ausdrücklich betont, daß dies Telos auch in den deterministischen Prozessen der unbelebten Natur wirke (Bartels 1821).

Die Stufenleiter der Organisation in der Natur wird also strukturell und prozessual ausgelegt. Jede Stufe hat ihren Organisationsgrad und ihr Tätigkeitsrepertoire. Bartels (1821) unterscheidet dementsprechend zwei Arten von Naturgesetzen: Bildungsgesetze und Erregungsgesetze. Bildungsgesetze kennzeichnen den Organisationsgrad und die innerhalb desselben mögliche Strukturvielfalt. Sie sind „Gesetze der allgemeinen Metamorphose". Erregungsgesetze beschreiben demgegenüber die spezifische Art der Wechselwirkung der Dinge. Sie machen Aussagen über die Art der

„Erweckung der organischen Naturanlage" auf der betreffenden Stufe. In der Physik mit ihrem geringen Organisationsgrad spielen Bildungsgesetze nur eine untergeordnete Rolle.

Der Begriff „Erregung" beziehungsweise „dynamische Erregung" (Weber 1819) ist charakteristisch für die Ansicht von physikalischen Prozessen. Sie bestehen in einer Freisetzung von Naturkräften, in einer Anregung der unendlichen Produktivität der Natur. Antagonistische Kräfte treten in Wechselwirkung, die als ein Kampf beschrieben werden kann (Siber 1815[2]). Resultat dieses fortdauernden Kampfes ist ein dynamisches Gleichgewicht der Kräfte. Die dynamische Erregung ist also durch Polarität und durch Gleichgewichtsstreben gekennzeichnet. „Alle Thätigkeit, alles Leben im Weltalle besteht in der Tendenz jedes Einzelnen, seinen relativen Gegensatz zu suchen, und sich in der Einheit, zu einem Ganzen zu organisieren" (Weber 1805).

Das Gesetz von Polarität und Gleichgewichtsstreben soll sich in unterschiedlichen Ausdrucksformen überall in der Natur äußern. Überhaupt bürgt die Einheit des Natur-Organismus dafür, daß in allen seinen Teilen die gleichen Prinzipien herrschen. Jedes einzelne Organ weist in seinen Funktionen hin auf den ganzen Organismus; im Mikrokosmos ist ein Aspekt des Makrokosmos präsent. „Alle Prozesse der Natur sind als ein ewiger Prozeß der Natur, ... , als das ewige Ganze der Natur selbst und in ihm zu erkennen" (Krause 1804). Ein schönes Beispiel dafür, wie sich dem romantischen Naturforscher in der Betrachtung einer einzelnen Naturerscheinung das ganze Universum erschließt, findet sich bei Weber (1806). Die mit Eisenfeilicht sichtbar gemachten magnetischen Feldbilder werden ihm zum „Symbol des Universums". „Die ganze materielle Welt (die Natur) ist ein Magnet; die Eisentheilchen, die sich hier in ein organisches Ganzes schließen, werden in der großen materiellen Welt durch die Himmelskörper ersetzt: wir sehen daher die ganze Natur, sofern sie ein Magnet ist, in diesem Experimente vorgebildet - dasselbe ist die kleine Magneten-Welt". Sie ist „kein Erklärungsgrund, sondern der Abdruck der gesammten magnetischen Phänomene in ihrer Harmonie und Einheit, und sofern ein organisches Ganzes, die kleine Magneten-Welt". Der romantische Naturforscher sieht im Einzelnen das Ganze, in der Vielgestaltigkeit die Einheit.

6.4.3 Vernunft und Erfahrung

Die Einstellung des Naturforschers zu seiner Tätigkeit ist geprägt durch das Bewußtsein, selbst Teil des Natur-Organismus zu sein. Auch der Mensch ist ein Mikrokosmos, in dem sich das Universum spiegelt. Daraus resultiert die Möglichkeit einer rationalen Erkenntnis der Natur. Der menschliche Geist hat Teil an der Natur. Er kann nur reproduzieren, was die Natur schon produziert hat (Wagner 1803). Erkennendes und Erkanntes sind von gleicher Art. Die Vernunft erkennt sich in den Dingen wieder, da sie Teil der ewigen Vernunft ist. In diesem Sinne kann man die Naturgesetze, die der Mensch, die Natur nachdenkend, formuliert, auch Naturgedanken nennen (Ørsted 1851). „So ist, was wir in der Natur erkennen, nicht etwas Fremdes, sondern identisch mit dem, was in uns selbst lebt" (Ørsted 1851). „Wer die Natur erkennen will, erforsche sich selbst. Was in ihm sich mit Bewußtseyn bildet, ist nur die höhere Stufe dessen, was in der Natur außer ihm bewußtlos sich entwickelt" (Wagner 1803).

Der Gedanke, der Mensch könne die Natur nur deshalb erkennen, weil sie ihm gleiche, ist charakteristisch für die romantische Naturforschung und wird auch von den Autoren geteilt, die seine spezifische Formulierung im Schellingschen Identitätsprinzip [410] ablehnen. Der gute Physiker soll deshalb „eine mehr innerliche Uebereinstimmung mit der Natur" (Ørsted 1851) haben. Seine Einstellung zur Natur ist wichtig für den Erfolg seines Bemühens. Seine Arbeit soll „unter der Leuchte der Natur-Idee" stehen. Nur dann kann das Ergebnis ein „gerundetes, von den Ideen beherrschtes Ganzes" werden (Weber 1806). Wem nicht „die Naturphilosophie die Fackel hält", dem bleibt „die Natur höchstens eine verschleierte Gottheit" (Krause 1804). Die so betriebene Naturwissenschaft bringt zugleich den Menschen der Natur näher und stärkt so wieder die Sicherheit der intuitiven Erkenntnis.

Die zeitgenössische Physik wird kritisiert, weil ihr diese Haltung fehle. Es herrsche die „Despotie" der „einseitigsten Empirie" (Weber 1819). Reine Empirie sei aber sinnlos, „weil es ohne gewisse theoretische Voraussetzungen oder Zielpunkte ihr ganz an einem Leitfaden fehlen" würde (Bartels 1821). Empirische Erkenntnis sei für Vernunfterkenntnis zwar notwendig, aber nichts ohne sie, „weil nichts für Erkenntniß gelten kann, als was in der Idee der Universalität aufgelöst ist" (Wagner 1803). Naturwissenschaft wird definiert als „eine Erkenntniß aller Naturdinge in ihrem Zusammenhange und in ihrer Einheit durch Anschauung" (Weber 1819). Anschauung meint dabei nicht nur die sinnliche, sondern vor allem die Vernunftanschauung, die intuitive Erkenntnis, denn „nur in Ideen ist Wahrheit" (Wagner 1803). Deshalb könne die Physik nicht auf die empirische Erkenntnis eingeschränkt werden, wenn man sie nicht als Wissenschaft aufgeben wolle und den dem Menschen angeborenen Drang, die Erfahrung erklärend zu transzendieren, mißachte. Es sei das Wesen echter Naturforschung, „nicht bloß im Vorhofe des Naturtempels stehen zu bleiben, sondern zu streben, in sein Inneres einzudringen, und hier die Natur an sich ... anzuschauen" (Weber 1819).

Aber nicht nur die reine Empirie, auch die reine Spekulation wird kritisiert. Weber (1806) tadelt, daß einige Naturphilosophen „uns ihre Ideen der Natur preisen, mit abgeschmackten Bildern und Allegorien spielen, und die Natur in misteriöses Dunkel hüllen", und Bartels (1821) empfindet eine rein spekulative Physik als „völliges Unding". Besonders wird darauf hingewiesen, daß die Vernunft nicht in der Lage sei, die unendliche Vielfalt der einzelnen Naturprozesse a priori zu erfassen, sondern nur die allgemeinen Leitlinien gebe. Das Besondere sei immer durch die Erfahrung zu erkennen (Krause 1804, Weber 1819).

Dementsprechend wird eine Verbindung von Vernunfterkenntnis und Erfahrungserkenntnis gefordert. „Die Empirie würde ohne Philosophie immer auf Gerathewohl zugreifen, und die Philosophie könnte sich ohne Empirie bei ihren Speculationen leicht in leere Formen verirren. Die Philosophie hat daher mit ihren speculativen Ansichten die Empirie zu leiten, und die Empirie soll die Speculation durch sinnliche Anschaulichkeiten sichern" (Weber 1819). Der richtige Weg der Physik ist die „Betrachtung der Naturgegenstände, geleitet durch die Idee der Natur als eines Ganzen, das Einzelne erst begründenden" (Weiß in Haüy 1805), so daß „Eine Beobachtung, Ein Experiment, in der Idee der Natur angestellt, so viel gilt, als eine Induction von Hunderten (ohne diese Idee) nicht gelten kann" (Weber 1805).

Die Verbindung von Vernunft und Erfahrung wird in der spekulativen Physik verwirklicht. Diese ist jedoch einerseits auf die Experimentalphysik, andererseits auf die Naturphilosophie angewiesen. Die Experimentalphysik ist rein a posteriori und beschäftigt sich nur mit dem Auffinden der Naturgesetze. Sie entschlüsselt die „Zeichensprache der Natur" (Weber 1805), kann jedoch die Erklärung, die Deutung der Zeichen nicht leisten. Die Naturphilosophie andererseits ist rein a priori; sie ist „Deduction der Natur" (Krause 1804). Sie geht der Frage nach, wie eine Natur möglich ist (Hildebrandt 1807). Ihre Erkenntnis ist sicher, aber allgemein. Sie sagt nichts über spezielle Naturvorgänge.

Die begriffliche Unterscheidung zwischen dem physikalischen und dem philosophischen Teil der Naturwissenschaft wird unterschiedlich getroffen. Die spekulative Physik kann sowohl dem einen wie auch dem anderen zugeordnet sein. Bartels (1821) betont, sie sei „nicht selbst Philosophie, obgleich deren Fackel ihr vorleuchten" müsse. Umgekehrt rechnet Krause (1804) sie zur Naturphilosophie und unterscheidet innerhalb derselben dann zwei Ansätze: die „Construction der Natur" (entsprechend der spekulativen Physik) und die „Deduction der Natur" (entsprechend der Naturphilosophie in der oben eingeführten Terminologie).

Dies ist nicht nur eine Frage der Bezeichnungen, sondern weist auf den schillernden Charakter der spekulativen Physik hin. Je nachdem, ob man sie als eine streng rationale Konstruktion unter Berücksichtigung der empirischen Tatbestände als Randbedingungen ansieht oder als eine hypothetische Interpretation der Erfahrung unter der Leitung der romantischen Naturidee, wird sie stärker an die reine Naturphilosophie oder an die Experimentalphysik gebunden.

Die Lehrbücher lassen sich eindeutig entweder dem experimentellen oder dem spekulativen Ansatz zuordnen. Weber (1805ff.), Hildebrandt (1807), Kastner (1810, 1821), Siber (1815^2) und Nenning (1828) schreiben Lehrbücher der Experimentalphysik. Sie alle beschränken sich jedoch nicht gänzlich darauf. Sie wollen nicht nur die Naturgesetze formulieren, sondern Erklärungen wenigstens hypothetisch anbieten. Die Darstellung des Stoffes soll die Organisation des Ganzen widerspiegeln, auch wenn diese nicht schlüssig begründet werden kann. Die Experimentalphysikbücher wollen eine spekulative Physik vorbereiten, eventuell erste Ansätze dazu liefern. Sie nähern sich der spekulativen Physik von der empirischen Seite, und die

Autoren sind wohl durchweg der Meinung, daß eine streng konstruierende spekulative Physik noch nicht oder überhaupt nicht möglich sei.

Die Lehrbücher von Weber (1819) und Bartels (1821) behandeln die Physik in spekulativer Weise. Beide sind aber auf eine Experimentalphysik bezogen. Bei Weber ist dies sein älteres Buch (1805ff.), beziehungsweise dessen geplantes Nachfolgewerk, bei Bartels ein dem Basistext hinzugefügter, umfangreicher Anmerkungsteil, der als „zusammenhängender Commentar" die experimentelle zur spekulativen Physik hinzuliefert. Auch hier wird also der Zusammenhang von experimenteller und spekulativer Naturbetrachtung betont. Bücher, die den spekulativen Weg eher konstruktiv-deduktiv auffassen, und die spekulative Physik damit stärker an die reine Naturphilosophie binden, werden konsequenterweise auch als Philosophiebücher bezeichnet (Wagner 1803, Krause 1804, Oken 1831, Eschenmayer 1832). Dieser Ansatz bedingt, daß die Behandlung der historisch gewachsenen Disziplin Physik nicht mehr sinnvoll erscheint, sondern eine neue Wissenssystematik die alte Fachstruktur ersetzt.

Die physikalischen Lehrbücher, seien sie nun schwerpunktmäßig experimenteller oder spekulativer Natur, legen also auf den Zusammenhang der beiden Betrachtungsweisen Wert. Als Leitidee vorausgesetzt werden dabei die Ergebnisse der reinen Naturphilosophie. Diese selbst zu vermitteln, betrachten die Bücher allerdings nicht als ihre Aufgabe. Sie gehört nicht zur Physik. Typischerweise wird eine kurze Zusammenstellung der wichtigsten Aussagen der Naturphilosophie dem Buch vorangestellt, etwa in Thesenform ohne philosophische Begründungen.

Während die Haltung der romantischen Naturphilosophen zur Experimentalphysik durchaus positiv ist, betrachten die meisten die mathematische Physik mit eher zwiespältigen Gefühlen. Nur wenige Autoren betrachten es als notwendig, die physikalischen Gegenstände aus der angewandten Mathematik in ihrem Buch ausführlich und in mathematischer Form zu behandeln (Hildebrandt 1807, Siber 1815[2]). Nur Siber betont den Wert der mathematisierten Theorie auch für die Experimentalphysik und bedauert die „herrschend gewordene Gewohnheit" seiner Kollegen, auf Mathematisierung der Physik weitgehend zu verzichten. Typischer ist eine gleichgültig-abwertende Einstellung. Die Mathematik sage nichts aus über das Wesen der Natur und sei deshalb „der Naturwissenschaft ganz heterogen" (Weber 1805). Es sei „das größte Lob" für die Schellingsche Naturphilosophie, daß sie ihre Grundprinzipien nicht zu mathematisieren versucht habe, denn so zeige sie, daß sie das „Wesen höher als die bloßen Formen" achte und das „Leben höher als das todte (ja durch eine bloß mathematische Betrachtungsweise eigentlich erst abgetödtete) Gerüste"; Mathematik habe in der Physik „keinen legislativen Einfluß", sondern nur einen „auxiliären" (Bartels 1821). Sie kann die Genauigkeit erhöhen oder Folgerungen herleiten, aber wer in ihr mehr sieht als eine bloße Hilfswissenschaft, der verkennt das Wesen der Naturlehre.

Kritisiert wird an der Mathematik ihr formaler Charakter. Während die Naturlehre die Dinge vor die Anschauung stellen will, Vernunftzusammenhänge erkennen will, begnügt die Mathematik sich mit „Gedankennothwendigkeit" (Ørsted 1851). Ihre formalen Systeme sind „schönheitslose

Fragmente", in denen man „auch nicht von fern die wahre Organisation der Wissenschaft (ein wahres System) ausgedrückt" findet (Krause 1804). Gefordert wird demgegenüber eine mathematische Theorie mit einer Affinität zu ihren Gegenständen, eine „Mathematik mit Inhalt" (Oken 1831). Form (mathematische Physik) und Wesen (philosophische Physik) sollen in paralleler Weise organisiert sein, sollen die gleichen Organisationsgesetze zeigen (Krause 1804). Wagner (1803) fordert konsequent eine Mathematik in pythagoreischer Tradition. Die abstrakte Zahl soll wieder aufgegeben und durch die Menge der sinnlich gegebenen Dinge ersetzt werden. Mathematik ohne Physik zu treiben „tödtet die lebendige Anschauung".

Die romantische Naturphilosophie ist mit der Verwirklichung dieses Planes einer dem Wesen der Dinge gemäßen Mathematik nicht weit gekommen, obwohl es mit Justus Graßmanns kombinatorischer Kristalltheorie (1829) immerhin ein schönes Beispiel gibt. Die Lehrbücher bringen nichts Erwähnenswertes. Eschenmayer (1832) versucht es mit Zahlenmystik und Oken (1831) glaubt einen Neuanfang zu gewinnen, indem er an die ursprüngliche Bedeutung des Wortes „Mathesis" anknüpft und darunter die Lehre schlechthin versteht, die Lehre von Gott und dem Ganzen.

6.4.4 Naturwissenschaftliche Bildung

„Unsere Cultur, wie wir für die Wissenschaften aufwachsen, ist fast blos Cultur des Verstandes, und es mag der Glaube gemein genug seyn, die Wissenschaften wären blos für den Verstand. Um zu einer würdigeren Naturbetrachtung diejenigen zu leiten, die erst darauf zu leiten sind, muß man ausgehen aus ihrem Gebiete der Verstandesreflexion; man muß sich den Weg bahnen aus dem Gebiete des Verstandes in das Gebiet der Vernunft". Mit diesen Worten begründet Weiß, warum er seiner Übersetzung des Lehrbuches von Haüy (1805) einen ausführlichen naturphilosophischen Anhang hinzufügt. Das Buch des Instrumentalisten Haüy scheint ihm nicht geeignet, den jungen Menschen die rechte Art der Naturbetrachtung zu vermitteln. Dazu fehlt ihm die Perspektive der Vernunft, die zu einem „ernsteren und heiligeren Ansehen" der Natur führt.

Damit ist das erste pädagogische Ziel dieser Bücher gekennzeichnet: es geht darum, dem Lernenden die rechte Einstellung zur Natur, die rechte Art der Naturbetrachtung zu vermitteln. Er soll in der Natur das universale Ganze, das Absolute, Gott schauen, und dies erreicht er nicht durch die Schlüsse des Verstandes, sondern durch die Idee der Vernunft. Naturwissenschaft erhält so einen religiösen Zug, die naturwissenschaftliche Erziehung wird zur „Weihung" (Weber 1808).

Neben diesem Ziel sind andere sekundär. Die formale Bildung, von vielen Pädagogen der Zeit besonders hervorgehoben, wird hier nicht erwähnt. Sie wäre ja auch bloße Verstandesschulung. Der technisch-praktische Nutzen der Physik wird geschätzt und seine wohltätige Wirkung auf die menschliche Gesellschaft nicht in Frage gestellt. Aber für die Ziele des Unterrichts erscheint er eindeutig als sekundär und wird dem erhabeneren Ziel der Erkenntnis des Absoluten untergeordnet.

Vernunfterkenntnis ist intuitiv. Sie ist dem Menschen möglich, weil seine Vernunft teilhat an der absoluten Vernunft, weil ein Abglanz des göttlichen Wissens auf ihn fällt. Ein solches Wissen „läßt sich nicht deduciren, nicht beweisen, nicht durch Belehrung andern geben". Der Lehrer kann nur Hilfen geben, Voraussetzungen schaffen. „Was in uns so oft bewußtlos vorgeht, vermögen wir, bei gehöriger Ausbildung unserer Vernunft, zum wirklichen Bewußtsein zu bringen, und in uns die unmittelbare Ansicht des Absoluten ... zu bewirken. Ich versuche, meine Leser und Hörer auf den rechten Gesichtspunct zu stellen; aber anschauen müssen sie selbst". Vor allem muß der Lehrer selbst die Einstellung mitbringen, die er in den Schülern ausbilden will. Ein solcher Lehrer wird nicht in engem Fachbezug unterrichten. Er wird das Schöne und Gute vom Wahren nicht trennen, denn alles Drei ist Ausdruck des Absoluten. Er wird „aller Einseitigkeit feind, die Bildung und Veredlung des ganzen Menschen zur Absicht" haben (alle Zitate Weber 1805).

Die so bestimmte naturwissenschaftliche Bildung soll nicht bloß kontemplativ bleiben, sondern auch Begeisterung für die Verwirklichung des Wahren, Schönen und Guten wecken. „Die wissenschaftliche Bildung geht daher, ihrem Wesen nach, immer auf Einsicht (Anschauung) und That zugleich aus, und dringet mit gleichem Ernste auf Realisirung beider an" (Weber 1805).

Wenn aber die Natur angelegt ist auf eine Entwicklung zur Freiheit, dann ist auch jede Tat, die den Menschen ihr näher bringt, eine Tat zur Befreiung des Menschen. „Die Natur bringt den Menschen hervor, nicht um ihn in Gebundenheit festzuhalten, sondern um ihn frei zu lassen, und in ihm und mit ihm so zu sagen selber frei zu werden" (Bartels 1821). Der Mensch, der in der Natur das Absolute schaut, wird eins mit ihr. Und eben damit bringt er auch die Natur zu sich selbst und vollendet sie. Die wiedergewonnene Einheit ist eine Einheit von Glauben, Wissen und Handeln. Damit soll eine neue Epoche für den Menschen wie für die Natur anbrechen.

6.4.5   Die Ordnung des Stoffes

Die Lehrbücher der Romantik geben sich als eine gemeinsame Gruppe zu erkennen durch die Vorstellung von der Natur und durch den Weg der Naturforschung, den sie vermitteln wollen. Was die einzelnen Inhalte und deren lehrbuchmäßige Anordnung angeht, gibt es hingegen beträchtliche Unterschiede. Hier ist noch nichts kanonisiert. Jeder der Autoren schreibt mit dem Bewußtsein, einen Neuanfang setzen zu müssen, und mancher wohl auch mit dem Bewußtsein, ein Lehrbuch nach dem Geist der Naturphilosophie sei in befriedigender Weise noch nicht möglich. Keines dieser Bücher ist zum Paradigma geworden.

Die Unterschiedlichkeit zeigt sich schon in den Gliederungen. Alle Autoren versuchen, dem Stoff eine neue Ordnung zu geben, wobei einige sich stärker an die Tradition halten, andere völlig davon abrücken. Die Ordnung des Stoffes wird wichtiger genommen als in den zeitgenössischen empiristischen Büchern. Sie soll die Einheit der Naturwissenschaft zeigen, das System auf den Begriff bringen. Die meisten Autoren streben an, der Gliederung ein durchgängiges Prinzip zugrunde zu legen, das die Ordnung in der Natur ausdrückt. Dieser systematischen Intention werden pädagogische Argumente untergeordnet.

Aus der Situation, erst am Anfang einer Entwicklung zu stehen, ergibt sich eine spezifische Schwierigkeit. Zwar glauben die Autoren, den naturphilosophischen Ansatz zu kennen, aber es gelingt noch nicht, die Fülle der Ergebnisse der empirischen Physik darunter zu subsumieren. Was die Gliederung verspricht, kann im Detail nicht durchgehalten werden. Die Lehrbuchschreiber haben darauf in unterschiedlicher Weise reagiert. Manche lassen den Bruch sichtbar (z.B. Siber 1815[2]). Das Gliederungsprinzip gibt dann nur den generellen Rahmen, und es wird nicht versucht, jedes einzelne Faktum damit in Beziehung zu bringen. Eine andere Lösung ist die Beschränkung des Stoffes auf dasjenige, was unter dem systematischen Gesichtspunkt wichtig erscheint (z.B. Weber 1805ff.). Damit ist zugleich das Problem der Stoffülle in radikaler Weise entschärft. Es wird ein beträchtlicher Teil des üblichen Stoffes gestrichen, und zwar gerade auch Themen, die unter technisch-praktischem Aspekt als wichtig galten. Eine weitere Möglichkeit ist die hypothetische Vorwegnahme (z.B. Bartels 1821). Wo die Systematik noch nicht stringent durchführbar ist, soll sie wenigstens als Versuch gewagt werden.

Auf eine andere didaktische Schwierigkeit sei noch hingewiesen. Der Idee des Ganzen entspricht eine weitgehende Vernetzung der einzelnen Gegenstände. Es sind also häufig Zusammenhänge oder Analogien aufzuzeigen. Dies ist mit dem Prinzip der linearen Gliederung des Stoffes nicht gut verträglich. Eine streng voraussetzungsgebundene Ordnung des Stoffes wird unmöglich (Hildebrandt 1807). Im Extremfall sprengt die Detail- und Beziehungsfülle die Zwangsjacke der Gliederung (etwa bei Kastner 1810 oder im empirischen Teil von Bartels 1821).

Am stärksten an der überkommenen Gliederung orientiert sich Hildebrandt (1807), der auch auf ein durchgängiges Gliederungsprinzip verzichtet.[411] Die anderen Autoren präsentieren weniger konventionelle Ordnungen. Dabei treten typischerweise strenger untergliederte Systematiken an die Stelle der losen Kapitelfolge. - Siber (1815[2]) und Weber (1819) gliedern nach zunehmender Verlebendigung in der Natur. Bartels (1821) wählt zunehmende Differenziertheit der Prozesse als Kriterium, dabei auch in der größten Komplexität immer die einfachen, ursprünglichen Naturtätigkeiten findend. - Beide Gliederungsformen kann man als Varianten desselben Prinzips auffassen: die Dinge werden nach zunehmendem Organisationsgrad geordnet. Die Gliederung folgt dem allgemeinsten Bildungsgesetz der Natur. - Die Ordnung soll zweifellos systematisch sein. Wo die Verbindung zwischen naturphilosophischem Prinzip und empirischem Detail nicht gelingt, erhält sie aber eher den Charakter einer Taxonomie.

Eigentlich ist es erstaunlich, daß fast alle Autoren so viel Wert auf eine systematische Ordnung legen, wo sie doch einerseits sehen, daß eine Systematik nur als Versuch möglich erscheint, und andererseits glauben, daß das erste Ziel des Unterrichts, die neue Einstellung zur Natur, gar nicht systematisch lehrbar sei. Aber das Bedürfnis der Rechtfertigung der eigenen Theorie war wohl größer als die pädagogische Einsicht. Der einzige, der auf eine systematische Ordnung verzichtet, weil sie für den Unterricht „nicht so vortheilhaft" sei, ist Nenning (1828). Er macht den Versuch, die naturphilosophische Gesamtsicht aus der Fülle der Phänomene erwachsen zu lassen. Er will „aus dem Verein der Erfahrung den Begriff des Naturlebens" entwickeln und glaubt diesen Weg durch die Wissenschaftsgeschichte gerechtfertigt. An dem Buch ist aber nur das didaktische Programm bemerkenswert.

In den unterrichtsmethodischen Details sind die meisten Bücher nicht sehr originell. Die mehr experimentellen orientieren sich an den traditionellen Lehrbüchern, die mehr spekulativen sind philosophische Abhandlungen. Eine von den speziellen Zielen der romantischen Naturforschung ausgehende unterrichtsmethodische Reflexion ist außer bei dem soeben erwähnten Nenning (1828) nur bei Weber (1805ff.) festzustellen. Weber beginnt die Behandlung eines Sachgebietes mit einfachen, naturnahen Phänomenen, aus deren Charakteristika er die dynamische Interpretation des zugehörigen Grundphänomens (etwa der Elektrizität) verständlich macht. Diese Vorstellung wird anschließend durch theoriegeleitetes Experimentieren Zug um Zug ausformuliert und erweitert. Der Weg geht dabei vom apparativ Einfachen zum Komplexen, von der in der Natur nur andeutungsweise merklichen Erscheinung zum experimentell eindeutig gemachten Phänomen. Das stille Hineinhorchen in die Natur geht der apparativen Physik voraus.

6.4.6 Die spekulative Physik

Die wichtigsten Aussagen der spekulativen Physik zusammenzufassen, ist nicht einfach. Fast jeder der Autoren hat einen nur ihm zugehörigen Bestand an Ideen und ordnet diese zu einem eigenen Weltbild. Es gab (in der Physik) kein von einer größeren Forschergruppe systematisch betriebenes Forschungsprogramm, sondern nur relativ unzusammenhängende und verschiedene Richtungen verfolgende Einzelaktivitäten. - Man kann die Vielfalt jedoch grob in zwei Stränge ordnen, einen von Schelling und einen von Oken ausgehenden.

Wagner (1803), Hildebrandt (1807), Siber (1815[2]), Weber (1805ff., 1819) und mit Einschränkungen auch Weiß (in Haüy 1805) und Kastner (1820/21[2]) orientieren sich an Schelling. Allen gemeinsam ist das Bemühen, sämtliche Naturerscheinungen auf den Konflikt immaterieller Grundkräfte zurückzuführen. Im folgenden sind als ein Beispiel die Vorstellungen Webers (1819) kurz geschildert. Im Vergleich zu dem weiter oben über Kastners Theorie Gesagten kann man zugleich die Variationsbreite innerhalb dieser Theoriengruppe erkennen.

Weber konstruiert, wie die anderen Autoren auch, die Materie aus Grundkräften. Er meint jedoch, mit den beiden üblicherweise postulierten Grundkräften, der kontraktiven und der expansiven, nicht auskommen zu können, sondern führt eine dritte, synthetisierende ein, die erst die Vereinigung der beiden ersten zu einem materiellen Sein bewirken soll. Daraus sollen sich dann alle Naturerscheinungen erklären lassen, und zwar nicht nur prinzipiell, sondern ganz konkret. Im Unterschied zur Auffassung der Kantianer sollen je spezifische Kraftverhältnisse grundsätzlich empirisch feststellbar sein. Die Behauptung, die Theorie sei auf etwas aufgebaut, wovon man konkret nichts wisse, wäre für Weber „eine Demüthigung".

Die Materie allein ist nur träge, tot. Damit die ihr immanente dynamische Kraft nach außen wirksam werden kann, bedarf es eines erregenden Prinzips. Dies ist das Licht. Das Licht befreit die in der materiellen Synthese gebundenen Grundkräfte, und dies bezeichnet Weber als dynamische Erregung. Das Licht selbst ist die freie Expansivkraft und daher immateriell.

Weber unterscheidet nun drei Arten von Naturprozessen im anorganischen Bereich: erstens die der materiellen Seite zugeordneten, bei denen die Kräfte gebunden bleiben, zweitens die zwischen materieller und immaterieller Natur liegenden, bei denen die Kräfte durch das Licht freigesetzt werden und drittens die der immateriellen Seite zugeordneten, die Äußerungsformen der ganz freien Kraft. Jeder dieser drei Typen soll wiederum drei dynamische Prozesse umfassen, einen, in dem der Kräftegegensatz eine bestimmte Richtung hat, einen, in dem er flächenhaft, und einen, in dem er durch den ganzen Raum wirkt. Man erhält folgendes Schema:

1. Prozesse des Strebens der Körper zur Vereinigung
(überwiegend kontraktiv)
- linear: Kohäsion
- flächig: Adhäsion
- räumlich: Gravitation
2. Prozesse eigentlich dynamischer Erregung; Urkräfte
- linear: Magnetismus
- flächig: Elektrizität
- räumlich: Chemismus
3. Prozesse überwiegender Expansion
- linear: strahlendes Licht
- flächig: Farben
- räumlich: Wärme

Schließlich wären noch die organischen Prozesse zu erwähnen, die als Synthese des Materiellen und Immateriellen aufgefaßt werden und zu denen der Galvanismus den Übergang bilden soll.

Soweit die Theorie Webers, als Beispiel für eine Weiterentwicklung der Gedanken Schellings. Die knappe Zusammenfassung wirkt zu schematisch und willkürlich. Weber versucht, nicht den Boden der Empirie unter den Füßen zu verlieren, und tatsächlich gelingt es ihm durchaus, seine Spekulationen empirisch zu fundieren. Seine Behandlung des Magnetismus (1806) und der Elektrizität (1808) können wohl als Beispiele dafür gelten, wie man sich einen Forschungsprozeß unter der „Idee der Natur" vorzustellen hat. Die Kapitel sind durchaus schlüssig aufgebaut. Es gelingt ihm, einiges mit seiner Theorie zu erklären, und er kann daraus sogar neue Bestätigungsexperimente ableiten. Das Ganze ist ein schönes Beispiel dafür, daß man auch recht abwegige Theorien empirisch begründen kann, wenn man auf Quantifizierung verzichtet und die Erklärung einiger Phänomene der Nachwelt überläßt.

Die zweite Gruppe von Theorien, die von Oken ausgehenden, sind eher noch phantasievoller. Und wenn sich dann noch ein philosophisch wie wissenschaftlich zur zweiten Garnitur gehörender Autor ans Werk machte, entstand ein Werk, das nur noch durch die Gesinnung beeindruckt, im übrigen aber geeignet war, die ganze Richtung in Verruf zu bringen, etwa bei Eschenmayer (1832). Auch bei Bartels (1821), der sich um empirische Fundierung bemüht, ist manches schwer nachvollziehbar.

Eine besondere Rolle spielt in diesen Theorien der Äther. Er ist die Urmaterie, aus der alles entstand und die überall verbreitet ist. Er soll unkörperlich sein, sich aber mit Körpern verbinden können. Er soll untätig sein, aber eine Anlage zur Tätigkeit haben. Licht und Wärme werden als Spannungen oder Bewegungen im Äther aufgefaßt.

Charakteristisch für diese Theorien ist, daß sie im Gegensatz zu Schelling wieder materielle Imponderabilien kennen. Damit wird die Polarität von Materiellem und Immateriellem in der Physik eingeebnet. Die Natur kann wieder durchgängig als Materie und deren Bewegung vorgestellt werden.

Dies ist ein Zugeständnis an den Atomismus. Und es ist nicht das einzige. Das dynamische Modell war wohl zu simpel, als daß sich daraus die überwältigende Fülle der Stoffe und ihrer Eigenschaften hätte erklären lassen.[412] So finden wir in den Büchern gar nicht so selten Rückfälle in atomistisches Denken.[413] Und Hildebrandt (1807) schließt sein Buch mit dem resignierten Satz: „Wenn wir es nicht ganz aufgeben wollen, die Verschiedenheit der Materie zu erklären, so können wir kaum vermeiden, uns in die Atomistik zu verirren".

Grundriß

der

Physik und Meteorologie.

Für

Lyceen, Gymnasien, Gewerbe- und Realschulen, sowie zum
Selbstunterrichte.

Von

Dr. Joh. Müller,

Großherzoglich Badischem Hofrath, Professor der Physik und Technologie an der Universität
zu Freiburg im Breisgau.

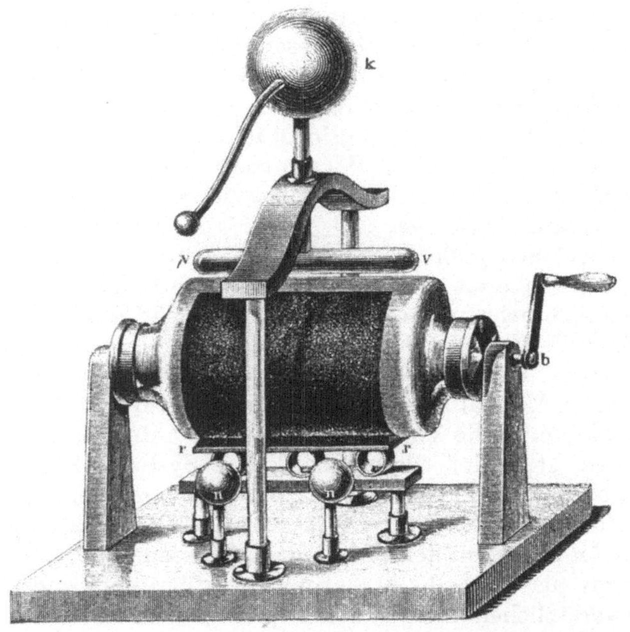

Achte vermehrte und verbesserte Auflage.

Braunschweig,

Druck und Verlag von Friedrich Vieweg und Sohn.

1 8 6 2.

7 Allgemeinbildender Physikunterricht (1820 bis 1850)

7.1 Einleitung

Die höheren Schulen verstehen sich auch im 18. Jahrhundert noch als Gelehrtenschulen, nicht anders als 300 Jahre vorher. Sie sehen ihre Hauptaufgabe in der Vorbereitung der Schüler auf das philosophische Grundstudium, das dem Fachstudium in einer der drei höheren Fakultäten vorausging. Die Physik hat ihren Platz in diesem philosophischen Grundstudium, also gewissermaßen zwischen Schule und Fachstudium, und wenn sie bereits in der Schule unterrichtet wird, geschieht dies in enger Anlehnung an die Universitätskurse. Das Bildungsideal ist der Gelehrte, der in Vorlesungen ein bestimmtes abprüfbares Wissen erworben hat und der in Disputationen gezeigt hat, daß er in der Lage ist, sich mit der wissenschaftlichen Literatur auseinanderzusetzen.

Aufgabe der Fachdidaktik ist es dann, die Ergebnisse der Wissenschaft für die Lehre aufzubereiten. Der Kenntnisbestand muß in eine systematische Ordnung gebracht und in methodisch richtiger Weise dargestellt werden. Die Didaktik des 18. Jahrhunderts setzt sich in erster Linie mit dem Stoff auseinander. Der Schüler kommt sozusagen nur als Randbedingung vor; es gilt, seine Motivation aufrechtzuerhalten und sein Anspruchsniveau nicht zu überfordern. Die Vorstellungen und Kenntnisse, die er mitbringt, spielen in dem stets der wissenschaftlichen Systematik folgenden Kurs keine Rolle, und es wird vorausgesetzt, daß alle zum Verständnis des Stoffes nötigen Denkoperationen von vornherein in vollem Umfang vorhanden sind. Begründet ist das in der Überzeugung, wissenschaftliches Denken sei nichts anderes als methodisch disziplinierte Vernunft und die Methode stelle einen verläßlichen und geraden Weg zur Wahrheit dar.

Die Physikdidaktik des gelehrten Unterrichts im 18. Jahrhundert ist also „Abbilddidaktik" in einem doppelten Sinn: a) Sie identifiziert das Ziel des Unterrichts mit der Vermittlung der Wissenschaft (und vertraut darauf, daß diese ihren unermeßlichen Nutzen auf den verschiedensten Gebieten dann schon entfalten werde) und b) sie identifiziert Sachlogik und Darstellungslogik (und vertraut darauf, daß die wichtigsten Ergebnisse der Wissenschaft jedem vernünftig Denkenden einsichtig sein würden).

Zu Anfang des 19. Jahrhunderts sind diese beiden Voraussetzungen durch die Entwicklung der Wissenschaft Physik fragwürdig geworden:

a) Im gymnasialen Unterricht beziehungsweise im philosophischen Propädeutikum war die Physik nur solange als Fach gerechtfertigt, wie sie sich selbst als eine philosophische Disziplin verstand. Solange sie glaubhaft machen konnte, daß ihr Hauptzweck die ontologische Erkenntnis der Welt sei, war ihr Bildungswert für den künftigen Gelehrten evident. Nachdem jedoch der ontologische Anspruch weitgehend unglaubwürdig geworden war und die Physik anstatt dessen die Beherrschung der Welt und den technischen Fortschritt auf ihre Fahnen geschrieben hatte, stand ihre Existenzberechtigung im Fächerkanon des Gymnasiums in Frage, mochte ihre gesellschaftliche Bedeutung auch noch so sehr gewachsen sein. Sie gehörte eher in die auf allen Ebenen des Bildungssystems neu entstehenden berufsvorbereitenden Ausbildungsgänge: Realschulen, Fachschulen, Fachstudien an den Universitäten. Diese Einschätzung wurde noch verstärkt, nachdem die neuhumanistische Bildungsreform die Gelehrsamkeit als Bildungsideal des Gymnasiums durch die allgemeine Bildung ersetzt hatte.

b) Die Abbilddidaktik stieß unterrichtsmethodisch an ihre Grenzen. Die Fülle der neuen Entdeckungen konnte nicht mehr behandelt werden, und gerade die für paradigmatisch erachteten neuen mathematisierten Theorien waren im Anfangsunterricht nur sehr beschränkt vermittelbar. Der übliche einjährige Kurs konnte kein Abbild der Physik mehr liefern. Die Sprache der Physik war nicht mehr ein vernünftiges Reden über allen zugängliche Erfahrung, sondern eine komplexe, esoterische Fachsprache.

Die Physikdidaktik am Gymnasium war damit auf die pädagogische Reflexion verwiesen. Der Bildungswert des Faches mußte neu bestimmt werden. Es galt, den einen Kurs zu differenzieren und eine physikalische Propädeutik zu entwickeln. Unterrichtsmethodische Fragen mußten neu durchdacht werden. Das Selbstverständnis der Physikdidaktik wandelte sich grundlegend: an die Stelle eines „systematischen" Unterrichts sollte ein „methodischer" treten.

Wenn auch die schlichte Abbilddidaktik nicht mehr ausreichte, so blieb doch die Forderung nach Wissenschaftlichkeit wenigstens des Oberstufenunterrichts unbestritten. Deshalb spielte auch weiterhin das Lehrbuch für die Anfängervorlesung an der Universität als Orientierungsrahmen für die gymnasialen Lehrbücher eine Rolle. Es sollen deshalb zunächst die Universitätsbücher kurz charakterisiert werden (Kap. 7.2).

Die folgenden Kapitel sind dann der Didaktik des Gymnasialunterrichts gewidmet. An erster Stelle ist dabei die Neubestimmung des Bildungswerts der Physik im Sinne des Neuhumanismus aus dem Begriff der formalen Bildung zu nennen (Kap. 7.3). Damit wurde das Bildungsideal der Gelehrsamkeit aufgegeben und durch die allgemeine Bildung ersetzt. Für den Physikunterricht ging das nicht ohne Abstriche am neuhumanistischen Ideal.

Als wichtigstes Moment formaler Bildung im Physikunterricht galt die Mathematisierung. Ihre Verwirklichung erforderte didaktische Überlegungen besonders zur Gestaltung des Mittelstufenunterrichts. Es wurden stufenspezifische Kurse entwickelt, in denen jede Stufe eine Propädeutik zur folgenden darstellt, mit dem mathematisch anspruchsvollen Oberstufenkurs als Ziel (Kap. 7.4).

Die praktische Verwirklichung der verschiedenen Kurse erforderte eine Reihe unterrichtsmethodischer Entscheidungen (Kap. 7.5). Zwar hat die

Methodik innerhalb der Didaktik der Physik keine so große Rolle gespielt wie innerhalb der Didaktik des Elementarunterrichts jener Zeit, aber es gibt doch erstmals charakteristische methodische Unterschiede zwischen Büchern, deren Autoren sich in ihren wissenschaftsmethodischen Anschauungen nicht wesentlich unterscheiden.

Die letzten beiden Kapitel handeln von der Didaktik des mittleren und des niederen Schulwesens im Verhältnis zum Gymnasium. Die mittlere Bildung (Kap. 7.6) war zwar zu dem Zweck eingerichtet worden, demjenigen, der keine akademische Karriere anstrebte, eine eigenständige höhere, realistisch orientierte Bildung anzubieten, jedoch stand der Physikunterricht an den mittleren Schulen lange Zeit unter dem Einfluß der gymnasialen Didaktik. Eine technisch-praktisch orientierte Physikdidaktik für den zukünftigen Handwerker, Ingenieur oder Gewerbetreibenden wurde nicht entwickkelt.

An den Elementarschulen schwankte die Didaktik der Naturlehre zwischen der Orientierung am Gymnasium und der Suche nach einer schultypspezifischen Bildungskonzeption, zwischen wissenschaftlicher Grundbildung und elementarer Menschenbildung (Kap. 7.7). Die in der Nachfolge Diesterwegs entwickelte Konzeption einer schultypunabhängigen physikalischen Elementarbildung hat in der Folge den Mittelstufenunterricht auch am Gymnasium beeinflußt.

Die Entwicklung der Physikdidaktik in der ersten Hälfte des 19. Jahrhunderts vollzog sich vor dem Hintergrund weitreichender Veränderungen in der Organisation der Schulen und der Lehrerbildung, die ihren Niederschlag in den Lehrbüchern finden.

Wenn man die Lehrbücher zu Anfang und in der Mitte des 19. Jahrhunderts miteinander vergleicht, fällt zunächst eine geradezu dramatische Steigerung im Umfang und im Niveau der vermittelten Kenntnisse ins Auge. Sie zeigt sich mehr oder weniger ausgeprägt in allen Schulstufen und -typen.

Eine wesentliche Ursache ist die bessere Ausbildung der Lehrer. Anfang des Jahrhunderts hatten die meisten Volksschullehrer überhaupt keine Ausbildung und die Fachausbildung der Gymnasiallehrer bestand darin, daß sie sich ein oder zwei Semester lang die Grundvorlesung angehört hatten, ohne darüber eine Prüfung ablegen zu müssen. Mitte des Jahrhunderts war die Seminarausbildung der Volksschullehrer ausgebaut, und meist gehörte zu ihr auch die Naturlehre. Die Gymnasiallehrer hatten in der Regel ein Studium der Mathematik und Physik absolviert. Manche von ihnen waren für den Lehrerberuf fachlich überqualifiziert und ergriffen ihn nur, weil sich kein anderes Praxisfeld bot.

Hinzu kam eine Ausweitung der Unterrichtszeit. Anfang des Jahrhunderts war der einjährige Kurs die Regel. Mitte des Jahrhunderts wurde die Physik an voll ausgebauten höheren Lehranstalten typischerweise über vier Jahre mit zwei Wochenstunden unterrichtet. Die Aufteilung der oberen Klassen in je zwei Schuljahre führte dazu, daß die Schüler beim Eintritt in die Universität älter waren. Dem Primaner von 1850 konnte man aufgrund seines Alters und seiner Vorbildung mehr zumuten als dem Studienanfänger von 1800.

All dies kann hier nur angedeutet werden. Eine genauere Schilderung
wäre ohne Berücksichtigung der großen Unterschiede zwischen verschiedenen deutschen Staaten nicht möglich, und das liegt außerhalb des The-
mas dieser Monografie.

7.2 Die Lehrbücher für die Universität

Das Universitätsfach Physik hat Ende des 18. und Anfang des 19. Jahrhunderts tiefgreifende Veränderungen erfahren. Die philosophische Fakultät,
die bis dahin in der Tradition der artes liberales gestanden hatte und ein
Propädeutikum für den Eintritt in die drei höheren Fakultäten bildete,
wurde nun zu einer gleichgerechtigten Fakultät. Ihr Lehrangebot war nicht
mehr curricular aufeinander bezogen, sondern zerfiel in einzelne Fächer
oder Fachgruppen, die völlig selbständig waren. Sie war gewissermaßen das
Sammelbecken für alles, was nicht in die drei anderen Fakultäten paßte,
darunter auch die Physik. Damit war eine organisatorische Grundlage für
die Entwicklung eines eigenständigen physikalischen Fachstudiums gegeben.

Parallel zu dieser Entwicklung verlief eine Differenzierung des Lehran-
gebots. Im 18. Jahrhundert war noch die Regel, daß der Physikprofessor
außer der ein- bis zweisemestrigen Grundvorlesung nur Privatveranstaltungen für zahlende Studenten anbot und daß auch deren Besuch kein ge-
regeltes Fachstudium ermöglichte. Nun wurden zunehmend Spezialvorlesungen in das reguläre Studienangebot aufgenommen und das Angebot
ausgebaut, soweit es die noch kleine Zahl der Fachstudenten erlaubte.

Die physikalische Grundvorlesung hat allerdings all diese Wandlungen
ziemlich unverändert überstanden. Zwar änderte sich die Zusammensetzung der Hörerschaft: die „Luststudenten", die nur der Schau wegen kamen,
verschwanden mit dem Ruf der Physik als einer unterhaltsamen Wissenschaft, und zu den Medizinern als „Brotstudenten" kamen verschiedene
Gruppen von Nebenfächlern hinzu, Chemiker, Biologen, Mineralogen,
Forstwirte u.a. Aber auch jetzt blieben die eigentlichen Fachstudenten
(meist Lehramtsanwärter) eine Minderheit, und die Vorlesung richtete sich
nicht nach ihren Bedürfnissen. Sie behielt vielmehr ihren populären Charakter, setzte wenig Vorkenntnisse voraus und kalkulierte ein, daß die meisten Hörer fachlich nicht sonderlich ambitioniert waren. Die Grundvorlesung war nicht der Kern des Fachstudiums, sondern die elementare physikalische Allgemeinbildung für alle. Deshalb konnten auch die zugehörigen
Lehrbücher weiterhin als Referenzwerke für die gymnasialen Bücher dienen.

Das typische Lehrbuch für die Grundvorlesung steht um 1820 immer
noch in der Nachfolge des Buches von Erxleben-Lichtenberg (1794). Es bietet jene Art der Experimentalphysik ohne großen theoretischen Ehrgeiz, die
in der Zeit der chemischen Imponderabilientheorien in Deutschland so

überaus populär war.[414] Verbreitete Lehrbücher dieses Typs wurden neu aufgelegt oder bearbeitet (Gren 1820[6], Mayer 1823[5], Gilbert/Schrader 1822[3]), und es erschienen auch noch neue Werke (Suckow 1813/14, Scholz 1815, Trommsdorf 1817, Buchner 1825). Daß diese Art, Physik zu betreiben, dem Anspruchsniveau des Faches nicht mehr voll entsprach, dokumentieren die Autoren der Neuerscheinungen selbst, indem sie ihre Werke ausdrücklich nur für die Ausbildung der Nebenfachstudenten bestimmen (insbesondere der Chemiker).

In konzeptioneller Hinsicht gibt es zu den 30 Jahre vorher erschienenen Büchern nicht viele Veränderungen. Die Erwartungen, die man hinsichtlich der Vereinheitlichung der theoretischen Grundlagen in die Chemie setzte, waren verflogen, was die ohnehin latente Skepsis allem Theoretisch-Spekulativen gegenüber noch verstärkte. Die auf Schau gerichtete Demonstrationsphysik hatte für die Lehrer an Attraktivität verloren, nachdem Unterhaltsamkeit bei einer auf berufsbezogenen Kenntniserwerb hoffenden Hörerschaft nicht mehr unbedingt als Qualitätsmerkmal galt. Die Betonung präziser Messungen und apparativer Fragen zeigt die höheren Standards einer nicht mehr bloß an der Existenz, sondern auch an der Größe der Effekte interessierten Physik. Die neue mathematische Physik hat noch keinen Einfluß. Die Sprache der Mathematik dient lediglich der übersichtlichen Darstellung der auf empirischem Wege gefundenen Gesetze. Im übrigen wird wie eh und je die Bedeutung der Mathematisierung für die Physik betont, ohne dem Rechnung zu tragen. - Hier wird verläßliches Detailwissen geboten, aber die Eleganz des einheitlichen Entwurfs fehlt. Aber auch über die Praxis des experimentellen Arbeitens lernt man wenig. Dies zu vermitteln, galt nicht als Aufgabe der Grundvorlesung.[415]

Die Integration von experimenteller und mathematischer Behandlung der Physik nach dem Vorbild der französischen Lehrbücher hat zwar in Deutschland früh einzelne Nacheiferer gefunden,[416] konnte aber doch erst gegen Mitte des Jahrhunderts einen breiteren Einfluß auf die Anfängervorlesung gewinnen. Die Paradigmata sind dabei die Lehrbücher von Muncke (1819) und Baumgartner (1824), die beide die Integration in unterschiedlicher Weise und mit unterschiedlichen Schwerpunkten verwirklichen. Muncke schreibt ein Lehrbuch der Experimentalphysik mit Rücksicht auf theoretischen Zusammenhang, wobei der Mathematik die Rolle einer Hilfswissenschaft der Experimentalphysik zufällt. Baumgartner schreibt ein Lehrbuch der mathematischen Physik mit Rücksicht auf deren experimentelle Untermauerung, kann diesen Ansatz allerdings nur in der Mechanik und der Optik durchhalten.[417]

Obwohl der erste Ansatz eher induktive, der zweite eher hypothetisch-deduktive Argumentationen bevorzugt, wurden beide Ansätze von den Zeitgenossen nicht als Ausdruck unterschiedlicher wissenschaftstheoretischer Positionen gesehen, sondern als zwei gleichermaßen berechtigte unterrichtsmethodische Wege mit je spezifischen Vor- und Nachteilen. Kämtz (1839) kennzeichnet diese durch die Stichworte Voraussetzungsgebundenheit und Theorieorientierung.

Baumgartner orientiert sein Lehrbuch an der Theorie. Deren Systematik liefert die Sequenzierung des Kurses, und der experimentelle Aspekt hat sich dem einzuordnen. Damit wird für diesen eine voraussetzungsgebundene Darstellung unmöglich. Die Meßtheorie der verwendeten Apparate wird nicht dort behandelt, wo diese erstmals vorkommen. Man kann mit der Verwendung von Thermometern nicht warten, bis die Wärmeausdehnung an der Reihe ist.

Der voraussetzungsgebundene Experimentalkurs, der in Kämtz' eigenem Buch repräsentiert ist (1839), versucht demgegenüber, die Funktion der Apparate verständlich zu machen, bevor sie verwendet werden. Das geht nicht ohne Umstellungen gegenüber der wissenschaftlichen Systematik (etwa in der Wärmelehre, die manchmal in zwei Abschnitte geteilt wird, zuerst Mayer 1823[5], auch Kämtz 1839) und auch nicht ohne pragmatische Zirkel (wenn man ein Gerät nur mit Hilfe von Gesetzen erklären kann, zu deren Demonstration man es aus Zweckmäßigkeitsgründen verwenden möchte).

Kämtz (1839) gibt eine verbreitete Auffassung wieder, wenn er meint, der voraussetzungsgebundene Experimentalkurs sei für die Anfängervorlesung geeigneter. Der theorieorientierte Kurs sei erst sinnvoll, wenn die Studenten genügend Vorkenntnisse mitbrächten, um die Apparaturen zu verstehen. Und das konnte wegen der Uneinheitlichkeit der schulischen Vorbildung nicht vorausgesetzt werden.

Die Standardwerke des neuen, auch auf theoretischen Zusammenhang und mathematische Begründung Rücksicht nehmenden Stils der Experimentalphysik waren das Lehrbuch von Eisenlohr (1836) und Johannes Müllers Bearbeitung des Lehrbuchs von Pouillet (1842/44).[418] Beide Bücher waren enorm erfolgreich und haben, von Auflage zu Auflage stets auf den neuesten Stand der Wissenschaft gebracht, jahrzehntelang die physikalische Grundbildung auf deutschen Universitäten repräsentiert. Sie konnten dies auch deshalb, weil sie zwar zur Grundvorlesung brauchbar, aber nicht eng an dieser orientiert waren, sondern auf das vertiefende Selbststudium setzten.[419]

Eine solche Popularität konnte der theoriebezogene Lehrbuchtyp nie erreichen. Er wird zunächst nur durch das Lehrbuch von Baumgartner (1824) repräsentiert, das allerdings viele Auflagen erlebte. Es war lange Zeit das anspruchsvolle Lehrbuch für den Fachstudenten. Erst in der Jahrhundertmitte erschienen die in der Intention vergleichbaren Werke von Carl Sebastian Cornelius (1849) und Georg Simon Ohm (1853), die beide aber nicht sehr verbreitet waren. Beide versuchen, indem sie die Theorie in den Mittelpunkt stellen, zugleich die Einheit der physikalischen Erkenntnis zu demonstrieren. Cornelius legt dabei die Naturphilosophie Herbarts zugrunde. Im Ergebnis kommt er nicht sehr weit. Ohm bekennt sich zu einer neuen Version des Laplaceschen Programms. Er will alle Phänomene durch Zentralkräfte mit invers quadratischer Abstandsabhängigkeit erklären. „In diesem einfachen Gesetze scheint sich die Wirkungsweise der gesammten anorganischen Natur zu concentriren." An die Stelle der Imponderabilien tritt allerdings jetzt der Äther. Ohm versucht, die makroskopischen Phänomene durch mikrophysikalische Modelle (Molekülkonstellationen mit Zentralkräften zwischen den Molekülen) zu erklären, und wo ihm dies nicht möglich erscheint, enthält er sich jeglicher Erklärung und bringt nur die phänomenologischen Gesetze.

Ohms Buch stellt einen Höhepunkt in der Mathematisierung der Physik mit elementaren Mitteln dar. Die Behandlung der beiden einschlägigen Gebiete, der Mechanik und der Optik, ist beispielhaft in gedanklicher Strenge und systematischem Aufbau. Das Ideal ist die axiomatisch aufgebaute Theorie. Wo eine solche noch nicht möglich ist, erscheint ihm die Physik „unzusammenhängend und unerquicklich". Dabei bleiben die mathematischen Anforderungen stets ganz elementar (elementare Algebra, ebene Trigonometrie).

Die didaktische Entwicklung einer elementaren theoretischen Physik für die Eingangskurse wurde später aufgegeben. Die theoretische Physik etablierte sich im Lehrangebot der Universitäten als ein auf der experimentellen Grundvorlesung aufbauender Fortgeschrittenenkurs. Maßgebend war dabei das Vorbild Franz Ernst Neumanns, das durch seine vielen Schüler weitergeführt wurde.

7.3 Formale Bildung

Gegen Ende des 18. Jahrhunderts erfaßten die Gedanken der Aufklärung auch breitere Schichten des Bürgertums. Man glaubte an die Macht der Erziehung und sah in der Verbesserung der Ausbildung eine wesentliche Voraussetzung für den auf allen Gebieten erwarteten Fortschritt. Die Zahl derjenigen, die eine höhere Bildung erstrebten, stieg beträchtlich, und in Ermangelung geeigneterer Alternativen gingen die meisten aufs Gymnasium. Dies sah sich dadurch in einer ganz neuen Situation: Viele Schüler strebten keine akademische Karriere mehr an, betrachteten das Schwerpunktfach Latein eher als Nebensache und durchliefen nur einen Teil der Klassen, um irgendwann, wenn sie meinten, das für sie Nützliche gelernt zu haben, ins Berufsleben einzutreten. Daß der naturwissenschaftliche Unterricht sich in dieser Zeit am Gymnasium etablieren konnte, war nicht zuletzt ein Eingehen auf die Wünsche und Bedürfnisse dieser neuen Schülergruppe.

Die Veränderungen der Fächerstruktur am Gymnasium waren jedoch nicht sehr weitgehend. Der neuhumanistischen Bildungsreform gelang es vielmehr, den altsprachlichen Unterricht in Zielen und Inhalten so zu reformieren, daß er sich noch lange Zeit als Zentrum des gymnasialen Bildungsangebots behaupten konnte.

Bis dahin hatte am Gymnasium das Bildungsideal der Gelehrsamkeit gegolten. Es ging um eine intellektuelle, interindividuell definierte Bildung. Der Schüler sollte bestimmte Inhalte und Techniken möglichst vollkommen beherrschen. Dem wird jetzt eine allgemeine (also nicht bloß intellektuelle und schon gar nicht spezialisierte) und individuelle Bildung entgegengesetzt. Der Entwicklung des Menschengeschlechts soll nicht durch die gleichmäßige Vollkommenheit aller, sondern durch den Reichtum der individuellen Formen am meisten gedient sein. Für das Gymnasium bedeutet dies folgendes:

a) Allgemeine Menschenbildung und spezialisierte Berufsvorbildung werden als Gegensätze gesehen. Erst soll die eine vollendet werden, bevor mit der anderen begonnen wird. Dem Gymnasium fällt die Aufgabe der allgemeinen Bildung der „Begabten" zu.

b) Allgemeine Bildung wird in erste Linie als formale Bildung verstanden, und diese meint zum einen die Ausbildung gewisser allgemeiner Fähigkeiten (intellektueller, emotionaler, ästhetischer Natur) und zum anderen das Lernen des Lernens. Beides soll der altsprachliche Unterricht am besten gewährleisten.

Zwar hat die neuhumanistische Schulreform den Physikunterricht nie gefährden können, obwohl einige ihrer prononcierten Vertreter ihm jeden Bildungswert absprachen, aber er geriet doch unter Rechtfertigungszwang. Dem begegnen die Fachdidaktiker, indem sie den allgemeinbildenden Charakter ihres Faches im Sinne der Theorie der formalen Bildung reklamieren.

Die oberflächlichste Art und Weise, dies zu tun, besteht in der Aufnahme der formalen Bildung in die Liste der verschiedenen Arten des „Nutzens" der Physik, die immer noch in vielen Vorworten der Lehrbücher auftaucht. Brettner (1828) beginnt sein Lob der Physik mit der Feststellung: „ihr Studium bildet unsern Geist, wie jede andere Wissenschaft und führt uns so unserm Ziele, der Vervollkommnung unserer selbst, näher". Danach zählt er dann die Bekämpfung des Aberglaubens, die Erkenntnis Gottes, die Förderung von Künsten und Gewerben und die angenehme Unterhaltung als Vorteile seines Faches auf. So gering die Veränderungen auch sind, sie spiegeln doch die Wandlung des Bildungsideals wider: an die Stelle des Eigenwerts der reinen Erkenntnis, der der Gelehrtenstand diente, tritt jetzt die allgemeine Bildung des Menschen, und die Wissenschaft dient dieser.

Die von der Liste suggerierte Gleichordnung der formalen Bildung mit inzwischen ganz peripheren Zielen wie der Bekämpfung des Aberglaubens ist nicht sehr glücklich. Treffender ist die verschiedentlich vorgenommene Unterscheidung zwischen dem „objektiven" und dem „subjektiven" Nutzen des Faches. Der erste besteht in dem „unberechenbaren Gewinn ... für das praktische Leben", der zweite in der „Veredlung und Ausbildung aller unserer Geisteskräfte" (Menge 1838). Wer wollte, konnte dann die Erkenntnis der Allmacht und Weisheit des Schöpfers und die Bekämpfung des Aberglaubens als weitere Aspekte des subjektiven Nutzens darstellen (Muncke 1842[4]) oder sie als notwendige Wirkungen der formalen Bildung verstehen (Heussi 1840).

Die Unterscheidung von objektivem und subjektivem Nutzen korrespondiert mit derjenigen von Berufsvorbereitung und formaler Bildung und nimmt damit die neuhumanistische Trennung beider Bildungsaspekte auf. Allerdings betrachten die Physikdidaktiker selten beides als Gegensätze, sondern wollen mit ihrem Unterricht zu beidem einen Beitrag leisten, wobei jedoch, der akzeptierten Auffassung vom Bildungsauftrag des Gymnasiums gemäß, das Schwergewicht auf der formalen Bildung liegt. Dabei ist die nachfolgende Berufsbildung mitgedacht. Jene Abwertung des Erwerbslebens, die in der Berufsvorbereitung nur ein notwendiges Übel ohne Bildungsrelevanz sah, hat unter den Physikern keine Anhänger gewinnen können. Dies hätte auch schlecht zu der Fortschritts- und Zukunftsgläubigkeit gepaßt, die bei den Naturwissenschaftlern jener Zeit allgemein verbreitet ist. Typisch für diesen Zukunftsglauben ist, daß technische und kulturelle Entwicklung nicht voneinander getrennt gesehen werden, sondern daß der naturwissenschaftliche Fortschritt als Motor beider gilt. Physik und Chemie sind die Grundlage des gesellschaftlichen Wohlstandes, und dieser gilt als „ein mächtiger Factor der Gesittung und der Cultur der Menschen" (Kunzek 1865[3]). Bildung kann sich am besten unter den Bedingungen des Wohlstandes entwickeln und hat immer auch die Aufgabe, diesen mehren zu helfen. Hier wird das Berufsleben nicht (wie bei Wilhelm von Humboldt) als selbstsüchtige Abwehr der Not gesehen, sondern als Beitrag zum Fortschritt, als Arbeit an der Zukunft der Menschheit.

Besonders klar kommt das Zusammengehen von neuhumanistischer Bildungstheorie und wissenschaftlichem Fortschrittsglauben in dem verbreiteten und didaktisch richtungweisenden Lehrbuch von Heussi (1836ff.) zum Ausdruck. Einerseits stellt er den objektiven Nutzen der Physik heraus und betont, sie sei (zusammen mit der Chemie) die Grundlage aller Technik. Den technischen Fortschritt bewertet er unkritisch positiv und verneint ausdrücklich einen Zusammenhang mit der Verarmung und Proletarisierung der Massen. Andererseits beklagt er jedoch für den Bildungsbereich, daß die Physik „fast allgemein für nichts weiter als eine geduldige Dienerin der Gewerbe gehalten" werde, während es doch gelte, sie in den Dienst der „allgemeinen Bildung" zu stellen. Es sei Aufgabe des Physikunterrichts, „empfänglich zu machen für das Höchste und Erhabenste, was des Menschen Geist zu wissen vermag! Nicht Schiffer, nicht Oekonomen, nicht Aerzte, nicht Mechaniker, nicht Architekten wollen wir bilden, sondern Menschen, die das Eine oder Andere ergreifen mögen, da sie für Alles vorbereitet sind, nur nicht für staubige Mönchsgelehrsamkeit und hohle Schwärmerei". Der letzte Satz enthält einen Seitenhieb nicht nur gegen die althumanistische Gelehrtenschule, sondern auch gegen jene Neuhumanisten, die den Bildungswert der romantischen Naturphilosophie („hohle Schwärmerei") höher einschätzten als denjenigen der empirisch/mathematisch vorgehenden Physik. Für Heussi steht fest, daß gerade die Physik formale Bildung besonders gut zu verwirklichen gestatte. Sie sei „das förderlichste Mittel sowohl zur Entwickelung der geistigen Kräfte des Menschen, als auch zur Erweckung eines edlen, geläuterten Gefühls". Daß dies im Unterricht selten zum Tragen komme, sieht Heussi als ein Versäumnis der Physikdidaktik, die sich in manchem die Didaktik des Sprachunterrichts zum Vorbild nehmen könne.

Man wird im Aufkommen der neuhumanistischen Bildungstheorie nicht den Grund dafür sehen dürfen, daß nun auch der Physik formalbildende Kapazitäten zugeschrieben wurden, vielmehr hat die Bildungstheorie dieser Zuschreibung nur Aktualität verliehen. Auch der Philanthropismus hatte die formale Bildung betont, und bereits um die Jahrhundertwende, also zu einer Zeit, in der man einen Einfluß des Neuhumanismus noch kaum annehmen kann, wird in mehreren Lehrbüchern für den Physikunterricht eine formalbildende Funktion in Anspruch genommen (Hobert 1789, Klügel 1792, Hauch 1795, Mayer 1801, Michl 1807[4]). Kries (1804, 1806) und Snell (1810) benutzen bereits den Begriff „formelle Bildung" des Geistes.

Einen Hinweis, worin diese formale Bildung gesehen wird, gibt Hobert (1789), wenn er schreibt: „Es muß der Hauptzweck der Schulen seyn, die Verstandeskräfte zu bilden. Diese zu wekken, scheint kaum eine Wissenschaft geschikter als die Naturlehre, und zu erhöhen, kaum eine empfehlungswerther als die Mathematik zu seyn." Hobert macht also einen Unterschied zwischen der experimentell vorgehenden Naturlehre und der daran anschließenden mathematischen. Die erste soll, indem sie das Erklärungsbedürfnis weckt, den Schüler zum Gebrauch seiner Verstandeskräfte anregen, aber erst die zweite kann die formale Bildung vollenden.

Von daher wird verständlich, warum die Behauptung, die Beschäftigung mit der Physik sei ein Mittel zur formalen Bildung, zu derselben Zeit an Boden gewinnt, in der die Physiker Mathematik nicht mehr mit Meßkunst assoziieren, sondern mit Theorie. Da für den Mathematikunterricht, genau wie für den Logikunterricht, Elemente formaler Bildung schon lange als Rechtfertigungsgründe dienten, wird man annehmen können, daß die Fachdidaktiker sich nun berechtigt glaubten, diese für den Physikunterricht zu übernehmen. Allerdings geht es dabei zunächst nur um intellektuelle Bildung, um die „Schärfe unsers Verstandes und Denkvermögens" (Hauch 1795) und nicht um allgemeine Menschenbildung.

Auch später hat die „Entwicklung der intellectuellen Kräfte" gegenüber der „Veredlung des Menschen" (Kunzek 1853[4]) stets die Hauptrolle gespielt. Was mit letzterer gemeint sein soll, lassen die Lehrbuchautoren im dunkeln. Es ist höchstens allgemein von den „Gefühlen für das Erhabene und Große in der Natur" (Eisenlohr 1846) oder vom „allweisen Walten im Weltall" (Kunzek 1865[3]) die Rede. Solche religiöse Überhöhung der Natur kann mit dem alten Ziel der Gotteserkenntnis trefflich harmonisieren. Der edle Mensch war eben immer noch der religiöse. - Die Praxis der Bücher entlarvt die Vorwortsprüche über die Veredlung des Menschen als Zweckpropaganda: es ist davon nicht mehr die Rede. Es wird harte Physik betrieben, und beim Rechnen und Messen werden die Schüler selten erhabene Gefühle gehabt haben.

Genauer sind die Kennzeichnungen des intellektuellen Teils der formalen Bildung. Er hat zwei Aspekte:

a) Fähigkeiten, die durch die Beschäftigung mit jeder Wissenschaft erworben werden können sollen. Stichworte sind hier „denken lernen" oder „geistige Selbstthätigkeit" (Goebel 1839), aber auch „logisch und sprachlich richtiger Ausdruck" (Trappe 1858[2]).

b) Fähigkeiten, die speziell durch die Beschäftigung mit der Physik erworben werden sollen. Da werden dann etwa genannt: „beobachten lernen", „Erscheinungen einem Gesetz zuordnen", „aus gleichartigen Erscheinungen ein Gesetz ablesen" (Trappe 1858[2]) oder „selbst experimentieren lernen", „hypothetisches Schlußfolgern" (Greiß 1853).

Der spezielle Beitrag der Physik zur formalen Bildung liegt also in ihren Methoden. Er wird in enger Orientierung am Fach bestimmt. Es gibt keine Transferhypothesen, keine Hinweise darauf, daß diese Fähigkeiten auch außerhalb des Umgangs mit den Naturdingen brauchbar sein sollten. Höchstes Ziel ist, den Schüler zu lehren, „später selbstständig Studien in der Wissenschaft machen zu können" (Greiß 1853). Dies ist zweifellos ein hohes Ziel, viel anspruchsvoller als die Ziele der alten Gelehrtenschule. Aber es ist zweifellos nicht die Zielvorstellung der neuhumanistischen Reformer. Hier wird das Schlagwort von der allgemeinen Bildung, indem es konkret gefüllt wird, in einer Weise interpretiert, die ursprünglich nicht gemeint war.

Allgemeine Bildung wird zu methodisch orientierter Berufsvorbereitung. Dies war wohl weder ein subtiles Unterlaufen des neuhumanistischen Programms, noch die schlichte Unfähigkeit, dieses Programm für das eigene Fach zu konkretisieren. Eine aus geisteswissenschaftlichem Denken und idealistischer Philosophie entsprungene Bildungsidee konnte der zum Positivismus neigenden Physik nicht unversehrt aufgepfropft werden. Nach dem Scheitern der romantischen Naturphilosophie gehörte es unter Physikern zum guten Ton, jede Art spekulativen Denkens in den Naturwissenschaften zu diskreditieren und eine eng an den Fakten bleibende Physik zu betreiben. Allgemeine Bildung sollte nicht mehr im allgemeinen Zugriff des philosophischen Fragens gewonnen werden, sondern in der disziplingemäßen Bearbeitung des je Besonderen. Es geht nur noch um das disziplinspezifische Allgemeine - die Methoden im weitesten Sinn.

Wenn formale Bildung auf das Erlernen wissenschaftlicher Methoden reduziert wird, sollte prinzipiell jeder physikalische Gegenstand, der überhaupt auf Schulniveau angemessen behandelt werden kann, gleich bildungsrelevant sein. Versuche, bestimmte Aspekte formaler Bildung mit bestimmten, dafür besonders geeignet erscheinenden Themen oder Gebieten zu verknüpfen, sind demgemäß selten (Scherling 1838/40, Greiß 1853).

Die Diskussion um den Bildungswert der Physik betraf überwiegend das Gymnasium. In den mittleren Schulen, die das Bürgerkind auf den Eintritt ins Berufsleben vorbereiten wollten, war naturwissenschaftlicher Unterricht unumstritten, und wenn er für die niederen Schulen infrage gestellt wurde, dann nicht, weil man seinen Bildungswert bezweifelt hätte, sondern weil es Kräfte gab, die die Bildung des Volkes auf die nötigsten gemeinnützlichen Kenntnisse beschränkt sehen wollten. Obwohl an den mittleren und niederen Schulen die Physik in erster Linie wegen ihres Nutzens gelehrt wurde und man es auch nicht unwürdig fand, dies zuzugeben, hat doch auch dort die formale Bildung eine Rolle gespielt. Dies gilt besonders für die mittleren Schulen, die sich didaktisch in vielem am Gymnasium orientierten. Hier betonen viele Lehrbücher die formale Bildung als zweites Ziel neben der Vermittlung nützlicher Kenntnisse (Beck 1828, Poppe 1837[3], Agthe 1838, Herr 1838[4], Schneider 1842, Frick 1843). Für die niederen Schulen sind entsprechende Hinweise wesentlich seltener (Fischer/Helmuth 1849, Diekmann 1842[3]). Hier wird immer noch die religiös-moralische Erziehung stärker betont.

7.4 Altersgerechte Bildung

Daß der Gymnasialunterricht eine Einführung in die Wissenschaft Physik zu leisten habe, war bis dahin unstrittig gewesen. Praktisch bedeutete dies, daß man sich an den Grundkursen der Universität orientierte und ihnen zwar nicht im Umfang der Kenntnisse, wohl aber im Niveau möglichst nahezukommen suchte. Das erwies sich nach dem Einzug der Mathematik in die Anfängervorlesung als immer schwieriger. Man konnte den Gymnasialkurs schlecht mit einer elementaren theoretischen Mechanik beginnen, ohne die Schüler zu überfordern und ihnen die Lust am Fach auszutreiben. Hinzu kam, daß viele Gymnasien den Beginn des Physikunterrichts auf Tertia vorzogen, um den an realistischer Bildung besonders interessierten Schülern entgegenzukommen, die vorzeitig ins Berufsleben abgingen.

In den Lehrbüchern kann man verschiedene Wege erkennen, sich auf die neue Situation einzustellen:

a) Der resignative Weg des Verzichts auf den Anschluß an das Universitätsbuch. Es entsteht eine Schulphysik, die wesentliche Elemente rezenten wissenschaftlichen Denkens nicht mehr mitvollzieht und sich eher an älteren Vorbildern orientiert.

b) Der didaktische Weg, der für verschiedene Niveaustufen unterschiedliche Kurse mit spezifischen Zielen und Methoden entwirft.

c) Ein unterrichtsmethodischer Weg durch Niveaudifferenzierung innerhalb eines Kurses wird zunächst noch selten beschritten. Ansätze in dieser Richtung finden sich in dem insgesamt sehr eigenständigen Werk von Menge (1838). Er schreibt einen kurzen Basistext als Merkhilfe für den Schüler und gibt dem Lehrer umfangreiche Zusatzmaterialien an die Hand, die Vertiefungen und unterschiedliche Schwerpunktsetzungen erlauben. In dem methodisch durchdachten, sehr erfolgreichen Buch von Koppe (1847) wird die systematische Gliederung zugunsten einer Abfolge von Themen aufgegeben. Dadurch besteht die Möglichkeit, einen bestimmten Gegenstand zunächst einzuführen und bei einem späteren Thema darauf zurückzukommen, ihn zu vertiefen und zu erklären. Das mathematisch anspruchsvollste Gebiet, die Optik, steht im letzten Teil des dreijährigen Kurses. Greiß (1853) beginnt seinen Lehrgang als üblichen Demonstrationskurs, wobei die Elektrizitätslehre im Mittelpunkt steht. Danach behandelt er zwei Gebiete besonders ausführlich und weist ihnen im Sinne eines exemplarischen Vorgehens besondere, für den Oberstufenunterricht spezifische Ziele zu: an der Optik will er die wissenschaftliche Methode als Wechselspiel von Experiment und Hypothese thematisieren, und die am Schluß stehende Mechanik soll die Bedeutung der Mathematik in der Physik demonstrieren.

Welcher Weg jeweils gewählt wurde, hängt auch von schulorganisatorischen Randbedingungen ab. Durch Lehrpläne und Stundentafeln wurde der Spielraum der einzelnen Schule zunehmend eingeengt. Es erscheinen erstmals Bücher für die höheren Schulen in bestimmten deutschen Staaten. Wo Physik nur über zwei Jahre mit zwei Wochenstunden unterrichtet wurde, war der zweite der genannten Wege kaum praktikabel. Daß jedoch Lehrbücher des ersten Typs auch an Gymnasien mit vierjährigem Physikunterricht verbreitet waren, zeigt, daß derartige Restriktionen nicht die Hauptrolle spielten.

Im folgenden sind die wesentlichen Merkmale der ersten beiden Wege zusammengestellt.

a) Die Schulphysik

Die wissenschaftlichen Lehrbücher jener Zeit versuchen, theoretischen Zusammenhang und experimentelle Fundierung gleichermaßen darzustellen. Mathematisches und Apparatives, theoretische und experimentelle Vorgehensweise, werden als aufeinander angewiesen betrachtet. Die Anfang des Jahrhunderts verbreitete Frustration über die Theorie ist hier einer neuen Hoffnung gewichen, in der jener Theorienkomplex, der später den Namen klassische Physik erhielt, das zu erstrebende Ideal bildet.

Die hier zu kennzeichnenden Schulbücher haben von all dem nichts. Sie legen wenig Wert auf Zusammenhänge und begnügen sich mit Detailkenntnissen, die als Anlaß zur formalen Bildung oder auch um ihrer praktischen Bedeutung willen gelehrt werden.

Die Tendenz dieser Entwicklung kann man gut erkennen, wenn man die für den Schulgebrauch hergestellten Auszüge aus den Lehrbüchern von Muncke (1819/20, 1842^4), Fischer (1819^2, 1829) und Baumgartner (1824, 1837) mit den Originalen vergleicht. Die Gymnasialfassungen haben ein elementares mathematisches Niveau; sie bringen weniger Beweise oder ersetzen diese durch Experimente; sie verzichten weitgehend auf Hypothesen und erklärende Modellvorstellungen. Der innere Zusammenhang des Wissens, den die Autoren als wesentliches Qualitätsmerkmal eines Universitätslehrbuches ansehen, kommt hier weniger zum Ausdruck. Es dominiert die Behandlung der einzelnen Gesetze. Die Zusammenhang stiftende Funktion der Mathematik kommt nicht zum Tragen. Die Mathematisierung führt nicht zur theoretischen Einheit, sondern wird bestenfalls in Teilstücken demonstriert.

Das charakteristischste und verbreitetste Lehrbuch dieser Art ist dasjenige von Brettner (1828, 1868^{17}), das in über 50 Jahren 20 Auflagen erlebte. Ähnlich im Umfang und Art der Darstellung ist das Buch von Clemens (1839). Rüst (1847) und Trappe (1858^2) liefern keine Lehrbücher, sondern kurze Kompendien zur Wiederholung des Lehrstoffes.

Auffällig ist, daß diese Bücher in zwei relativ unterschiedliche Teile zerfallen, einen mathematisch und einen experimentell vorgehenden. In dieser Hinsicht ähneln sie jenen älteren Werken, die sich um eine Integration von angewandter Mathematik und Experimentalphysik bemühen (Jungnitz 1804, Hallaschka 1813).^{420}

Der mathematische Teil ist in der Stoffauswahl der alten angewandten Mathematik recht ähnlich. Er umfaßt die Mechanik und die Optik. Innerhalb dieser Gebiete werden die Themen bevorzugt, die sich mathematisch elementar und doch exakt behandeln lassen, d.h. in der Mechanik dominiert die Statik, in der Optik die geometrische Optik. Die Grundgesetze werden formuliert und eventuell durch speziell dafür gebaute Apparate veranschaulicht (typisch ist die Atwoodsche Fallmaschine). Danach werden die Gesetze auf viele besondere Fälle angewendet, die nicht unbedingt von physikalischem oder technischem Interesse sind, sondern in erster Linie der Einübung des Umgangs mit den Gesetzen dienen. Dies ist die vielgeschmähte Kreidephysik des 19. Jahrhunderts, und Clemens (1839) klagt denn auch über das mangelnde Interesse der Jugend an der Physik.

Der experimentelle Teil, der die übrigen Gebiete umfaßt, ist oft nicht viel interessanter. Nur das messende, Gesetze verifizierende Experiment zählt. Dabei wird jedoch dem apparativen Aspekt kaum Aufmerksamkeit gewidmet. Die Geräte werden kaum genauer untersucht oder wenigstens beschrieben. Auf die (häufig dürftige) Ausstattung der Schulen wird keine Rücksicht genommen. Oft sind die Experimente gar nicht auf Demonstration angelegt. Freihandversuche und explorative Experimente werden nicht geschätzt. Es ist wohl nicht die Intention der Autoren gewesen - aber ihre Bücher werden zumindest den experimentell weniger versierten Lehrer dazu verführt haben, öfters das Experiment durch die Tafelzeichnung zu ersetzen. - Auch im experimentellen Teil spielen übrigens die Anwendungen eine beträchtliche Rolle, hier in Form qualitativer Erklärungen technischer Geräte.

Wie läßt sich der große Erfolg des für die Schüler sicher nicht besonders motivierenden Buches von Brettner erklären? Man kann vermuten, daß man darin die anerkannten Lernziele gut verwirklicht glaubte. Die relativ weitgehende Mathematisierung sollte das Lernen des Denkens fördern. Neu war, daß das Moment der Übung von Fähigkeiten stärker betont wurde. Schließlich war auch der praktische Nutzen der Physik durch die Anwendungsbeispiele repräsentiert.

Offenbar hat es demgegenüber nicht gestört, daß das Buch in seiner Kombination von angewandter Mathematik und theorieloser Experimentalphysik veraltet war. Da es nicht eine bestimmte Einstellung zur Wissenschaft vermitteln wollte, konnte es sich auf die Darbietung gesicherter Kenntnis und die Einübung von Fähigkeiten anhand derselben beschränken. Während der vielen Auflagen hat es kaum Änderungen im Text gegeben, nur Ergänzungen neuerer experimenteller Ergebnisse. Der wesentliche Bestand dieser Schulphysik war von der Entwicklung der Wissenschaft unabhängig.

b) Stufenspezifische Kurse

Der Gedanke, Bildung vollziehe sich in Stufen, war durch Pestalozzi populär geworden. Seine für den naturwissenschaftlichen Unterricht bestimmende Formulierung erhielt er allerdings erst durch Diesterweg: „Jedes Wissen soll dem Menschen in solcher Weise so vorgeführt werden, wie es entwickelt und gefunden worden ist. Wie daher die Uranfänge aller Wissenschaften in den einfachsten Erfahrungen des alltäglichen Lebens liegen, so ist solches nicht nur in betreff des Anfanges, sondern in allen Teilen mit der Naturlehre der Fall. Überall zuerst und vorzugsweise Beobachtung oder Experiment, dann überlegende Betrachtung der Erscheinungen und Schlüsse daraus bis zur Aufhellung des in ihnen Gleichartigen oder Gemeinschaftlichen, das heißt des Gesetzes, und dann Entwicklung der Erscheinung aus dem Gesetz" (1834). „Zuerst überall Was; dann Wie; dann Warum, oder: Erscheinung, Gesetz, Ursache" (1877[5]). Diesterweg behauptet, diese Reihenfolge zeige sich auch in der Geschichte der Physik und der Unterricht werde der lernpsychologischen Entwicklung des Kindes am besten gerecht, wenn er in dieser Hinsicht dem historischen Weg folge. Allerdings will Diesterweg die drei Stufen im Unterricht nicht streng voneinander trennen, sondern sieht stets den Zusammenhang von Beobachtung, gesetzmäßiger Beschreibung und Erklärung. Er plädiert also gerade *nicht* dafür, die Stufen drei aufeinanderfolgenden Kursen zuzuordnen, wie die hier zu besprechenden Lehrbücher es tun.

Die von Diesterweg aufgestellte Reihenfolge ist nicht neu, sondern kommt in ähnlichen Formulierungen bei anderen Autoren schon früher vor. Charakteristisch für Diesterweg ist, daß er den Stufen eine lernpsychologische Begründung gibt und sie damit auf die Entwicklung des Kindes bezieht. Bis dahin waren unterrichtsmethodische, erkenntnistheoretische oder wissenschaftsmethodische Gründe angegeben worden.

In den Vorworten vieler Lehrbücher aus dem 18. Jahrhundert findet man die Aussagen, daß die Naturlehre auf der Naturgeschichte aufbauen solle und daß man in der Naturlehre von den Gesetzen zu den Ursachen fortschreiten solle. Innerhalb des Lehrstoffes wird also eine Stufung nach zunehmender Allgemeinheit vorgenommen: *historische Erkenntnis, Gesetzeserkenntnis, Ursachenerkenntnis.* Dies bezeichnet den unterrichtsmethodischen Weg vom Besonderen zum Allgemeinen, wie er einer induktiv vorgehenden Wissenschaft angemessen ist.

Eine erkenntnistheoretische Auslegung einer ähnlichen Stufenfolge findet man im Anschluß an Kant z.B. bei Mayer (1823[5]). Die erste Stufe der Erkenntnis ist die *Anschauung.* Die intersubjektive Übereinstimmung der Anschauungen und die in der Natur des Verstandes festgelegten Urteilsregeln (die Kategorien) erlauben die Bildung von *Begriffen* von den Dingen und ihren Eigenschaften. Die Vernunft schließlich verknüpft die Begriffe und ordnet sie zu einem auf gewissen Prinzipien gegründeten *Ganzen,* der Theorie. Die Prinzipien erlauben die Darstellung der Erscheinungen als gesetzmäßige Folge von Kräften und damit die Erklärung der Erscheinungen.

Gängiger sind Beschreibungen der Forschungsmethode in Stufen. Die von Hoffmann (1821) vorgelegte Kennzeichnung des „dreyfachen Geschäfts des Naturforschers" benutzt die gleichen Begriffe wie Diesterweg: „Auffindung der Erscheinungen", „Erforschung der Naturgesetze" und „Erklärung der Erscheinungen".

Etwa gleichzeitig mit Diesterwegs theoretischen Schriften erscheinen mehrere Lehrbücher, die versuchen, das Konzept der Bildungsstufen praktisch durchzuführen, (Diekmann 1826,[421] Heussi 1836ff., Katzfey 1836, Scherling 1838/40). Der früher einsetzende Physikunterricht erforderte einerseits Rücksichtnahme „auf die allmälige und vor der Zeit einmal nicht zu erreichende Reife des Verstandes" (Heussi 1847[3]) und gebot andererseits Überlegungen, wie es anzustellen sei, die „Geistesanlagen frühzeitig zu entwickeln" (Katzfey 1846[3]). Bei der Konzeption dieser Kurse ging man von den verbreiteten unterrichts- und wissenschaftsmethodischen Vorstellungen aus und gab ihnen eine lern- beziehungsweise entwicklungspsychologische Wendung. Ein Einfluß pädagogischer Bildungsstufenmodelle (etwa Schleiermachers) ist nicht zu sehen.

Der Vorschlag Katzfeys (1846[3]) orientiert sich an der Tradition des naturwissenschaftlichen Unterrichts. Er läuft darauf hinaus, drei aufeinanderfolgende Kurse an den traditionellen Fächern zu orientieren: Naturgeschichte, Experimentalphysik und angewandte Mathematik. Katzfey stellt eine Zuordnung zwischen den Entwicklungsstufen des Kindes und den typischen Fähigkeiten her, die die Kinder in diesen Fächern lernen können:

a) Die erste Stufe bezeichnet er als „die Epoche des Auffassens und Memorirens", die die Schuljahre der Unterstufe umfasse. In dieser Zeit sollen die Schüler nur in der Naturbeschreibung (Naturgeschichte) unterrichtet werden, noch nicht in der Physik. Einen bloß beobachtend-beschreibenden Physikunterricht zieht Katzfey nicht in Betracht, denn nach der traditionellen Definition wäre dies keine Physik gewesen, sondern eben Naturgeschichte.

b) Die Klassen Tertia und Sekunda bezeichnet er als die Stufe „des Combinirens und Schließens". Jetzt soll der Naturlehreunterricht neben die Naturgeschichte treten. Der Unterricht ist als „Experimentalphysik" zu gestalten. Im Mittelpunkt stehen die Naturgesetze. Hypothesen werden nicht ausgeschlossen, treten aber doch zurück. Katzfey orientiert sein eigenes Bändchen für diese Stufe an den älteren „chemischen" Werken.[422]

c) Die mathematische Behandlung der Physik schließlich soll der Prima vorbehalten bleiben. Jetzt geht es darum, „wissenschaftlich zu begründen". Katzfey warnt vor einem „Versteigen in unzeitige Vollendung und Beweisführung". Die mathematische Physik sei erst statthaft, wenn die Ideen auf dem Erfahrungswege schon geschaffen wurden.

Katzfeys Buch ist in der Durchführung nicht sonderlich überzeugend, zeigt jedoch erstmals eine Unterrichtsorganisation, die in der Folge an vielen besseren Gymnasien praktiziert wurde: der Physikunterricht setzte mit der Mittelstufe ein und verfolgte in Mittel- und Oberstufe unterschiedliche Ziele. Zwei solche aufeinander aufbauende Kurse hatte schon E. G. Fischer (1805) gefordert. Der erste, phänomenologische, sollte durch das Experiment gekennzeichnet sein und zur Kenntnis der Gesetze führen, der zweite, theoretische, sollte „auf Ordnung und Zusammenhang gerichtet" sein, und dafür hatte er sein Lehrbuch bestimmt. Vierzig Jahre später war eine derartige Unterrichtsorganisation an vielen Gymnasien verwirklicht und die meisten der besseren Bücher setzen sie voraus.

Für die mittlere Schulstufe gedacht sind die Bücher von J. Müller (1846), Eisenlohr (1846), Kunzek (1851) und das schon den Grundsätzen Crügers verpflichtete Buch von Erler (1853). Sie bieten in sich abgeschlossene Kurse, die auch für Untergymnasien, Realschulen, Gewerbeschulen, höhere Bügerschulen, Lehrerseminare (Erler 1853) und ähnliche Anstalten der mittleren Bildung geeignet sein sollen. Erler (1855) und Müller (1860) tragen den Erfordernissen der Oberstufe durch einen Ergänzungsband mit der mathematischen Physik Rechnung. Götz (1837ff., 1846) Ettingshausen (1843/44) und Kunzek (1852/53) schreiben zu diesem Zweck umfangreiche und ambitionierte Werke, die praktisch Universitätsniveau haben. Als zweite Bildungsstufe konnte auch eine Fachschule fungieren, deren Physikunterricht auf der mittleren Gymnasialbildung aufbaute (Peschel 1844, Grunert 1845/50).

Die konkrete Ausgestaltung der beiden Bildungsstufen orientiert sich an den beiden Lehrbuchtypen für die Eingangskurse an der Universität, die erste Stufe am voraussetzungsgebundenen Experimentalkurs, die zweite Stufe am theorieorientierten Kurs.[423] Dabei sind naturgemäß die Unterschiede der Mittelstufenbücher zu den Universitätsbüchern größer. Hier wird nicht nur der Umfang des Stoffes auf das Grundlegende begrenzt. Die Darbietung wird auch elementarisiert, die Erläuterung durch Beispiele tritt an die Stelle strenger argumentativer Herleitungen. Die Übung des Gelernten wird einbezogen. Die Oberstufenbücher geben dann einen „streng wissenschaftlichen" (Ettingshausen 1853[3]) Unterricht, der sich vom Universitätsunterricht nur durch das gänzliche Vermeiden der Analysis unterscheidet, wodurch die Beweise oft langwieriger und schwerfälliger werden.

Die Einteilung des Physikunterrichts in einen Mittel- und einen Oberstufenkurs war eine praxisorientierte Lösung, mehr am Kriterium der Machbarkeit unter gegebenen schulorganisatorischen Bedingungen orientiert als an einer fachdidaktischen Konzeption. Demgegenüber versuchte Heussi (1836ff.), in seiner Kurssequenz eine bestimmte Vorstellung von den „Bildungsstufen" zum Tragen zu bringen und ging dabei sehr konsequent vor. Die „stufenmäßige und harmonische Ausbildung des Menschen" erfordere eine stufenmäßige Gliederung des Physikunterrichts. Heussi betrachtet die Entwicklung des kindlichen Geistes als ein Durchlaufen verschiedener, festgelegter Stadien und hält jeden Vorgriff auf ein späteres Stadium für pädagogisch fragwürdig.[424] So mache man das Kind zum „frühreifen Schmächtling".

Heussi entwirft drei aufeinander aufbauende Kurse. Jeder behandelt die gleichen Gebiete der Physik in der gleichen Reihenfolge, wenn auch mit unterschiedlichen, durch die Bildungsziele gegebenen, inhaltlichen Schwerpunkten. Der vorangehende Kurs ist jeweils propädeutisch für den nachfolgenden. Erst das Durchlaufen aller drei Kurse führt zu einer physikalischen Bildung im vollen Sinn des Wortes. Jeder Kurs hat bestimmte, mit Rücksicht auf den Reifezustand des kindlichen Geistes definierte Ziele der formalen Bildung. Die Kurse sind streng auf diese Ziele hin entworfen.

Die Charakterisierung der Bildungsstufen nimmt Heussi in gleicher Weise wie Diesterweg vor. Die Titel zeigen dies: „Kenntniß der Phänomene", „Von den physikalischen Gesetzen", „Von den physischen Kräften". Im ersten Kurs gilt es, „das Kind erst nur an die Beobachtung der Erscheinungen zu gewöhnen, seinen Blick zu bilden und seine Wißbegierde zu wecken", denn zunächst richtet „das Kind sein Augenmerk nur auf das sinnlich Wahrnehmbare". Es werden Phänomene vorgestellt, angegeben, wo sie vorkommen, beziehungsweise wie man sie erzeugt; Experimentier- und Nachweisgerät wird beschrieben; die zugehörigen Begriffe werden eingeführt (manchmal ziemlich viele). Der Kurs ist gänzlich qualitativ. Im zweiten Kurs steht das messende Experiment im Mittelpunkt. Die Ergebnisse werden als Gesetze ausgesprochen (quantitativ oder halbquantitativ). Mathematische Formeln werden noch nicht verwendet. Viel Wert wird auf Anwendungsbeispiele und Übung im Umgang mit den Gesetzen gelegt. Die Behandlung bleibt stets phänomenologisch und auf das einzelne Gesetz gerichtet.[425] Der dritte Kurs schließlich ist der „pädagogisch bei weitem fruchtbarste". Hier geht es um das, was eigentlich Physik ausmacht, die Ursachen der Erscheinungen, die Kräfte. Diese stiften den Zusammenhang des Wissens, die Einheit der Theorie. „Höchstes Ziel aller Naturforschung" ist es, „sämmtliche Naturerscheinungen auf wenige, oder sogar nur eine einzige ... Grundkraft zurückzuführen". Er hofft, daß einmal eine allgemeine Äthertheorie die Physik der früheren Imponderabilien zu einer Einheit machen werde. Das Mittel der Vereinheitlichung ist die Mathematik, deren Anwendung auf die Physik das zentrale Moment des dritten Kurses ist: „Wo ein physikalisches Gesetz auf mathematischem Wege deduziert werden konnte, ist es auch geschehen" und wo das nicht möglich war, behandelt er das betreffende Gebiet provozierend kurz.

Vergleicht man Heussis Lehrgang mit den vorher behandelten zweistufigen Lehrgängen, so findet man hinsichtlich der Oberstufe keine Unterschiede. Heussis dritter Kurs entspricht in Intention und Niveau etwa den Büchern von Kunzek (1865³) oder Ettingshausen (1853³), setzt allerdings deutlichere inhaltliche Schwerpunkte. Hier war die Mathematisierung als wesentliches Unterrichtsziel unbestritten. In der Mittelstufe, wo Heussi von dem üblichen durchgängigen Kurs abrückt, kann seine Lösung nicht recht überzeugen. Im ersten Kurs war ein Mittelstufenschüler wohl unterfordert, und wenn im zweiten Kurs in einem Jahr die ganze Experimentalphysik durchgenommen werden sollte, dürfte das eine ziemliche Hetze gewesen sein. Außerdem wird Heussis didaktische Prinzipientreue manchmal zu Schematismus.

Diese Mängel, die die Bedeutung von Heussis Konzeption kaum schmälern, hat später Crüger zu beheben versucht. Er bestimmt die Bildungsstufen wie Heussi (Crüger 1850a), schreibt aber nur Lehrbücher für die untere (1854) und mittlere Stufe (1850b). Die untere Bildungsstufe wird von ihm auf die Elementarschule verlegt, womit der Ort dieses „Anschauungskurses" wohl in angemessener Weise bestimmt war. Von Crügers Beitrag zur Didaktik der unteren und mittleren Schulstufe wird weiter unten noch genauer die Rede sein.

7.5 Methodischer Unterricht

Die Methodik der Wissenschaft wird im 19. Jahrhundert nicht mehr als ein bestimmten Schritten folgendes Verfahren gesehen. Die Vielfalt wissenschaftlicher Forschung beugt sich keinem solchen Schema. Jedoch kann man einige Kennzeichen anführen, die das Methodenverständnis der Autoren charakterisieren. Die Methode soll induktiv sein in dem Sinne, daß alles Wissen auf Erfahrung beruht und daß Gesetze zur Beschreibung der Phänomene durch induktive Generalisation gewonnen werden können. Sie soll hypothetisch sein in dem Sinne, daß sich über die Ursachen der Erscheinungen, die Kräfte, nur hypothetisch reden läßt und daß mathematisch formulierte Hypothese und experimentelle Bestätigung zusammenkommen sollen. Ziel ist die mathematisch formulierte und experimentell bestätigte Theorie der Kräfte, die das Erklärungsbedürfnis befriedigt und die Naturbeherrschung ermöglicht. Dieser allgemeine Rahmen umfaßt eine Vielzahl möglicher Vorgehensweisen und Verfahren. Es gibt keinen Grund, ein bestimmtes Vorgehen bei der Darstellung des Wissens im Lehrbuch zu bevorzugen. Die Entscheidung muß vielmehr im Einzelfall, den jeweiligen Zielen gemäß, unter pädagogischen Gesichtspunkten getroffen werden.

Die unterrichtsmethodischen Entscheidungen, die in den Lehrbüchern für die höheren Schulen die wichtigste Rolle spielen, lassen sich unter vier Gesichtspunkten zusammenfassen: a) experimentelle oder mathematische Methode, b) beweisende oder entwickelnde Methode, c) systematische oder voraussetzungsgebundene Methode und d) phänomenologische oder hypothetisierende Methode.

a) Experimentelle oder mathematische Methode

Soll ein Gesetz „induktiv" auf experimentelle Ergebnisse gegründet werden oder soll es aus den Grundgesetzen deduktiv hergeleitet werden? Daß beide Methoden grundsätzlich möglich sind, wird von mehreren Autoren betont (Buchner 1833[2], Eisenlohr 1846, Ettingshausen 1853[3], Trappe 1858[2]). In vielen Fällen wird die Entscheidung allerdings durch praktische Restriktionen vorgegeben. Die mathematische Methode erfordert gewisse Vorkenntnisse und läßt sich auf elementarem Niveau oft nicht durchführen. Wo sie aber nach Alter und Vorbildung der Schüler möglich erscheint, wird sie von den meisten Autoren bevorzugt. „Steht zwischen beiden Methoden die Wahl frei, so verdient die theoretische den Vorzug" (Ettingshausen 1853). Die Niveaudifferenzierung zwischen den Kursen geschieht ganz überwiegend über die Mathematisierung. Für die Mittelstufe dominiert die experimentelle Methode. Manche Autoren möchten die mathematische Methode auf dieser Stufe ganz vermieden wissen und sie der Prima vorbehalten. In der Mittelstufe mache sie „die angenehmsten Studien zur Plage der Lehrer und Schüler" (Katzfey 1846[3]) und töte „die Lust und Theilnahme und Liebe für die Sache" (Schneider 1842).

b) Beweisende oder entwickelnde Methode [426]

Soll man einen Lehrsatz überzeugend *präsentieren*, indem man ihn deduktiv beweist, durch Experimente verifiziert oder auch nur durch viele Beispiele erläutert, oder soll man ihn entwickelnd *herleiten*, indem man auf Bekanntem aufbauend, schrittweise schlußfolgernd und Erfahrungen heranziehend zum Ergebnis führt? Für die kurzen Kompendien, die nur der Wiederholung des Stoffes dienen, stellt sich die Frage nicht; sie verzichten manchmal auf beides. Auch in manchen ausführlicheren Lehrbüchern werden Formeln einfach angegeben, ohne Beweis oder Herleitung (Brettner 1868[17]), jedoch wird dies andererseits auch kritisiert (Heussi 1840). Die anspruchsvolleren Werke versuchen im allgemeinen, möglichst „alle ausgesprochenen Lehren und Wahrheiten mit triftigen, unumstößlichen Beweisen" zu belegen (Goebel 1839, ähnlich Ettingshausen 1853[3]). Dies erfordert der wissenschaftliche Anspruch. Die Frage ist, ob das ausreicht oder ob aus pädagogischen Gründen eine Entwicklung des Stoffes anzustreben ist. Es reicht offenbar aus, wenn formale Bildung, als Einübung bestimmter Denkoperationen und Arbeitstechniken verstanden, das Hauptziel ist (Brettner 1868[17], Clemens 1839). Diese lassen sich beim Arbeiten mit den Gesetzen oft leichter einüben, als bei deren weniger standardisierbarer Entwicklung. Es reicht hingegen nicht aus, wenn das Verständnis der physikalischen Grundlagen und Zusammenhänge betont wird (Müller 1846), wenn der Schüler an einem Gebiet lernen soll „selbstthätig diesen Theil der Wissenschaft aufzubauen" (Greiß 1853). Wo formale Bildung also stärker fachbezogen, als Weckung des „wissenschaftlichen Sinns" aufgefaßt wird, ist das „entwickelnde, elementarische Lehrverfahren" das „einzig pädagogisch richtige" (Heussi 1840). - Für den Elementarunterricht war die „beweisende" Methode meist nur eine Veranschaulichung durch Beispiele. Die reine Präsentation des Stoffes ist auch in guten Büchern noch das gängige Lehrverfahren (Brand 1820). Im Rahmen der methodischen Erneuerung des Elementarunterrichts, die mit dem Namen Diesterweg verknüpft ist, wird dann auch das entwickelnde Verfahren gefordert. Dabei konnte man auf die sokratische Methode (auch ungenau als katechetische Methode bezeichnet) zurückgreifen (Diekmann 1842[3], Crüger 1852).

c) Systematische oder voraussetzungsgebundene Methode

Soll sich die Reihenfolge der Unterrichtsgegenstände an der wissenschaftlichen Systematik ausrichten oder an pädagogischen Gesichtspunkten, insbesondere dem Postulat der Voraussetzungsgebundenheit, durch das dem Schüler die logische Stringenz und damit die „Wissenschaftlichkeit" des Faches demonstriert wird? Auf die unterschiedlichen Schwerpunktsetzungen sowohl in den Universitäts- als auch in den Gymnasiallehrbüchern ist schon hingewiesen worden.[427] Dabei bemühen sich alle Autoren, beide Gesichtspunkte möglichst weitgehend miteinander zu verbinden. Ein vollständiges Außerachtlassen der wissenschaftlichen Systematik findet man nur in den auf Crügers Thesen (1852, 1853[3]) fußenden Elementarschulbüchern.[428] Dort wird dann auch der pädagogische Wert der Voraussetzungsgebundenheit („Lückenlosigkeit") für die Elementarstufe in Frage gestellt.

d) Phänomenologische oder hypothetisierende Methode

Soll man sich auf die Betrachtung der Erscheinungen und der Gesetze, nach denen sie erfolgen, beschränken, oder soll man zusätzlich erklärende Modellvorstellungen einführen? Generelle Tendenz ist, Hypothesen entweder gar nicht beziehungsweise nur ganz am Rande zu erwähnen oder aber ausführlicher mit ihnen zu arbeiten. Nur wo die Zusammenhang stiftende Funktion der Hypothesen demonstriert werden kann, erscheinen sie sinnvoll; als zweite, bloß erklärende Ebene der Theorie sind sie entbehrlich.

Damit blieb als einziges größeres Gebiet, in dem die hypothetische Methode sinnvoll erschien, die Wellenoptik, und eine Reihe der anspruchsvolleren Bücher befaßt sich denn auch ausführlich mit ihr. Dabei kann, der beweisenden Methode entsprechend, die Optik von vornherein im Wellenmodell behandelt werden (Heussi 1840, Kunzek 1865[3]), oder dieses wird, der entwickelnden Methode gemäß, erst eingeführt, wenn die Phänomene es nahelegen (Müller 1846, Eisenlohr 1846, Greiß 1853, Ettingshausen 1853[3]).

Eine gelungene Integration der verschiedenen methodischen Aspekte findet man in dem Buch von Greiß (1853). Anfangs gibt er einen elementaren Unterricht: experimentell, entwickelnd, phänomenologisch. Danach benutzt er paradigmatisch die hypothetische Methode in der Optik und die mathematische Methode in der Mechanik.[429]

Wenn hier von experimenteller und entwickelnder Methode die Rede ist, so bezieht sich dies zunächst nur auf den Lehrbuchtext. Man kann nicht davon ausgehen, daß im Klassenunterricht der Stoff im Unterrichtsgespräch entwickelt und an entsprechender Stelle experimentell dargeboten wurde. Ein üblicher Weg, der auch von Lehrbuchautoren empfohlen wird (Heussi 1847[3], Scherling 1840), ist der folgende dreischrittige Unterrichtsgang:

a) Die *Darbietung* des Stoffes stützt sich ganz auf das Lehrbuch. Der Lehrbuchtext wird im Unterricht vorgelesen, eventuell von einem Schüler (Scherling 1840), oder es wird vorausgesetzt, daß die Schüler ihn selbst als Hausaufgabe erarbeitet haben (Heussi 1847[3]). Auch der freie Lehrervortrag, unterstützt von Tafelzeichnungen, wird gefordert (Trappe 1858[2]).

b) Es folgt die Phase der *Rekapitulation.* Der Lehrer überzeugt sich durch Fragen, daß der Text verstanden wurde und gibt eventuell Erläuterungen.

c) Am Schluß steht die *Übung* und Anwendung des Gelernten. Hierauf wird großer Wert gelegt, denn hier werden jene Fähigkeiten eingeübt, die den formalen Bildungswert des Faches ausmachen. Dabei wird der Stoff zugleich veranschaulicht, erläutert, vertieft. Das Lehrbuch liefert dazu Beispiele.

Der zweite und dritte Unterrichtsschritt bieten viele Möglichkeiten zur Überprüfung von Kenntnissen und Fähigkeiten der Schüler, denn es soll „jede Schulstunde ganz oder theilweise Prüfungsstunde" sein (Katzfey 1846[3])

Der Ort des Experiments in einem solchen Unterricht ist entweder die Darbietung oder die Übung. Während der Darbietung soll es nur eingesetzt werden, wenn dies zum Verständnis nötig ist (Heussi 1847[3]), der Lehrbuchtext also die unmittelbare Veranschaulichung verlangt. Das Haupteinsatzgebiet ist die Übungsphase. Das Experiment dient der Festigung des Wissens, der Vorführung verschiedener Anwendungsfälle, der „Versinnlichung" (Goebel 1839) zum Zwecke des Behaltens.

Dem entsprechen die vorgeschlagenen Experimente. Besonders gepflegt wird das messende Experiment zur Herleitung oder Bestätigung von Gesetzen. Kaum benutzt werden einfache Freihandversuche, die in erster Linie auf lebendige Anschauung und Aktivierung zielen. Auf Schaueffekte ausgerichtete Demonstrationsexperimente werden als „Spielerei" (Clemens 1839) abgelehnt.

Wieviel im Unterricht tatsächlich experimentiert wurde, läßt sich aus den Büchern kaum ermitteln. Es war vermutlich von Lehrer zu Lehrer sehr unterschiedlich. Eisenlohr (1846) wünscht, daß alle in seinem Buch beschriebenen Experimente im Unterricht gemacht werden. Er gibt eine vollständige Liste der notwendigen Geräte an und rät zum Selbstbau, um Kosten zu sparen. Katzfey (1846[3]) meint demgegenüber, „daß dort am wenigsten gelernt wird, wo die meisten Experimente gemacht werden". Die Durchführung der Experimente erfordere viel Zeit, während der die Schüler untätig herumsäßen. Die Versuche nach dem Lehrbuch zu besprechen, sei ökonomischer und erfordere mehr Denkanstrengungen der Schüler. Typischer dürfte die Haltung von Clemens (1839) sein. Er wendet sich gegen die „ausschließlich docirende Methode" und möchte, daß experimentiert wird. Da er aber nur die exakte Messung als vollwertigen Versuch anerkennt, rechnet er damit, daß der Lehrer mangels entsprechender Apparaturen oft das Experiment auf der Wandtafel stattfinden lassen wird.

Eine Änderung tritt auch hier erst mit der praktischen Umsetzung der Gedanken Diesterwegs, insbesondere durch Crüger (1852) ein, der fordert: „Die Methode des physikalischen Unterrichts muß die experimentierende sein, damit derselbe einen Inhalt habe, und sich der Katechese bedienen, damit seine Form zum Verständnis führe". Dies wird zunehmend auch dort anerkannt, wo der entwicklungspsychologische Ansatz der Diesterweg-Crügerschen Didaktik nicht geteilt wird.

7.6 Mittlere Bildung

Kries (1806) unterscheidet bei den Lehrbüchern seiner Zeit drei Arten: das akademische Lehrbuch, das Buch für die gelehrten Schulen und dasjenige „für den Unterricht solcher Personen, die keine gelehrte Bildung haben", für „Bürger- und Landschulen und beym Unterricht für Frauenzimmer". Zwischen den Büchern für die Universität und denjenigen für gelehrte Schulen sieht er keine wesentlichen didaktischen Unterschiede, denn bevor er sein eigenes Buch für die letzteren schrieb, hat er am Gymnasium in Gotha ein Universitätsbuch benutzt. Eine mittlere Bildung, die im Niveau zwischen dem gelehrten Unterricht und den niederen Schulen liegt, erwähnt Kries nicht (obwohl er zeitweise Mitarbeiter Salzmanns war). Die Bürgerschule rechnet er noch zum niederen Schulsystem. Die Ansätze zu einer mittleren Bildung hatten sich zu Anfang des Jahrhunderts noch nicht in einem eigenen Lehrbuchtyp niedergeschlagen.

Im 18. Jahrhundert ist immer wieder eine gehobene Bildung für breite Schichten des Bürgertums gefordert worden. Ausdruck dieser Haltung waren die verschiedenen Realschulprojekte, in denen es darum ging, „nicht nur den künftigen eigentlichen Gelehrten, sondern auch den Bürger des niedrigen und besonders des Mittelstandes zu bilden, und ihm Gelegenheit zu geben, die zu seiner künftigen Bestimmung nothwendigen Kenntnisse zu erlangen" (Hobert 1789). Es ging dabei nicht direkt um Berufsbildung, sondern um „gemeinnützige Kenntnisse" für den künftigen Handwerker, Gewerbetreibenden oder Gutsverwalter. Dabei sollte die Physik eine wichtige Rolle spielen. Ihr Nutzen wurde oft überschwenglich gelobt und auch gegen das Bildungsangebot des althumanistischen Gymnasiums ausgespielt. Sie sei „nöthiger ... als die Poesie, nützlicher als die Genealogie, und angenehmer als die Geographie", insbesondere aber könne sie „mehr nützen, als viel hundert lateinische Wörter" (Richter 1769). Diese Sätze wurden von einem Gymnasialdirektor geschrieben. Die Kritik am Gymnasium kam also auch aus den eigenen Reihen, und sie wurde beherzigt. Das Gymnasium öffnete sich breiteren Schichten, der naturwissenschaftliche Unterricht war dort um die Jahrhundertwende etabliert. Hingegen konnten die neuen Schulgründungen sich nicht halten. Von den Realschulen überlebte nur die Berliner, und von den Philanthropinen erreichte nur Schnepfenthal das 19. Jahrhundert. Die ersten Ansätze zu einer mittleren Bildung vollzogen sich überwiegend innerhalb des Gymnasiums. Dabei wurde keine für die mittlere Bildung spezifische Didaktik entwickelt. Selbst das für die Realschule in Berlin geschriebene Buch von Hobert (1789) bewahrt die Nähe zu den akademischen Büchern.

Eine Parallelentwicklung gab es an den Stadtschulen. Hier versuchten manche, das vorhandene Angebot durch eine realistische mittlere Bildung zu ergänzen. Weinhold (1790) fordert einen „faßlichen, deutlichen und gleich auf das praktische hinweisenden Unterricht in den gewöhnlichen Stadtschulen", hat aber wenig Hoffnung, daß sich dies in kurzer Zeit realisieren lasse. Noch 1828 beklagt Hoyer (in Guilloud 1828) das Fehlen „besser eingerichteter Bürgerschulen", in denen eine auf die Bedürfnisse von Handwerk und Gewerbe bezogene naturwissenschaftliche Bildung vermittelt werde. Wie langsam die Entwicklung ging, zeigt sich auch daran, daß das Lehrbuch von Vieth (1797) für lange Zeit das einzige bleib, in dem eine gehobene Bildung speziell für die Bürgerschule anvisiert wurde.[430] Es ist ein gutes, auch für Gymnasien geeignetes Buch, allerdings ohne besondere Rücksichten auf die „Gemeinnützigkeit" der Kenntnisse.

Angesichts des Fehlens einer angemessenen mittleren Bildung an den Schulen entwickelten sich vielerorts Einrichtungen der nachschulischen Weiterbildung und der Erwachsenenbildung, meist auf privater Basis und in sehr unterschiedlichen Organisationsformen, von der einmalig stattfindenden Physikvorlesung eines gerade greifbaren Fachmannes bis zur Sonntagsschule als regulärer Fortsetzung des Unterrichts in einer Stadtschule. Für eine solche Sonntagsschule ist das Lehrbuch von Prändel (1809) gedacht, das durch den Versuch auffällt, sich an den Bedürfnissen der Schüler zu orientieren: Es stellt das Einüben des Umgangs mit den physikalischen Gesetzen anhand einfacher Rechenaufgaben in den Mittelpunkt. Auch für die Erwachsenenbildung des Bürgertums geschriebene Bücher (Weinhold 1790, Schmerler 1792, Grimm 1803) sind praxisnäher als die Schulbücher.

Auf breiter Front wurde die mittlere Bildung erst nach 1830 realisiert. An Gymnasien werden besondere Zweige für die mittlere Bildung eingerichtet; Bürgerschulen spalten sich von Gymnasien ab; Stadtschulen werden zu Bürgerschulen ausgebaut; Realschulen werden neu gegründet. Jetzt erscheinen auch Physiklehrbücher für diesen Bildungsgang in größerer Zahl. Entsprechend den unterschiedlichen Ausgangspunkten für die mittlere Bildung orientieren sich diese Bücher im Darstellungsstil teils an den gymnasialen Lehrbüchern, teils an denjenigen für die niederen Schulen, teils an der Populärwissenschaft.

An der Populärwissenschaft orientiert sind die Bücher von Pfaff (1823, 1834), Guilloud (1828), Egger (1829), Poppe (1830, 1837[3]) und weniger ausgeprägt auch Birnbaum (1841).[431] Die Art der Darstellung entspricht dem aus England übernommenen Stil der Populärwissenschaft: breite Schilderungen, einfache, den Fachjargon vermeidende Sprache, viele Beispiele und Veranschaulichungen, häufige Verwendung von Experimenten, Vermeidung aller Schwierigkeiten, die den Leser abschrecken könnten, insbesondere der Mathematik, Einflechten von Interessantem und Kuriosem zur Erhaltung der Motivation. Die Bücher sind nicht methodisch; sie übertragen einfach die für die Erwachsenenbildung übliche populäre Schreibweise auf das Schulbuch und halten weitere methodische Überlegungen für überflüssig. Die Bücher wollen nicht wissenschaftlich sein. Sie lehren nicht den Weg der Erkenntnisgewinnung und wollen den Stoff nicht möglichst lückenlos begründen. Oft werden nur Resultate dargestellt; es wird Handlungswissen vermittelt. Auch wenn dies nur die „Oberfläche" (Guilloud 1828) der Wissenschaft ist, so reicht es doch für den praktischen Zweck.

Die an Elementarschulbüchern orientierten Lehrbücher des mittleren Bildungsniveaus sind insofern untypisch, als sie in erster Linie auf die Lehrerausbildung an den Seminarien zielen und nicht auf den Unterricht an Realanstalten oder höheren Bürgerschulen. Am ehesten für letztere geeignet waren wohl das Lehrbuch von Herr (1838[4]), das aus einem Buch für die niederen Schulen (1823) entstanden ist und dasjenige von Schneider (1842), der auf Gedanken Diesterwegs fußt.

Die weitaus meisten Bücher sind vom gymnasialen Typ. Dabei kann man zwei Gruppen unterscheiden:

a) Manche für die Mittelstufe des Gymnasiums geschriebenen Bücher sollen auch für die Realanstalten brauchbar sein (Muncke 1842, Eisenlohr 1846, Müller 1846, Kunzek 1851).[432] Hier wird also eine altersstufenspezifische Bildung vertreten und vom besonderen Bildungsauftrag des Schultyps abgesehen.

b) Die speziell für eine mittlere realistische Bildung geschriebenen Bücher können die mathematisierte „Schulphysik" nach Art des Lehrbuchs von Brettner (1828) zum Vorbild haben (Agthe 1838, Scherling 1840) oder wie etwa Eisenlohr (1846) eine experimentelle Darbietungsform wählen (Birnbaum 1841, Weinlig 1843, Frick 1843). In jedem Fall ist der Umfang des behandelten Stoffs geringer als in den Referenzwerken und die Behandlung weniger anspruchsvoll. Es erscheinen auch ganz kurze, nur für die häusliche Wiederholung der zu behaltenden Begriffe gedachte Kompendien, deren wesentliche Rechtfertigung ihr geringer Preis gewesen sein dürfte (Beck 1828, Scholl 1839, Kote 1842).

Man erhält den Eindruck, daß diese Bücher nicht in erster Linie geschrieben wurden, um irgendeinem spezifischen Bildungsauftrag der Bürgerschule didaktisch Ausdruck zu verleihen, sondern weil die für die gymnasiale Mittelstufe geschriebenen Bücher zu anspruchsvoll waren. Anfangs besuchten viele Schüler die Bürgerschulen nicht über die volle Zeit, sondern gingen vorher ins Berufsleben ab. Dadurch war es schwierig, mehrjährige Kurse einzurichten.

Die Bildungskonzeption der mittleren Bildung war von vornherein nicht bloß nützlichkeitsorientiert. Besonders von den Philanthropisten war auch die formale Bildung betont worden (Hobert 1789, Kries 1806). Die Vermittlung gemeinnütziger Kenntnisse und die Entwicklung der geistigen Fähigkeiten sollten zusammenkommen. Mittlere Bildung sollte in umfassender Weise auf das Leben des Bürgers vorbereiten und nicht nur, wie die Bildung des althumanistischen Gymnasiums, auf wenige akademische Berufe. Als wichtigste didaktische Entscheidung für die Verwirklichung realistischer Bildung galt die Auswahl der Fächer. Gemeinnützigkeit sollte durch die Aufnahme technischer Fächer in das Curriculum gefördert werden. Die Fächer selbst sollten dann nach dem neuesten Stand wissenschaftsorientiert gelehrt werden.

Im Physikunterricht glaubt man, dem Praxisbezug Genüge getan zu haben, wenn man bei der Inhaltsauswahl Schwerpunkte auf diejenigen Gebiete legt, die in Technik, Industrie und Landwirtschaft am meisten Verwendung finden, und wenn man auf diese Anwendungen an den entsprechenden Stellen hinweist. Technische Fragestellungen oder Problemlösungen spielen dabei keine Rolle. Es geht nur um Beispiele für die Anwendung der Physik. Verschiedentlich wird vor einer Übertreibung des Praxisbezugs gewarnt. Schneider (1842) polemisiert gegen die „gemeinnützigen Kenntnisse". Das Nützlichkeitsprinzip führe zu „bloßem Wissen". „Die schöne große Natur wird zu einer bloßen Milchkuh gemacht". Frick (1843) meint, die technischen Anwendungen seien nur wichtig, um die physikalischen Grundlagen zu verstehen. Mehr zu bringen, hieße „Platz ... verschwenden". Selbst Weinlig (1843), der sich um Praxisbezug bemüht, legt auf eine Maschinenlehre „keinen besonderen Werth" und hat einiges daraus nur dem Lehrplan zuliebe aufgenommen. - Die formale Bildung wird genauso betont wie die materiale. Es sei der „Zweck unserer höheren Bürgerschulen, allgemeine Bildung des Geistes durch die sogenannten Realien zu befördern" und dies geschehe am besten durch einen Unterricht in „wissenschaftlicher Form" (Frick 1843). Charakteristisch ist der Titel des Lehrbuches von Schneider (1842): „Die Experimental-Physik, ein geistiges Bildungsmittel in ihren Beziehungen zum praktischen Leben".

Dahinter steht wohl die Auffassung, den Erfordernissen der Praxis sei am besten gedient, wenn man sich nicht zu eng an den einzelnen technischen Anwendungen und Problemen orientiere, sondern dem Schüler eine wissenschaftliche Allgemeinbildung vermittle. Kunzek (1851) bestimmt als Ziel des Unterrichts, dem Schüler die Grundbegriffe der Physik so zu vermitteln, daß er in die Lage gesetzt werde, populärwissenschaftliche Bücher und Zeitschriften für Gewerbsleute zu verstehen und umzusetzen.

Die Orientierung am Gymnasium ist also ein Zeichen für eine ähnliche Bildungskonzeption. Auch die mittleren Schulen wollen eine allgemeine physikalische Bildung vermitteln, wenn in dieser auch das materiale Element neben dem formalen stärker betont wird. Die ausschließlich für die Bürgerschule bestimmten Bücher dürften dies allerdings nur in unvollkommener Weise geleistet haben. Die methodische Aufbereitung des Stoffes ist durchweg wenig überzeugend, überwiegend werden nur die umfangreicheren gymnasialen Bücher exzerpiert. Die Folge sind Stoffülle, Überfrachtung mit Begriffen, mangelnder Zusammenhang und eine knappe Kompendiensprache, die verständiges Lesen erschwert. Schoedler (1860[11]) denkt an diese Mängel, wenn er schreibt: „Es sollte darum ein solches Werk nicht ein bloßer Abriß, ein Index von Thatsachen, Namen und Zahlen sein, sondern durch ansprechende Form, unterstützt von guten Illustrationen, den Schüler vorzüglich zur Selbstthätigkeit veranlassen, es sollte ein Schulbuch sein, das gern zur Hand genommen wird, auch dann, wenn nicht eine ertheilte Aufgabe dazu zwingt."

Schoedler (1846) greift in seinem „Buch der Natur" wieder auf die Stilmittel der Populärwissenschaft zurück. Das gleiche tut Koppe (1847) in seinem Lehrbuch für Gymnasien und Realschulen. Crüger (1850b) kommt, ausgehend von Überlegungen zum Unterschied zwischen elementarem und wissenschaftlichem Unterricht, zu recht ähnlichen Ergebnissen. Durch diese Bücher wird die mittlere Bildung altersgemäßer gestaltet und erhält einen eigenständigeren Charakter: durchgängig experimentelle Orientierung, Herstellung von Bezügen zu Umwelt und Technik, Konzentration auf die einzelnen Phänomene und deren Untersuchung, Verzicht auf extensive Mathematisierung und Darlegung theoretischer Zusammenhänge, Beschränkung des Stoffes verbunden mit gründlicher Behandlung. Dies ist nicht nur Heussis zweiter Kurs (1847[3]) in populärer Schreibweise, sondern eine eigenständige mittlere Bildung, die materiale Aspekte wieder stärker betont als formale.

7.7 Elementarbildung

Im 18. Jahrhundert waren höhere und niedere Bildung streng voneinander getrennt. Der Physikunterricht an den höheren Schulen war wissenschaftlich und in erster Linie auf das Universitätsstudium ausgerichtet, derjenige an den niederen Schulen sollte praktischen Nutzen bringen: den Glauben stärken, den Aberglauben abbauen und die Ökonomie fördern. Eine elementare wissenschaftliche Bildung war in den enzyklopädischen Lehrbüchern konzipiert worden, hatte sich jedoch in der Praxis nicht durchsetzen können.

Im 19. Jahrhundert wird der Versuch, auch dem niederen Unterricht eine stärker wissenschaftliche Ausprägung zu geben, wieder aufgenommen. Der zum Kreis der Philanthropisten gehörende Kries (1804) schreibt im

Vorwort seines Lehrbuches: „Deß-wegen aber habe ich nicht die Naturlehre als eine Art von theoretischer Landwirthschaft betrachtet, oder etwa nur solche Sachen aus ihrem Gebiete heraus gehoben, die in dem praktischen Leben eines Schulmeisters ihre Anwendung finden; sondern ich habe sie als eine Wissenschaft angesehen und behandelt, die sowohl zur formellen Bildung des Verstandes geschickt ist, als auch eine Menge nützlicher und brauchbarer Kenntnisse darbietet."

Wissenschaftlicher Unterricht heißt für Kries: Orientierung am Gymnasium. Er verzichtet auf die für Elementarschulbücher typischen erbaulichen und moralisierenden Passagen und Lesetexte und betreibt nur Physik: Erscheinungen, Gesetze und Anwendungen aus Natur und Technik. Von den Gymnasialbüchern unterscheidet sich dieses Buch nur durch Stoffbeschränkung und Verzicht auf Mathematik und Hypothesen.

Eine derart kompromißlose Orientierung am Gymnasium ist selten (Michl 1807[4], Brand 1820). Sie beschränkte den Physikunterricht von vornherein auf die Abschlußklassen. Brand (1820) meint, er solle erst bei zwölfjährigen Schülern beginnen, da er vorher nur „Spielerei" sein könnte. Andere Autoren verbinden die Verbesserung des fachlichen Niveaus und die Ausweitung des Stoffes mit methodischen Maßnahmen für einen altersgerechten Unterricht (Rebs 1817, Wagner 1826, Diekmann 1842[3], Fischer 1849[6]).

Die Orientierung am Gymnasium impliziert eine Übernahme der Bildungsziele. Alle genannten Autoren betonen die formalbildenden Möglichkeiten des Physikunterrichts, wenn sie auch daneben die alten Ziele des niederen Unterrichts beibehalten. Allerdings kann hier die formale Bildung nicht durch die Einübung der mathematischen und experimentellen Methoden der Physik geschehen. Sie wird als Ausbildung der „praktischen Urteilskraft" (Fischer 1849[6]), als Weckung des „Erfindungsgeistes" (Diekmann 1842[3]) oder ganz allgemein als Schulung der „Geisteskraft" (Rebs 1817) bestimmt.

In einem gewissen Gegensatz zu diesen Bestrebungen, an den niederen Schulen eine wissenschaftliche Grundbildung zu verwirklichen, steht die Konzeption eines erziehenden Elementarunterrichts bei den Pestalozzianern. Zwar wollten auch sie die Kräfte des Verstandes und des Gemüts bilden, aber dies sollte in „elementarer" und nicht in wissenschaftlicher Weise geschehen. Bildung sollte aus dem Lebenskreis des Volkes heraus gewonnen werden und dessen Enge und Dürftigkeit verändern helfen. Sie sollte den einzelnen nicht aus seinen Verhältnissen herausheben, sondern ihn fester daran binden und ihn veredeln. Sittlich-religiöse Bildung war das Ziel.

Der Unterschied zwischen der von den Pestalozzianern angestrebten elementaren Menschenbildung und der vorher behandelten wissenschaftlichen Grundbildung wird deutlich, wenn man das oben angeführte Zitat aus dem Vorwort des Buches von Kries (1804) mit dem folgenden vergleicht, in dem v. Türk (1818), der als erster versucht hat, die Gedanken Pestalozzis für den Physikunterricht fruchtbar zu machen, die Intention seines Lehrbuches beschreibt: „Wohl dem, der im Buche der Natur zu lesen versteht! Aufgeschlagen liegt es vor uns da - ein unversiegbarer Quell der reinsten, herrlichsten Freuden, eine unumstößliche Urkunde der allwaltenden Vorsehung, ein Talisman gegen die Verirrungen der Sinnlichkeit, gegen die Herrschaft der Leidenschaften ... Wird auch nur einigen wenigen, durch Hilfe dieses Buchs, der kindliche Sinn bewahrt, werden auch nur wenige dadurch den Reizungen der Sinnlichkeit, dem Reiche der Finsterniß entrissen, dagegen der Tugend, höhern Lebenszwecken, dem Reiche Gottes erhalten, so ist der eigentliche Zweck des Buches erreicht!" Nicht wissenschaftliche Aufklärung ist der Zweck, sondern Bewahrung des „kindlichen Sinns". Bezugspunkt ist die Welt des Kindes. In ihr hat die akademische Wissenschaft nichts zu suchen; stattdessen gilt es, eine „freie, lebensfrische, naturgemäße und begeisternde Volkswissenschaft" zu lehren, damit der Mensch aus der Natur „moralische Gesundheit und Kraft" schöpfen kann (Bandlin 1844).

Die Pestalozzianer haben das Verdienst, das Kind in den Mittelpunkt des Unterrichts gerückt zu haben. Das Bemühen um eine auf Alter und Lebensumstände der Kinder Rücksicht nehmende Unterrichtsmethode für den elementaren Physikunterricht beginnt mit v. Türks Lehrbuch, das ein Lehrbuch dieser Methode ist (und nur für den Lehrer bestimmt). Wichtigstes methodisches Prinzip ist, in Übertragung der Pestalozzischen Gedanken auf den naturwissenschaftlichen Unterricht, der ständige Bezug auf die Umwelt des Kindes, auf Haus und Garten.

In den folgenden Jahrzehnten wird die „Methode" zu einem Schlüsselbegriff des Elementarschulwesens. Die Verbesserung des Unterrichts erwartet man vor allem von einer methodischen Aufbereitung des Lehrstoffes. Die Euphorie ist nicht auf die Pestalozzianer beschränkt, es werden vielmehr auch ganz andere methodische Ansätze erprobt. Für den Physikunterricht gibt es zunächst keine bestimmte Gesamtkonzeption für das methodische Vorgehen, vielmehr bemüht man sich zunächst darum, verschiedene seit langem geforderte methodische Maßnahmen endlich zu praktizieren. Dem Prinzip der Anschauung soll durch Naturbeobachtung und Experiment Geltung verschafft werden; um dem Prinzip der Selbsttätigkeit zu genügen, werden Arbeitsanweisungen formuliert und Aktivitäten angegeben; das Prinzip „vom Leichten zum Schweren" wird bei der Verteilung des Stoffes in den Kapiteln berücksichtigt; das Prinzip der Nähe kommt in der intensiven Behandlung des Wetters zum Ausdruck usw. Die charakteristischsten Bücher sind die schon genannten von Wagner (1826), Diekmann (1842[3]) und Fischer (1849[6]). In ihnen lassen sich die methodischen Maßnahmen besonders gut erkennen, da sie als Unterrichtssimulationen für die Lehrerbildung geschrieben sind. Dabei treten auch Besonderheiten der einzelnen Autoren in Erscheinung. So schreibt etwa Fischer regelrechte Einstiege zur Weckung des Interesses. Diekmann legt besonderen Wert auf eine entwickelnde („katechetische") Lehrform. Diese Bücher waren methodisch durchdacht, einigermaßen abwechslungsreich und recht anspruchsvoll. Diekmann und Fischer schrecken auch vor quantitativen Erklärungen und einfachen Rechnungen nicht zurück. Für die Lehrerbildung waren dies brauchbare Bücher; und da das ihr Hauptzweck war, wird man ihnen nicht zum Vorwurf machen können, daß der umfangreiche Stoff in einer Landschule nicht zu schaffen war.

Ihre für längere Zeit maßgebliche Ausgestaltung hat die Methodik des elementaren Physikunterrichts im Programmatischen durch Diesterweg

(1834) und in der Konkretisierung durch Crüger (1850a, 1852) erhalten. Hier wird wieder ein Gegensatz zwischen elementarem und wissenschaftlichem Unterricht errichtet. Jedoch wird elementare Bildung jetzt nicht als die niedere Bildung für das Volk bestimmt, sondern als die erste Stufe jeder naturwissenschaftlichen Bildung, als Propädeutik.

Elementare Bildung ist danach im wesentlichen durch drei Begriffe gekennzeichnet: sie soll induktiv, umweltbezogen und entwicklungsgemäß sein. Die Methode soll *induktiv* sein, wie es angeblich der Gewinnung wissenschaftlicher Erkenntnis entspricht. Am Anfang hat deshalb immer das Experiment zu stehen. Elementare Erkenntnis ist Erkenntnis durch unmittelbare Anschauung. Der deduktive Weg und alle mathematischen Betrachtungen sollen vermieden werden. Sie sind abstrakt und verhüllen dem Anfänger das Wesen der Erfahrungswissenschaft Physik. Die Methode soll *umweltbezogen* sein. Die Erscheinungen, in denen die Physik dem Kind am häufigsten begegnet, sollen bevorzugt behandelt werden, z.B. das Wetter, und die Geräte, die in Haus und Werkstatt zu finden sind, sollen zum Experimentieren verwendet werden. Künstliche, undurchschaubare Apparate und technische Anwendungen, die nicht jedem bekannt sind, sollen nicht vorkommen. Die Methode soll *entwicklungsgemäß* sein. Sie soll nach Diesterwegs Stufentheorie von den Erscheinungen über die Gesetze zu den erklärenden Kräften fortschreiten, wobei letztere im elementaren Unterricht höchstens genannt werden können. Da die Erscheinungen den Ausgangspunkt bilden, soll sich die Anordnung des Stoffes nach den assoziativen Zusammenhängen richten, die die Erscheinungen für die Kinder haben, nicht nach der wissenschaftlichen Systematik. Elementare physikalische Bildung ist danach nicht mathematisch, nicht apparativ und nicht systematisch.

Crüger hat seine Grundsätze in einem Lehrbuch (1854) konkretisiert, in dem er seine Methode sehr streng und dadurch etwas schematisch anwendet. Das schon vorher geschriebene und gleichfalls an seinen Grundsätzen ausgerichtete Buch von Kern (1853) folgt keinem rigiden Methodenschema und ist lebendiger.

Kern (1853) betont den allgemeinen Charakter der so bestimmten Elementarbildung. Sie legt „nothwendige Voraussetzungen des wissenschaftlichen Unterrichts" und ist deshalb „auch in den untern Classen derjenigen Schulen ... nöthig, welche in ihren obern einen wissenschaftlichen Unterricht in diesem Fache folgen lassen". Im Gymnasium möchte er einen solchen Unterricht schon in Quarta verwirklicht sehen. Damit ist die Altersstufe einer phänomenbezogenen Elementarbildung sicher angemessener bestimmt als in Heussis erstem Kurs (1836).

Mit dem Konzept einer allgemeinen physikalischen Propädeutik war die Trennung von niederer und höherer Bildung in der Didaktik überwunden. In der Schulpraxis ist sie dadurch eher zementiert worden. Die Volksschule war nun auf einen propädeutischen Physikunterricht festgelegt; die Ansätze zu einer Verwissenschaftlichung werden abgeschnitten.[433] Das Gymnasium auf der anderen Seite verweigerte sich der Elementarbildung; der Unterstufenunterricht in Physik konnte sich dort nicht durchsetzen. Zwar haben Crügers Grundsätze auch die Mittelstufendidaktik beeinflußt,[434] aber dort blieb der Unterricht doch stets wissenschaftsorientiert.

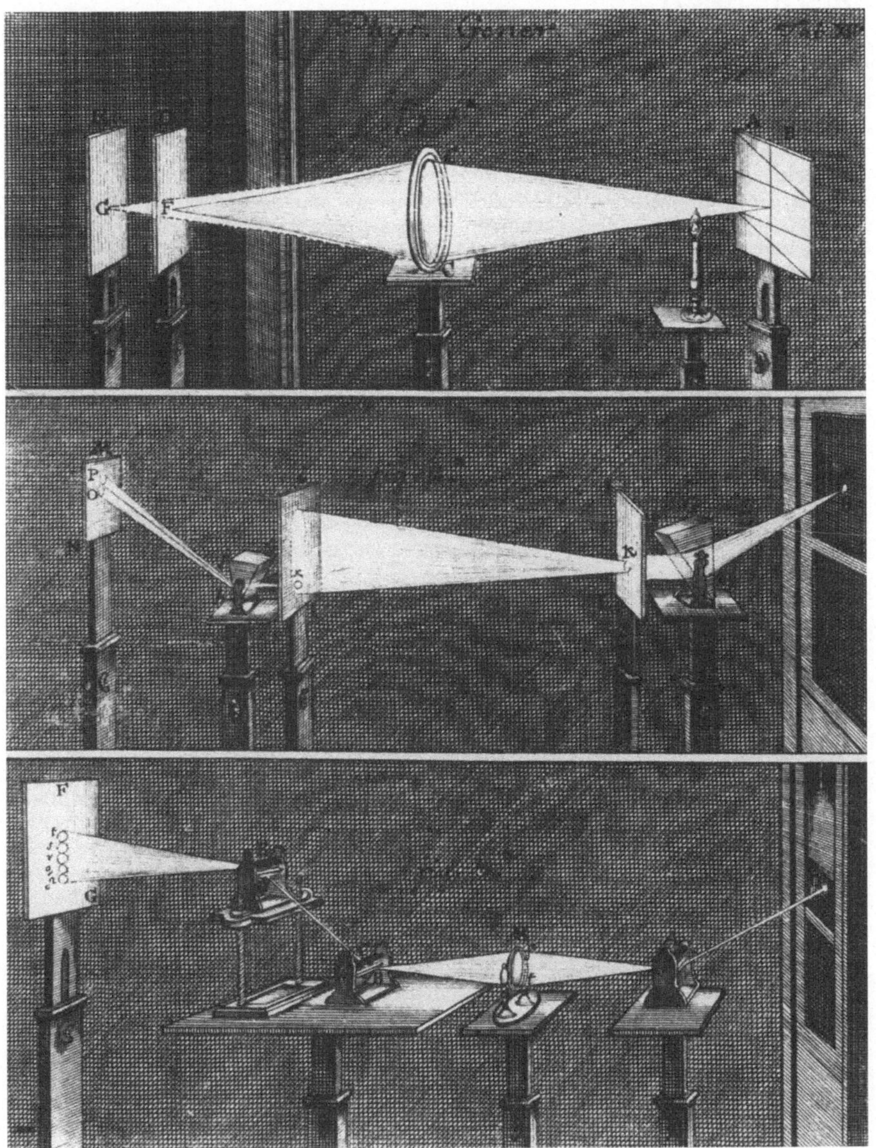

Experimente zur chromatischen Dispersion nach Newton aus J. Khell 1754[2]

Anmerkungen

Die Anmerkungen dienen drei verschiedenen Zwecken. Zum einen enthalten sie die
Hinweise auf die verwendete Sekundärliteratur, um diese von den im Text angeführten Quellenbelegen zu unterscheiden. Zum zweiten enthalten sie Zusätze zum
Text, die dort den fortlaufenden Gedankengang unterbrochen hätten. Schließlich
wurden aus satztechnischen Gründen Querverweise innerhalb des Textes hier aufgenommen.

1   Vgl. die zusammenfassenden Arbeiten von Sievert (1967), Schöler (1970), Wik-
kihalter (1984) und Hirschi (1987). Sie sind alle in erster Linie am Elementarunterricht interessiert.

2   Eine Ausnahme ist die ältere Arbeit von Pahl (1913). Er ist auch der einzige,
der Lehrbücher des 18. Jahrhunderts analysiert, insbesondere Wolffs und
Erxlebens „Anfangsgründe".

3   Vgl. Hooykaas 1980, Krafft 1978, Schimank 1969, Hankins 1985.

4   Vgl. Boehm 1978.

5   Zum Prozeß der Entwicklung des heutigen Begriffs der Physik vgl. Stichweh
1984.

6   Vgl. Kap. 2.5.

7   Nur die Realschule in Berlin konnte sich bis ins 19. Jahrhundert halten, orientierte sich jedoch mit der Zeit stärker am Gymnasium.

8   Vgl. Paulsen 1919[3].

9   Zum Beispiel die Lehrbücher von Comenius und Becher; vgl. dazu S. 40f. und
Semel 1964.

10   Vgl. Paulsen 1919[3].

11   Der Privatunterricht der Oberschicht verlor seine Bedeutung. Gleichzeitig
wurde die gelehrte Bildung für Kinder der Unterschicht schwerer erreichbar;
die Bettelschüler, die sich mit Kurrendesingen und anderen kleinen kirchlichen Diensten über Wasser hielten, waren nicht mehr erwünscht; vgl. Paulsen
1919[3].

12   Unter Josef II. war in Österreich nur die Erklärung der vorgeschriebenen
Lehrbücher erlaubt. Anderes durfte nicht gelehrt werden. Vgl. Paulsen 1897[2].

13   Wie stark der Unterricht an den Universitäten verschult war, zeigt sich
daran, daß einige Physiklehrbücher in der katechetischen Methode (methodus
erotematica) geschrieben waren: Schweitzer (1685), Sturm (1703[2], 1713),
Ammann (1716).

14   Vereinzelt auch an andere Orden.

15   Vgl. Schaff 1912.

16   Zum Physikprofessorenstand im 18. Jahrhundert vgl. Heilbron 1979, 1980.

17   Das Spektrum reichte von kirchlichen Posten bis zum Betreiben von Studen-
tenherbergen. Auch das Lehrbuchschreiben ist hier zu nennen. Bei den Physikern waren öffentliche Schauvorlesungen eine beliebte Möglichkeit zur Auf-
besserung des Gehalts.

18   Vgl. Grundel 1928.

19   Der Begriff wird auch im 18. Jahrhundert benutzt, speziell zur Unterscheidung von der Experimentalphysik. Zunächst ist jedoch die dogmatische Physik
die Physik schlechthin.

20   Die Hörerzahlen waren von Universität zu Universität und von Professor zu
Professor sehr unterschiedlich. An kleinen protestantischen Universitäten
hatte die Physikvorlesung oft weniger als 10 Hörer oder mußte sogar ausfal

len. Bekannte Professoren an großen Universitäten konnten aber durchaus auf über 100 Hörer kommen.

21 Zur Entwicklung der Universitätsdisziplin Physik vgl. Stichweh 1984.

22 Für die Mathematik ist die Situation besser. Hier gibt es mit Wolffs Kommentar zu seinem Mathematiklehrbuch (1747) sogar ein Beispiel für eine bis ins einzelne gehende didaktische Begründung eines ganzen Kurses.

23 Typische bekannte Beispiele sind Tschirnhaus 1708[2] und Waldin 1789.

24 Zur Frage der Zensur im Lehrbuch jener Zeit vgl. Rommel 1968.

25 Ravetz (1971) hat diesen Prozeß als Standardisierung bezeichnet; vgl. S. 209f.

26 Die folgenden Ausführungen fußen auf den Arbeiten Buchdahls (1970, 1973, 1983). Seine Unterscheidung dreier „methodologischer Komponenten wissenschaftlicher Theorien" erscheint vor allem deswegen für unsere Zwecke brauchbar, weil sie auf einer Analyse methodologischer Positionen im Untersuchungszeitraum unserer Arbeit aufbaut.

27 Zur Praxis der Nach- und Raubdrucke vgl. Rommel 1968.

28 So haben etwa die Diskussion um den Modellbegriff oder die Energetik, die die wissenschaftliche Physik in der zweiten Hälfte des 19. Jahrhunderts beschäftigten, in den Schulbüchern kaum Spuren hinterlassen.

29 In der letzten Auflage (1663) hat Comenius seinem Buch umfangreiche „addenda" angefügt, Bruchstücke einer großangelegten Umarbeitung, die aus dem Buch wohl einen Teil seiner geplanten Pansophie machen sollte. Die „addenda" waren nicht mehr für den Gymnasialunterricht bestimmt.

30 Lange (1702) hat sich eng an Comenius gehalten. Er läßt nur dessen letztes Kapitel (über die Engel) weg.

31 Er hat Pamphlete gegen den Cartesianismus verfaßt, den er für atheistisch hält. Auch das Kopernikanische Weltbild und die Forschungen Galileis verwirft er.

32 Damit fällt er eigentlich hinter die Scholastik zurück. Dort hieß es „ratio et experientia" und nicht „ratio, experientia et sacra scriptura". Zwar konnte wahre Philosophie der Schrift nicht widersprechen, aber sie sollte nicht auf ihr fußen.

33 Vgl. S. 63f. und S. 76f.

34 Einen Überblick über die vielfältige Literatur erhält man aus dem Verzeichnis physikotheologischer Schriften, das Fabricius seiner Übersetzung von Derhams Astrotheologie (1745) beigefügt hat. Das Verzeichnis ist nach Inhaltsgruppen geordnet.

35 Der Begriff wird mit unterschiedlichen Bedeutungen verwendet. Er kann auch als Oberbegriff für beide Arten der Gotteserkenntnis benutzt werden, oder sogar gleichbedeutend mit Teleologie.

36 Fabricius nennt in der in Anmerkung 34 angeführten Liste: Detharding, Mey, Rüdiger, J. A. Schmidt, Stock, J. Chr. Sturm, Thümmig, Wolff und Wucherer. Hinzuzufügen wären Musschenbroek und Scheuchzer, sowie in der zweiten Jahrhunderthälfte Ebert und Silberschlag.

37 Vgl. Philipp 1957.

38 Bei Sebastian Franck, Valentin Weigel, Paracelsus oder Kepler findet man physikotheologische Motive. Von Comenius ist schon die Rede gewesen.

39 Wolff hat die begriffslogischen Gottesbeweise der Teleologie als Erkenntnismittel Gottes vorgezogen. Diese erschien ihm wohl eher als eine Sache fürs gemeine Volk, das die abstrakten Beweise nicht würdigen konnte.

40 Vgl. Büttner 1973a und 1973b, sowie Iltis 1973.

41 Dies gilt auch für die von Wolff beeinflußten katholischen Lehrbuchautoren, die um die Mitte des Jahrhunderts schrieben (vgl. S. 125). Manche von ihnen (z.B. Hauser 1755ff.) betrachten den Wert der Teleologie für den Beweis der Existenz Gottes mit Skepsis.

42 Vgl. S. 71ff.

43 Wolff hat zur deutschen Übersetzung ein Vorwort geschrieben, in dem er seine eigene teleologische Position prägnant darstellt und so tut, als sei dies auch

diejenige Nieuwentyts. Auch sonst spielt er die Unterschiede herunter. Der Streit wurde von seinen pietistischen Gegnern geschürt, die in ihm einen Häretiker sahen.

44 Eine detaillierte Analyse gibt Philipp (1957).

45 Comenius hat eine Kurzfassung des Sabundeschen Werkes herausgegeben.

46 Vereinzelt werden auch umgekehrt die Grundeigenschaften der Materie aus den Eigenschaften Gottes abgeleitet, so daß die Physik auf die Theologie gegründet ist; z.B. bei Wucherer (1725).

47 Vgl. Heimann 1973.

48 Vgl. S. 42ff.

49 Grundel (1929) gibt verschiedene Beispiele von Schulordnungen, in denen formalbildende Elemente des Mathematikunterrichts genannt sind.

50 Zum folgenden vgl. Grundel 1928, 1929.

51 Zu Sturm vgl. S. 71.

52 Eine Kuriosität am Rande: In der Chronologie geben beide Sturm eine ausführliche Chronologie des Alten Testaments und berechnen so das Alter der Welt. Auch die angewandte Mathematik hatte physikotheologische Aspekte.

53 Vgl. S. 107ff.

54 Entgegen anderslautenden Darstellungen in Arbeiten zur Geschichte des naturwissenschaftlichen Unterrichts bezieht sich die Liste nicht auf das Fach Physik, sondern auf die angewandte Mathematik.

55 Vgl. S. 105 und S. 113ff.

56 Vgl. S. 151. und S. 173f.

57 Vgl. Anm. 310.

58 Vgl. S. 217ff. und S. 234.

59 Ein berühmtes Beispiel ist Osianders Vorrede zu Kopernikus.

60 Benannt nach dem Wittenberger Physiker Georg Matthias Bose. Die auf einem isolierten Stuhl sitzende Versuchsperson trug eine Metallkappe mit Spitzen. Wurde die Person mit Hilfe der elektrischen Maschine aufgeladen, entstand durch die Koronaentladung der Eindruck eines „Heiligenscheins".

61 Damit das Vergnügen der Kleinen den auf Kenntniserwerb zielenden Eltern nicht allzu suspekt erscheine, erhält nun der Buchtyp sogar noch eine pädagogische Begründung. Es soll sich um einen ersten spielerischen Unterricht handeln, der als Vorbereitung und Anreiz zu systematischem Lernen dienen soll (Poppe 1838). Zimmermann (1838) sieht in seiner weitgehend auf Halle und Wieglob fußenden Zusammenstellung von Experimenten der Küchenphysik sogar „die pestalozzische Lehrmethode, die spielende, auf die Naturlehre angewendet".

62 Die erste deutsche Übersetzung erschien bereits 1698. Am bekanntesten war die Übersetzung Gottscheds (1726), die noch fünfmal neu aufgelegt wurde, jeweils entsprechend der neusten französischen Ausgabe erweitert. Als gegen Ende des Jahrhunderts die cartesische Planetentheorie Fontenelles unhaltbar geworden war, hat Johann Elert Bode nochmals eine neue Übersetzung vorgelegt (1780), die mit Anmerkungen zur neueren wissenschaftlichen Entwicklung versehen war. Die letzte Auflage erschien 1798.

63 Eine ausführliche Untersuchung der wichtigsten populärwissenschaftlichen Physikbücher der französischen Aufklärung hat Kleinert (1974) vorgelegt. Die folgenden Ausführungen lehnen sich an seine Analyse an.

64 Johanna Charlotte Unzer hat sich auch sonst literarisch hervorgetan und mehrere Gedichtbände veröffentlicht. In ihrem Philosophiebuch verzichtet sie allerdings weitgehend auf literarische Mittel.

65 Es gab Übersetzungen in acht Sprachen. Zu Eulers Buch vgl. Calinger 1975/76.

66 Das Buch ist seltsamerweise nicht ins Deutsche übersetzt worden.

67 Eine Sonderstellung hat das Buch von Heppe (1788). Es ist für öffentliche, honorierte Vorlesungen vor Kindern und Jugendlichen gedacht und ein typisches

Produkt der Schauphysik jener Zeit, nur eben für jüngere Zuhörer, die aber auch in erster Linie zum Vergnügen in die Veranstaltung gingen.

68 Vgl. S. 49.
69 Ähnliche Klagen führt Weinhold (1790).
70 Vgl. Inkster 1980.
71 Vgl. S. 336f.
72 Zu diesem Buch wurde ein „physikalisch-chemisches Unterrichts-Kästchen" vertrieben, mit dem man einige einfache Versuche machen konnte.
73 Vgl. Semel 1964.
74 Vgl. S. 62ff.
75 Vgl. S. 16f.
76 Schöler (1970) hat die Verknüpfung der Realien mit dem Leseunterricht als „eine historische Tat" gewürdigt, weil diese dadurch dem Einfluß des Religionsunterrichts entzogen worden seien. Mir scheint diese Interpretation in verschiedener Hinsicht falsch zu sein. Zum einen hat der realistische Leseunterricht den physikotheologischen Unterricht nicht abgelöst, sondern beide haben sich lange Zeit parallel entwickelt, zum andern ist auch der Leseunterricht stark von religiös-moralischen Intentionen geprägt und schließlich hat der realistische Leseunterricht keinerlei Ansätze zu einer Methodik des Unterrichts in den Realien entwickelt, während die empirische Tendenz der Physikotheologie als ein Grund für die Entwicklung einer sehr stark auf Beobachtung und Experiment gegründeten Unterrichtsmethode im elementaren Naturlehreunterricht angesehen werden kann.
77 Vgl. S. 44 und S. 49.
78 Vgl. Semel 1964.
79 Vgl. S. 45f.
80 Ab 1790 in vollständig neuer Bearbeitung von Johann Christian Wilhelm Nicolai.
81 Herrnschmid versucht, das in seiner Vorrede zu entschuldigen: Angesichts des Zwecks des Buches sei es nicht so wichtig, daß alles auf dem neuesten Stand sei.
82 Es wäre vielleicht interessant zu untersuchen, welche Rolle die Physikotheologie bei der Zurückdrängung des kirchlichen Einflusses auf die Volksschule gespielt hat.
83 Vgl. Semel 1964.
84 Auch dieses Buch wurde in staatlichem Auftrag geschrieben, für das Fürstentum Schwarzburg-Rudolfstadt.
85 Eigentliche Lehrbücher der Wissenschaftskunde, wie etwa dasjenige von Eschenburg (1792) für das akademische Gymnasium, hat es für niedere Schulen nicht gegeben.
86 Er hat nicht mehr als ein Exzerpt aus einigen Universitätsbüchern zustande gebracht. Wichtigste Quelle ist das Lehrbuch von Erxleben (1772). Vieles ist unklar, halbverstanden. Oft wird zusammenhanglos alles, was Basedow wichtig fand, hintereinander aufgereiht. Schwieriges steht neben Leichtem. Manche Stellen sind ganz eklatante Überforderungen des Schülers (einmal benutzt er Differentialrechnung, ganz ohne Erklärung). Das Ganze ist von so zweifelhaftem Wert, daß am Philanthropin lieber gleich nach Erxleben unterrichtet wurde. Eine detaillierte Kritik findet man bei Clauß (1911). Basedow selbst hätte diese Kritik vermutlich in vielen Punkten geteilt. Er betont selbst im Vorwort des Elementarwerks, daß er sich mit Physik überhaupt erst beschäftigt habe, um das Elementarwerk schreiben zu können. Er bezeichnet sich nicht als „Kenner", sondern als „Schüler" und vermutet, daß er Fehler gemacht habe. Offenbar war die Physik das Gebiet, dem er sich am wenigsten gewachsen fühlte. Die mangelnde fachliche Kompetenz machte es ihm unmöglich, seine pädagogischen Ideen auf diesem Gebiet umzusetzen. Das Produkt ist in seiner bemühten Unzulänglichkeit für den damaligen Zustand der

Elementarbildung in Physik durchaus charakteristisch. Einen Einfluß auf die Physikdidaktik hat es nicht gehabt.

87 Vgl. S. 41.

88 Vgl. S. 339ff.

89 Vgl. S. 35f. Andere Darstellungsformen aus der Populärwissenschaft findet man in den Lehrbüchern nicht. Helmuth wollte seine „Volksnaturlehre" ursprünglich in Dialogform schreiben, verzichtete jedoch darauf, um das ohnehin umfangreiche Buch nicht noch länger werden zu lassen. Einen der bereits fertiggestellten Dialoge hat er später anderweitig veröffentlicht (1790). Das in Dialogform geschriebene Buch von Schütz (1795) wendet sich eher an den Privatlehrer.

90 Reccard (1765), der auf obrigkeitlichen Wunsch in katechetischer Form schrieb, versucht trotzdem, dem Lehrer Methodenfreiheit zu bewahren, indem er die Fragen zu Überschriften der Antwort-Paragraphen umbiegt. Nicolai (1826[14]) übernimmt bei der Bearbeitung von Hoffmanns „Kurtzen Fragen" (1720) die katechetische Lehrart nicht. Sie sei „überflüssig, weil dadurch der Unterricht mehr mechanisch wird, und der Schüler die Fragen beantwortet, ohne dabey viel zu denken". Uihlein (1810[3]) wechselt nach der 1. Auflage die Lehrform, weil Katechismen nun nicht mehr so in Mode seien. Als Reminiszenz der katechetischen Methode findet man in manchen Büchern noch Sammlungen von Prüfungsfragen.

91 Vgl. S 20.

92 Auch Autoren, die der Physikotheologie ganz offensichtlich keine Zuneigung entgegenbringen, haben den Experimentalunterricht gefördert; das Lehrbuch von Vieth (1797) ist genauso stark experimentell orientiert wie sein populärwissenschaftliches Werk. Es gibt auch physikotheologisch orientierte Werke, in denen zwar die empiristische Haltung offenkundig ist, aber keinerlei Experimente konkret geschildert werden, sondern nur immer wieder ganz allgemein darauf verwiesen wird, man habe gewisse Dinge durch Versuche herausgefunden.

93 Vgl. S. 341f.

94 Dem Schüler Erkenntnisse im sokratischen Dialog entlocken zu wollen, hat nur Sinn, wenn diese Erkenntnisse überhaupt in seinem Denken entstehen können. Rebs versucht, die ganze Physik aus den Schülern herauszuholen und sich dabei nur auf die Alltagserfahrung zu beziehen. Er unterteilt die Lehrsätze in die wichtigsten Worte und fragt dann ein Wort nach dem andern aus den Kindern heraus. Manche Stellen lesen sich wie eine Karrikatur auf die didaktischen Prinzipien, die er im Vorwort darlegt.

95 Den Tiefpunkt des Niveaus bildet wohl das Buch von Vornehm (1817). Es ist zum beträchtlichen Teil wörtlich, im Rest sinngemäß aus einigen anderen Elementarschulbüchern und populärwissenschaftlichen Werken abgeschrieben, wobei es dem Autor nicht einmal gelingt, seine kompilierten Stücke zu einer Ordnung zusammenzufügen.

96 Ein Beispiel: Herr (1823), der zu den besseren Autoren zählt, mißt Massen in Zoll und Kräfte in Fuß und beim Versuch, Stoßprozesse mathematisch zu beschreiben, entsteht ein unverständliches Durcheinander.

97 Ein Beispiel: Schütz (1795) meint, die Gravitationsanziehung geschehe „entweder durch Saugen, ..., oder durch Feuer." Darin noch die Fernwirkungshypothese (Saugen = Anziehung zwischen voneinander entfernten Körpern) und die Kontinuumshypothese (Feuer = Feuermaterie = Äther) zu erkennen, erfordert schon einige Spitzfindigkeit.

98 Differenziertere methodologische Vorstellungen findet man bei Wagner (1826) und bei Pfaff (1834).

99 Nach Hermes Trismegistos, dem griechischen Namen des ägyptischen Gottes Thot. Auf diesen wurden die hermetischen Schriften zurückgeführt, die tatsächlich neuplatonischen Ursprungs waren.

100 Vgl. Kearney 1971.

101 Vgl. Petersen 1921.

102 Einen Überblick über diese Bücher gibt Reif 1969.

103 Versuche Websters, ihn an englischen Universitäten einzuführen, schlugen fehl; vgl. Debus 1970.

104 Der prominenteste Vertreter ist hier Daniel Sennert.

105 Vgl. S. 16f.

106 Zum Begriff Aristotelismus und der Vielfalt der „Aristotelismen" vgl. Grant 1987.

107 Vgl. Jansen 1938, der sich allerdings in erster Linie für die Metaphysik interessiert, in der manche Autoren konservativere Auffassungen vertreten als in der Physik.

108 Vgl. Brockliss 1981b und Jansen 1938.

109 Der Titel des Buches von Amort erfordert eine Erläuterung: Eine Pollinger Philosophie nennt er sein Buch, weil er dem Salvatorianerkloster Polling in Bayern angehörte, und mit der Burgundischen Richtschnur meint er das Werk Du Hamels, des ersten Sekretärs der französischen Akademie der Wissenschaften.

110 Jüngkens Buch ist eine Neubearbeitung des Werkes von Mey.

111 Vgl. S. 73 und S. 125.

112 Dies ist sicher einer der Gründe für die erstaunliche Langlebigkeit der aristotelischen Physik; vgl. Grant 1978.

113 Vgl. S. 7.

114 Seit dem Sieg der mechanistischen Physik ist man eher geneigt, den belebten Körper als einen unbelebten zu betrachten, zu dem etwas hinzukommt; vgl. Hooykaas 1980.

115 So betonen etwa Du Hamel (1682), Schmidt (1710) und Aepinus (1714), daß zwischen Natur und Kunst kein wesentlicher Unterschied bestehe.

116 Vgl. Horn 1893 und Kleinert 1982.

117 Bezüglich der Bedeutung der Heiligen Schrift für die Begründung der Erkenntnis sind die Meinungen geteilt. Zwar wird auf Übereinstimmung der physikalischen Aussagen mit der Religion Wert gelegt, aber physikalische Aussagen mit dem Wort der Heiligen Schrift belegen zu wollen, gilt vielen als schlechte Philosophie (Sperling 1672[6], Schmidt 1707[3], Aepinus 1714). Andererseits gibt es auch physikotheologisch beeinflußte Autoren, die nach der Maxime verfahren: „ratio, experientia & sacra scriptura" (Mey 1688).
Der Bezug auf Autoritäten bedeutet keineswegs, daß man die Physik nach kanonischen Texten anstatt nach der Erfahrung betreiben möchte, sondern ist ein Zeichen der Einsicht, daß man nicht alles selbst nachprüfen kann und von Erfahrung und Urteil anderer abhängt. Warum sollte man als verläßlich bekannten Autoren nicht (bis zum Beweis des Gegenteils) Glauben schenken?

118 Vgl. Hooykaas 1980.

119 All diese Fragen hatten beträchtliche philosophische Konsequenzen. Bei der Frage nach dem aktuell Unendlichen zum Beispiel ging es auch darum, ob ein perfektes Geschöpf möglich sei.

120 Zum Beispiel die fehlende Sternparallaxe.

121 Rohaults Buch ist an vielen Orten nachgedruckt worden. Die späteren Ausgaben, auch die Kölner von 1713, enthalten ausführliche Anmerkungen des Newtonianers Clarke, also den Kommentar der Gegenpartei; vgl. Sarton 1948.

122 Vgl. Brockliss 1981a.

123 Scheuchzer (1743[4]) beansprucht dies nicht. Er will nur Systeme vortragen und die Entscheidung dem Leser überlassen.

124 Zu Scheuchzer vgl. Fischer 1973. Die 1. Auflage von Scheuchzers ausführlichem Lehrbuch (1703) konnte nicht eingesehen werden. Sie muß sich jedoch beträchtlich von den späteren unterscheiden.

125 Vgl. Kap. 4.3.

126 Clauberg habe sich zu sehr auf die Verteidigung der Cartesischen Lehre beschränkt. Du Hamel andererseits habe zwar die philosophische Auseinander-

setzung mit den verschiedenen Positionen gepflegt, sei jedoch dabei dem Cartesianismus nicht gerecht geworden. Sperlette (1703[2]) will das Positive beider Werke verbinden und ein vom cartesianischen Standpunkt konzipiertes Buch in der Art Du Hamels schreiben.

127 Rüdiger hat unter verschiedenen Titeln Lehrbücher veröffentlicht, die sich nicht grundlegend unterscheiden. Die verschiedenen Fassungen seiner „Philosophia synthetica" (1713[3]) sind stärker der scholastischen Lehrtradition verpflichtet. Die „Philosophia pragmatica" (1729[2]) berücksichtigt auch Anwendungen.

128 Zu Gentzkes Wirken in Kiel vgl. Schmidt 1963.

129 Zur Philosophie dieser Autoren vgl. Wundt 1945. Budde und Rüdiger waren Gegner Wolffs, insbesondere in theologischen Fragen.

130 Wegen dessen großer Verbreitung sei hier auf das Schulbuch Johann August Ernestis (1736, 1769[5]) verwiesen, das ab der 2. Auflage auch die Physik enthielt. Trotz seines späteren Erscheinens gehört es inhaltlich in den Zusammenhang der hier behandelten Bücher. Ernesti behandelt die allgemeine Physik nur auf wenigen Seiten und bringt dann noch einige naturgeschichtliche Kenntnisse. Das Buch zeigt deutlich, daß Ernesti in der Physik nicht kompetent war. Er hat dieses Gebiet nach eigenem Bekunden auch nur aufgenommen, weil Leser in einem Philosophiekurs die Physik vermißten.

131 Kaschube ist ein Schüler Wolffs und außerdem von der newtonischen Physikotheologie beeinflußt.

132 Börner gibt vor, eine verkürzte und vereinfachte Fassung der Wolffschen Physik geschrieben zu haben, ist aber von dessen didaktischem und wissenschaftlichem Niveau weit entfernt und lehnt sich auch inhaltlich mehr an Scheuchzer an, dessen Vorliebe für die Physikotheologie er teilt. Es war wohl verkaufsfördernd, Wolffs Namen vor den eigenen Karren zu spannen.

133 Vgl. S. 93ff.

134 Zu Kleinbrodt und Morasch vgl. Schaff 1912.

135 Einige der Autoren waren Professoren der Experimentalphysik, und es ist anzunehmen, daß sie im Unterricht gelegentlich experimentiert haben. In den Büchern kommt dies aber kaum zum Ausdruck.

136 Ein newtonisches Pendant zu diesen Büchern sind die Werke von Redlhammer (1755) und Sagner (1758); vgl. S. 174f.

137 Nur bei Bayle (1703[2]) und bei den späten katholischen Autoren wird die Mechanik nach Art der angewandten Mathematik behandelt. Praktische experimentelle Fragen werden häufiger diskutiert, sogar in einigen der kurzen Kompendien (Zwinger 1707, Creiling 1713, Kaschube 1718).

138 Vgl. Heimann 1973.

139 Vgl. Büttner 1973a und 1973b.

140 Budde (1707[2]) erklärt nur die allgemeinen Eigenschaften der Körper rein mechanisch und führt zur Erklärung der speziellen ein aktives Prinzip ein, eine panentheistisch gedachte Weltseele. Rüdiger (1714) und im Anschluß an ihn Gentzke (1726[2]) und Müller (1733[2]) postulieren ein Lebensprinzip, so daß die Natur in einen mechanisch zu erklärenden unbelebten und einen teleologisch zu erklärenden belebten Teil zerfällt.

141 Dies war einer der Punkte, die zu Wolffs Ausweisung aus Halle im Jahr 1723 führten. Budde und Rüdiger gehörten zu seinen Gegnern.

142 Zum Unterschied von programmatischer Methodologie und praktizierter Methode bei Descartes vgl. Buchdahl 1969, Laudan 1966 und Shea 1984. Auch im 18. Jahrhundert ist Descartes von den Gegnern seiner Physik schon vorgeworfen worden, er habe einem reinen Apriorismus gehuldigt und damit eine Physik erdichtet. Der Vorwurf ist polemisch, hat aber doch in den methodologischen Schriften von Descartes eine gewisse Grundlage. Allerdings wurde die „Abhandlung über die Methode" von Physikern selten gelesen. Diese kannten eher die physikalischen Schriften, insbesondere die „Prinzipien der Philosophie" und hierin stellt sich die Methode wesentlich differenzierter dar, als man

es nach der Lektüre der eher programmatischen „Abhandlung über die Methode" vermuten sollte.

143 Desgleichen Sperlette 1703[2].

144 Der originellste Beitrag ist wohl Rüdigers Materietheorie (1714).

145 Zu den Anschauungen über die Verwendbarkeit der mathematischen Methode in der Philosophie und damit auch in der Physik vgl. Tonelli 1959.

146 Daß einige Autoren im Anschluß an Wolff die mathematische Methode für den Physikunterricht fordern (Verdries 1720, Rüdiger 1729[2]), widerspricht dem nicht. Wolffs „mathematische" Methode war eine logische Methode und sie wird von Hauser (1755) mit Recht in die Nähe der scholastischen gerückt. Tatsächlich verwenden Verdries und Rüdiger auch kaum Mathematik.

147 Damit wird zugleich der Anschluß an die Auffassung von Descartes hergestellt, der auch diese beiden Wege zur Einführung einer Erkenntnis beschrieben und zugleich eine pädagogische Bewertung vorgenommen hatte: dem synthetischen Weg sollte die größere Überzeugungskraft zukommen, dem analytischen die größere Anschaulichkeit und leichtere Begreiflichkeit.

148 Einige Autoren, die strengere methodische Maßstäbe anlegen, und beim synthetischen Verfahren eine stringente Deduktion voraussetzen, betonen, daß es oft praktisch nicht durchführbar sei (Clericus 1710, Klaus 1756).

149 Zur Affinität von mechanistischer Physik und hypothetischer Methode vgl. Laudan 1968.

150 Von den älteren Büchern verwendet nur Kaschube (1718) öfters einfache mathematische Überlegungen.

151 Sturm (1687) und im Anschluß an ihn eine Anzahl weiterer Autoren unterteilen die spezielle Physik noch einmal in eine „spezielle" und eine „ganz spezielle". Erstere enthält die Lehre vom Weltbau und den vier Elementen, sowie meist auch die Meteorologie; letztere beschäftigt sich mit den drei Naturreichen.

152 Manchmal wird ein allgemeiner Formbegriff für unnötig gehalten, jedoch speziell zur Erklärung der Einheit von Körper und Seele beim Menschen eine Form postuliert (Gentzke 1726[2]).

153 Loescher bleibt zunächst (1715) dem Hylomorphismus treu und setzt später (1728[2]) an seine Stelle ein Kapitel über die allgemeinen Eigenschaften der Körper, d.h. die allen Körpern gleichermaßen zukommenden. Damit übernimmt er ein Element der Gliederung der newtonischen Bücher. Die um die Mitte des Jahrhunderts schreibenden katholischen Autoren bringen beides, den Hylomorphismus und die allgemeinen Eigenschaften.

154 Vgl. S. 134 und S. 139.

155 In dieses Kapitel sind die in den 50er Jahren des 18. Jahrhunderts schreibenden katholischen Autoren nicht einbezogen. Sie stehen in ihren physikalischen Vorstellungen unter dem Einfluß Wolffs und setzen sich mit der newtonischen Philosophie auseinander, sind in dieser Hinsicht also in Kap. 4.4 zu behandeln.

156 Dies wird allerdings nur für die unbelebte Natur angenommen. Pflanzen und Tiere werden von den meisten Autoren nicht als bloße Maschinen betrachtet, sondern als beseelt.

157 Das zweite Newtonsche Axiom bedeutet dann (modern ausgedrückt) die Gleichheit von Kraftstoß („Kraft") und Impulsänderung („Bewegungsänderung").

158 Sturm bekennt sich in seiner letzten Veröffentlichung, dem zweiten Band der „Mathesis juvenilis" (1705), zur Leibnizschen Monadenlehre. In seinen physikalischen Lehrbüchern hat dies jedoch noch keinen Niederschlag gefunden.

159 Teichmeyer (1717) nimmt als Ausbreitungsmedium des Lichts nicht den Äther an, sondern das erste cartesische Element, das reine Feuer.

160 Scheuchzer legt Wert auf die Stellen, wo Newton Licht und Schall miteinander vergleicht, und auf Newtons Äthertheorie. Den Unterschied zwischen Newtons „gasförmigem" und Descartes' „flüssigem" Äther spricht er nicht an. So kann

er Newtons Werk würdigen und trotzdem eine Kontinuumstheorie des Lichts beibehalten.

161 Einige jüngere Autoren (Wucherer 1725, Morasch 1731, Fortunatus 1736, Börner 1742) teilen die Wirbeltheorie nicht mehr. Fortunatus verzichtet auf jede Modellvorstellung. Morasch führt die Schwere (wohl unter dem Einfluß Hambergers) auf Dichtegradienten im Äther zurück. Wucherer und Börner betrachten Gott als unmittelbare Ursache und beziehen sich dabei auf newtonische Vorstellungen. Gott habe den Himmelskörpern bestimmte Kräfte eingeprägt.

162 Die in diesem Kapitel behandelten Lehrbücher sind durchweg von Mechanisten geschrieben worden. Nur Schmidt (1721^3) vertritt noch einen aristotelischen Eklektizismus. Der hermetistische Einfluß auf die Experimentalphysik war gering. Er war vor allem in der Chemie wirksam, die in den physikalischen Lehrbüchern der Zeit meist ausgesprochen stiefmütterlich behandelt wird. Es gibt jedoch lehrbuchartige populärwissenschaftliche Werke, in denen Physik und hermetistische Alchemie miteinander kombiniert sind, etwa Balduins „Hermes curiosus" (1683).

163 Vgl. Bennett 1986.

164 Vgl. die Titel von Sturm 1676, Schmidt 1721^3, Müller 1721, Henner 1756.

165 Vgl. Ruestow 1973 und Hackmann 1975.

166 Ihr Inhaber, Johann Jacob Waldschmiedt, las allerdings auch die dogmatische Physik, und zwar nach dem Lehrbuch von Rohault; vgl. Schmitz 1978.

167 Dies berichtet z.B. Schmidt (1963) von Johann Ludwig Hannemann in Kiel.

168 Vgl. Schaffer 1983.

169 Hoffmann war einer der berühmtesten Ärzte seiner Zeit. Sein philosophisch-medizinisches System war verbreitet und hat Budde und Rüdiger beeinflußt.

170 Schmidt (1721^3) beginnt mit den Phänomenen und versucht anschließend, die Prinzipien zu ihrer Erklärung anzugeben, die aber nicht induziert, sondern vorausgesetzt werden.

171 Blasius Henner (1756/60) schrieb ein experimentalphysikalisches Pendant zu den gleichzeitigen dogmatischen Lehrbüchern der Jesuiten und versuchte auch, deren scholastische Methode auf die Experimentalphysik zu übertragen. - Johann Daniel Titus (1782) wollte zwar Wolffs Experimentalphysik fortführen, versuchte jedoch, die Experimente enger, als dieser es getan hatte, in Beziehung zur dogmatischen Physik zu setzen.

172 Vgl. S. 111f.

173 Doppelmeyer war Schüler Sturms und lehrte am Gymnasium in Nürnberg.

174 Sogar im newtonischen Lager hat Wolffs Experimentalphysik Nachahmer gefunden (Beck 1769).

175 Er wurde auch ins Lateinische übersetzt.

176 Die Kürzungen in diesen Auszügen gehen vor allem auf Kosten der apparativen Details und der Anweisungen zur Versuchsdurchführung. Die Texte sind nicht mehr als Anleitung zum eigenen Experimentieren zu gebrauchen, sondern kompendienmäßig straff und rechnen mit der Vermittlung durch den Lehrer.

177 Zu Wolffs Teleologie vgl. Büttner 1973a und 1973b.

178 Im Original steht hier „können", was offenbar ein Druckfehler ist.

179 Die Analogie zwischen Gegenständen in der Natur und vom Menschen gebauten Maschinen ist nicht bloß eine Metapher. Beide beruhen auf den gleichen Gesetzen, und wenn man deshalb bei Maschinen ähnliche Wirkungen beobachtet wie bei Naturvorgängen, so ist es berechtigt, in beiden Fällen auch gleiche Ursachen zu vermuten. Deswegen glaubt Wolff, daß „man von demjenigen, was in der Kunst vorgehet, auf das schlüssen kan, was sich in der Natur ereignet" (1723, 53). Man soll zwar Vorsicht walten lassen und genau prüfen, ob die Wirkungen tatsächlich als analog angesehen werden können, wer das aber beachtet, wird „aus der Betrachtung der Kunst viel gutes lernen können, was

er in Erklärung der Natur gebrauchen kan" (1723, 57). Die Maschine zeigt nämlich, welche Bewegungen nötig sind, um gewisse Wirkungen zu erreichen.

180 Zur mathematischen Methode bei Wolff vgl. Corr 1972 und Frängsmyr 1975.

181 Zu den folgenden Ausführungen vgl. die Einführung zum Nachdruck der Logik Wolffs von Arndt (1965).

182 Vgl. Kap. 4.3.5.

183 Auch hier kann er nicht überall von evidenten Definitionen ausgehen. In der Aerometrie und der Optik muß er eine Reihe von „Erfahrungen", d.h. grundlegende experimentelle Tatsachen, als Grundsätze einführen, um den deduktiven Aufbau der Theorie durchführen zu können. Damit wird ein hypothetisches Element in die Theorie eingeführt.

184 Der Beweis macht von den beiden Grundprinzipien der Wolffschen Metaphysik Gebrauch. Der Satz vom Widerspruch rechtfertigt das indirekte Beweisverfahren und der Satz vom zureichenden Grund erlaubt die Ablehnung der angenommenen, für kontrafaktisch gehaltenen Hypothese.

185 Der Bezug zur mathematischen Methode bedeutet nicht, daß diese Fragen auch im Mathematiklehrbuch behandelt werden. Dort findet man kaum Experimentelles. Es wird vielmehr meist auf die „Nützlichen Versuche" verwiesen.

186 Dies wirft Wolff Descartes vor. Manchmal geht er jedoch selbst über die empirischen Befunde hinaus und interpretiert sie im Lichte der dogmatischen Physik. Diese Exkurse sollen den Zusammenhang mit der dogmatischen Physik herstellen.

187 Arnsperger (1897) hat darauf aufmerksam gemacht, daß das System bei Wolff zweierlei meint, ein „Lehrgebäude" und eine „wissenschaftliche Denkungsart". Damit sind zwei Seiten der mathematischen Methode angesprochen: sie ist Mittel zur Erlangung von Erkenntnis und Mittel zur Darstellung und Bewertung von Erkenntnis. Wolff hat nicht etwa geglaubt, daß beides in gleicher Weise ablaufe. Sein Schema der Definitionen, Axiome und Beweise meint naturgemäß den Darstellungsaspekt. Er lehnt sich jedoch an Gedanken der Schullogik an, wenn er Entdeckung und demonstrative Form der Darstellung als zwei zusammengehörige Schritte der mathematischen Methode auffaßt. Dies war eine der traditionellen Interpretationen von Analysis und Synthesis. Wolff sieht nicht nur eine Abhängigkeit der Darstellungsmethode von der Entdeckungsmethode, sondern auch umgekehrt eine Rückwirkung der Darstellung auf die Entdeckung. Das System als Lehrgebäude ist Voraussetzung für das System als wissenschaftliche Denkungsart. Der geordnete Vorrat der Erkenntnisse ist notwendig, um die Regeln zum Finden neuer Erkenntnisse spezifizieren zu können. Der Fortschritt der Wissenschaft ist damit auch ein didaktisches Problem. Der Didaktik als Ordnungswissenschaft ist die Aufstellung des Lehrgebäudes aufgegeben. Aber damit schafft sie auch die Grundlagen für die Ausbildung der wissenschaftlichen Denkungsart. Sie ermöglicht eine methodische Forschung. Gemäß dem Thema dieser Arbeit ist im folgenden nur vom System als Lehrgebäude die Rede.

188 Vgl. S. 62f. und S. 83f.

189 Zu Wolffs Begriffstheorie vgl. Lenders 1971.

190 Damit wird zugleich die Grenzziehung zwischen allgemeiner und spezieller Physik, die bis dahin noch der aristotelischen Tradition folgte, in einer der mechanistischen Physik gemäßen Form festgelegt.

191 Vgl. S. 117.

192 Zu Wolffs Newtonrezeption vgl. Lorenz 1985.

193 Zu Wolffs Wärmetheorie vgl. Lorenz 1988.

194 Zu Wolffs Elementbegriff vgl. Burns 1965 und Corr 1975.

195 Vgl. Kap. 4.1 und 4.2.

196 Vgl. Kap. 4.3.

197 Hamberger schränkt den Inhaltsbereich der Physik stärker ein als es der mechanistischen Tradition entspricht. Er behandelt nur die unbelebten Körper.

Allerdings begründet er diese Einschränkung nicht systematisch, sondern mit seiner mangelnden Kompetenz im Bereich der Lebenswissenschaften.

198 Hamberger hat dies im Vorwort zur 3. Auflage seines Lehrbuchs (1741) nachgeholt, wo er eine gründliche wissenschaftstheoretische Kritik der newtonischen Art, Physik zu betreiben, liefert.

199 Vgl. S. 100.

200 Bilfingers Theorie der Gravitation, die bei den Zeitgenossen eine gewisse Beachtung fand, ist in seinem Lehrbuch noch nicht angesprochen.

201 Die Experimentalphysik machte im 18. Jahrhundert rasche Fortschritte. In den neuen Gebieten der Elektrizitäts- und der Wärmelehre wurde eine Vielzahl von Experimenten ersonnen, aber auch die klassischen Gebiete wurden durch Verbesserungen der Instrumente weiterentwickelt. Dies hätte eigentlich recht bald eine Erweiterung der „Nützlichen Versuche" Wolffs erfordert, wenn man auf Einbeziehung des neuesten Standes der Wissenschaft Wert gelegt hätte. Offenbar erschien jedoch eine Revision der dogmatischen Physik, die unter stärkerem Rechtfertigungsdruck stand, als vorrangige didaktische Aufgabe.

202 Vgl. S. 203f.

203 Vgl. S. 72f.

204 Zu Hollmann vgl. Schimank 1973.

205 Es handelt sich nicht um ein Lehrbuch der angewandten Mathematik. Die Stoffauswahl entspricht der Physik. Allerdings wird der Stoff soweit möglich in der Art der angewandten Mathematik behandelt. Das Buch ist in dieser Form für die Zeit wohl einmalig.

206 Von diesem Buch gibt es eine Übersetzung ins Englische (1757).

207 Dem entspricht auch, daß Hanov die Unterschiede zwischen dem Newtonschen und dem mechanistischen Äther verschleiert. Zwar wird Newtons Äthertheorie kritisiert, aber der zentrale Punkt, daß sein Äther durch Fernkräfte operiert, nicht erwähnt.

208 Hinsichtlich des Satzes vom zureichenden Grunde sind die Meinungen geteilt. Einige lehnen ihn rigoros ab (Hauser 1758, Henner 1756), andere machen davon genauso fahrlässig Gebrauch wie Wolff (Gottsched 1762[7]).

209 Nur der Außenseiter A. A. Hamberger (1774, 1780) glaubt noch, die gesamte allgemeine Physik a priori begründen zu können und zu müssen, weil die Welt der Erscheinungen und die Welt der Dinge ganz unterschiedlich seien. Er muß dann zugeben, daß „diejenigen, die auf Erfahrung sich gründen", seine Lehrsätze für „Träumereien" werden halten müssen (1774).

210 Hier sehen die katholischen Autoren eine Möglichkeit, die aristotelische Unterscheidung von Materie und Form einzuführen. Materie ist das passive, raumerfüllende, Form das aktive Prinzip.

211 Nur Gottsched (1762[7]) vertritt die Emanationstheorie.

212 Die Theorie Le Sages wurde erst zu Beginn des 19. Jahrhunderts veröffentlicht und hat die Entwicklung nicht mehr beeinflußt.

213 Titius (1774) übernimmt Hanovs Gliederung.

214 Der Motor der Maschine kann, wie bei Wolff, im Innern der Körper, in den Elementen, lokalisiert werden (Winkler 1742[2]) oder, wie bei Descartes, in äußerer Einwirkung gesehen werden (Hollmann 1737a, Feder 1769[2], Sigaud de la Fond 1774).

215 Der Einfluß Lockes in Deutschland war relativ gering; vgl. Fischer 1975.

216 Zur Didaktik der newtonischen Lehrbücher vgl. Kap. 5.1 und 5.2.

217 Vgl. Kap. 5.1.

218 Zu Musschenbroek vgl. Meyer 1961, Ruestow 1973 und Pater 1977.

219 - Epitome elementorum physico mathematicorum, 1726.
- Elementa physicae, conscripta in usus academicos, 1734 (eine umgearbeitete Neuauflage des vorstehenden Werkes).
- Physica experimentales, et geometricae, de magnete ..., 1729 (nicht eigentlich ein Lehrbuch, sondern eine Sammlung verschiedener experimenteller Ab-

handlungen; in Deutschland nachgedruckt: Wien 1756).
- Institutiones physicae, 1748 (ähnlich den Elementa).
- Introductio ad philosophiam naturalem, 1762 (ein völlig neues Werk).
- Compendium physicae experimentalis, 1769 (eine Kurzfassung der Introductio).

220 Vgl. S. 124.

221 Gottsched bedauert in seiner Vorrede, daß Musschenbroek nur eine „Experimentalphysik" geliefert habe und nicht eine „vollständige Naturkunde".

222 Gottsched glaubte, dies in einer eigenen Vorrede noch weitläufiger betonen zu müssen. Er schreibt über Musschenbroek und sein Buch: „Er behauptet aber darinnen weder den Charakter eines bloßen Neutonianers, noch eines Cartesianers, Gassendisten oder Peripatetikers; ungeachtet er sich bisweilen aller dieser Weltweisen Gedanken und Entdeckungen zu Nutze macht". „Nein, Herr von Muschenbroek behielt sich eine edle philosophische Freyheit vor; und wenn er es nöthig befand, trug er auch keine Bedenken, von den Lehrsätzen dieses tiefsinnigen Engeländers abzugehen. Man wird auch in dieser Naturlehre die Spuren davon finden, da er z. E. in dem beruffenen Streite von dem Maaße der lebendigen Kräfte, des großen Leibnitz Meynung, gegen so vielen Widerspruch der Engelländer, öffentlich ergriffen und vertheidiget hat" (1747, Gottscheds Vorrede).
Natürlich war Gottsched mit vielem, was Musschenbroek schrieb, nicht einverstanden. Er nennt insbesondere „die Lehre vom leeren Himmelsraume ..., die sich gewiß mit Gründen bestreiten ließe, die eines hohen Grades der Deutlichkeit und Wahrscheinlichkeit fähig sind".

223 In 's Gravesandes Lehrbuch ist das anders. Er hält sich nicht mit Apologetik auf.

224 Vgl. Blumenberg 1973.

225 Es gibt nur einige wenige Stellen, an denen Musschenbroek bei einem bestimmten Gegenstand ausdrücklich dessen praktischen Nutzen erwähnt: Er bezeichnet die Bestimmung der Zerreißfestigkeit von Körpern als nützlich; er führt an, daß man die Bestimmung des spezifischen Gewichts verwenden könne, um falsches von echtem Gold zu unterscheiden (1747, 367); bei der Besprechung von Brillen und Ferngläsern werden sowohl deren Nutzen als auch gewisse praktische Mängel erwähnt; die einfachen Maschinen sind „mit großen Vortheile im gemeinen Leben zu gebrauchen" (1747, 135). Bei Maschinen und Geräten wird nur das physikalische Prinzip besprochen. Technische Ausführungen und ingenieurwissenschaftliche Fragen werden nicht einmal gestreift. Ähnlich dürftig ist die Ausbeute, wenn man nach Stellen sucht, die der Bekämpfung des Aberglaubens dienen sollen. Einmal wendet er sich gegen die Astrologie (1747, 459), einmal gegen gewisse Regeln zur Wettervorhersage (1747, 631f.).

226 Desaguliers z.B. behandelt technische Fragen recht ausführlich.

227 Vgl. S. 28f.

228 So drückt etwa Musschenbroek Gesetze meist noch verbal aus, oft in Form von Proportionen. Formeln, in denen physikalische Größen zueinander in Beziehung gesetzt werden, verwendet er nur in ganz einfachen Fällen und unsystematisch. Wo Formeln vorkommen, sind es üblicherweise Beziehungen zwischen Strecken, die als Maß physikalischer Größen verwendet werden, d.h. geometrische Formeln. Dasselbe zeigt sich bei den wenigen mathematischen Beweisen, die sich in dem Buch finden. Es wird durchweg die geometrische Argumentation bevorzugt. Die physikalischen Größen werden durch Strecken in einem Schaubild ausgedrückt, und dann wird der Beweis elementargeometrisch geführt. Häufiger als Beweise findet man geometrische Veranschaulichungen oder Konstruktionsbeispiele, die zeigen sollen, wie ein Gesetz anzuwenden ist. Der Höhepunkt an Mathematisierung ist die Verwendung von

Galileis Fluxionsmethode zur Erklärung des Weg-Zeit-Gesetzes beim freien Fall (1747, 123ff.).
229 Vgl. Heilbron 1979.
230 Bei 's Gravesande spielt zusätzlich die Mathematisierbarkeit eine Rolle als Auswahlkriterium, weshalb er den Stoff noch wesentlich rigoroser einschränkt.
231 Descartes hatte das analoge Argument für die Vernunft formuliert.
232 Zu dessen Demonstrationsgeräten vgl. Gerland/Traumüller 1965.
233 Vgl. Harré 1980.
234 Zum Unterschied des Materiebegriffs in der Leibnizschen und in der Newtonschen Philosophie vgl. Iltis 1973.
235 Vgl. dazu Home 1977. Die meisten älteren Newtonianer nehmen solche Effluvia auch zur Erklärung des Magnetismus an.
236 Danach führte er ein unstetes Leben auf der Flucht vor seinen Gläubigern. Zu Sell vgl. Palm 1977.
237 Krüger hat Wolff keineswegs ganz abgelehnt. Die angewandte Mathematik lehrte er nach Wolffs Auszug. Zu seiner Lehrtätig ab 1751 in Helmstedt vgl. Nentwig 1891.
238 Vgl. S. 33.
239 Zu v. Segner vgl. Kaiser 1963.
240 Er hält auch noch an Materie und Form als Prinzipien der Körper fest. Allerdings seien sie nicht die ersten Prinzipien. Dies seien vielmehr die Elemente (d.h. Atome).
241 Grant hat auch den 2. Band des Lehrbuchs seines Konfraters und Amtsvorgängers Andreas Gordon posthum herausgegeben.
242 Vgl. Kap. 6.1.
243 Originalton Martin: „nichts als Neid, Vorurtheile und Unwissenheit sind vermögend, der Weltweisheit eines Newton Widersacher zu erregen." Daß Kästner, der die Übersetzung veranlaßte, solche Dinge in Kauf nahm, lag wohl daran, daß es für seinen Zweck kein geeigneteres Buch gab. Er suchte offenbar als Pendant zur angewandten Mathematik für höhere Semester eine konstruktiv orientierte physikalische Gerätekunde, und da bot sich das Buch des Instrumentenmachers Martin an. - Man kann sich schlecht vorstellen, daß an einer deutschen Universität ein Kolleg nach diesem Buch gelesen worden sein sollte.
244 Wie bei Krüger, v. Segner oder Gordon.
245 In den späteren Auflagen von v. Segners Buch (1770[3]) machen sich allerdings dann und wann die zeittypischen Aufweichungstendenzen am newtonischen Paradigma bemerkbar. Er zieht die Existenz imponderabler Materien in Betracht und ist von Eulers Theorie des Lichts offenbar so beeindruckt, daß er sie neben der Emissionstheorie anführt, ohne eine Entscheidung zu treffen. Ähnliches gilt für Grant (1779).
246 Vgl. S. 72f. und S. 124.
247 Vgl. S. 253f.
248 Zu Kratzenstein vgl. Snorrason 1974.
249 Vgl. S. 195.
250 Vgl. S. 47.
251 Wie sein gesamter Kurs in etwa ausgesehen hat, läßt sich jedoch aus der Zusammenfassung im Anhang seines Buches ersehen.
252 Das gilt besonders für die Bücher von Richter (1769), Rouyer (1778) und Lehmus (1781). Das Buch von Wolff (1791) ist zwar ausführlich und bringt viele Versuche, ist aber im übrigen recht wahllos kompiliert und an vielen Stellen überholt.
253 Vgl. S. 30f.
254 Typisch für die öffentlichen Vorlesungen waren gedruckte, werbende Vorankündigungen, von denen einige detaillierte Inhaltsangaben mit Hinweisen auf die einzelnen Experimente enthalten (z.B. Beck 1774 und 1781).

255 Vgl. S. 195.

256 Herz war ein Freund Kants, dessen Versuch zur Begründung der Physik jedoch in seinem populären Buch keine Rolle spielt.

257 Es diente eher als Quelle für die Schauvorlesungen.

258 Vgl. S. 141ff.

259 Vgl. Elkana 1971 und Hankins 1985.

260 Der Begriff stammt von Schofield (1978), der insgesamt fünf solcher Newtonismen unterscheidet. Die hier behandelten Autoren fungieren bei ihm unter „Leibnizian Newtonianism", die im vorigen Kapitel behandelten unter „Baconian Newtonianism". Seine anderen drei Gruppen sind in Deutschland kaum vertreten. Höchstens könnte man Kästner dem „Cartesian Newtonianism" zurechnen.

261 Dem entspricht, daß sie sowohl Mechanisten wie Newtonianer als Quellen verwenden. Richter (1769) zitiert Gottsched, Winkler und Krüger öfters wörtlich. Stegmann (1753) nennt als Hauptquellen: „der gründliche Hamberger und angenehm lehrende Krüger".

262 Ähnlich, jedoch kürzer, auch Stegmann (1753). Eberhard (1755), Ebert (1775) und Kratzenstein (1787[6]) halten eine ontologische Fundierung der physikalischen Materietheorie durch die Monadologie für diskutabel.

263 Dies gilt für Danzer, Eberhard, Ebert, Grant, Gruber und Richter.

264 Kratzenstein betrachtet den Zusammenhang als die Grundkraft, die er sich als eine Fernkraft mit kurzer Reichweite vorstellt, vgl. S. 181.

265 Danzer und Mayer behandeln nur diese.

266 Hierauf hat Heilbron (1980) hingewiesen.

267 Richter (1769) und Danzer (1777) sind Anhänger der Emissionstheorie. Eberhard (1755) legt sich nicht fest und bezeichnet Newtons und Eulers Theorien als „Meisterstücke". Stegmann (1753) ergreift für keine Theorie Partei, arbeitet aber mit Emissionsvorstellungen. Grant wechselt von der Emissionstheorie (1770) zur Wellentheorie (1779).

268 Tatsächlich war die von Euler vorgeschlagene und von seinem Sohn ausgearbeitete Theorie der Elektrizität auch nicht besonders überzeugend.

269 Zu Franklins Theorie vgl. S. 198.

270 Obwohl die Autoren (bis auf Mayer 1753) das Verhältnis von Vernunft und Erfahrung bei der Erkenntnisgewinnung nicht symmetrisch sehen, sondern den Primat der letzteren betonen, findet man bei allen auch reine Vernunftschlüsse auf der Grundlage metaphysischer Prinzipien (insbesondere des Begriffes des Körpers). Allerdings sind derartige Argumentationen nicht häufig.

271 Bellone (1982) hat dies am Beispiel von Nollets Theorie der Elektrizität gezeigt.

272 Eine Ausnahme ist das Lehrbuch von 's Gravesande, in dem viele speziell zu Demonstrationszwecken hergestellte Apparate beschrieben und abgebildet sind. Eine Reihe von Apparaten, die 's Gravesande konstruiert hat, sind fast unverändert heute noch üblich.

273 Vgl. Heilbron 1979.

274 Die Entwicklung ging recht langsam. Noch Kämtz (1839) beklagt, daß viele Physikprofessoren in Deutschland keine öffentliche Sammlung zur Verfügung hätten, sondern für das Experimentiergerät selbst aufkommen müßten. Das galt auch für ihn selbst in Halle. - Die Berliner Universität erhielt 1833 eine physikalische Sammlung. E. G. Fischer mußte für seine Vorlesungen die Geräte aus seiner Schule ausleihen; vgl. Klemm 1966.

275 Einen Eindruck davon, was zu einer solchen Sammlung gehörte, geben die vielen erhaltenen Inventarlisten. In Hackenberg (1972) sind für die Universität Marburg Listen für die Jahre 1764, 1790, 1793 und 1809 abgedruckt. Zusammenfassende Darstellungen zur Instrumentenentwicklung im 18. Jahrhundert siehe Whipple (1972[2]) und Gerland/Traumüller (1965).

276 Das bekannteste Beispiel war das Häuschen mit Blitzableiter. Hackmann (1979) hat darauf hingewiesen, daß dies nicht nur Schauexperimente waren,

daß man vielmehr im Kleinen die Effekte besser zu verstehen hoffte, die die Natur im Großen produziert.

277 Eberhard (1753) sieht die Beziehung nicht so eng und meint, zur Bestimmung physikalischer Ursachen sei „die nähere Bestimmung und Ausmessung der Größe" nicht immer nötig.

278 Nur bei Erxleben (1772) und Gruber (1776) ist eine gewisse Orientierung an der Unterrichtsweise der angewandten Mathematik merklich, und zwar an dem Lehrbuch von Kästner (1765[2]); und Mayer (1753) behandelt die Statik nach Art der angewandten Mathematik. Aber auch sie setzen keine mathematischen Kenntnisse voraus und bringen höchstens einfache Beweise.

279 So etwa durchgängig bei Kratzenstein (1787[6]) oder Herz (1787).

280 Man findet sie häufig bei Eberhard (1753) und Gruber (1776).

281 Eberhard (1755) wählt die Reihenfolge (1) Lehrsatz, (2) Zitate anderer Autoren zur Stützung desselben, (3) Experimente oder manchmal auch Vernunftbeweise zur Stützung des Lehrsatzes, (4) modellmäßige Erklärung, insbesondere auch ältere Erklärungsansätze, um den Fortschritt der Wissenschaft herauszustellen.

282 Vgl. S. 134.

283 Vgl. Stichweh 1984.

284 Dasselbe gilt für die Lehrbücher der Chemie; vgl. Haupt 1987.

285 Zu den Imponderabilientheorien in der newtonischen Chemie vgl. Thackray 1970.

286 Vgl. S. 25f.

287 Man vergleiche etwa seine Ausführungen zum Kraftbegriff und zu dem immer noch virulenten Streit um das Maß der Kraft (1780) mit anderen Lehrbüchern der Experimentalphysik.

288 Zu Lichtenberg als Physiker vgl. Hahn 1927.

289 Zu Lichtenbergs Bearbeitung des Erxlebenschen Lehrbuches vgl. Hermann 1969 und Kleinert 1980.

290 Pfaffs Buch (1800) ist nur ein ganz kurzes Repetitorium, „der bloße etwas ausführlichere Plan zu einem Lehrbuche". Die naturphilosophischen Neigungen Pfaffs kommen darin nicht zum Tragen. Er will vielmehr ausdrücklich nur die Experimentalphysik bringen.

291 Zu Schraders Wirken in Kiel vgl. Schmidt 1963.

292 Vgl. Kap. 2.4.

293 Vgl. S. 184.

294 Dieselbe Haltung kommt zum Ausdruck, wenn Achard (1791) die Zwei-Fluida-Theorie des Magnetismus von Brugmanns kritisiert, weil dieser ganz unnötigerweise einen Mechanismus gebastelt habe. Wenn man das Buch davon reinige, es entsprechend „übersetze", sei es aber eine Fundgrube zur Bestimmung der „wahren Gesetze des Magnetismus", „unabhängig von allen Hypothesen".

295 Karsten (1785) wählt einen interessanten didaktischen Aufbau, der es erlaubt, die mögliche Funktion der zweiten Theorieebene für die Entwicklung der ersten zu zeigen und gleichzeitig ihren hypothetischen Charakter zu betonen. Er führt zunächst „bis auf weitere Prüfung" die einfachere Franklinsche Theorie ein, zeigt, wie weit ihre Erklärungsmächtigkeit geht und wo ihre Grenzen liegen, und entwickelt dann aus diesen die Symmersche Theorie, die er für die bessere hält, und die er schließlich durch Reinterpretation der bereits behandelten Experimente und durch die Erklärung neuer zu stützen sucht. Dabei wird bei der Behandlung der Franklinschen und der Symmerschen Theorie sauber zwischen den beiden Theorieebenen unterschieden, wobei eine heuristische Funktion der zweiten für die Konstruktion der ersten angedeutet ist.

296 Als typisches Beispiel vgl. die Behandlung der Dämpfe in Imhof 1794/95.

297 So sprechen Karsten (1780) und Mayer (1823[6]) in diesem Zusammenhang nicht von experimentellen Beweisen, sondern nur von Veranschaulichungen.

298 Für die meisten Autoren ist Mathematisierung immer noch mit Quantifizierung identisch. Dies wird zum Beispiel in Gilberts Bemerkung deutlich, daß „sich die Chemie einer mathematischen Ansicht sehr genähert" habe (in Schrader 1804[2]). Eine mathematische Sichtweise bedeutet hier die Formulierung quantitativer Gesetze. Mathematik wird immer noch als Meßkunst begriffen. Angewandte Mathematik ist dann die bloße Anwendung auf technische Problemstellungen. Zur mathematischen Physik der französischen Physikomathematiker haben die Autoren kein Verhältnis.

299 Eine Ausnahme ist das für die Bürgerschulen gedachte Lehrbuch von Block (1823). Darin wird eine erklärende Durchdringung der Alltagswelt auf der Grundlage chemischer Imponderabilientheorien versucht. Der Schwerpunkt liegt auf der zweiten Theorieebene. Das Buch will Einsicht in die Zusammenhänge der Erscheinungen und das Wesen der Dinge vermitteln. Für diesen Adressatenkreis ist das ganz ungewöhnlich.

300 Wo der Begriff des Naturgesetzes im umfassenderen Sinn verwendet wird (z.B. Suckow 1813), wird damit der Gedanke verbunden, daß das Erklären stufenweise zu den letzten Ursachen, den Kräften, führt.

301 Klügel (1792), Yelin (1796) und Snell (1810) ziehen dies wenigstens noch als Möglichkeit in Betracht.

302 Die Annahme einer solchen abstoßenden Kraft stammt aus der dynamischen Tradition, ist jedoch hier nicht im Kantschen Sinn als Bedingung der Möglichkeit der Materie aufgefaßt. Keine der Grundkräfte soll der Materie notwendig zugeschrieben werden müssen. Eine Reihe von Autoren folgt Gren (Achard 1791, Hauch 1795, Nicolai 1797, Schrader 1797, Berlin 1801). Andere argumentieren vehement dagegen (Yelin 1796, Mayer 1823[6]).

303 Vgl. S. 270f.

304 Eine ausführliche und differenzierte Kritik gibt Mayer (1823[6]). Er lehnt beide ab. „Ueberhaupt ist das Spielen mit Kräften in der dynamischen Naturphilosophie um kein Haar besser, als diejenige mit den Atomen in dem Corpuscularsystem". Allerdings bezieht er diese Ablehnung nur auf die „physischen Romane" und „künstlichen Fictionen", die in beider Namen präsentiert worden sind. An sich seien die Modellvorstellungen, die beiden Positionen zugrunde lägen, möglich, solange man sie nur als solche erkenne. Die Vorstellung, daß die Kräfte die primären Entitäten seien, habe Vorteile; aber auch die atomistische Vorstellung könne „immer ganz unbeschadet beybehalten werden". Man dürfe nur nicht in Spekulationen über Verhältnisse von Ziehkraft und Dehnkraft oder über Äthermechanismen abgleiten. Mayer ist Instrumentalist. Er akzeptiert Modellvorstellungen, „um den ganzen Zusammenhang der Phänomene zum Behuf des Gedächtnisses besser zu ordnen", lehnt aber ontologische Spekulationen über den Bereich des Erfahrungswissens hinaus ab. Wie Mayer halten auch verschiedene andere Autoren die dynamische Materietheorie für die plausiblere (Pfaff 1800, Funke/Fricke 1804[2], Kries 1806, Scholz 1815, Trommsdorf 1817, Strauß 1823, Buchner 1833).

305 Zum Beleg wiederum Mayer (1804[2]): „Was wird uns die Philosophie des nächsten Jahrzehends doch wohl für große und wichtige Aufschlüsse noch geben? Ich vermuthe nichts weniger, als daß die Voltaische Säule dann sogar ein lebendiges Geschöpf seyn wird, und vermöge der Polarität ihrer Glieder sich an das Geschlecht der Tänien wird anschließen müssen." Zur Erklärung: die Gattung Taenia gehört zu den Bandwürmern.

306 Vgl. Carrier 1986.

307 Einen Überblick erhält man aus Fischers Geschichte der Physik, Bde. 7 und 8 (1806/08).

308 Es wurde schon darauf hingewiesen, daß der Antiphlogistiker Yelin (1796) die Theorie des Phlogistikers Gren (1787) über die Zusammensetzung des Lichts übernimmt, wobei Grens Phlogiston zu Yelins Lichtstoff wird. Dasselbe tut Schrader (1797).

309 Als Anmerkung sei noch an einen Punkt erinnert, der für die Didaktik der Physik am Rande lag, für diejenige der Chemie aber von zentraler Bedeutung war: die neue Nomenklatur der antiphlogistischen Chemie. Sie wollte die unbequeme, teils noch aus alchemistischer Zeit stammende und inzwischen unverständlich gewordene Terminologie durch eine neue ersetzen, die mit der Theorie in Einklang sein sollte und ihre Handhabung möglichst bequem machte. Die didaktischen Vorteile dieser neuen Nomenklatur waren offensichtlich. Sie war einfach, einsichtig und erleichterte das Lernen des Stoffes, weil sie mit dem Namen gleich die Definition lieferte. Sie wird dementsprechend auch gern aufgegriffen und ausführlich dargestellt (Klügel 1792, Hauch 1795). Lichtenberg (in Erxleben 1794[6]) plädiert allerdings aus andern Gründen leidenschaftlich für die Beibehaltung der alten Benennungen. Sie seien für den modernen Chemiker weitgehend theoriefrei, weil die Zeit über den theoretischen Gehalt hinweggegangen sei und das sei eine gute Voraussetzung für den wissenschaftlichen Fortschritt, der nun einmal im Wechsel von Theorien bestehe. Da könne man schließlich nicht jedesmal die ganze Nomenklatur ändern. „Hypothesen ... gehören dem Verfasser, aber die Sprache gehört der Nation und mit dieser darf man nicht umspringen wie man will." Lichtenberg vermutete wohl nicht ganz zu Unrecht, daß die neue Nomenklatur auch den Zweck hatte, die neue Theorie zu immunisieren.

310 Stichweh (1984) hat in diesem Zusammenhang von einer Identitätskrise des physikalischen Teils der Naturlehre gesprochen. Diese bezog sich jedoch nur auf die Definition des Faches, nicht auf die Praxis der Lehre.

311 Vgl. S. 151f.

312 Eine Ausnahme ist der Mathematiker Karsten. Zwar betrachtet auch er Physik, Chemie und angewandte Mathematik als eine Einheit, aber er zieht daraus nicht die Konsequenz, daß es notwendig sei, die Grundlagen von Chemie und angewandter Mathematik der Physik zuzuschlagen, sondern plädiert für eine Trennung zwischen einer chemischen und einer mathematischen Physik als Unterrichtsfächern. In Experimentalphysik und Chemie sieht er die gleiche Art des methodischen Vorgehens gegeben und „so sind Chymie und eigentliche Naturlehre einerley Wissenschaft" (1785). Anders die angewandte Mathematik. Sie erfordere eine andere Art des Denkens und eine andere Art des Unterrichts. Zwar brauche sie die Physik als Voraussetzung. Aber diese liefere nur „die ersten Grundbegriffe und Erfahrungssätze" (1783). Alles weitere sei dann Mathematik. Karsten sieht also zwei in ihren Methoden und Zielsetzungen verschiedene Fächer, die aufeinander aufbauen. Die Physik soll die Grundlagen schaffen und eine erste Einführung in die Theorien geben. Ihr Vorgehen ist im wesentlichen experimentell. Die Theorie wird durch Versuche erläutert. Daran kann die angewandte Mathematik anschließen, die die „allgemeinen und vollständigen Theorien" in mathematischer Form darbietet (1780). Karsten stellt sich offenbar vor, daß die beiden Fächer in der Art aufeinander bezogen sein sollten, wie es fast ein Jahrhundert später durch die Aufteilung der Physik in einen experimentellen und einen theoretischen Teil verwirklicht wurde.

313 Ähnlich Karsten (1780): „Nach Absonderung alles dessen, was auch unter dem Nahmen der Mathematik abgehandelt wird, würde ausser den Lehren vom Feuer, von der Electricität, vom Magnet, und einigem wenigen andern, der Naturlehre nichts übrig bleiben."

314 Mayer (1823[6]) stellt aus diesem Grund die Wärmelehre an den Anfang des besonderen Teils. Einiges aus ihr wird zur Behandlung der Chemie gebraucht. Die gleiche Reihenfolge wählt Bourguet (1798). Am stärksten sind die Abweichungen von der wissenschaftlichen Systematik bei Karsten (1783, 1785).

315 Pfaff (1800) rechnet auch die mechanischen Wissenschaften zur besonderen Physik.

316 Auch die Grundbegriffe der Bewegungslehre können hier zugeordnet sein.

317 Dadurch verloren allerdings die Kapitel über das Wasser und über die Luft wesentliche Teile ihrer Inhalte. Das Kapitel über das Wasser, das schon lange ein Schattendasein geführt hatte, wenn man es nicht mit der Hydromechanik anreicherte, verschwindet nun endgültig. Das Kapitel über die Luft erhält eine neue, chemische Interpretation. Dort werden die neu entdeckten Gase behandelt.

318 Der Umfang dieses Teiles ist in den einzelnen Büchern sehr unterschiedlich. Die meisten Autoren rechnen damit, daß neben dem Physikunterricht auch die Chemie als eigenes Fach gelehrt wird, und bringen deshalb hier nur die Grundlagen. Die insgesamt „konservativen" Bücher von Merrem (1786, 1796) und Imhof (1794, 1802) sowie Pfaff (1800) verzichten sogar ganz auf den chemischen Teil. Einige Autoren schreiben jedoch für einen integrierten physikalisch-chemischen Kursus und behandeln an dieser Stelle die gesamte Chemie (Karsten 1783, 1785, Bourguet 1798, Wrede 1801). Das umfangreichste Wissen vermittelt der für angehende Chemiker schreibende Suckow (1813).

319 Die Geschlossenheit der Gliederungen hat einige kleine Brüche. Es gibt Gebiete, die sich nicht recht einpassen. Die Akustik hat keinen festen Ort. Sie wird irgendwo angehängt, ans Ende des allgemeinen Teils, ans Ende des Kapitels von der Luft oder ganz ans Ende des Buches. Die geometrische Optik war zwar in das Kapitel über den Lichtstoff einzugliedern, aber es war etwas unbefriedigend, wenn dann im größten Teil dieses Kapitels der Lichtstoff nicht mehr vorkam. Bourguet (1798) und Mayer (1823[6]) nehmen sie aus dem Kapitel vom Lichtstoff heraus und setzen sie ans Ende des Buches.

320 Der Begriff stammt von Ravetz (1971), der die Standardisierung als das charakteristische Merkmal für den Übergang des Wissens aus dem Kontext der Forschung in den Kontext der Lehre betrachtet.

321 Vgl. Bellone 1982.

322 Sie gehörte im Lehrplan der französischen Lyceen nicht zur Physik, sondern zur Mathematik.

323 Vgl. Kap. 5.6.

324 Wenn nicht anders angegeben, stammen die Zitate aus dem 1. Band. Der 2. Band wird als (1804, II:xx) zitiert.

325 So offensichtlich, daß er sogar über einen Fall von Industriespionage zu berichten weiß (1804, 242).

326 Haüy nimmt hier eine formalbildende Funktion für den Physikunterricht in Anspruch, was zu jener Zeit noch relativ selten der Fall ist; vgl. S. 222f.

327 Zu den Unterschieden der Legitimierung der Forschung im 18. und 19. Jahrhundert vgl. Blumenberg (1973) und v. Engelhardt (1979).

328 Huygens' Theorie der Doppelbrechung erscheint ihm „mit vieler Kunst" aufgestellt. Er übernimmt deren Resultat und versucht zu zeigen, daß es nicht an die Kontinuumstheorie gebunden sei, sondern sich „einer, auf den Ausfluß des Lichts in gerader Linie gegründeten Theorie eben so gut anpaßt" (1804, II:380). Daltons kinetische Deutung der Partialdrucke in Dampfgemischen lehnt er ab, akzeptiert aber ihre Resultate. „Diese Resultate sind für die Theorie der elastischen Flüssigkeiten von sehr großem Interesse. Nur die Art, wie ihr Urheber sie darstellt, ist nicht von Schwierigkeiten frei" (1804, 314). Hier werden grundlegende Unterschiede in den Modellvorstellungen als Fragen der Darstellung bagatellisiert.

329 Zwar spricht er (an einer oben bereits angeführten Stelle: 1804, II:68) einmal vom Mechanismus der Natur, aber dies ist ein Einzelfall.

330 Entgegen dieser klaren Begriffsbestimmung benutzt Haüy den Ursachenbegriff manchmal auch im Sinne von „Erklärung".

331 Zum Laplaceschen Programm vgl. S. 248.

332 Ritters Entdeckung der ultravioletten Strahlen von 1801 zitiert Haüy nach einer mündlichen Mitteilung von Ørstedt, der sich 1802 in Paris aufhielt, ein Zeichen, wie schnell die besseren Lehrbücher damals auf wissenschaftliche Neuigkeiten reagierten (1804, II:450).

333 Vgl. S. 28f, S. 141f., S. 151 und S. 173f.

334 Vgl. Kap. 6.1, insbesondere S. 260f.

335 Vgl. Kap. 5.4.

336 Zur französischen mathematischen Physik jener Zeit im allgemeinen vgl. Grattan-Guiness 1981; zur Laplaceschen Physik speziell vgl. Fox 1974.

337 Zum Einfluß der französischen mathematischen Physik auf Deutschland vgl. Caneva 1978 und auch Heidelberger 1983, der dies am Beispiel von G. S. Ohm behandelt.

338 Vgl. Kap. 5.5.

339 Vgl. Klemm 1966.

340 Vgl. S. 318f.

341 Zum Kantianismus von Fries und dessen Auswirkungen auf sein Lehrbuch vgl. Kap. 6.2.

342 Vgl. S. 326.

343 Die meisten Autoren betrachten alle Grundgesetze als Erfahrungsgesetze. Einige halten jedoch im Anschluß an Kant auch eine Gesetzeserkenntnis a priori in beschränktem Umfang für möglich (Jungnitz 1804, Baumgartner 1824, Fries 1826).

344 Für den Kantianer Gren war es wichtig, die Begriffe mit Anschauung zu verbinden, und Hypothesen waren ein Mittel hierzu. Fischer legt darauf weniger Wert und hält die operationale Definition der Begriffe für das Entscheidende.

345 Vgl. S. 184 und S. 197.

346 Nur Parrot (1809) hält noch an den alten Vorstellungen fest.

347 Wo in der Darstellung der experimentelle Weg verfolgt wird, kommt diese Integration allerdings nicht immer zum Ausdruck.

348 Fries (1826) billigt beim augenblicklichen Forschungsstand dem Dynamismus nur in der Mechanik einen Erklärungswert zu. In allen andern Gebieten könne man bislang nur mechanische Analogien bilden „und diese Analogien werden vielleicht noch lange das Beste bey dieser Art von Hypothesen bleiben, indem sie uns die Gesetze verwickelter Erscheinungen leichter mit einem Blick übersehen lassen, und ihre Berechnung erleichtern". Muncke (1819) bezeichnet einen erklärenden Atomismus als eine „ältere Ansicht". Ihm sind die Atome nur Modelle, die das dem Vorstellungsvermögen Unzugängliche in ein Bild fassen. „Wenn im Einzelnen von den Gestalten dieser Elemente die Rede ist, so haben wir dieses bloß als Versuche des combinirenden Scharfsinns anzusehen, ob die Formen der Körper und ihre Erscheinungen sich auf gewisse Formen der Elemente zurück bringen lassen, welche indeß für hypothetisch ausgegeben werden".

349 Nur Schmidt (1813^2), der gelegentliche Abstecher in das Kuriositätenkabinett der Hypothesen liebt, zitiert sogar Schelling ohne abfällige Bemerkungen.

350 Vgl. S. 206f.

351 Einige der Autoren (insbesondere Parrot 1809, aber auch Schmidt 1813^2, Muncke 1819) betonen die Kontinuität zur chemischen Periode der Physik noch wesentlich stärker als Fischer. Dies ist naheliegend, denn die Physik soll ja auch die Grundlagen der Chemie liefern. Für Parrot (1809) oder Schmidt (1813^2) ist die theoretische Chemie ein Teil der Physik, nämlich die Theorie der Affinitätskraft. Sie wird genauso ausführlich behandelt wie die anderen Kräfte. In den jüngeren Büchern ist die Behandlung kürzer, ohne daß der Anspruch aufgegeben würde. Die Kürze ist eher ein Zeichen der faktischen Differenzierung der Fächer Physik und Chemie als einer Änderung der Auffassungen der Physiker.

352 Die Behandlung der angewandten Physik in den Lehrbüchern ist unterschiedlich. Muncke (1842^4) betont ihren Wert für den Anfangsunterricht. Fischer (1805) kritisiert, daß sie in den Lehrbüchern häufig nur als „dürftiger Abriß" angehängt werde. Dementsprechend beschränken sich die Autoren entweder ganz auf die Experimentalphysik (Jungnitz 1804, Fischer 1805, Parrot 1809) oder sie behandeln die angewandte Physik ausführlich, typischer-

weise in einem besonderen Band des Gesamtwerkes (Schmidt 1813[2], Muncke 1819, Baumgartner 1824).

353 Erwähnt sei noch, daß Fischer (1805) den Begriff theoretische Physik als Oberbegriff für alle theoretischen Naturwissenschaften verwendet, wozu dann neben der mechanischen auch die chemische und die organische Naturlehre gehört. Dies ist aber eine rein terminologische Sache ohne inhaltliche Relevanz.

354 Zum Laplaceschen Programm vgl. Fox 1974.

355 Zu Berthollet vgl. Carrier 1986.

356 Schmidt (1813[2]) macht den ambitioniertesten Versuch. Er schreibt: „Die Theorie der Capillarattractionen ist unlängst durch La Place zu einer solchen mathematischen Evidenz gebracht worden, als wenige Theile der Physik, den astronomischen abgerechnet sich rühmen können. Wir wollen versuchen diese schöne Theorie unsern Lesern so überzeugend darzustellen, als es mit Vermeidung höherer analytischer Rechnungen möglich ist." Und dazu benötigt er immerhin noch vierzehn Seiten.

357 Fischer (1805) erwähnt sie überhaupt nicht und betrachtet sie offenbar als ungerechtfertigte Überschreitung der Erfahrung. Jungnitz (1804) stimmt ihr zu, ohne daß dies auf sein Buch einen Einfluß hätte. Muncke, der sich zunächst (1809) klar dazu bekennt, formuliert in seinem Lehrbuch (1819) wesentlich vorsichtiger. Die Ursache der Affinität sei unklar und praktisch komme man jedenfalls nicht mit einer Grundkraft aus. Parrot (1809) möchte sie zwar nicht „schlechterdings ... läugnen", meint aber, sie werde durch die Erfahrung nicht nahegelegt, und entwirft ein eigenes System mit drei Grundkräften, der Gravitation, der Flächenanziehung und der Affinität, die er als makroskopische Kräfte einführt, ohne die molekulare Ebene überhaupt zu betrachten. Schmidt (1813[2]) sieht in der Laplaceschen Hypothese zunächst einen erfolgversprechenden Ansatz zur Vereinheitlichung der Theorie. Allerdings teilt er nicht dessen Modell der Mikrophysik. Nachdem er Berzelius' Abhandlung über die konstanten Proportionen gelesen hat, gibt Schmidt die Bertholletsche Affinitätstheorie und mit ihr das Laplacesche Programm auf. Die neue atomistische Chemie biete die besseren Möglichkeiten zur mathematischen Behandlung der Affinitätslehre. Weitere Aufschlüsse zur mikrophysikalischen Begründung dieser Theorie erwartet er jetzt eher von Davys Deutung der chemischen Bindung als elektrischer Prozeß.

358 Die Gliederungen folgen durchweg der wissenschaftlichen Systematik, im Gegensatz zu den französischen Lehrbüchern, die in der Reihenfolge der Behandlung didaktischen Überlegungen Priorität geben. Zwar meint Fischer (1805), es sei „weder nöthig, noch zweckmäßig", den Vortrag an der Systematik auszurichten, aber er zieht dann doch nur die Wärmelehre nach vorn, weil er sie als Voraussetzung für Hydro- und Aerodynamik braucht.

359 Die größten Schwierigkeiten hat er mit der Optik. Er versucht, mit Hilfe relativ willkürlicher Annahmen über Dichteverteilungen der Materie, alle optischen Phänomene auf Reflexion und Brechung zurückzuführen und erklärt die erste als mechanische Reflexion, die zweite durch Anziehung zwischen Lichtstoff und Materie. Allerdings kann er die Brechung nicht als Wechselwirkung zwischen dem Lichtstoff und der ponderablen Materie nach einer der drei von ihm angenommenen Grundkräfte (Gravitation, Flächenanziehung, Affinität) erklären, sondern sieht sich gezwungen, sie der Affinität des Lichtstoffes zu einem unbekannten Stoff, dem Äther, zuzuschreiben.

360 Daß in der zweiten Hälfte des 18. Jahrhunderts mit dem Demonstrationsexperiment eine Lockerung dieses Zusammenhangs von wissenschaftlicher und unterrichtlicher Methode eintrat, wurde oben ausgeführt; vgl. S. 188.

361 Vgl. S. 184.

362 Dies ist die lateinische Schreibweise des Namens Rudjer Josip Bošković. Zu seinem Leben und Werk siehe Whyte 1961.

363 Vgl. S. 57, S. 73 und S. 125.

364 Vgl. S. 174f.

365 Man vergleiche etwa die abfälligen Bemerkungen in Gruber (1776).

366 Die 1. Auflage von Scherffers Buch (1752/53) konnte nicht eingesehen werden. Nach Scherffers eigener Aussage ist die 2. Auflage eine weitgehende Neubearbeitung.

367 Zallinger lehnt Boscovichs Materietheorie ab und knüpft an 's Gravesande an.

368 Das Buch ist keine Bearbeitung seines älteren Werkes, sondern nahezu ganz neu geschrieben.

369 Walser folgt in der Materietheorie den Ansichten Gablers (1778).

370 Mangold (1763) konstruiert seine Elemente stärker nach Art der newtonischen Atome. Er betont die Trägheit der Elemente, ihre Passivität hinsichtlich des Bewegungszustandes und will alle Wirkungen auf äußere Einflüsse zurückgeführt wissen. Dasselbe gilt für Zallinger (1794[2]) und Döttler (1823[3]).

371 Nur Mangold (1763), der die Punkte nicht als aktive Kraftzentren betrachtet, legt Wert darauf, dem Kraftgesetz bloß einen beschreibenden Charakter zuzugestehen und die Möglichkeit eines dahinterliegenden erklärenden Mechanismus (durch irgendein subtiles Fluidum) offenzuhalten.

372 Ein Kraftgesetz vom Gablerschen Typ wird auch schon bei Burkhäuser (1770) behandelt, jedoch als unterrichtsmethodischer Zwischenschritt auf dem Weg zu Boscovichs Gesetz. Das Neue an Gablers Theorie ist die Kombination eines solchen Kraftgesetzes mit der Vorstellung individueller Elemente.

373 Mangold (1763) geht offenbar von der Existenz mehrerer Fluida aus, ohne sich festzulegen. Da er (als einziger dieser Autoren) ein Anhänger der Eulerschen Vibrationstheorie ist, braucht er auch einen Lichtäther. Die späteren, von der chemischen Physik beeinflußten Autoren, ziehen alle die Existenz mehrerer Fluida in Betracht.

374 Stattler (1771/72) weist ihre Behandlung auch ganz der Metaphysikvorlesung zu.

375 Nur Däzel (1790) meint, die Naturlehre könne „ohne Rücksicht auf Zahl und Maaß" vorgehen.

376 In den später veröffentlichten Büchern spielt die Experimentalphysik eine größere Rolle als in den älteren. Aber auch sie bringen wenig Demonstrationsexperimente. Zallinger (1801[2]) gibt eine Liste der Geräte an, die ihm für die Vorlesung notwendig erscheinen. Sie enthält nur sehr wenig: eine Luftpumpe mit Zubehör, eine elektrische Maschine, Barometer und Thermometer, Hohlspiegel, Mikroskop und Teleskop.

377 Von den in diesem Kapitel behandelten Autoren sind nur Stattler (1771/72) und Bruchausen (1790) an technischen Fragen interessiert. Stattler behandelt auch Metallurgie und Landwirtschaft. Bruchausen will durch technische Anwendungen die Lernmotivation erhöhen.

378 Vgl. Kap. 5.6. Die noch unter dem Einfluß der Boscovichschen Tradition stehenden Bücher von Horvath (1790), Walser (1795/96) und Döttler (1823[3]) erschienen allerdings in ihrer Kombination von angewandter Mathematik und Experimentalphysik in der Zeit um die Jahrhundertwende durchaus modern. - Nachdem Horvath in der 1. Auflage seines zweiten Lehrbuches (1790), der didaktischen Mode nachgebend, die Experimentalphysik stärker betont und die mathematische Physik kürzer behandelt hatte als in seinem ersten Buch (1772[2]), nahm er in den späteren Auflagen des zweiten Lehrbuches diese Konzession wieder teilweise zurück und widmete der mathematischen Physik wieder mehr Platz, ganz dem Trend gemäß.

379 Vgl. S. 195.

380 Vgl. Kap. 5.4.3.

381 Weber (1793) widmet ihr einen eigenen Teil seines Lehrwerkes.

382 Von den folgenden Auflagen ist besonders die 5., von E. G. Fischer betreute (1808), bemerkenswert, in der in den mathematischen Teilen und in der Strenge der Begriffsbildung manches verbessert ist. Kastner hat sich bei der Bearbeitung der 6., letzten Auflage (1820) im wesentlichen auf experimentelle

Zusätze beschränkt. Alle Bearbeiter haben Grens Werk nur wenig verändert und ihre Kommentare überwiegend in Anmerkungen untergebracht, so daß in der letzten Auflage die Ansichten des Kantianers Gren, des Laplacianers Fischer und des Schellingianers Kastner nebeneinanderstehen.

383 Zu Kants Anschauungen und ihrer Kritik vgl. Adickes 1924/25.

384 Suckow (1840) übernimmt die Terminologie von Fries und widmet den Trieben das Schlußkapitel seines Buches („Die Morphologie").

385 Ein Beispiel: Fries präferiert ursprünglich (1813) eindeutig die Emissionstheorie des Lichts. Nachdem er die Arbeiten Fresnels kennengelernt hat, stellt er (1826) Emissions- und Vibrationstheorie in ihren Vor- und Nachteilen nebeneinander und billigt beiden heuristischen Wert bei der Mathematisierung zu.

386 Jedenfalls das Interesse an seiner philosophischen Begründung der Physik. Das physikalische Programm, wie es gerade Fries formuliert hat, hat weitergewirkt, z.B. bei Helmholtz.

387 Weber ersetzt in seinem Lehrwerk die ersten beiden Abhandlungen durch neue (1793[2]), in denen auf „die neue Philosophie Rücksicht genommen" ist. Den Rest läßt er unverändert bestehen.

388 Die größten Abweichungen vom Üblichen findet man bei Suckow (1840). Er behandelt Optik und Wärmelehre, die er beide auf Ätherschwingungen zurückführt, streng parallel. Auch bei Magnetismus und Elektrizitätslehre versucht er eine Integration und faßt sie zur „Polaritätslehre" zusammen, der auch die Chemie zugeordnet ist. Auf das Kapitel zur Morphologie wurde schon hingewiesen (Anm. 384).

389 Im Text steht „physischen", was offenbar ein Druckfehler ist.

390 Vgl. Gower 1973.

391 Vgl. v. Engelhardt 1979.

392 Vgl. v. Engelhardt 1979.

393 Zu Schellings Naturphilosophie vgl. Mende 1975 und Hartkopf 1978.

394 Allerdings widmet er in seinem Universitätslehrbuch entgegen seinem ursprünglichen Vorsatz (1810, Bd. 2, IX) der Geschichte der Natur nur einen kurzen Anhang. Mehr ließ der fachliche Zustand dieses Gebietes auch kaum zu.

395 Dies soll noch dadurch gesteigert werden, daß bei der Abfolge der einzelnen Erscheinungen die Reihenfolge vom Einfacheren zum Komplexeren eingehalten wird, wodurch es möglich sei, „mit der Betrachtung solcher Phänomene zu enden, welche durch ihre Allgemeinheit eine letzte Beziehung aller zuvor erforschten Verhältnisse zulassen, und daher nothwendig an alle frühere Untersuchungen erinnern" (1810, Bd. 2., V).

396 Im Schulbuch (1821) wird die gesamte spezielle Chemie in einem Paragraphen untergebracht, dessen Basistext neun Zeilen und dessen Anmerkungsapparat 120 Seiten umfaßt.

397 Vgl. Kap. 6.4.2.

398 Vgl. Gode-von Aesch 1966[2].

399 1810 fehlt das Coulombsche Gesetz der Elektrostatik noch ganz.

400 Zur Kennzeichnung der romantischen Naturphilosophie vgl. Honecker 1968, Gower 1973 und auch Knight 1970 und 1975.

401 Zum Verhältnis der literarischen Romantik zur Natur und zur Naturwissenschaft vgl. Gode-von Aesch 1966[2].

402 Zum Verhältnis der Naturphilosophie zu Kant vgl. Williams 1973.

403 Zu Schelling und seinem Einfluß auf die Naturphilosophie vgl. Mende 1975 und Hartkopf 1978.

404 Vgl. Kap. 6.3.

405 Vgl. S. 214.

406 Vgl. S. 312.

407 Pfaff legt in seinen Büchern (1823, 1834) den Schwerpunkt auf die Phänomene. Er knüpft an Alltagswissen an, um von daher die komplexen Naturerscheinungen zu erschließen. Die Betrachtung der Phänomene soll ganzheitlich

sein. Er will nicht nur den Verstand ansprechen, sondern auch das Gefühl. Das Naturerlebnis ist ihm wichtig. Zur Einstellung gegenüber der Natur gehört auch eine fast religiöse Ehrfurcht vor ihren tiefsten Geheimnissen, den Urkräften, den Manifestationen der Polarität, die die Grundlage der Theorie bilden sollen. Pfaff versucht, die Schüler auch mit den Methoden naturwissenschaftlicher Forschung bekanntzumachen. Er betont die Rolle der erkennenden Vernunft und die Schranken der Erfahrungserkenntnis. Pfaff sieht klarer als die meisten Naturwissenschaftler seiner Zeit die Ambivalenz der Naturwissenschaft und Technik für die Entwicklung der Gesellschaft und die Verantwortung der Wissenschaft für ihre Produkte. Fortschritt ist ihm nicht eine Art naturnotwendiger Prozeß, sondern das Werk des Menschen. Mehrfach kommt er auf die Kriegstechnik zu sprechen. Seine pädagogische Konsequenz heißt: Erziehung zu einer Gesellschaft, in der Brüderlichkeit und Freiheit herrschen und in der dann auch die Naturwissenschaften sich zum Wohle der Menschheit weiterentwickeln können. Um die gesellschaftlichen Aspekte der Naturwissenschaft besser thematisieren zu können, knüpft er an die Wissenschaftsgeschichte an. - In Pfaffs Büchern kommt eine originelle, von hohem ethischem Anspruch getragene Konzeption des naturwissenschaftlichen Unterrichts zum Ausdruck.

408 Zu Weber vgl. Feldman 1978. Weber war bis zur Auflösung der Universität in Dillingen im Jahre 1804 dort Professor der Physik (mit einem kurzen Zwischenspiel in Landshut). Während seiner Dillinger Zeit hat er ein Lehrbuch vom „chemischen" Typ verfaßt (1785 bis 1796), dessen grundlegenden Teil er später vom Kantschen Standpunkt aus umschrieb (1793^2). Seine Lehrbücher aus der Ingolstädter Zeit sind völlig neu konzipiert. Vgl. S. 195 und S. 267.

409 Vgl. S. 282ff.

410 Vgl. S. 286.

411 Die allgemeine Physik ordnet er wie in den Büchern der Kantianer. In der speziellen Physik fallen Umstellungen der Kapitel auf, die eine neue wissenschaftliche Systematik andeuten. So werden die drei zusammengehörigen dynamischen Prozesse Magnetismus, Elektrizität und Chemismus in dieser Reihenfolge behandelt und der Galvanismus, der als Synthese dieser drei Prozesse aufgefaßt wird, erhält ein eigenes Kapitel im Anschluß. Dem Wasser wird wieder ein eigenes Kapitel gewidmet. Es soll der „Urstoff" sein, in dem die Grundkräfte sich in vollkommenem Gleichgewicht befinden.

412 Vgl. Snelders 1978.

413 Weber (1806) etwa entwirft „zum Behufe der empirischen Ansicht" eine „Atomistik des Magnets". Siber (1815) bezeichnet seine Theorie als Verbindung von Atomismus und Dynamik. Er postuliert eine Urmaterie, die er dynamisch konstruiert. Sie ist das Substrat der einzelnen Stoffe; diese sind je verschiedene Gestaltungsformen der Urmaterie.

414 Vgl. S. 194f.

415 Das einzige Lehrbuch, das in dieser Hinsicht mehr bietet, ist eine Übersetzung aus dem Französischen (Beudant 1830).

416 Vgl. S. 236.

417 Vgl. S. 236f. und S. 239.

418 Beide Autoren haben auch Schulbücher verfaßt (Müller 1846, Eisenlohr 1846); vgl. S. 329.

419 Ein stärker vorlesungsorientiertes, im Stoffumfang und in den mathematischen Herleitungen Abstriche machendes Buch ist Hankel (1848).

420 Vgl. S. 233f.

421 Das Lehrbuch Diekmanns (1826) ist insofern ein Sonderfall, weil es für die niederen Schulen geschrieben ist. Diekmann will die Physik auf eine „der natürlichen Entwicklung der jugendlichen Erkenntnißkräfte angemessene Art" lehren und hat die beiden Stufen seines Lehrgangs später (1842) im Sinne der Diesterwegschen Bildungsstufen interpretiert. Aber der wesentlichere Grund dafür, daß er zwei Kurse schreibt, dürfte wohl das unterschiedliche Niveau

der Schulen gewesen sein. Der erste Kurs soll überall möglich sein, der zweite ist für die niederen Schulen ungewöhnlich umfangreich und anspruchsvoll und setzt einen entsprechend vorgebildeten Lehrer voraus.

422 Vgl. Kap. 5.4.

423 Vgl. S. 318f.

424 Diesterweg legte Wert darauf, daß Heussis zeitliche Stufenfolge nicht mit seiner eigenen, genetischen verwechselt wurde. Er hat Heussis Konzeption einer ausführlichen Kritik unterworfen (1840).

425 Etwa gleichzeitig mit Heussi hat Scherling (1838/1840) den Versuch gemacht, den physikalischen Mittelstufenunterricht in zwei Kurse aufzuteilen. Da er für die Bürgerschule schreibt, wo sich keine Oberstufe anschloß, versucht er, schon auf der Mittelstufe die „eigentliche" mathematische Physik einzuführen. Sein erster Kurs ist eine begrifflich völlig überfrachtete Experimentalphysik, der zweite Kurs mathematisiert in Anlehnung an die Bücher vom Typ Brettners (1828).

426 Die beweisende Methode wurde oft als die dogmatische bezeichnet, die entwickelnde als die genetische. Auch die Begriffe sokratische Methode und katechetische Methode kommen für letztere häufig vor.

427 Vgl. S. 330.

428 Vgl. S. 341f.

429 Vgl. S. 324.

430 Michl (1807[4]) bestimmt sein Lehrbuch nur allgemein für die Schulen, hat aber wohl auch mehr die besseren städtischen Anstalten im Auge.

431 Auch das für Volksschulen geschriebene, aber dafür viel zu umfangreiche Buch von Schmidt (1830) könnte hier angeführt werden.

432 Vgl. S. 329.

433 Eine Stelle in Kerns Buch (1853) nährt den Verdacht, daß er mit dem Konzept der Elementarbildung auch eine Emanzipation der niederen Bildung verhindern will. Im selben Satz, in dem er elementare Bildung an Volksschule und Gymnasium gleichstellt, fordert er diese auch für die Mädchenbildung und für die Ausbildung der Volksschullehrer. Daß er damit den entwicklungspsychologischen Ansatz der Elementarbildung ad absurdum führt, fällt ihm nicht auf.

434 Vgl. S. 339.

Literaturverzeichnis

1. Quellen

Die Verfasser sind in der Regel unter ihrem bürgerlichen Namen angeführt, auch wenn dieser im Titel des Buches latinisiert wurde. Bei größeren Abweichungen ist die Latinisierung zusätzlich angegeben.

Wo die 1. Auflage eines Buches nicht vorlag, wurde deren Erscheinungsjahr in Klammern angegeben. Deren bibliographische Daten können sich von denjenigen der verwendeten Auflage unterscheiden. - Wo eine Verlagsangabe fehlte, wurde statt dessen die Druckerei angegeben.

Achard, Franz Carl: Vorlesungen über die Experimentalphysik, 2 Bände. Berlin: Eigenverlag 1791.

Adams, George: Vorlesungen über die Experimental-Physik nach ihrem gegenwärtigen Zustande in unterhaltenden und faßlichen Erklärungen der vornehmsten Erscheinungen der Natur; aus dem Englischen übersetzt von J. G. Geißler, 2 Bände. Leipzig: Crusius 1798 und 1799.

Adelung, Johann Christoph (anonym erschienen): Unterweisung in den vornehmsten Künsten und Wissenschaften zum Nutzen der Schulen. Leipzig: Hertel (1771), 1777[3].

Aepinus, Franz Albert: Introductio in philosophiam in VI partes distributa, ac indice rerum instructa in auditorum suorum usus (Pars III: Philosophia naturalis s. Physica). Rostock, Leipzig: Wild 1714.

Agthe, Carl: Leitfaden beim Unterrichte in der Naturlehre für Progymnasien, Bürger- und Gewerbeschulen. Hannover: Hahn 1838.

Algarotti, Francesco: Jo. Newtons Welt-Wissenschaft für das Frauenzimmer, oder Unterredungen über das Licht, die Farben und die Anziehende Kraft; übersetzt nach der französischen Übersetzung L. A. du Perron de Casteras. Braunschweig: Schröders Wwe. 1745.

Ammann, Johannes: Compendium physicae in usum studiosorum collegii humanitatis, quod est scaphusi, methodo erotematica. Basel: Brandmüller 1716.

Amort, Eusebius: Philosophia Pollingana ad normam Burgundicae ... Augsburg: Veith 1730.

Anonym: Kurzer Inbegriff aller Wissenschaften zum Gebrauch für Kinder von sechs bis zwölf Jahren. Potsdam: Horvath 1791[14].

Anonym: Siehe Adelung, J. Chr. 1771; Berlin, J. J. H. 1801; Gruber, L. 1776; Reyher, A. 1657.

Anschel, Salomon: Anfangsgründe der Naturwissenschaft. Erster Theil: Allgemeine Naturwissenschaft. Mainz: Pfeiffer 1801.

Arnott, Neil: Elemente der Physik oder Naturlehre, dargestellt ohne Hülfe der Mathematik, 2 Bände. Weimar: Landes-Industrie-Comptoir 1829 und 1831.

Atze, Christian Gottlieb: Naturlehre für Frauenzimmer. Breslau, Brieg, Leipzig: Gutsch (1781), 1785[2].

Atzerodt, Friedrich: Naturlehre für Volksschulen und deren Lehrer. Leipzig: Dürr 1835.

August, E. F.: Siehe Fischer, E. G. 1829 und 1837/40[4].

Babenstuber, Ludwig: Philosophia Thomistica Salisburgensis, sive cursus philosophicus secundum doctrinam D. Thomae Aquinatis. Augsburg: Schlüter & Happach (1706), 1724[2].

Balduin, Christian Adolph: Hermes curiosus, sive inventa et experimenta physicochymica nova. Nürnberg: ohne Verlagsangabe 1683.

Bandlin, Johann Baptist: Anleitung zum Schul- und Selbstunterrichte in der Naturlehre - Nach Pestalozzi's Elementar-Grundsätzen, 2 Bände. Zürich: Leuthy 1844 und 1847.

Bartels, Ernst Daniel August: Anfangsgründe der Naturwissenschaft; 1. Buch: Vom allgemeinen Organismus der Natur; 2. Buch: Von der individuell-organischen Natur. Leipzig: Barth 1821 und 1822.

Basedow, Johann Bernhard: Des Elementarwerkes neuntes Buch, für Lehrende und Lernende. Fortsetzung der Naturkunde. Dessau: Crusius (1774). Kritische Bearbeitung von Th. Fritzsch, reprografischer Nachdruck der Ausgabe Leipzig 1909. Hildesheim: Olms 1972.

Baumann, Ludwig Adolf: Entwurf der Naturlehre und Naturgeschichte zum Gebrauch der Schulen. Brandenburg: Halle & Halle 1785.

Baumgartner, Andreas: Die Naturlehre nach ihrem gegenwärtigen Zustande mit Rücksicht auf mathematische Begründung, 3 Bände. Wien: Heubner 1824. Dazu: Supplementband, den mathematischen und experimentellen Theil enthaltend. Wien: Heubner 1831.

Baumgartner, Andreas: Anfangsgründe der Naturlehre als Auszug aus der Naturlehre nach ihrem gegenwärtigen Zustande mit Rücksicht auf mathematische Begründung. Wien: Heubner 1837.

Bayle, Franciscus: Institutiones physicae ad usum scholarum accommodatae ..., 3 Bände. Frankfurt: Hermsdorf 1703[2]. (1. Auflage Toulouse 1700).

Becher, Johann Joachim: Novum organum philologicum ... Werckzeug der Wohlredenheit. Frankfurt/M.: Zunner 1674.

Beck, Dominicus: Epitome philosophiae experimentalis. Salzburg: Mayr 1769.

Beck, Dominicus: Praelectiones mathematicae quas in usum auditorium suorum in Alma Archiepiscopali Benedictina Universitate Salisburgensi concinnavit. Tomus II: Complectus dynamicam ... Salzburg: Mayr 1770.

Beck, Dominicus: Institutiones physicae praelectionibus publicis destinatae. Pars I Physicam generalem complectens, Pars II Physicam particularem complect. Salzburg: Mayr 1779.

Beck, Dominikus: Kurzer Entwurf von der Experimental Physik, welche in nachstehender Ordnung für den hohen Adel und Standespersonen während des May- und Brachmonats ieden Mittwoch Abends von drey Uhr an öffentlich wird erkläret werden in dem mathematischen Hör- und Instrumenten-Saale der hohfürstlichen hohen Schule in Salzburg. Salzburg 1774.

Beck, Dominikus: Entwurf der philosophischen Unterhaltungen aus der Experimentalphysik, welche in nachstehender Ordnung für den hohen Adel und Standespersonen während des May- und Brachmonats iede Mittwoche Abends von 4 Uhr an öffentlich in dem mathematischen Hör- und Instrumentensaale der hochfürstlichen hohen Schule zu Salzburg wird erkläret werden. Salzburg 1781.

Beck, Friedrich Adolf: Grundriß der Naturlehre. Für Gymnasien, höhere Bürger- und Realschulen. Essen: Bädeker 1828.

Beckmann, Johann: Grundriß zu Vorlesungen über die Naturlehre. Göttingen: Vandenhoek (1779), 1785[2].

Berlin, Johann J. H. (anonym erschienen): Anfangsgründe in den Kenntnissen der Naturlehre. Zum Gebrauche für Schulen bearbeitet. Stendal: Franzen & Große 1801.

Beudant, François Sulpice: Lehrbuch der Physik; aus dem Französischen übersetzt von K. F. A. Hartmann. Leipzig: Brockhaus 1830.

Biggel, J. A.: Das Notwendigste und Nützlichste aus der Naturlehre, Naturgeschichte, Geographie, Gesundheits- und Höflichkeits-Lehre für Elementarschulen. Ellwangen: Schönbrod 1832[2].

Bilfinger, Georg Bernhard: Elementa physices accedunt eiusdem meditationes mathematico-physicae ... Leipzig: Richter 1742.

Biot, Jean Baptiste: Anfangsgründe der Erfahrungs-Naturlehre; aus dem Französischen übersetzt von F. Wolff. Berlin: Voss 1819.

Biot, Jean Baptiste: Lehrbuch der Experimental-Physik oder Erfahrungs-Naturlehre; aus dem Französischen übersetzt und ergänzt von Gustav Theodor Fechner, 5 Bände. Leipzig: Voß 1828 und 1829.

Birnbaum, Heinrich: Die Begründung der ersten Kenntnisse in der Physik oder mechanische Naturlehre für Schule und Haus des Bürgerstandes. Braunschweig: Dehme & Müller 1841.

Birnbaum, Heinrich: Populäre Naturlehre. Leipzig: Tauchnitz 1848.

Biwald, Leopold: Physica Generalis, quam auditorum philosophiae usibus accomodavit. Graz: Lechner 1767.

Biwald, Leopold: Physica Particularis, quam auditorum philosophiae usibus accomodavit. Graz: Lechner 1768.

Biwald, Leopold: Institutiones physicae in usum philosophiae auditorum, 2 Bände. Wien: Trattner 1779[2] (2. Aufl. des vorstehenden Werkes).

Block, Georg Wilhelm: Lehrbuch der allgemeinen Naturkenntniß für Bürger- und Landschulen. Göttingen: Vandenhoeck & Ruprecht 1823.

Boeckmann, Johann Lorenz: Naturlehre, oder: die gänzlich umgearbeitete Malerische Physik. Karlsruhe: Macklot 1775. Zugleich 2. Auflage des Lehrbuchs von J. F. Maler.

Börner, Nicolai: Physica oder vernünftige Abhandlung natürlicher Wissenschaften, ..., nebst einer Vorrede von Herrn D. Johann Ernst Hebenstreits. Frankfurt, Leipzig: Blochberger (1735), 1742[2].

Boscovich (Bošković), Roger Joseph: Philosophia naturalis theoria redacta ad unicam legem virium in natura existentium. Wien (1759). Lateinisch-Englische Ausgabe, Chicago, London: Open Court 1922.

Bourguet, David Ludwig: Grundriß der Naturlehre. Ein Leitfaden bei Vorlesungen Berlin: Hartmann 1798.

Brand, Jacob: Anfangsgründe der Naturwissenschaft für die Jugend. Frankfurt: Andreä (1810), 1832[6]. Zugleich 9. Auflage des Buches von J. Uihlein.

Brand, Jacob: Erster Unterricht in der Naturlehre. Leipzig: Fleischer 1820.

Brandes, Heinrich Wilhelm: Vorlesungen über die Naturlehre für Leser, denen es an mathematischen Vorkenntnissen fehlt, 3 Bände. Leipzig: Göschen 1830-32, 1844[2] bearbeitet von C. W. H. Brandes und W. J. H. Michaelis.

Brettner, Hans Anton: Leitfaden für den Unterricht in der Physik auf Gymnasien, Gewerbeschulen und höhern Bürgerschulen. Breslau: Max (1828), 1837[6], 1868[17], 1882[20] bearbeitet von F. Bredow.

Bruchausen, Anton: Institutiones physicae, 2 Bände. Münster: Aschendorff (1775).

Bruchausen, Anton: Anweisung zur Physik; aus dem Lateinischen übersetzt von J. Bergmann. Mainz: Universitätsbuchhandlung 1790. Deutsche Übersetzung des vorstehenden Buches.

Buchner, Johann Andreas: Grundriß der Physik als Vorbereitung zur Chemie, Naturgeschichte und Physiologie (Teil 2 des Vollständigen Inbegriffs der Pharmacie). Nürnberg: Schrag (1825), 1833[2].

Budde, Johann Franz: Elementa philosophiae theoreticae seu institutionum philosophiae eclecticae Tomus secundus. Halle: Waisenhaus (1703), 1707[2].

Burkhäuser, Nicolaus: Theoria corporis naturalis principiis Boscovichii conformata. Würzburg: Nitribitt 1770.

Büsch, Johann Georg: Encyklopädie der mathematischen Wissenschaften. Hamburg: Hoffmann 1795[2].

Büttner, Christoph Andreas: Cursus philosophicus omnes philosophiae partes complectens. Tomus prior continet philosophiam theoreticam. Tomus posterior continet philosophiam practicam. Halle: Bauer 1734.

Cavallo, Tiberius: Ausführliches Handbuch der Experimental-Naturlehre in ihren reinen und angewandten Theilen; aus dem Englischen übersetzt von J. B. Trommsdorf, 4 Bände. Erfurt: Hennings 1804 und 1805.

Clauberg, Johannes: Opera physica, id est, physica contracta, disputationes physicae, theoria viventium, & conjunctionis animae cum corpore descriptio. Accedunt ejusdem metaphysica de ente. Amsterdam: Elzevier 1664.

Clemens, F. A.: Grundriß der Naturlehre nach ihrem gegenwärtigen Zustande. Königsberg: Bornträger 1839.

Clemm, Heinrich Wilhelm: Mathematisches Lehrbuch oder vollständiger Auszug so wohl zur reinen als angewandten Mathematik gehörigen Wissenschaften nebst einem Anhang darinnen die Naturgeschichte und Experimentalphysik in einem kurzen Plan vorgetragen wird. Stuttgart: Metzler 1764.

Clericus, Johannes: Siehe Le Clerc, Jean.

Comenius, Johann Amos: Janua linguarum reserata aurea, sive seminarium linguarum et scientiarum omnium ... Eröffnete güldene Sprachen Thür ...; herausgegeben von Johannes Docemius. Hamburg: Gundermann (1631), 1643.

Comenius, Johann Amos: Physicae ad lumen divinum reformatae synopsis, philodidacticorum et theodidacticorum censurae exposita (Leipzig 1633, Amsterdam 1643^2, 1663^3). Lateinisch-deutsche Ausgabe hrsg. von Joseph Reber, Gießen: Roth 1896.
Siehe auch Lange, Joachim 1702.

Comenius, Johann Amos: Orbis sensualium pictus ... Die sichtbare Welt... Nürnberg: Endter 1658.

Cornelius, Carl Sebastian: Die Naturlehre nach ihrem jetzigen Standpunkte mit Rücksicht auf den inneren Zusammenhang der Erscheinungen. Leipzig: Fleischer 1849.

Creiling, Johann Konrad: Compendium physicorum definitionum in usum studiosae juventutis concinnatum. Tübingen: Cotta 1713^2.

Crüger, Johannes: Physik in der Volksschule. Ein Beitrag zur methodischen Gestaltung des ersten Unterrichts in der Physik. Erfurt, Leipzig: Körner (1850a), 1853^3.

Crüger, F. E. Johannes: Grundzüge der Physik mit Rücksicht auf Chemie als Leitfaden für die mittlere physikalische Lehrstufe methodisch bearbeitet. Erfurt, Leipzig: Körner 1850b, 1861^7.

Crüger, Johannes: Die Methodik der Naturlehre, in fünf motivirten Thesen dargestellt; Schulblatt für die Provinz Brandenburg, Jg. 17. Berlin 1852, S. 696ff.

Crüger, Johannes: Schule der Physik, auf einfache Experimente gegründet und in populärer Darstellung für Schule und Haus, ... methodisch bearbeitet. Erfurt, Leipzig: Körner (1853), 1855^3.

Crüger, Johannes: Die Naturlehre für den Unterricht in Elementarschulen. Erfurt: Körner (1854), 1872^{13}.

Crusius, Christian August: Anleitung über natürliche Begebenheiten ordentlich und vorsichtig nachzudenken, 2 Teile. Leipzig: Gleditsch (1749), 1774^2.

Dalham, Florian: Institutiones physicae in usum nobilissimorum suorum auditorium adornatae. Quibus ceu subsidium praemittuntur institutiones mathematicae, 3 Bände. Wien: Trattner 1753 und 1754.

Danzer, Joseph: Entwurf einer theoretisch-praktischen Naturlehre, sammt den angehängten Prüfungssätzen ... Augsburg: Rieger 1777.

Däzel, Georg Anton: Lehrbegriff der gesammten neuesten Naturlehre Band 1. München: Lindauer 1790.

Derham, William: Astrotheologie, oder Anweisung zu der Erkenntniß GOTTES aus Betrachtung der Himmlischen Körper, aus der fünften Engl. Ausgabe übersetzet ... von B. Jo. Alberto Fabricio, Nebst desselben Pyrotheologie, oder Anweisung zur Erkenntniß Gottes aus Betrachtung des Feuers. Hamburg: Bohn (1728), 1745.

Derham, William: Physico-Theologie, oder Natur-Leitung zu Gott, durch aufmercksame Betrachtung der Erd-Kugel ...; aus dem Englischen übersetzt von C. L. Wiener und nach der 7. engl. Ausg. erneut von J. A. Fabricius. Hamburg: Brand (1730), 1736[2].

Desaga, Michael: Kleine Naturlehre für die Elementarklassen der Stadt- und Landschulen (3. Band des Elementarbuchs der unentbehrlichsten Kenntnisse für die Anfangsklassen der Stadt- und Landschulen). Heidelberg: Oßwald (1829), 1833[4].

Desaguliers, John Theophilus: A system of experimental philosophy, prov'd by mechanicks. Wherein the principles and laws of physicks, mechanicks, hydrostaticks, and opticks are demonstrated and explained ... London: Sackfield 1719.

Descartes, René: Principia Philosophiae (Amsterdam 1644). Deutsche Übersetzung: Die Prinzipien der Philosophie übersetzt und erläutert von Artur Buchenau. Hamburg: Meiner 1955[5].

Detharding, Georg: Fundamenta scientiae naturalis quibus in rebus naturalibus et ad oblectamentum et ad utilitatem hactenus detecta brevibus aphorismis exponuntur quo gloria Dei et hominum commoda eo clarius intelligantur et increscant ... Kopenhagen: Mumme 1740.

Diekmann, Henning: Die Naturlehre in katechetischer Gedankenfolge als Gegenstand der Verstandesübung und als Anlaß zur religiösen Naturbetrachtung. Für Lehrer in Stadt- und Landschulen, auch in Schullehrerseminarien brauchbar. Altona: Hammerich (1825), 1838[2], 1842[3].

Diesterweg, Friedrich Adolph Wilhelm: Rezension von Fischers Bearbeitung der „Volksnaturlehre" von Hellmuth, 1834. In: Sämtliche Werke, 1. Abteilung: Zeitschriftenbeiträge, III. Band: Aus den „Rheinischen Blättern für Erziehung und Unterricht" von 1833 bis 1835. Berlin: Volk und Wissen 1959.

Diesterweg, Friedrich Adolph Wilhelm: Der Unterricht in der Naturlehre, mathematischen Geographie und populären Astronomie. In: Wegweiser für Deutsche Lehrer. Das Besondere, 2. Abt. Essen: Bädeker (1834), 1877[5].

Diesterweg, Friedrich Adolph Wilhelm: Über den Unterricht in der Naturlehre (Physik), 1840. In: Sämtliche Werke, 1. Abteilung: Zeitschriftenbeiträge, V. Band: Aus den „Rheinischen Blättern für Erziehung und Unterricht" von 1840 bis 1842. Berlin: Volk und Wissen 1961.

Donatus a Transfiguratione Domini (Donatus Hoffmann): Introductio in universam philosophiam, veterem, et novam, exegeticam, et dialecticam usui, & commodo studiosae iuventutis antehac edita, ... Tom. III. Philosophiae partem physicam, seu naturalem complectens. Kempten: Stadler (1749), 1754[2].

Doppelmayer, Johann Gabriel: Physica experimentis illustrata, oder die durch viele Experimenta und Kunst-Proben beförderte Natur-Wissenschaft, in einem kurtzen Begriff dargegeben, und den Natur- und Kunst-liebenden in den so benannten collegiis curiosis weiter erkläret und demonstriret. Nürnberg: Rüdiger 1731.

Döttler, Remigius: Elementa physicae mathematico-experimentalis, in usum auditorum suorum conscripta, 2 Teile. Wien: Geistinger (1812), 1823[3].

Du Hamel, Jean Baptiste: Philosophia vetus et nova ad usum scholae accommodata, in regia Burgundia olim pertractata; juxta exemplar Parisiense 1681 (Tomus posterior, qui physicam generalem et specialem tripartitam complectitur). Nürnberg: Ziegler 1682.

Eberhard, Johann Peter: Erste Gründe der Naturlehre. Halle: Renger 1753.

Eberhard, Johann Peter: Samlung derer ausgemachten Wahrheiten in der Naturlehre. Halle: Renger 1755.

Ebert, Johann Jakob: Unterweisung in den vornehmsten Künsten und Wissenschaften zum Gebrauche der Jugend. Wien: Trattner (1771), 1786[2].

Ebert, Johann Jacob: Unterweisung in den philosophischen und mathematischen Wissenschaften für die obern Classen der Schulen und Gymnasien. Leipzig: Hertel (1773), 1787[3].

Ebert, Johann Jacob: Kurze Unterweisung in den Anfangsgründen der Naturlehre zum Gebrauch der Schulen. Leipzig: Hertel 1775.

Ebert, Johann Jacob: Naturlehre für die Jugend, 3 Bände. Leipzig: Weidmanns Erben & Reich 1776ff.

Ebert, Johann Jacob: Unterhaltungen eines Hofmeisters mit seinem Zögling über die vornehmsten Merkwürdigkeiten der Natur, Erstes Bändchen. Leipzig: Seeger 1804.

Ebert, Johann Jacob: Siehe Martinet, J. F. 1780.

Eckerle, W. W.: Naturlehre mit Rücksicht auf die aus Unkunde derselben entstehenden Volksirrthümer. Heidelberg: Oßwald (1820), 1831[2].

Eckerle, W. W.: Kleine Naturlehre zur Anregung und Begründung des religiösen Gefühls für die Jugend und Jugendlehrer bearbeitet. Heidelberg: Oßwald & Winter 1831.

Egger, Kajetan: Leitfaden zu Vorlesungen über populäre Experimental-Physik für Liebhaber der Natur und die Jugend. München: Fleischmann 1829.

Eisenlohr, Wilhelm: Lehrbuch der Physik zum Gebrauche bei Vorlesungen und zum Selbstunterrichte. Mannheim: Hoff 1836, 1844[4], 1852[6].

Eisenlohr, Wilhelm: Elementar-Physik für Gymnasien und höhere Bürgerschulen. Karlsruhe: Müller 1846.

Erler, Wilhelm: Lehrbuch der Naturlehre für Volksschullehrer, zum Gebrauch an Seminarien und zum Selbstunterricht. Berlin: Dümmler (1853), 1862[2].
Dazu: Anhang, enthaltend die wichtigsten mathematischen Entwicklungen. Berlin: Dümmler (1855).

Ernesti, Johann August: Initia doctrinae solidioris (pars quinta: Physica). Leipzig: Fritsch (1742[2]), 1783[7].

Erxleben, Johann Christian Polykarp: Anfangsgründe der Naturlehre. Göttingen, Gotha: Dieterich 1772. Ab der 3. Auflage (1784) bearbeitet von Georg Christoph Lichtenberg. Göttingen: Dieterich 1794[6].

Eschenburg, Johann Joachim: Lehrbuch der Wissenschaftskunde; ein Grundriß encyklopädischer Vorlesungen. Berlin, Stettin: Nicolai 1792.

Eschenmayer, Carl Adolf: Grundriß der Natur-Philosophie. Tübingen: Laupp 1832.

Ettingshausen, Andreas von: Anfangsgründe der Physik. Wien: Gerold (1843/44), 1853[3].

Euler, Leonhard: Briefe an eine deutsche Prinzessin über verschiedene Gegenstände aus der Physik und Philosophie; aus dem Französischen übersetzt, 3. Bände. Leipzig: Junius/Hartknoch 1769-73, Neudruck Leipzig: Reclam 1968.

Euler, Leonhard: Briefe über verschiedene Gegenstände aus der Naturlehre. Nach der Ausgabe der Herren Condorcet und de la Croix aufs neue aus dem Französischen übersetzt und mit Anmerkungen, Zusätzen und neuen Briefen vermehrt von Friedrich Kries, 3 Bände. Leipzig: Dyck 1792-1794.

Fabricius, Johann Albert: Siehe Derham, W. 1728.

Feder, Johann Georg Heinrich: Grundriß der philosophischen Wissenschaften nebst der nöthigen Geschichte zum Gebrauch seiner Zuhörer. Coburg: Findeisen (1767), 1769[2].

Ferrari, Girolamo: Siehe Fortunatus a Brixia.

Fischer, Ernst Gottfried: Lehrbuch der mechanischen Naturlehre. Berlin: Nauck 1805, 1819[2], 4. Aufl. in 2 Bänden bearbeitet von E. F. August 1837 und 1840.

Fischer, Ernst Gottfried: Untersuchungen über den eigentlichen Sinn der höheren Analysis nebst einer idealischen Übersicht der Mathematik und Naturkunde nach ihrem ganzen Umfang. Berlin: Weiss 1808.

Fischer, Ernst Gottfried: Mechanische Naturlehre im Auszuge für den höheren Schulunterricht entworfen, von E. F. August. Berlin: Nauck 1829.

Fischer, Ernst Gottfried: Siehe Gren, F. A. C. 1808[5].

Fischer, Johann Andreas: Principia philosophiae naturalis. Genio Sacrae Scripturae & experimentis neotericorum accommodata atque usum theologicum & medicum cum primis adornata. Frankfurt/M.: Sande 1702.

Fischer, Johann Carl: Anfangsgründe der Physik in ihrem mathematischen und chemischen Theile nach den neuesten Entdeckungen. Jena: Mauke 1797.

Fischer, Johann Carl: Geschichte der Physik seit der Wiederherstellung der Künste und Wissenschaften, 8 Bände. Göttingen: Röwer 1801-08.

Fischer, Johann G.: Elementar-Naturlehre für Lehrer an Seminarien und gehobenen Volksschulen wie auch zum Schul- und Selbstunterrichte methodisch bearbeitet. Braunschweig: Vieweg 1843[3], 1849[6]. Zugleich 10. bzw. 13. Aufl. von Helmuths „Volks-Naturlehre".

Fladung, Joseph A. F.: Populäre Vorträge über Physik für Damen, 2 Bändchen. Wien: v. Ghelensche Erben 1831.

Fontenelle, Bernard de: Dialogen über die Mehrheit der Welten, aus dem Französischen übersetzt von W. Chr. S. Mylius und mit Anmerkungen versehen von J. E. Bode. Berlin: Himburg 1780; Nachdruck Weinheim: Physik-Verlag 1983. Ältere Übersetzung von Joh. Chr. Gottsched unter dem Titel: Gespräche von Mehr als einer Welt zwischen einem Frauenzimmer und einem Gelehrten. Leipzig: Breitkopf (1726).

Fortunatus a Brixia (Girolamo Ferrari): Philosophia sensuum mechanica ad usus academicos accommodata opera & studio. Tomus primus physicam generalem continens. Tomus secundus physicam particularum complectens. Brixen: Rizzardi 1735 und 1736.

Frick, Josef: Anfangsgründe der Naturlehre. Freiburg: Wagner 1843.

Fricke, Johann Heinrich Gottfried: E. P. Funke's Handbuch der Physik für Schullehrer und Freunde dieser Wissenschaft. Völlig umgearbeitete mit den neuesten Entdeckungen und einem Register vermehrte Auflage, 2 Bände. Braunschweig: Schulbuchhandlung 1804/1806.

Friedleben, Theodor: Populäre Experimental-Physik für angehende Mathematiker, Dilettanten und die Jugend; 3 Teile. Frankfurt: Sauerländer 1821 und 1823.

Fries, Jakob Friedrich: Entwurf des Systems der theoretischen Physik. Zum Gebrauche bey seinen Vorlesungen. Heidelberg: Mohr & Zimmer 1813.

Fries, Jakob Friedrich: Lehrbuch der Naturlehre zum Gebrauch bei akademischen Vorlesungen; 1. Teil: Experimentalphysik. Jena: Cröker 1826.

Frobese, Johann Nicolaus: Brevis ac dilucida systematis philosophiae Wolffiani delineatio ... Helmstedt: Weygand 1734.

Funke, Carl Philipp: Handbuch der Physik für Schullehrer und Freunde dieser Wissenschaft. Braunschweig: Schulbuchhandlung (1797).
2. Aufl. siehe Fricke, J. H. G.

Gabler, Matthias: Naturlehre zum Gebrauch öffentlicher Erklärungen. München: Crätz 1778.

Gentzke, Friedrich: Systema philosophiae, in quo omnes sub philosophiae ambitu comprehensae doctrinae justa methodo succincte exponuntur, atque ex solidis fundamentis demonstrantur. Pars II continens disciplinas theoreticas videl. (I) Theologiam naturalem, (II) Physicam hypotheticam et (III) Pneumatologiam. Hamburg: Felginer (1717), 1726[2].

Gilbert, Ludwig Wilhelm: Grundriß der Experimentalnaturlehre, nach den neuesten Entdeckungen zum Leitfaden akademischer Vorlesungen und zum Gebrauch für Schulen, Erste Lieferung. Leipzig: Cnobloch 1822. Zugleich 3. Auflage des Buches von Schrader.

Goebel, F. J.: Lehrbuch der Physik und Astronomie nach den neuesten Beobachtungen und Entdeckungen systematisch zum Gebrauche beim Unterrichte bearbeitet. Karlsruhe: Groos 1839.

Goetz, Christoph Wilhelm: Leichtfaßliche Naturlehre zum Gebrauch in Volksschulen in der Stadt und auf dem Lande. Mit Festhaltung religiöser Beziehungen. Nürnberg: Riegel & Wießner 1827.

Götz, Jacob: Lehrbuch der Physik, 3 Bände. Berlin: Reimer 1837 bis 1842.

Götz, J.: Die Elemente der Physik nach mathematischen Prinzipien zum Gebrauche für höhere Schulen und Gymnasien. Leipzig: Barth 1846.

Gordon, Andreas: Physicae experimentalis elementa in usus academicos conscripta, 2 Bände. Erfurt: Nonn 1751 und 1753. Band 2 posthum herausgegeben von B. Grant.

Gottsched, Johann Christoph: Erste Gründe der gesammten Weltweisheit, darinn alle philosophischen Wissenschaften, in ihrer natürlichen Verknüpfung, in zween Theilen abgehandelt werden. Zum Gebrauche akademischer Lectionen entworfen. (Der theoretischen Weltweisheit Dritter Theil. Die Naturlehre). Leipzig: Breitkopf 1732, 1762[7]. Neudruck in Gottscheds Ausgewählten Werken, Band V.1. Berlin: de Gruyter 1983.

Gottsched, Johann Christoph: Siehe Fontenelle, B. de 1726.

Grant, Bernard: Praelectiones encyclopaedicae in physicam experimentalem et historiam naturalem. Erfurt: Griesbach 1770.

Grant, Bernard: Encyclopedische Lehrstunden über die Naturlehre und Naturgeschichte. Gotha: Ettinger 1779. Leicht veränderte Übersetzung des vorstehenden Buches.

Grant, Bernard: Siehe Gordon, A. 1753.

Grassmann, Justus Günther: Zur physischen Krystallonomie und geometrischen Combinationslehre, 1. Heft. Stettin: Morin 1829.

Gravesande, Willem Jacob van 's: Physices elementa mathematica experimentis confirmata, sive Introductio ad philosophiam newtonianam, 2 Bände. Leiden: Langerak (1720/21), 1742[3].

Gregory, George: Haushaltung der Natur dargestellt nach den neuern Entdeckungen und Versuchen; aus dem Englischen übersetzt von Chr. F. Michaelis, 2 Bände; 1. Band mit Anmerkungen von K. G. Kühn. Nürnberg: Raspe 1798/1800.

Greiß, C. B.: Lehrbuch der Physik für Realanstalten und Gymnasien. Wiesbaden: Kreidel 1853.

Gren, Friedrich Albrecht Carl: Grundriß der Naturlehre. Halle: Hemmerde & Schwetschke 1787, 1793[3], 1808[5] bearbeitet von Ernst Gottfried Fischer, 1820[6] bearbeitet von Karl Wilhelm Gottlob Kastner.

Grimm, Johann Carl Philipp: Handbuch der Physik für Schullehrer und Liebhaber dieser Wissenschaft, 3 Bände. Breslau: Gehr 1797 ff.

Grimm, Johann Carl Philipp: Das Wissenswürdigste aus der Physik. Liegnitz, Leipzig: Siegert 1803.

Gröning, Johann: Opuscula physico-mathematica. Qualia sunt I. Praecognita philosophiae experimentalis & antliariae. II. Experimenta physica, primigenia. III ..., IV ... Hamburg: Liebezeith 1701.

Gruber, Leonhard (anonym erschienen): Anfangsgründe der Naturlehre. Zum Gebrauch der lateinischen Schulen in den churbaierischen Landen. München: Vöter, ohne Erscheinungsjahr, Imprimatur 1776.

Grunert, Johann August: Lehrbuch der Mathematik und Physik, für staats- und landwirthschaftliche Lehranstalten und Kameralisten überhaupt. 3. Theil: Lehrbuch der Physik, mit vorzüglicher Rücksicht auf mathematische Begründung, 2 Bände. Leipzig: Schwickert 1845 und 1850.

Gufl, Veremund: Philosophia scholastica universa principiis S. Thomae D. A. apprime conformata, et contra neotericos praecipue defensa, experimentorum quoque et matheseos tum purae tum mixtae accessionibus aucta. Tom. III. Physicam universalem una cum elementis geo- et hydrostatices complectens. Tom. IV. Physicam particularem cum elementis opticae, dioptricae, catoptricae, cosmographiae et chronologiae continens. Regensburg: Seiffart 1750.

Guilloud, J. J. V.: Grundzüge der Physik angewendet auf Künste und Gewerbe; aus dem Französischen übersetzt von L. H. A. Hoyer. Weimar: Landes-Industrie-Comptoir 1828.

Haab, Philipp Heinrich: Lesestücke über die gemeinnützigsten Gegenstände für den Bedarf der Volksschulen in den zwei letzten Schuljahren. Stuttgart: Steinkopf (1823), 1845[3] bearbeitet von V. A. Jäger.

Hallaschka, Cassian: Elemente der Naturlehre. Brünn: Traßler 1813.

Hallaschka, Cassian: Handbuch der Naturlehre, 3 Bände. Prag: Haase 1824f.

Halle, Johann Samuel: Magie, oder die Zauberkräfte der Natur, so auf den Nutzen und die Belustigung angewandt worden, 4 Bände. Berlin: Maurer 1784ff.; weitere Bände unter dem Titel: Fortgesetzte Magie.

Hamberger, Adolf Albrecht: Allgemeine Experimental-Naturlehre auf eigene Erfahrung und Vernunftschlüsse gegründet, 1. Teil. Jena: Fickelscherr 1774.

Hamberger, Adolf Albrecht: Kurzer Entwurf einer Naturlehre worinnen alles aus dem einzigen Begriffe, daß Kraft nichts anders als Druck sey, erwiesen ist: zum Gebrauch seiner Zuhörer bestimmt. Jena: Fickelscherr 1780.

Hamberger, Georg Erhard: Elementa physices, methodo mathematica in usum auditorii conscripta. Jena: Meyer (1727), 1735[2], 1741[3].

Hankel, Wilhelm Gottlieb: Grundriß der Physik. Stuttgart: zu Guttenberg, ohne Erscheinungsjahr, 1848.

Hanov, Michael Christoph: Philosophiae naturalis sive physicae dogmaticae tomus I. continens physicam generalem, coelestem et aetheream. Tanquam continuationem systematis philosophici Christiani L. B. de Wolff. Halle: Renger 1762.

Hanov, Michael Christoph: Philosophiae naturalis sive physicae dogmaticae tomus II. continens aerologiam et hydrologiam vel scientiam aeris et aquae. Tanquam continuationem systematis philosophici Christiani L. B. de Wolff. Halle: Renger 1765.

Hauch, Adam Wilhelm: Anfangsgründe der Naturlehre unter eigener Durchsicht des Herrn Verfassers aus dem Dänischen übersetzt von J. C. Tode, 2 Teile. Kopenhagen, Leipzig: Schubothe 1795.

Hauser, Berthold: Elementa philosophiae ad rationis et experientiae ductum conscripta, atque usibus scholasticis accommodata, 8 Bände. Augsburg: Wolff. Tom. I: Logica 1755, Tom. II: Metaphysicae pars prima. Ontologia 1755, Tom. III. Metaphysicae pars secunda. Pneumatologia 1756, Tom. IV: Physica generalis 1758, Tom. V: Physica particularis. Pars prior 1760, Tom. VI: Physica particularis. Partis posterioris volumen I 1762, Tom. VII: Physica particularis. Partis posterioris volumen II 1764, Tom. VIII et ultimus: Physica particularis. Partis posterioris volumen III 1764.

Haüy, René Juste: Grundlehren der Physik; aus dem Französischen übersetzt von J. G. L. Blumhof, mit einer Vorrede von J. H. Voigt, 2 Bände. Weimar: Landes-Industrie-Comptoir 1804.

Haüy, René Juste: Handbuch der Physik für den Elementarunterricht in den französichen National-Lyceen; aus dem Französischen übersetzt und mit Zusätzen versehen von Chr. S. Weiß. Leipzig: Reclam 1805.

Hederich, Bejamin: Anleitung zu den führnehmsten Mathematischen Wissenschaften ... Wittenberg, Zerbst: Zimmermann (1744), 1754[7].

Helmuth, Johann Heinrich: Volksnaturlehre zur Dämpfung des Aberglaubens. Braunschweig: Schulbuchhandlung 1786, 1803[5]. Ab der 8. Auflage bearbeitet von J. G. Fischer.

Helmuth, Johann Heinrich: Gemeinnützige Unterhaltungen über verschiedene Gegenstände aus der Naturkunde für die Freunde der Volksnaturlehre, Erster Theil. Braunschweig: Schulbuchhandlung 1790.

Helmuth, Johann Heinrich: Anleitung zur Kenntniß des großen Weltbaues für Frauenzimmer in freundschaftlichen Briefen. Braunschweig: Schulbuchhandlung 1794[2].

Henner, Blasius: Conatus physico-experimentales de corporum affectionibus tum generalibus tum specialibus, ad usum philosophiae candidatorum suscepti. Pars prima: De attributis corporum generalibus. Pars secunda: De attributis corporum specialibus (opus posthumum). Würzburg: Kleyer 1756 und 1760.

Heppe, Johann Christoph: Lehrbuch einer Experimental-Naturlehre für junge Personen und Kinder zu eignen Vorlesungen bestimmet, 2 Bände. Gotha: Ettinger 1788.

Herr, J. A.: Kurzer Inbegriff des Wissenswürdigsten aus der Naturlehre. Berlin: Maurer 1823.

Herr, J. A.: Grundriß der Naturlehre für Gymnasien, höhere Bürgerschulen und Seminarien. Berlin: Rücker & Püchler 1838[4]. Vermehrte und verbesserte Ausgabe des vorstehenden Buches.

Herr, J. A.: Erster Unterricht in der Naturlehre. Ein Leitfaden für Elementar-Classen. Neuwied: Lichtfers & Faust 1824.

Herz, Marcus: Grundlage zu meinen Vorlesungen über die Experimentalphysik. Berlin: Voß 1787.

Heussi, Jakob: Die Experimental-Physik methodisch dargestellt. Berlin: Dunker & Humblot. 1. Kurs: Kenntniß der Phänomene, 1836, 2. Kurs: Von den physikalischen Gesetzen (1838), 1847[3], 3. Kurs: Von den physischen Kräften, 1840.

Hildebrandt, Friedrich: Anfangsgründe der dynamischen Naturlehre, 2 Bände. Erlangen: Walther 1807.

Hobert, Johann Philip: Grundriß des mathematischen und chemisch-mineralogischen Theils der Naturlehre. Berlin: Realschulbuchhandlung 1789.

Hoffmann, Donatus: Siehe Donatus a Transfiguratione Domini.

Hoffmann, Friedrich: Demonstrationes physicae curiosae, experimentis et observationibus mechanicis ac chymicis illustratae. Halle: Zeitler 1700.

Hoffmann, Friedrich: Siehe Krüger, J. G. 1740.

Hoffmann, Johann Georg: Kurtze Fragen von denen Natürl. Dingen, oder Geschöpffen und Wercken GOttes, welche GOtt als Zeugen seiner Liebe, Allmacht, Majestät und Herrlichkeit den Menschen vor Augen gestellet, zum Lob und Preiß des großen Schöpffers und zum Dienst der Einfältigen, sonderlich der kleinen Schul-Jugend, aufgesetzet. Samt einer Vorrede Johann Daniel Herrnschmids ... Halle: Waisenhaus 1720. Siehe auch Nicolai, Johann Christian Wilhelm 1790.

Hoffmann, Johann Joseph Ignaz: Lehrbuch der allgemeinen Physik zu öffentlichen Vorlesungen und zum Selbstunterrichte für Anfänger. Mainz: Kupferberg 1821.

Höpfner, Adolf Friedrich: Der kleine Physiker, oder Unterhaltungen über natürliche Dinge für Kinder, 6 Bändchen. Erfurt: Keyser 1801-06.

Hollmann, Samuel Christian: Paulo uberior in universam philosophiam introductio, ordine, quam maxime fieri potuit, concinno adornata. Tom. II. qui philosophiam naturalem, seu physicam complectitur. Göttingen: Fritsch 1737a.

Hollmann, Samuel Christian: Gedancken von der Beschaffenheit der Menschlichen Erkäntnüß, und den Quellen der Welt-Weißheit. Göttingen: Fritsch 1737b.

Hollmann, Samuel Christian: Philosophiae naturalis primae lineae. Göttingen: Vandenhoek 1753[3], 1. Aufl. (1742) unter dem Titel: Primae physicae experimentalis lineae ...

Horvath, Johann Baptist: Physica Generalis, quam in usum auditorum philosophiae conscripsit J. B. H. Augsburg: Rieger (1767) 1772[2].

Horvath, Johann Baptist: Physica Particularis, quam in usum auditorum philosophiae conscripsit J. B. H. Augsburg: Rieger (1770) 1772[2].

Horvath, Johann Baptist: Elementa physicae. Buda: Universitätsdruckerei (1790), 1792[2].

Hottinger, Solomon: Idea physicae nov-antiquae, seu eclectico-reconciliatricis una cum compendiolo ex hac idea extracto, conscripta ... Zürich: Bodmer 1709.

Hube, Michael: Vollständiger und faßlicher Unterricht in der Naturlehre. In einer Reihe von Briefen, 3 Bände. Leipzig: Göschen (1793f.), 1801[2].

Imhof, Maximus: Grundriß der öffentlichen Vorlesungen über die Experimental-Naturlehre, welche auf Veranstalten der Churfürstlichen Akademie der Wissenschaften in München ... auf dem akademischen Hörsaale vorgetragen, ... 2 Bände. München: Lentner 1794 und 1795.
Imhof, Maximus: Institutiones physicae quas in usum auditorum suorum elucubravit. München: Lentner (1797).
Imhof, Maximus: Anleitung zur Naturlehre zum Behufe seiner Zuhörer; aus dem Lateinischen übersetzt von J. G. Prändel. Amberg: Koch 1802. Deutsche Übersetzung des vorstehenden Buches.

Jänichen, C. A.: Naturlehre oder Physik. Ein Lesebuch für Kinder von mittlern Jahren. Zerbst: Füchsel 1800.
Junge, Christian Gottfried: Siehe Pluche, N. A. 1772f.
Jüngken (Junckius), Johann Helfrich: Siehe Mey, H. 1688.
Jungnitz, Longinus Anton: Grundriß der Naturlehre zum Gebrauch für Vorlesungen, 3 Bände. Breslau: Barth 1804.
Junker, Friedrich August: Handbuch der gemeinnützigsten Kenntnisse für Volksschulen. Bey dem Unterrichte als Materialien und bey Schreibübungen als Vorschriften zu gebrauchen, 4 Bände. Halle, Berlin: Waisenhausbuchhandlung, 1. Theil 1819[9], 2. Theil 1817[8], 3. Theil (2 Bände) 1815[6].

Kämtz, Ludwig Friedrich: Lehrbuch der Experimentalphysik. Halle: Gebauer 1839.
Kant, Immanuel: Metaphysische Anfangsgründe der Naturwissenschaft. Riga: Hartknoch 1786.
Karsten, Wenceslaus Johann Gustav: Lehrbegriff der gesamten Mathematik, 8 Bände, wovon die Bände 3 bis 8 die angewandte Mathematik enthalten. Greifswald: Röse 1767-77.
Karsten, Wenceslaus Johann Gustav: Anfangsgründe der mathematischen Wissenschaften, 3 Bände. Greifswald: Röse 1778 ff.
Karsten, Wenceslaus Johann Gustav: Anfangsgründe der Naturlehre. Halle: Renger 1780.
Karsten, Wenceslaus Johann Gustav: Auszug aus den Anfangsgründen und dem Lehrbegriffe der Mathematischen Wissenschaften, 2 Bände. Greifswald: Röse (1781), 1. Band 1790[3], 2. Band 1785[2].
Karsten, Wenceslaus Johann Gustav: Anleitung zur gemeinnützlichen Kenntniß der Natur, besonders für angehende Aerzte, Cameralisten und Oeconomen. Halle: Renger 1783.
Karsten, Wenceslaus Johann Gustav: Kurzer Entwurf der Naturwissenschaft, vornehmlich ihres chymisch-mineralogischen Theils. Halle: Renger 1785.
Kaschube, Johann Wenceslaus: Elementa physicae mechanico-perceptivae, una cum appendice de geniis in augmentum scientiarum et usum studiosae iuventutis concinnata. Jena: Bielck 1718.
Kastner, Carl Wilhelm Gottlob: Grundriß der Experimentalphysik, 2 Bände. Heidelberg: Mohr & Zimmer 1810, Heidelberg: Mohr & Winter 1820/21[2].
Kastner, Karl Wilhelm Gottlob: Grundzüge der Physik und Chemie zum Gebrauch für höhere Lehranstalten und zum Selbstunterricht für Gewerbetreibende und Freunde der Naturwissenschaft. Bonn: Weber 1821, Nürnberg: Stein 1832/33[2] (2 Bände).
Kastner, Karl Wilhelm Gottlob: Siehe Gren, F. A. C. 1820[6].
Kästner, Abraham Gotthelf: Anfangsgründe der angewandten Mathematik, 2. Teil. Göttingen: Vandenhoek (1759), 1765[2].
Kästner, Abraham Gotthelf: Der mathematischen Anfangsgründe 2. Teil, 1. Abteilung: Mechanische und Optische Wissenschaften. Göttingen: Vandenhoek & Ruprecht 1792[4] (4. Auflage des vorstehenden Werkes).

Kästner, Abraham Gotthelf: Siehe Martin, B. 1778.

Katzfey, Jac.: Naturlehre für höhere Lehranstalten. 1. Bändchen: Experimentalphysik. 2. Bändchen: Mathematische Naturlehre. Köln: Schmitz (1836), 1846[3].

Keill, John: Introductio ad veram physicam; seu lectiones physicae habitae in schola naturalis philosophiae academiae oxoniensis ... London: Clement 1715[3].

Kern, Hermann: Die Naturlehre, methodisch bearbeitet für den elementaren Unterricht. Halle: Schmidt 1853.

Khell (Khell von Khellburg), Joseph: Physica ex recentiorum observationibus accommodata usibus academicis. 2 Bände. Wien: Trattner (1751), 1754[2].

Kiessling, Johann: Physica experimentales, methodo Euclidea, seu mathematica elaborata, & variis iisque curiosis experimentis & observationibus mathematicis, mechanicis, opticis, staticis, phonurgicis, chymicis & anatomicis illustrata, ... Leipzig: Klose 1711.

Klaus, Michael: Naturalis philosophiae seu physicae tractatio prior, complexa generalem de corporibus doctrinam. Wien: Trattner 1756.

Klaus, Michael: Naturalis philosophiae seu physicae tractatio altera, complexa specialem de corporibus doctrinam. Wien: Trattner 1756.

Klügel, Georg Simon: Anfangsgründe der Naturlehre in Verbindung mit der Chemie und Mineralogie. Berlin, Stettin: Nicolai 1792.

Klügel, Georg Simon: Unterricht in der Naturlehre und Naturgeschichte für die Jugend. Leipzig: ohne Verlagsangabe 1794.

Koppe, Karl: Anfangsgründe der Physik für den Unterricht in den oberen Klassen der Gymnasien und Realschulen. Essen: Bädeker (1847), 1850[2].

Kosmann, Johann Wilhelm Andreas: Des Herrn Ritters Pinetti de Merci physikalische Belustigungen oder Erklärung der sämmtlichen in Berlin angestellten Kunststücke desselben. Berlin: Belitz & Braun 1796.

Kote, B.: Die Erfahrungs-Natur-Lehre. Ein Conspectus für den Unterricht. 1 Teil: Grundzüge der Physik. Magdeburg: Schmilinsky 1842.

Krafft, Georg Wolfgang: Praelectiones academicae publicae in physicam theoreticam, commoda auditoribus methodo conscriptae. Tübingen: Cotta 1750, 1765[2] bearbeitet von J. Kies.

Kratzenstein, Christian Gottlieb: Systema physicae experimentalis quod in usum auditorum suorum concinnavit. Kopenhagen: ohne Verlagsangabe (1758a), 1761[2].

Kratzenstein, Christian Gottlieb: Vorlesungen über die Experimentalphysik. Kopenhagen: Faber & Nitsche (1758b), 1787[6].

Krause, Karl Christian Friedrich: Anleitung zur Naturphilosophie. Jena, Leipzig: Gabler 1804.

Krauss, August: Leitfaden bei dem Unterrichte in der Naturlehre für Schulen. Augsburg: Rieger 1837.

Kries, Friedrich: Lehrbuch der Naturlehre für Anfänger, nebst einer kurzen Einleitung in die Naturgeschichte. Gotha: Becker 1804, 1820[4].

Kries, Friedrich: Lehrbuch der Physik für gelehrte Schulen. Jena: Frommann 1806.

Kries, Friedrich: Siehe Euler, L. 1792ff.

Krüger, Johann Gottlob: Naturlehre (Vernünftige Gedancken von den Würckungen der Natur); mit einer Vorrede von der wahren Weltweisheit begleitet von Herrn Friedrich Hoffmann. Halle: Hemmerde 1740.

Krüger, Johann Gottlob: Naturlehre, zweyter Theil, welcher die Physiologie oder Lehre von dem Leben und der Gesundheit der Menschen in sich fasset. Halle: Hemmerde 1742.

Krüger, Johann Gottlob: Die ersten Gründe der Naturlehre auf eine leichte und angenehme Art zum Gebrauch der Jugend und Anfänger entworfen. Halle, Helmstedt: Hemmerde (1759), 1768[3].

Krüger, Johann Gottlob: Gedanken von Erziehung der Kinder. Halle: Hemmerde 1760[2].

Krüger, Johann Gottlob: Siehe Unzer, J. Charl. 1751.

Kulm, Johann Adam: Elementa philosophiae naturalis, observationibus, necessariis experimentis & sana ratione suffulata, atque cum figuris aeneis in usum studiosae juventutis concinnata. Danzig: Eigenverlag 1727.

Kunzek, August: Lehrbuch der Experimentalphysik zum Gebrauche in Gymnasien und Realschulen ... Wien: Braumüller 1851, 1853[4].

Kunzek, August: Lehrbuch der Physik mit mathematischer Begründung. Zum Gebrauche in den höheren Schulen und zum Selbstunterrichte. Wien: Braumüller (1852/53), 1865[3].

Lamé, Gabriel: Lehrbuch der Physik für höhere polytechnische Lehranstalten; aus dem Französischen übersetzt von C. H. Schnuse, 3 Bände. Darmstadt: Leske 1838/41.

Lange, Joachim: Physicae Comenianae ad lumen divinum reformatae theses, ... in gratiam studiosae juventutis ob sanioris physicae defectum seorsim concinnatae ac editae. Halle: Waisenhaus, Berlin: Schlechtinger 1702.

Le Clerc, Jean (Johannes Clericus): Physica sive de rebus corporeis libri quinque, in quibus, praemissis potissimis corporearum naturarum phaenomenis & proprietatibus, veteruum & recentiorum de eorum causis celeberrimae conjecturae traduntur. Amsterdam: Gallet 1696.
Nachdrucke in Deutschland:
- Logica, sive ars ratiocinandi. Pneumatologia, cui subjecta est Thomae Stanleii historia philosophiae Orientalis. Physica, sive de rebus corporeis. Operum philosophicorum Tom. I-IV. Editio in Germania prima ... Leipzig: Georgi 1710.
- Opera philosophica ..., Editio in Germania 2[a]; Praefationem de vita et scriptis auctoris addidit Gottl. Frid. Jenichen, 4 Bände. Nordhausen: Gross 1726.

Lehmus, Christ. Balthasar: Grundbegriffe der Naturlehre zum Gebrauch seiner Zuhörer. Soest: Ebersbach 1781.

Leistikow, Michael Friedrich: Siehe Wolff, Chr. 1738 und 1739/40.

Leuchs, Johann Carl: Polytechnische Vorlesungen oder faßliche und praktische Darstellung der vorzüglichsten Lehren der Physik, Chemie etc. Technologie etc. Nürnberg: Leuchs 1830.

Lichtenberg, Georg Christoph: Siehe Erxleben, J. Ch. P. 1784[3].

Link, Heinrich Friedrich: Grundriß der Physik für Vorlesungen. Hamburg: Hoffmann 1798.

Link, Heinrich Friedrich: Ueber Naturphilosophie. Leipzig, Rostock: Stiller 1806.

Lippold, Georg Heinrich Christian: Naturlehre für Kinder. Elberfeld: Büschler 1814.

Loescher, Martin Gotthelf: Physica experimentalis compendiosa. In usum iuventutis academicae adornata & novissimis rationibus & experimentis illustrata ... Wittenberg: Zimmermann 1715, 1728[2] unter dem Titel: Physica theoretica et experimentalis compendiosa ...

Mako (Mako de Kerek-Gede), Paul: Compendiaria physicae institutio in usum auditorum philosophiae elucubratus est, 2 Bände. Wien: Trattner 1762 und 1763.

Maler, Jacob Friedrich: Physik oder Naturlehre zum Gebrauch hoher und niederer Schulen. Karlsruhe: Macklot 1767; 2. Aufl. siehe Boeckmann, J. L.

Mangold, Joseph: Philosophia rationalis et experimentalis hodiernis discentium studiis accommodata. Tom. II: Physicam generalem complectens, Tom. III: Physicam particularem complectens. Ingolstadt, München: Craetz & Summer 1756.

Mangold, Maximus: Philosophia recentior praelectionibus publicis accommodata; Tomus prior complectens Logicam, Metaphysicam ac Physicam generalem; Tomus posterior complectens Physicam particularem. München, Ingolstadt: Craetz & Summer 1763 und 1764.

Marth (Martius), Johannes Nikolaus: Siehe Wiegleb, J. Chr. 1779ff.

Martin, Benjamin: Philosophia Britannica: oder neuer und faßlicher Lehrbegriff der Newtonschen Weltweisheit, Astronomie und Geographie in zwölf Vorlesungen; aus dem Englischen übersetzt von Chr. H. Wilke mit einer Vorrede von A. G. Kästner, 3 Bände. Leipzig: Crusius 1778.

Martinet, Jean Florent.: Katechismus der Natur; aus dem Holländischen übersetzt von J. J. Ebert, 3 Teile. Leipzig: Weidmanns Erben & Reich 1779ff.

Martinet, Jean Florent.: Kleiner Katechismus der Natur; aus dem Holländischen übersetzt und bearbeitet von J. J. Ebert. Leipzig: Weidmanns Erben & Reich 1780.

Mauritius a Berona: Praelectiones philosophicae ad usum recentioris physicae candidatorum ad SS. Theologiam aspirantium; Tomus III: Physica Generalis, Tomus IV: Physica Particularis. Basel: Thurneisen 1780.

Mayer, Christian: Selecta physices experimentalis elementa mathematico-physica recentiorum Newtoni et Cartesii principiis et experimentis rite percipiendis facili methodo adornata. Heidelberg: Haener 1753.

Mayer, Johann Georg Wilhelm: Naturlehre für Kinder. Nürnberg: Felsecker 1791.

Mayer, Johann Tobias: Anfangsgründe der Naturlehre zum Behuf der Vorlesungen über Experimental-Physik. Göttingen: Dieterich 1801, 1823^5.

Mayer, Johann Tobias: Siehe Wolff, Chr. 1797.

Mayr, Anton: Philosophia peripatetica antiquorum principiis, et recentiorum experimentis conformata. Tom. II seu physica universalis. Tom. III seu physicae particularis pars I. Tom. IV seu physicae particularis pars II cum metaphysica. Ingolstadt: Schleig 1739.

Melos, Johann Georg: Naturlehre für Bürger- und Volksschulen. Rudolfstadt: Hof (1819), 1832^4.

Menge, A.: Physik. Graudenz: Röth 1838.

Merrem, Blasius: Kurzer Entwurf der Naturlehre für meine Zuhörer. Duisburg: Benthon 1786.

Merrem, Blasius: Systematische Anfangsgründe der reinen Mathematik, Physik und Naturhistorie, 2. Band: Anfangsgründe der Physik. Duisburg: Helwin 1796.

Mey (Majus), Heinrich: Physicae veteris-novae adornatae secundum Democriti, antiquissimi philosophi, a Gassendo, Verulamio, Boylaeo, Derodone, Digbyaeo, isque recentioribus redintegrata, variisque experimenti comprobata principia, synopsis, conscripta in usum studiosae juventutis. Frankfurt/M.: Knoche 1688. Eine von Johann Helfrich Jüngken besorgte Neufassung nennt nur die Anfangsbuchstaben von Meys Namen im Titel: Physicae eclecticae, secundum Democriti, celeberrimi philosophi, a Gassendo, ..., et in usum studiosae juventutis conscriptum a D. H. M. P. P. nunc publici juris factum cura Iohannis Helffrici Junckii. Frankfurt/M.: Stock 1713.

Michl, Benno: Naturlehre für die Jugend. Straubing: Heigl (1795), 1807^4.

Millington, John: Grundriß der theoretischen und Experimental-Physik, 1. Teil; aus dem Englischen übersetzt. Weimar: Landes-Industrie-Comptoir 1825.

Morasch, Johann Adam: Philosophia atomistica. In Alma Electorali Universitate Ingolstadiensi disputationi subjecta. Pars prima, seu Metaphysica. Pars secunda, seu Physica universalis. Ingolstadt: Zipper 1727 und 1731.

Mousson, Alb.: Kleine Naturlehre für das Volk in Schule und Haus. Zürich: Orell, Füßli u. Comp. 1847.

Müller, August Friedrich: Einleitung in die Philosophischen Wissenschaften, Erster Theil, welcher den Eingang, die Logic, und Physic in sich enthält, zum Gebrauch seiner Academischen Lectionen abgefasset. Leipzig: Breitkopf (1728), 1733^2.

Müller, Johannes: Pouillet's Lehrbuch der Physik und Meteorologie für deutsche Verhältnisse frei bearbeitet, 2 Bände. Braunschweig: Vieweg 1842 und 1844.

Müller, Johannes: Grundriß der Physik und Meteorologie für Lyceen, Gymnasien, Gewerbe- u. Realschulen. Braunschweig: Vieweg 1846, 1862^8.

Müller, Johannes: Mathematischer Supplementband zum Grundriß der Physik und Meteorologie. Braunschweig: Vieweg 1860.

Müller, Johann Heinrich: Collegium experimentale, in quo ars experimentandi, praemissa brevi ejus delineatione, potioribus aevi recentioris inventis ac speciminibus, de aere, aqua, igne ac terrestribus, explanatur ac illustratur, ... Nürnberg: Endter 1721.

Muncke, Georg Wilhelm: System der atomistischen Physik nach den neuesten Erfahrungen und Versuchen. Hannover: Hahn 1809.

Muncke, Georg Wilhelm: Anfangsgründe der Naturlehre zum Gebrauche academischer Vorlesungen systematisch zusammengestellt; 1. Abtheilung: Anfangsgründe der Experimentalphysik; 2. Abtheilung: Anfangsgründe der mathematischen und physischen Geographie. Heidelberg: Groos 1819 und 1820.

Muncke, Georg Wilhelm: Die ersten Elemente der gesammten Naturlehre zum Gebrauche für höhere Schulen und Gymnasien. Heidelberg: Winter (1825), 1842[4].

Muncke, Georg Wilhelm: Handbuch der Naturlehre; 1. Theil: Experimentalphysik; 2. Theil: Angewandte Physik. Heidelberg: Winter 1829 und 1830.

Muschenbroek, Peter von (Musschenbroek, Pieter van): Grundlehren der Naturwissenschaft; nach der zweyten lateinischen Ausgabe nebst einigen neuen Zusätzen des Verfassers, ins Deutsche übersetzt. Mit einer Vorrede ans Licht gestellt von Johann Christoph Gottscheden. Leipzig: Kiesewetter 1747.

Musschenbroek, Pieter van: Physicae experimentales et geometricae, de magnete, auborum capillarium vitreorumque speculorum attractione, magnitudine terrae, cohaerentia corporum firmorum dissertationes: ut et ephemerides meteorologicae ultrajectinae. Wien: Trattner 1756.

Neumann, Johann Ph.: Lehrbuch der Physik, 2 Theile. Wien: Gerold 1818 und 1820.

Nenning, Stephan N.: Lehrbuch der gesammten Naturlehre. Winterthur: Steiner 1828.

Nicolai, Johann Christian Wilhelm: Anfangsgründe der Experimental-Naturlehre für Gymnasien und höhere Erziehungsanstalten, wie auch für solche, die sich selbst belehren wollen. Bremen: Cramer (1788), Leipzig: Rabenhorst 1797[2].

Nicolai, Johann Christian Wilhelm: Unterweisung in gemeinnützigen Kenntnissen der Naturkunde zum ersten Unterrichte der Jugend. Halle: Waisenhausbuchhandlung (1790), 1826[14]. Zugleich 22. Auflage des Buches von J. G. Hoffmann.

Nicholson, William: Einleitung in die Naturlehre; aus dem Englischen übersetzt von A. F. Lüdicke, 3 Bände. Leipzig: Schwickert 1787 und 1798 (3. Band).

Niemann, Johann Heinrich: Elemente der Naturlehre, Erster Theil: Ursprung aller Naturveränderungen. Osnabrück: Crone 1810.

Niemann, Johann Heinrich: Fragmente der Naturlehre. Osnabrück: Crone 1810.

Nieuwentyt, Bernhard: Die Erkänntnüß der Weißheit, Macht und Güte des Göttlichen Wesens, aus dem rechten Gebrauch derer Betrachtungen aller irrdischen Dinge dieser Welt; zur Überzeugung derer Atheisten und Ungläubigen, ... aus dem Holländischen übersetzt von W. C. Baumann, mit einer Vorrede von Christian Wolff. Frankfurt, Leipzig: Pauli 1732.

Nollet, Jean-Antoine: Vorlesungen über die Experimental-Natur-Lehre; aus dem Französischen, 1. Teil Erfurt: Weber 1749; 2. bis 4. Teil unter dem Titel: Vorlesungen der durch Versuche bestätigten Naturlehre 1750f; 5. bis 9. Teil unter dem Titel: Physikalische Lehrstunden oder die Kunst Versuche anzustellen 1765 bis 1772.

Ohm, Georg Simon: Grundzüge der Physik als Compendium zu seinen Vorlesungen. Nürnberg: Schrag 1853.

Oken, Lorenz: Lehrbuch der Naturphilosophie, 3 Bände. Jena: Frommann 1809ff.

Oken, Lorenz: Naturgeschichte für Schulen. Leipzig: Brockhaus 1821.

Oken, Lorenz: Lehrbuch der Naturphilosophie. Jena: Frommann 1831.

Ørsted, Hans Christian: Der mechanische Theil der Naturlehre. Braunschweig: Vieweg 1851.
Osterrieder, Hermann: Physica experimentalis et rationalis, ad gustum moderni saeculi, pro jucunditate utilitateque discentium, methodo clara & systematica adornata. Teil 1: Physica generalis, 2 Bände. Teil 2: Physica particularis, 2 Bände. Augsburg: Rieger 1765 und 1770.

Parrot, Georg Friedrich: Grundriß der theoretischen Physic zum Gebrauche für Vorlesungen, 2 Bände. Riga, Leipzig: Meinshausen 1809 und 1811.
Peschel, Carl Friedrich: Lehrbuch der Physik, ... zum Gebrauche bei Vorlesungen auf höheren Gymnasien ... Dresden, Leipzig: Arnold 1844.
Pfaff, Christian Heinrich: Aphorismen über die Experimentalphysik. Zum Gebrauche bey Vorlesungen. Kopenhagen: Brummer 1800.
Pfaff, Johann Wilhelm Andreas: Lehrbuch der Physik, physischen Geographie und Astronomie zum Gebrauch für Gymnasien und Bürgerschulen. Erlangen: Heyder 1823.
Pfaff, Johann Wilhelm Andreas: Gesammt-Naturlehre für das Volk und seine Lehrer. Leipzig, Stuttgart: Scheible 1834.
Pfaff, Karl: Lehrbuch der Natur-, Erd-, Menschen-Kunde und Geschichte für Real-Anstalten, Bürger-Schulen und niedere Gymnasien. Stuttgart: Steinkopf 1832.
Pluche, Noël Antoine: Neuer Schauplaz der Natur, oder Beiträge zur Verherrlichung Gottes und zur Ausbreitung gemeinnütziger Kenntnisse in e. freien Auszuge d. Plüschischen Werkes m. neuen Erfahrungen; Hrsg.: Christian Gottfried Junge, 2 Bände. Frankfurt, Leipzig: Monath 1772f.
Poppe, Johann Heinrich Moritz: Handbuch der Experimental-Physik; Vornehmlich für Universitäten, Gymnasien und andere gelehrte Anstalten. Hannover: Helwing (1809), 1826^2.
Poppe, Johann Heinrich Moritz: Der physikalische Jugendfreund oder faßliche und unterhaltende Darstellung der Naturlehre ..., 7 Bände. Frankfurt/M.: Wilmans 1811ff.
Poppe, Johann Heinrich Moritz: Physikalisches Lesebuch über die wichtigsten und interessantesten Gegenstände der Naturlehre zum Gebrauch in Schulen und zum Selbstunterricht für den Bürger und Landmann. Tübingen: Osiander 1823.
Poppe, Johann Heinrich Moritz v.: Neue ausführliche Allgemeine und Experimental-Volks-Naturlehre. Tübingen: Osiander (1825), 1837^3.
Poppe, Johann Heinrich Moritz: Die Physik, vorzüglich in Anwendung auf Künste, Manufakturen und andere nützliche Gewerbe. Tübingen: Fues 1830.
Poppe, Johann Heinrich Moritz v.: Naturlehre für die reifere Jugend. Stuttgart: Hoffmann (1836), 1838^2.
Poppe, Johann Heinrich Moritz v.: Der junge Physiker und Techniker. Stuttgart: Balz 1838.
Poppe, Johann Heinrich Moritz v.: Die Physik in ausführlicher populärer Darstellung. Nach dem gegenwärtigen Zustande dieser Wissenschaft, ..., für die Gebildeten beiderlei Geschlechts, 2 Bände. Zürich: Schultheß 1842.
Pouillet, Claude Servais Mathias: Lehrbuch der Experimentalphysik und der Meteorologie, aus dem Französischen übersetzt von C. H. Schnuse, 2 Bände. Quedlinburg, Leipzig: Basse 1839 und 1843.
Prändel, Johann Georg: Die gemeinnützigsten und faßlichsten Sätze aus der Naturlehre und Scheidekunst. Für Real- und Feyertags-Schulen bearbeitet. 2 Bändchen. München: Lindauer 1809.
Prändel, Johann Georg: Siehe Imhof, M. 1802.
Ptolemäus, Joh. Bapt.: Siehe Tolemei, Giovanni Battista.

Rabe, Paul: Cursus philosophicus, sive compendium praecipuarum scientiarum philosophicarum. Dialecticae nempe Analyticae, Politicae sub qua comprehenditur Ethica, Physicae atque Metaphysicae ... Königsberg, Leipzig: Boye 1703.

Rebau, Heinrich: Das Wissenswürdigste aus der Naturlehre oder physikalisches Lehr- und Lesebuch für deutsche Volksschulen und zum Hausgebrauch. Stuttgart: Erhard 1835.

Rebs, Christian Gottlob: Naturlehre für die Jugend nach der Elementarmethode. Für Freunde und Lehrer dieser Wissenschaft, als ein neues Hülfsmittel zur Uebung der Denkkraft ihrer Zöglinge. Leipzig: Hinrichs 1817.

Reccard, Gotthilf Christian: Lehr-Buch darin ein kurzgefaßter Unterricht aus verschiedenen philosophischen und mathematischen Wissenschaften, der Historie und Geographie gegeben wird. Zum Gebrauch in Schulen. Berlin: Realschulbuchhandlung 1765.

Reccard, Gotthilf Christian: Auszug aus seinem Lehr-Buch, zum Gebrauch der Landschulen. Berlin: Realschulbuchhandlung 1765.

Redlhammer, Joseph: Philosophiae naturalis pars prima seu Physica Generalis ad praefixam in scholis nostris normam concinnata. Wien: Trattner 1755.

Redlhammer, Joseph: Philosophiae naturalis pars. II. Uranologiam, stoechiologiam, meteorologiam, geologiam, mineralogiam, phytologiam, et zoologiam complectens. Ad praefixam in scholis nostris normam concinnata. Wien: Trattner 1755.

Reyher, Andreas (anonym erschienen): Kurtzer Unterricht I. Von Natürlichen Dingen. II. Von etlichen nützlichen Wissenschaften. III. Von Geist- und Weltlichen Land-Sachen. IV. Von etlichen Hauß-Regeln. Auff gnädige Fürstl. Verordnung für gemeine Teutsche Schulen im Fürstenthumb Gotha einfältig verfasset. Gotha: Schall 1657.

Richter, Adam Daniel: Lehrbuch einer für Schulen faßlichen Naturlehre zum Gebrauch bey Vorlesungen. Leipzig, Bautzen: Deinzers 1769.

Rochow, Friedrich Eberhard v.: Der Kinderfreund. Ein Lesebuch zum Gebrauch in Stadt- und Landschulen, 2 Bände. Rinteln: Bösendahl (1776), 1793.

Rodig, Jh. Chr.: Naturlehre. Leipzig: Breitkopf & Härtel 1801.

Rohault, Jacques (Jacob): Tractatus physicus, latine vertit, recensuit et uberioribus jam adnotationibus, ex illustrissimi Isaaci Newtoni philosophia maximam partem haustis, amplificavit et ornavit Samuel Clarke, ... cum animadversionibus integris Antonii Le Grand, 2 Bände. Köln: ohne Verlagsangabe 1713.

Rouyer, Franz Conrad (anonym erschienen): Entwurf der Naturlehre. Zum Gebrauche des Königl. Joachimsthalischen Gymnasiums. Berlin: Nicolai 1770.

Rüdiger, Andreas: Institutiones eruditae seu philosophia synthetica, 3 Teile. Leipzig: Weidmann (1706), 1717[3].

Rüdiger, Andreas: Physica divina, recte via, eademque inter superstitionem et atheismum media, ad utramque hominis felicitatem, naturalem atque moralem, ducens. Frankfurt/M.: Gleditsch & Weidmann 1714.

Rüdiger, Andreas: Philosophia pragmatica, methodo apodictica et quoad ejus licuit, mathematica, conscripta. Leipzig: Weidmann (1723), 1729[2].

Rüst, W. A.: Grundriß der Physik als Leitfaden zum Gebrauche für den Unterricht. Berlin: Förstner 1847.

Sagner, Caspar: Institutiones philosophicae ex probatis veterum, recentiorumque sententiis adornatae in usum suorum dominorum auditorum, 3 Bände, davon die Bände 2 und 3: Tractatus III seu Physica. Prag: Universitätsdruckerei 1758.

Scherffer, Karl: Institutionum Physicae pars prima, seu Physica generalis, conscripta in usum tironum philosophiae. Wien: Trattner (1752), 1763[2].

Scherffer, Karl: Institutionum Physicae pars secunda, seu Physica particularis, conscripta in usum tironum philosophiae. Wien: Trattner (1753), 1763[2].

Scherling, Christian: Leitfaden bei dem Unterricht in der Physik für Real- und höhere Bürgerschulen, 2 Kurse. Lübeck: Rohden 1838 und 1840.

Scheuchzer, Johann Jacob: Physica oder Naturwissenschaft, 2 Teile. Zürich: Heidegger (1703), 1729[3], 1743[4].

Scheuchzer, Johann Jacob: Kern der Natur-Wissenschafft. Zürich: Bodmer 1711. Kurzfassung des vorstehenden Buches.

Scheuchzer, Johann Jacob: Kupfer-Bibel, in welcher die physica sacra oder beheiligte Natur-Wissenschafft derer in Heil. Schrifft vorkommenden natürlichen Sachen deutlich erklärt und bewährt, 4 Bände. Augsburg, Ulm: Pfeffel 1731-35.

Schlez, Johann Ferdinand: Der Denkfreund. Ein Lehr- und Lesebuch für Volksschulen. Gießen: Heyer 1837[12].

Schmahling, Ludwig Christoph: Naturlehre für Schulen. Göttingen: Dieterich 1774, 1788[2].

Schmahling, Ludwig Christoph: Erläuterte Naturlehre. Halle: Curt 1776. Erweiterte Fassung des vorstehenden Buches.

Schmerler, Johann Adam: Vorlesungen über die Naturlehre (meinen lieben Mitbürgern gehalten). Nürnberg: Stein 1792.

Schmidt, Georg Gottlieb: Handbuch der Naturlehre zum Gebrauche für Vorlesungen, 2 Bände. Gießen, Darmstadt: Heyer 1801/03, 1813[2].

Schmidt, Johann Andreas: Physica positiva. Jena: Öhrling 1689. Helmstedt: Süstermann 1707[3]. Die Ausgabe von 1707 ist unverändert nachgedruckt in dem folgenden Werk.

Schmidt, Johann Andreas: Compendium philosophiae exhibens dialecticam, analyticam, metaphysicam, physicam, theologiam naturalem, ethicam, politicam ... Helmstedt: Süstermann 1710[4].

Schmidt, Johann Andreas: Collegii experimentalis physico-mathematici demonstrationes singulis semestribus in Academia Julia curiosis B. C. D. exhibendae. Helmstedt: Hammius, ohne Erscheinungsjahr, 1721[3]. 1. Aufl. (1710) unter dem Titel: Theatrum naturae et artis semestribus novis machinis et experimentis augendum in Academia Julia curiosis B. C. D. panet J. A. S.

Schmidt, Johann August Friedrich: Gemeinnützige Naturlehre. Ein allgemein verständliches Lehrbuch. 1. Theil: Gemeinnützige Naturlehre; 2. Theil: Physikalische Experimente und Belustigungen. Ilmenau: Voigt 1830 und 1831.

Schmidt, Johann Jacob: Biblischer Physicus, oder Einleitung zur Biblischen Natur-Wissenschaft und deren besondern Theilen, zur Erkänntnis und Preiß des Schöpffers, und zum rechten Verstande der H. Schrift, sofern dieselbe irgendwo von Physical. Dingen handelt, ..., zusammen dem Biblischen Hyperphysico von den Wunderwercken der H. Schrift. Leipzig: Schuster 1731.

Schneider, K. F. Robert: Die Experimental-Physik, ein geistiges Bildungsmittel in ihren Beziehungen zum praktischen Leben. Ein Handbuch für Lehrer an gehobenen Volks- und Bürgerschulen und technischen Anstalten. Dresden: Naumann 1842.

Schoedler, Friedrich: Das Buch der Natur ..., 1. Teil: Physik, physikalische Geographie, Astronomie und Chemie. Braunschweig: Vieweg (1846), 1860[11].

Scholl, Gottlob Heinrich Friedrich: Grundriß der Naturlehre zum Behufe des populären Vortrags dieser Wissenschaft. Ulm: Wohler 1839.

Scholz, Benjamin: Anfangsgründe der Physik als Vorbereitung zum Studium der Chemie; mit einer Vorrede von J. v. Jacquin. Wien: Heubner 1815, 1837[5] bearbeitet von Anton Schrötter.

Schrader, Friedrich: Demonstrationes physicae nuper institutae & in gratiam auditorum suorum descriptae. Helmstedt: Hammius 1693.

Schrader, Johann Gottlieb Friedrich: Grundriß der Experimental-Naturlehre in seinem chemischen Theile nach der neueren Theorie, so wohl zum Leitfaden akademischer Vorlesungen als auch zum Gebrauch für die Schulen. Hamburg: Bachmann & Gundermann 1797, 1804[2] bearbeitet von Ludwig Wilhelm Gilbert.
3. Auflage siehe Gilbert, L. W.

Schulz, Christian: Handbuch der Physik für diejenigen, welche Freunde der Natur sind, ohne jedoch Gelehrte zu sein, 6 Bände. Leipzig: Hilscher 1790 bis 1794.

Schulz, Christian: Physik für Kinder zum Gebrauche der Aeltern und Erzieher oder nöthige Grundbegriffe aus der vorliegenden Welt über Gott, die Natur und uns selbst mit Nutzen nachdenken zu lernen. Leipzig: Breitkopf 1793.

Schütz, Friedrich Wilhelm v.: Der Naturlehrer. Unterhaltungen eines Vaters mit seinen Kindern über die ersten Elementarbegriffe der Physik. Ein Lehr- und Lesebuch für die Jugend, in Schulen und beim Privatunterricht zu gebrauchen. Hamburg: Bachmann & Gundermann (1792), 1795[2].

Schweitzer (Suicerius), Johann Heinrich: Compendium physicae Aristotelico-Cartesianae. Ajecta est ad calcem ontosophia Claubergiana ... Praemittitur praefationis loco Henrici Horchii brevis Isagoge ... Frankfurt/M.: Sande (1685), 1709[6].

Schweitzer (Suicerius), Johann Heinrich: Siehe Zwinger, J. J. 1707.

Segner, Johann Andreas v.: Einleitung in die Naturlehre. Göttingen: Vandenhoeck 1746, 1770[3].

Sell, Gottfried: Principia philosophiae naturalis experimentis stabilita, in usus academicos. Halle: Fritsch 1738.

Siber, Thaddä: Leitfaden zu Vorlesungen über Naturlehre und angewandte Mathematik. Passau: Ambrosi 1805.

Siber, Thaddä: Anfangsgründe der Physik und angewandten Mathematik. Landshut: Krüll 1815 (2. umgearbeitete Auflage des vorstehenden Buches).

Sigaud de la Fond, Aignan Joseph: Anweisung zur Experimentalphysik, 2 Teile; übersetzt aus dem Französischen. Dresden: Walther 1774.

Sigaud de la Fond, Aignan Joseph: Anweisung zur Experimentalphysik, 2 Teile; übers. aus dem Französischen. Wien: Trattner 1780. Nachdruck des vorstehenden Buches.

Silberschlag, Georg Christoph: Ausgesuchte Closter-Bergische Versuche in den Wissenschaften der Natur-Lehre und Mathematik. Berlin: Realschulbuchhandlung 1768.

Sinclair, John: Versuch einer durch Metaphysik begründeten Physik. Frankfurt/M.: Hermann 1813.

Snell, Friedrich Wilhelm Daniel: Leichtes Lehrbuch der Physik für Schulen. Gießen: Tasché & Müller 1807.

Snell, Friedrich Wilhelm Daniel: Anfangsgründe der Naturlehre zum Gebrauch der Schulen, auch zum Selbstunterricht für Liebhaber dieser Wissenschaft. Gießen: Tasché & Müller 1810. Identisch mit dem vorstehenden Buch. 1837[4] bearbeitet von A. L. T. Koch.

Sperlette, Johannes: Opera philosophica, in quatuor partes, Logicam, Metaphysicam, Moralem, & Physicam, prius divisim, jam nunc conjunctim editas, distributa. Darin: Physica nova seu philosophia naturae, in qua omnes naturae effectus, quantum fieri potest, mechanice, seu per inviolabiles motuum leges explicantur. Berlin: Rüdiger 1703[2]. (1. Auflage der Physica nova 1696).

Sperling, Johannes: Institutiones physicae. Wittenberg: Berger (1638), 1672[6].

Stattler, Benedict: Philosophia methodo scientiis propria explanata. Pars VI Physica generalis, Pars VII Physica particularis corporum totalium huius mundi, Pars VIII Physica particularis corporum partialium telluris nostrae. Augsburg: Rieger 1771 und 1772.

Stegmann, Johann Gottlieb: Einleitung in die Naturlehre zum Gebrauch dererjenigen die mit Vergnügen und Aufmerksamkeit die Natur betrachten wollen. Bückeburg: Althaus 1753.

Steinmeyer, Philemon: Institutiones Physicae Wolfianae in usum praelectionum in Academia Albertina Friburgo-Brisgoica evulgatae. Freiburg/Br.: Sarton 1775.

Stock, Johann Christian: Exercitationes physicae distributae in capita quibus philosophiae naturalis principia concise pertractantur. Jena: Cuno 1735.

Strauß, Anselm Franz: Lehrbuch der besonderen und angewandten Physik. Als Leitfaden bey seinen Vorlesungen entworfen. Mainz: Kupferberg 1823.

Sturm, Johann Christoph: Collegium experimentale, sive curiosum, in quo primaria hujus seculi inventa & experimenta Physico-Mathematica, ... Nürnberg: Endter 1676.
Sturm, Johann Christoph: Collegii experimentalis sive curiosi, pars secunda, in qua porro praesentis aevi experimenta & inventa Physico-Mathematica compluria ... Nürnberg: Endter 1685.
Sturm, Johann Christoph: Physicae conciliatricis per generalem pariter ac specialem partum conamina, succinctis aphorismis adumbrata et publice ventilata. Nürnberg: Mauritius 1687.
Sturm, Johann Christoph: Physicae modernae sanioris compendium erotematicum, in Tironum gratiam pro lectionibus publicis dictari & explicari coeptum sub ipsum initium anni MDCXCIV ... Nürnberg: Hoffmann & Streck (1694), 1703^2.
Sturm, Johann Christoph: Kurtzer Begriff der Physic oder Natur-Lehre, nach den vernünfftigsten Meinungen der heutigen Belehrten, Allen curiosen Liebhabern und Untersuchern der Natur/wie auch der studirenden Jugend zum besten in wichtigen Fragen und gründlicher Antwort vorgestellet. Hamburg: Heyl 1713. Deutsche Übersetzung des vorstehenden Buches.
Sturm, Johann Christoph: Physica electiva sive hypothetica. Tomus primus partem physicae generalem complexus & speciatim usum totius hujus scientiae primarium singulari cura demonstrans. Nürnberg: Endter 1697.
Sturm, Johann Christoph: Physicae electivae sive hypotheticae tomus secundus partem physicae specialem ... complectens. Mit Vorwort von Christian Wolff. Nürnberg: Endter 1722.
Sturm, Johann Christoph: Mathesis juvenilis, D. i. Anleitung vor die Jugend zur Mathesin. Nürnberg: Hoffmanns Wwe. & Streck, 1. Teil 1702, 2. Teil 1705.
Sturm, Leonhard Christoph: Kurtzer Begriff der gesamten Mathesis Bestehend in V Theilen ... Frankfurt/Oder: Schrey & Hartmann (1707), 1710^2.
Suckow, Georg Adolph: Anfangsgründe der Physik und Chemie, 2 Bände. Augsburg, Leipzig: Stage, ohne Erscheinungsjahr, 1813/14.
Suckow, Gustav: System der Physik mit Beziehung auf Künste und Gewerbe. Ein Grundriß für akademische Vorlesungen. Darmstadt: Leske 1840.
Suckow, Laurenz Johann Daniel: Entwurf einer Naturlehre. Jena: Cunos Erben (1761), 1782^2.
Suicerius, Joh. Henr.: Siehe Schweitzer, Johann Heinrich.
Süskind, Johann Gottlob: Handbuch der Naturlehre oder das Wissenswürdigste und Gemeinnützigste aus der Physik nebst einem Abriß der Chemie. Stuttgart: Steinkopf (1812), 1840^2 bearbeitet von G. Chr. Reuß.

Teichmeyer, Hermann Friedrich: Elementa philosophiae naturalis experimentalis, in quibus omnium rerum naturalium affectiones recensentur, earundemque causae, quantum fieri potest, deteguntur, et per experimenta, tum ex mathesi, tum ex chymia imprimis desumpta, declarantur, in usum auditorii sui. Jena: Bielcki 1717.
Thieme, Karl Traugott: Gutmann oder der Sächsische Kinderfreund; Ein Lesebuch für Bürger und Land-Schulen, 2 Bände; bearbeitet von J. Chr. Dolz. Leipzig: Vogel 1820^8.
Thümmig, Ludwig Philipp: Institutiones Philosophiae Wolfianae in usus academicos adornatae, 2 Bände. Frankfurt, Leipzig: Renger 1725f.
Titius, Johann Daniel: Physicae dogmaticae elementa praelectionum caussa evulgata. Wittenberg: Dürr 1774.
Titius, Johann Daniel: Physicae experimentalis elementa praelectionum caussa in lucem edita. Leipzig: Junius 1782.
Tolemei (Ptolemäus), Giovanni Battista: Philosophia mentis et sensuum secundum utramque Aristotelis methodum pertractata metaphysice, et empirice. Editio post Romanam, prima in Germania ... Augsburg, Dillingen: Bencard 1698. (1. Aufl. Rom 1696).

Trappe, Albert: Die Physik für den Schulunterricht bearbeitet. Breslau: Hirt (1853), 1858[2]. (1. Aufl. unter dem Titel: Leitfaden für den Unterricht in der Physik).

Trommsdorf, Johann Bartholmä: Grundriß der Physik als Vorbereitung zum Studium der Chemie. Gotha: Hennings 1817.

Tscharner, Beat von: Handbuch der Experimental-Physik zur Selbstbelehrung und zum Gebrauche bei Vorlesungen, 2 Teile. Frankfurt/M.: Hermann (1825), 1835[3].

Tschirnhaus, Ehrenfried Walter von: Gründliche Anleitung zu nützlichen Wissenschaften, absonderlich zu der Mathesi und Physica. Frankfurt, Leipzig: Ritscheln 1708[2].

Türk, Wilhelm v.: Die Erscheinungen in der Natur. Ein Buch für Aeltern, Erzieher und Lehrer, insbesondere zum Gebrauch in Volksschulen. Essen, Duisburg: Bädeker 1818.

Uihlein, Joseph: Kurzer Unterricht in der Naturwissenschaft für die Jugend. Frankfurt: Andreä 1810[3]. Ab der 4. Auflage (1816) bearbeitet von J. Brand.

Unzer, geb. Ziegler, Johanna Charlotte: Grundriß einer Weltweißheit für das Frauenzimmer mit Anmerkungen und einer Vorrede begleitet von Hrn. Johann Gottlob Krügern. Halle: Hemmerde (1751), 1767[2].

Verdries, Johann Melchior: Conspectus philosophiae naturalis sive in physicam recentiorem introductio. Gießen: Müller 1720. Erweiterte Fassung unter dem Titel: Physica sive in naturae scientiam introductio in usum auditorii sui adornata. Giessen: Müller 1735[3].

Vieth, Gerhard Ulrich Anton: Anfangsgründe der Naturlehre für Bürgerschulen. Leipzig: Barth 1797, 1816[4].

Vieth, Gerhard Ulrich Anton: Physikalischer Kinderfreund, 10 Bände. Leipzig: Barth 1801 bis 1809.

Voigt, Johann Heinrich: Grundkenntnisse vom Menschen und einiger zu seiner frühern Bildung gehörigen Wissenschaften ... Gotha: Ettinger 1780.

Voigt, Johann Heinrich: Erster Unterricht vom Menschen und den vornehmsten auf ihn sich beziehenden Dingen. Ein Lehrbuch für die niederen Stadt- und Landschulen des Herzogthums Gotha, auf höchsten Befehl abgefasset. Gotha: Reyher (1781), 1794[2].

Voigt, Johann Heinrich: Grundlehren der angewandten Mathematik, Erste Abtheilung. Jena: Akademische Buchhandlung 1794.

Voltaire, François-Marie Arouet de: Eléments de la philosophie de Neuton mis à la portée de tout le monde. Amsterdam: Ledet 1738.

Vornehm, Joseph: Kurzer Unterricht in der Naturlehre. Ein Lehr- und Lesebuch für die erwachsene Jugend. München: Lindauer 1817.

Wagner, Johann Jacob: Von der Natur der Dinge; In drey Büchern. Leipzig: Breitkopf & Härtel 1803.

Wagner (Lehrer am Lehrerseminar in Brühl): Elementar-Naturlehre nach den Grundsätzen der neuern Pädagogik für Seminarien und Volksschulen bearbeitet, 1. Teil. Köln: DuMont-Schauberg 1826.

Waldin, Johann Gottl.: Gedanken über den Einfluß der Mathematik und Physik in die Aufklärung des gelehrten Standes. Marburg: Bayrhoffer 1789.

Walser, Heinrich: Institutiones philosophicae, quas in usum auditorum suorum elucubratus est. Liber V Physica generalis, Liber VI Physica specialis. Augsburg: Rieger 1795 und 1796.

Weber, Joseph: Vorlesungen aus der Naturlehre. 1. Abh.: Von den allgemeinen Eigenschaften der Körper. Dillingen: Kälin 1789. 2. Abh.: Von den Bewegungsgesetzen ... Dillingen: Kälin 1789. 3. Abh.: Die phisische Chemie. Landshut: Weber 1791. 4. Abh.: Ueber die gemeine, und die durch Auflösung aus Körpern entwickelte Luft. Landshut: Weber 1785. 5. Abh.: Ueber das Feuer. Landshut:

Weber 1788. 6. Abh.: Vollständige Lehre der Elektricität ... Landshut: Weber 1791. 7. Abh. über die Erde, 8. Abh. über das Wasser und 9. Abh. über die Atmosphäre. Landshut: Weber 1796.

Weber, Joseph: Vorlesungen aus der Naturlehre. 1. Abh.: Die allgemeine Naturwissenschaft. Reiner Theil. 2. Abh.: Die allgemeine Naturwissenschaft. Empirischer Theil. Landshut: Weber 1793[2]. Als 2. Auflage der beiden ersten Abhandlungen des vorigen Werkes bezeichnet, jedoch ganz neu geschrieben.

Weber, Joseph: Vorlesungen aus der Naturlehre: Mathematischer Theil. 1. Abh.: Die Mechanik und ihre gesammten Theile. Landshut: Weber 1793.

Weber, Joseph: Lehrbuch der Naturwissenschaft. Landshut: Weber. 1. Heft: Vom Wissen und von dem obersten Princip alles Wissens, 1805; 2. Heft: Von der Materie, 1805; 3. Heft: Von dem Lichte, 1. Abh.: Von dem Magnete und dem Magnetismus, 1806; 4. Heft: Von dem Lichte, 2. Abh.: Von der Elektricität, 1808.

Weber, Joseph: Physik als Wissenschaft oder die Dynamik der gesamten Natur, 1. Teil: Allgemeine Dynamik der Natur. Landshut: Weber 1819.

Weinhold, Johann Carl: Versuch einer Mechanik für Ungelehrte, zum Nutzen verschiedener Künstler, Professionisten und der Landleute, 2 Bände. Dresden: Walther 1790 und 1792.

Weinlig, Christian Albert: Grundriß der mechanischen Naturlehre. Als Leitfaden für physikalische Vorträge an Handels- und Gewerbeschulen. Leipzig: Voß 1843.

Wernhard, Joseph: Kurzer und doch sehr faßlicher Katechismus der Naturlehre oder Physik, besonders für Schulen. Augsburg: Jenisch & Stage 1835.

Wiedeburg, Johann Ernst Basilius: Natur- und Größen-Lehre in ihrer Anwendung zur Rechtfertigung der heiligen Schrift ... Nürnberg: Raspe 1782.

Wiegleb, Johann Christian: Die natürliche Magie, aus allerhand belustigenden und nützlichen Kunststücken bestehend; 2. Titel: Martius, Johann Nikolaus: Unterricht in der natürlichen Magie oder zu allerhand belustigenden und nützlichen Kunststücken. Völlig umgearbeitet von J. Chr. Wiegleb, 12 Bände. Berlin, Stettin: Nicolai 1779-97.

Wilmsen, Friedrich Philipp: Der Deutsche Kinderfreund, ein Lesebuch für Volksschulen. Berlin: Reimer 1831[110].

Winkler, Johann Heinrich: Institutiones philosophiae universae usibus academicis accommodatae. Leipzig: Fritsch (1735), 1742[2].

Winkler (Winckler), Johann Heinrich: Institutiones mathematico-physicae experimentis confirmatae. Leipzig: Breitkopf 1738.

Winkler, Johann Heinrich: Anfangsgründe der Physik. Leipzig: Breitkopf (1753), 1774[3].

Wolfart, Peter: Institutio physica curiosa seu clavis philosophiae experimentalis concisa. In tironum gratiam pro lectionibus privatis aeque ac publicis ... Kassel: Harmes 1712.

Wolff, Christian: Anfangs-Gründe aller mathematischen Wissenschaften, 4 Bände. Frankfurt, Leipzig: Renger (1710), 1750/57[7]; repr. Nachdruck Hildesheim: Olms 1973.

Wolff, Christian: Auszug aus den Anfangs-Gründen aller mathematischen Wissenschaften, zu bequemerem Gebrauche der Anfänger auf Begehren verfertiget. Frankfurt, Leipzig: Renger (1713), 1728[3].

Wolff, Christian: Vernünfftige Gedancken von den Kräfften des menschlichen Verstandes und ihrem richtigen Gebrauche in Erkäntniß der Wahrheit, den Liebhabern der Wahrheit mitgetheilet (Deutsche Logik). Halle: Renger 1713; Nachdr. mit einer Einführung von Hans Werner Arndt. Hildesheim: Olms 1965.

Wolff, Christian: Vernünftige Gedancken von Gott, der Welt und der Seele des Menschen, auch allen Dingen überhaupt, den Liebhabern der Wahrheit mitgetheilet (Deutsche Metaphysik). Halle: Renger (1720), 1751[11]; repr. Nachdr. Hildesheim: Olms 1983.

Wolff, Christian: Allerhand nützliche Versuche, dadurch zu genauer Erkäntniß der Natur und Kunst der Weg gebähnet wird, denen Liebhabern der Wahrheit mitgetheilet, 3 Bände (Deutsche Experimentalphysik). Halle: Renger (1721ff.), 1727ff.[2]; repr. Nachd. Hildesheim: Olms 1982.

Wolff, Christian: Vernünfftige Gedancken von den Würckungen der Natur, den Liebhabern der Wahrheit mitgetheilet (Deutsche Physik). Halle: Renger 1723; repr. Nachdr. Hildesheim: Olms 1981.

Wolff, Christian: Vernünfftige Gedancken von den Absichten der natürlichen Dinge den Liebhabern der Wahrheit mitgetheilet (Deutsche Teleologie). Frankfurt, Leipzig: Renger (1724), 1726[2]; repr. Nachdr. Hildesheim: Olms 1980.

Wolff, Christian: Von der Weltweisheit und Naturlehre ingleichen der darinnen zu gebrauchenden Lehrart. In: Gesammelte kleine philosophische Schriften, ... zweyter Theil. Halle: Renger 1737a.

Wolff, Christian: Von der in der Naturlehre zu brauchenden Lehrart und den Sturmischen in dieselbige gehörige Schrifften. In: Gesammelte kleine philosophische Schrifften, ... dritter Theil. Halle: Renger 1737b. (Vorrede zum 2. Teil von J. Chr. Sturms Physica electiva, 1722).

Wolff, Christian: Auszug der Versuche Herren Christian Wollfens, ... welchen zum Gebrauch der Schulen verfertigt und nebst kurzen Anmerckungen mitgetheilet hat Michael Friedrich Leistikow. Halle: Renger 1738.

Wolff, Christian: Auszug der Vernünfftigen Gedancken Christian Wolffs ... welchen zum Gebrauch der Schulen verfertiget und mit kurtzen Anmerckungen mitgetheilet hat Michael Friedrich Leistikow. 3 Teile. Halle: Renger 1739 und 1740.

Wolff, Christian: Vernünftige Gedancken von der nützlichen Erlernung und Anwendung der mathematischen Wissenschaften, insonderheit wie dadurch der Verstand zu allen Verrichtungen vollkommener zu machen und zu einer gewissen Erkenntniß auch ausser der Mathematik zu gelangen sey; übers. aus dem Lateinischen von Wolf Balthasar und Adolph v. Steinwehr. Halle: Renger 1747.

Wolff, Christian: Des Freyherrn von Wolf Neuer Auszug aus den Anfangsgründen aller mathematischen Wissenschaften, mit nöthigen Veränderungen und Zusätzen von Joh. Tob. Mayer und Karl Christian Langsdorf. Marburg: Akad. Buchh. 1797.

Wolff, Christian: Siehe Sturm, J. Chr. 1722; Thümmig, L. Ph. 1725/26; Nieuwentyt, B. 1732; Frobese, J. N. 1734.

Wolff, Franz Ferdinand: Kompendium zum Vortrage über die Experimentalnaturlehre, für die höhern Klassen der Schulen. Göttingen: Dieterich 1791.

Wrede, Ernst G. Friedrich: Kurzer Entwurf der Naturwissenschaft für den ersten systematischen Unterricht mit besonderer Hinsicht aufs gemeine Leben. Berlin: Realschulbuchhandlung 1801.

Wucherer, Johann Friedrich: Institutiones philosophiae naturalis eclecticae. Praemisso programmate de quaestione an hominis circumspectio sufficiat evitando fulminis ictui. Jena: Buch 1725.

Yelin, Julius Conrad: Lehrbuch der Experimental-Naturlehre in seinem chemischen Theile nach dem neuen System bearbeitet. Ansbach: Haueisen 1796.

Zallinger (v. Zallinger zum Thurn), Jakob Anton: Interpretatio naturae seu philosophia Newtoniana methodo exposita, et academicis usibus adcommodata. Tom II complectens principia mechanicae terrestris et caelestis. Tom III complectens physicam specialem. Augsburg: Wolff (1774), 1794[2] und (1775), 1801[2].

Zanchi, Joseph: Philosophia mentis, & sensuum ad usus academicos accommodata. Tomus secundus Physicam generalem ... continens. Tomus tertius Physicam particularem ... continens. Wien: Kaliwoda (1748), 1750[2].

Zeplichal, Anton: Entwurf der Boscovichschen Naturlehre. Breslau: Korn 1769.

Zimmermann, W. F. A.: Der physikalische Jugendfreund. Eine Reihe von Kunststücken aus verschiedenen Zweigen der Naturwissenschaften. Stuttgart:
Weise & Stoppani 1838.
Zwinger (Zvingerius), Johann Jacob: Specimen physicae eclectico-experimentalis e
compendio physico Joh. Henrici Sviceri, aliisque probatis auctoribus conquisi-
tum ... Praemittitur succinctum theoreticae philosophiae theatrum. Basel:
Richter 1707.

2. Sekundärliteratur

Es sind nur die in den Anmerkungen zitierten Werke aufgeführt.

Adickes, Erich: Kant als Naturforscher, 2 Bände. Berlin: de Gruyter 1924 und
1925.
Arndt, Hans Werner: Siehe Wolff, Christian (Deutsche Logik, Nachdr. 1965) im
Quellenverzeichnis.
Arnsperger, Walther: Christian Wolffs Verhältnis zu Leibniz. Weimar: Felber 1897.
Bellone, Enrico: A world on paper; Studies on the second scientific revolution. Cam-
bridge/Mass., London: MIT 1982.
Benett, J. A.: The mechanics' philosophy and the mechanical philosophy. History of
Science 24, 1986, 1-28.
Blumenberg, Hans: Der Prozeß der theoretischen Neugierde. Frankfurt/M.: Suhr-
kamp 1973.
Boehm, Laetitia: Wissenschaft - Wissenschaften - Universitätsreform. Historische
und theoretische Aspekte zur Verwissenschaftlichung von Wissen und zur
Wissenschaftsorganisation in der frühen Neuzeit. Berichte zur Wissenschafts-
geschichte 1, 1978, 7-36.
Brockliss, L. W. B.: Philosophy teaching in France, 1600-1740. History of Universi-
ties 1, 1981a, 131-168.
Brockliss, L. W. B.: Aristotle, Descartes and the New Science: Natural Philosophy
at the University of Paris, 1600-1740. Annals of Science 38, 1981b, 33-69.
Buchdahl, Gerd: Metaphysics and the philosophy of science; The classical origins,
Descartes to Kant. Oxford: Blackwell 1969.
Buchdahl, Gerd: History of Science and Criteria of Choice. In: Struewer, R. H.
(Hrsg.): Historical and Philosophical Perspectives of Science. Minnesota Stu-
dies in the Philosophy of Science Vol V. Minneapolis: Univers. of Minnesota
Press 1970, 204-230.
Buchdahl, Gerd: Explanation and Gravity. In: Teich, M.; Young, R. (Hrsg.):
Changing Perspectives in the History of Science. Essays in Honour of Joseph
Needham. London: Heinemann 1973, 167-203.
Buchdahl, Gerd: Styles of scientific thinking. In: Bevilacqua, F.; Kennedy, P. J.
(Hrsg.): Proceedings of the International Conference on: Using history of phy-
sics in innovatory physics education. Pavia 1983, 106-122.
Burns, John V.: Dynamism in the cosmology of Christian Wolff. New York: Exposi-
tion Press 1965.
Büttner, Manfred: Zum Gegenüber von Naturwissenschaft (insbesondere Geogra-
phie) und Theologie im 18. Jahrhundert. Der Kampf um die Providentiallehre
innerhalb des Wolffschen Streites. Philosophia Naturalis 14, 1973a, 95-123.
Büttner, Manfred: Zum Übergang von der teleologischen zur kausalmechanischen
Betrachtung der geographisch-kosmologischen Fakten. Ein Beitrag zur Geschichte der Geographie von Wolff bis Kant. studia leibnitiana Jhg. 5, 1973b,
177-195.

Calinger, Ronald S.: Euler's „Letters to a Princess of Germany" As an Expression of his Mature Scientific Outlook. Archive for History of Exact Sciences 15, 1975/76, 211-233.

Caneva, Kenneth L.: From Galvanism to Electrodynamics: The Transformation of German Physics and Its Social Context. Historical Studies in the Physical Sciences 9, 1978, 63-159.

Carrier, Martin: Die begriffliche Entwicklung der Affinitätstheorie im 18. Jahrhundert. Newtons Traum - und was daraus wurde. Archive for History of Exact Sciences 36, 1986, 327-389.

Clauß, Rudolf: Basedows naturwissenschaftliche Pädagogik im Lichte naturwissenschaftlicher Forschung (Dissertation Univers. Leipzig). Weida: Hubert 1911.

Corr, Charles A.: Christian Wolff's Treatment of Scientific Discovery. Journal of the History of Philosophy 10, 1972, 323-334.

Corr, Charles A.: Christian Wolff and Leibniz. Journal of the History of Ideas 36, 1975, 241-262.

Debus, Allen G.: Science and education in the seventeenth century. The Webster-Ward debate. London, New York: Macdonald, Elsevier 1970.

Elkana, Yehuda: Newtonianism in the eighteenth century. British Journal for the Philosophy of Science 22, 1971, 297-306.

Engelhardt, Dietrich von: Historisches Bewußtsein in der Naturwissenschaft von der Aufklärung bis zum Positivismus. Freiburg: Alber 1979.

Feldman, Theodore: Josef Weber: A Transitional Figure of the Bavarian Enlightenment and Romantik. In: Brinkmann, Richard (Hrsg.): Romantik in Deutschland. Ein interdisziplinäres Symposion. Stuttgart: Metzler 1978, 202-213.

Fischer, Hans: Johann Jakob Scheuchzer (2. August 1672 - 23. Juni 1733) Naturforscher und Arzt. Zürich: Leemann 1973.

Fischer, Klaus P.: John Locke in the German Enlightenment: An Interpretation. Journal of the History of Ideas 36, 1975, 431-446.

Fox, Robert: The Rise and Fall of Laplacian Physics. Historical Studies in the Physical Sciences 4, 1974, 89-136.

Frängsmyr, Tore: Christian Wolff's mathematical method and its impact on the eighteenth century. Journal of the History of Ideas 36, 1975, 653-668.

Gerland, E., Traumüller, F.: Geschichte der physikalischen Experimentierkunst. Hildesheim: Olms 1965 (reprograf. Nachdruck der Ausgabe Leipzig 1899).

Gode-von Aesch, Alexander: Natural ocience in German romanticism. New York: AMS Press 1966[2].

Gower, Barry: Speculation in physics: the history and practice of Naturphilosophie. Studies in the History and Philosophy of Science 3, 1973, 301ff.

Grant, Edward: Aristotelianism and the longevity of the medieval world view. History of Science 16, 1978, 93-106.

Grant, Edward: Ways to interpret the terms „Aristotelian" and „Aristotelianism" in medieval and renaissance natural philosophy. History of Science 25, 1987, 335-358.

Grattan-Guiness, J.: Mathematical physics in France, 1800-1840: knowledge, activity, and historiography. In: Dauben, Joseph W. (Hrsg.): Mathematical perspectives. Essays on mathematics and its historical development. New York: Academic Press 1981, 95-138.

Grundel, Friedrich: Die Mathematik an den deutschen höheren Schulen, 2 Teile. Leipzig: Teubner 1928 und 1929 (als Beihefte zur Zeitschrift für mathematischen und naturwissenschaftlichen Unterricht).

Hackenberg, Roslind: Die Entwicklung der Naturwissenschaften an der Universität Marburg von 1750 bis zur westfälischen Zeit. Dissertation Universität Marburg 1972.

Hackmann, W. D.: The Growth of Science in the Netherlands in the Seventeenth and Early Eighteenth Centuries. In: Crosland, M. P. (Hrsg.): The Emergance of Science in Western Europe. London: Macmillan 1975, 89-109.

Hackmann, W. D.: The Relationship Between Concept and Instrument Design in Eighteenth-Century Experimental Science. Annals of Science 36, 1979, 205-224.

Hahn, Paul: Georg Christoph Lichtenberg und die exakten Wissenschaften. Materialien zu seiner Biographie. Göttingen: Vandenhoeck & Ruprecht 1927.

Hankins, Thomas L.: Science and the Enlightenment. Cambridge: Univers. Press 1985.

Harré, Rom: Knowledge. In: Rousseau, G. S.; Porter, Roy (Hrsg.): The ferment of knowledge. Studies in the Historiography of Eighteenth-Century Science. Cambridge: Univers. Press 1980, 11-54.

Hartkopf, Werner: Schellings Naturphilosophie. Philosophia Naturalis 17, 1978, 349-372.

Haupt, Bettina: Deutschsprachige Chemielehrbücher (1775-1850). Stuttgart: Deutscher Apotheker Verlag 1987.

Heidelberger, Michael: Wandlungstypen in den Baconischen Wissenschaften im Deutschland des frühen 19. Jahrhunderts. Philosophia Naturalis 20, 1983, 112-126.

Heilbron, John L.: Electricity in the 17th and 18th centuries. A study of early modern physics. Berkeley: Univ. of California Press 1979.

Heilbron, J. L.: Experimental natural philosophy. In: Rousseau, G. S.; Porter, Roy (Hrsg.): The ferment of knowledge. Studies in the Historiography of Eighteenth-Century Science. Cambridge: Univers. Press 1980, 357-387.

Heimann, P. M.: „Nature is a perpetual worker": Newton's aether and eighteenth-century natural philosophy. Ambix 20, 1973, 1-25.

Herrmann, Dieter B.: Georg Christoph Lichtenberg als Herausgeber von Erxlebens Werk „Anfangsgründe der Naturlehre". NTM-Schriftenreihe für Geschichte der Naturwiss., Technik und Medizin 6, 1969, Heft 1: 68-81 und Heft 2: 1-12.

Hirschi, Rainer: Beiträge zur Geschichte des Physikunterrichts. Frankfurt/M.: Lang 1987.

Home, R. W.: „Newtonianism" and the theory of the magnet. History of Science 15, 1977, 252-266.

Honecker, Martin: Die Wesenszüge der deutschen Romantik in philosophischer Sicht. In: Prang, H. (Hrsg.): Begriffsbestimmung der Romantik. Darmstadt: Wiss. Buchges. 1968.

Hooykaas, R.: Von der „Physica" zur Physik. In: Schmitz, R., Krafft, F. (Hrsg.): Humanismus und Naturwissenschaften. Beiträge zur Humanismusforschung Band VI. Boppard: Boldt 1980, 9-38.

Horn, Ewald: Die Disputationen und Promotionen an den Deutschen Universitäten, vornehmlich seit dem 16. Jahrhundert (11. Beiheft zum Centralblatt für Bibliothekswesen). Leipzig 1893.

Iltis, Carolyn: The Leibnizian-Newtonian debates: natural philosophy and social psychology. The British Journal for the History of Science 6/4, 1973, 344-377.

Inkster, Jan: The public lecture as an instrument of science education for adults - the case of Great Britain, c. 1750-1850. Paedagogica historica: International journal of the history of education 20, 1980, 80ff.

Jansen, Bernhard: Die Pflege der Philosophie im Jesuitenorden während des 17./18. Jahrhunderts. Philosophisches Jahrbuch der Görresgesellschaft 51, 1938, 172-215 und 344-366 und 435-456.

Kaiser, Wolfram; Krosch, Karl-Heinz: Johann Andreas Segner (1704-1777). Wissenschaftliche Zeitschrift der Martin-Luther-Universität Halle-Wittenberg, Math.-naturw. Reihe 12, 1963, 471-489.

Kearney, Hugh: Science and change 1500-1700. London: Weidenfeld & Nicolson 1971.

Kleinert, Andreas: Die allgemeinverständlichen Physikbücher der französischen Aufklärung. Aarau: Sauerländer 1974.

Kleinert, Andreas: Physik zwischen Aufklärung und Romantik. Die „Anfangsgründe der Naturlehre" von Erxleben und Lichtenberg. In: Fabian,

B.; Schmidt-Biggemann, W.; Vierhaus, R.: Deutschlands kulturelle Entfaltung. Die Neubestimmung des Menschen. Studien zum achzehnten Jahrhundert, Band 2/3, München 1980, 99-113.

Kleinert, Andreas: Akademische Disputierschriften aus der „Bibliothek Schimank". In: Vodosek, P. (Hrsg.): Bibliothekswissenschaft, Musikbibliothek, soziale Bibliotheksarbeit; Hermann Waßner zum 60. Geburtstag. Wiesbaden: Harrassowitz 1982, 77-86.

Klemm, Friedrich: Ernst Gottfried Fischer, ein mitteldeutscher Mathematiker, Physiker und Schulmann 1754-1831. Die Mitte 2, 1966, 27-74.

Knight, D. M.: German Science in the Romantic Period. In: Crosland, M. P. (Hrsg.): The Emergence of Science in Western Europe. London: Macmillan 1975, 161-178.

Knight, D. M.: The physical sciences and the romantic movement. History of Science 9, 1970, 54ff.

Krafft, Fritz: Der Weg von den Physiken zur Physik an den deutschen Universitäten. Berichte zur Wissenschaftsgeschichte 1, 1978, 132-162.

Laudan, Laurens: The clock metaphor and probabilism: The impact of Descartes on English methodological thought, 1650-65. Annals of Science 22, 1966, 73-104.

Laudan, Larry: Theories of scientific method from Plato to Mach: A bibliographic review. History of Science 7, 1968, 1-63.

Lenders, Winfried: Die analytische Begriffs- und Urteilstheorie von G. W. Leibniz und Chr. Wolff. Hildesheim: Olms 1971.

Lorenz, Martina: Der Anteil Christian Wolffs an der Rezeption von Grundprinzipien der Newtonschen Physik in Deutschland zu Beginn des 18. Jahrhunderts. Dissertation Univers. Leipzig 1985.

Lorenz, Martina: Der Beitrag Christian Wolffs (1679-1754) zur Herausbildung der Wärmelehre als Teilgebiet der Physik im 18. Jahrhundert. NTM-Schriftenreihe für Geschichte der Naturwiss., Technik und Medizin 25, 1988, Heft 1: 57-63.

Mende, Erich: Der Einfluß von Schellings „Princip" auf Biologie und Physik der Romantik. Philosophia Naturalis 15, 1975, 461-485.

Meyer, Friedrich Albert: Petrus van Musschenbroek, Werden und Werk und seine Beziehungen zu Daniel Gabriel Fahrenheit. In: Duisburger Forschungen 5. Bd. Duisburg-Ruhrort: Renckhoff 1961, 1ff.

Nentwig, Heinrich: Die Physik an der Universität Helmstedt von 1700-1810 (Dissertation Univers. Erlangen). Wolfenbüttel: Wollermann 1891.

Pahl, Franz: Geschichte des naturwissenschaftlichen und mathematischen Unterrichts. Leipzig: Quelle & Meyer 1913.

Palm, L. C.: Sellius and his newtonian teaching of physics in Halle. Janus 64, 1977, 15-24.

Pater, Cornelius de: Petrus von Musschenbroek (1692-1761), a Dutch Newtonian. Janus 64, 1977, 77-87.

Paulsen, Friedrich: Geschichte des gelehrten Unterrichts auf den deutschen Schulen und Universitäten vom Ausgang des Mittelalters bis zur Gegenwart. Mit besonderer Rücksicht auf den klassischen Unterricht, 2 Bde. Leipzig: Veit 1919[3] und 1897[2].

Petersen, Peter: Geschichte der aristotelischen Philosophie im protestantischen Deutschland. Leipzig: Meiner 1921.

Philipp, Wolfgang: Das Werden der Aufklärung in theologiegeschichtlicher Sicht. Göttingen: Vandenhoeck und Ruprecht 1957.

Ravetz, Jerome R.: Scientific knowledge and its social problems. Oxford: Clarendon 1971.

Reif, Patricia: The textbook tradition in natural philosophy, 1600-1650. Journal of the History of Ideas 30, 1969, 17-32.

Rommel, Heinz: Das Schulbuch im 18. Jahrhundert. Wiesbaden-Dotzheim: Deutscher Fachschriften-Verlag 1968.

Ruestow, Edward G.: Physics at seventeenth and eighteenth-century Leiden: philosophy and the new science in the university (Archives Internationales d'histoire des idees, Series Minor 11). The Hague: Nijhoff 1973.

Sarton, George: The Study of Early Scientific Textbooks. ISIS 38, 1948, 137-148.

Schaff, Josef: Geschichte der Physik an der Universität Ingolstadt (Dissertation Univers. Erlangen). Erlangen: Junge 1912.

Schaffer, Simon: Natural philosophy and public spectacle in the eighteenth century. History of Science 21, 1983, 1-43.

Schimank, Hans: Die Wandlung des Begriffs „Physik" während der ersten Hälfte des 18. Jahrhunderts. In: Manegold, K.-H. (Hrsg.): Wissenschaft, Wirtschaft und Technik. Studien zur Geschichte, Wilhelm Treue zum 60. Geburtstag. München: Bruckmann 1969.

Schimank, Hans: Zur Geschichte der Physik an der Universität Göttingen vor Wilhelm Weber (1734-1830). Rete, Strukturgeschichte der Naturwissenschaften 2, 1973, 207-252.

Schmidt, Charlotte: Dreihundert Jahre Physik und Astronomie an der Kieler Universität. Dissertation Univers. Kiel. 1963.

Schmitz, Rudolf: Die Naturwissenschaften an der Philipps-Universität Marburg 1527-1977. Marburg: Elwert 1978.

Schofield, Robert E.: An evolutionary taxonomy of eighteenth-century Newtonianisms. Studies in Eighteeth-Century Culture 7, 1978, 175-192.

Schöler, Walter: Geschichte des naturwissenschaftlichen Unterrichts im 17. bis 19. Jahrhundert; Erziehungstheoretische Grundlegung und schulgeschichtliche Entwicklung. Berlin: de Gruyter 1970.

Semel, Heinz: Die Realienlehrprogramme im 17. und 18. Jahrhundert. Dissertation Univers. Hamburg 1964.

Shea, William R.: Descartes: Methodological Ideal and Actual Procedure. Philosophia Naturalis 21, 1984, 577-589.

Sievert, Jürgen: Zur Geschichte des Physikunterrichts. Dissertation Unvers. Bonn 1967.

Snelders, Henricus Adrianus Marie: Atomismus und Dynamismus im Zeitalter der Deutschen Romantischen Naturphilosophie. In: Brinkmann, R. (Hrsg.): Romantik in Deutschland. Ein interdisziplinäres Symposion. Stuttgart: Metzler 1978, 187-201.

Snorrason, E.: C. G. Kratzenstein, professor physices experimentalis Petropol. et. Havn. and his Studies on Electricity during the Eighteenth Century. Odense: Univers. Press 1974.

Stichweh, Rudolf: Zur Entstehung des modernen Systems wissenschaftlicher Disziplinen; Physik in Deutschland 1740-1890. Frankfurt/M.: Suhrkamp 1984.

Thackray, Arnold: Atoms and Powers, An Essay on Newtonian Matter-Theory and the Development of Chemistry. Cambridge/Mass. 1970.

Tonelli, Giorgio: Der Streit über die mathematische Methode in der Philosophie in der ersten Hälfte des 18. Jahrhunderts und die Entstehung von Kants Schrift über die „Deutlichkeit". Archiv für Philosophie 9, 1959, 37-66.

Whipple, Robert S.: Scientific Instruments in the eighteenth century. In: Ferguson, A. (Hrsg.): Natural philosophy through the 18th century and allied topics. London: Taylor & Francis 1972[2], 113-121.

Whyte, Lancelot Law (Hrsg.): Roger Joseph Boscovich; studies of his life and work on the 250th anniversary of his birth. London: Allen & Unwin 1961.

Wickihalter, Rolf: Zur Geschichte des physikalischen Unterrichts. Unter besonderer Berücksichtigung von Reformbestrebungen. Thun, Frankfurt/M.: Deutsch 1984.

Williams, L. Pearce: Kant, Naturphilosophie and scientific method. In: Giere, R. N.; Westfall, R. S. (Hrsg.): Foundations of scientific method: The nineteenth century. Bloomington: Indiana Univ. Press 1973, 3-22.

Wolf, A.: A history of science, technology, and philosophy in the eighteenth century. London: Allen & Unwin 1952[2].
Wundt, Max: Die deutsche Schulphilosophie im Zeitalter der Aufklärung. Tübingen: Mohr 1945.

Abbildungsverzeichnis

1. Frontispiz aus Chr. A. Crusius 1774[2] (Physikalisches Kabinett)   X
2. Titelblatt aus Chr. G. Atze 1785   13
3. Titelblatt aus A. Mayr 1739   53
4. Tafel aus J. A. Schmidt 1707[3] (Begriffshierarchie)   64
5. Titelblatt aus J. Chr. Sturm 1713   68
6. Tafel aus J. Chr. Sturm 1685 (Vakuumpumpe)   89
7. Frontispiz aus Chr. Wolff 1728[3] (Portrait von Chr. Wolff)   98
8. Frontispiz aus J. Chr. Gottsched 1762[7] (Darstellung des Weltalls)   122
9. Stich von Houbraken/Quinkhard (Ausschnitt) aus dem Bestand
    der Kunstsammlungen der Veste Coburg
    (Portrait von P. van Musschenbroek)   145
10. Frontispiz aus J. G. Krüger 1740 (Allegorie)   168
11. Frontispiz aus B. Grant 1770
    (Benediktiner mit Studenten im physikalischen Kabinett)   176
12. Tafel aus G. Gregory 1798 (Geräte zur Elektrizitätslehre)   191
13. Lithographie von J. Boilly aus dem Bestand der
    Bibliotheque Nationale Paris (Portrait von R. J. Haüy)   212
14. Tafel (Ausschnitt) aus T. Cavallo 1804
    (Atwoodsche Fallmaschine nach E. G. Fischer)   232
15. Titelblatt aus N. Burkhäuser 1770   251
16. Tafeln (Ausschnitte) aus R. Boscovich 1759 und
    M. Gabler 1778 (Kraftgesetze)   257
17. Titelblatt aus I. Kant 1786   265
18. Nachruf auf K. W. G. Kastner aus der Augsburger
    Allgemeinen Zeitung vom 18. Juli 1857   277
19. Titelblatt aus E. D. A. Bartels 1822   296
20. Einbandtitel aus J. Müller 1862[8]   313
21. Tafel aus J. Khell 1754[2] (Experimente zur chromatischen Dispersion)   343

Personenverzeichnis

Achard, Franz Carl: 195, 201ff., 205, 357f.
Adams, George: 38, 196
Adelung, Johann Christoph: 47
Aepinus, Franz Albert: 56f., 67, 348
Aepinus, Franz Ulrich Theodor: 204, 222, 229
Agthe, Carl: 324, 337
Algarotti, Francesco: 33
Ammann, Johannes: 56, 343
Amort, Eusebius: 56f., 61f., 348
Ampère, André Marie: 249f.
Anschel, Salomon: 268f., 273
Aristoteles: 8, 56, 62f., 67, 73, 79, 167
Arnott, Neil: 38
Atwood, George: 232, 242, 327
Atze, Christian Gottlieb: 13, 30, 33f.
Atzerodt, Friedrich: 52
August, Ernst Ferdinand: 236

Babenstuber, Ludwig: 55, 57f., 60, 66
Bacon, Francis: 59, 78, 80, 90
Balduin, Christian Adolph: 351
Bandlin, Johann Baptist: 341
Bartels, Ernst Daniel August: 296, 298f., 301f., 304ff., 308f., 312
Basedow, Johann Bernhard: 1, 35, 43, 47f., 50ff., 346
Baumann, Ludwig Adolf: 178, 188
Baumgartner, Andreas: 236-247, 249, 318f., 326, 361f.
Bayle, Franciscus: 70, 86, 349
Becher, Johann Joachim: 40, 343
Beck, Dominicus: 170, 174, 351, 355
Beck, Friedrich Adolf: 324, 337
Beckmann, Johann: 178, 181, 183, 185, 187
Berlin, Johann J. H.: 195, 358
Berthollet, Claude Louis, Graf von: 248, 362
Berzelius, Jöns Jakob von: 209, 362
Beudant, François Sulpice: 365
Biggel, J. A.: 49
Bilfinger, Georg Bernhard: 124, 137, 353
Biot, Jean Baptiste: 220, 235f., 240f., 248, 250
Birnbaum, Heinrich: 39, 337
Biwald, Leopold: 254, 260f., 263
Block, Georg Wilhelm: 196, 358
Blumenbach, Johann Friedrich: 272

Blumhof, J. G. L.: 213
Bode, Johann Elert: 345
Boeckmann, Johann Lorenz: 14f., 125, 127f., 133
Boerhaave, Herman: 162, 193, 203, 258
Börner, Nicolai: 72, 75, 77, 86f., 349, 351
Boscovich (Bošković), Roger Joseph: 170, 175, 233, 252-258, 261ff., 266, 273, 297, 362f.
Bose, Georg Matthias: 31, 345
Bourguet, David Ludwig: 195, 199, 210, 359f.
Boyle, Robert: 92f., 112, 154, 224
Brand, Jacob: 52, 333, 340
Brandes, Heinrich Wilhelm: 38
Brettner, Hans Anton: 321, 326f., 332f., 337, 366
Bruchausen, Anton: 255f., 363
Brugmanns, Anton: 357
Bruno, Giordano: 18
Buchner, Johann Andreas: 195, 267, 318, 332, 358
Budde, Johann Franz: 72, 77, 86, 123, 349, 351
Burkhäuser, Nicolaus: 251, 254, 363
Büsch, Johann Georg: 22, 27, 30
Büttner, Christoph Andreas: 124

Cavallo, Tiberius: 195, 232
Charles, Jacques Alexander César: 216
Clarke, Samuel: 348
Clauberg, Johannes: 70, 86, 348
Clemens, F. A.: 326f., 333, 335
Clemm, Heinrich Wilhelm: 24, 28
Clericus, Johannes: Siehe Le Clerc, Jean
Comenius, Johann Amos: 16, 19, 40, 46, 50, 54, 343ff.
Cornelius, Carl Sebastian: 319
Coulomb, Charles Augustin de: 222f., 229f., 234, 295, 364
Creiling, Johann Konrad: 72, 83, 87, 349
Crüger, Johannes: 39, 45, 329, 331, 333, 335, 339, 342
Crusius, Christian August: X, 123ff., 127-134, 136f., 143f.

Dalham, Florian: 170
Dalton, John: 209, 249, 360
Danzer, Joseph: 178f., 181f., 184, 189, 356
Davy, Sir Humphry: 362
Däzel, Georg Anton: 253f., 262, 363
Demokrit: 162
Derham, William: 18, 20, 22, 344
Desaga, Michael: 50, 52
Desaguliers, John Theophilus: 34, 146, 158, 162, 354
Descartes (Cartesius), René: 19, 30, 59, 70ff., 76-80, 82f., 86f., 90, 94, 107, 111, 116, 120, 132, 135, 137, 155, 165, 179, 227, 348ff., 352f., 355
Detharding, Georg: 56, 67, 344
Diekmann, Henning: 324, 328, 333, 340f., 365
Diesterweg, Friedrich Adolph Wilhelm: 51, 316, 327f., 330, 333, 335, 337, 341f., 365f.
Donatus a Transfiguratione Domini: 73, 79f., 82, 125, 130, 132, 137
Doppelmayer, Johann Gabriel: 96, 351
Döttler, Remigius: 234, 255, 363
Du Hamel, Jean Baptiste: 56, 59, 61, 67, 348f.
Dufay, Charles François de Cisternay: 222

Eberhard, Johann Peter: 177, 179, 182ff., 186, 188f., 209, 356f.
Ebert, Johann Jakob: 22, 34f., 47, 178, 182ff., 188f., 344, 356
Eckerle, W. W.: 43f., 50, 52
Egger, Kajetan: 39, 337
Eisenlohr, Wilhelm: 319, 323, 329, 332, 334f., 337, 365
Epikur: 162
Erler, Wilhelm: 329
Ernesti, Johann August: 349
Ernst I, der Fromme, Herzog von Sachsen-Gotha-Altenburg: 45
Erxleben, Johann Christian Polykarp: 52, 177, 180f., 183f., 186-190, 194f., 199, 317, 343, 346, 357, 359
Eschenburg, Johann Joachim: 346
Eschenmeyer, Carl Adolf: 298f., 306f., 312
Ettingshausen, Andreas von: 329-334
Euklid: 59
Euler, Leonhard: 33f., 138, 142, 180f., 345, 355f., 363

Fabricius, Johann Albert: 21, 344
Feder, Johann Georg Heinrich: 126f., 140, 143f., 353

Ferrari, Girolamo: siehe Fortunatus a Brixia
Fischer, Ernst Gottfried: 232, 236, 238, 241f., 244-247, 249, 326, 329, 356, 361f., 363f.
Fischer, Johann Andreas: 72
Fischer, Johann Carl: 267, 271, 273ff., 358
Fischer, Johann G.: 45, 324, 340f.
Fladung, Joseph A. F.: 33f.
Fontenelle, Bernard de: 32f., 345
Fortunatus a Brixia: 73, 81f., 85f., 351
Franck, Sebastian: 344
Francke, August Hermann: 1, 16f., 42, 99
Franklin, Benjamin: 181, 198, 200, 204, 222, 229, 244, 250, 258, 356f.
Fresnel, Augustin Jean: 249, 364
Frick, Josef: 324, 337f.
Fricke, Johann Heinrich Gottfried: 267, 358
Friedleben, Theodor: 38
Friedrich II, der Große, König von Preußen: 99
Fries, Jakob Friedrich: 237, 246, 266-276, 361, 364
Frobese, Johann Nicolaus: 100
Funke, Carl Philipp: 195, 267, 358

Gabler, Matthias: 254-260, 262, 363
Galilei, Galileo: 2, 92, 344, 355
Gassendi, Pierre: 73, 86, 162
Gentzke, Friedrich: 72, 77, 86, 349f.
Gilbert, Ludwig Wilhelm: 193, 195, 206, 318, 358
Goebel, F. J.: 323, 333f.
Goetz, Christoph Wilhelm: 49ff.
Gordon, Andreas: 170f., 174, 355
Gottsched, Johann Christoph: 122, 124, 147, 345, 353f., 356
Götz, Jacob: 329
Grant, Bernard: 170, 176f., 186, 355f.
Graßmann, Justus Günther: 307
Gravesande, Willem Jacob van 's: 34, 146ff., 152, 157f., 169, 171, 173, 354ff., 363
Gray, Stephen: 222
Gregory, George: 38, 191, 196
Greiß, C. B.: 323ff., 333f.
Gren, Friedrich Albrecht Carl: 195, 200, 202-205, 236, 241, 244, 249, 267ff., 271, 273, 275, 318, 358, 361, 364
Grimm, Johann Carl Philipp: 39, 195, 203, 206, 336
Gröning, Johann: 93
Gruber, Leonhard: 178f., 181, 183f., 187f., 356f., 363

Grunert, Johann August: 330
Guericke, Otto von: 92f.
Gufl, Veremund: 55, 57, 59, 62f., 67
Guilloud, J. J. V.: 37, 39, 336f.

Haab, Philipp Heinrich: 41
Hallaschka, Cassian: 234, 268, 326
Halle, Johann Samuel: 32, 345
Hamberger, Adolf Albrecht: 124, 127, 137, 353
Hamberger, Georg Albrecht: 99
Hamberger, Georg Erhard: 85, 95, 101, 123-128, 134f., 137ff., 181, 192, 351ff., 356
Hankel, Wilhelm Gottlieb: 365
Hannemann, Johann Ludwig: 351
Hanov, Michael Christoph: 124-129, 131, 137, 139, 353
Hauch, Adam Wilhelm: 14, 194f., 198, 201, 203, 205, 323, 358f.
Hauser, Berthold: 71, 73, 79f., 82, 125, 128ff., 137, 253, 344, 350, 353
Haüy, René Juste: 212-231, 235, 248, 298, 302, 305, 307, 310, 360
Hecker, Johann Julius: 1, 4
Hederich, Benjamin: 23f., 30
Helmholtz, Hermann von: 364
Helmuth, Johann Heinrich: 31, 33f., 44f., 49f., 324, 347
Henner, Blasius: 125, 128, 132, 137f., 351, 353
Heppe, Johann Christoph: 345
Herbart, Johann Friedrich: 319
Hermes Trismegistos: 347
Herr, J. A.: 45, 49, 51f., 324, 337, 347
Herrnschmid, Johann Daniel: 17, 346
Herschel, Sir John Frederick William: 224
Herz, Marcus: 178, 183, 188, 356f.
Heussi, Jakob: 321f., 328, 330-334, 339, 342, 366
Hildebrandt, Friedrich: 298f., 301, 305f., 309f., 312
Hobert, Johann Philip: 196, 323, 336, 338
Hoffmann, Donatus: Siehe Donatus a Transfiguratione Domini
Hoffmann, Friedrich: 92-95, 123, 351
Hoffmann, Johann Georg: 17, 42, 347
Hoffmann, Johann Joseph Ignaz: 195, 267, 328
Hölderlin, Friedrich: 294
Hollmann, Samuel Christian: 125f., 128, 130f., 133, 140ff., 353
Höpfner, Adolf Friedrich: 36f.
Horvath, Johann Baptist: 234, 254-257, 260ff., 363
Hottinger, Solomon: 55f., 66f.

Hoyer, L. H. A.: 37, 39, 336
Hube, Michael: 34, 196
Humboldt, Wilhelm von: 322
Huygens, Christiaan: 70, 87, 107, 119f., 137, 154, 230f., 360

Imhof, Maximus: 170, 195, 202, 210, 357, 360

Jänichen, C. A.: 35f., 49
Josef II, Erzherzog von Österreich, Deutscher Kaiser: 343
Jüngken (Junckius), Johann Helfrich: 55f., 67, 348
Jungnitz, Longinus Anton: 234ff., 247, 326, 361f.
Junker, Friedrich August: 41, 43

Kämtz, Ludwig Friedrich: 318f., 356
Kant, Immanuel: 21, 202, 254f., 265-271, 273, 275, 282, 291, 297f., 328, 356, 361, 364f.
Karsten, Wenceslaus Johann Gustav: 24-30, 193ff., 197f., 200f., 205, 208, 234, 357, 359f.
Kaschube, Johann Wenceslaus: 72, 77, 87, 349f.
Kästner, Abraham Gotthelf: 24-27, 29, 355ff.
Kastner, Carl Wilhelm Gottlob: 277-295, 299, 302, 305, 309ff., 363f.
Katzfey, Jac.: 328f., 332, 334f.
Keill, John: 146
Kepler, Johannes: 344
Kern, Hermann: 342, 366
Khell (Khell von Khellburg), Joseph: 73, 125, 137, 343
Kiessling, Johann: 72, 92ff.
Klaus, Michael: 73, 81, 125, 137, 350
Kleinbrodt, Anton: 73, 349
Klügel, Georg Simon: 36, 193, 195, 197, 205f., 323, 358f.
Kopernikus, Nikolaus: 345
Koppe, Karl: 325, 339
Kosmann, Johann Wilhelm Andreas: 32
Kote, B.: 337
Krafft, Georg Wolfgang: 169f., 173f.
Kratzenstein, Christian Gottlieb: 177ff., 181-186, 189f., 355ff.
Krause, Karl Christian Friedrich: 301, 303-307
Krauss, August: 52
Kries, Friedrich: 34, 195, 267f., 323, 335, 338ff., 358
Krüger, Johann Gottlob: 33, 168f., 172, 174, 181, 355f.
Kulm, Johann Adam: 124

Kunzek, August: 322f., 329, 331, 334, 337f.

Lagrange, Joseph Louis: 234
Lamé, Gabriel: 235, 238f., 241-244
Lange, Joachim: 16, 344
Langsdorf, Karl Christian: 100
Laplace, Pierre Simon, Marquis de: 202, 213f., 220, 228, 234ff., 246, 248f., 264, 267, 319, 360ff.
Lavoisier, Antoine Laurent: 193, 204f., 228
Le Clerc, Jean: 70, 78-81, 85, 87, 94, 350
Lehmus, Christ. Balthasar: 178, 184, 355
Leibniz, Gottfried Wilhelm: 19, 54, 86, 99, 115, 120f., 123, 125, 133, 135, 146, 165, 254ff., 271, 297, 350, 353, 355
Leistikow, Michael Friedrich: 96, 100
Le Sage, George-Louis: 353
Lesser, Friedrich Christian: 21
Leuchs, Johann Carl: 39
Leukippos von Milet: 162
Lichtenberg, Georg Christoph: 177, 194f., 205, 208, 317, 357, 359
Liebig, Justus von: 278
Link, Heinrich Friedrich: 266f., 269-272, 275
Lippold, Georg Heinrich Christian: 36
Locke, John: 48, 50, 140, 149, 353
Loescher, Martin Gotthelf: 72, 93f., 350
Lukrez, Titus Lucretius Carus: 162

Mako de Kerek-Gede, Paul: 254, 257, 261, 263
Maler, Jacob Friedrich: 125, 133, 136f., 139
Mangold, Joseph: 73, 125, 138, 253
Mangold, Maximus: 254, 263, 363
Mariotte, Edme: 224
Martin, Benjamin: 170, 355
Martinet, Jean Florent.: 21f.
Maupertuis, Pierre Louis Moreau de: 147
Mauritius a Berona: 254, 256, 263
Mayer, Christian: 177, 179, 182, 356f.
Mayer, Johann Georg Wilhelm: 35f.
Mayer, Johann Tobias: 100, 195, 203f., 235f., 318f., 323, 328, 357-360
Mayr, Anton: 53f., 57, 60
Melos, Johann Georg: 44
Menge, A.: 321, 325
Merrem, Blasius: 170, 195, 202, 360
Mey (Majus), Heinrich: 56, 67, 344, 348
Michl, Benno: 45, 323, 340, 366

Millington, John: 38
Morasch, Johann Adam: 73, 79, 86, 349, 351
Moschus (Mochus, phönikischer Philosoph): 162
Mousson, Alb.: 52
Müller, August Friedrich: 72, 74, 75, 79f., 349
Müller, Johannes: 235, 313, 319, 329, 333f., 337, 365
Müller, Johann Heinrich: 96f., 351
Muncke, Georg Wilhelm: 236f., 239f., 244, 246ff., 268, 318, 321, 326, 337, 361f.
Musschenbroek, Jan van: 147
Musschenbroek, Pieter van: 34, 141, 145-167, 169ff., 173f., 344, 353f.

Napoleon I. Bonaparte, Kaiser der Franzosen: 213
Nenning, Stephan N.: 299, 302, 305, 310
Neumann, Franz Ernst: 320
Neumann, Johann Ph.: 195
Newton, Sir Isaac: 2, 20f., 24, 27f., 34, 62, 70f., 77, 86f., 107, 119f., 127f., 131, 136, 138, 140ff., 146f., 151, 154-158, 162, 164, 167, 171, 178f., 181, 187, 192f., 217, 221, 227f., 230, 238, 255f., 258-261, 263, 266, 274, 297, 350f., 353, 355f.
Nicholson, William: 38, 196
Nicolai, Johann Christian Wilhelm: 195, 346f., 358
Niemann, Johann Heinrich: 300
Nieuwentyt, Bernhard: 19f., 345
Nollet, Jean-Antoine: 138, 142, 178f., 181ff., 187f., 198, 258, 356

Ohm, Georg Simon: 319f., 361
Oken, Lorenz: 299ff., 306f., 310, 312
Ørsted, Hans Christian: 300, 304, 306, 360
Osiander, Andreas: 345
Osterrieder, Hermann: 73, 75f., 79, 82, 125, 128, 130

Paracelsus, Theophrastus Bombastus von Hohenheim: 344
Parrot, Georg Friedrich: 236-242, 244-249, 361f.
Pemberton, Henry: 34
Peschel, Carl Friedrich: 330
Pestalozzi, Johann Heinrich: 51, 327, 340f.
Pfaff, Christian Heinrich: 195, 267, 357, 359f.
Pfaff, Johann Wilhelm Andreas: 299,

337, 347, 365
Pfaff, Karl: 52
Pluche, Noël Antoine: 21
Poppe, Johann Heinrich Moritz: 36f.,
39, 49, 195f., 324, 337, 345
Pouillet, Claude Servais Mathias:
235, 319
Prändel, Johann Georg: 336
Ptolemäus, Joh. Bapt.:
siehe Tolemei, Giovanni Battista

Rabe, Paul: 55f.
Raimund de Sabunde: 21, 345
Rebau, Heinrich: 49
Rebs, Christian Gottlob: 52, 340, 347
Reccard, Gotthilf Christian: 46ff., 347
Redlhammer, Joseph: 170, 174, 254,
349
Reyher, Andreas : 42, 45-48
Richter, Adam Daniel: 178, 188, 336,
355f.
Ritter, Johann Wilhelm: 295, 360
Rochow, Friedrich Eberhard von: 41
Rodig, Jh. Chr.: 297, 300
Rohault, Jacques: 70, 75, 78, 82, 86,
348, 351
Rouyer, Franz Conrad : 178, 184, 355
Rüdiger, Andreas: 69, 72, 75, 78ff., 82,
86, 123, 344, 349ff.
Rüst, W. A.: 326

Sagner, Caspar: 170f., 174, 254, 349
Salzmann, Christian Gotthilf: 268
Schelling, Friedrich Wilhelm Joseph
von: 246, 268, 271, 274, 278, 280, 283,
286ff., 294, 297f., 304, 306, 310, 312,
361, 364
Scherffer, Karl: 254, 256, 261, 263,
363
Scherling, Christian: 324, 328, 334,
337, 366
Scheuchzer, Johann Jacob: 17, 71f.,
75, 77, 80ff., 84, 86ff., 344, 348, 350
Schleiermacher, Friedrich Ernst Da-
niel: 329
Schlez, Johann Ferdinand: 41
Schmahling, Ludwig Christoph: 43,
52
Schmerler, Johann Adam: 39, 336
Schmidt, Georg Gottlieb: 236, 239,
242ff., 246-249, 361f.
Schmidt, Johann Andreas: 56f., 62,
64f., 92, 94, 344, 348, 351
Schmidt, Johann August Friedrich:
366
Schmidt, Johann Jacob: 17
Schneider, K. F. Robert: 324, 332,
337f.

Schnuse, C. H.: 235, 244
Schoedler, Friedrich: 339
Scholl, Gottlob Heinrich Friedrich:
337
Scholz, Benjamin: 195, 267, 318, 358
Schrader, Friedrich: 93, 95
Schrader, Johann Gottlieb Friedrich:
193, 195, 203, 206, 318, 357f.
Schulz, Christian: 34, 36, 43
Schütz, Friedrich Wilhelm von: 36,
43, 50, 347
Schweitzer (Suicerius), Johann Hein-
rich: 72, 81, 86, 343
Segner, Johann Andreas von: 52, 169-
174, 177, 194, 234, 355
Sell, Gottfried: 169, 174, 355
Sennert, Daniel: 56, 348
Siber, Thaddä: 234, 299, 303, 305f.,
309f., 365
Sigaud de la Fond, Aignan Joseph: 97,
126, 140-143, 178, 353
Silberschlag, Georg Christoph: 23, 27,
344
Sinclair, John: 300
Snell, Friedrich Wilhelm Daniel: 195,
197, 205f., 323, 358
Sperlette, Johannes: 72, 86, 349f.
Sperling, Johannes: 56, 348
Spinoza, Baruch de: 283
Stahl, Georg Ernst: 193
Stattler, Benedict: 254, 263, 363
Stegmann, Johann Gottlieb: 177f.,
186f., 356
Steinmeyer, Philemon: 96, 125, 132
Stock, Johann Christian: 97, 126, 344
Strauß, Anselm Franz: 195, 267f., 358
Sturm, Johann Christoph: 23-26, 28,
30, 68, 71, 74-78, 81, 85, 89, 92, 95f.,
99, 101f., 112, 123, 125, 174, 185,
343ff., 350f.
Sturm, Leonhard Christoph: 24ff.,
29f., 345
Suarez, Francisco: 54
Suckow, Georg Adolph: 192f., 195ff.,
203, 207f., 210, 318, 358, 360
Suckow, Gustav: 267, 364
Suckow, Laurenz Johann Daniel: 125,
132, 134f., 137f.
Süskind, Johann Gottlob: 39
Symmer, Robert: 200, 204, 222, 229,
244, 250, 357

Teichmeyer, Hermann Friedrich: 16,
71f., 86, 94, 350
Thieme, Karl Traugott: 41
Thomas von Aquino: 54
Thümmig, Ludwig Philipp: 96, 100,
124, 344

Titius, Johann Daniel: 96, 125, 351, 353
Tolemei, Giovanni Battista: 56f., 59, 61, 73
Torricelli, Evangelista: 92
Trappe, Albert: 323, 326, 332, 334
Trommsdorf, Johann Bartholmä: 195, 267f., 318, 358
Tscharner, Beat von: 38
Tschirnhaus, Ehrenfried Walter von: 344
Türk, Wilhelm von: 43, 51f., 340f.

Uihlein, Joseph: 347
Unzer, geb. Ziegler, Johanna Charlotte: 33f., 169, 345

Verdries, Johann Melchior: 71f., 74, 80, 83, 85ff., 350
Vieth, Gerhard Ulrich Anton: 36f., 52, 196, 336, 347
Voigt, Johann Heinrich: 28, 47f.
Volder, Burchardus de: 92
Volta, Alessandro: 200, 223, 229
Voltaire, François-Marie Arouet de: 34
Vornehm, Joseph: 49, 347

Wagner, Johann Jacob: 300, 303f., 306f., 310
Wagner (Lehrer am Lehrerseminar in Brühl): 44, 51f., 340f., 347
Waldin, Johann Gottl.: 344
Waldschmiedt, Johann Jacob: 351
Walser, Heinrich: 234, 255, 363
Weber, Joseph: 195, 205, 267, 273, 299, 301-312, 364f.
Webster, John: 348

Weigel, Valentin: 344
Weinhold, Johann Carl: 39, 336, 346
Weinlig, Christian Albert: 337f.
Weiß, Christian Samuel: 213f., 298, 299, 302, 305, 307, 310
Wernhard, Joseph: 50
Whewell, William: 224
Wiedeburg, Johann Ernst Basilius: 17
Wiegleb, Johann Christian: 32, 345
Wiese, Ludwig: 30
Wilke (Wilcke), Johann Carl: 204
Wilmsen, Friedrich Philipp: 41
Winkler (Winckler), Johann Heinrich: 97, 124, 126, 137, 140ff., 177f., 353, 356
Wolfart, Peter: 92, 94f.
Wolff, Christian: 9, 19ff., 24-30, 55, 57, 71, 73, 75, 78, 85f., 93, 95f., 98-121, 123-129, 131, 133, 135f., 139-142, 146, 151, 156, 158f., 161f., 169f., 172ff., 181, 184, 188, 252ff., 256, 260, 271ff., 297, 343f., 349-353, 355
Wolff, Franz Ferdinand: 178, 184, 355
Wrede, Ernst G. Friedrich: 194ff., 201, 360
Wucherer, Johann Friedrich: 72, 77, 344f., 351

Yelin, Julius Conrad: 195, 197, 202, 204f., 358

Zallinger (v. Zallinger zum Thurn), Jakob Anton: 234, 255, 363
Zanchi, Joseph: 73, 125, 137
Zeplichal, Anton: 254f., 259
Zimmermann, W. F. A.: 345
Zwinger (Zvingerius), Johann Jacob: 72, 76, 86, 93, 349